FCD 一流学科建设教学用书

First-class Disciplines

精细化学品化学

许　胜　主编

U0952030

華東理工大學出版社
EAST CHINA UNIVERSITY OF SCIENCE AND TECHNOLOGY PRESS
·上海·

图书在版编目(CIP)数据
精细化学品化学 / 许胜主编. -- 上海 : 华东理工大学出版社, 2024. 10. -- ISBN 978-7-5628-7022-7
Ⅰ. TQ072
中国国家版本馆CIP数据核字第2024AD2769号

内 容 提 要

本书参考了国内外精细化学品化学领域的权威典籍，精选了染料、有机颜料、服装整理剂、表面活性剂、涂料、聚合物助剂、香料、化妆品、农药等九大类精细化学品作为核心内容，并分11章进行了详尽的介绍。本书侧重对上述化学品的工业制备方法和主要性能的讲解；同时，还选择性地介绍了精细化学品的合成实验操作，以及近年来新兴产业中涉及的精细化学品及其合成方法与工艺，如固相合成法、连续流工艺、生物合成法等。

本书可供高等院校化学化工、材料、环境、制药等相关专业师生参考。

项目统筹 / 马夫娇
责任编辑 / 赵子艳
责任校对 / 陈婉毓
装帧设计 / 徐　蓉
出版发行 / 华东理工大学出版社有限公司
地址：上海市梅陇路130号，200237
电话：021-64250306
网址：www.ecustpress.cn
邮箱：zongbianban@ecustpress.cn
印　　刷 / 南通印刷总厂有限公司
开　　本 / 787 mm×1092 mm　1/16
印　　张 / 21.25
字　　数 / 541千字
版　　次 / 2024年10月第1版
印　　次 / 2024年10月第1次
定　　价 / 79.00元

前 言 | FOREWORD

精细化学品是普通消费者可以直接购买并使用的一大类化学品，涵盖了人们生活的方方面面。该类产品通常生产量小（相对于基础化工原料产品而言）、附加值高、功能明确，是衡量一个国家人民生活幸福指数的重要指标之一。精细化学品化学成为轻工类、食品类、化工类、农药类等专业的必修课，相关的专业在国内理工科院校广泛开设。

华东理工大学出版社曾在 1996 年（程铸生主编）、2013 年（李祥高、冯亚青主编）出版《精细化学品化学》，被国内众多兄弟院校使用至今。考虑到随着时代的进步，化学相关知识不断更新、新兴产品不断出现，以及广大消费者日益提高的生活需要，非常有必要将新知识、新方法引入教材，因此华东理工大学出版社决定重新策划并出版《精细化学品化学》。

受华东理工大学出版社委托，编者结合自己多年来的工作经验，参考了国内外精细化学品化学相关典籍，从千千万万个精细化学品中选择了染料、有机颜料、服装整理剂、表面活性剂、涂料、聚合物助剂、香料、化妆品、农药九大类作为本书的主要内容，合计 11 章。本书主要面向本科院校、高等职业院校的化学化工、材料、环境、制药等相关专业学生，侧重于对上述化学品的工业制备方法与主要性能的讲解，而相关的化学原理，以够用为原则，不做过多要求。考虑到大部分兄弟院校的化学类、化工类专业开设了材料化学、高分子化学等课程，因此相关知识不再赘述。另外，本书增加了精细化学品的合成实验操作。

对于近年新兴产业涉及的精细化学品及其合成方法与工艺，如固相合成法、连续流工艺等，作为选读内容被安排在第 11 章中，以供有需要的读者使用。读者可通过扫描下方二维码，获取书中习题的答案。

在本书编撰过程中，研究生罗强、颜柯、刘煜等进行了部分文字和图片的校对工作，在此表示感谢。

由于本人水平有限，尽管在书中尽量编排了较新的研究成果，但是难免会有疏漏和不足，敬请本领域相关专家和广大读者批评指正，本人不胜感激。

编　者

2024年3月

习题参考答案

目 录 | CONTENTS

第1章

绪　论

1.1　精细化学品与精细化学品化学

化学品分为两类，一类是应用于工业生产的化学品，如甲苯、石油、乙烯等，被称为通用化工产品或大宗化学品(bulk chemicals)，另一类是普通消费者能够接触到的化学品，被称为精细化学品(fine chemicals)。

精细化学品是与通用化工产品或大宗化学品相区别的一个专用术语，通常指产量较小、附加值较高、与人们生活息息相关的化学工业品，如香皂、洗发香波、洗洁精、洗衣粉、涂料、农药、食品添加剂等。精细化学品在我们的日常生活中随处可见，涵盖了生活的方方面面，对生活品质有深刻影响，很大程度上决定着我们的幸福指数。

精细化学品化学是研究精细化学品的制备与生产、性质与功能的科学。与传统的化学学科不同，精细化学品化学专注于制备方法、产品配方对其性能的影响，而不侧重于反应机理和物质结构。因此，精细化学品化学更加重视产品的实用性。

1.2　精细化学品的特点

(1) 产品功能专一。精细化学品应用功能专一，如餐具清洗剂只能用于清洗餐具，不能作为洗发香波用于人体，洗发香波只能用于洗发而不能用于清洗餐具。因此，为了满足不同的生活需求，从业者开发了种类繁多的精细化学品。

(2) 具有极强的商业属性。从商品包装到市场营销，以及产品性能和使用功能，都涉及知识产权保护，从业者稍有不慎就会陷入知识产权纠纷。同时，精细化学品的市场寿命短、产品迭代快，从业者必须不断推陈出新才能立于不败之地。

(3) 产品附加值高，投资门槛低。精细化学品属于高附加值产品，其利润比通用化工产品的高得多，同时投资门槛较低，因此竞争激烈。

(4) 生产工艺复杂，流程长。精细化学品贵在“精”和“细”上。由于用途单一、种类繁多，因此每个品种生产数量不多，但是合成流程长，工艺复杂，技术含量高，且多数具有保密性。

(5) 大量采用复配技术。与通用化工产品不同，精细化学品大量采用复配技术来达到使用效果，要求从业人员除了有相关的知识储备，还需要有大量的实践经验，如日常生活中使用的洗发香波由20多种化学原料复配而成，名贵香水的技术核心就是配方。

1.3　我国精细化工行业面临的问题与机遇

第一，我国作为“世界工厂”，拥有精细化工的全部生产部门，但在整个化学工业中的比重明显偏低，尤其是精细化工产值比例偏低。目前，化学行业内使用精细化工率(精细化工产值占化学工业的总产值的比例)来衡量化工技术水平和发达程度。我国的精细化工率只有45%，远低于发达国家，且产品质量不高、附加值低、利润低、缺乏高端品牌(图1-1)。

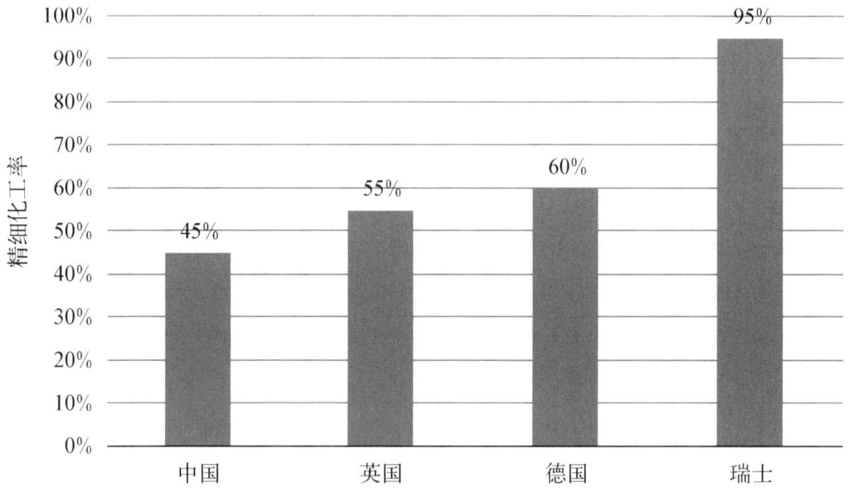

图1-1　我国与部分发达国家精细化工率的对比

第二，国内从事精细化工的企业众多，但是它们普遍生产规模小，技术含量低，产品没有竞争优势。我国虽然是农药、涂料、染料等精细化学品的第一消费大国，但是高端产品长期依赖进口或者由外国企业生产。

第三，国内精细化工行业大部分集中在原料合成或者贴牌生产，大部分利润被外国企业攫取，我国沦为低端原料供应商或外国产品倾销地。

第四，企业由于效益差，没有更多的经费投入研发，只能从事简单的重复性生产，长期徘徊在生存边缘，没有资金进行设备升级、工艺更新。

我国精细化工行业要摆脱目前不利的局面，第一，国家监管层面要强化行业管理，通过淘汰、合并等行政和市场手段提高产业集中度，创造若干个行业巨头，发挥集团效应，降低生产成本，提高产品质量。第二，提高行业准入门槛，拒绝行业内卷导致的无序竞争，消耗大量国内资源却无法获取应有效益，沦为西方公司原料供应基地。应从升级环保、提高工人待遇、提高土地成本等方面提高行业准入门槛。第三，鼓励创新。从国家层面上鼓励创新，对于采取新工艺、新技术，开发新产品的企业，通过税收减免、降低融资门槛的方式予以扶持。第四，加强知识产权保护。目前，我国大量从事精细化工的企业没有自己的核心技术与核心专利进行支撑，非常不利于我国产品走向国际市场，甚至会陷入西方大公司的知识产权陷阱。因此，切实做好知识产权保护(包括保护外国在华企业的合法权益)，通过创新形成自己的核心技术和产品，才是行业能够长久发展的基础。

本章练习题

1-1　请谈谈精细化学品与日常生活的关系。

1-2　请指出下列物质中哪些不属于精细化学品。

食用色拉油，洗衣皂，沐浴露，乙烯，甲苯，丙酮

第 2 章

染　　料

2.1　染料概述

2.1.1　染料的起源

染料是指能够使其他物质获得颜色的物质，可分为无机染料和有机染料。早期用昂贵的矿石、宝石、贵金属等作为染料，成本太高。染料主要是有机化合物，如靛蓝，广泛用于食品、医药和印染工业。用来给织物染色的染料可追溯到公元前 2500 年古埃及木乃伊服装，长沙马王堆出土的蓝色麻织物等也是由靛蓝染成的。靛蓝是用蓼蓝以及菘蓝、木蓝、马蓝等含有吲哚酸成分的植物叶子发酵制成的，也有人工合成的（古籍曰：凡蓝五种、皆可为靛—宋应星，《天工开物》），“青出于蓝而胜于蓝”就源于当时的染蓝技术。再如来自茜草的茜素红。

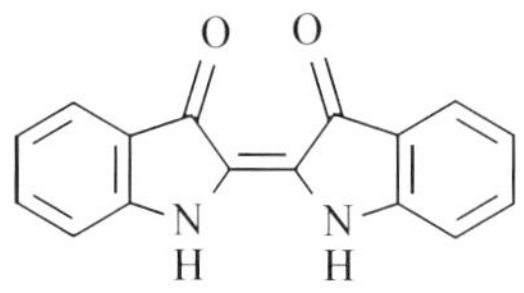

靛蓝

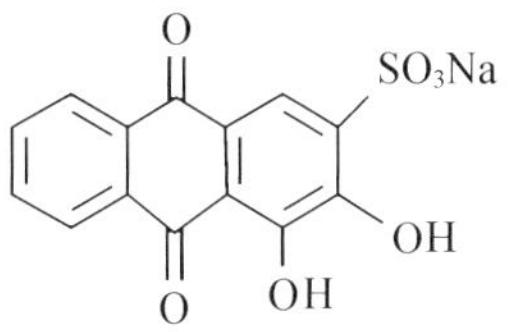

茜素红

天然染料因受到植物生长地域、季节等自然因素的限制而不能量产，且颜色单一，制作工艺烦琐，生产成本高。1856 年 18 岁的威廉·亨利·帕金（W.H.Perkin），由于化学知识匮乏，使用氧化剂处理苯胺企图制造奎宁，却意外得到了紫色物质，其微溶于热水（呈红紫色），溶于乙醇（呈现紫色）和浓硫酸（呈橄榄绿色）。这种紫色物质虽然无法在棉布上染色，但非常容易染在丝绸和毛料上，比当时各种植物染料的颜色都鲜艳，在肥皂水中搓洗也不褪色。Perkin 于 1857 年在哈罗建立了世界上第一家生产苯胺紫的合成染料工厂，这是合成染料工业的开端。

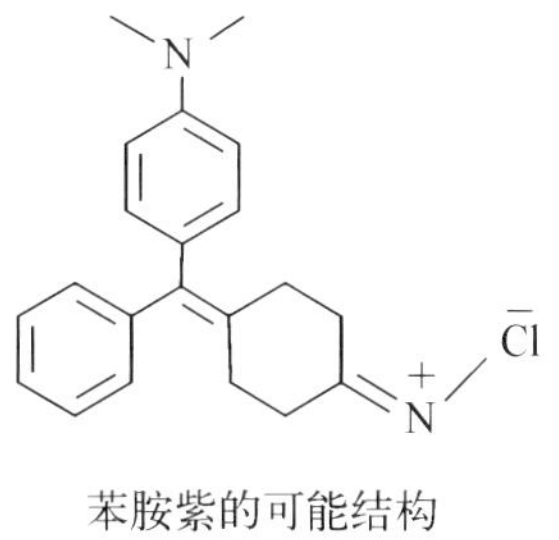

苯胺紫的可能结构

染料的主要作用是染色和涂色，且必须耐受风吹日晒和水洗，能牢牢地吸附在各种纤维、棉、麻、丝、皮革上面，使得这些物质被颜色覆盖，或者均匀分散在可以成型的物质中，并在固化后形成颜色，如塑料、橡胶制品的着色。

2.1.2　染料的分类

染料一般按照用途或者化学组成进行分类。国内的染料分类方法是根据GB/T 6686—2006制定的。该标准目前在工商业界应用广泛。

按照用途染料可分为分散染料、冰染染料、阳离子染料、活性染料、直接染料、酸性染料、中性染料、缩聚染料、还原染料和硫化染料。

分散染料(disperse dyes)在水中溶解度小,印染色时必须借助分散剂呈分散状态而使疏水性的纤维[涤纶、脂肪族聚酰胺纤维(锦纶)等]染色。

冰染染料(azoic dyes)是不溶性偶氮染料,染色时需在冷冻条件(0～5℃)下进行,由重氮组分和偶合组分直接在纤维表面上反应形成沉淀而染色。

阳离子染料(cationic dyes)在水中呈阳离子状态,常用于聚丙烯腈纤维(又称腈纶)的染色,耐光色牢度较好。

活性染料(reaction dyes)分子中存在能与纤维分子的羟基、氨基发生化学反应的基团,它们之间通过形成共价键而使纤维着色,主要用于棉、麻、合成纤维的染色,也可用于蛋白纤维的着色。

直接染料(direct dyes)分子与纤维分子之间以范德瓦耳斯力和氢键相结合,分子中因含有磺酸基、羧基而溶于水,在水中以阴离子形式存在,能够使纤维直接染色。

酸性染料(acid dyes)分子内所含的磺酸基、羧基与蛋白纤维分子中的氨基在酸性介质中以离子键相结合,主要用于蛋白纤维(驼毛、羊毛、蚕丝、各类皮革)的染色。

中性染料(neutral dyes)在中性介质中用于羊毛、聚酰胺纤维、维纶等的染色。

缩聚染料(polycondensation dyes)染色时脱去水溶性基团缩合成大分子不溶性染料,并附着在纤维上。

还原染料(vat dyes)分为不溶性还原染料和可溶性还原染料。不溶性还原染料在碱性溶液中还原成可溶性还原染料再经过氧化使其在纤维上恢复其不溶性而使纤维着色。可溶性还原染料则省去还原这一步,主要用于纤维素纤维的染色和印花。

硫化染料(sulphur dyes)在硫化碱溶液中用于纤维素纤维、维纶的染色。

依据化学组成分类,染料主要有偶氮染料、羰基染料、硝基和亚硝基染料、多苯甲烷染料、醌亚胺染料、酞菁染料、硫化染料等,应用最多的是偶氮染料。

2.1.3　染料的命名

目前绝大多数有机化合物的命名逐步向《有机化合物命名原则2017》过渡。由于染料结构复杂,很多物质的化学组成至今未能搞清楚,因此保留了习惯命名法。《纺织品用染料产品　命名原则》(GB/T 3899.1—2007)和《纺织品用染料产品　命名标准色卡》(GB/T 3899.2—2007)由中国石油和化学工业协会提出、全国染料标准化技术委员会归口制定。我国对染料的命名统一使用三段命名法,即冠称、色称和尾称。

(1) 冠称,表示染料根据其应用方法或性质分类,如分散、还原、活性、直接等。

(2) 色称,表示用这种染料按标准方法将织物染色后所能得到的颜色的名称,一般有以下四种表示方法。① 采用物理上的通用名称,如红、绿、蓝等。② 采用植物名称,如橘黄、桃红、草绿、玫瑰红等。③ 采用自然界的现象,如天蓝、金黄等。④ 采用动物名称,如鼠灰、鹅黄等。

(3) 尾称,表示染料色光、性能、状态、浓度以及适用织物等,用字母和数字表示。

依据上述标准,从名称就可以知道染料种类及其颜色、光泽等。例如还原紫RR,还原是冠称,紫是色称,R 表示带红光,两个 R 表示红光较重。目前世界各国尚未统一染料命名,各染厂都会为自己生产的染料取名,因此经常出现一物多名的情况。

阅读材料

中国染料命名用词

冠称:直接,直接耐晒,直接铜蓝,直接重氮;酸性,弱酸性,酸性络合,酸性媒介;中性,阳离子,活性,还原,可溶性还原,分散,硫化,色基,色酚,色蓝,可溶性硫化,快色素,氧化,缩聚,混纺等。

色称:嫩黄,黄,金黄,深黄,橙,大红,红,桃红,玫瑰红,品红,红紫,枣红,紫,翠蓝,湖蓝,艳蓝,深蓝,绿,艳绿,深绿,黄棕,红棕,棕,深棕,橄榄绿,草绿,灰,黑等。

尾称:表示染料色光或颜色的品质:B—带蓝光或青光,G—带黄光或绿光,R—带红光,F—色光纯正,D—深色或色光较暗,T—深色。表示性能和用途:C—耐氯漂、棉用,I—还原染料的坚牢度,K—还原染料冷染法或活性染料中的热固型染料,L—耐晒坚牢度高,M—混合物,N—新型染料,P—适用于印花,X—普通型反应性染料,代表高浓度。

各国染料冠称基本上相同,色称和词尾有些不同,也常因厂商不同而异。

2.2 光与色的关系

染料的颜色由结构决定,与照射光线也有关系,同种物质使用不同的光照射产生的颜色也不一样。除了特殊说明,一般是指自然光照射下产生的颜色(太阳光谱)。

2.2.1 光与颜色

光是处于特定频段的光子流,光子以波的方式高速运动。光具有能量,其能量与光子振动波长的关系如下。

$$E = h\nu = h \times c/\lambda \tag{2-1}$$

式中,h 为普朗克常数($h = 6.626\ 070\ 15 \times 10^{-34}$ J·s);ν 为光的频率;c 为光的速率;λ 为光的波长。光的波长不仅决定了光的能量高低,还决定了光的颜色。人的眼睛能够“看到”的光称为可见光,其 λ 是 400~800 nm,如图 2-1 所示。

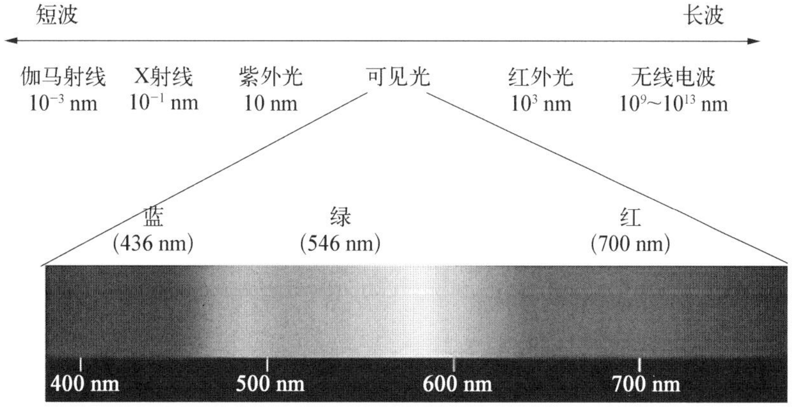

图 2-1 可见光波段

太阳光谱中包含全部的可见光、红外光和紫外光，并混合成白光。白光分解后得到的主要色光是红、蓝、绿，它们具有独立性，一种原色不能由另外的原色混合而成。红(R)、绿(G)、蓝(B)为色光三原色，以不同比例混合几乎可以得到自然界中的一切色光，每种颜色用 8 bit 来记录，共有 256 种亮度变化，三种色光乘起来有 1 600 多万种变化，这也是常用到的 24 bit 全彩。1931 年，国际照明委员会(CIE)规定了三原色的波长值为 $\lambda_R=700.0$ nm，$\lambda_G=546.1$ nm，$\lambda_B=435.8$ nm。在色彩学研究中，为了便于定性分析，白光由红、绿、蓝三原色等量相加而合成。国际通用标配方案参考(严格合成白光方案)：

G@532 nm ∶ B@473 nm ∶ R@635 nm＝1 ∶ 2.4∶ 2.5

G@532 nm ∶ B@473 nm ∶ R@650 nm＝1 ∶ 2.4∶ 6.8

一个物体吸收了所有照在它上面的可见光，没有反射光，物体就呈黑色，称之为黑体(纯黑体)。一个物体把光线全部反射，我们看到的是白色，称之为白体(纯白体)。400～800 nm 之外的光在人类眼中都是无色的。物体吸收了一部分可见光，剩下的反射光中的可见光部分就是颜色。如物体吸收了蓝、绿光而反射了红光就是红色，这种现象被称为互补。

2.2.2 吸光度测试与表征

物质在紫外-可见光区域的吸收用紫外-可见分光光度计进行测量，吸收光波长和吸收强度的关系符合朗伯-比尔定律(Lambert - Beer law)。

$$\lg(I_0/I)=\varepsilon\cdot c\cdot l \tag{2-2}$$

式中，I_0为入射光强度；I 为出射光强度；I_0/I 越大说明该物质在某波长处的吸收越强；c 为物质浓度；l 为测量用的比色皿长度(一般为 1 cm)；ε 为摩尔消光系数，ε 出现最大值时的波长称为最大吸收波长 λ_{max}，由物质结构决定。调节染料结构使 λ_{max}向短波长方向移动，看到的是蓝紫色(又称为冷色调)，称之为蓝移；反之 λ_{max}向长波长方向移动，看到的是红黄色(又称为暖色调)，称之为红移。

2.3 染料发色原理

2.3.1 发色基团、助色基团

分子中的某些基团能够吸收紫外-可见光中某些波段的光子从而导致该物质产生颜色(补色)。这些基团的化学结构上一般含有 π 电子云，如—C═C—、—C═N—、—N═N—、—NO_2、—C═O 等被称为发色基团，或者发色团、色原团。有些基团如—NH_2、—NHR、—OH、—OR 等本身不发色，但分子引入该类基团后颜色增强，称为助色基。还有一类基团本身不发色也不助色，如—COOH、—SO_3H 等，但其可以改善染料溶解性以及与纤维的结合牢固度，称为特殊助色基团。

2.3.2 染料发光机理

有机分子中大量的共价键是通过原子轨道(常见的是各种 sp 杂化轨道及 p 轨道)头对头形成的，电子云围绕键轴(两个成键的原子核连线)自由旋转而不破裂，这样的分子轨道称为 σ 键，其能量比原子轨道低，对形成分子有利，是成键轨道；两个相邻原子的 p 轨道肩并肩形成 π

键，能量低于原子轨道，是成键轨道；还有一类分子轨道 n，其能量与原子轨道基本等同，对分子形成没有贡献，称之为非键轨道，一般都由未参与成键的孤对电子(分布在 p 轨道或者杂化轨道上)占据。如果 σ 键和 π 键的能量高于原子轨道，对分子形成不利，称之为反键轨道，分别标记为 σ^* 和 π^* 。各个分子轨道的能量见图 2-2。

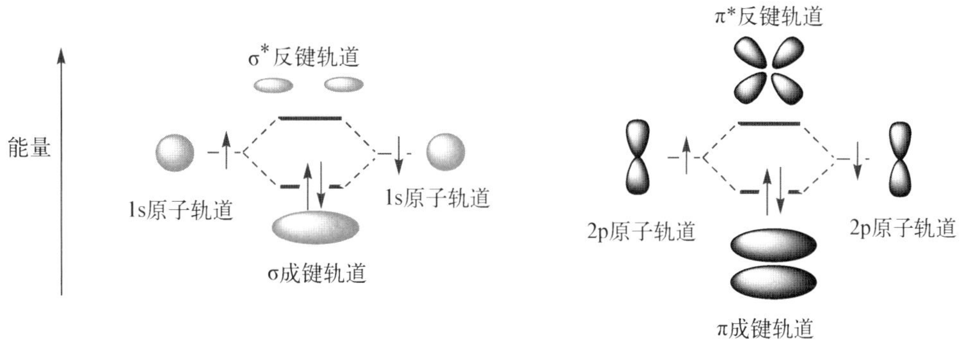

图 2-2 分子轨道的能量示意

电子吸收光量子后从一个能级跃迁到更高能级，如图 2-3 所示。

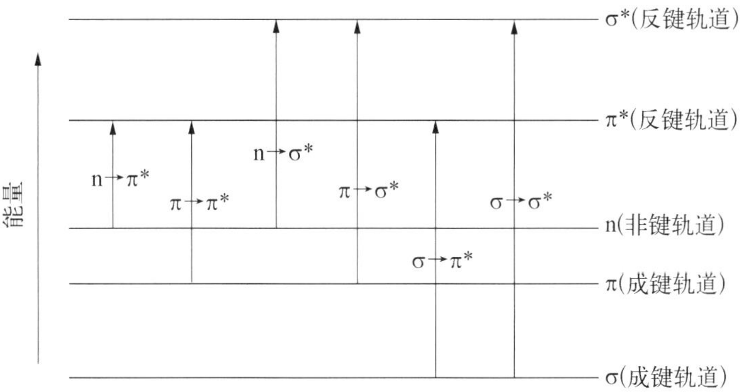

图 2-3 电子能级和跃迁示意

原则：每一个分子轨道上仅能容纳两个自旋方向相反的电子；电子首先占据能量最低的轨道，从低到高依次占据 σ、π、n、π^* 、σ^* 各个轨道。轨道之间有能量差，当物质被光照射后，如果光子能量恰好等于从低能级跃迁到高能级的能量差 ΔE，电子就吸收光子的能量从原来的轨道跃迁到更高能级上，这种现象称为电子跃迁。发生电子跃迁后，分子进入激发态，从图 2-3 可以看出各种跃迁所需要的能量次序为

$$\sigma \rightarrow \sigma^* > n \rightarrow \sigma^* > \pi \rightarrow \pi^* > n \rightarrow \pi^*$$

$n \rightarrow \pi^*$ ，$\pi \rightarrow \pi^*$ 需要的能量比较小，这种跃迁最容易发生，控制分子结构能使跃迁发生在可见光区，其互补光也在可见光区，从而使染料产生颜色。电子跃迁与光量子能量之间的数学关系如下。

$$\Delta E = E_2 - E_1 = \frac{h \cdot c}{\lambda} = \frac{h \cdot c \cdot N_A}{\lambda} \tag{2-3}$$

式中，N_A 为阿伏加德罗常数(Avogadro constant)，计算时取 6.02×10^{23} 或 6.022×10^{23}；h 为普朗克常数；c 为光速；λ 为光的波长。ΔE 的物理意义为每 1 mol 的物质分子激发所需要的能量(单位为 J/mol)。对于人类的眼睛而言，跃迁吸收的波长必须落在 400～800 nm，其互补光才能被我们感知，因此每 1 mol 物质的激发能应控制在 149.43～298.87 kJ/mol，这是设计染料分子结构的理论基础。

2.3.3 偶氮染料的发光机理

1. 基团种类和位置对偶氮染料的影响

偶氮染料因其结构中具有偶氮基而比其他类型染料的着色能力强，且更易于合成。它的色谱范围广，几乎涵盖了可见光谱的所有波段，色牢度高，被广泛应用于纺织印染。偶氮染料超过染料总产量的 70%，在合成染料中所占的比例也超过 50%，是目前使用最广泛的染料。

偶氮染料的核心结构是偶氮基，通过引入不同的取代基改变偶氮基电子云密度，从而调节偶氮染料的颜色和性能。根据偶氮基的数量，偶氮染料分为单偶氮染料、双偶氮染料以及多偶氮染料三大类；根据其应用性能，偶氮染料分为直接染料、活性染料、酸性染料、分散染料、阳离子染料、冰染染料等。偶氮染料的基础物质是偶氮苯，在光照条件下从较低能量的反式结构变为较高能量的顺式结构，发生 $\pi\rightarrow\pi^*$ 跃迁，其 $\lambda_{max}=318$ nm，还常常伴随 $n\rightarrow\pi^*$ 跃迁，其 $\lambda_{max}=443$ nm，该跃迁所需要的能量较低，但因为消光系数小而呈现淡黄色，肉眼可以分辨。

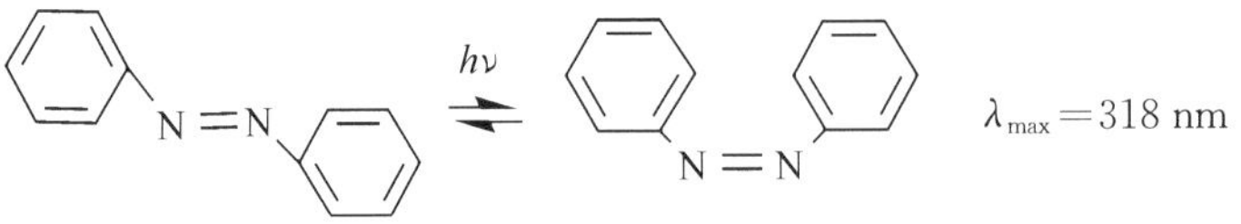

偶氮染料是由重氮组分和偶合组分经过亲电取代反应制备的。

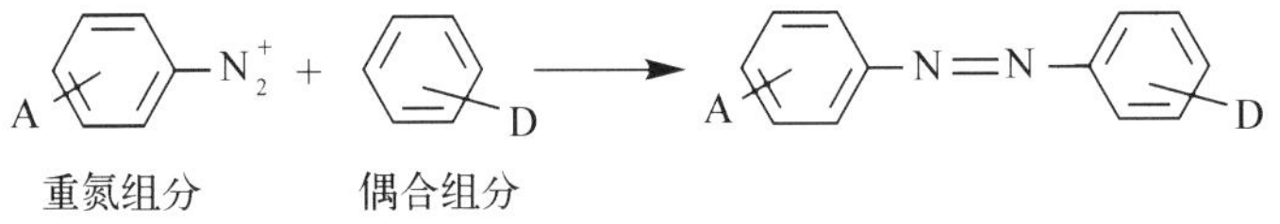

苯环上含有吸电子基团(A)的为重氮组分，含有给电子基团(D)的为偶合组分，引入 A 和 D 以后吸收光红移，染料颜色加深。吸电子基团中—NO_2 的作用最强，给电子基团中—NR_2 的作用较强，两者组合导致偶氮苯的最大吸收波长红移到 478 nm。

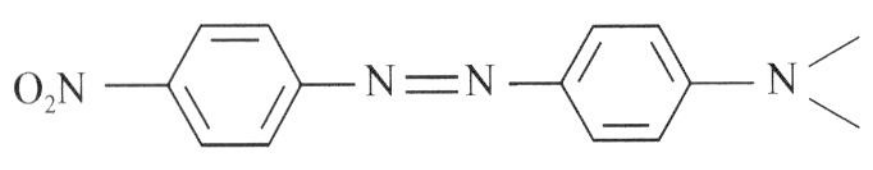

不同的取代基及其处于苯环上的不同位置都会导致颜色发生变化，其影响见表 2-1。

表 2-1 取代基的种类和取代位置对偶氮苯最大吸收波长的影响[a]

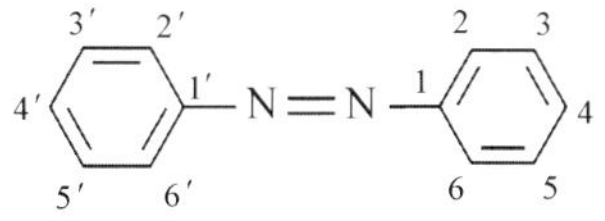

取代基	λ_{max}/nm(lg ε)	取代基	λ_{max}/nm(lg ε)
—H	318(4.33)	4-NO_2	332(4.38)
2-NH_2	417(3.8)	4-OH-4′-NO_2	386(4.47)
3-NH_2	417(3.1)	4-NMe_2-4′-NO_2	478(4.52)
4-NH_2	318(4.39)	4-NEt_2-4′-NO_2	490(4.56)
4-OH	349(4.42)	4-NMe_2-2′-NO_2	440(4.43)
4-SMe	362(4.38)	4-NMe_2-3′-NO_2	431(4.46)
4-NHAc	347(4.37)	4-NMe_2-4′-Ac	447(4.50)
4-NHMe	402(4.41)	4-NEt_2-4′-Ac	462(4.45)
4-NMe_2	408(4.44)	4-NEt_2-4′-CN	466(4.51)
4-NEt_2	415(4.47)	4-NEt_2-3′-CN	446(4.45)
2,4-$(NH_2)_2$	411(4.32)	4-NEt_2-2′-CN	462(4.48)
2,4-$(O^-)_2$	473(—)	4-NEt_2-2′,4′-$(CN)_2$	515(4.60)
3,4-$(O^-)_2$	501(—)	4-NEt_2-2′,6′-$(CN)_2$	503(4.52)
2,5-$(O^-)_2$	572(—)	4-NEt_2-3′,5′-$(CN)_2$	478(4.53)
2,4-$(O^-)_2$-4′-NO_2	574(—)	4-NEt_2-2′,5′-$(CN)_2$	495(4.56)
3,4-$(O^-)_2$-4′-NO_2	613(—)	4-NEt_2-3′,4′-$(CN)_2$	500(4.59)
2,5-$(O^-)_2$-4′-NO_2	655(—)	4-NEt_2-2′,4′,6′-$(CN)_3$	562(4.67)

a. 溶解于乙醇中。

从表 2-1 可以看出取代基的种类和取代位置对偶氮苯最大吸收波长的影响非常大，吸电子基团、给电子基团数量越多，偶氮分子的 λ_{max} 的红移越明显。为了加深颜色，应在重氮组分邻对位、偶合组分 2,5 位引入基团，这是设计偶氮染料的原理。一般来说，扩大偶氮苯分子共轭体系，会使分子的 λ_{max} 红移，有助于深色效应。扩大偶氮苯分子的共轭体系有两种方式，分别为横向(x 轴方向)扩大和纵向(y 轴方向)扩大。横向扩大，如在 4-氨基偶氮苯的一端增加苯环，分子的 λ_{max} 从 385 nm 红移到 450 nm；纵向扩大，如把 4-氨基偶氮苯中的苯环换成萘环，λ_{max} 红移到 465 nm。因此纵向扩大共轭体系更有利于使 λ_{max} 红移，染料颜色逐渐加深，向冷色移动。

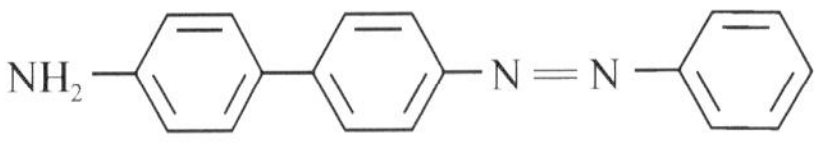

$\lambda_{max}^{EtOH}=450\ nm$

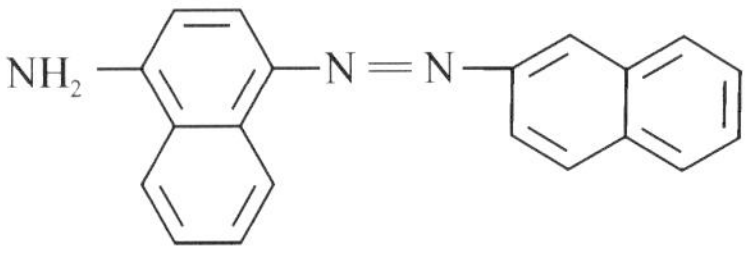

$\lambda_{max}^{EtOH}=465\ nm$

分子中含有两个偶氮基的被称为双偶氮染料，两个偶氮基处于对位时深色效应大，处于间位时影响小，处于邻位时由于位阻效应破坏分子平面，共轭体系变小导致蓝移。因此常利用萘环的 1,4 位或者 2,7 位引入偶氮基，由此制备深蓝染料。

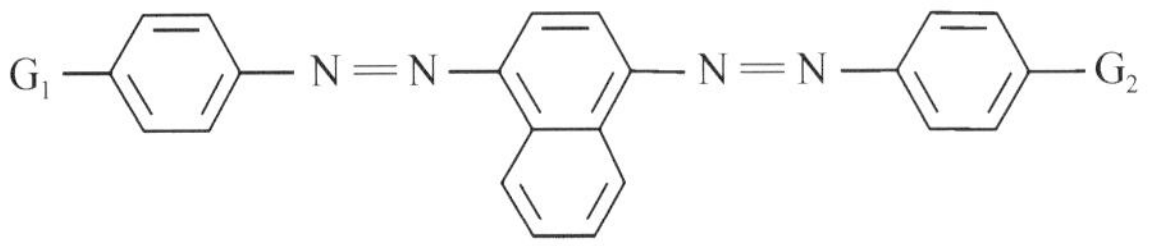

2. 杂环对偶氮染料的影响

偶氮染料中一个或者多个苯环被杂环取代会发生深色效应。引入的杂环分别为吡咯或者吡啶、呋喃、噻吩及它们的衍生物如噻唑、咪唑、噻二唑等。依据杂原子所在的位置可将杂环偶氮染料分为以杂环作为重氮组分的偶氮染料、以杂环作为偶合组分的偶氮染料，以及双杂环偶氮染料。杂环偶氮染料具有摩尔消光系数高、色牢度高、色泽艳丽等特点，是偶氮染料中的重要类别。

由于杂原子存在孤对电子，因此该类染料的化学性质为碱性，且大部分芳胺呈弱碱性，基于此，重氮化反应需以浓酸为溶剂、亚硝酰硫酸为重氮化剂，产生的重氮盐因溶于浓硫酸中而难以分离，实践中直接进行下一步反应。重氮组分的杂环主要有噻唑、噻吩、咪唑、噻二唑等。

(1) 含杂原子的重氮组分

① 噻唑类：以氨基噻唑及其衍生物为重氮组分的分散染料，其色谱从蓝色到红色，有许多重要的红色品种。主要的噻唑类的重氮组分有 2-氨基-5-硝基噻唑、2-氨基-4-氯-5-醛基噻唑、2-氨基-6-硝基苯并噻唑、2-氨基-6-甲氧基苯并噻唑等。其中，以 2-氨基-5-硝基噻唑作为重氮组分的染料，如英国的卜内门化学工业公司、美国的伊士曼化工公司、瑞士的山道士公司等都有生产，用这类化合物制成的双偶氮染料可以获得更深的蓝色。

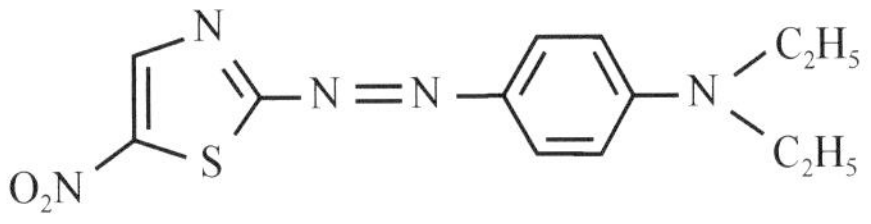

C.I. 分散蓝339

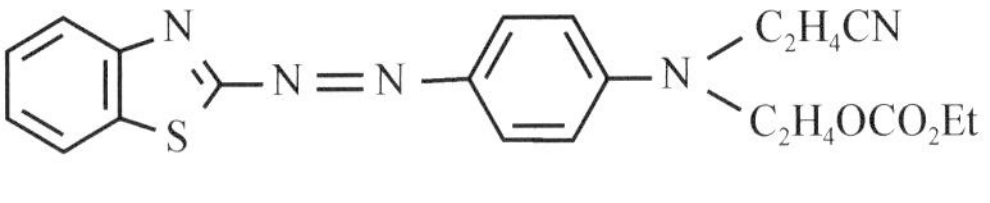

C.I. 分散红154

苯并噻唑类染料的色谱从紫色到橙色，有多种商品化的染料供应市场。由 6-硝基-2-氨基苯并噻唑类分散染料制得的商品化红色染料可用于拔染印花。在苯环上引入取代基能改善染料的坚牢度，使其颜色更加鲜艳或染色匀染性更好。其合成使用氧化-偶合法，用含氮杂环的腙与偶合剂在氧化剂存在的条件下进行偶合。

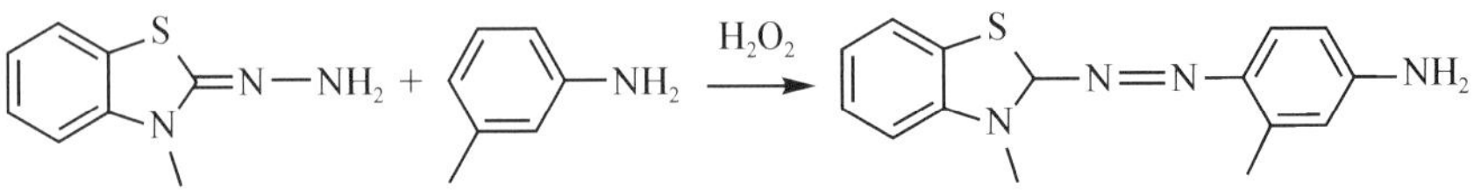

也有直接偶合的：

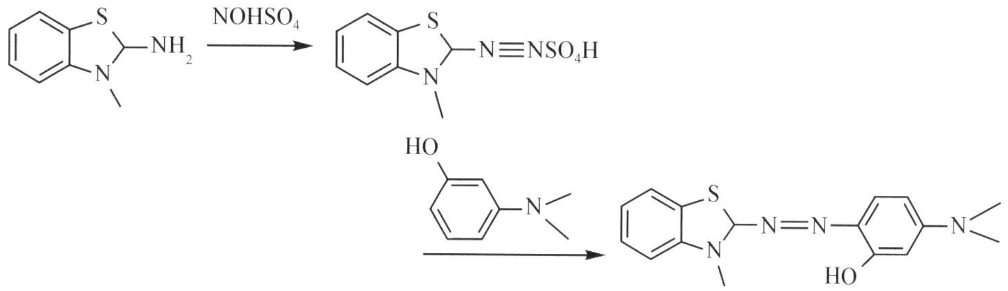

② 噻吩类：由噻吩类杂环化合物与各种偶合组分偶合制得的分散染料，具有耐水洗、耐日晒的特点，其色谱从绿色到蓝色。卜内门化学工业公司使用2-氨基-3,5二硝基噻吩作为重氮组分制得分散染料并实现商品化，如分散绿C-6G和分散蓝R-PC等。

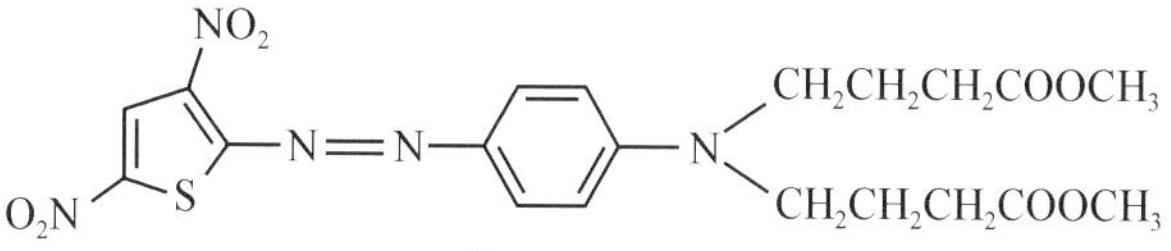

分散蓝R-PC

③ 咪唑类：咪唑类染料的色谱从紫色到橙色。杜邦公司、三菱商事株式会社等都有生产这类染料。其中苯并咪唑酮类染料是一种高性能的有机染料，其应用性能和各种牢度远远超过一般的偶氮染料，可作为有机颜料使用。

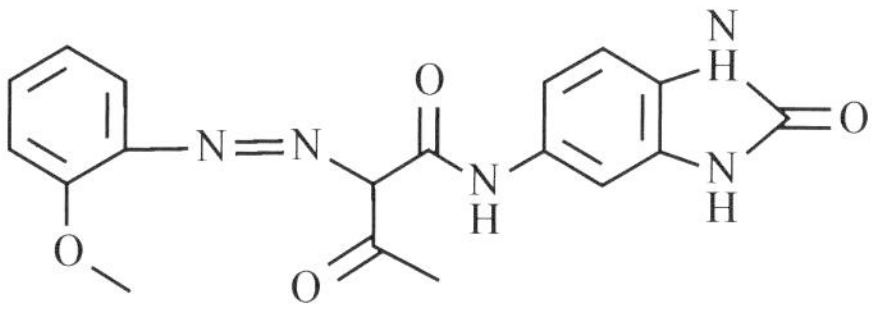

C.I.颜料黄194

④ 噻二唑类：该类杂环化合物为由重氮组分制得的偶氮分散染料。其主要呈现红色。

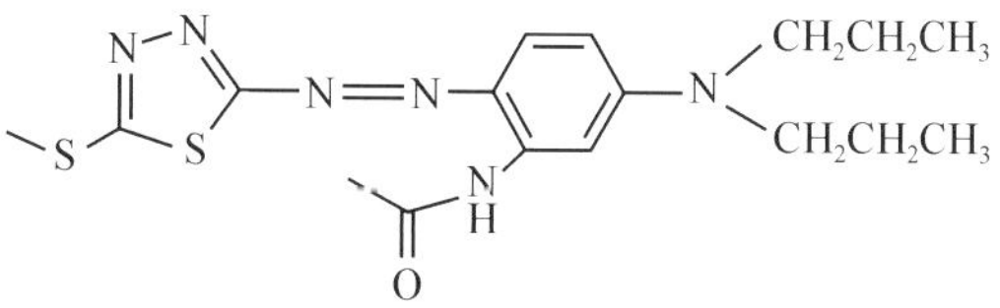

C.I. 分散红338

(2) 含有杂原子的偶合组分

① 吡唑啉酮类：具有代表性的偶合组分有1-苯基-3-甲基-5-吡唑啉酮、5-吡唑酮、1-对甲基磺酰苯-3-氨基-4-甲基-2-吡唑啉-5-酮，常在碱性条件下偶合，制得黄色的商品化染料。产品有C.I.分散黄60、C.I.分散黄84、C.I.分散黄98等。

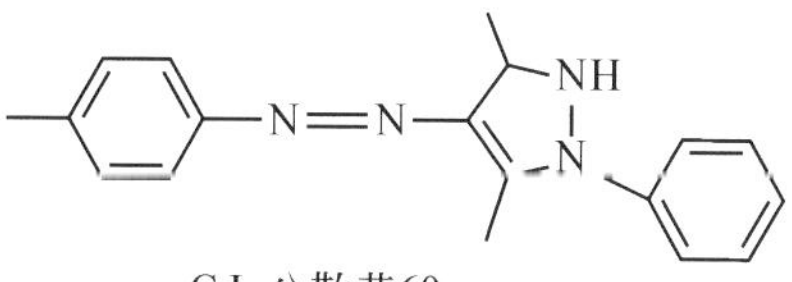

C.I. 分散黄60

② 喹啉类：具有代表性的偶合组分有8-羟基喹啉、2-氰基喹啉等，一般可用来制备红色或蓝色类染料。

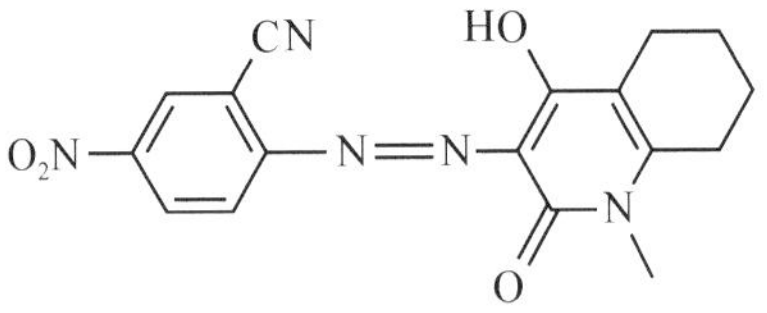

C.I. 分散深黄8301

③ 巴比妥酸类：该类化合物具有环状酰胺基结构，除了形成能够发色的共轭体系外，还具备较好的耐日晒和耐升华特点，在弱酸性条件下偶合用以制得黄色染料。该类染料对涤纶的亲和能力较差，常作为颜料应用。

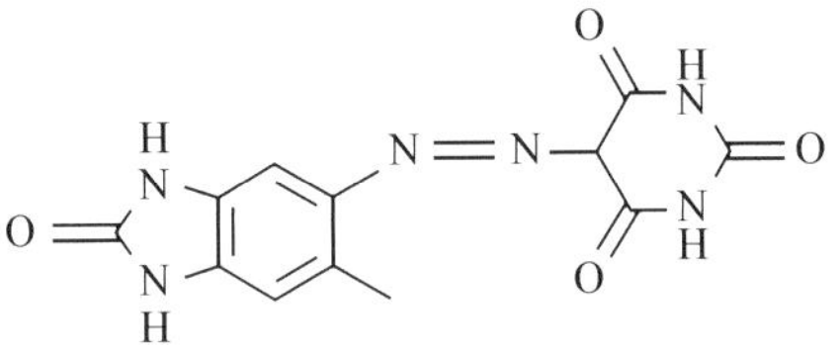

C.I. 颜料橙64

2.3.4 蒽醌染料简介

蒽醌衍生物都有颜色且广泛存在于自然界中，天然的蒽醌类化合物都含有羟基，如茜素(下中图)和羟基茜草素(下右图)等。绿色和蓝色类染料一般来自蒽醌衍生物。

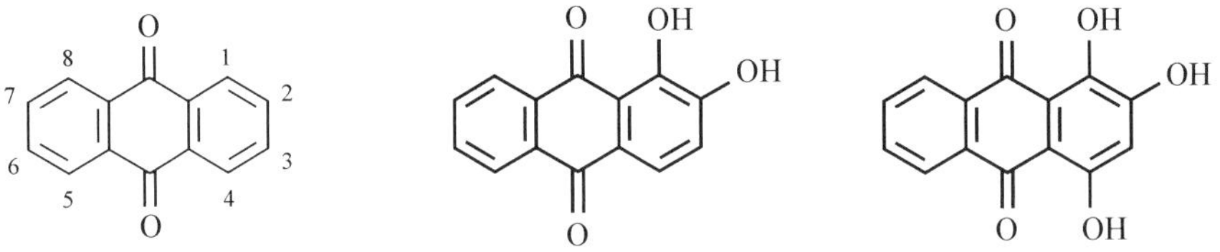

蒽醌染料有分散染料、酸性染料、还原染料、活性染料等，已发展成为色谱全、性能好的染料类别，现有 400 多个品种，仅次于偶氮染料，在合成染料领域中占有重要地位。蒽醌结构中 1,4,5,8 为 α 位，2,3,6,7 为 β 位。在 α 位引入氨基或羟基可得到色泽鲜艳的蒽醌分散染料，多用于红色、黄色或蓝色的染色。从显色结构来看，该类染料染色时不受水解、还原作用的影响，耐光坚牢度、化学稳定性都很好，使用方便，在分散染料中约占 20%。染色时以木素磺酸及 β-萘磺酸的福尔马林缩合物为分散剂，同时进行微粒化，与纤维一起热处理。代表性染料有 C.I.分散蓝 56(2BLN，下左图)和还原蓝 RSN(下右图)。

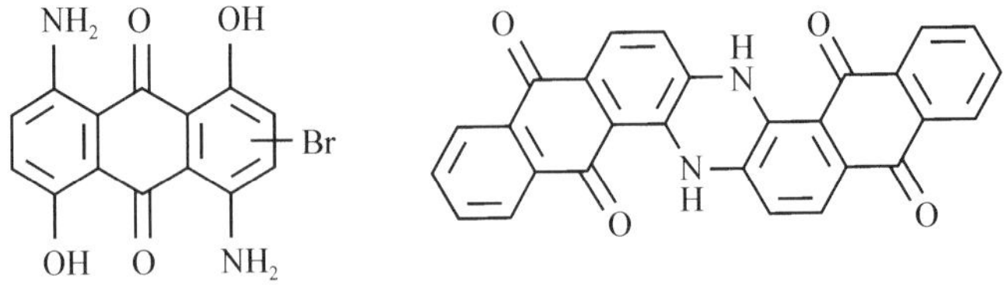

分子中引入给电子基团远比引入吸电子基团的效果显著，特别是在 1,4 位引入给电子基团，依据给电子效应由弱变强，得到从黄色到绿色的染料，呈现明显的深色效应；在 2,3 位引入取代基效果很差，甚至呈现浅色效应，据此设计该类染料的颜色。取代基的种类和取代位置对蒽醌最大吸收波长的影响如表 2－2 所示。

表 2-2 取代基的种类和取代位置对蒽醌最大吸收波长的影响

取 代 基	λ_{max}/nm[a]	取 代 基	λ_{max}/nm[a]
1-NH_2	465	2-NH_2	410
1-NMe_2	504	2-NMe_2	470
1-OH	405	2-OH	365
1-OMe	380	2-OMe	363
1,4-二氨基	550	1,2-二氨基	480
1,5-二氨基	480	1,8-二氨基	492
1-NO_2-2-NH_2	410	2,3-二氨基	442
1-Cl-2-NH_2	405	1-NH_2-4-NO_2	460

a. 溶剂为 H_2CCl_2。

从表 2-2 可以看出，同样的给电子基团在 1 位时的深色效应增强，在 2 位为浅色效应，如氨基在 1 位时 λ_{max}=465 nm，在 2 位时则降低到 410 nm；同样的给电子基团在 1,4 位时的深色效应增强，在 2,3 位时浅色效应最大，如两个氨基在 1,4 位时 λ_{max}=550 nm，在 2,3 位时则降低到 442 nm。事实上氨基在 α 位的蒽醌染料常常出现 400 nm 和 600 nm 两个吸收带，400 nm 由苯乙酮的 $\pi\rightarrow\pi^*$ 跃迁引起，600 nm 由醌型发色基团的 $n\rightarrow\pi^*$ 跃迁引起，利用该原理可以设计合成绿色染料和蓝色染料。

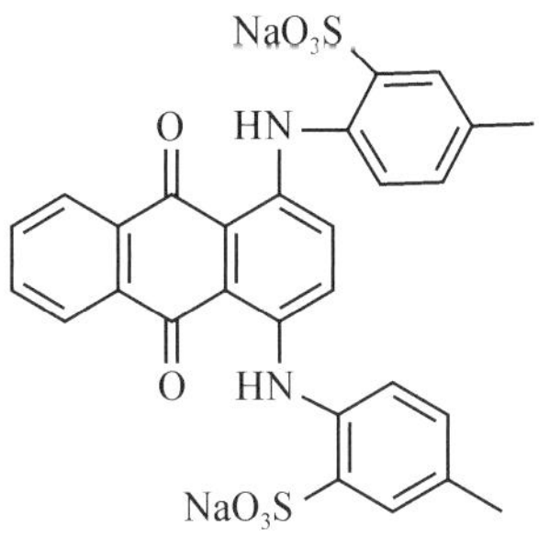

茜素绿

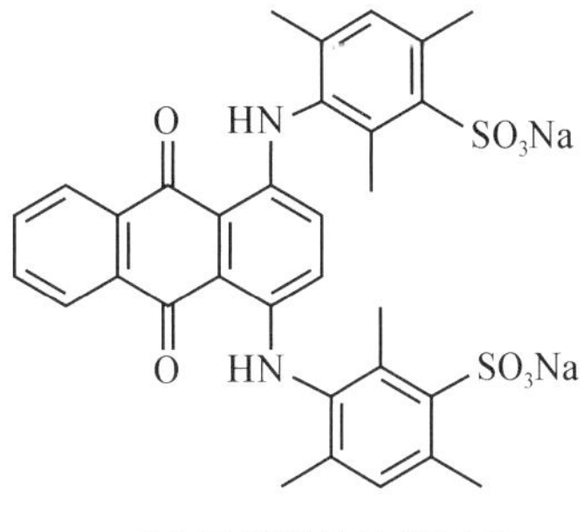

C.I.80 弱酸性艳蓝RAW

在氨基所在的苯环的邻位引入甲基，会破坏共轭平面结构，发生浅色效应，从而使染料由绿色转变成蓝色。

2.4 重氮化反应与偶氮化(偶合)反应

2.4.1 重氮化反应

重氮化反应的本质为芳胺的氨基与亚硝酸发生氧化反应生成重氮盐的过程：

$$ArNH_2 + HNO_2 \xrightarrow{0\sim5℃} [Ar-\overset{\oplus}{N}\equiv N \leftrightarrow Ar-N=\overset{\oplus}{N}]$$

重氮盐具有下述的共振结构：

$$[Ar-\overset{\oplus}{N}\equiv N \leftrightarrow Ar-N=\overset{\oplus}{N}]$$

重氮盐类似离子化合物，能够溶于水。干燥的重氮盐不稳定，对光、热、振动敏感，其快速分解可能导致爆炸，因此重氮盐一般不分离而直接使用。重氮盐只存在于强酸中，随着体系的pH升高变成重氮酸，进一步变为重氮酸根负离子，从而失去亲电性。

$$[Ar-\overset{\oplus}{N}\equiv N \leftrightarrow Ar-N=\overset{\oplus}{N}] \xrightarrow{\ominus OH} Ar-N=N-OH \xrightarrow{H^{\oplus}} Ar-N=N-\overset{\ominus}{O}$$

亚硝酸不稳定易分解，因此用无机酸与 $NaNO_2$ 快速合成的亚硝酸参与反应。

$$ArNH_2 + 2HX + NaNO_2 \longrightarrow Ar-N=N^+X^- + NaX + 2H_2O$$

影响重氮化反应的因素有以下几种。

(1) 无机酸的用量。酸不足会引起芳胺和重氮盐之间发生自偶合反应。而过量的酸则降低游离胺的浓度从而抑制偶合反应。胺与酸的物质的量的比为 1∶(2.5～3.5)。

(2) 反应温度。由于亚硝酸与重氮盐的性质均不稳定，反应温度应控制在 0～5℃来抑制它们的分解。

(3) 物料滴加顺序。顺式滴加法为将无机酸滴加到芳香胺与亚硝酸钠的混合溶液中，反式滴加法则是把芳香胺与亚硝酸钠溶液加入无机酸中。为了严格控制无机酸的用量，一般应采用反式滴加法，在充分搅拌的条件下，将预先冷却的芳香胺和亚硝酸钠的混合溶液滴加到冷却的无机酸溶液中进行重氮化反应。

(4) 亚硝酸量的影响。亚硝酸需要过量，否则会引起自偶合反应。亚硝酸是否过量，一般使用淀粉-KI试纸检测。亚硝酸能够将KI中的 I^- 氧化成 I_2 使得淀粉变蓝。试纸易受空气中酸性气体的影响，响应时间应控制在1 s内。过量的亚硝酸使用尿素分解或者氨基磺酸分解。亚硝酸钠一般配成35%的溶液使用。

(5) 芳香胺碱性的影响。碱性强的芳香胺易与无机酸成盐，不利于重氮化反应，因而要适当减少无机酸的用量，建议使用稀酸（常用稀盐酸、稀硫酸），并使用顺式滴加法。碱性较弱的芳香胺（如含有吸电子基团的硝基苯胺）很难与无机酸成盐而利于重氮化反应。反应中要使用较浓的酸且要迅速加入亚硝酸钠溶液，保持亚硝酸始终过量，否则自偶合生成重氮氨基化合物而沉淀导致重氮化反应失败。

阅读材料

重氮化反应的动力学研究

重氮化反应的速率与芳香胺和亚硝酸的浓度呈正比例关系，速率方程为

$$v \propto c(ArNH_3^+) \cdot c(HNO_2)^2 \quad (2-4)$$

$$2HNO_2 \longrightarrow N_2O_3 + H_2O$$

重氮化反应的速率与伯芳胺和 N_2O_3 的浓度有关。作为亲电攻击基团的 N_2O_3 是由两个亚硝酸分子自作用生成的，反应速率方程式(2-4)又可以表示为

$$v = k \cdot c(ArNH_3^+) \cdot c(HNO_2)^2 \quad (2-5)$$

邻苯二甲酸缓冲溶液中不同 pH 下苯胺重氮化反应速率常数见表 2－3。

表 2－3　邻苯二甲酸缓冲溶液中不同 pH 下苯胺重氮化反应速率常数

pH	$k\times10^{-2}$/ [L^2/($mol^2\cdot s$)]	pH	$k\times10^{-2}$/ [L^2/($mol^2\cdot s$)]
3.3	1.11±0.04	2.0	3.11±0.02
3.2	1.38±0.04	1.8	2.98±0.03
3.0	1.83±0.03	1.6	2.54±0.03
2.6	2.42±0.02	1.3	1.86±0.03
2.3	2.95±0.03	1.0	1.27±0.02
2.2	3.07±0.02	0.6	0.64±0.02

N_2O_3 和 $HN_2O_3^+$ 中 $HN_2O_3^+$ 更可能是攻击基团，并且重氮化反应的速率受苯胺的浓度的影响最大，其次为亚硝酸钠的浓度。不同的无机酸对重氮化反应速率的影响略有不同，且不同的攻击基团可能会产生完全不同的反应机理。例如在稀硫酸中参与反应的亚硝化试剂为亚硝酸酐 N_2O_3，在盐酸中参与反应的亚硝化试剂除亚硝酸酐外还有亚硝酰氯(NOCl)，在浓硫酸中参与反应的亚硝化试剂为 NO^-。目前普遍接受的重氮化反应机理为

$$NaNO_2 + H^+ \longrightarrow Na^+ + HNO_2$$

$$2HNO_2 \rightleftharpoons H_2\overset{+}{O}NO + \overset{-}{N}O_2 \rightleftharpoons H_2O + O{=}N{-}O{-}N{=}O$$

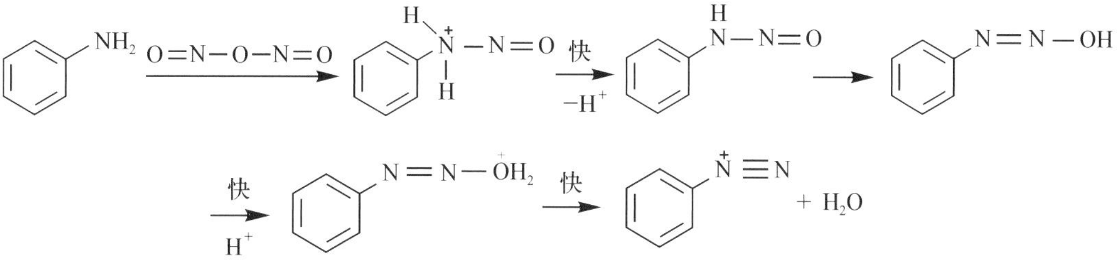

重氮盐合成和分解的相对平衡是工业应用中亟待解决的问题。重氮化反应是强烈放热反应，如对氯苯胺重氮化反应放热 117.2 kJ/mol。为保证安全，必须增加冷冻装置对反应设备进行降温处理，以防止重氮盐快速分解引发的爆炸事故。

2.4.2　偶合反应

偶合反应的本质为重氮盐阳离子与偶合组分发生经典的芳香烃亲电取代反应。第一步为重氮盐阳离子攻击具有高密度电子云的芳香碳原子生成中间体产物；第二步为中间体产物释放 H^+ 生成偶合产物，机理如下。

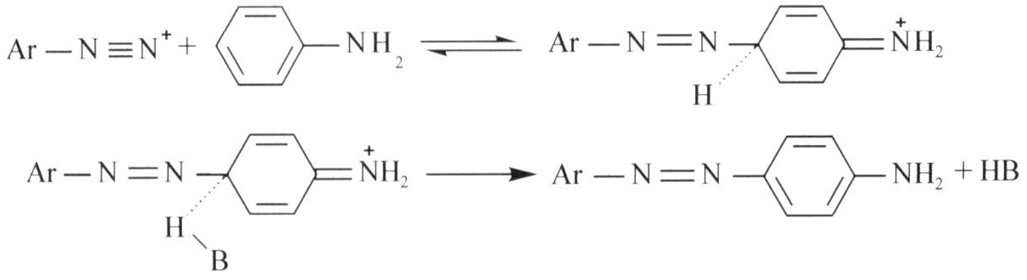

第一步的反应速度比较慢，是决定步骤。偶合反应的影响因素如下。

（1）反应温度。重氮盐不稳定易分解，将反应控制在低温，抑制重氮盐分解。

（2）溶液 pH。溶液 pH 是影响偶合反应速率的重要因素，甚至决定反应的成败。酚类化合物偶合时，为了提高芳环上的电子云密度，应在弱碱性条件下进行，当 pH 超过 9 时，过量的 OH^- 与重氮盐形成重氮酸，反而不利于反应。偶合组分为苯胺时正好相反。

（3）重氮盐阳离子的亲电子性。一方面，基团吸电子能力越强，$—N_2^+$ 上正电荷越集中，越有利于亲电进攻。另一方面，偶合组分含有的给电子基团会提高芳香环上电子云密度，也有利于反应进行。亲电试剂先进攻芳香环上电子云密度大的碳原子（攻击点为给电子基团的邻对位，萘环是给电子基团所在环的 α 位）生成反应中间体，再快速失去 H^+ 恢复芳香结构。亲电进攻是关键步骤，是双分子二级反应。

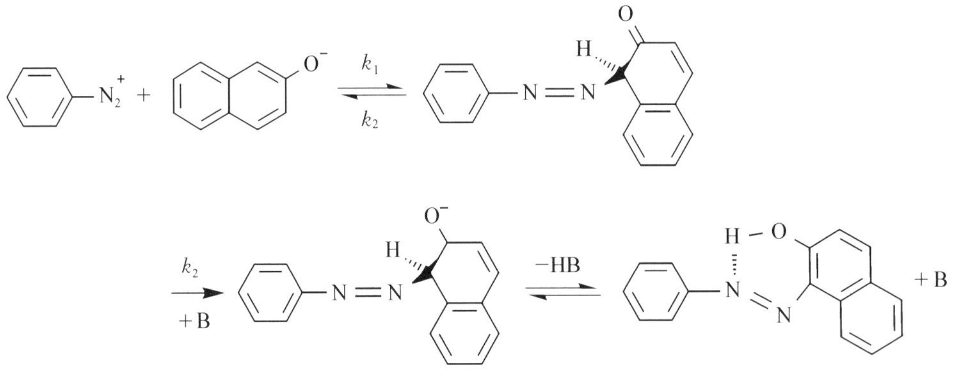

第一步中重氮基亲电进攻形成 α-络合物，芳环碳原子从 sp^2 杂化转为 sp^3 杂化，从平面结构转化为四面体结构，是关键步骤。第二步中碱 B 进攻并快速脱质子。该机理解释了以下事实：超过 80%的偶合反应的反应速率与碱的浓度无关（非碱催化），同样可以解释剩余约 20%碱催化的偶合反应是如何进行的。

2.5 染料的构效关系

偶氮苯是共轭体系，所有的原子在一个平面或者接近一个平面上，如果由于空间排斥导致分子所在平面扭曲，会减弱甚至破坏分子的共面性，进而导致共轭体系变小，电子跃迁所需要的能量变大，吸收短波长的光，其互补光向长波方向移动，颜色变暖。例如，4-硝基-4′-二甲氨基偶氮苯分子中，在$—N(Me)_2$ 的邻位引入甲基后，位阻效应破坏了$—N(Me)_2$ 与苯环的共轭，在乙醇中，λ_{max}由 475 nm 蓝移到 438 nm。

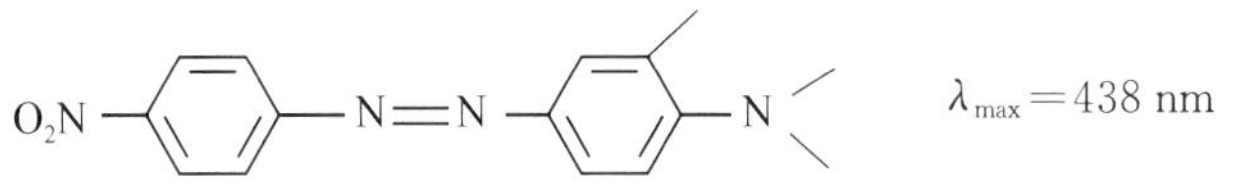

在—NO_2 的邻位引入取代基破坏—NO_2 与苯环的共轭会导致同样的结果。因此在重氮基的邻位引入取代基会导致显著的浅色效应，在乙醇中 λ_{max}蓝移到 383 nm。

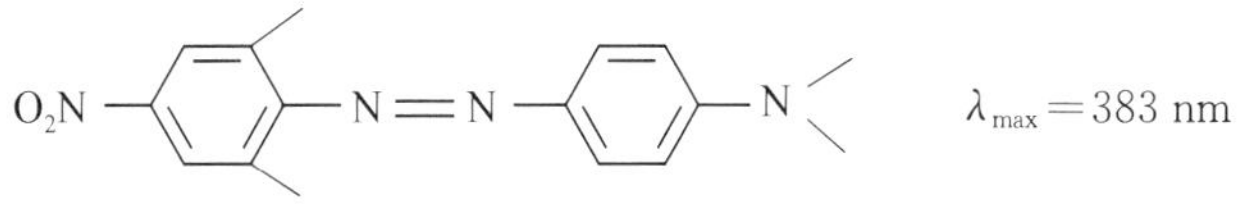

在 2,6(或者 2′,6′)位引入取代基时要注意，不能引入球形的、大位阻的基团(如叔丁基、金刚烷基等)，而应引入线性的基团，如—CN、炔基等。染料的结构与性能关系复杂，以分散黄 163 为例进行讨论。

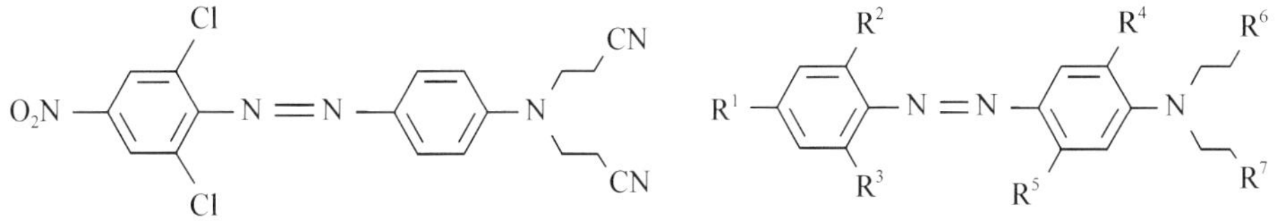

分散黄163及其单偶氮苯系列结构通式

单偶氮分散染料要得到较深的颜色，要依靠给电子基团、吸电子基团的协同作用(D－A)，形成 D－A 体系可以得到明显的深色效应。R^1 吸电子取代基的增深效应顺序为—NO_2＞—CN＞—$COCH_3$＞—Cl＞—H，因此一般 R^1 取代基都为硝基。

无位阻或空间位阻较小的情况下重氮组分上吸电子基团数目越多、吸电子能力越强，染料颜色的增深效应越显著；当吸电子基团位于偶氮基对位时效果最显著。$R^1=NO_2$，$R^4=R^5=R^6=H$，$R^7=CN$，$R^2=R^3=H$，$\lambda_{max}=456$ nm；$R^2=CN$，$R^3=Br$，$\lambda_{max}=506$ nm；$R^2=R^3=CN$，$\lambda_{max}=549$ nm。如果把苯环换成其他杂环，染料的色泽变得鲜艳，可得到深色品种，发色强度变大。当 $R^1=NO_2$，$R^4=R^5=R^6=H$，$R^7=OH$，把 R^2、R^3 所连接的苯环换成噻唑环，$\lambda_{max}=580$ nm。

2.6 致癌染料与致癌芳香胺定性分析常用的检测方法

2.6.1 致癌染料

偶氮染料本身没有毒性，在使用过程中受到阳光、空气、人体汗渍等影响发生还原反应产生对人体有害的芳香胺成分。

$$Ar—N=N—Ar' \xrightarrow{\text{代谢还原}} ArNH_2 + Ar'NH_2$$

由于染料活性基与皮肤蛋白质中的氨基或巯基发生共价结合，经过活化作用改变人体的 DNA 结构引起病变和诱发癌症。已知的致癌芳香胺有 20 多种，凡是能够分解产生该类芳香胺的偶氮染料一律禁用。《生态纺织品技术要求》(GB/T 18885—2020)中规定了 24 种禁用芳香胺化合物，涉及染料 130 多种(表 2－4)。

表 2-4 染料中不允许分解出的芳香胺化合物

序号	种 类	序号	种 类
1	4-氨基联苯	13	3,3′-二甲基-4,4′-二氨基二苯甲烷
2	联苯胺	14	2-甲氧基-5-甲基苯胺
3	4-氯邻甲基苯胺	15	4,4′-亚甲基-二-(2-氯苯胺)
4	2-萘胺	16	4,4′-二氨基二苯醚
5	邻氨基偶氮甲苯	17	4,4′-二氨基二苯硫醚
6	2-氨基-4-硝基甲苯	18	邻甲苯胺
7	对氯苯胺	19	2,4-二氨基甲苯
8	2,4-二氨基苯甲醚	20	2,4,5-三甲基苯胺
9	4,4′-二氨基二苯甲烷	21	邻甲氧基苯胺
10	3,3′-二氯联苯胺	22	2,4-二甲基苯胺
11	3,3′-二甲氧基联苯胺	23	2,6-二甲基苯胺
12	3,3′-二甲基联苯胺	24	4-氨基偶氮苯

2.6.2 致癌芳香胺定性分析常用的检测方法

进行检测的产品主要有服装、被褥、毛巾、假发、假眉毛、帽子、尿布、其他的清洁卫生用品、睡袋、鞋、手套、手表带、手提袋、钱包、公文包、椅子套、纺织或皮革玩具、带有纺织或皮革服装的玩具、消费者最终使用的织物和纱线、装饰用织物类。所有应用于服装的染料都要符合国家标准。检测标准如下。

(1) GB/T 17592—2011《纺织品 禁用偶氮染料的测定》;

(2) ISO/TS 17234-1：2020《皮革染色皮革中某些偶氮染料测定的化学试验第1部分：偶氮染料衍生的某些芳香胺的测定》;

(3) EN 14362-1：2003《纺织品某些源自偶氮染料的芳香胺的测定方法第1部分无须萃取的某些偶氮染料测定》;

(4) EN 14362-2：2003《纺织品某些源自偶氮染料的芳香胺测定方法第2部分萃取的偶氮染料测定》;

(5) 德国标准§35LMBG82.02-2《日用品分析 纺织日用品上使用某些偶氮染料的检测》、§35LMBG82.02-3《日用品测试 皮革上禁用偶氮染料的检测》、§35LMBG82.02-4《日用品分析 聚酯纤维上使用某些偶氮染料检测》等。

德国纺织业和皮革业在世界市场中占据重要地位,因此德国标准成为优选对象。

常用检测方法如下。

(1) 氧化显色法。首先使用氧化剂使芳香胺产生有色的溶液或沉淀,再用紫外光谱仪进行检测，根据特征吸收峰进行定性。

(2) 重氮偶合法。将芳香胺进行重氮化与偶合形成可溶性的偶氮染料，再对该染料用分光光度计测定。同时运用多种偶合剂进行测定比较，包括稳定性和摩尔消光系数等，可以得出定性的结论。

(3) 其他显色反应。使用特定显色剂和分光光度法对芳香胺进行定性分析。

(4) 纸色谱法和点滴试验。首先运用经典的纸色谱法分离还原所得的混合物，然后用上述各种显色方法进行点滴试验或用适当溶剂洗涤后再按上述方法进行定性。纸色谱法已能分离、分析出大部分致癌芳香胺，在某些标准的条件下也可以通过比移值(Rf 值)来进行定性分析。

(5) 薄层色谱法。其基本原理与纸色谱法类似。薄层色谱法中作为固定相的薄层可采用多种配方或经多种特殊处理，其分离能力及选择性大为扩展，使薄层色谱法成为芳香胺分离和定性分析的一种比较成熟的方法。

上述检测方法最低检测限量可达 0.1～0.4 μg/L，但普遍存在试验操作复杂、对分析人员技术要求高、各种芳香胺分离和检出特异性强、分离分析条件差异较大等缺点。前三种方法还常常受到样品量的限制而难以奏效。

2.7 偶氮染料的合成举例

2.7.1 活性染料的合成

20 世纪 50 年代，研究者发现含有二氯均三嗪基团的染料可以牢固地附着在纤维上，通过染色反应发现该基团与纤维素中的羟基和蛋白质中的氨基反应形成了稳定的共价键，因此含有二氯均三嗪基团的染料具有良好的色牢度、抗老化性。活性染料常用于羊毛纤维、棉或亚麻等植物纤维的染色，并逐渐成为纤维用染料的主流。经典活性染料的结构如下。

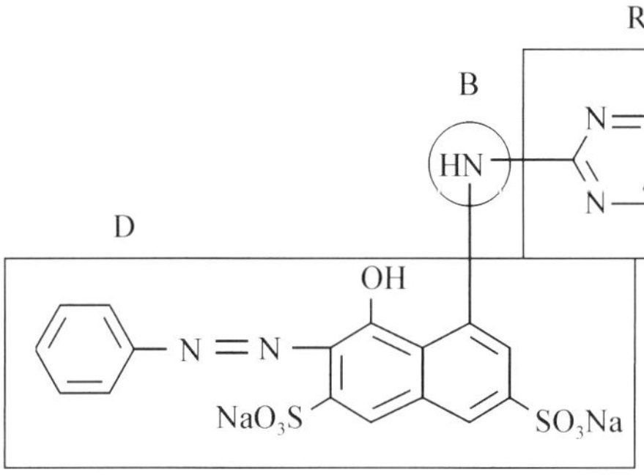

尽管活性染料的种类和数量繁多，但都具有类似的 R—B—D 结构，R 是能够与纤维素中的羟基和蛋白质中的氨基反应形成稳定共价键的活性基团，称为反应性基团，包括乙烯砜活性基团、卤代三氰活性基团以及嘧啶活性基团等。R 的反应活性及数量决定了整个染料的染色性能，R 的反应活性越强、数量越多，染料与棉或亚麻等纤维的结合能力就越强，进而使染料拥有良好的色牢度，增加了染料的经济效益。D 是染料的母体部分，起着决定染料颜色的作用，主要包括偶氮、蒽醌及酞菁等基团。D 的结构越丰富，染料的色谱图就越丰富。同时，D 中携带的不同基团可以使染料拥有各种性能，例如，水溶性较好的染料是因为 D 中携带了亲水基团—SO_3Na。B 是连接 R 与 D 的桥梁，也可以作为 D 的取代基团来参与反应。

阅读材料

活性黑 KN－B

活性黑 KN－B的别名为 C.I.活性黑 5，分子式为 $C_{26}H_{21}N_5Na_4O_{19}S_6$，分子量为 991.82。该物质在室温下为黑色粉末，在浓硫酸中呈蓝绿色，用水稀释后呈蓝灰色；溶解在浓硝酸中呈棕色，用水稀释后呈浅棕色。20℃时在 100 g 水中能溶解 10 g 活性黑 KN－B。活性黑 KN－B用水稀释后颜色变为蓝光黑，加适量 1.0 mol/L 的 NaOH 溶液颜色不变，继续加适量 $Na_2S_2O_4$ 后再将溶液加热变为黄褐色，继续添加适量 $NaBO_3 \cdot 4H_2O$ 后颜色变浅。活性黑 KN－B的结构为

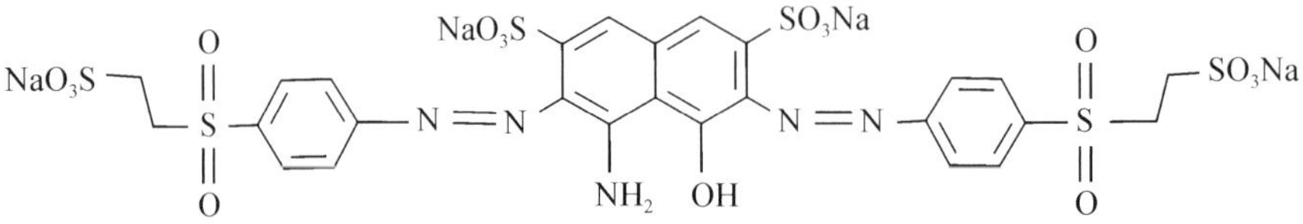

活性黑 KN－B的主要用途如下。

① 可将棉、黏胶纤维和锦纶等织物染色或者直接印花为黑色。

② 与其他颜色的染料，例如活性蓝、活性紫等复配为深蓝色使用。

③ 与其他颜色的染料，例如活性艳红 M－8B 等复配为深藏青色使用。

活性黑 KN－B的工业合成如下。

1）原料准备

需要的原料如下。

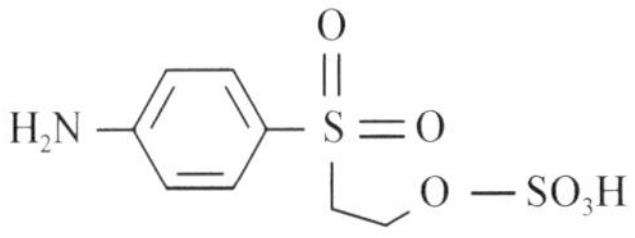

(a) 对位酯的结构式

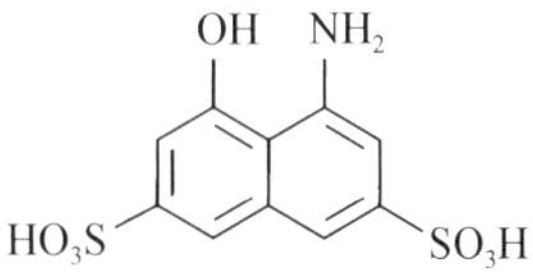

(b) H酸的结构式

（1）对位酯的溶解

往 20 g 对位酯粉末中加 200 g 去离子水，搅拌，用 pH 计进行实时监测，溶液呈灰白色浆状悬浮液时滴加 10%的 Na_2CO_3 溶液直至 pH=7.5，溶液为深棕色，抽滤，取滤液待用。反应中有 CO_2 产生，要严格控制搅拌速度。反应原理如下。

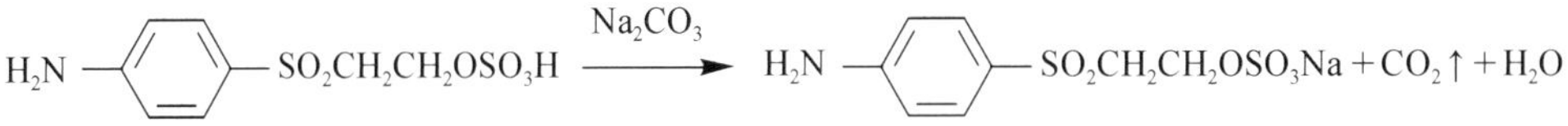

（2）对位酯的标定方法

用重氮化反应标定，通过电位滴定法测定对位酯浓度。用移液枪取 1.0 mL 第(1)步中得到的滤液，加入 10 mL 盐酸及 20 mL 去离子水。在 0～5℃下，打开电位滴定仪，搅拌，缓慢滴加 0.05 mol/L 的 $NaNO_2$ 溶液直至电位滴定仪显示终点（也可以用淀粉- KI 试纸判断终点）。标定的实验原理和检测原理如下。

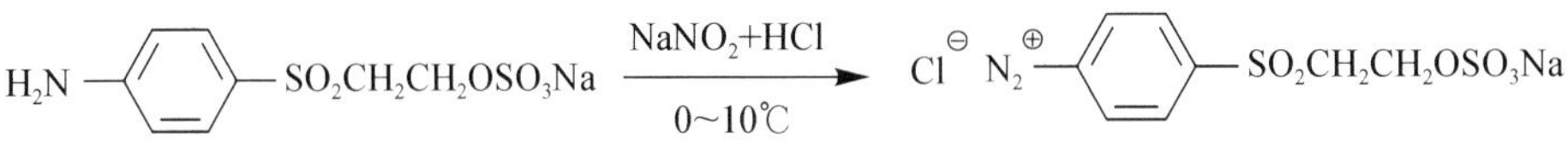

$$I^- + HNO_2 + H_2O \longrightarrow I_2 + 2NO\uparrow + 4H_2O$$
$$I_2 + 淀粉 \longrightarrow I_2^+ + 淀粉(蓝紫色)$$

准确记录消耗的0.05 mol/L的$NaNO_2$溶液的体积V_1，进行重复试验获得体积V_2和V_3，取平均值记为$V(NaNO_2)$。通过公式来计算对位酯溶液的浓度。

$$c(对位酯) = \frac{c(NaNO_2)\times V(NaNO_2)}{V(对位酯)} \tag{2-6}$$

(3) H酸的溶解

往10.0 g H酸中加200 g去离子水，搅拌，用pH计进行实时监测，待溶液呈红褐色浆状悬浮液时滴加10%的Na_2CO_3溶液至pH约为6.5时停止，抽滤，取滤液待用。反应原理如下。

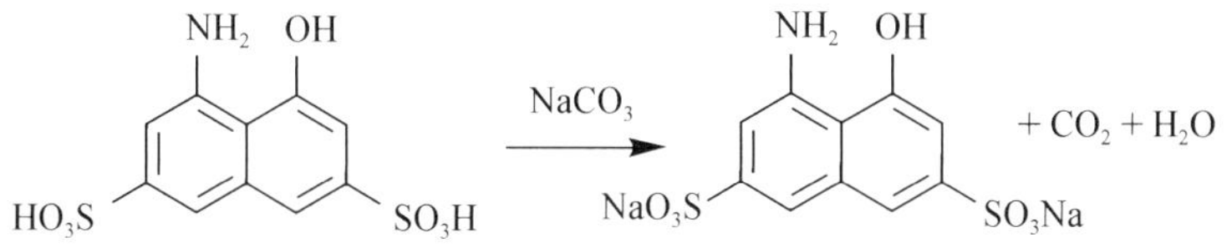

(4) H酸的标定方法

利用重氮化反应测定H酸的氨基值，根据实验结果计算出H酸的浓度。移取1.0 mL所得滤液，加入40 mL水和4 mL的盐酸(盐酸和水的比为1∶1)。在0～5℃下滴加0.1 mol/L的$NaNO_2$溶液，用淀粉-KI试纸检测终点，5 min后再次检测确定反应到达终点。原理如下：

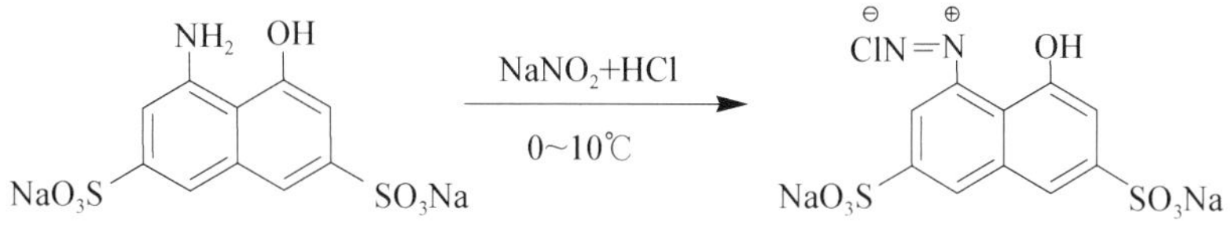

准确记录所消耗的0.1 mol/L的$NaNO_2$溶液的体积V_1，进行重复试验获得体积V_2和V_3，取平均值$V(NaNO_2)$。通过公式来计算H酸溶液的浓度。

$$c(H酸) = \frac{c(NaNO_2)\times V(NaNO_2)}{V(H酸)} \tag{2-7}$$

2) 工业合成

(1) 重氮化反应

往容器中加100.0 kg碎冰及10.6 kg浓HCl并搅拌，维持5℃，加入6.9 kg $NaNO_2$得到30%的溶液。添加溶解好的4-β-乙基砜硫酸酯苯胺溶液(28.1 kg，加入150 kg水、5.5 kg纯碱，室温溶解，pH控制在7～7.5)进行重氮化反应，保持HNO_2稍过量，温度控制在5～10℃。当刚果红试纸变蓝时停止反应，添加3.0 kg尿素以除去过量的HNO_2，得到呈现浅黄色悬浮液状态的重氮液。

(2) 酸性偶合反应

将溶解好的H酸溶液(16.2 kg H酸，80.0 kg水，1.9 kg液态碱，pH控制在7～7.5)均匀地加入第(1)步反应得到的重氮液中，搅拌，温度控制在10～15℃，当刚果红试纸变蓝时停止反应，得到红紫色的染色液。

(3) 碱性偶合反应

在第(2)步得到的红紫色染色液中均匀添加 14.0 kg 纯碱，温度控制在 15℃以下，pH 控制在 6.0～6.5，直至反应结束，得到蓝黑色的染色液。最终溶液体积为 500～600 L。

(4) 染料的盐析过程

在第(3)步得到的蓝黑色染色液中均匀添加 12.5%的 NaCl 和 12.5%的 KCl，搅拌 2 h，抽滤，重复操作几次直至滤液中的染料全部分离，将滤饼放入 80℃的烤箱中干燥，干燥后得到 510 kg 标准染料。

2.7.2　分散染料的合成

分散染料是一种不含磺酸基或羧基等离子化基团、微溶于水的小分子非离子型染料。与苯系偶氮分散染料相比，杂环偶氮分散染料的色泽鲜艳且摩尔消光系数高，染色时染料的相对用量较少。由于其在水中溶解性较差，染色时需先进行砂磨，并对染料进行分散化处理。分散染料主要用于聚酯纤维(涤纶)的染色，染料分子需依赖分散剂在染色液中呈现出高度分散状态从而进入织物纤维内部。在分散染料中偶氮分散染料占比最大，而杂环偶氮分散染料是偶氮分散染料的重要类别。

杂环偶氮分散染料的重氮组分一般碱性较弱，重氮化时需用浓酸，因此会产生大量废酸，如在浓硫酸中制备的杂环重氮盐遇碱生成大量无机硫酸盐而难以进行碱性偶合。针对上述问题，使用有机溶剂代替浓硫酸溶解杂环芳胺，同时加入氟硼酸生成稳定的重氮复盐，借助盐在有机体系的低溶解特性，实现重氮盐与体系的分离，没有废酸产生，重氮盐既能够满足酸性偶合条件，亦可进行碱性偶合。

杂环偶氮分散染料的色谱较为完整，从浅到深基本齐全。处理后的分散染料染色时只有部分染料溶解在水中，剩余的大部分呈极细微的团聚颗粒状悬浮在染色液中。染料的溶解与凝聚是个动态平衡，染色过程中染料分子迁移到布料的纤维表面并逐步向纤维内部扩散，此时溶解平衡向溶解状态进行，进入纤维内部的染料逐渐增多，最终达到动态平衡。

聚集态(悬浮) ⟹ 分散态 (溶解于溶剂中) ⟹ 浸入纤维

染料与纤维的结合是通过分子间的作用力完成的，包括氢键、范德瓦耳斯力，范德瓦耳斯力又可以分为诱导力、取向力和色散力。染色过程一般有热溶法、高温高压法和载体法。用于打印墨水的分散染料一般要求粒径分布在 0.4～0.5 μm。

阅读材料

芳胺苯并噻唑类杂环偶氮分散染料的小试合成

(1) 重氮盐的制备

往四口烧瓶中加入 43.80 g 2-氨基-5,6-二氯苯并噻唑的硫酸盐，温度维持在 5～10℃，搅拌，同时滴加 16.51 g 亚硝酰硫酸，滴加完毕后在 5～10℃下搅拌 40 min 获得混合液。往另一个四口烧瓶中加入 125.00 g 50%的硫酸溶液和 2 mL 10%的平平加溶液，降温至－2～2℃，逐滴加入上述混合液，如果产生较多泡沫可滴加 2～3 滴磷酸三异丁酯消泡剂。滴加完毕后继续反应 60 min，用淀粉-KI 试纸检验终点，然后加入 1.00 g 氨基磺酸除去过量的亚硝酸，搅拌 30 min 后获得 2-氨基-5,6-二氯苯并噻唑的重氮盐溶液。按照 2-氨基-5,6-二氯苯并噻唑的重氮盐溶液的制备方法，制备出 2-氨基-6-甲氧基苯并噻唑的重氮盐溶液和 2-氨基-6-硝基苯并噻唑的重氮盐溶液。

(2) 偶合反应

往烧杯中依次加入 150 mL 水、5.22 g 浓硫酸、4.0 mL 10%的乳化剂 OP-10、11.37 g *N*-乙基-*N*-对甲苄基苯胺，打浆 20 min 待其完全溶解后降温至 0℃，再打浆 10 min 即可获得 *N*-乙基-*N*-对甲苄基苯胺的偶合组分溶液。利用上述方法再制备出 *N*-乙基-*N*-苄基苯胺、*N*-乙基-*N*-对甲苄基间甲苯胺和 *N*-乙基-*N*-苄基间甲苯胺偶合组分溶液。在搅拌条件下将制备的 2-氨基-5,6-二氯苯并噻唑的重氮盐溶液缓慢向偶合组分溶液中滴加，分 4 批加入总质量为 100 g 的冰。滴加完毕后用渗圈法检测终点。到达终点后在 0℃下保温反应 6.0 h，使其自然升温至常温继续搅拌 1.0 h，然后升温至 50～55℃搅拌 2.0 h 后，升温至 70～75℃搅拌 2.0 h。最后过滤、水洗至中性并干燥，即可得芳胺苯并噻唑类杂环偶氮分散染料 A4。A4 的结构如下。

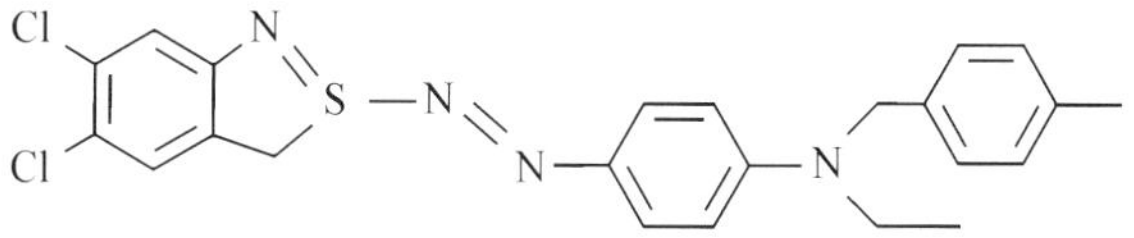

阅读材料

分散染料的发展趋势

(1) 超细纤维用杂环偶氮分散染料

超细纤维是指细度为羊毛的四分之一或棉花纤维的十分之一、长蚕丝的二分之一的纤维。这种纤维不仅具有天然纤维的手感柔软、透气吸湿、穿着舒适等优点，同时具备合成纤维的免烫、悬挂性好等性能，但印染时会出现不容易染深色、竭染率较低、染色不均匀、易产生色差、水洗摩擦牢度不达标等问题。在设计染料结构时应选择高摩尔消光系数，以保证能够用最少的染料得到充足的色深。另外，为提高染料的水洗和升华牢度，染料的分子量应比较大，并要有与涤纶能够较好结合的基团。

(2) 绿色环保型杂环偶氮分散染料

随着 GB 18401—2010 的施行，对纺织品染料及纺织品助剂出台了更严格的管控措施，绿色环保型杂环偶氮分散染料的开发和研究成为分散染料的发展趋势。

2.7.3 染料的精制与表征

染料含有杂质，如为了调节溶液 pH 而添加的无机盐、未反应的原料、中间体产物、副反应产物、染料盐析过程中添加的无机盐，以及提高染料性能的助剂、稳定剂和扩散剂等。这些杂质严重影响染料的使用效果。一般通过色谱法、蒸馏法等物理方法或者醇析法、盐析法及沉淀法等化学方法提纯，但是只适用于有机杂质成分种类较少的情况，对于某些要求更加精细的染料，宜使用色谱法精制。

偶氮染料的定量分析方法有化学分析法、光谱分析法、重量分析法、元素分析法、核磁共振法和质谱分析法等。化学分析法主要通过沉淀滴定、氧化还原滴定、重氮化反应、偶合反应等化学反应测定染料及其中间体中特征官能团的含量，进而计算染料及其中间体的含量；光谱分析法主要基于染料及其中间体在紫外光或者可见光区的吸收来获得染料及其中间体的吸光度与浓度的关系，准确计算染料及其中间体的含量。光谱分析法使用最广泛。与其他定量分析方法相比，光谱分析法对某些特殊体系如含有少量及微量成分或者包含多组分的复杂染料的混合物的计算结果更加精确。

2.8 偶氮染料的工业生产装备

2.8.1 间歇反应釜

偶氮染料的生产主要采用间歇式生产法，需使用间歇反应釜。该工艺技术成熟、易于操作，但是存在体积较大、物料混合不均、传质效果差、热量传递不均匀导致副反应发生等缺点，降低了产品收率和品质。

2.8.2 旋转填充床(rotating packed bed，RPB)

1970 年，英国帝国化学工业公司(ICI)制造了世界上第一台 RPB，增大了相间接触面积并提高了更新速度，传质速率比传统的精馏塔提高了 1～3 个数量级，反应速度加快且强化了反应过程中的微观混合和传质过程。RPB 的显著特点如下。

(1) 缩小了设备尺寸，减轻了重量，降低了生产成本，有利于升级改造；

(2) 强化传递过程，增大传质系数，使物料得到快速而均匀的微观混合；

(3) 缩短物料在反应器内的停留时间(0.1～1.0 s)；

(4) 易于操作和开/停车，设备安装维护方便；

(5) 可于任意方向安装，甚至可安装于运动物体；

(6) 适用于处理有毒、热敏感性、光敏感性材料等特殊体系。

如图 2-4 所示，气相物料和液相物料通过各自入口进入 RPB 中，经过快速混合之后经由液体分布器喷射入反应器腔内，转子高速旋转产生巨大的剪切力，丝网填料将液体撕裂成微米或纳米级的液膜、液丝和液滴等液体微元，使相间接触面积变得巨大并且更新速度得到极大的提升，极大地提高了传质速率。随着技术的进步，各种新型的 RPB 应用于多种多相反应系统，还应用在化工分离单元操作、新型纳米材料制备、去除聚合物中的挥发性气体、含硫或氮氧化合物的烟气处理、海水脱氧、臭氧氧化、尘雾洗涤、纳米级粉体的制备过程等领域。

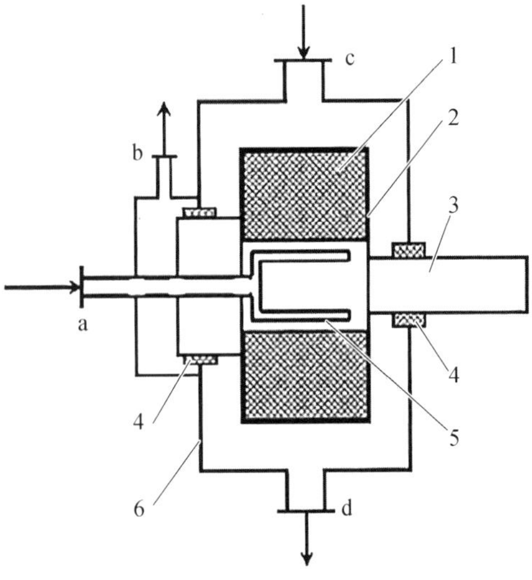

图 2-4 RPB 结构示意

1—填料；2—转子；3—转轴；4—密封；5—液体分布器；6—外壳；a—液体进口；b—气体出口；c—气体进口；d—液体出口

本章练习题

2-1 指出下列化合物中的重氮组分和偶合组分。

(1) 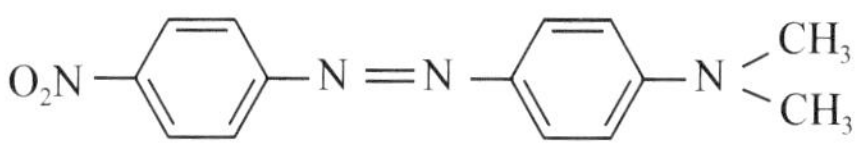

(2) 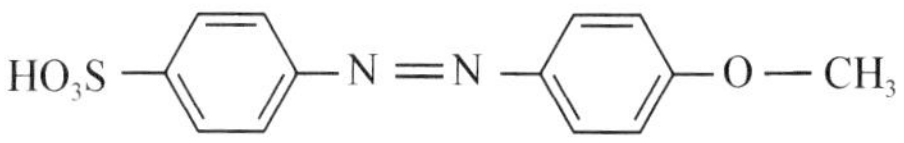

2-2 如何设计才能使偶氮染料的颜色在可见光区？

2-3 对不同结构的芳香胺进行重氮化反应，需要注意的事项有哪些？

2-4 谈谈管式反应器是否适合偶氮染料的生产。

第 3 章

有 机 颜 料

3.1 颜料概述

3.1.1 颜料的种类

颜料(pigment)是指用来着色的粉末状物质(液体很少)。其在水、油脂、树脂、有机溶剂等介质中不能溶解或者溶解度很小,但易于分散成极细的颗粒,均匀地在这些介质中分散并能着色,且具有一定的遮盖力,在被染色的物质表面形成一层致密的膜,使物体染上颜色。

颜料分为天然颜料和合成颜料。最早使用的是天然颜料。天然颜料分为无机颜料和有机颜料。无机颜料以矿物为来源,如朱砂、红土、雄黄、孔雀绿及重质碳酸钙、硅灰石、重晶石粉、滑石粉、云母粉、高岭土和贵金属(如掺入金粉的墨水或油漆)等,颜色鲜艳且性质稳定,能够长时间保存。有机颜料主要以生物质为来源,如来自动物的胭脂虫红、天然鱼鳞粉等,来自植物的藤黄、茜素红、靛青等。合成颜料是人工合成的。合成颜料也分为无机颜料和有机颜料。无机颜料如钛白、锌钡白、铅铬黄、铁蓝等,有机颜料如大红粉、偶氮黄、酞菁蓝、喹吖啶酮等。按功能颜料分为防锈、磁性、发光、珠光、导电颜料等。按颜色颜料分为白、黄、红、蓝、绿、棕、紫、黑色颜料等。

依据化合物的类别还可以进一步细分。无机颜料分为氧化物、铬酸盐、硫酸盐、硅酸盐、硼酸盐、钼酸盐、磷酸盐、钒酸盐、铁氰酸盐、氢氧化物、硫化物、金属颜料等;有机颜料分为偶氮颜料,酞菁颜料,蒽醌、靛族、喹吖啶酮、二噁嗪等多环颜料,芳甲烷系颜料等。依据溶解性颜料分为不溶性颜料与可溶性颜料。

相比较而言,有机颜料色彩鲜明、着色力强、无毒性、合成容易、品种多,但其耐光性、耐热性、耐溶剂性、耐迁移性、稳定性往往不如无机颜料。

3.1.2 颜料与染料的区别

颜料与染料的根本区别在于,染料能够溶解在所用的染色介质中,而颜料通常是不溶的,既不溶于介质也不溶于被着色的底物(如纤维),通常以高度分散状态覆盖底物而使底物着色。事实上不少颜料和染料的化学结构一样,不同的使用方法可以相互转化,如某些还原染料和硫化还原染料,不经还原过程作为颜料用于高级油墨;还原后则可以作为纤维染料。

目前有机颜料广泛地用于油墨、油漆、涂料、合成纤维的原浆着色,以及织物的涂料印花,塑料及橡胶、皮革的着色等,其中油墨颜料使用量最大。有机颜料的产量占颜料总产量的四分之一左右,依据行业协会统计,2022 年全球有机颜料消费量已经达到 40.7 万吨。

3.1.3 颜料的命名

采用颜色分类对颜料进行命名,如颜料黄(PY,Pigment Yellow 的缩写,下面类似)、颜料橘黄(PO)、颜料红(PR)、颜料紫(PV)、颜料蓝(PB)、颜料绿(PG)、颜料棕(PBr)、颜料黑

(PBk)、颜料白(PW)、金属颜料(PM)十大类。同样颜色的颜料依照次序编号排列，如钛白(PW－6)、锌钡白(PW－5)、铅铬黄(PY－34)、喹吖啶酮(PR－207)、氧化铁红(PR－101)、酞菁蓝(PB－15)等。为了标明化学组成，还附有结构编号，如钛白(PW－6C.I.77891)、酞菁蓝(PB－15C.I.74160)，方便颜料的制造商和使用者查明颜料的组成和化学结构。GB/T 3182—1995也是采用颜色分类对颜料进行命名的，如白色为BA(BA是白字的汉语拼音Bai的简写，下面类似)、红色为HO、黄色为HU……再结合化学结构的代号和序号组成颜料的型号，如中铬黄(HU 02－02)、氧化铁红(HO－01－01)、甲苯胺红(HO－52－01)、酞菁蓝BGS(LA 61－02)等。颜料通常使用通用名称、商品名称或颜色索引名称(CI通用名称)，用IUPAC或CAS的系统命名法反而不方便。例如：

通用名称：嫩黄

商品名称：Aureolin苯并咪唑酮黄

受保护的商品名：Hostaperm黄H4G(TM)

CI通用名称：C.I. 颜料黄151

CAS名称：苯甲酸，2－[[1－[[(2，3－二氢－2－氧代－1*H*－苯并咪唑－5－基)氨基]羰基]－2－氧代丙基]偶氮]，这样的名称显然不便于贸易和使用。

3.2 有机偶氮颜料

3.2.1 概述

有机偶氮颜料的应用性能、颜色与其分子结构有直接关系。有机偶氮颜料可分为单偶氮颜料、双偶氮颜料、偶氮缩合颜料、金属偶氮颜料等，其合成方法与偶氮染料类似，具有价格低廉、颜色鲜艳、制备方便等优点，但色牢度较差。

1. 单偶氮颜料

单偶氮颜料是指分子中只有一个偶氮基的颜料，最常见的偶合组分是乙酰乙酰苯胺及其衍生物和吡唑啉酮及其衍生物，一般以黄色和橙色居多，如汉沙黄系列。

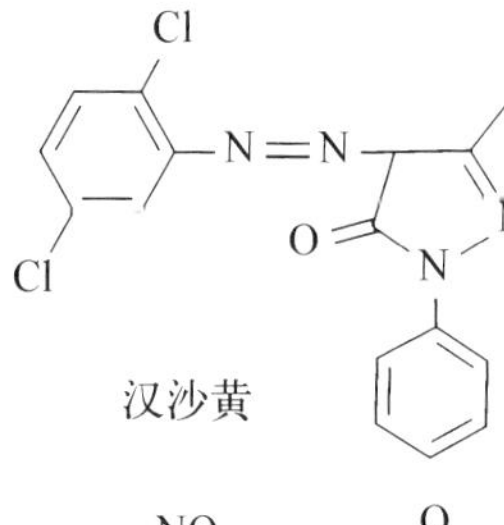

汉沙黄

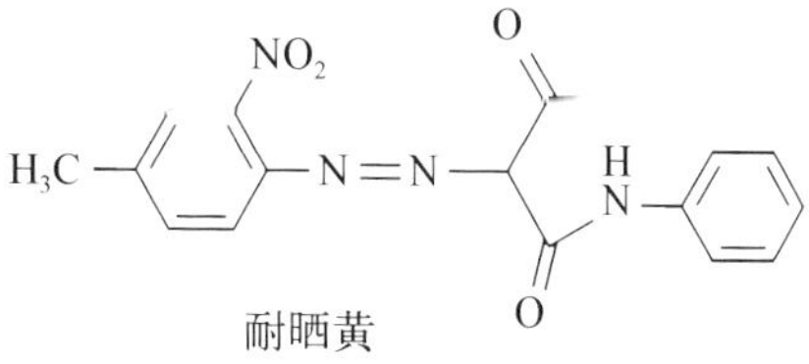

耐晒黄

耐晒黄10G

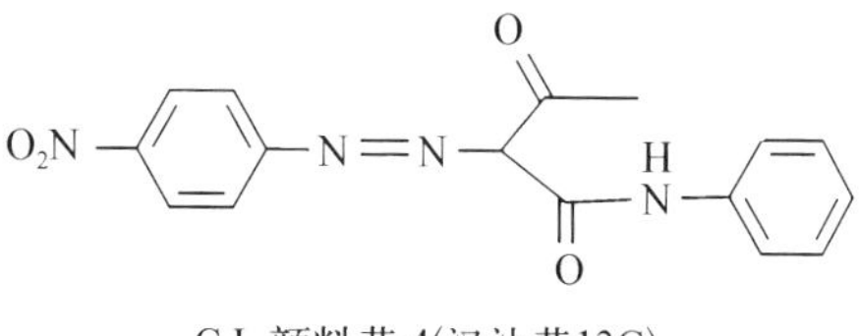

C.I. 颜料黄4(汉沙黄13G)

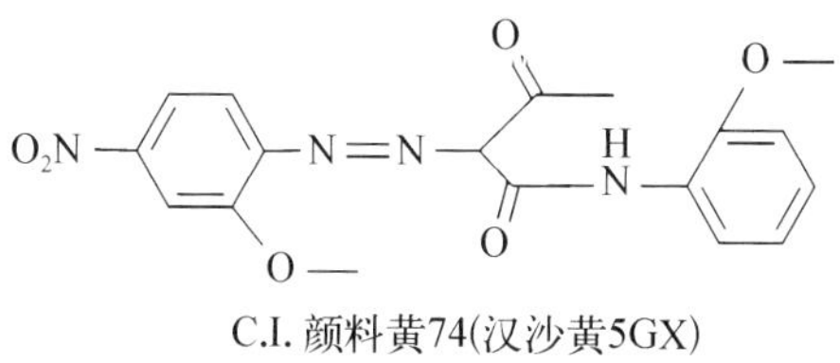

C.I. 颜料黄74(汉沙黄5GX)

C.I. 颜料黄65(永固黄RN)

此类颜料光牢度性能好，但在溶剂中不稳定。其生产工艺简单、种类较多、耐晒坚牢度好，但分子量较小，耐溶剂性能和耐迁移性能都不太好，容易发生迁移（被有机溶剂溶解并带走），只能用于普通品质的乳胶漆、油墨印刷及办公用品等。

（1）苯并咪唑酮颜料

苯并咪唑酮颜料分子中含有5-酰氨苯并咪唑酮基，是一类高性能的有机颜料，生产难度较高。以芳香胺为重氮组分、苯并咪唑酮为偶合组分，可分别制得黄色、橙色、红色和棕色颜料，主要品种为黄色和红色。其应用性能和各项牢度远优于其他偶氮颜料。这类颜料的耐晒坚牢度和水洗坚牢度多数能达到最高级别。由于价格原因其主要用于高档场合，如轿车面漆、高层建筑外墙涂层和高档塑料制品着色剂。

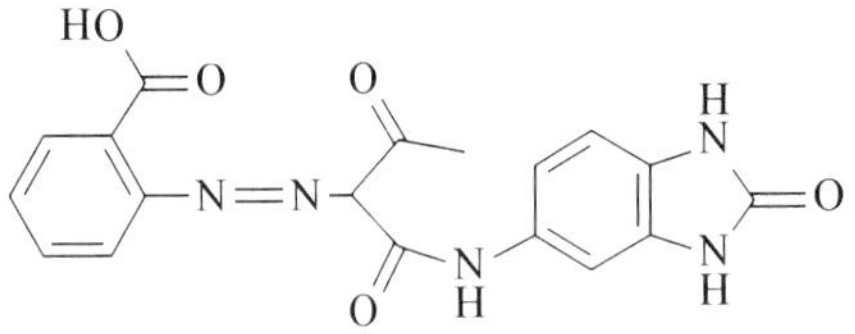

C.I. 颜料黄151(永固黄H4G)
耐晒坚牢度8级，水洗坚牢度3级

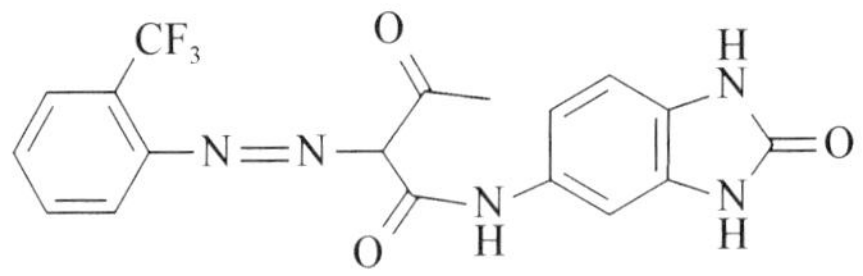

C.I. 颜料黄154(永固黄HG)
耐晒坚牢度8级，水洗坚牢度5级

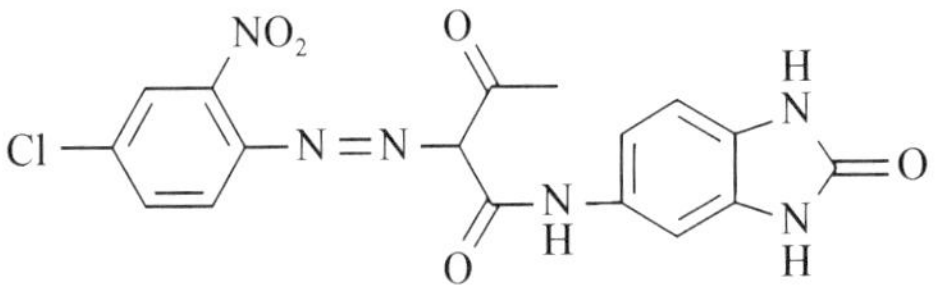

C.I. 颜料橙36(永固橙HL)
耐晒坚牢度6~8级，水洗坚牢度5级

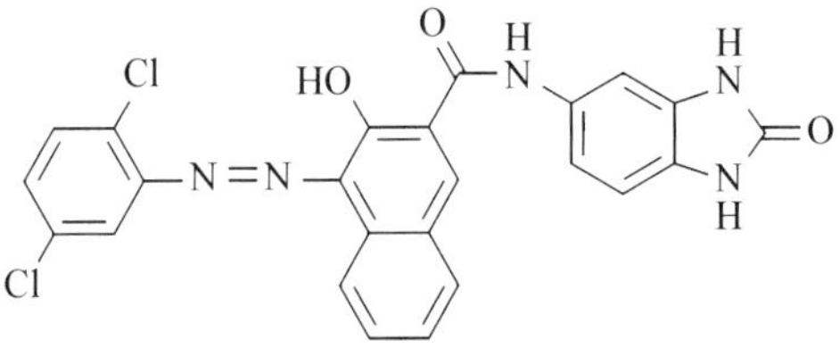

C.I. 颜料棕25(苯并咪唑酮棕HFR)，色相角为43.5°，中性红色，耐晒坚牢度7~8级，水洗坚牢度5级

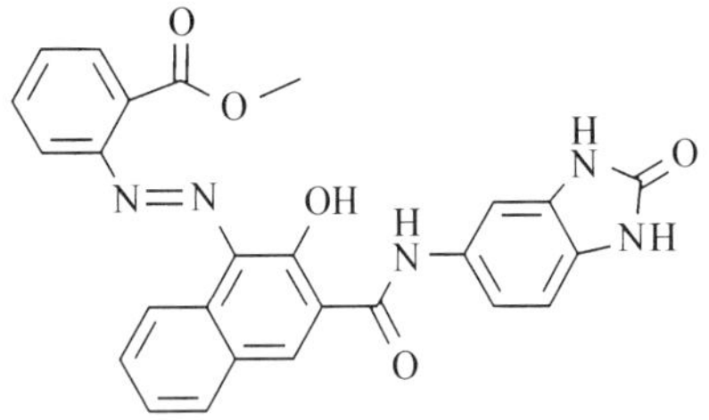

C.I. 颜料红175(永固红HFT)，
耐晒坚牢度8级，水洗坚牢度5级，
热稳定性(300℃/30 min)

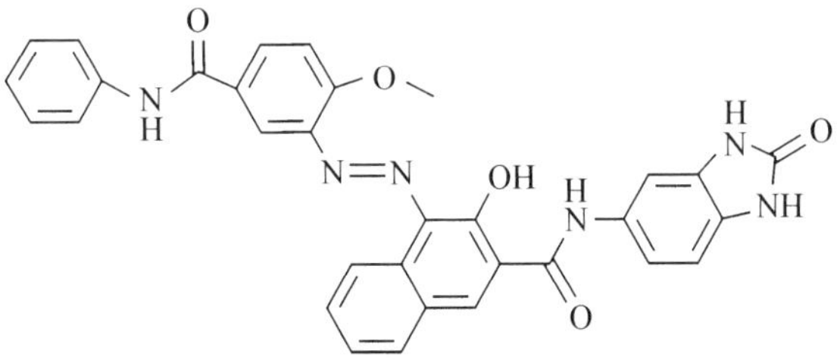

C.I. 颜料红176(永固洋红BH3C)，蓝光红色，
耐晒坚牢度6级，水洗坚牢度5级，热稳定性
(300℃/30 min)

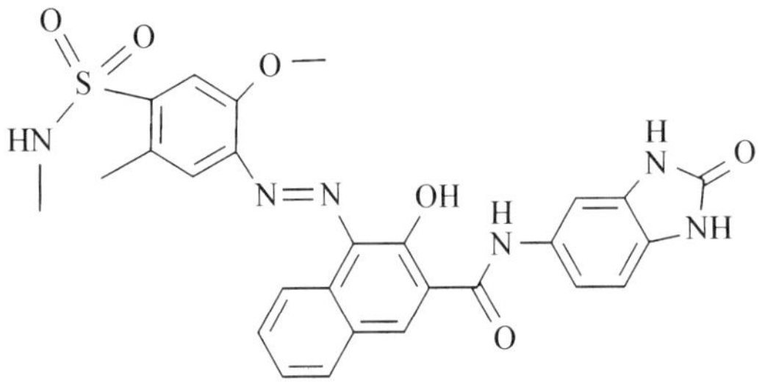

C.I. 颜料红185，蓝光红色，色相角为35.8°，
耐晒坚牢度6~7级，水洗坚牢度5级

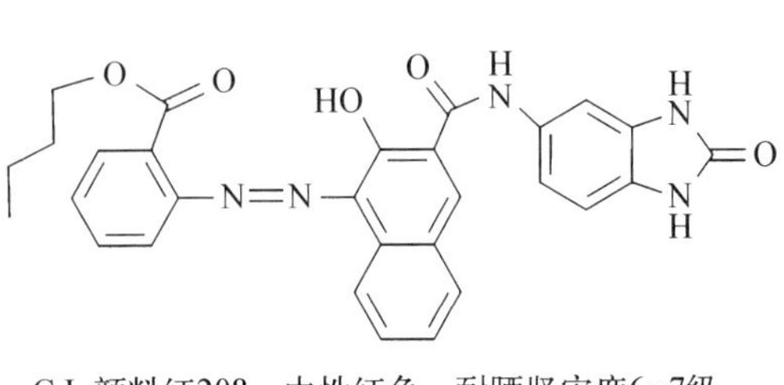

C.I. 颜料红208，中性红色，耐晒坚牢度6~7级，
水洗坚牢度5级，耐候性较差

（2）β-萘酚系列颜料

该类颜料的分子量相对较大，且具有很好的耐晒坚牢度、耐溶剂性能和耐迁移性能，但不耐碱，主要用于耐晒坚牢度较高的油漆和涂料。色酚 AS 系列的偶合组分是色酚 AS 及其衍生物，颜色有黄色、橙色等，色谱相对较广，但耐晒坚牢度和耐迁移性能都不太理想，因此主要用于油墨印刷和油漆。

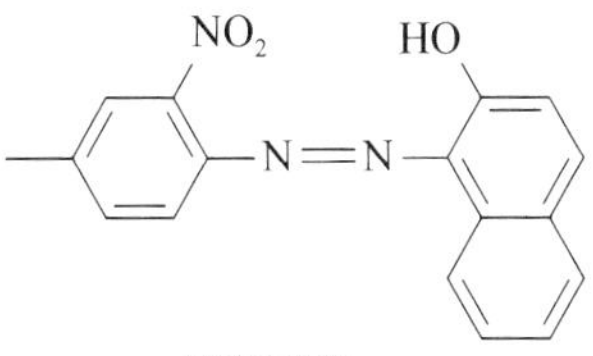

甲苯胺红

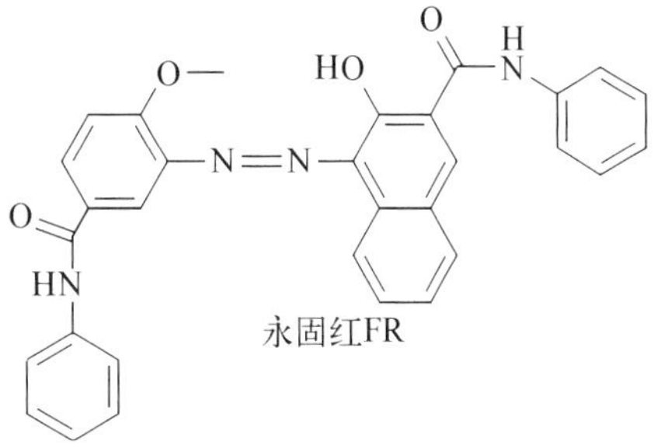

永固红FR

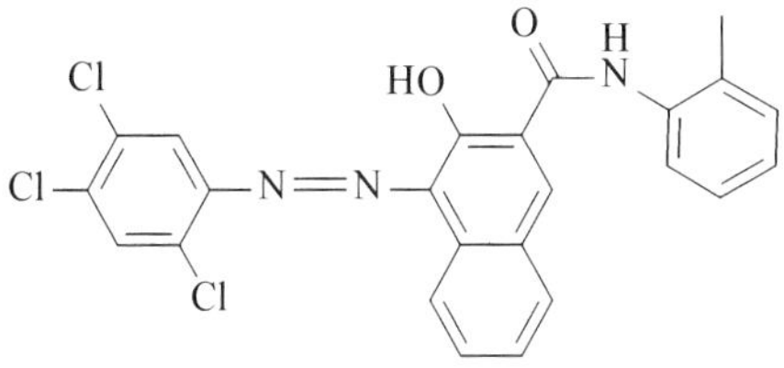

C.I. 颜料红112(永固红FGR)

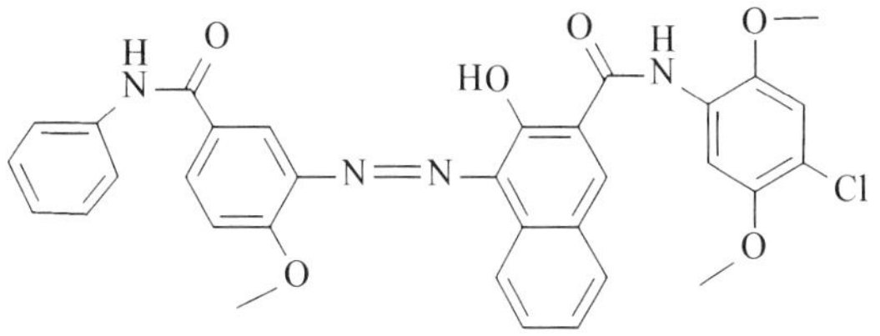

C.I. 颜料红146(永固洋红FBB)

可以在偶氮颜料中引入官能团改变颜料的极性。如在汉沙黄类颜料中引入不同数目的磺酸基或者羧基可以改变其耐溶剂性能，达到更好的分散度，增加此类颜料的应用范围和性能。

2. 双偶氮颜料

双偶氮颜料是指分子中含有两个偶氮基的颜料。现在普遍采用 4,4′-二氨基苯甲酰苯胺代替联苯胺重组分制备黄色颜料。该类染料耐晒、耐热性能良好，主要应用于塑料染色。此类颜料生产工艺复杂，色谱较多，耐迁移性能和耐晒坚牢度都不太理想。

3. 偶氮缩合颜料

为了克服上述颜料在溶剂中分散差等缺点，科研人员开发了偶氮缩合颜料。此类颜料分子中含有两个偶氮基，性能更为优良，分子量一般为 1 000 左右，含若干个酰胺基，且分子中的 N、O 和 H 原子之间易形成分子间和分子内氢键，从而形成网状交联结构，因此耐迁移性能和耐溶剂性能较好，可用于高档塑料涂料行业。

以含羧基的双乙酰芳胺为偶合组分，使用芳香二胺把两个偶合分子缩合起来得到一系列黄色偶氮缩合颜料，典型的如 C.I. 颜料黄 128 和 C.I. 颜料黄 94，具有很高的比表面积和较好的应用性能，用于油墨印刷和纤维着色等。其中 C.I. 颜料黄 94 的绿光最强，耐热性较好，在 1/25～1/3 标准色深度的高密度聚乙烯（含 1% TiO_2）制品中可耐受 300℃，但着色强度只有 C.I. 颜料黄 128 的一半，且比表面积只有 35 m^2/g，透明性较差，因此一般用于调制高级印刷油墨，尤其是调制金属装饰用油墨。典型的黄色偶氮缩合颜料见表 3-1。

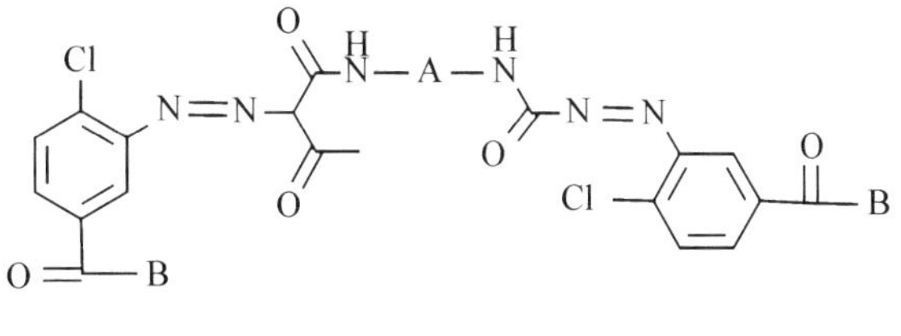

表 3-1 典型的黄色偶氮缩合颜料

染料索引号	A	B	色 光
C.I. 颜料黄 93	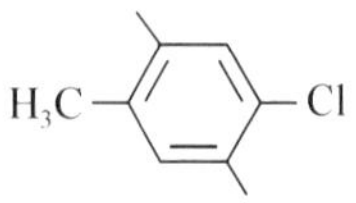	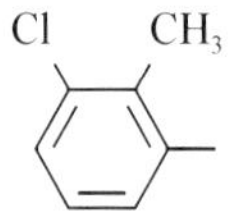	黄色
C.I. 颜料黄 94	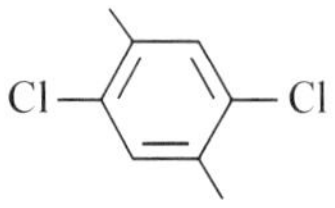	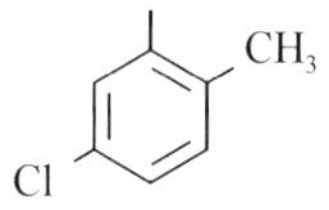	绿光黄色
C.I. 颜料黄 95	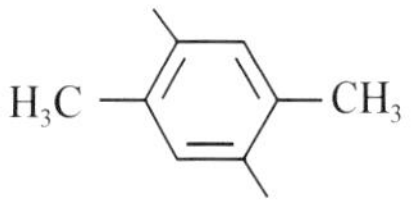	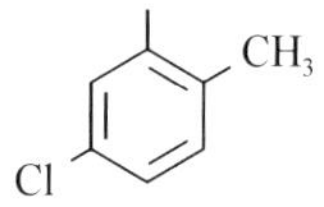	红光黄色
C.I. 颜料黄 128	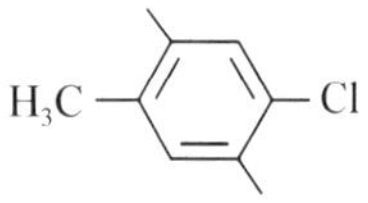	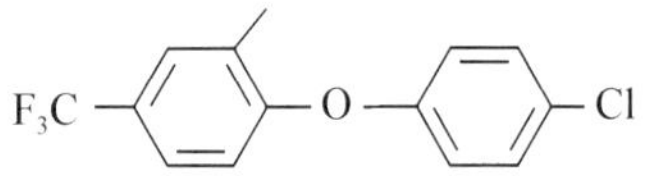	绿光黄色

C.I. 颜料黄 95 呈红光黄色，在标准色深度时它的色光介于颜料黄 13 与颜料黄 83 之间，是偶氮缩合颜料中着色强度最高的品种，具有优异的耐热稳定性，如在聚烯烃中热稳定性优异，1/3 标准色深度的制品中耐受 290℃，1/25 标准色深度的制品（含 1% TiO_2）中耐受 270℃，同时适用于聚氨酯和丙纶纤维的原液着色，热稳定性和着色强度高，但耐晒坚牢度和耐久性方面稍差。颜料黄 128 仅次于颜料黄 94，是偶氮缩合类第二强绿光黄色，着色强度中等，耐溶剂、耐光、耐气候色牢度性能优异，比表面积不小于 70 m^2/g，透明性好。该颜料对于常见的有机溶剂惰性很高，耐再涂性好，非常适合调制轿车原始面漆。偶氮缩合颜料系列还有黄、红两种色谱，一般为 β-萘酚系列颜料，可以调配出需要的颜色。

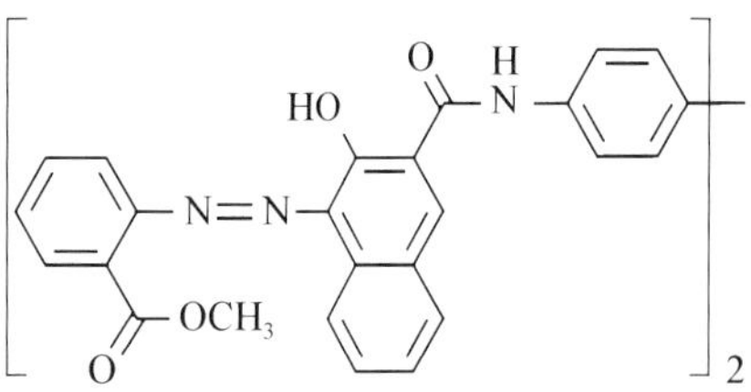

C.I. 颜料红139(Cromophtal Red RG)

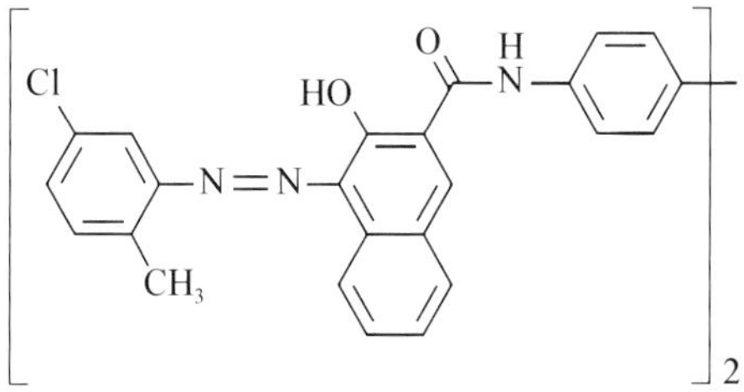

C.I. 颜料红141(Cromophtal Red 2R)

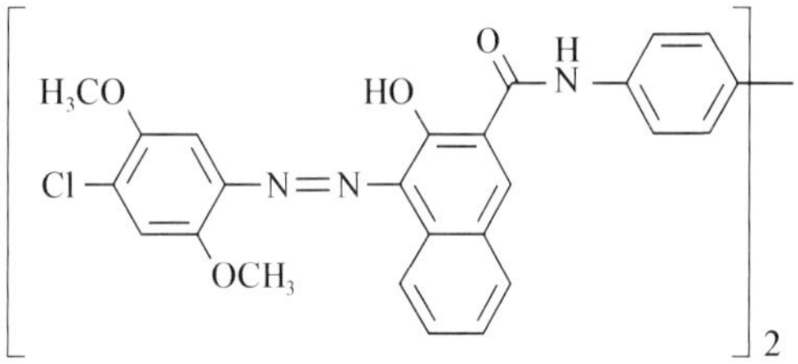

C.I. 颜料红142(Cromophtal Red B)

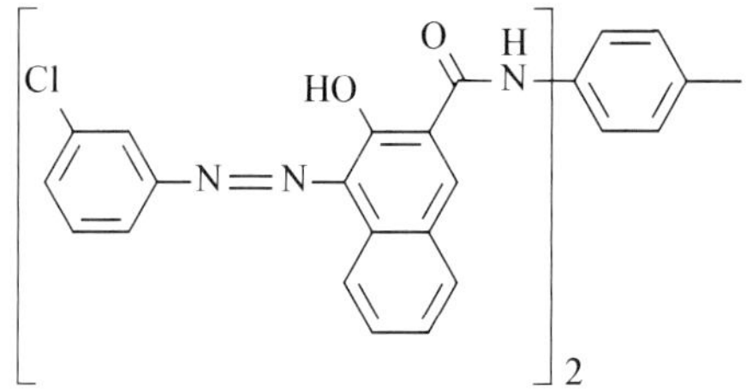

C.I. 颜料红143(Cromophtal Red 3R)

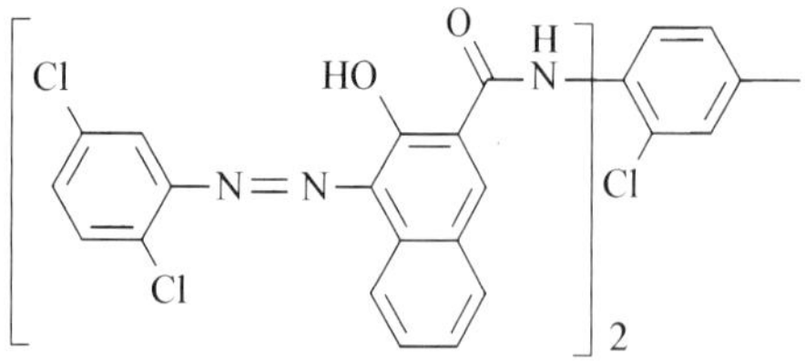

C.I. 颜料红144(Cromophtal Red BR, 永固红BR)

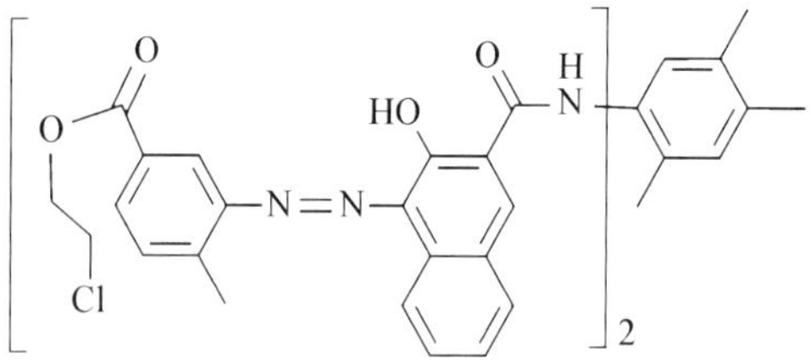

C.I. 颜料红220(Cromophtal Red G)

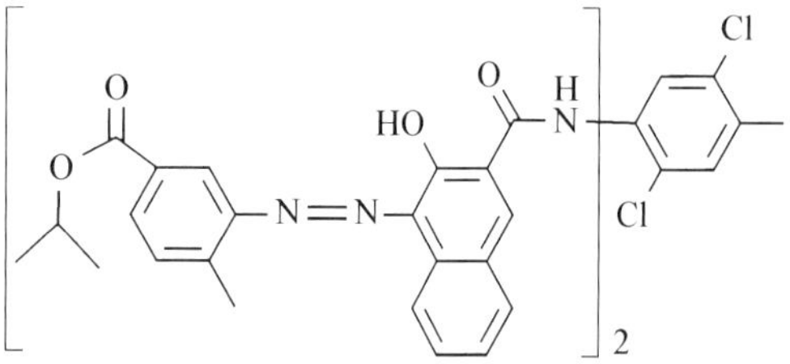

C.I. 颜料红221(Cromophtal Red 2B)

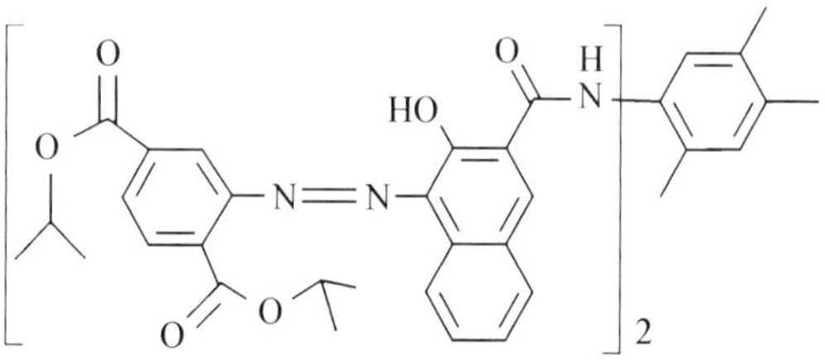

C.I. 颜料红248(Cromophtal Red BG)

4. 金属偶氮颜料

金属偶氮颜料是指偶氮类化合物与过渡金属形成的配合物，有中性的，也有离子类型的。常用的金属离子有 Fe^{3+}、Co^{3+}、Ni^{2+} 和 Cu^{2+}，引入金属可以改变颜料的色泽、性能。

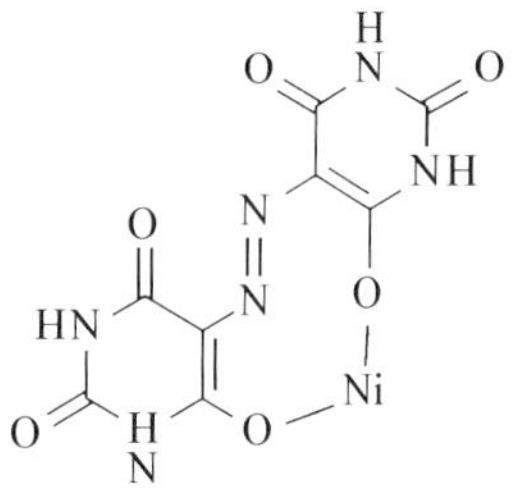

C.I. 颜料黄150

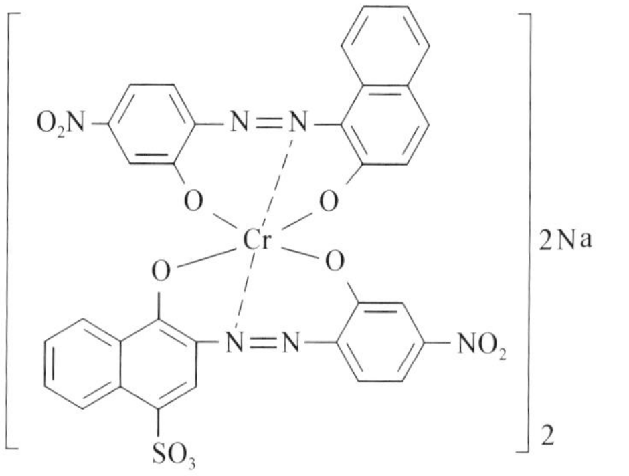

C.I. 酸性蓝317

此类颜料的颜色主要有黄、绿和棕等，属于高档颜料，用于汽车漆和其他涂料，如 C.I. 颜料黄 150 含有镍配合物，结构较稳定，能耐高温，目前商品化产品较少。含镍、铜配合物的合成，如分散黄 79 用双氧水氧化、原位合成铜配合物染料，染料的晶体结构呈现出脘式特性

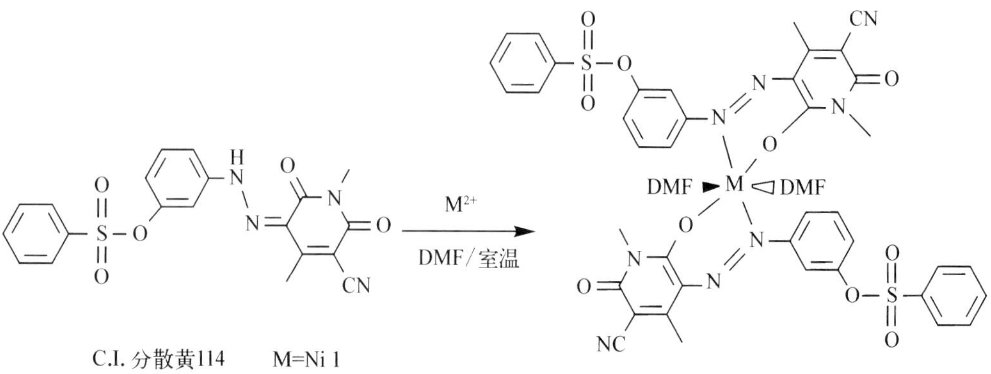

C.I. 分散黄114　M=Ni 1
HLa　M=Cu 2

trans−[M(L)2(DMF)2]

(—C═N—NH$_2$ 或者—C═N—NH—)，配合物呈现出偶氮式特性(—C—N═N—)，这表明反应中伴随着腙式向偶氮式的定向转变。分散黄 114 可以用来与 Ni、Cu 配合。

分散黄 78 也可以与镍、铜配合。

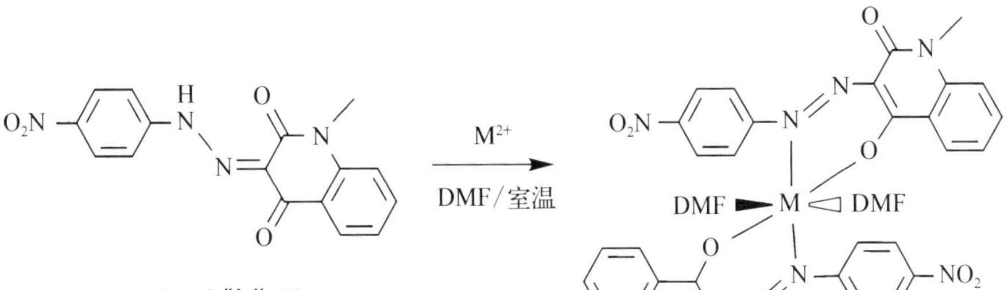

C.I. 分散黄 78
HL$_b$

M = Ni 3
M = Cu 4

含杂环的颜料如噻唑偶氮染料也能与 Ni、Co、Cu、Zn 等配合。

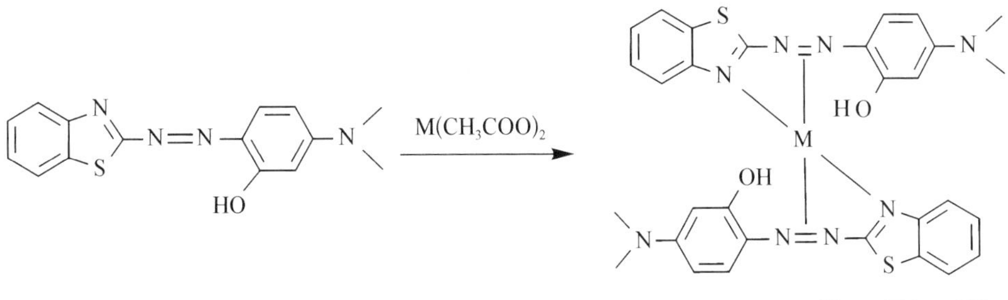

AZO-5-M；M = Co(Ⅱ), Ni(Ⅱ), Zn(Ⅱ)

3.2.2 有机偶氮颜料的结构与性能的关系

1. 氢键与构型的影响

颜料使用状态为固体，不同的颜料有不同的晶格结构。苯并咪唑酮类颜料能形成分子间氢键，晶格比较规整，颜料耐光色牢度、耐迁移性和热稳定性较好，一般用于高端场合。乙酰乙酰芳胺类偶氮颜料引入磺酸基和羧基后形成大量分子内氢键和分子间氢键，改善了热稳定性、耐迁移性、颜料光泽度，其晶格规整、性能稳定，应用范围更为广泛。

偶氮色淀颜料易形成分子内氢键，易发生互变异构，同时还能借助金属、氢键形成不同极性的层相互结合，分子结构更稳定，晶体结构也稳定，颜料性能稳定，耐热和耐迁移性都较好，应用领域更宽广。

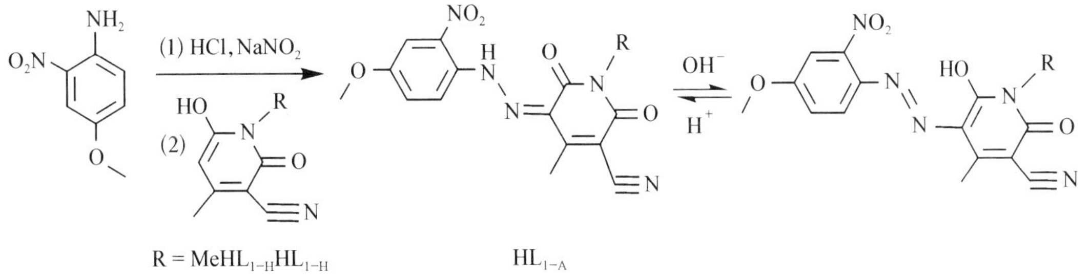

R = MeHL$_{1-H}$HL$_{1-H}$　　HL$_{1-A}$

R = EtHL$_{2-H}$HL$_{2-H}$　　HL$_{2-A}$　　H: 腙式结构　A: 偶氮式结构

该类化合物的结构存在腙式结构与偶氮式结构之间的互变异构，固态时主要是腙式结构，偶氮体和腙体的颜色不同，且吸收强度、耐光色牢度也不一样，一般来说腙式结构的吸收波长比偶氮式结构的要长，吸收强度也相对较高。偶氮式结构与腙式结构之间的互变异构普遍存在于具有邻位和对位的羟基偶氮染料中，间位的无此现象。

影响互变异构的因素有很多，如溶剂极性大小、pH、光照、温度等。异构体的检测早先使用红外(IR)测量，腙式结构中羰基的骨架振动吸收峰在 1 560～1 730 cm^{-1}，—C═N 的吸收峰在 1 630～1 670 cm^{-1}；在拉曼(Raman)光谱中腙式结构的羰基吸收峰在 1 550～1 580 cm^{-1}。现在普遍使用核磁进行结构确认，醌腙结构中的 ═N—NH— 及醌结构中的羰基 $-\overset{O}{\overset{\|}{C}}-$ 分别可由^{1}H、^{13}C 直接确认，亚胺基质子与萘环上的氧原子或者氮原子形成氢键，其在^{1}H NMR 中的化学位移在 15.0～17.0 ppm① 之间，羰基碳化学位移在 170.0～180.0 ppm 之间。

2. 顺反构型的影响

有机偶氮颜料分子还存在顺反异构的问题，如分散黄 241 的顺反异构如下。

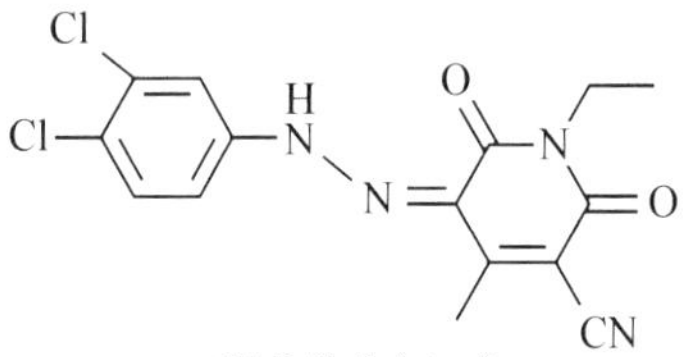

顺式结构(cis-)

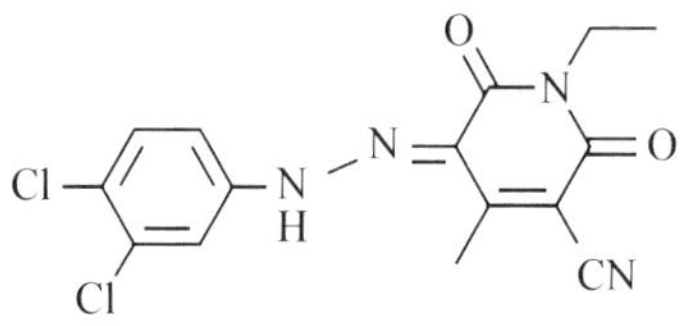

反式结构(trans-)

反式结构能量较低，结晶半径小，更容易结晶，结晶体密度高，因此其颜色更艳丽。

3.3　氮甲川颜料

该类颜料由异吲哚系列有机颜料构成，具有优异的荧光和光电性能，广泛应用于有机感光体、激光、太阳能电池、彩色液晶显示等领域。异吲哚系列有机颜料主要为噻唑基异吲哚颜料，其关键技术是单取代噻唑基异吲哚颜料中间体的合成，同时减少双取代副产物的生成。其合成路线有两种，一种合成路线是将邻苯二甲腈与 2 -氨基苯并噻唑或者其衍生物在催化剂作用下进行缩合反应：

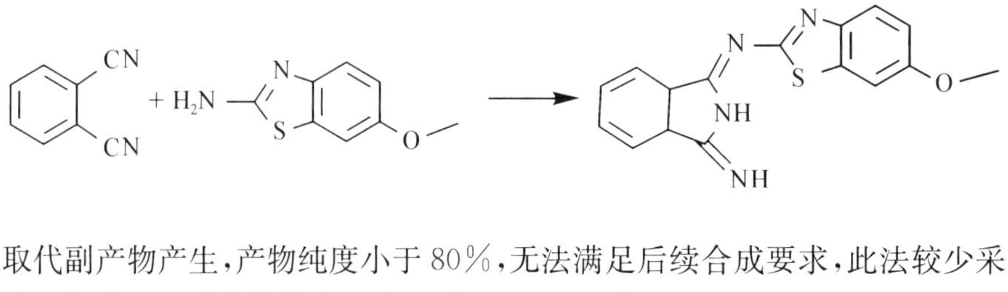

由于有双取代副产物产生，产物纯度小于 80%，无法满足后续合成要求，此法较少采用。另一种合成路线是邻苯二甲腈先与氨气反应生成 1，3 -二亚氨基异吲哚啉，再与 2 -氨基苯并噻唑或者其衍生物缩合，可以有效避免双取代副产物的产生：

① 1 ppm＝10^{-6}。

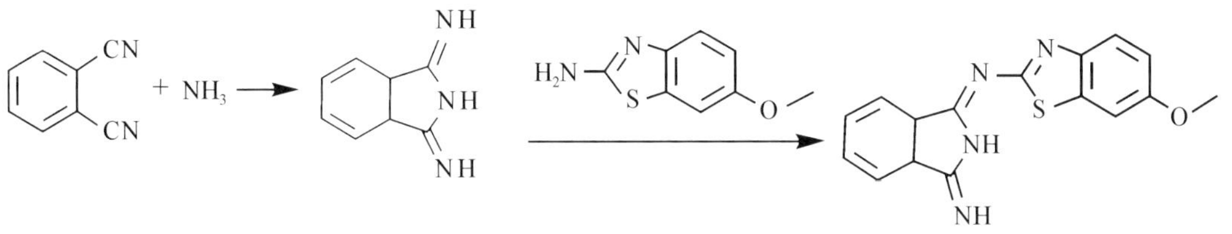

3.4 色淀

水溶性颜料因其耐水性差、水洗易褪色而不能直接使用，需制备成色淀使用，即使用沉淀剂将颜料变为不溶于水的块状。沉淀剂一般为酸、无机盐、载体等物质。色淀其实就是颜料负载化，把颜料吸附在不溶于水的有机物载体上，其原理是含有磺酸基、羧基等亲水基团的颜料与硫酸钠、硫酸铝等混合，再加入氯化钙、氯化钡等生成钙盐和钡盐，由于溶解度小，其从水中析出并沉淀在硫酸钡或氢氧化铝上成为色淀，有别于水溶性色素。色淀在大多数溶剂中能保持粒子状和不溶性。色淀粒子大小平均为 5 μm，易聚成 40～100 μm 的颗粒，为了发挥其最佳的着色能力并避免出现斑点，一般将聚集物破坏，方法为采用各种研磨机和高剪切搅拌机将色淀分散在干状、浆状或液态的载体上。色淀色光艳丽，色谱齐全，成本较低，耐晒坚牢度较水溶液有大幅提高，能避免色素迁移，杜绝颜色污染。它可用于食品外包装、干酪蜡涂料、塑料容器的包装材料、涂料、油墨着色，可避免食品容器和包装上的色素迁移到最终产品上。色淀按化学结构分为偶氮色淀和三芳基甲烷色淀。

3.4.1 偶氮色淀

偶氮色淀由分子中含有磺酸基、羧基的偶氮颜料，以可溶性钙盐、钡盐、铝盐等作沉淀剂而制成。立索尔大红可以通过含有磺酸基的偶氮颜料与氯化钡反应生成硫酸钡沉淀获得，其颜色偏蓝。

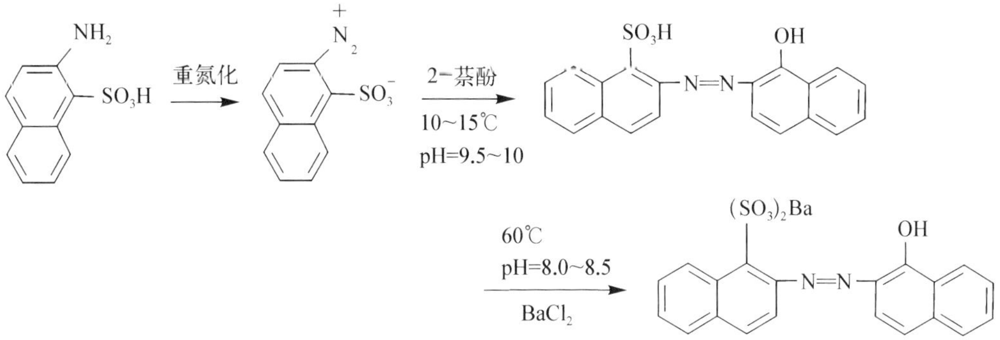

立索尔大红可用于油墨、水彩笔、蜡笔的着色，着色力高，但覆盖能力差，耐晒性和耐酸性不够强。使用类似方法还可以制备立索尔宝红。

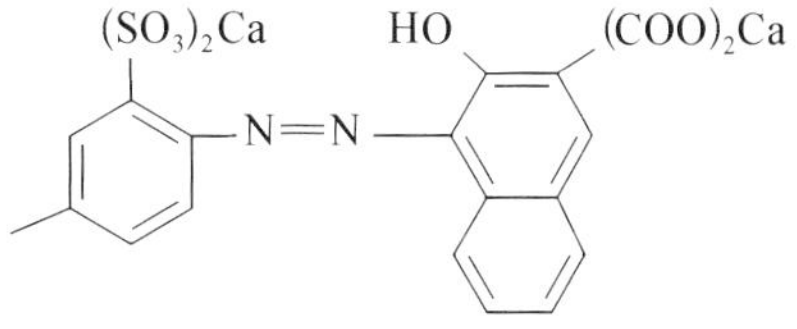

立索尔宝红

立索尔宝红除了用于油墨、水彩笔、蜡笔的着色，还用于涂料、塑料、橡胶、日用化学品的着色。将色淀紫酱 BLC 制备成钡盐，耐晒、耐热性能较好且颜色艳丽，分散性好。

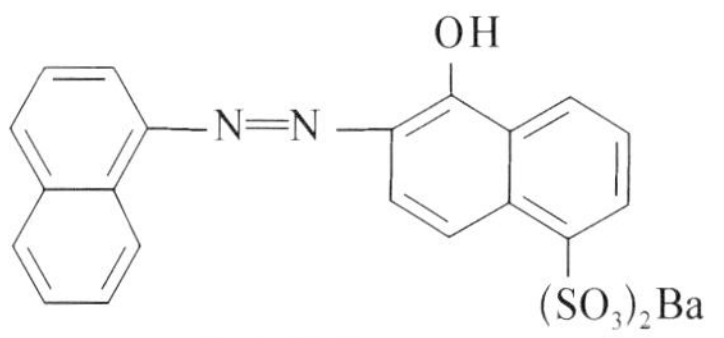

色淀紫酱BLC

3.4.2 三芳基甲烷色淀

三芳基甲烷色淀由三苯甲烷类染料以单宁酸、磷钼酸、磷钨酸等为沉淀剂而制成。磷钼酸一般由钨酸钠、钼酸钠、磷酸二氢钠溶液混合后用盐酸酸化制备，其化学组成表示如下：

$$H_2\left[P\begin{matrix}(W_2O_7)_m\\(Mo_2O_7)_n\end{matrix}\right]$$

上式中，$m+n=4$。针对不同的染料，其取值各不相同，如孔雀绿耐晒色淀：

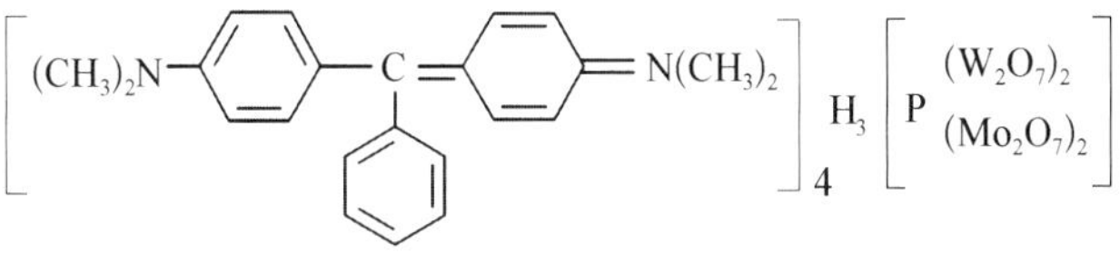

其色泽艳丽，耐晒耐热，广泛应用于文教用品的着色。

3.5 酞菁颜料

酞菁颜料最主要的品种是酞菁蓝。其耐光、耐热牢度极佳，着色力高，不受酸碱影响，颜色呈深红光蓝色，不像大多数的蓝色颜料掺些白色颜料即带绿光，主要用于皮革行业。该类颜料的分子主体是酞菁，不溶于水，呈现蓝色和绿色。

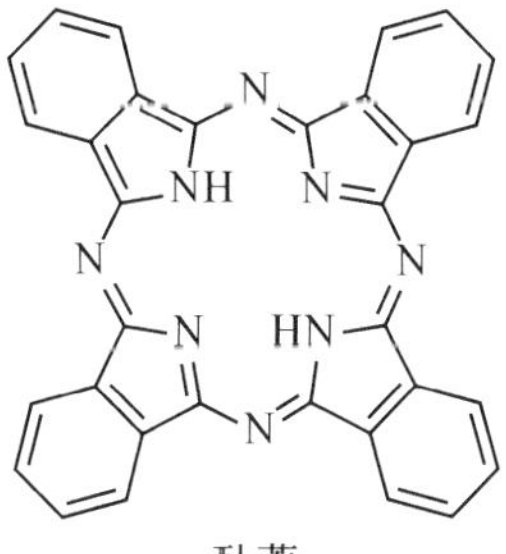

酞菁

酞菁含有四个吡咯单元，在环中心氮、碳交替相连接，形成有 16 个 π 电子的环状轮烯发色体系。它与血红蛋白和叶绿素 A 相似，属于卟吩衍生物，金属在平面中心。酞菁可与超过 66 种的金属配合形成金属酞菁，作为颜料主要是铜酞菁(CuPc)。

3.5.1 铜酞菁

铜酞菁的四吡咯大环结构中两个异吲哚氮原子各提供一个电子与铜原子形成共价键，剩余的两个异吲哚氮原子中的非键电子与铜形成配位键，组成稳定的芳香体系。该类化合物耐热性能良好，580℃下升华而不分解，真空环境中分解温度达 900℃。此外铜酞菁耐受强酸、强碱侵蚀，色泽艳丽纯正，呈现翠蓝色，$\lambda_{max}=720$ nm。铜酞菁主要应用于油墨、水彩、油彩、涂料印花、橡胶、塑料等行业，还可以用于制造活性染料、直接染料。

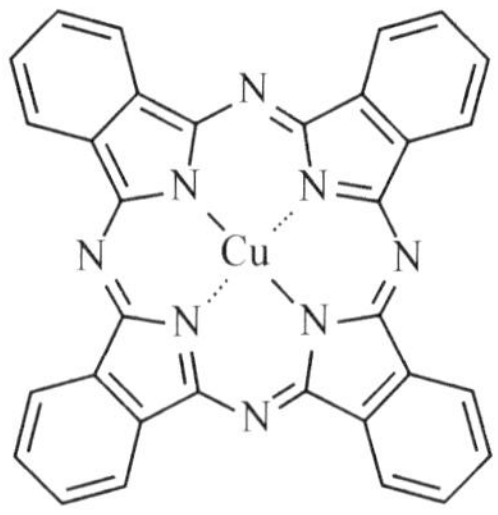

铜酞菁

1. 苯酐-尿素法

苯酐-尿素法是以苯酐、尿素、氯化亚铜为原料，三氯苯为溶剂，钼酸铵为催化剂，在 180～220℃反应 6～8 h 制得铜酞菁。苯酐-尿素法又被称为溶剂法。为了降低反应温度，可用煤油作为溶剂，尿素在催化剂存在下分解为异氰酸与氨气：

$$H_2N-\overset{\overset{\displaystyle O}{\|}}{C}-NH_2 \longrightarrow O=C=NH + NH_3$$

之后邻苯二甲酸酐与氨气反应生成邻苯二甲酰亚胺，再与异氰酸经两步反应生成 1,3-二亚氨基异吲哚啉：

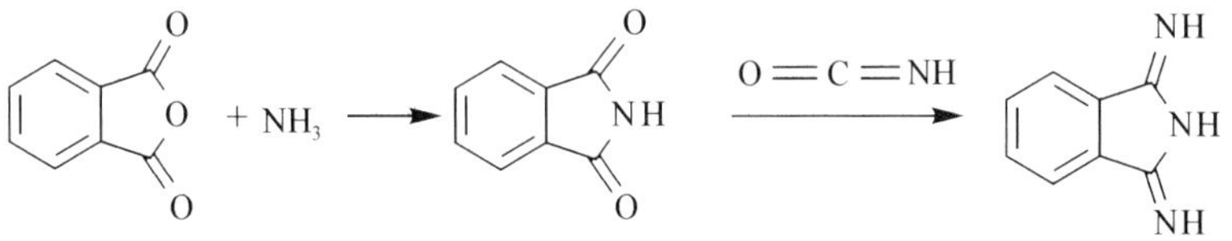

1,3-二亚氨基异吲哚啉经过结构变化得到易环化的同分异构体，再与异吲哚啉反应得到缩合的异吲哚啉，两个缩合的异吲哚啉环化并与铜配合，即得到铜酞菁产物。

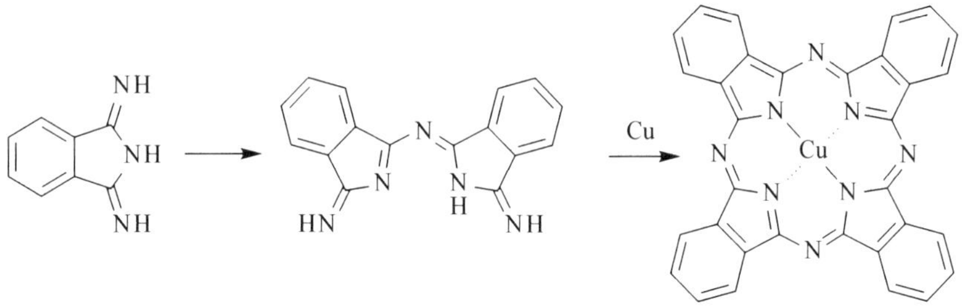

不用溶剂直接加热合成的方法称为烘焙法，收率不高。由合成机理可以看出，苯酐-尿素法的合成过程较为复杂，过程中会产生若干种邻苯二甲酸衍生物，而异氰酸又是由尿素分解得到的，尿素大量损失，这也是苯酐-尿素法的收率、纯度都没有邻苯二甲腈法高的原因之一。

2. 邻苯二甲腈法

从收率与纯度来看邻苯二甲腈法最佳。其合成工艺简单，在常压下将邻苯二甲腈与铜盐在有机溶剂中混合加热升温至 170～200℃即可生成铜酞菁。该法需选择沸点在 200℃以上的惰性溶剂，常用的有烷基苯、萘、吡啶、煤油等。

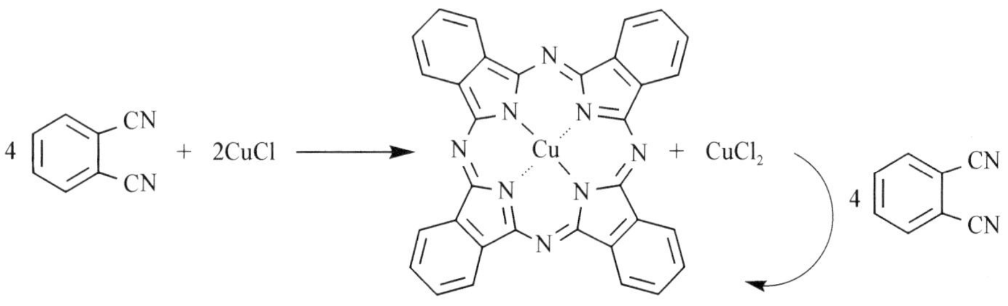

其可能的反应机理如下：

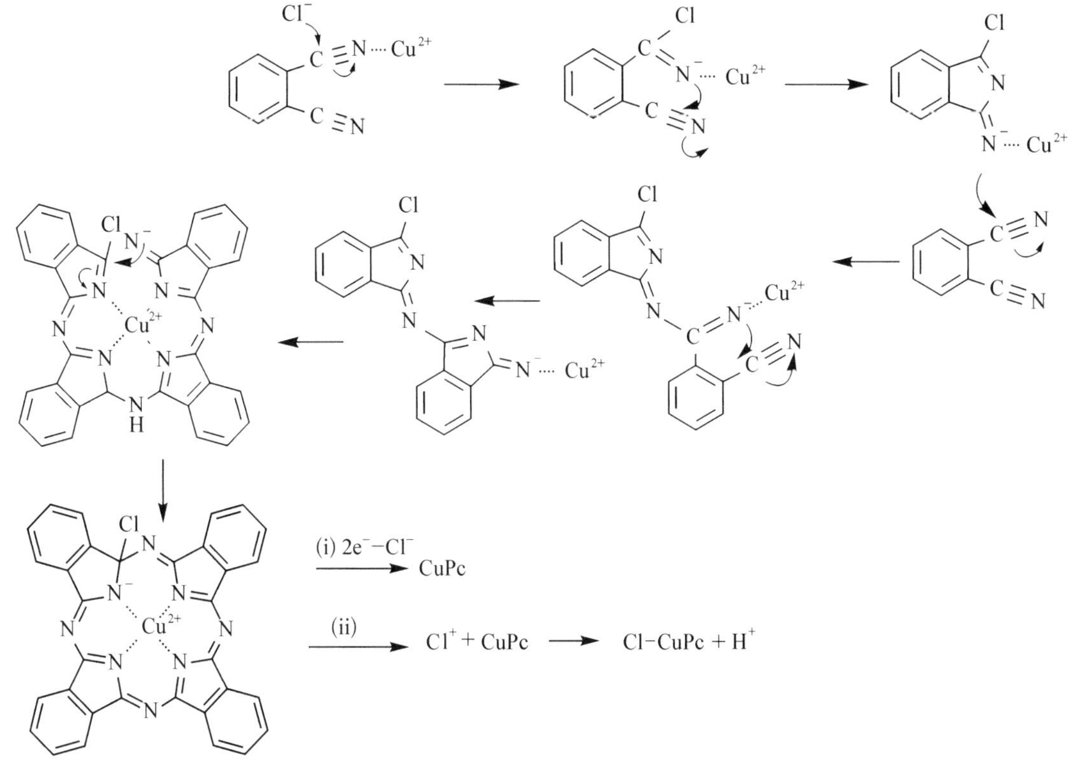

邻苯二甲腈法生产铜酞菁的另一种方法为固相烘焙法。该法中将邻苯二甲腈与铜盐混合后置于烘箱反应器中加热即可。该反应为放热反应，反应的初始温度为140～160℃，若不能有效冷却，温度可达300℃以上，导致产物分解、纯度降低。

邻苯二甲腈的生产工艺较为复杂，价格极为昂贵，同时毒性也较强，这些均制约着邻苯二甲腈法生产铜酞菁的发展。

3.5.2 酞菁绿

酞菁绿是由铜酞菁氯化得到的，价格低廉，性能优异，目前还没有一种绿色颜料能与之匹配。酞菁绿具有耐光、着色力强、色泽鲜艳等优点，被广泛应用于高端产品的着色。酞菁绿的制备方法有两种，一种是直接卤代法，用氯磺酸、$AlCl_3$、CCl_4 等介质和卤化剂直接与铜酞菁发生卤代反应形成高卤代酞菁绿。另一种是由四氯苯酐和四氯邻苯二腈直接缩合而成。在酞菁上引入8个氯原子时颜色转为绿色，引入14～15个氯原子就是性能优良的酞菁绿，引入16个氯原子很难。如要加强黄光，可以使用溴部分代替氯，含溴量一般为25%～30%。

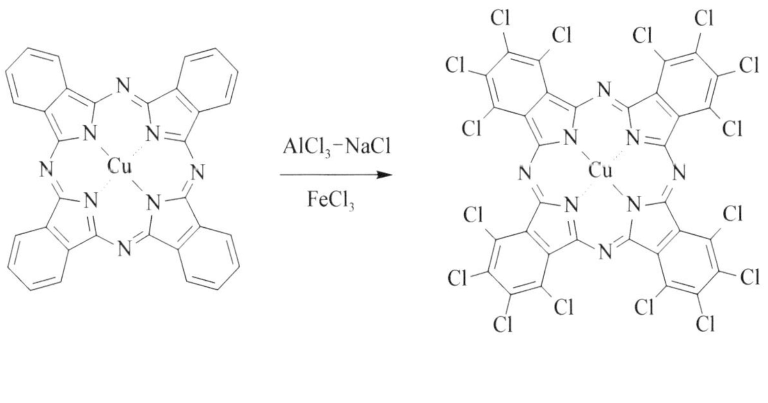

酞菁还可以与其他金属配位从而制备一大类颜色各不相同的化合物。

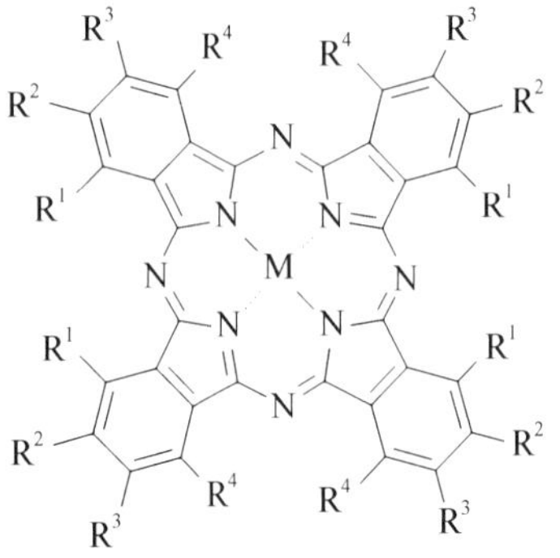

M：Li^{+}

Cu^{2+}，Mg^{2+}，Cd^{2+}，Zn^{2+} 等

$Ga^{3+}X$，$Al^{3+}X$，$In^{3+}X$ 等

$Ti^{4+}=O$，$V^{4+}=O$，$Ge^{4+}X_2$，$Si^{4+}X_2$ 等

X：F，Cl，Br，OH

R：取代基如 F，CH_3 等

该类化合物还可以作为光电材料、催化剂、新型功能材料等。

3.5.3 酞菁素

酞菁素是指能在纤维上生成酞菁中间体，并进一步反应生成酞菁的一类颜料，具有酞菁颜色鲜艳、吸附牢固的特征。酞菁素艳蓝 IF3G 的主体结构为二亚氨基吲哚啉，其合成方法如下：首先进行亚胺化，邻苯二甲酸酐与尿素在 135～140℃反应得到邻苯二甲酰亚胺，接着进行缩合反应和碱化反应。

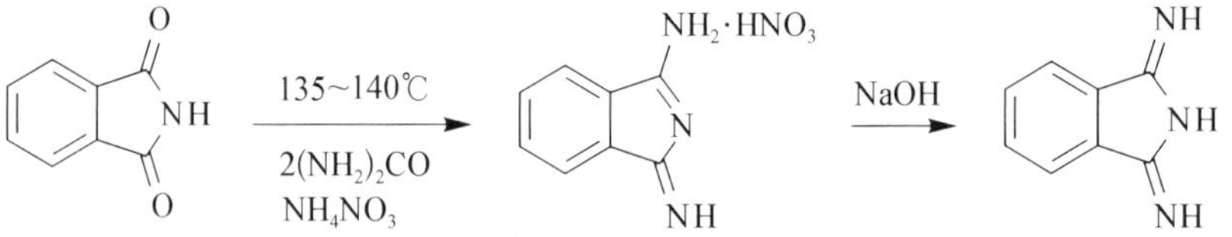

印染时使用还原剂，与二价铜盐在纤维表面直接合成铜酞菁。

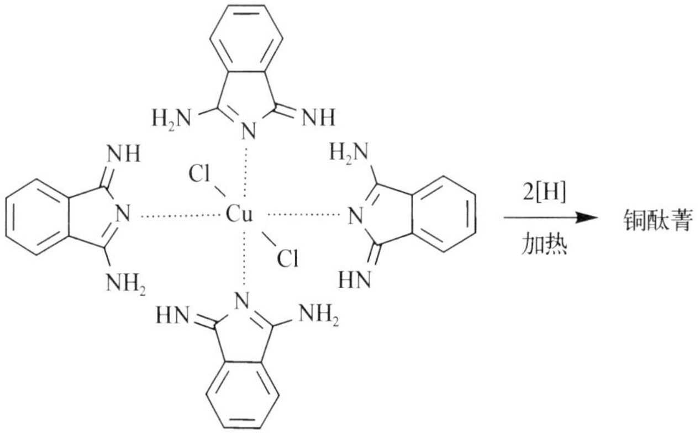

常用的铜盐为铜酞菁素 K，也就是 α -取代氨基乙酸铜。其由氯代乙酸、2 -（N -甲基）乙醇与碳酸铜加热合成。铜酞菁素 K 的结构见左下图，酞菁素紫与酞菁素艳蓝 IF3G 的结构相似，制备需要剧毒 NaCN，其结构见右下图。

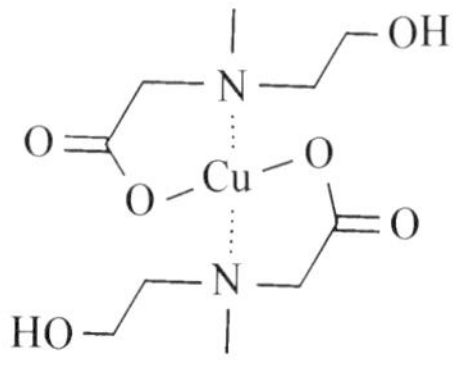

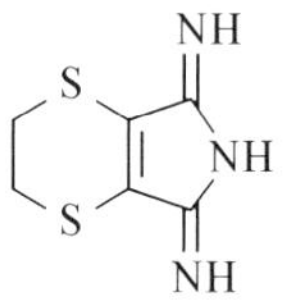

酞菁素艳蓝 IF3G 等在使用时要加助剂。这些助剂主要是含有还原剂的 BSM 和 BSK。把酞菁素艳蓝 IF3G、铜酞菁素 K 和助剂调配成色浆，涂布在纤维上经过简单的汽蒸就可以生成铜酞菁。BSM 是混合物，由硫代双乙醇、三异丙醇胺、甲酰苯、平平加等和少量水混合而成，把三异丙醇胺换成羟乙基胺二乙酸就是助剂 BSK。

3.6 喹吖啶酮颜料

该类颜料的结构主体为喹吖啶酮。喹吖啶酮具有色光鲜艳、着色力强、牢度优异且耐晒、耐热的特点，被广泛应用于汽车涂料、油墨、油漆、高档塑料树脂、软质塑胶制品等方面的着色。其合成方法有丁二酸二甲酯法、对苯二酚法和对苯二甲酸法。

3.6.1 丁二酸二甲酯法

丁二酸二甲酯和甲醇钠缩合生成丁二酰丁二酸二甲酯(DMSS)。

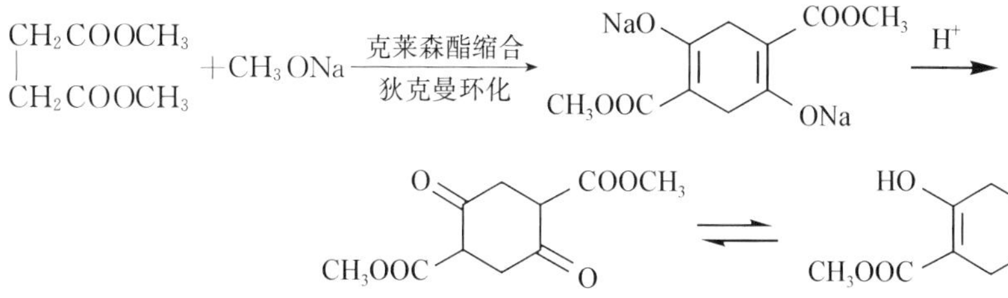

DMSS 再与苯胺缩合得到中间体 2,5-双(苯胺基)对苯二甲酸(DATA)。DATA 在强碱条件下使用间硝基苯磺酸钠作为氧化剂，发生氧化-水解反应得到喹吖啶酮。该工艺中间硝基苯磺酸钠价格昂贵，反应后形成的杂质存在于废水中污染环境。改良方法：先对 DATA 进行皂化反应，再用十二烷基苯磺酸(DBSA)催化环化。与间硝基苯磺酸钠相比，十二烷基苯磺酸价格低廉，且容易除去。

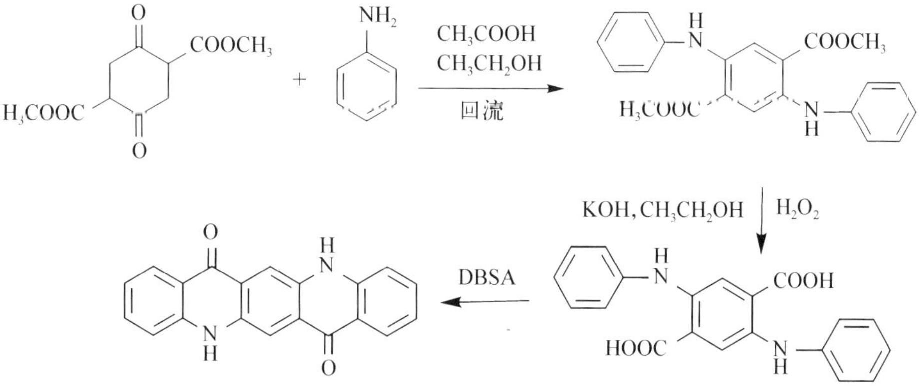

3.6.2 对苯二酚法

对苯二酚法又被称为热闭环法。先向对苯二甲酸中引入卤素，再与苯胺缩合得到中间体 DATA。DATA 在高沸点惰性溶剂(硫酸酯、联苯醚或联苯醚与联苯的混合物等)中，用 N_2 保护，并于高温(250～280℃)下进行闭环反应。该法不用多磷酸钠环化，但溶剂价格昂贵，用量大且无法回收，能耗高，后处理烦琐，导致生产成本增加，因此逐渐被淘汰。

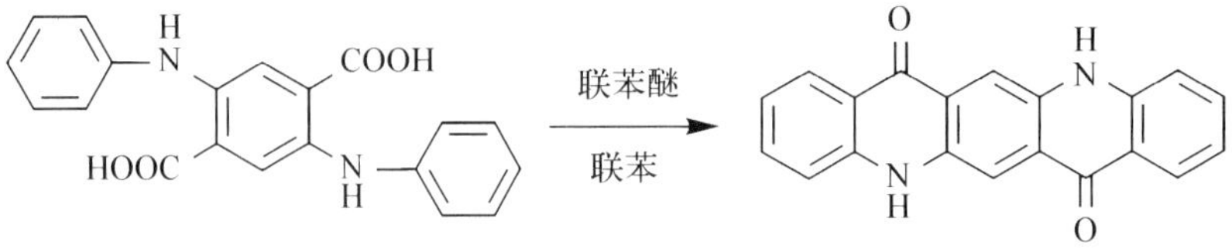

3.6.3 对苯二甲酸法

对苯二甲酸法的反应式如下：

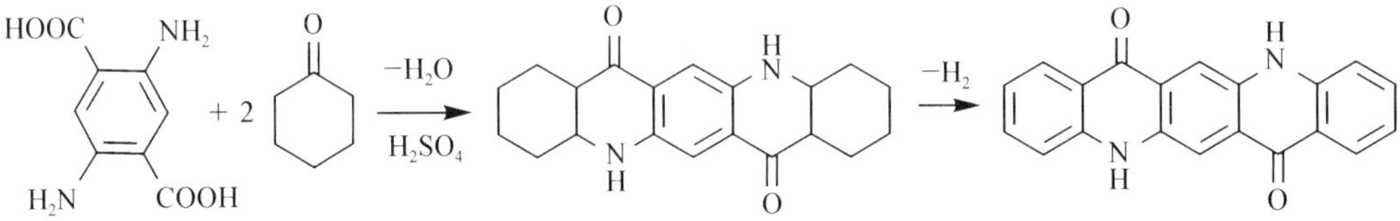

将 2,5 -氨基对苯二甲酸用浓硫酸进行闭环得到八氢喹吖啶酮，再通过热解脱氢合成喹吖啶酮。因为浓硫酸的氧化性、腐蚀性都很强，所以该法反应中容易生成喹吖啶酮磺化物，且三废排放量大。喹吖啶酮颜料主要是红色和紫色的，主要有以下两种。

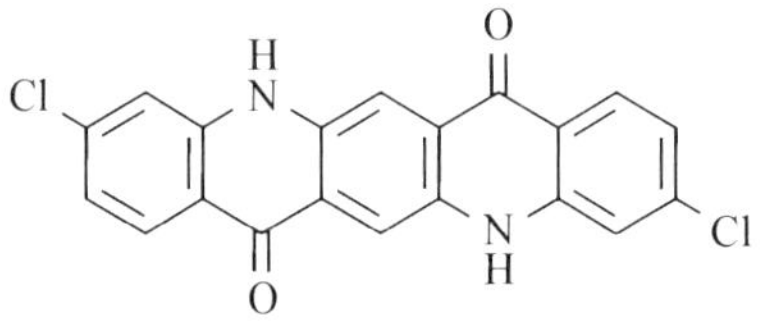

C.I. 颜料红209

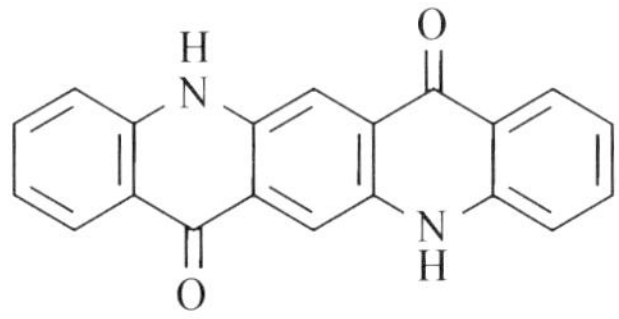

C.I. 颜料紫19

由于喹吖啶酮的 5 个芳香环具有平面刚性结构，共轭体系大，电子活动范围广，因此喹吖啶酮还应用在有机场效应晶体管、有机太阳能电池等光电功能材料领域。

3.7 二噁嗪颜料

三芳二噁嗪是具有大分子平面性的杂环结构，大多具有优良的色光和牢度，常用作荧光颜料，在其核心结构上引入不同取代基可以获得不同颜色的颜料。取代基团对荧光颜料色光的影响见表 3 - 2。

表 3 - 2 取代基团对荧光颜料色光的影响

编号	结构式	色光
1	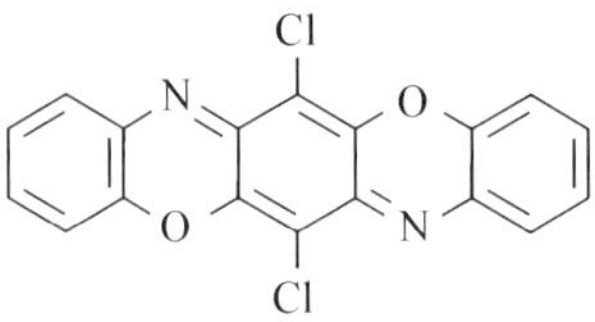	紫红色
2	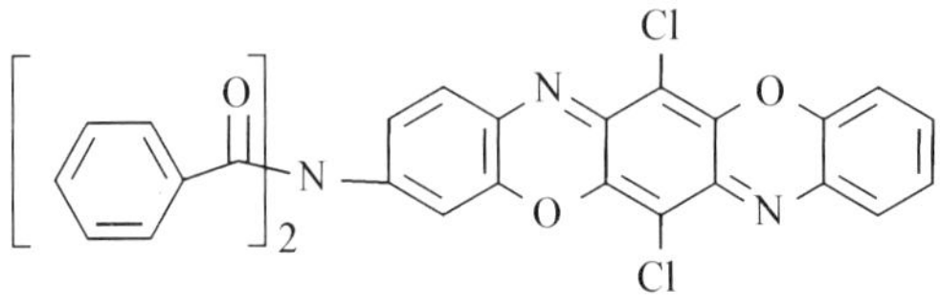	紫红色

续 表

编号	结 构 式	色 光
3	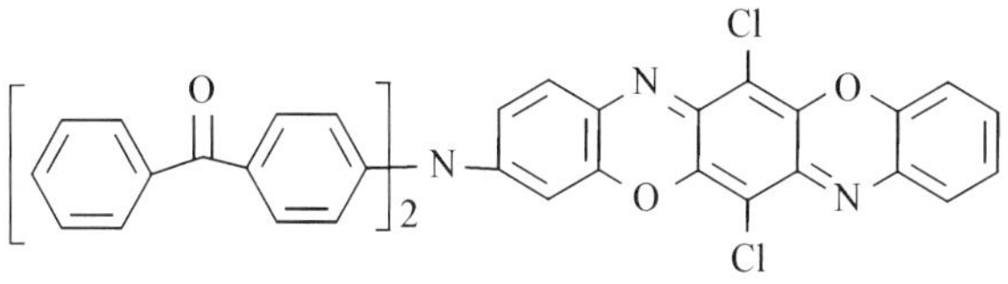	紫色
4	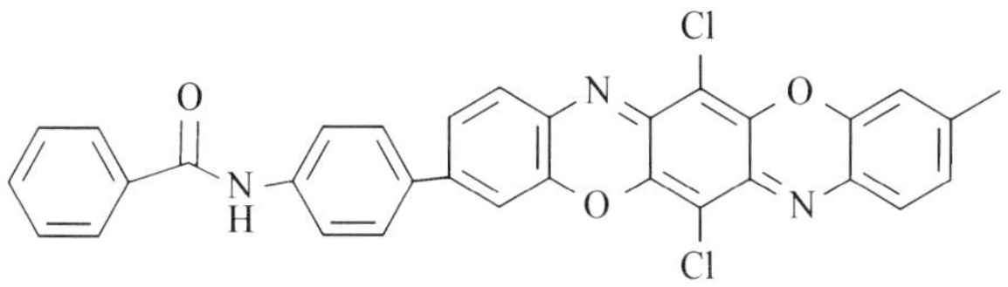	紫色
5	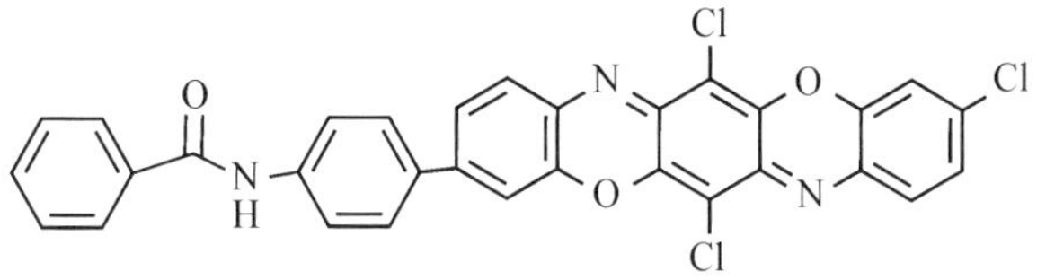	紫色
6	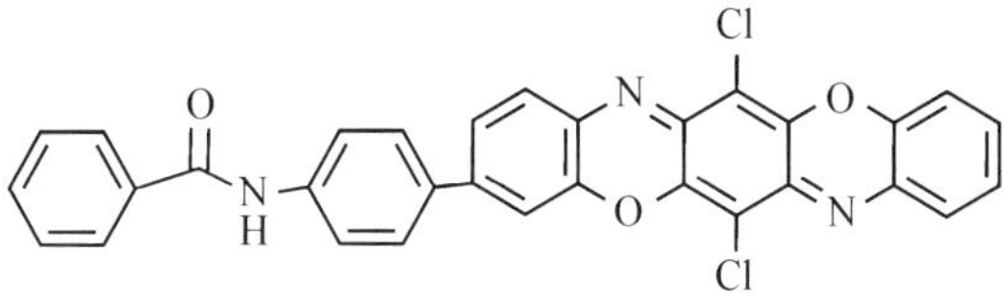	紫色
7	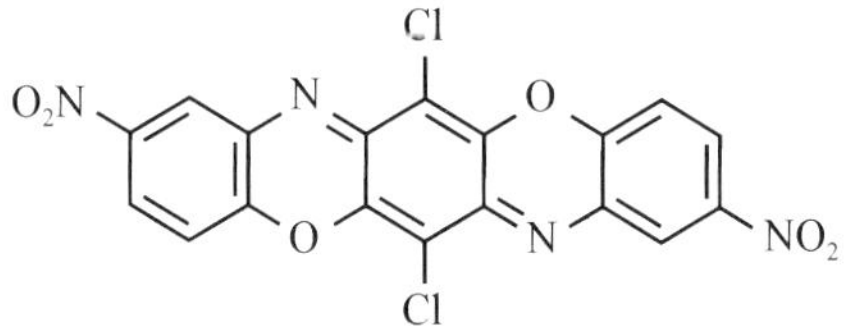	土黄色
8	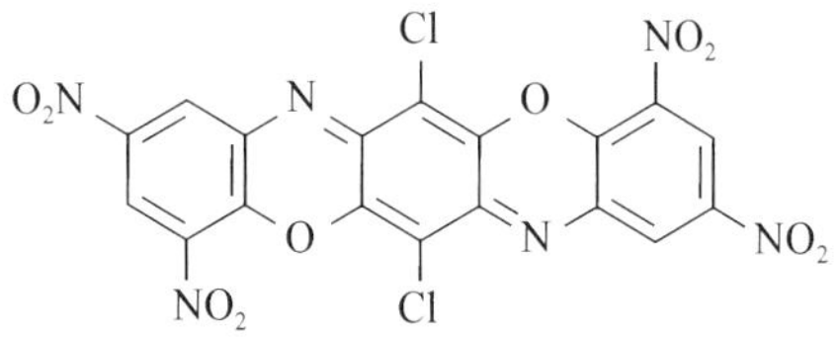	紫褐色

典型的化合物是咔唑二噁嗪，即永固紫，其色光鲜艳、耐晒坚牢度优良，被广泛用于塑料、涂料、油墨及纤维的着色。永固紫 RL 是通过咔唑烷基化反应、硝化反应、还原反应，最后与四氯苯醌进行缩合反应而获得的。

咔唑烷基化反应采用溴乙烷为烷化剂在季铵盐类相转移催化剂存在下于常温常压下进行，收率较高。季铵盐类相转移催化剂价廉易得，为工业化提供了可靠的保证。硝化反应是用浓硝酸硝化，二氯乙烷作溶剂，在10℃下反应2.5 h就可以完成。还原反应是用12.5%(W/V)的 Na_2S 在乙醇介质中还原，产率为94%～96%，纯度为96%～99%。

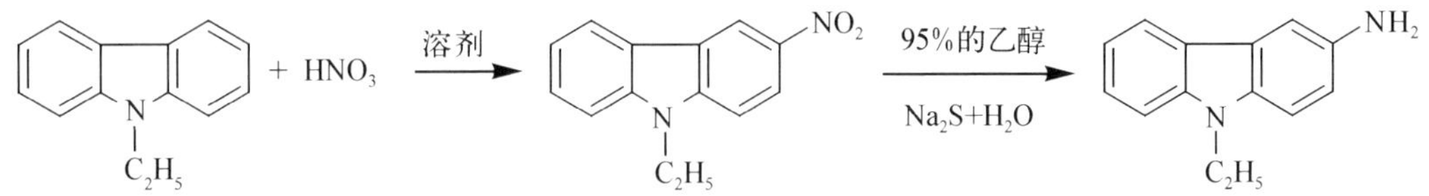

还原产物再与四氯苯醌缩合后闭环而制得永固紫，总收率可达80%以上。

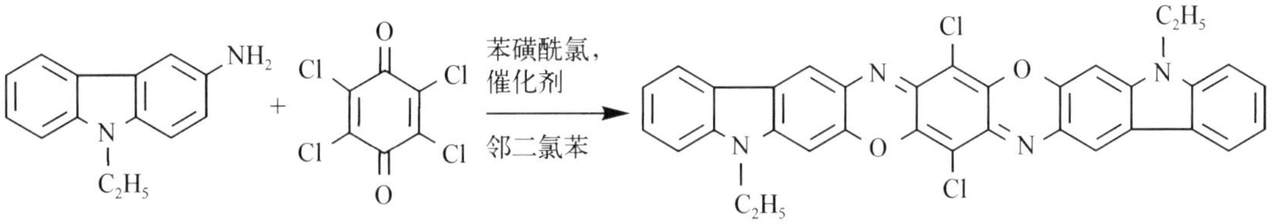

该类代表性化合物还有三芳二噁嗪型荧光颜料(绿光紫)。它是以咔唑为原料，经乙基化、硝化、溴代、还原、缩合、闭环六步合成的。

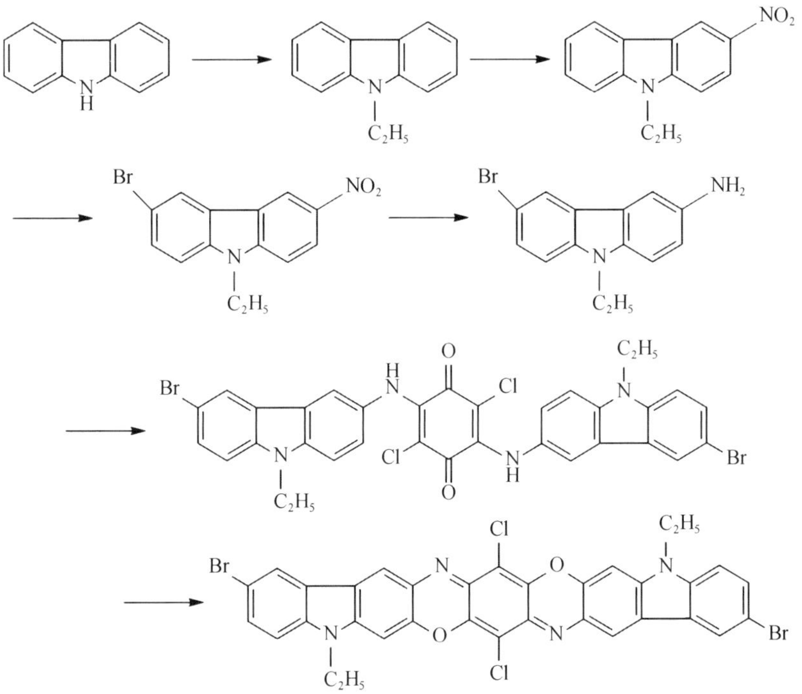

3.8 异吲哚啉酮颜料

该类化合物含有多个氯原子且有分子内氢键，因此具有优异的耐热、耐光、耐候、耐溶剂及化学物质性能。其抗迁移性好，分解温度不低于400℃，应用广泛，用于汽车底漆、汽车透明漆、金属效果漆、高档油墨、聚丙烯纤维等。其核心结构由六氯吲哚啉酮与二元胺缩合而成，桥基上的R决定了产品的颜色。目前商品化的异吲哚啉酮颜料的结构式和色光如表3-3所示。

表 3-3 目前商品化的异吲哚啉酮颜料的结构式与色光

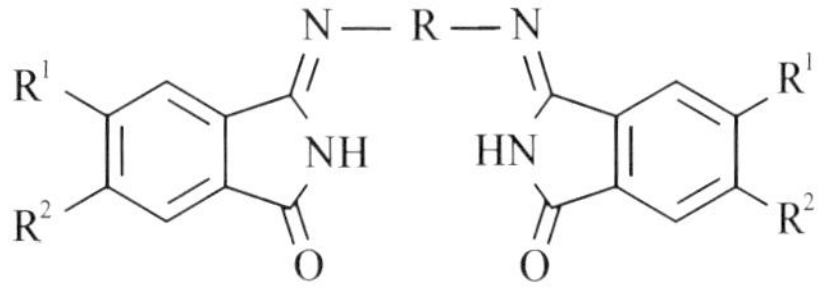

染料索引号	结构式	色光
C.I. 颜料黄 109	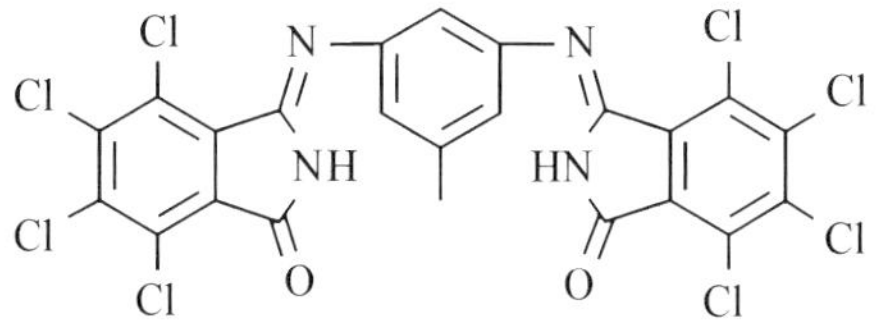	绿光黄色
C.I. 颜料黄 110	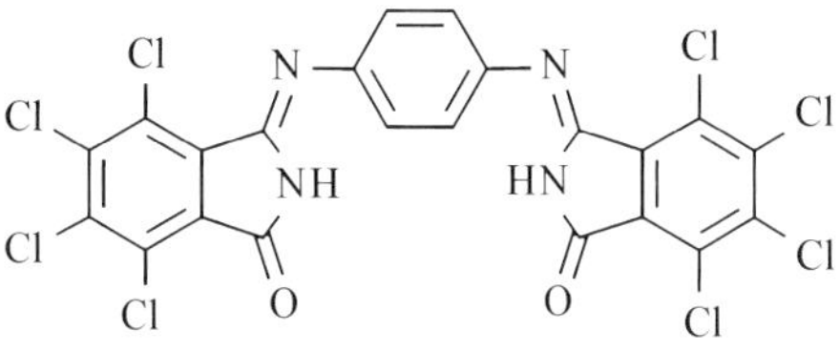	红光黄色
C.I. 颜料黄 173	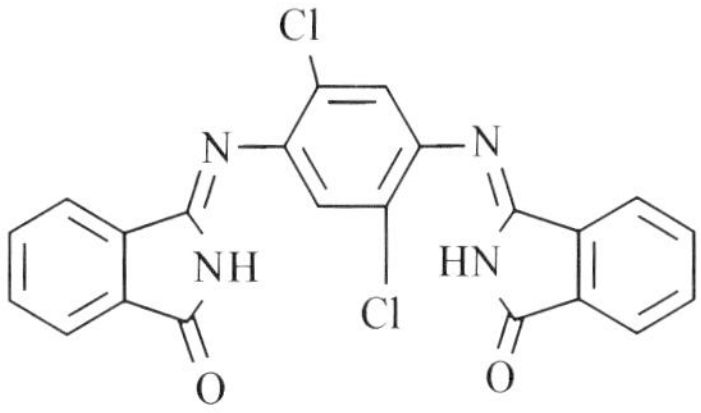	绿光黄色

异吲哚啉酮颜料的制备方法主要有以下 3 种。

(1) 四氯苯酐和尿素在钼酸铵催化下合成 3-亚胺-4,5,6,7-四氯异吲哚啉-1-酮,后者在硝基苯中与二元胺缩合得到颜料。

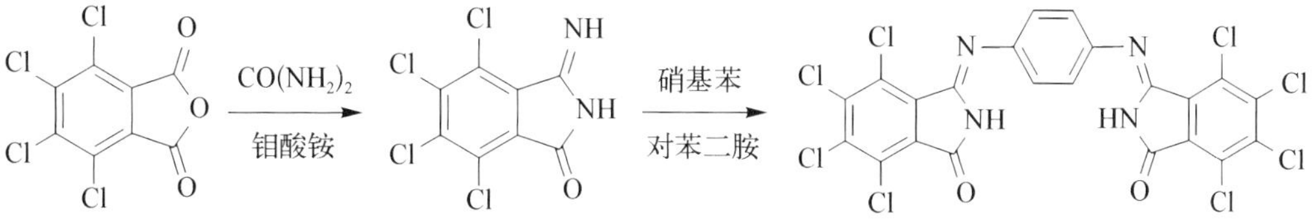

该路线的产品纯度不高,杂质不易分离,影响颜料的色光及耐晒性。

(2) 四氯苯酰胺与 PCl_3 反应生成 3,3,4,5,6,7-六氯异吲哚啉-1-酮,再与二元胺在二氯苯中缩合得到颜料。

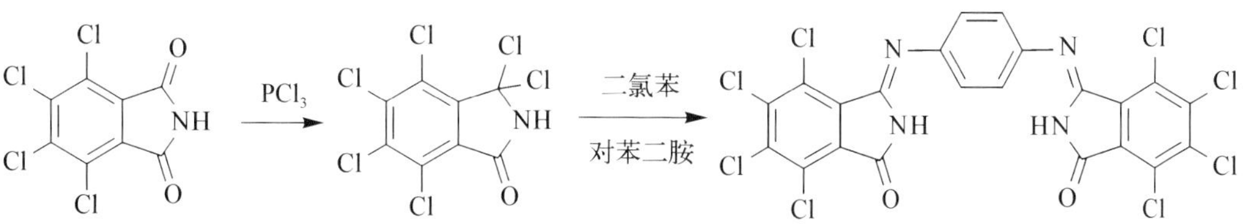

该路线原料易得，反应条件温和，易于纯化，是具有工业化意义的工艺路线。

(3) 以四氯邻苯二腈为原料，将 NaOH 溶解在 CH_3OH 和 H_2O 中，通入 NH_3 生成 3-亚胺-4,5,6,7-四氯异吲哚啉-1-酮，在二氯苯中与二元胺缩合得到颜料。

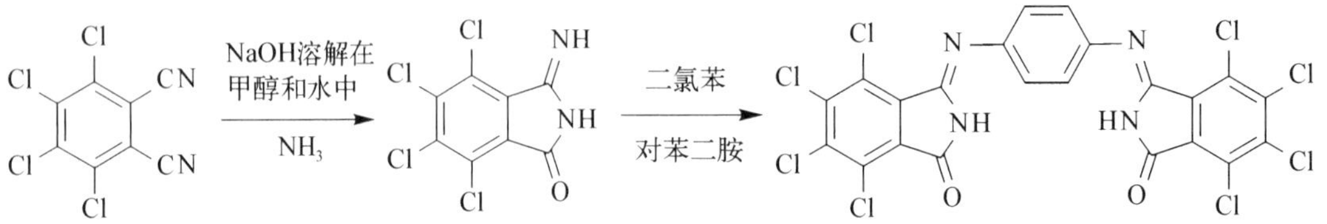

该路线中四氯邻苯二腈来自邻苯二腈氯化，反应温度为 400～500℃，对催化剂活性炭的细度要求严格，不适合大规模工业化。

异吲哚啉酮颜料还具有其他功能，主要应用于热变色颜料，涂装热变色、光变色颜料，光变色涂装、电子照相和太阳能电池用颜料，以及喷墨着色用颜料。

3.9 还原颜料

3.9.1 常用的还原颜料

还原颜料常用于塑料、涂料的着色，具有较好的耐热、耐晒、抗迁移等性能。

1. 蒽醌类还原颜料

(1) 蓝蒽酮类还原颜料，其主体颜色为蓝色，代表性化合物如下。

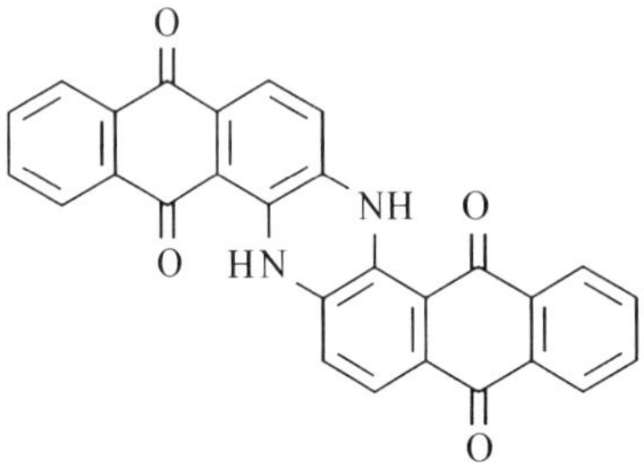

还原蓝RSN

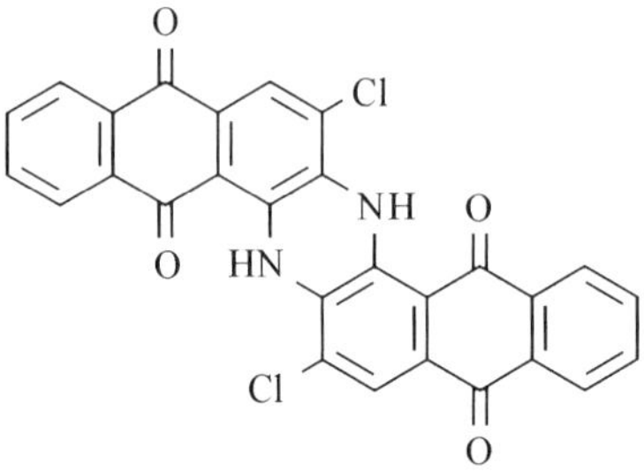

还原蓝BC

(2) 酰胺类蒽醌还原颜料，其主体颜色为黄色和橙色，代表性化合物如下。

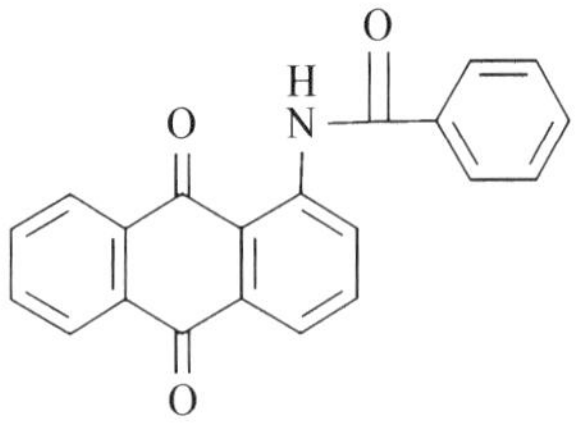

还原黄WG

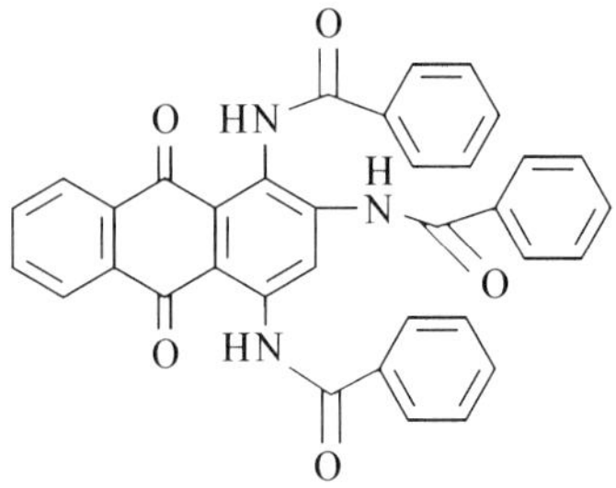

还原橙RRK

(3) 亚胺类蒽醌还原颜料，其结构较为简单，主体颜色为橙色，代表性化合物如下。

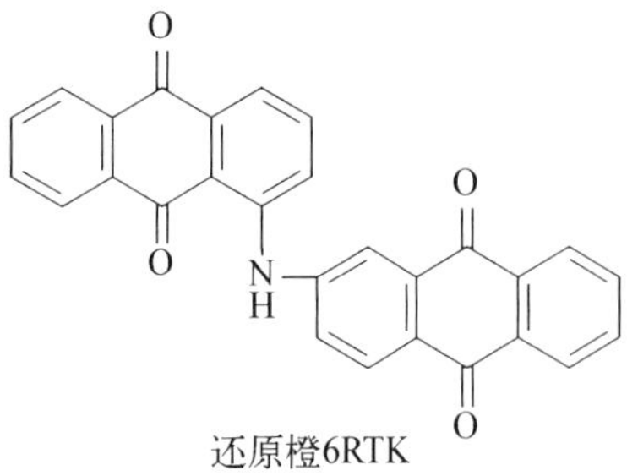

还原橙6RTK

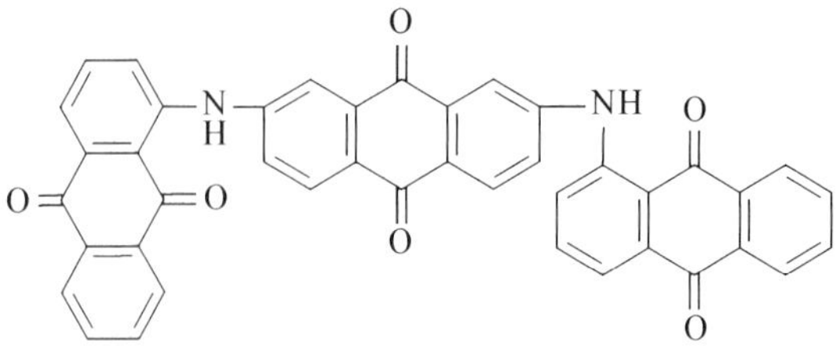

还原橙7RK

(4) 咔唑类蒽醌还原颜料，其核心结构为咔唑基，主体颜色为黄色，代表性化合物如下。

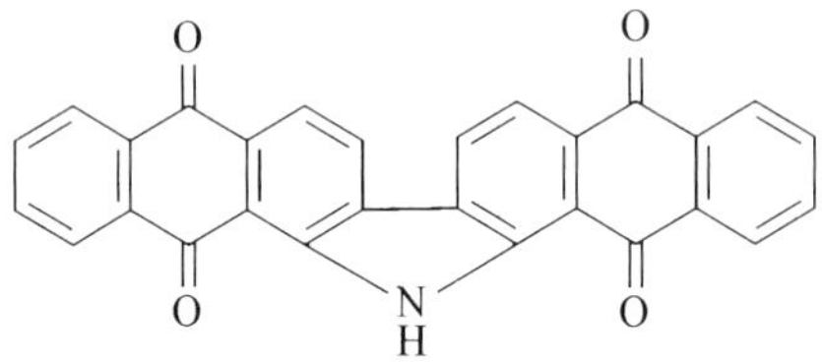

还原黄FFRK

(5) 吖酮类蒽醌还原颜料，其主体颜色为红色和紫色，少数为绿色、蓝色和棕色，代表性化合物如下。

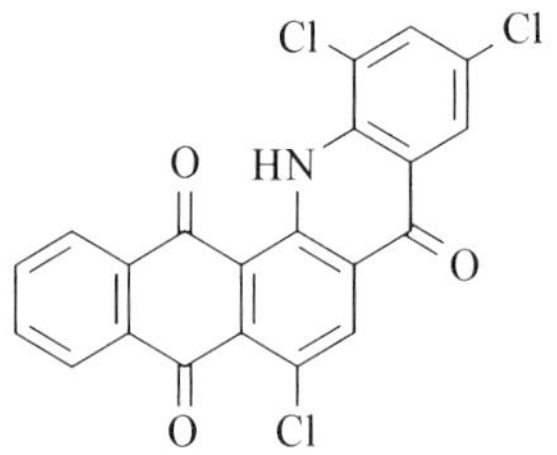

还原红紫RRK

(6) 具有噻唑结构的蒽醌还原颜料，其主体颜色为黄色，代表性化合物如下。

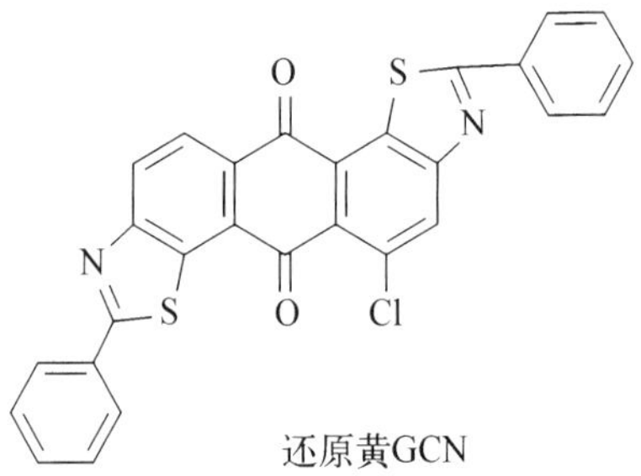

还原黄GCN

2. 靛类还原颜料

(1) 靛蓝类还原颜料，其主体颜色为蓝色，代表性化合物如下。

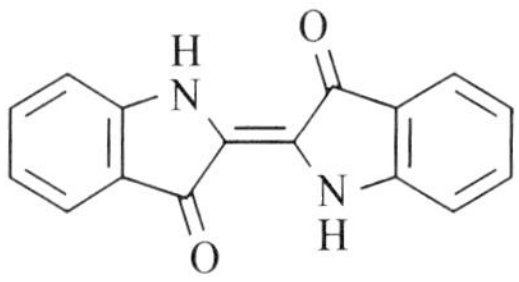

靛蓝

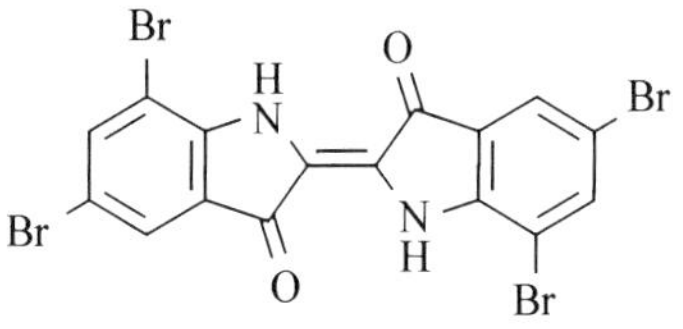

还原蓝2R

（2）硫靛类还原颜料，其以硫原子取代上述结构中的氮原子，代表性化合物如下。

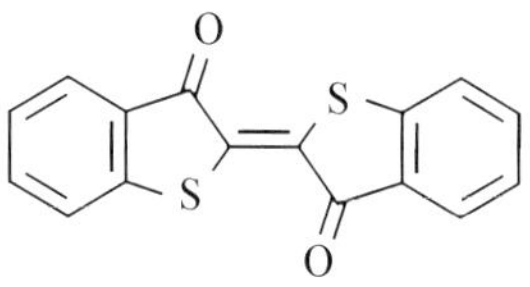

硫靛

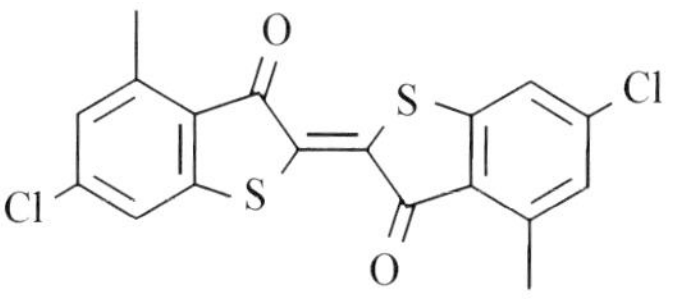

还原桃红R

（3）靛蓝-硫靛类还原颜料，其代表性化合物如下。

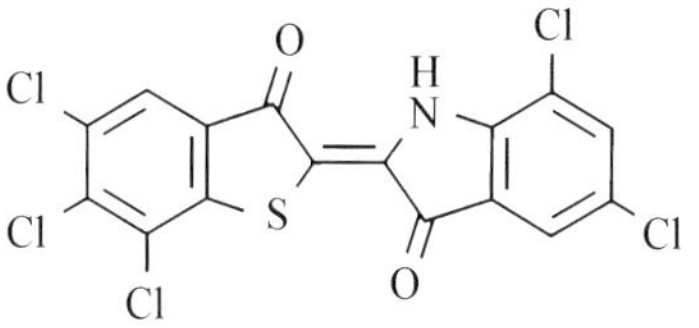

还原紫BBF

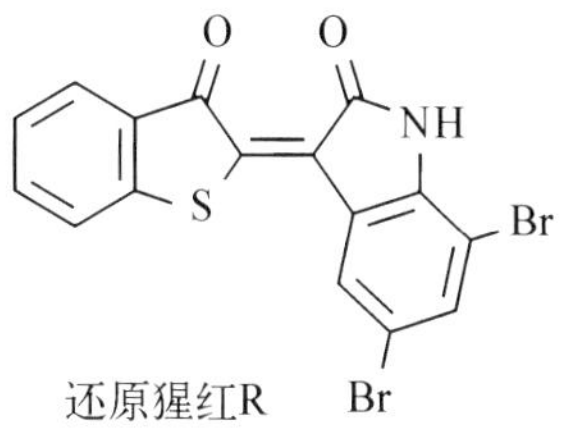

还原猩红R

（4）半靛类还原颜料，其代表性化合物如下。

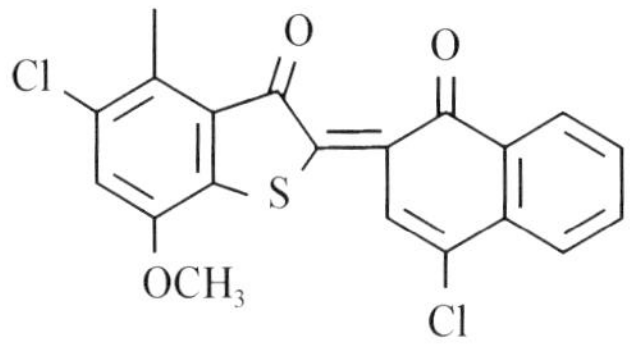

还原印花蓝G

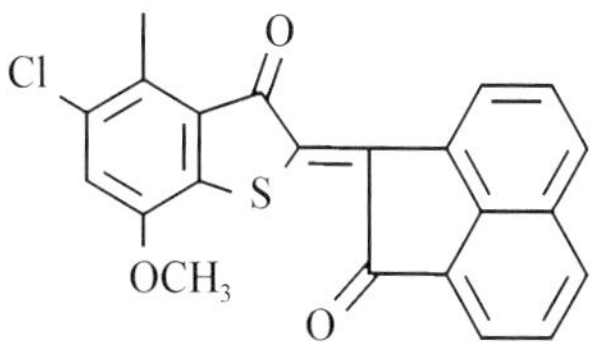

还原大红2G

3. 杂类（不属于前两类）

（1）苯绕蒽酮类还原颜料，用于制造深颜色的还原颜料，主要品种如下。

① 紫蒽酮类还原颜料

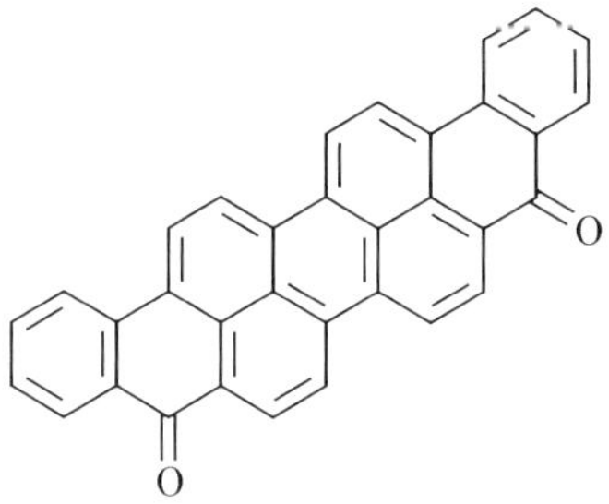

还原深蓝BO

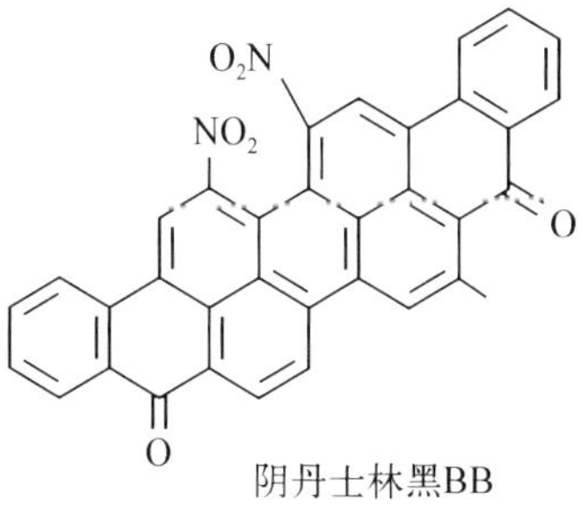

阴丹士林黑BB

② 异紫蒽酮类还原颜料

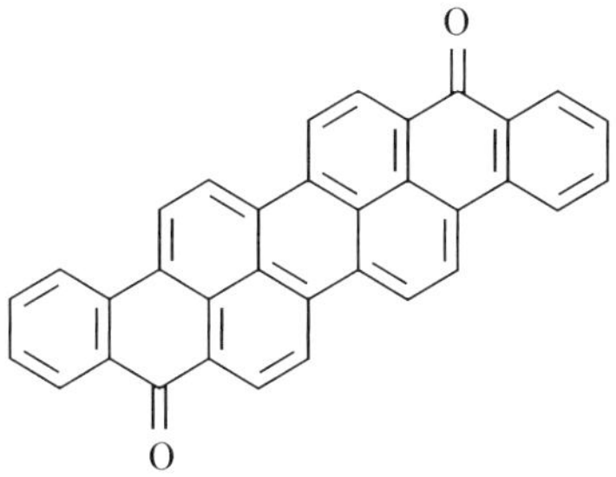

还原紫R

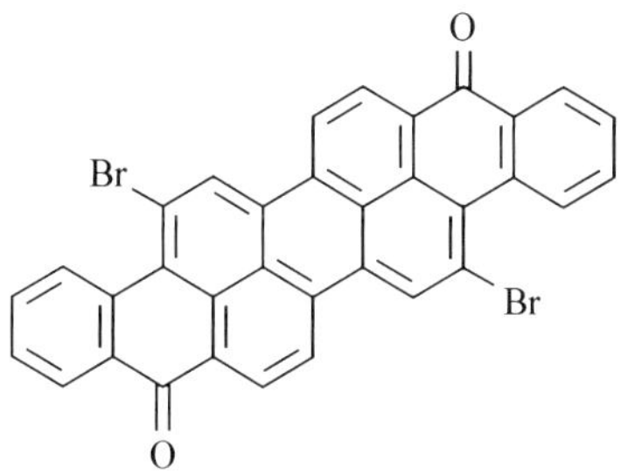

还原亮紫3B

（2）蒽缔蒽酮卤化物类还原颜料

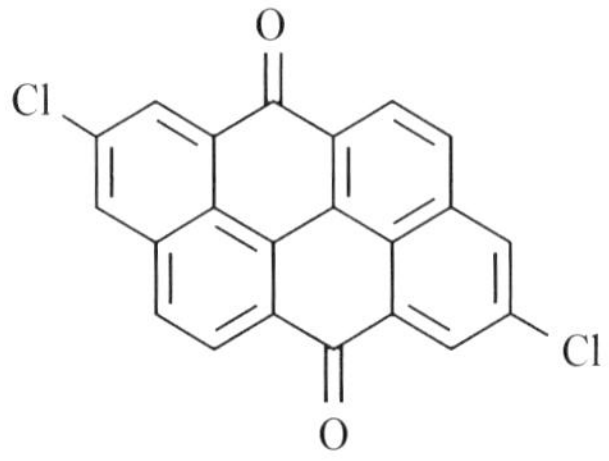

还原艳橙GK

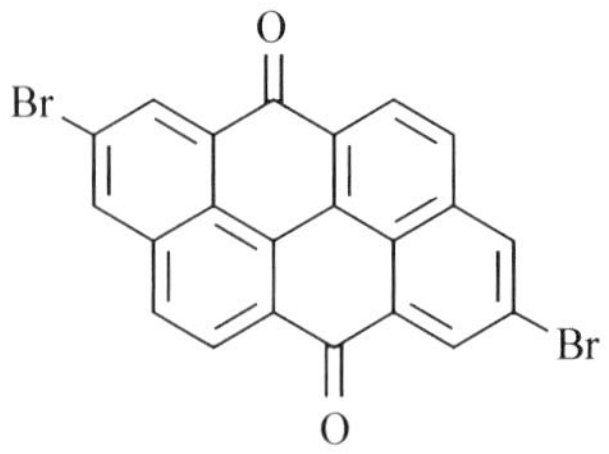

还原艳橙RK

（3）二苯并芘酮衍生物类还原颜料

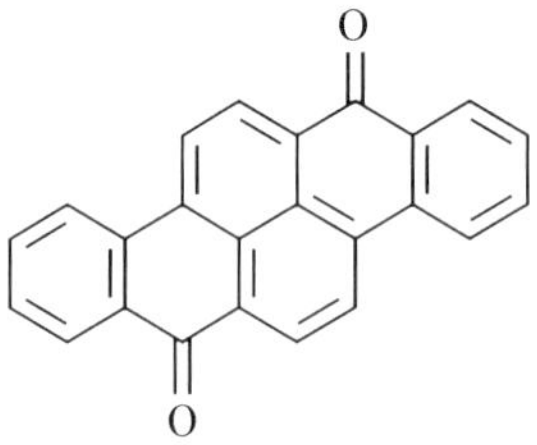

还原金黄GK

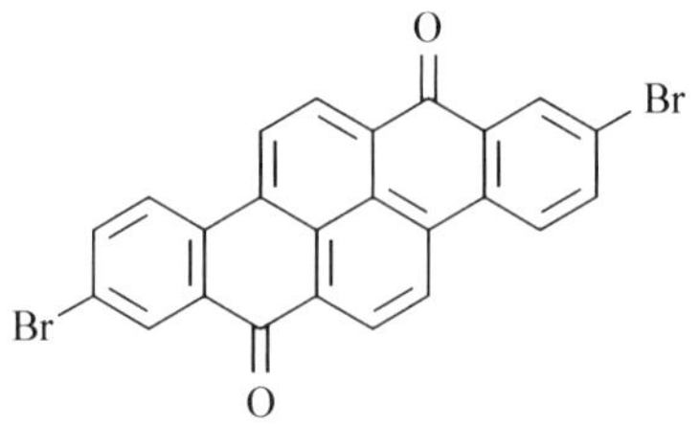

还原金黄RK

（4）黄蒽酮和芘蒽酮类还原颜料

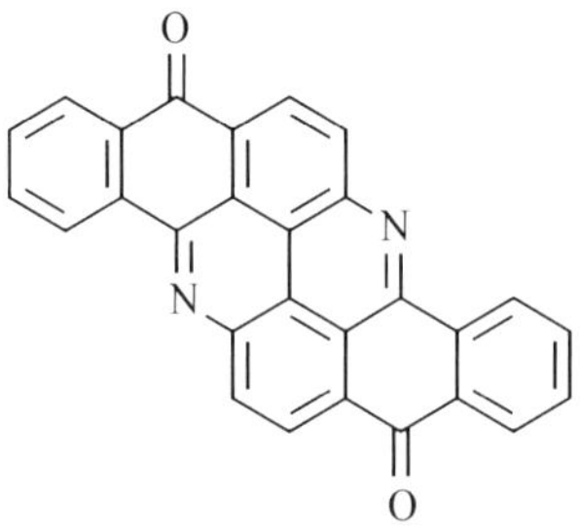

黄蒽酮

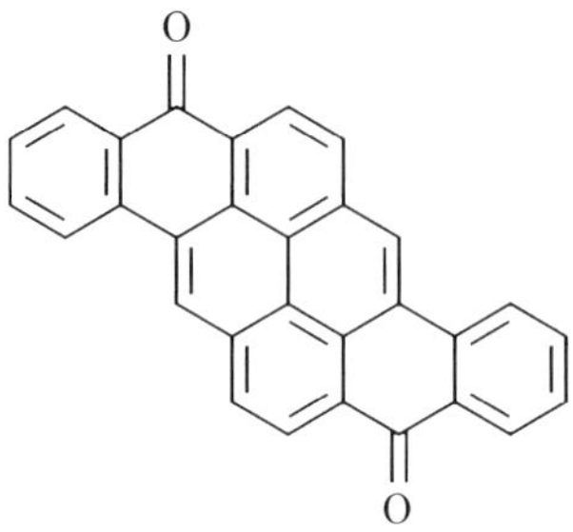

芘蒽酮

（5）萘四羧酸和苝四羧酸类还原颜料

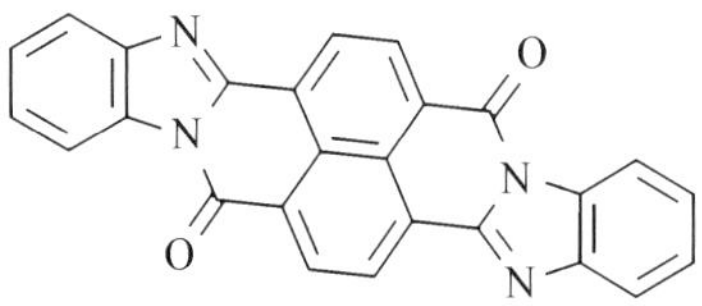

还原艳橙GR

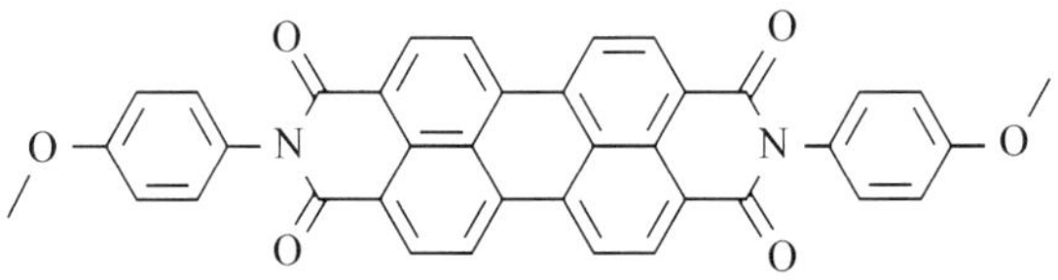

还原大红R

3.9.2　还原染料的合成方法案例

还原桃红 R 采用赫兹（Hertz）法合成。邻甲苯胺与 HCl 反应生成邻甲苯胺盐酸盐 **1**，**1** 在冰醋酸介质中与氯化硫反应生成 4-甲基-6-氯苯并噻唑硫鎓氯化物 **2**，**2** 再经水解、缩合、重氮化、氰化、碱性水解、酸性水解和氧化等一系列“转化”过程转化为目标产物。合成路线如下。

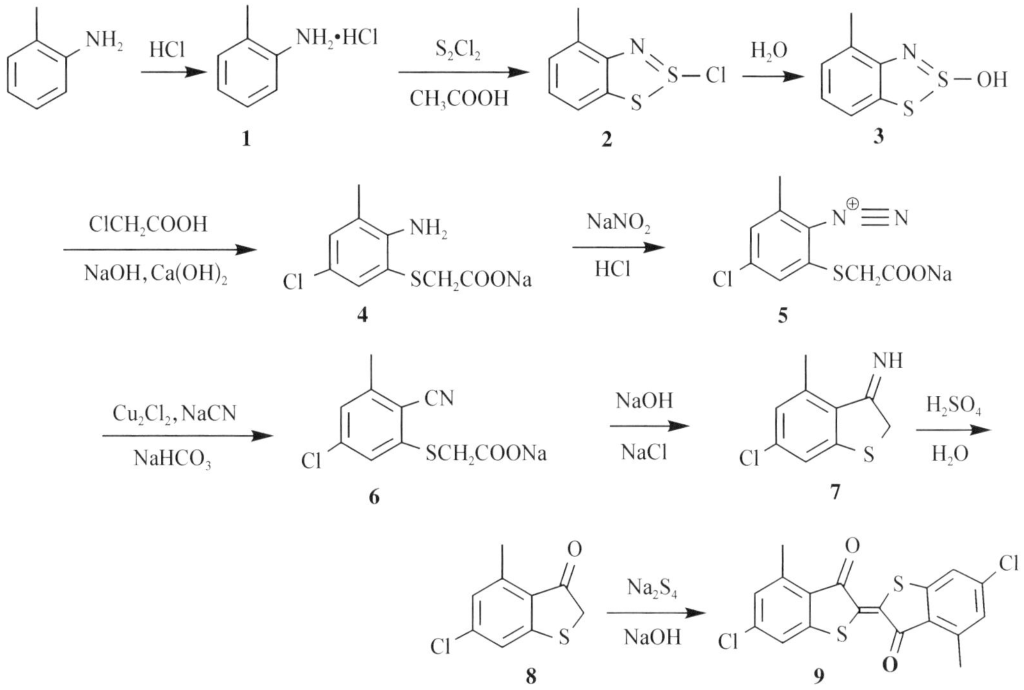

该合成路线需 9 步完成，平均总收率为 47.4%（以邻甲苯胺计）。

3.10 颜料的改性与处理

颜料的颜色及使用效果不仅取决于分子结构，还受物理性能的影响，如晶型、颗粒度大小及分布。颜料使用过程中从来都是以分子集合的形式（晶粒）均匀分散在被着色的物质中，部分入射光被颜料粒子反射、折射和散射。颜料与被着色物质的折射率差别越人、反射率越大，越呈现为不透明。大部分颜料不能直接使用，首先需要预先颜料化，解决颗粒大小和晶型问题，其次是表面问题。

3.10.1 颜料物理状态对其性能的影响

1. 聚集粒子状态与耐溶剂性能

颜料与溶剂间作用力的大小取决于分子结构。如果分子极性过小，在有机溶剂中溶解度过大，甚至达到分子分散状态，颜料随着溶剂流动而发生迁移。为了改善极性，需要在分子结构中引进极性基团如磺酸基、羧基、酰胺基等（亲水基团），形成分子内或者分子间氢键，减小颜料在有机溶剂中的溶解度，提高抗迁移性或者耐油渗性。

2. 聚集粒子状态与耐晒性能

颜料分子聚集成颗粒，聚集程度决定着比表面积大小。粒子越小，比表面积越大，吸收光能效率越高，越容易发生分解导致颜料褪色，褪色速度与粒子直径成反比，颗粒越细，该颜料耐晒性越差。当粒子较大时，比表面积减小，能较好地把光线散射，减少吸收光能，褪色速度与粒子直径的平方成反比，因此具有较大的耐晒度。

3. 粒子大小与色力、色光的关系

颜料的色力不仅取决于分子结构，还与其粒子大小、折光率 n、吸光系数 k 密切相关。粒

子较小时色力与其大小没有关系，当粒子直径增大到 0.05～0.5 μm 时，色力与 n 和 k 密切相关，此时色力与粒子直径成正比；粒子直径继续增大，色力开始下降，与 n 和 k 没有关系。因此不同颜料的最佳粒子大小各不相同。如 β-铜酞菁在蓖麻油清漆中粒子直径的最佳值为 0.08 μm，此时色力最大。γ-喹吖啶酮粒子直径与色力的关系见表 3-4。

表 3-4 γ-喹吖啶酮粒子直径与色力的关系

粒子直径/μm	0.05～0.1	0.2～0.4	0.4～0.8
色 光			蓝光红色
遮盖力	透明	好	好
着色力	好	较好	差

同种物质、同种晶型的粒子直径不同，色光也会有差异。例如甲苯胺红随着粒子直径的变化，色光可以从黄色到蓝光红色。

4. *颜料晶型的影响*

颜料的色光与晶型密切相关。工业上为了获得稳定颜料产品，常采用改变晶型的方法，但是晶型改变往往改变色光，如铜酞菁在 300℃条件下，α、γ、δ 各晶型开始转变为 β 晶型（β 晶型耐热性好）。有的颜料没有这么多晶型，为了提高其耐热性，需要在分子中引入卤素、金属、稠环芳烃等。

3.10.2 有机颜料商品化

有机颜料商品化的一般方法包括酸处理法、溶剂处理法、机械处理法、颗粒表面处理法、表面活性剂处理法、用高分子化合物对颜料进行分散处理及制备衍生物处理法，下面具体介绍。

（1）酸处理法

酸处理法是在酸性介质中，调整颜料的粒子大小、晶型结构及表面状态。根据处理工艺的不同分为酸溶法、酸浆法、酸胀法和酸磨法。下面主要介绍酸溶法和酸胀法。

① 酸溶法。颜料用酸溶解后，改变温度或者浓度使颜料再次析出，通过控制温度、浓度可以调整颗粒大小。如用浓硫酸溶解还原蓝 RSN 后倒入水中稀释，颜料可以重新结晶析出。实践操作中酸溶时加入氧化剂，稀释时加入还原剂，以此控制颜料的主色调、着色力、色彩的浓淡。氧化剂有 HNO_3、MnO_2、CrO_3，氧化温度为 20～40℃，处理时间为 0.5～1.0 h。对 1 份还原蓝 RSN，用 0.09～0.15 份 HNO_3 可得到色光最红、着色力最高的颜料；若用 0.05～0.09 份 HNO_3，颜料主色调最暗，红光减弱，着色力降低。还原剂有 $FeSO_4$、Na_2SO_3、$NaHSO_3$，其用量应能完全还原氧化剂。还原后需用还原糖的碱溶液再还原处理，否则色光为暗绿光蓝色。

② 酸胀法。用酸处理颜料使之溶胀，再加水处理析出小颗粒颜料。一般采用低浓度的硫酸与颜料混合，被浸泡溶胀后加冰水使之析出，使得颜料晶型得到调整。如结构不稳定的 γ、β 型还原蓝 RSN 浸胀转化为 α 型后具有均匀的晶体表面性质，δ 型因为晶粒太大而不适宜。酸含量对浸胀有很大影响，如在浸胀 β 型时酸含量低于 70%时起始的颜料聚集体太大，会导致其沉降无法浸胀；酸含量为 74%～75%时，有很小的似针状的 α 型晶体析出，沉降速度很慢；酸含量高于 76%时晶体进一步增大，沉降速度加快；当酸含量达到 80%时形成片状的 δ 型，此时无着色价值。

(2) 溶剂处理法

溶剂处理法主要应用于偶氮颜料，通过将颜料与有机溶剂混合搅拌，控制溶剂种类与比例，调节搅拌速度和时间，选定合适温度，使颜料在溶剂中溶解后再控制结晶，这样可以方便地使粒子晶型稳定，颗粒分布均匀，从而提高颜料的耐溶性、耐热性、耐晒性。该方法工艺简单，选用的溶剂要有强极性，常用的有 N,N-二甲基甲酰胺(DMF)、吡啶、二甲基亚砜(DMSO)、N-甲基吡咯烷、喹啉、卤代苯、脂肪醇类、二噁烷、二甲苯，或这些溶剂与甲醇或乙醇的混合物，二氯乙酸、甲酸、甲基磺酸也可使用。要严格控制溶剂配比，例如，单独使用甲醇或甲醇与少量氯苯的混合物在室温下浸胀 β 型还原蓝 RSN，即使时间很长也无明显的浸胀作用，当氯苯含量增多时浸胀作用加强，β 型向 α 型转变。

含有苯并咪唑酮的偶氮颜料用 DMF 处理。喹吖啶酮使用 DMF 处理可从 α 型转为 γ 型，铜酞菁用二甲苯处理可以从 α 型转为 β 型。

(3) 机械处理法

采用研磨手段不仅可以将颜料颗粒变小，而且在研磨过程中由于研磨料、研磨介质、颜料之间有较强的剪切作用和冲击作用，颜料晶型也会改变，其程度与加压大小、加压及研磨时间、添加剂种类等有关。研磨设备形式较多，如砂磨机、球磨机(钢球、瓷球)、振动磨、平面磨、双轴捏合机等。除了干磨外也可湿磨，加入研磨助剂如无机盐、溶剂、树脂、分散剂等可提高研磨效率，改进研磨效果，例如，在研磨粗品还原蓝 RSN 时使用双轴捏合机，加入二甘醇作溶剂，NaCl 为研磨助剂，在 105℃下，可以获得较为满意的结果。

(4) 颗粒表面处理法

颗粒表面处理法是使颜料粒子表面吸附某种添加剂以达到占据表面活性部位，抑制晶体生长、减少形成二次粒子的机会的目的，或防止颜料形成大粒坚硬的聚结体改变界面状况，调节粒子表面的亲油与亲水特性，形成表面保护膜，提高分散稳定性及增强其抗絮凝能力。例如，C.I. 颜料绿 7(酞菁绿 G)是铜酞菁的氯代物，作为最重要的绿色高档有机颜料，其应用极为广泛。使用苯甲酸及其烷基衍生物，在一定工艺条件下对颜料粗品进行吸附处理，可以使无定形的颜料粒子的结晶度大幅提高，表面自由能降低。脱除苯甲酸及其烷基衍生物后，粒子稳定分布在较小的粒径内，从而得到高着色力、易分散且性能稳定的纯颜料商品，并可在此基础上进一步运用其他处理方法得到易分散、高着色力、高透明性或高遮盖力的各种颜料。

(5) 表面活性剂处理法

颜料粒子细、表面能大，易引起聚集，导致其在介质中易沉降，稳定性不好。表面活性剂具有显著降低表面张力的功能，当颜料吸附表面活性剂后表面能降低，减小了粒子絮凝的程度，提高了分散稳定性，应用性能明显改进。常用的表面活性剂类型有阴离子型、阳离子型和非离子型。使用松香皂及松香衍生物处理偶氮颜料是传统的方法，由此得到的颜料被应用于印刷油墨中。例如，将 50 份还原蓝 RSN 用硫酸溶解后用水稀释得到的膏状物，与 0.5 mol/L 的 NaOH 溶液及 2.5 份月桂胺-环氧乙烷(1∶2 的分子比)缩合物在 1 000 份水中打浆，100℃下加热 20 h，用 1 份 HCl 酸化，过滤、水洗干燥得到的产品用于油漆着色及印花，具有优异的着色力和光泽度。同样，用十六烷基三甲基溴化铵及松香皂复合处理也能达到上述的优良性能。

(6) 用高分子化合物对颜料进行分散处理

这种方法效果明显，无或有低起泡性，因此越来越受到人们的重视。高分子易于吸附在颜料表面，由于其分子链较长，在颜料表面周围形成立体屏障，阻止了颜料互相结合造成的絮凝。通常把这种分散稳定作用叫作位阻稳定作用。若用于水基分散，则高分子分散剂应具有水溶性或具有亲水分散性，如用具有水溶性的聚乙烯甲醚处理，能显著降低黏度，适用于水基涂料及油墨。若用于在非水介质中进行分散处理，则选择非水溶性高分子，如聚丙烯-醋酸纤维素丁醚、乙基纤维素、醋酸纤维素。

(7) 制备衍生物处理法

某些颜料通过添加其自身的衍生物解决其抗絮凝性问题，提高分散性。例如，酞菁类颜料分子极性小、易凝聚，在无水印刷油墨产品中必须提高其分散性，一般是先使铜酞菁氯乙酰化，再胺化制备成衍生物，然后与酞菁混合研磨，可以有效地改善颜料的分散性和流动性。

3.10.3 颜料化的发展趋势

有机颜料一般要考虑分散性、耐候性、耐热性、环保性等因素。随着环保理念的推行，减少有机溶剂的使用、降低有机物挥发度，开发水溶性颜料成为发展趋势。

(1) 采用亚临界或者超临界状态下的水对有机颜料粉末进行处理

水在超临界状态(374.15℃，22.13 MPa)下像一个中等强度的非极性有机溶剂，能与非极性物质如烃类和其他有机物完全互溶，而对无机物(特别是盐类)的电离常数和溶解度则大幅降低。如在 400～500℃、超临界水的密度不超过 0.325 g/cm^3 的条件下 NaCl 的电离常数为 10^{-4}，而常温下 NaCl 的溶解度为 37%(质量分数)。另外超临界水可以与空气、N_2、氧气和 CO_2 等气体完全互溶，具有许多独特的性质如极强的溶解能力、高度可压缩性等，水无毒、价廉、容易与产物分离。使用超临界水处理有机颜料，在其中适当添加少量的 H_2O_2，可以顺利地将羟基引入有机颜料表面，能够有效地提升产品分散体在水性介质中的稳定性。

(2) 采用低温等离子体照射改性

这是一种较为前沿的改性技术，对干粉状态下的颜料粒子表面进行化学改性，得到水性涂料分散体系。该技术仅针对颜料表层进行相应的改性，对粒子表面进行有效控制，尽可能减少颜料在改性之后性能所受到的负面影响，不会导致颜料整体出现根本变化。该技术允许用多种类型的改性剂展开相应的等离子体溅射工作，在颜料表面引入各种结构不同的功能基团，使得产品分别呈现出碱性或者酸性，在酸碱相互作用的基础上实现水性分散体稳定性的提升。

3.11 常见的有机颜料合成方法

1. *颜料红 146 的合成*

颜料红 146 在油墨工业中主要用于凸版和胶版墨。其抗光性良好，可以应用于纺织印花；在涂料方面主要应用于工业漆和建筑涂料。永固黄 HR、炭黑和颜料红 146 混拼可以得到棕色，用于木材家具的着色。合成方法如下。

重氮化反应：红色基 KD 与盐酸和亚硝酸钠进行的反应。

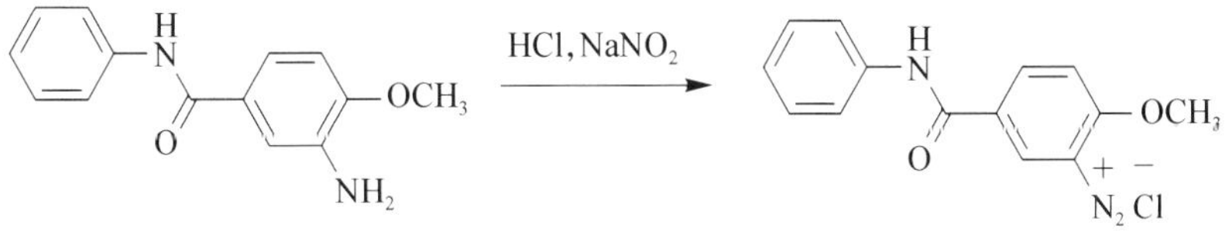

合成操作：

(1) 在低温下，盐酸和红色基 KD 于搅拌釜中搅拌成浆料，冷却一定时间。

（2）将配好的 $NaNO_2$ 溶液加入搅拌釜中，用 pH 计监测反应过程的 pH。由于重氮盐不稳定，难以直接进行分析，故通过偶合反应得到稳定的颜料红 146 来间接分析重氮化反应。

（3）重氮化结束后加入氨基磺酸除掉反应液中残留的 $NaNO_2$，然后将重氮盐溶液放在冰箱中冷藏保存备用。

偶合反应：重氮盐和偶合组分色酚 AS－LC 进行偶合反应得到产品颜料红 146。

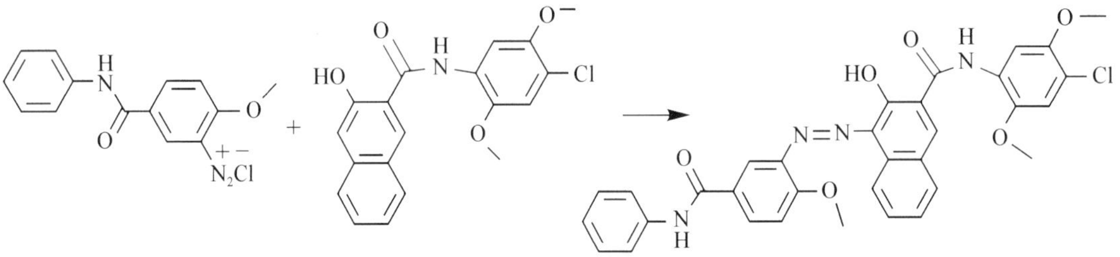

合成操作：

（1）将色酚 AS－LC 加入 NaOH 溶液中，90℃下搅拌至溶解，冷却到室温，加入醋酸，析出精细的色酚 AS－LC 粒子。

（2）将重氮盐溶液加入偶合组分中，开始计时，用 pH 计监测，用醋酸对 pH 进行调节。

（3）反应结束后，将颜料置于 90℃下保温搅拌 30 min，过滤、洗涤、干燥。

阅读材料

搅拌釜和超重力反应器的工艺参数

搅拌釜的工艺条件：

（1）重氮化反应：3℃、40 min、红色基 KD 与盐酸的物质的量之比为 1∶2.6、红色基 KD 与 $NaNO_2$ 的物质的量之比为 1∶1.05、搅拌釜的转速为 500 r/min。产品收率为 97.7%。

（2）偶合反应：10℃、60 min、pH＝5、搅拌釜的转速为 400 r/min，产品收率最高为 96.5%，平均粒径为 190 nm。

超重力反应器的工艺条件（物料配比和 pH 与搅拌釜中的一致）：

（1）重氮化反应：温度为 15℃、进料流量为 200 mL/min、超重力转速为 1 600 r/min、产品收率最高为 95%。

（2）偶合反应：进料流量为 150 mL/min、超重力转速为 1 200 r/min、表面活性剂为 OP－10。平均粒径为 70 nm 左右，较优条件下收率在 93%。

2. 连续化反应工艺合成颜料黄 12

颜料黄 12 的分子式如下。

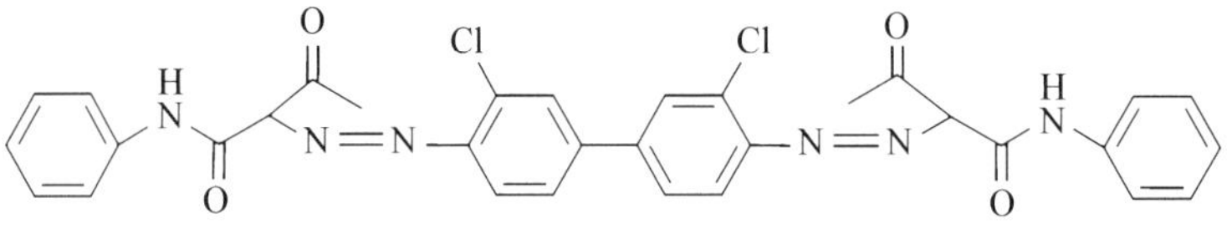

重氮化反应是一个快速放热反应，单位放热量一般为 150～250 kJ/mol，适合连续化反应工艺。反应中需要解决的关键问题是管道拥堵问题。常用的连续化反应工艺流程图如图 3－1 所示。

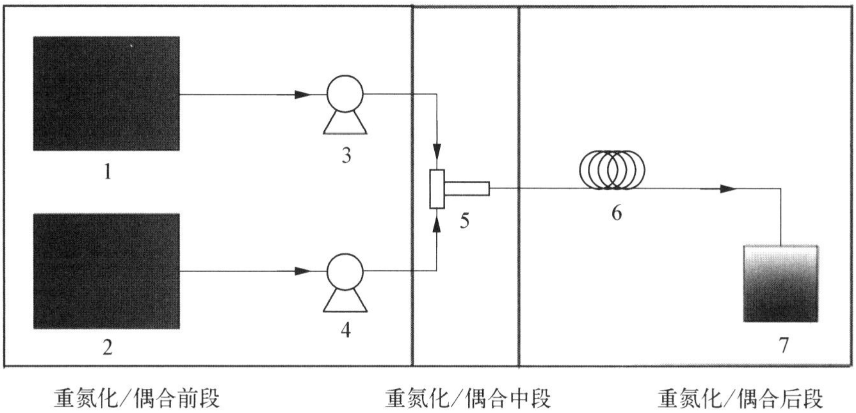

1—反应物A罐；2—反应物B罐；3，4—计量泵；5—碰撞式混合器；6—延时螺旋管；7—产品罐

图3-1　常用的连续化反应工艺流程图

（1）工序设计

重氮化工序的目的是进行连续重氮化反应获得DCB(3，3′-二氯联苯胺盐酸盐)重氮盐，其中打浆步骤是为了使DCB在盐酸中充分分散；偶合工序的目的是进行连续偶合反应，获得颜料黄12悬浮液，其中DCB重氮盐的抽滤步骤是为了除去重氮液中存在的少量副产物，保证其不影响最终产品的色相；后处理工序中升温步骤的目的是改善颜料的颜色性能。

（2）重氮盐的制备

DCB的重氮化反应路线如下。

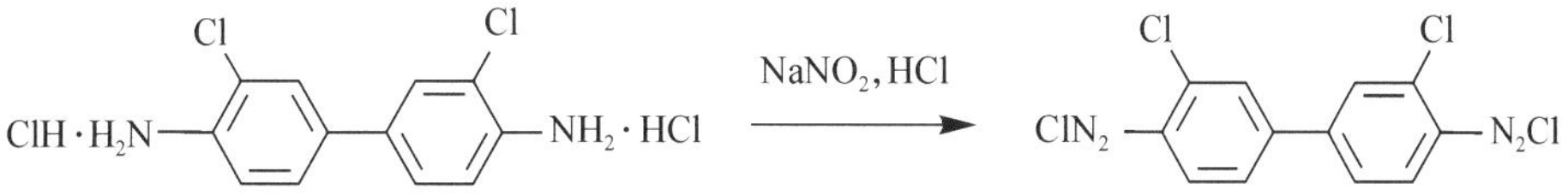

将105 g DCB添加到浓盐酸中，加冰水调温至0～5℃，并稀释至溶液总体积为1.5 L，打浆2.0 h后制得浆料；将49 g $NaNO_2$ 溶于去离子水中，调温至0～5℃，并稀释至溶液总体积为1.5 L。将上述浆料和 $NaNO_2$ 溶液分别转移至两个储料罐中，调节计量泵使流量一致，混合器用5℃冷水冷却，将两种反应物泵送到连续化混合装置中，弃去前100 mL反应混合物。收集随后的混合液再搅拌5 min，加入尿素去除过量的 $NaNO_2$，抽滤得到DCB重氮盐溶液。

（3）偶合组分的制备

往70 g AAA中加入1.2 L水，再加入17 g NaOH后搅拌0.5 h，至偶合剂完全溶解后，降温，缓慢滴加乙酸进行酸析得到颗粒细小的AAA悬浮液，加入乙酸钠调节体系pH，最后加水稀释至溶液总体积为1.5 L，得到偶合组分。

（4）连续法偶合反应

将重氮盐溶液和偶合组分分别转移至两个储料罐，调节计量泵使流量一致，将反应物泵送到连续化微混合装置中，弃去前100 mL混合物，收集随后的混合液再搅拌5 min，加热并保温1.0 h，然后冷却至室温，抽滤反应产物，用去离子水洗涤至滤液电导率为1 μS/cm，60℃干燥24 h后得到颜料黄12。

（5）该工艺的特点

在DCB的质量浓度为70 g/L、$c(DCB):c(NaNO_2)=1:2.2$、$n(HCl):n(DCB)=4$、进

料温度为 20℃、流速为 1.1 m/s 的条件下，中间体 DCB 重氮盐的收率达到 98.3%。对比间歇工艺，该反应温度提高了近 10℃，在室温下进行降低了能耗，且酸的用量降低，实现了高流量下连续重氮化，提高了反应效率。

本章练习题

3-1 解释甲基橙随着 pH 变化的变色机理。

3-2 现有不法商贩将工业染料用于食品领域，如将苏丹红用于辣椒酱、罗丹明 B 用于花椒等，请问应如何检测食品中的工业染料？

3-3 列举影响颜料颜色的因素。

3-4 有机颜料为什么要进行颜料化处理？

3-5 查阅文献，了解我国偶氮染料和颜料的生产现状。

第4章

服装整理剂

在服装制造和使用周期中，生产者为了提高人体舒适度、服饰美观度、内外衣透气性、抗菌性，以及某些特殊需要如抗静电等性能，要使用各种化学品对服装进行处理，该类物质统称为服装整理剂，包括但不限于荧光增白剂、除臭剂、抗菌剂、表面处理剂、抗静电剂等物质。

4.1 荧光增白剂

4.1.1 荧光增白剂的定义

荧光增白剂也被称为光学增白剂，通过吸收紫外光再发射出与物质表面的黄色互补的蓝色可见光，在视觉上呈现为白色从而达到增白效果，是用在洗涤剂、塑料增白、纺织、造纸等领域中的一大类有机化合物。荧光增白剂作为合成洗涤剂添加物的用量最大，其次是造纸和纺织行业，目前的主流产品是二苯乙烯系列。

4.1.2 有机化合物发射荧光的原理

荧光在自然界中很常见，如萤火虫及某些海洋生物发射荧光。某些化合物被紫外光或者X射线激发后能发射出各种颜色和不同强度的光线，当辐射停止发射光随即消失，这种现象称为荧光。分子通过吸收辐射能被激发，从而导致发光的现象称为光致发光。荧光属于光致发光。

室温下绝大部分分子都处于最低能级(基态)，吸收能量后跃迁到高能级，这是个非连续的量子过程，只有入射光的光子能量恰好等于两个能级之间的能量差时跃迁才能发生。最容易、概率最大的跃迁是从基态跃迁到第一激发态，然后分子释放能量回到低能级，最后回到基态。能量释放的形式有两种：通过分子间碰撞以热的形式释放，或者以发光的形式释放。事实上，激发态的分子首先会以振动弛豫的方式释放出小部分能量，达到同一电子激发态的最低振动能级，然后以辐射形式发射光子，回到基态的任一振动能级上，因此在激发光与发射光之间存在着一定的能量损失。在溶液荧光光谱中所观察到的荧光波长总是大于激发光的波长，这种现象被称为斯托克斯(Stokes)位移。分子荧光光谱是激发态分子从第一电子激发态的最低振动能级辐射回到基态的各个不同振动能级所产生的，其形状由基态振动能级的分布情况决定(图4-1)。

一般情况下基态和第一电子激发态中振动能级的分布情况是相似的，分子的荧光光谱和吸收光谱形状是相似的并呈镜像对称关系。蒽在醇溶液中的吸收光谱和荧光光谱如图4-2所示。

发射荧光的条件：首先分子必须有一个能够吸收光线的化学结构，其次是分子吸收与其本身特征频率相同的光子的能量之后能够以荧光形式释放能量(具有较高的荧光效率)。由于许多物质的荧光效率不高，因此会吸收光线的物质并不一定发射荧光。

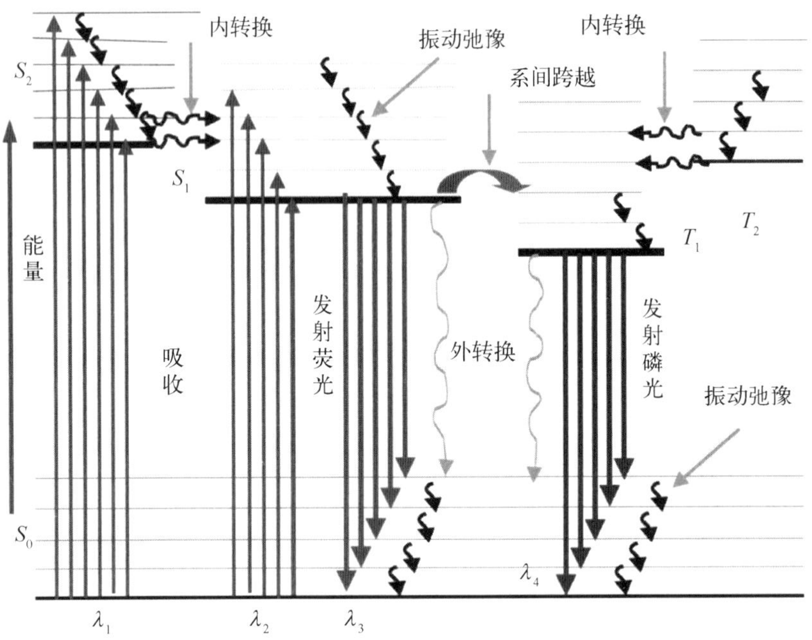

图 4-1 荧光发生过程的电子能级转换示意

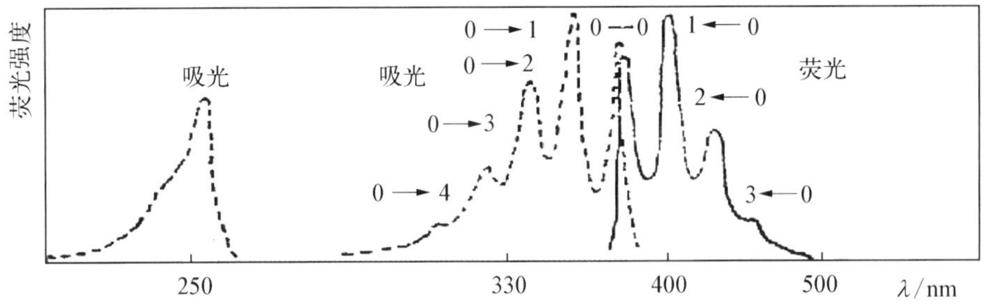

图 4-2 蒽在醇溶液中的吸收光谱(左)和荧光光谱(右)

样品的荧光效率用荧光量子产率(Φ)表征,即测量样品有效利用吸收光的效率,数学上表示为发射荧光的光子数和吸收激发光的光子数的比值。

$$\Phi = 发射荧光的光子数 / 吸收激发光的光子数$$

Φ 在 0～1 之间,取决于分子的化学结构及环境(温度、pH、溶剂)等。

4.1.3 荧光强度的影响因素

荧光强度的影响因素主要有以下几点。

(1) 荧光分子共轭体系大小的影响。具有共轭结构的分子,它们的 π 电子流动性更好,在光照时容易发生分子整体激发,从而引起分子内的电荷迁移,导致电子密度重新分布。分子含有的能够发射荧光的基团称为荧光团。荧光团必须含有共轭大 π 键且达到一定程度才会发荧光,如(—CH=CH—)$_n$(n>2)、苯、萘、对苯二醌、苯并杂环等。共轭体系越大 π 电子越容易激发,荧光越容易产生,荧光发射峰向长波方向移动,多数情况下荧光量子产率增加,荧光越强。

(2) 共轭大π键共平面及其刚性的影响。分子仅有大的共轭体系还不够,还必须具备共平面性和一定程度的刚性结构。如果分子中芳香类基团与主链骨架之间是通过C—C连接的,由于C—C自由旋转导致分子不能维持平面结构,那么这种分子的荧光就会很弱甚至没有荧光。如联苯中苯环自由旋转,荧光弱,而萘是平面结构,荧光强。

(3) 取代基的影响。取代基的种类和位置对其荧光性能影响显著,给电子取代基能够增强荧光,如$—NH_2$、—NHR、$—NR_2$、—OH、—OR等,其激发态是由O或N的非键电子激发到π^*键上的,取代基共轭电子参与大π键,扩大共轭体系,使最大吸收波长和荧光发射波长红移,荧光强度增强。吸电子取代基减弱荧光,主要有—C═O,$—NO_2$,—COOH,—CHO,—COR,—N═N—,—X(X=F,Cl,Br,I),这类取代基中的非键电子跃迁到π^*键上属于禁戒跃迁,激发态分子数少,且SI-Tr的系间跨越占优势,导致放出光子的激发态分子数量进一步减少。硝基的吸电子能力最大,因此其对荧光的抑制最严重,其SI-Tr的系间跨越率达到0.6。几乎所有荧光化合物引入硝基后都没有荧光;磺酸基及羧酸基是吸电子性的,会减弱荧光,离解出质子后带负电荷变为给电子基团,荧光增强。苯环上取代基对荧光的影响见表4-1。

表4-1 苯环上取代基对荧光的影响

化合物	分子式	荧光波长λ_f/nm	荧光相对强度
苯	C_6H_6	270~310	10
甲苯	$C_6H_5CH_3$	270~320	17
丙基苯	$C_6H_5C_3H_7$	270~320	17
氟代苯	C_6H_5F	270~320	10
氯代苯	C_6H_5Cl	275~345	7
溴代苯	C_6H_5Br	290~380	5
碘代苯	C_6H_5I	—	0
苯酚	C_6H_5OH	285~365	18
苯酚离子	$C_6H_5O^-$	310~400	10
苯甲醚	$C_6H_5OCH_3$	285~345	20
苯胺	$C_6H_5NH_2$	310~405	20
苯胺离子	$C_6H_5NH_3^+$	—	0
苯甲酸	C_6H_5COOH	310~390	3
苯甲腈	C_6H_5CN	280~360	20
硝基苯	$C_6H_5NO_2$	—	0

(4) 取代基位置的影响。取代基的位置及数量对荧光量子产率的影响视具体情况而定。当只有一个给电子取代基,且该取代基处于空间位阻最小或者没有位阻的位置时,荧光增强;而当给电子基和吸电子基共存时,给电子基位于吸电子基的邻对位,存在电子效应(D-A效应),荧光大大增强。D为给电子基团,A为吸电子基团。

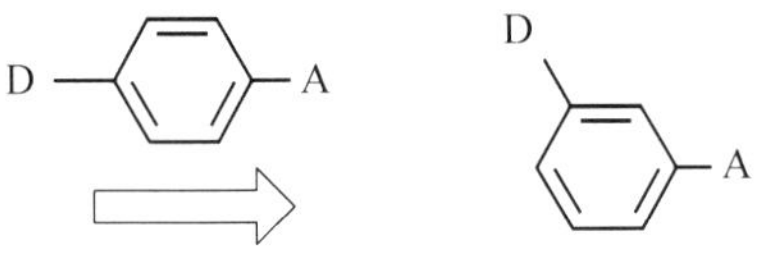

D处于A的对位,电子转移方向用箭头表示分子内存在电子效应,此时荧光强。

(5) 温度的影响。随着温度的升高荧光强度会降低,原因是分子内部的转动和振动随着温度的升高而增强,分子内能量的转换作用也加强。同时,激发态分子和溶剂分子之间会发生某些可逆的光化学反应。另一方面,随着温度的升高,分子运动速度(三维方向的)增大,分子间碰撞概率增加,能量耗损更多地以热量方式进行。

(6) pH的影响。荧光化合物尤其是含有氮、氧或酸根离子的荧光化合物对pH极其敏感。质子化和非质子化的两种状态能显著改变荧光分子的电子云密度,从而改变其光谱特性。如水杨酸($pK_{a1}=3.00$, $pK_{a2}=12.38$)和间羟基苯甲酸($pK_{a1}=4.05$, $pK_{a2}=9.85$)在pH=12的溶液中都是双负离子结构:

在波长为310 nm的光的激发下均会发射荧光,在pH=5.5的近中性溶液中只有—COOH电离:

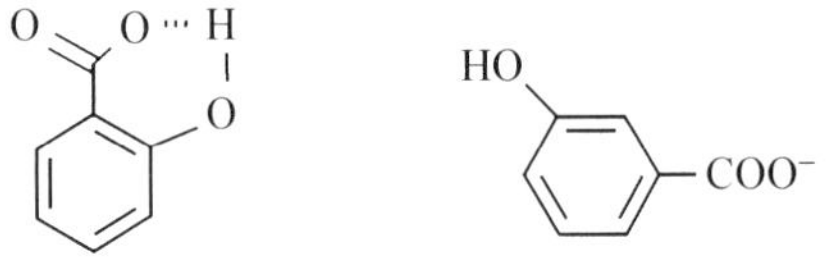

水杨酸通过形成分子内氢键而增加了分子刚性,因此其有较强的荧光,其强度与pH=12时相同。而间羟基苯甲酸钠不能形成氢键,不发荧光。

(7) 溶剂的影响。随着溶剂极性的增加,溶剂化现象显著,分子中电子云不再均匀分布,呈现为正负电荷中心,化合物的吸收和发射光谱会发生蓝移。

(8) 荧光淬灭剂的影响。荧光淬灭是指荧光物质分子与溶剂分子或溶质分子相互作用引起荧光强度降低的现象。引起荧光淬灭的物质称为荧光淬灭剂(quenching medium),如卤素离子、重金属离子、氧分子及硝基化合物、重氮化合物、羰基化合物和羧基化合物。其机理主要是① 荧光物质的激发态分子和淬灭剂分子发生碰撞而损失能量,又称为动态淬灭;② 荧光物质的基态分子与淬灭剂分子作用生成了本身不发光的配位化合物,又称为静态淬灭。

(9) 芳香环中杂原子的影响。杂原子对荧光的影响比较复杂,取决于其结构。简单杂环化合物的荧光量子产率几乎为0,但它们与苯稠合后荧光大大增强。如:

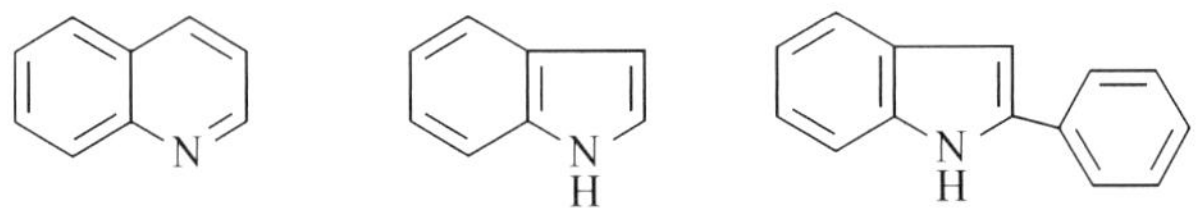

Φ_p=0.60　　Φ_p=0.39　　Φ_p=0.86

含氮杂环有机物在非极性介质中荧光很弱，随着介质极性的提高荧光强度增加，如8-羟基喹啉在强酸性介质中产生质子化，从而使原来最低单线激发态S由n→π*型转化为π→π*型，荧光由弱变强。

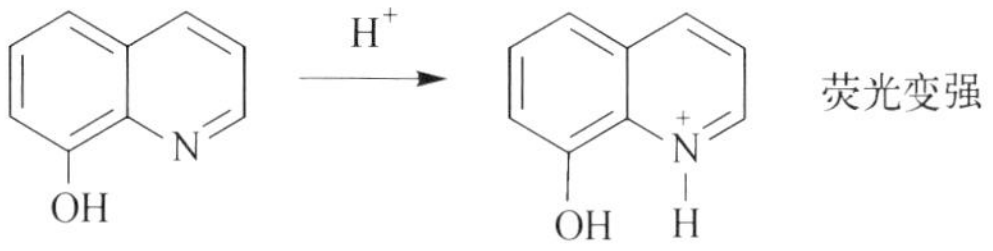

总之，影响荧光的因素很多，要结合具体情况进行分析和判断。

阅读材料

聚集诱导发光(aggregation-induced emission，AIE)材料

激发态分子能量耗散途径有很多，如图4-3所示。

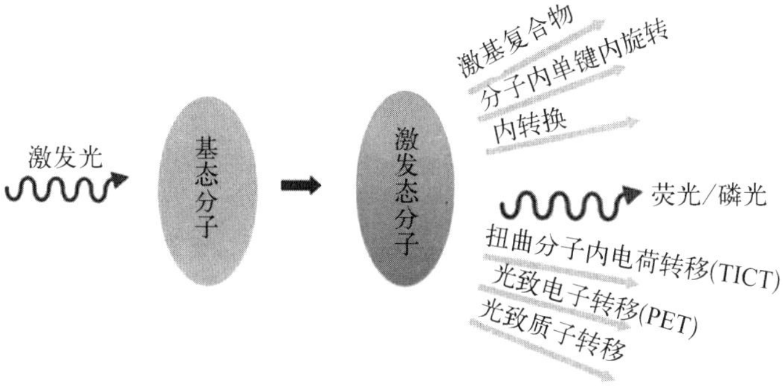

图4-3　激发态分子能量耗散途径

激发后材料马上发光，激发与发射间隔小于10^{-8} s的是荧光发射，失去激发源荧光立刻消失。如激发后发光过程缓慢，关闭激发源后继续发光则称为磷光。

普通荧光物质只能在低浓度下发射荧光(一般是在溶液里或者吸附在载体上)，一旦浓度变高或者成为固体状态(相当于分子聚集)荧光就会消失，该现象称为聚集导致荧光淬灭(aggregation-caused quenching，ACQ)。荧光分子聚集以后更容易发生碰撞或者分子内部的振动、转动而释放能量(称为弛豫)，或者聚集状态下分子极易发生紧密的面-面堆积(π,π堆积)，从而产生激基复合物导致荧光消失，ACQ现象限制了荧光物质的应用。2001年，唐本忠院士发现某些分子在分散状态下几乎没有荧光，而聚集后激发可以发射荧光，称之为AIE。随后发现还有物质聚集后荧光发射增强，称之为聚集诱导发光增强(aggregation-induced enhanced emission，AIEE)。

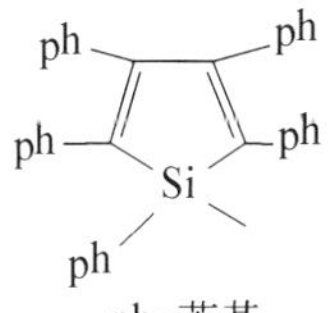

ph=苯基
经典AIE化合物

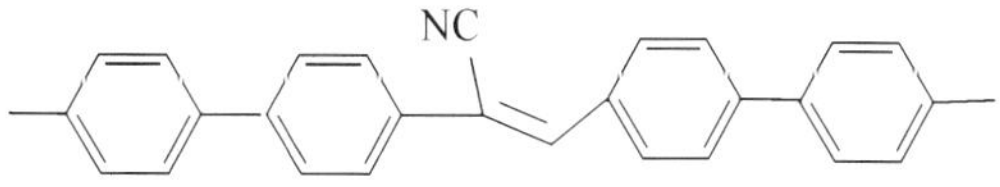

CN-MBE
经典AIEE化合物

它们的共同特点是分散状态下母核噻吩或者 Ar—C═C—Ar 外围有刚性芳香环基团与噻吩或者双、三键通过 C—C 相连，由于基团转动而消耗能量导致荧光淬灭；在聚集状态下外围连接基团的体积和空间位阻效应过大，无论在溶液还是固体状态下基团排列相互扭曲，呈现非平面空间构象，导致分子间距离较大，堆砌较为疏松，阻止了 π-π 堆砌、激基缔合物或复合物的形成，减少了荧光淬灭的可能性，因此聚集态下发射强烈的荧光。

具备 AIE 或者 AIEE 性能的物质更适合作为发光材料，此外，经过聚合制备成的荧光发射聚合物能吸收一定频率的光而发光，可应用于生物材料领域，它们的高生物承载力和荧光发射能力，可以帮助研究人员找到和标记蛋白质的位置。具有 AIE 特性的聚合物也有助于保护健康组织免受药物的伤害。

4.1.4 荧光增白剂的种类

荧光增白剂按其结构分为二苯乙烯类荧光增白剂、双苯并噁唑类荧光增白剂、吡唑啉类荧光增白剂和香豆素类荧光增白剂。

1. 二苯乙烯类荧光增白剂

二苯乙烯类荧光增白剂是二苯乙烯共轭体系的衍生物，在其侧链可引入苯并噁唑基、磺酸基、三嗪氨基、氰基、碳碳双键等。其中对于苯并噁唑基和三嗪氨基二苯乙烯类荧光增白剂，在其侧链又可引入多种基团，生成具有耐酸碱、耐摩擦、耐晒等高性能且符合市场需求的荧光增白剂。该类化合物合成技术成熟、应用广泛，因而成为荧光增白剂中的大类产品。

(1) 苯并噁唑基二苯乙烯类荧光增白剂母体结构：

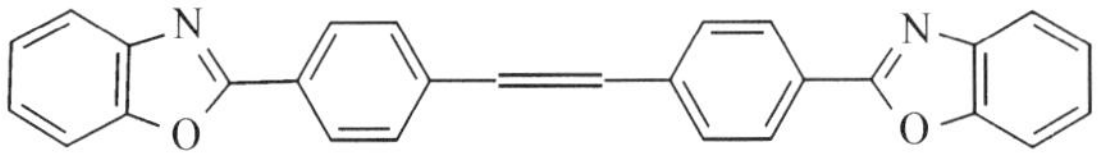

(2) 三嗪氨基二苯乙烯类荧光增白剂母体结构：

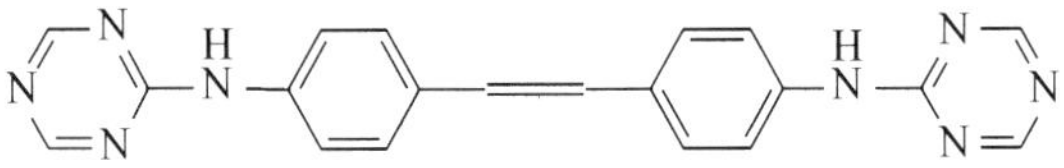

引入基团：

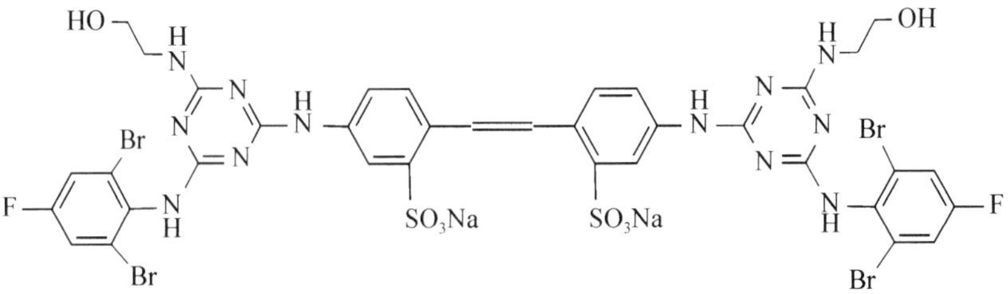

荧光增白剂 VBL：

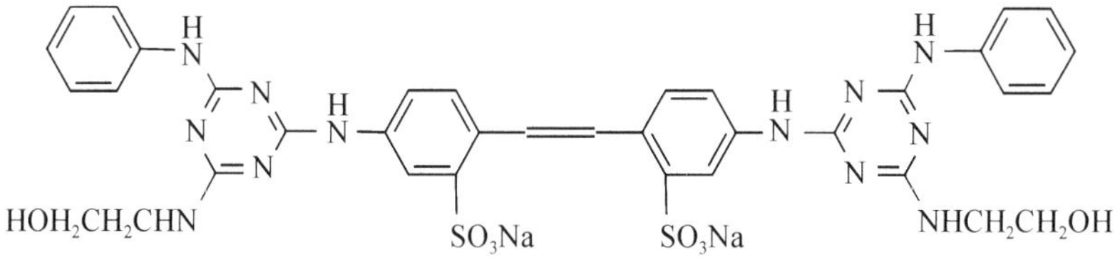

VBL是淡黄色粉末，色光呈青光微紫色，易溶于水，呈微碱性或中性，可与阴离子和非离子表面活性剂，以及直接、酸性等阴离子染料、颜料混用，不宜与阳离子型染料及表面活性剂、合成树脂初缩体等同浴使用，能增加纺织品、肥皂等的白度和使其色泽协调鲜艳，具有荧光感。改变三嗪基团上的取代基可以改善其溶解性、稳定性、pH适用范围、耐光色牢度、与软化剂的相容性等性能，取代基有羟乙氨基、二羟乙氨基、苯胺基、磺酸基等。

（3）含两个C═C的二苯乙烯联苯类荧光增白剂：

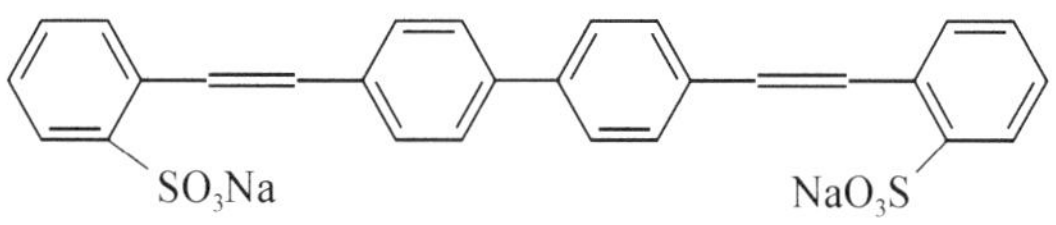

荧光增白剂ER：

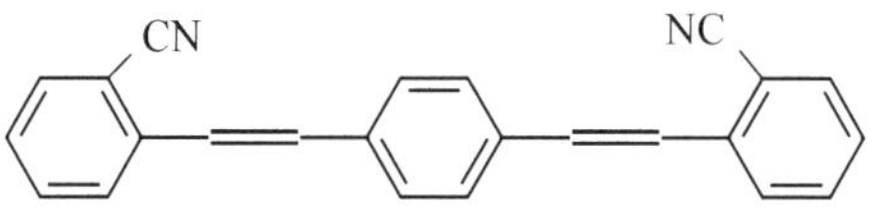

（4）含三个C═C的二苯乙烯类荧光增白剂：

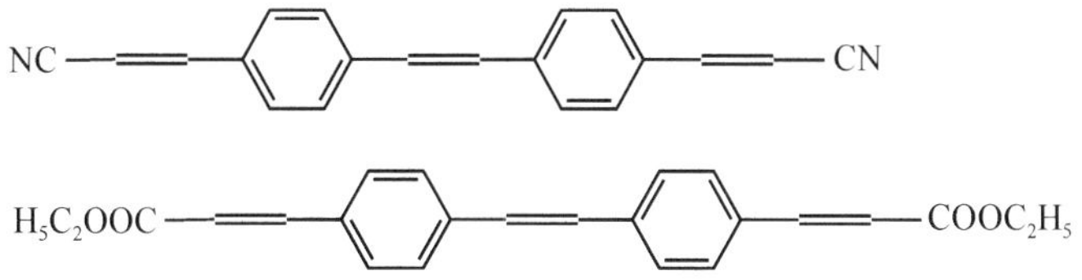

2. 双苯并噁唑类荧光增白剂

（1）2,5-双(苯并噁唑-2-)噻吩类荧光增白剂，在噻吩的2,5位引入双苯并噁唑，并通过苯环上的取代基修饰对其性能进行调节，如荧光增白剂OB：

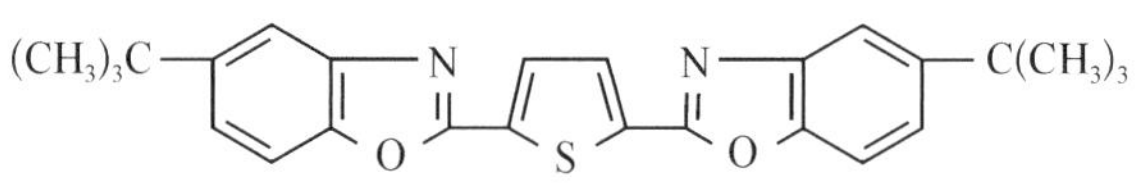

（2）二苯乙烯双苯并噁唑类荧光增白剂，在噁唑环5位引入不同取代基得到多个荧光增白剂，母体结构为4,4′-双(2-苯并噁唑基)二苯乙烯：

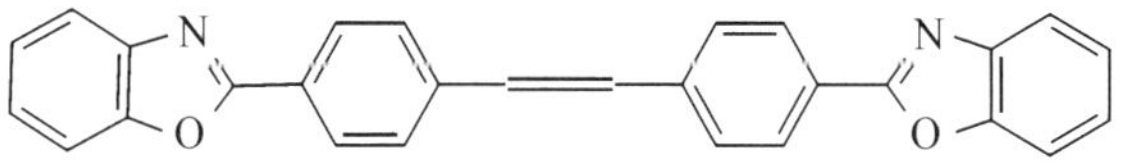

引入甲基时得到4,4′-双(5-甲基-2-苯并噁唑基)二苯乙烯(KSN)以及4-(5-甲基-2-苯并噁唑基)-4′-苯并噁唑基二苯乙烯(SCK)；引入叔丁基时得到4,4′-双(叔丁基苯并噁唑-2-基)二苯乙烯(SB)。

3. 吡唑啉类荧光增白剂

5-呋喃基-1,3-二苯基吡唑啉荧光增白剂(下左图),以及1-对磺酰氨基苯基-3-对氯苯基-2-吡唑啉(下右图,荧光增白剂DCB)

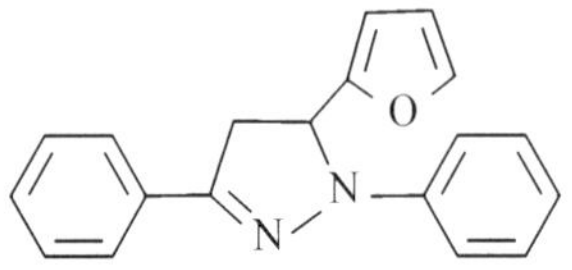

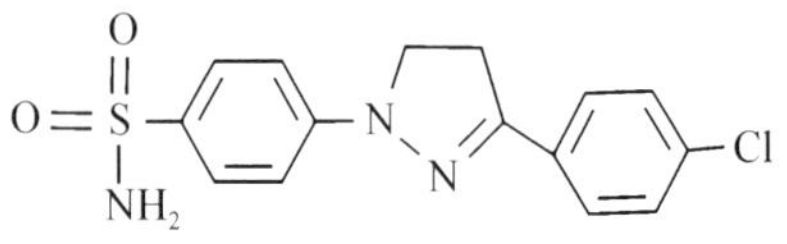

DCB的性能:淡黄色或米黄色粉末,可以迅速均匀扩散于水中形成稳定悬浮液。

DCB的用途:主要用于腈纶纤维、织物及其混纺织物的增白处理。

DCB的包装及贮运:用铁桶内衬塑料袋装,储存于阴凉、干燥、通风处。

4. 香豆素类荧光增白剂

在香豆素环的3、7位分别或同时引入不同的取代基可制得一系列的荧光增白剂,其白度高、耐光性能优良,增白后的制品不带蓝光头或红光头,制品外观更悦目,具有更高的商业价值,广泛用于纺织印染业和塑料加工业。主要品种有以下几类。

硅氧烷改性香豆素类荧光增白剂:

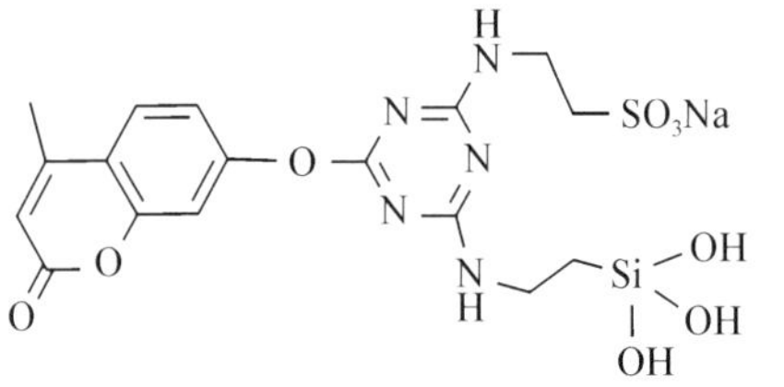

3-苯基-7-氨基香豆素类荧光增白剂:

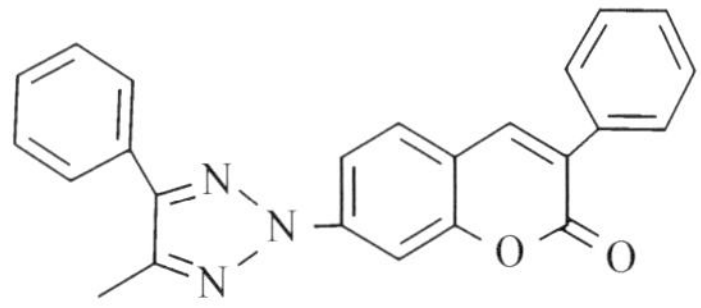

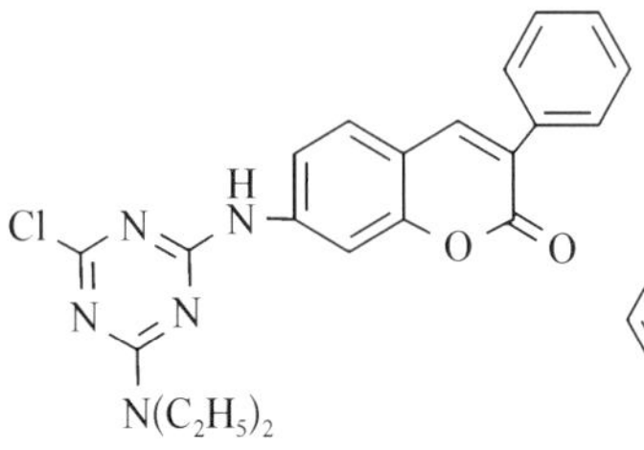

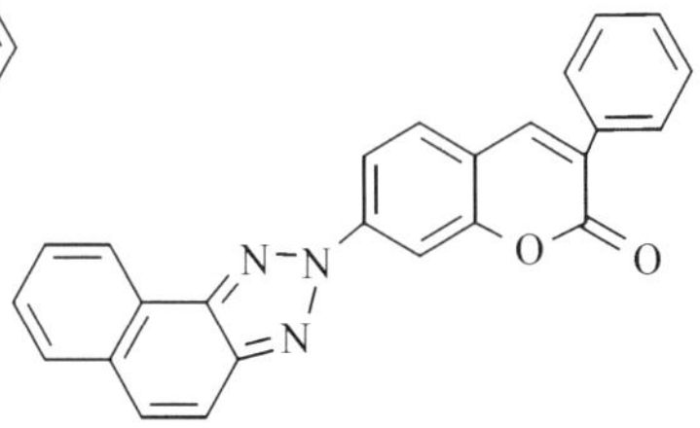

三嗪基香豆素类荧光增白剂:

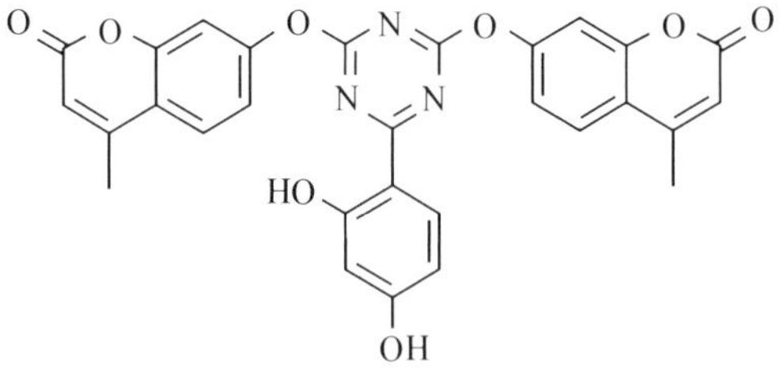

4.1.5 荧光增白剂的合成

1. 三嗪氨基二苯乙烯氨基酸荧光增白剂的合成

工业上以三聚氯氰、DSD酸、对氨基苯磺酸(或对氨基苯甲酸)和系列氨基酸为原料经过三步缩合反应得到三嗪氨基二苯乙烯氨基酸荧光增白剂。三聚氯氰环上的三个氯原子反应活性差异较大，通过控制三步反应的温度和 pH 等条件，确保三聚氯氰环上三个氯原子有序、有效地分步被苯胺和烷基取代。反应式如下：

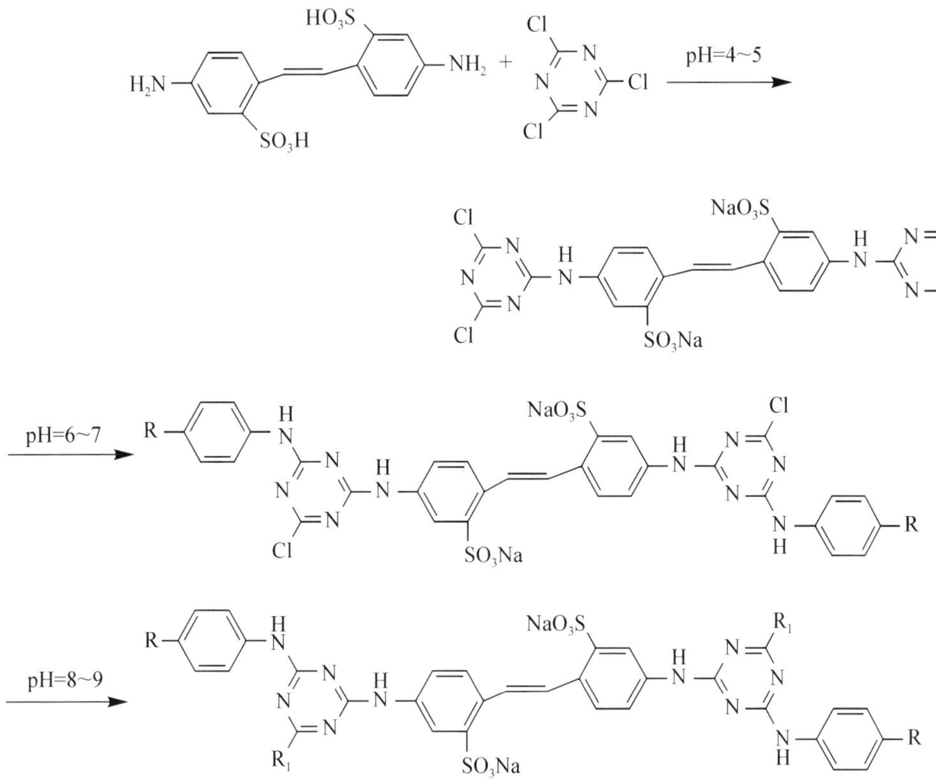

合成操作：

(1) 1,2-二[4-((4,6-二氯-1,3,5-三嗪-2-氨基)-2-磺酸钠)]乙烯的制备

往 400 mL 蒸馏水和 100 g 碎冰中加入 37.04 g 4,4-二氨基二苯乙烯-2,2′-二磺酸(DSD 酸)和 36.88 g 2,4,6-三氯-1,3,5-三嗪，搅拌，滴加 1.0 mol/L 的 NaOH 溶液，混合物 pH 保持在 4～5，0～5℃下搅拌 2.0 h，采用薄层色谱法(TLC)检测反应是否结束。把 0.2 mol 4-氨基苯甲酸或 4-氨基苯磺酸加入混合物中，加热至 40～45℃并不断滴加 1.0 mol/L 的 NaOH 溶液，保持 pH 在 6～7，搅拌 5.0 h，用 TLC 检测反应是否结束。将混合物冷却至室温，用 4.0 mol/L 的 HCl 酸化至 pH 为 3～4，抽滤，滤饼用水洗三次，真空干燥过夜得到 1,2-二(4-[(4,6-二氯-1,3,5-三嗪-2-氨基)-2-磺酸钠)]乙烯。

(2) 三嗪氨基二苯乙烯氨基酸荧光增白剂的合成

在烧瓶中依次加入 6 mmol 上一步产物、12 mmol 氨基酸化合物和 100 mL 蒸馏水，搅拌，加热至回流并不断滴加 1.0 mol/L 的 NaOH 溶液，pH 保持在 8～9，搅拌 6.0 h，用 TLC 检测反应是否结束。将反应混合物冷却至室温，用 4.0 mol/L 的 HCl 酸化至 pH 为 3～4，抽滤，滤饼用水洗三次，真空干燥过夜，得到纯品。

2. 5-呋喃基-1,3-二苯基吡唑啉荧光增白剂的合成

利用苯乙酮与糠醛缩合反应制备 3-呋喃基-1-苯基丙烯酮，再进一步与苯肼在 NaOH 存在下发生环化反应制备 5-呋喃基-1,3-二苯基吡唑啉。反应式如下：

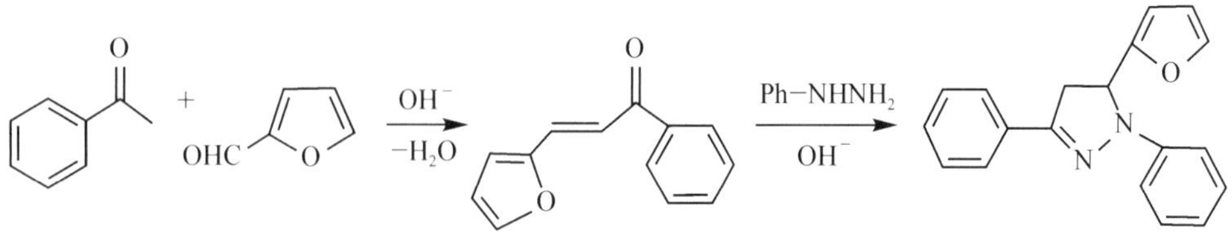

合成操作：

(1) 3-呋喃基-1-苯基丙烯酮的制备

将 2.5 g NaOH 用 25 mL 水溶解后加入 15 mL 乙醇，在冰水浴中冷却，搅拌，加入 6 g 苯乙酮和 4.9 g 新蒸的糠醛，在 20～25℃下搅拌 3.0 h，再加入 1∶1 的盐酸使反应液呈中性。分出棕黄色油层，水层用 10 mL 乙醚萃取 3 次，合并有机相，用 10 mL 饱和食盐水洗涤，分液，有机相用无水硫酸镁干燥，过滤，滤液用水浴蒸馏回收乙醚，得棕黄色油状 3-呋喃基-1-苯基丙烯酮。

(2) 5-呋喃基-1,3-二苯基吡唑啉荧光增白剂的合成

将 2.0 g(1)中的产物用 15 mL 酒精温热溶解，加入 1.0 mL 新蒸的苯肼，再加入适量 NaOH 维持 pH 为 12，回流 1.0 h，冷却后析出沉淀，抽滤，用冷酒精洗涤，得到的粗品用酒精重结晶，干燥得到目标产物。

3. 4,4′-双(2-磺酸钠苯乙烯基)联苯的合成

用 DMF 溶剂将邻磺酸钠苯甲醛与 4,4′-双(二乙氧基膦酰甲基)联苯搅拌混合，分多次加入固体 KOH，保温反应，接着减压蒸出溶剂，快速加入 NaCl 水溶液，降温后过滤，将滤饼干燥得到淡黄绿色固体，反应式如下。

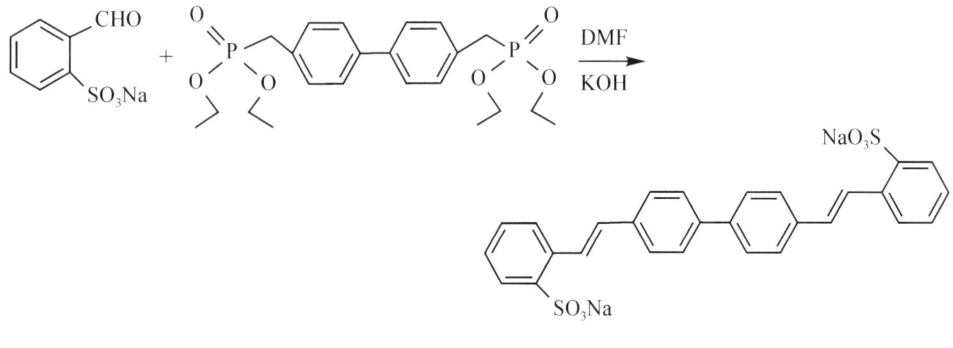

合成操作：

往四口烧瓶中依次加入 130 g DMF、34 g 4,4′-双(二乙氧基膦酰甲基)联苯和 31.96 g 邻磺酸钠苯甲醛，用玻璃棒搅拌，在室温下维持 0.5 h。在 30℃条件下将 9.2 g 固体 KOH 分 4 次加入，加料时间总计 2 h，加完后升温至 50℃并保温反应 8.0 h。结束后在 150～160℃下蒸出溶剂，然后加入 136 g 3%的 NaCl 溶液，降温至 5℃后过滤，滤饼在 100℃下干燥，得到 42.08 g 目标产物。

4. 硅氧烷改性香豆素荧光增白剂(KH540-CFB)的合成

先合成 7-羟基-4-甲基香豆素荧光增白剂(CFB)，然后以三聚氯氰为交联剂将 CFB、牛磺酸与 KH540 引入同一分子中，经水解制备出硅氧烷改性香豆素荧光增白剂(KH540-CFB)。反应方程式如下。

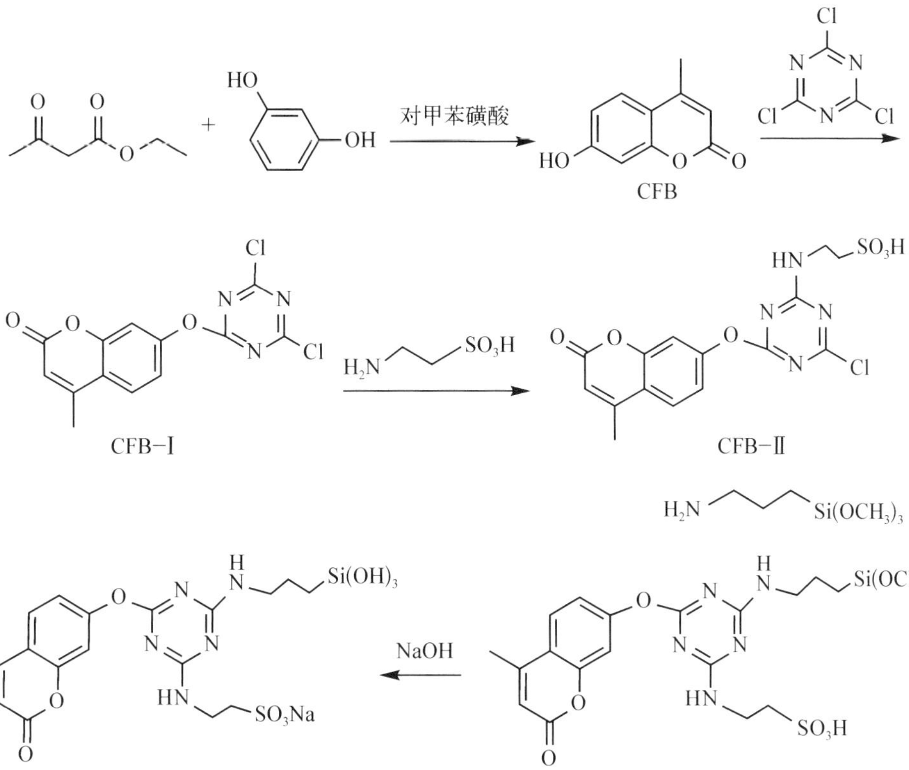

合成操作：

(1) 7-羟基-4-甲基香豆素荧光增白剂(CFB)的合成

将11.0 g间苯二酚、13.0 g乙酰乙酸乙酯、0.1 g对甲苯磺酸，加入装有搅拌器与冷凝管的干燥的三口烧瓶中，搅拌，加热至75℃保温反应2.0 h，将反应液倒入50 mL有碎冰的水中，析出沉淀，抽滤，用NaOH水溶液溶解沉淀，2 mol/L的硫酸酸化至pH=4，析出白色晶体，抽滤，再用100 mL的V(乙醇)∶V(水)=3∶2的溶液重结晶，得14.3 g产品(熔点为184～186℃)。

(2) 硅氧烷改性香豆素荧光增白剂(KH540-CFB)的合成

将2.31 g三聚氯氰溶入丙酮中，并加入三口烧瓶内，冰浴，搅拌20 min，滴加2.20 g 7-羟基-4-甲基香豆素的DMF溶液，控制反应温度为0～5℃，pH为5～6，反应至pH不再变化，用丙酮与DMF分别洗涤，得到中间产物CFB-Ⅰ。

取1.621 g CFB-Ⅰ，加入少量丙酮使其溶解，控制温度为10℃，搅拌，加入0.626 g牛磺酸溶液，调节pH在5～6，升温至35～40℃反应至pH不变，冷却结晶，洗涤干燥得到中间产物CFB-Ⅱ。

取1.032 g CFB-Ⅱ，加入水，升温至60～70℃使其全部溶解，搅拌，加入0.896 g 3-氨基丙基三甲氧基硅烷(KH540)，控制pH在5.5～6.5，缓慢升温至89～95℃，控制pH在6～7，反应至pH不变，将混合液冷却静置沉淀，抽滤干燥，然后取5 g上述产物和40 mL V(乙醇)∶V(去离子水)=1∶1的乙醇水溶液于三口烧瓶内，60℃下搅拌反应6.0 h，用热的NaOH溶液控制pH在11～12，反应结束后冷却抽滤，在45℃下干燥，得到淡黄色粉末状KH540-CFB。

5. 3-苯基-7-氨基香豆素类荧光增白剂的合成

1) 3-苯基-7-氨基香豆素的合成

(1) 方法1：邻甲氧基对氨基苯甲醛与苯乙酸或苯乙腈的活性亚甲基进行Knoevenagel缩合反应，缩合物在$AlCl_3$催化下醚键断裂脱掉甲基，环化。如用苯乙酸，脱甲醇形成环化内酯；如用苯乙腈，最后用酸催化水解亚氨基成羰基。

① 苯乙酸法

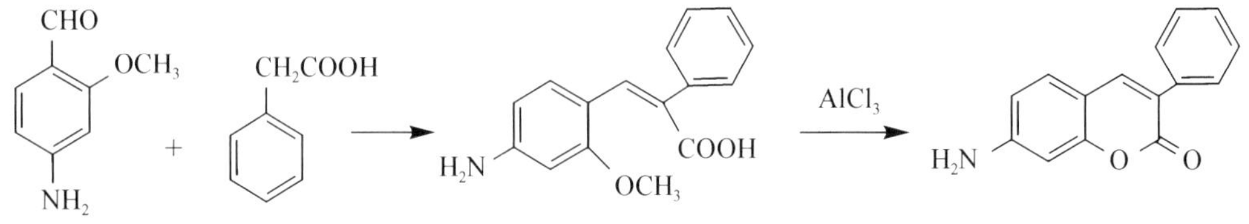

② 苯乙腈法

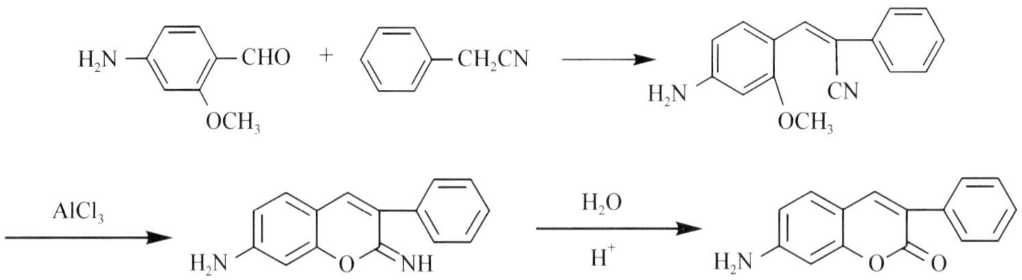

(2) 方法 2：邻二甲基氨基磺酰氧基对氨基苯甲醛先与苯乙酸或苯乙腈中的亚甲基缩合，在 H_2SO_4 的存在下缩合产物的醚键断裂，同时闭环生成香豆素结构。

① 苯乙酸法

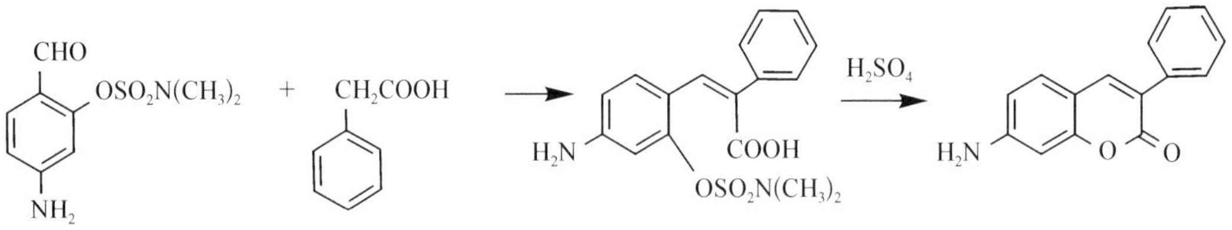

② 苯乙腈法

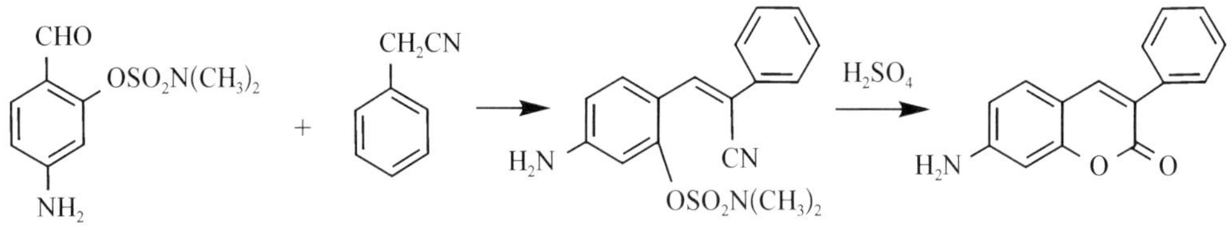

(3) 方法 3：邻羟基对乙酰氨基苯甲醛和苯基乙酸钠缩合环构，生成物在盐酸-乙醇介质中加热，水解脱去乙酰基制得 3-苯基-7-氨基香豆素。

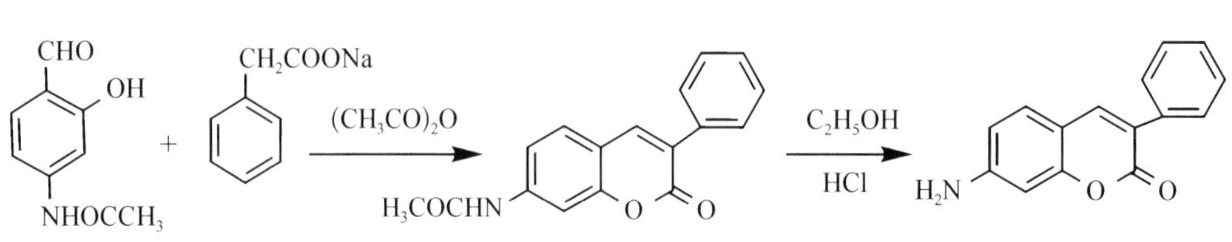

(4) 方法 4：由苯乙酸乙酯和甲酸钠经 Knoevenagel 缩合反应制得 3-羟基-2-苯基丙烯酸乙酯，然后与间氨基苯酚缩合环化直接得 3-苯基-7-氨基香豆素。

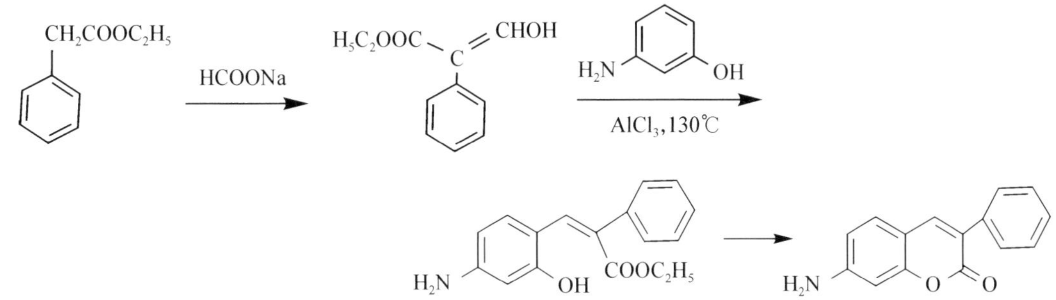

2）3-苯基-7-氨基香豆素类荧光增白剂的合成

将3-苯基-7-氨基香豆素重氮化，再与2-萘胺-1-磺酸（吐氏酸）偶合，得到的产物再脱磺酸和闭环而得到。

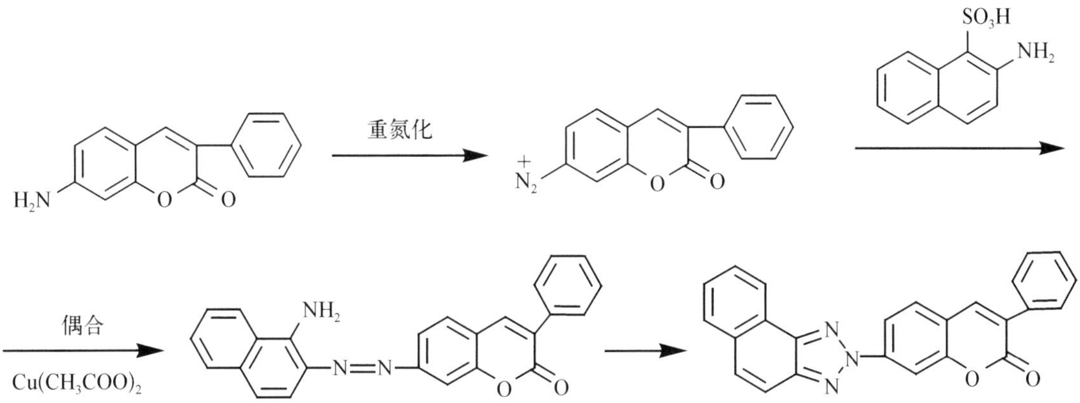

6. 三嗪基香豆素类荧光增白剂的合成

以三聚氯氰为主要原料，首先与间苯二酚合成均三嗪基中间体，然后用7 羟基 4 甲基香豆素与三嗪基中间体反应，得到2,4-二(7-羟基-4-甲基)香豆素-6-(2,4-二羟基)苯基-1,3,5-均三嗪荧光增白剂。反应式如下：

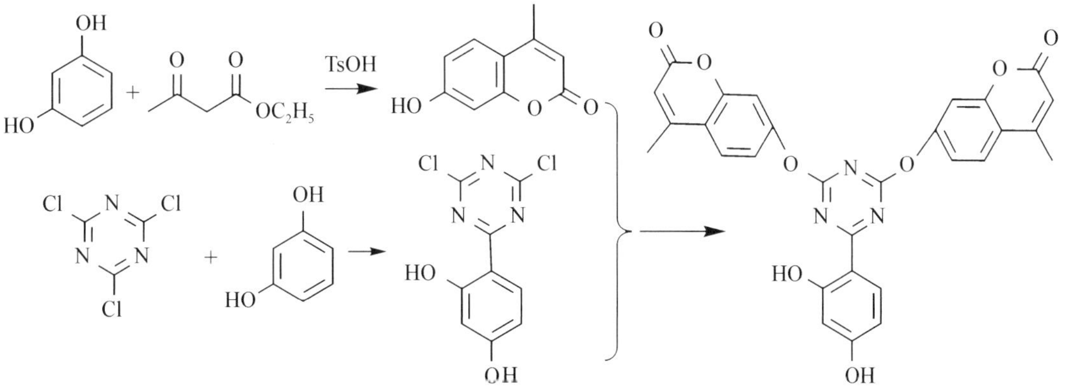

合成操作：

(1) 7-羟基-4-甲基香豆素的制备

往三口烧瓶中加入5.50 g间苯二酚、6.50 mL乙酰乙酸乙酯、0.258 g对甲苯磺酸，搅拌，在75℃下反应2.0 h。然后将溶液倒入50 mL冰水中，有白色沉淀析出，抽滤，干燥，所得固体用

10%的 NaOH 溶液溶解，再用 2 mol/L 的硫酸调节 pH 为 4～5，析出白色固体，抽滤。固体用体积比为 3∶1 的乙醇水溶液进行重结晶，得白色粉末状产品。

(2) 2-(2,4-二羟基)苯基-4,6-二氯-1,3,5-均三嗪的制备

60 mL 氯仿和 4.40 g 间苯二酚通过超声震荡使其溶解，依次加入 7.38 g 三聚氯氰、6.66 g 无水 $AlCl_3$，超声溶解后将反应器置于冰水浴中，控制在 0～5℃搅拌反应 8.0 h，有砖红色沉淀生成。将反应液倒入配制好的体积分数为 0.9%的冰盐酸溶液中，反应物由砖红色液体变成黄色沉淀。静置 10 h 后抽滤，干燥滤渣，得到产品。

(3) 2,4-二(7-羟基-4-甲基)香豆素-6-(2,4-二羟基)苯基-1,3,5-均三嗪的制备

将 60 mL 1,4-二氧六环、3.52 g 7-羟基-4-甲基香豆素、2.58 g 2-(2,4-二羟基)苯基-4,6-二氯-1,3,5-均三嗪加入圆底烧瓶中，恒温水浴，搅拌，在 80～90℃下反应 5.0 h，将反应液倒入冰水中有橙色沉淀析出，抽滤，干燥，得到目标化合物。

4.1.6 荧光增白剂的复配增效作用

荧光增白剂复配后在相同用量的情况下可以得到比单一荧光增白剂更好的白度，从而改善荧光色调，达到事半功倍的效果。

1. 荧光增白剂复配增效的原理

(1) 复配体系中不同组分的荧光增白剂产生的光学行为互不干扰。

(2) 增白效果与在被增白基质上发射的荧光强度有关，荧光强度又与荧光量子产率有关。荧光物质的浓度越高，其荧光强度也越高，但超过临界值时荧光量子产率会下降。复配的荧光增白剂在应用时互不干扰，复配等同于降低了组分的浓度，从而提高了每个组分的荧光量子产率和复配物的荧光强度。

(3) 在泛黄点范围内对被增白基质白度的提升率随增白剂浓度的提高而下降。复配相当于每一组分浓度相对下降，以较高的白度提升增白率，强化了对被增白基质的增白效果。

(4) 对于 DSD 酸-三嗪类荧光增白剂而言，环上取代基不同，增白剂的色调和 λ_{max}不同，复配增大了 λ_{max}的范围，使得复配荧光增白剂在被增白基质中发射的荧光强度增加，强化了基质黄色的补正作用，提高了被增白基质的增白效果。

2. 荧光增白剂复配的种类及应用

两种以上的荧光增白剂按一定比例混合得到复配型荧光增白剂。复配方法可分为化学复配和物理复配，化学复配的增白效果一般优于物理复配。

1) 化学复配增效

根据化学反应原理，把结构相似的荧光增白剂的主要原料按一定比例混合投入反应釜中参加化学反应，得到多个荧光增白剂的混合物，其具有所有单一原料反应生成的荧光增白剂理化性能，在增白效果上要远远优于它的每一种主要原料制备的荧光增白剂。常见化学复配有 ER 系列和 OB-1 系列的复配。

阅读材料

荧光增白剂 ER 系列的复配

在涤纶短纤增白应用中，ER 系列是含邻位、间位和对位氰基的原料按一定的配比反应生成的混合物，如市场上流通的 NER-3、NER-6，就是把邻氰基苄基磷酸-*O*,*O*′-二乙基

酯、对氰基苄基磷酸-O,O'-二乙基酯按一定的配比反应得到的产物。该产品用于涤纶纤维原液的增白能达到215以上的白度。

阅读材料

荧光增白剂OB-1系列的复配

OB-1系列是将烷基引入苯并噁唑的苯环上生成对称和不对称的混合物，可以提高白度和改变色光。如KSN-1、PS荧光增白剂是把两种主原料对氯甲基苯基苯并噁唑、对氯甲基苯基(5-甲基)苯并噁唑按不同配比混合反应得到的混合物。

2）物理复配增效

物理复配增效是把几种荧光增白剂按一定比例机械地调和成混合物，在保持原有增白白度的前提下可减少使用量，另外应用性能(如耐晒坚牢度、耐气候色牢度、耐热牢度等)比单组分有所提高，还能调整色光使被增白物品外观更加悦目。

(1) 二苯乙烯基苯类的复配

① 氰基取代的二苯乙烯基苯类同分异构体的复配，由6种同分异构体(ER-Ⅰ～Ⅵ)构成，具有比单组分更高的白度和耐晒坚牢度，主要用于涤纶织物的增白。

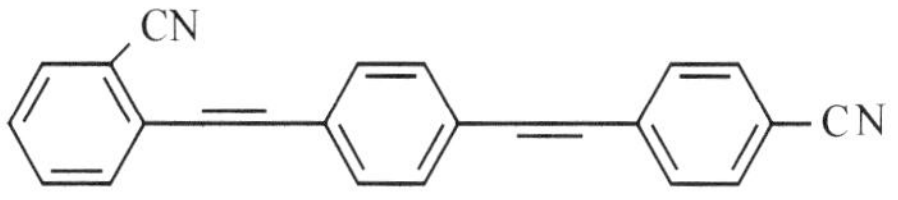

ER-Ⅱ

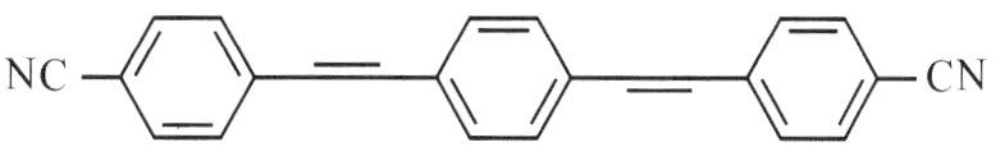

ER-Ⅲ

② 二苯乙烯基苯类/单苯并噁唑类二组分复配(表4-2)

组分A由二苯乙烯基苯类荧光增白剂的三种异构体组成，ER-Ⅰ：ER-Ⅱ：ER-Ⅲ＝15%：70%：15%；组分B是荧光增白剂Hostalux EN，其化学名称为5-甲基-2-(4'-甲酸甲酯苯乙烯)苯并噁唑，结构式为

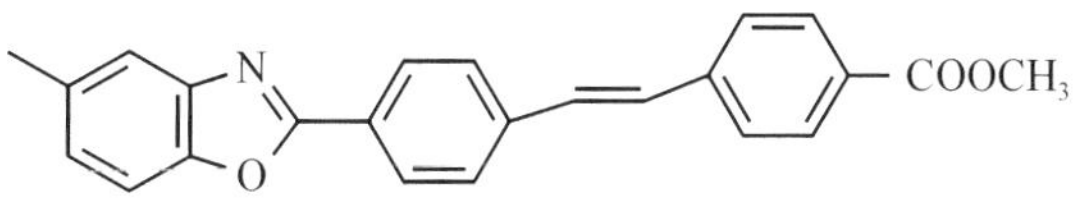

表4-2　组分A和组分B的复配增效

用量/%		白　度
组分A	组分B	
0	0.080	213
0.064	0.016	237
0.016	0.064	232

③ 二苯乙烯基苯类/萘酰亚胺类二组分复配(表 4-3)

组分 A 由二苯乙烯基苯类荧光增白剂的三种异构体组成,ER-Ⅰ∶ER-Ⅱ∶ER-Ⅲ=15%∶70%∶15%;组分 C 是荧光增白剂 Uvitex AT,其化学名称为 *N*-甲基-4-甲氧基-1,8-萘酰亚胺,属于萘酰亚胺类荧光增白剂,结构式为

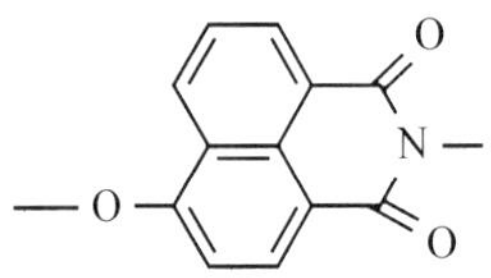

表 4-3 组分 A 和组分 C 的复配增效

用量/%		白　度
组分 A	组分 C	
0	0.080	191
0.064	0.016	230
0.016	0.064	224

(2) 苯并嘧唑类的复配

① 苯并嘧唑类和芘类二组分复配。荧光增白剂 DT 和荧光增白剂 XMF 按 1∶1(质量比)混合,用于增白涤/棉为 65/35 织物时,织物的相对白度为 140,而 DT 的相对白度只有 100。DT 和 XMF 按 3∶7(质量比)复配混合用于增白纯涤纶织物时白度为 220,而 DT 的白度仅为 185。

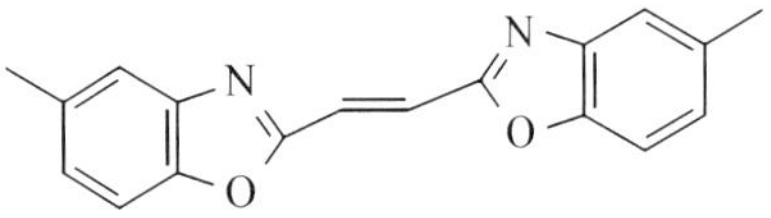

荧光增白剂DT

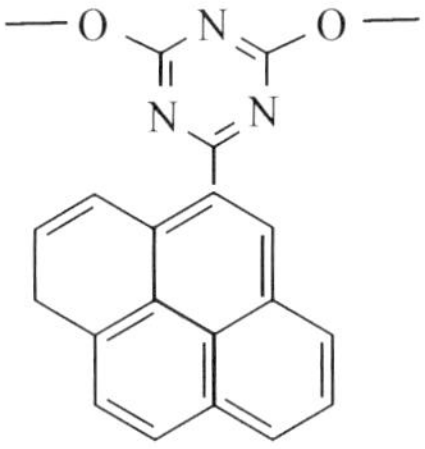

荧光增白剂XMF

② 单苯并嘧唑类/二苯乙烯基苯类/吡唑啉类三组分复配。单独使用吡唑啉类荧光增白剂耐晒坚牢度差;荧光增白剂 Hostalux EN 和荧光增白剂 ER-Ⅱ按 1∶1 的比例复配的混合物白度低且色光偏绿;当混合物的组分为 54.7%、组分 D 为 45.3%时,这三者的复配既提高了白度又调整了色光,还提高了耐晒坚牢度,主要用于尼龙/氨纶织物的增白(表 4-4)。组分 D 是吡唑啉类荧光增白剂,其化学结构式如下。

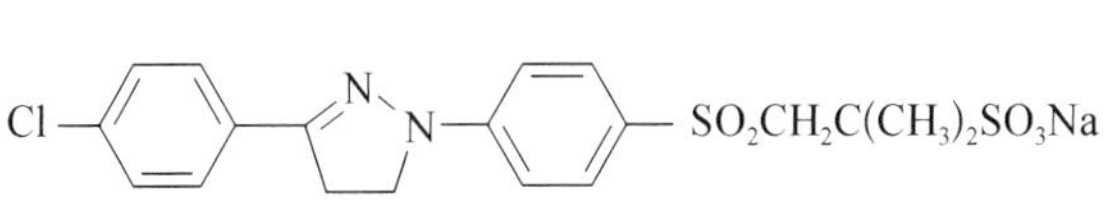

表 4-4 荧光增白剂 Hostalux EN、ER-Ⅱ和组分 D 的复配增效

荧光增白剂	白 度	色 光	耐晒坚牢度
组分 D	226	−0.8	2～3
Hostalux EN+ER-Ⅱ	203	6.2	4
Hostalux EN+ER-Ⅱ+组分 D	226	2.6	4

③ 对称型苯并噁唑类荧光增白剂中不同品种之间的复配(表 4-5)

荧光增白剂 DT 和 EBF 按一定比例混合复配后保持其单组分同等增白效果,用量减少很多,适用于尼龙织物的增白。EBF 的结构为

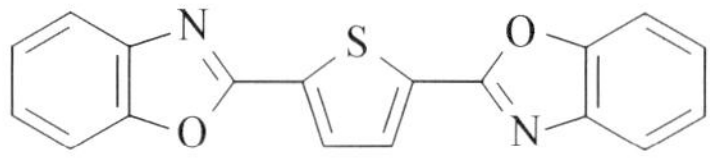

表 4-5 达到同等增白效果单独使用和混合后使用荧光增白剂的用量

荧光增白剂	用量/%
DT	0.4
EBF	0.4
33.3%DT+66.7%EBF	0.17
66.7%DT+33.3%EBF	0.12

4.2 抗静电剂

4.2.1 静电的危害

纺织品在生产加工和使用中因摩擦和感应产生静电,常规纤维材料的电阻均在 10^{10} Ω 以上,因此电荷不易逸散,积累的静电对生产及使用都会带来很大的影响甚至危险。干燥的织物含水率降低不易导出静电,导致纤维被吸附在金属机件上发生缠绕;同一种织物由于所带电荷相同发生互斥,使落布不易折叠整齐而影响加工;人接触带电荷的织物时常受到电击;带静电的服装易吸附尘埃而污染;衣物带静电后会发生畸态变形;某些特殊行业静电放电可能引起火工品意外爆炸;放电瞬间产生的电磁辐射对精密电子设备、信息系统造成电磁干扰。因此对纺织品进行抗静电整理很有必要,抗静电剂是指能降低高分子材料表面或体积电阻率的物质。

4.2.2 抗静电作用机理

1. 降低纤维间的动摩擦因数

静电主要由纤维摩擦产生,通过抗静电剂处理,赋予材料表面一定的润滑性,降低其动摩

擦因数，可以抑制或减少静电荷的产生。

2. 提高纤维的吸湿性

大多数纤维是疏水性的，干燥后容易积累电荷，用具有亲水性的非离子表面活性剂或高分子物质进行整理，使纤维表面具备一定的亲水性从而及时疏散电荷、减少电荷堆积。表面活性剂的抗静电作用是在纤维表面形成吸附层，其疏水端与纤维相吸引，亲水端指向外侧，使纤维表面亲水性加强，在纤维表面形成水吸附层。但是空气湿度降低会影响其抗静电性能，因此其不适合气候干燥的场所。

3. 使纤维表面离子化

用离子型表面活性剂或离子型高分子物质进行整理，使纤维表层含水并具有导电性从而降低静电积聚。其抗静电能力与吸湿能力及空气相对湿度有关。

4.2.3　抗静电剂的分类

1. 非耐久性抗静电剂

该类抗静电剂对纤维的亲和力小，不耐洗涤，常用于合成纤维的纺丝油剂以及不常洗涤织物的非耐久性抗静电整理。其主要成分是表面活性剂。

（1）阴离子型表面活性剂，常见的有烷基磺酸钠、烷基苯磺酸钠、烷基硫酸酯、烷基苯酚聚氧乙烯醚硫酸酯和烷基磷酸酯等，以烷基磷酸酯和烷基苯酚聚氧乙烯醚硫酸酯效果最好。抗静电剂 P，即烷基磷酸酯的二乙醇胺盐。

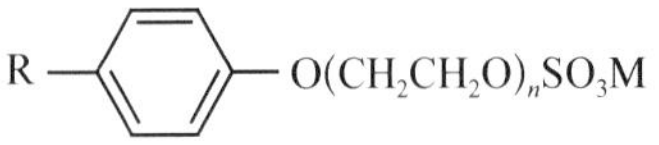

烷基苯酚聚氧乙烯醚硫酸酯

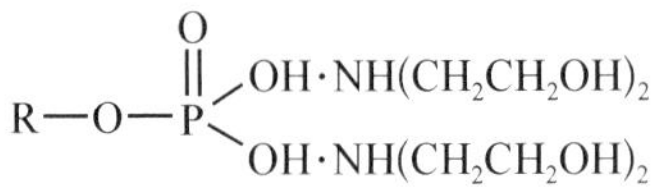

烷基磷酸酯的二乙醇胺盐

阴离子型表面活性剂在纤维表面定向吸附，亲油性基团朝向纤维表面，亲水性基团朝向空气并与水缔合，改善表面电导率并迅速泄漏电荷，达到抗静电效果。

（2）阳离子型表面活性剂，一般使用季铵盐类，亲水基直接连在疏水链上，还可以通过酯、醚、酰胺等形式连接。溶于水时其亲水基呈正电荷（主要为碱性氮原子，也有磷、硫、碘等），由于其极强的吸附能力，在基体表面形成亲油性膜，并产生阳电性，而大多数纤维表面带有负电荷，因此其对纤维的吸附能力强，抗静电效果比阴离子型表面活性剂和非离子型表面活性剂好。亲油性膜的形成使纺织品有憎水作用，显著降低了纤维表面的静摩擦因数，从而使纤维具有良好的平滑性。

$$C_{18}H_{37}-\overset{\displaystyle CH_3}{\underset{\displaystyle CH_3}{N^+}}-CH_2CH_2OH \cdot NO_3^-$$

十八烷基二甲基羟乙基季铵硝酸盐

$$C_{15}H_{31}COOCH_2C\overset{+}{N}(CH_3)_3 \cdot I^-$$

棕榈酸乙酯基三甲基季铵盐

（3）两性表面活性剂，主要有氨基酸型、甜菜碱型、咪唑啉型，其阴离子是羧基、硫酸基或磺酸基。氨基酸型及咪唑啉型在 pH 小于等电点时呈阳性，大于等电点时为阴性。而甜菜碱型在 pH 小于等电点时呈阳性，大于等电点时则成“内盐”而不表现阴性。如阴离子为磺酸基或硫酸基时，因季铵碱的碱强度与阴离子的酸强度相当，其“内盐”呈中性，在任何 pH 下都处于电离状态。两性表面活性剂上的取代基，如烷基的碳原子数、阴离子基团及其碳原子数都会影响其抗静电性能，例如咪唑啉型中磺酸基的效果较好。两性表面活性剂的抗静电性能与相对湿度正相关。阴离子型、阳离子型、两性表面活性剂都是在材料表面形成吸附层，经摩擦被破坏，耐磨性能较差。几种常见的两性表面活性剂如下。

氨基酸型：$R—NHCH_2CH_2COONa$

甜菜碱型：　　　　　　　　　　咪唑啉型：

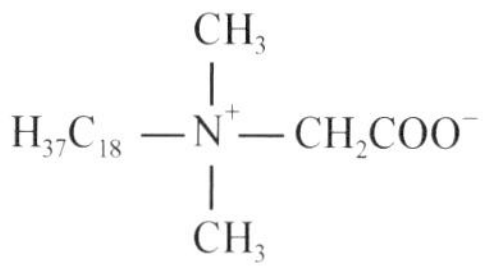

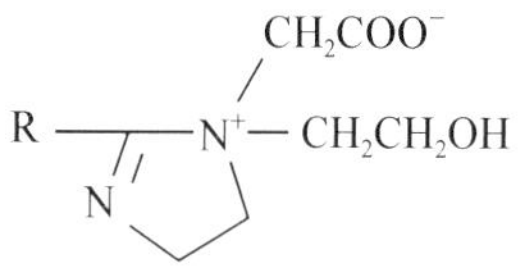

（4）非离子型表面活性剂。该类化合物是亲水基团为—OH、—$CONH_2$ 和聚醚基等的多元醇类和聚氧乙烯醚类。其抗静电性能比离子型表面活性剂差，可以吸附在纤维表面形成吸附层，减少了纤维表面的摩擦，使其电量降低。此外分子中的羟基或氧乙烯基能与水形成氢键，增加了纤维表面的吸湿能力，降低了纤维表面的电阻从而使静电易于泄漏。其抗静电效果与相对湿度关系很大，湿度大时抗静电效果增强。其耐洗性和耐磨性比离子型表面活性剂差，常与离子型表面活性剂并用，兼有润湿、乳化、柔软和抗静电作用。常见的非离子型表面活性剂如下。

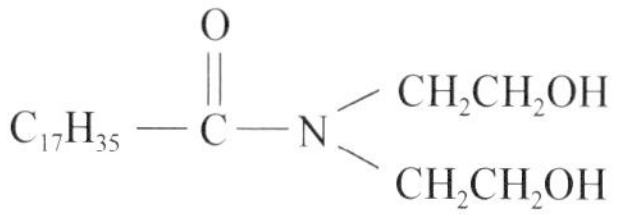

多元醇类

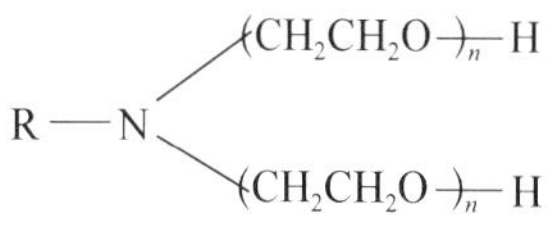

聚氧乙烯醚类

（5）含氟表面活性剂、氟硅表面活性剂，其抗静电性能比烃类化合物好但价格贵。氟硅表面活性剂是近几年发展的新型抗静电剂，具有表面张力低、耐热、耐化学品、憎油、润滑性好等特点。

2. 耐久性抗静电剂

耐久性抗静电剂具有较好的耐久性，能耐 20 次以上洗涤。

（1）聚酯聚醚类，其主体成分是聚对苯二甲酸乙二醇酯和聚醚的嵌段共聚物：

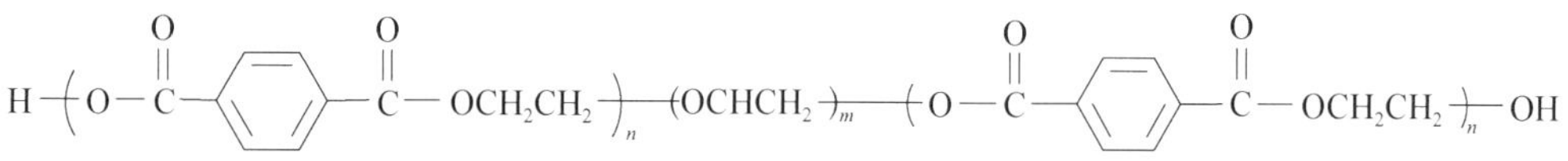

聚对苯二甲酸乙二醇酯组分的结构与涤纶类似，在高温定型处理过程中其与涤纶发生共晶作用，固定在涤纶纤维上获得耐洗效果，还有防止再污染和易去污的性能，分子链段越长、分子量越大、耐洗性越好。聚醚组分属于亲水链段，在涤纶纤维表层形成亲水中心，降低其表面电阻加速表面电荷逸散。

耐久性抗静电剂的作用原理如图 4－4 所示。如抗静电剂 CAS 中分子量在 600 以上的聚氧乙烯基片段可提高其亲水性，从而降低其表面电阻获得抗静电效果。整理工艺流程为浸轧整理剂→烘干→高温处理（180～190℃，30 s）。高温处理促进共结晶作用并可与热定型同时进行。

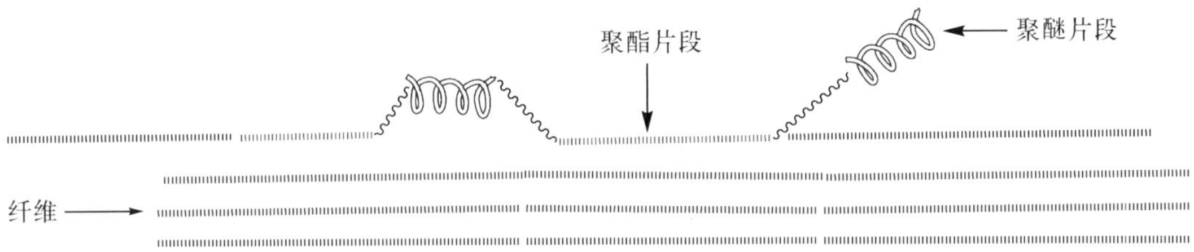

图 4-4　耐久性抗静电剂的作用原理

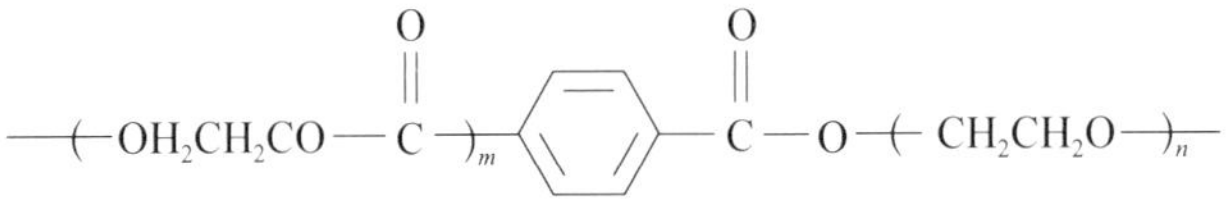

抗静电剂CAS

(2) 聚丙烯酸酯类，其主体是聚丙烯酸(或甲基丙烯酸)和聚丙烯酸酯的嵌段共聚物：

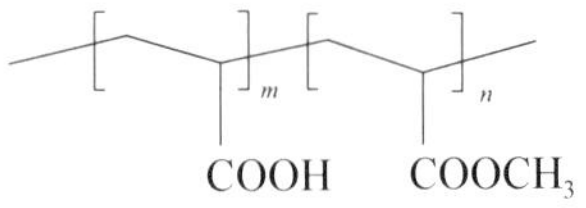

通过丙烯酸酯中的 C═C 聚合为高分子化合物，同时引入亲水基团(丙烯酸片段中的羧基)，聚丙烯酸酯部分为亲油组分，亲水基能在纤维表面形成阴离子型薄膜。聚丙烯酸中的羧基定向排列，赋予织物表面亲水性而具有导电性。该类化合物抗静电效果好，耐洗性较好，特别适用于涤纶织物。其整理工艺为浸轧整理剂→烘干→焙烘。

典型的产品有杜邦公司的 ZdecDP 和日本的帝特纶 V-500。ZdecDP 是由聚甲基丙烯酸乙撑-*N*，*N*-二乙基-*N*-甲基季铵硫酸二甲酯盐和聚二乙胺乙烯基季铵化合物组成的。

(3) 聚酰胺类，该类化合物是以聚氧乙烯链为主链的聚酰胺型化合物。其抗静电性由聚醚的亲水性产生；羟基和氨基能与多官能团交联剂反应，生成线性或网状结构的不溶性高聚物薄膜导电层以提高耐洗性能。如多乙烯多胺与聚乙二醇反应而得的抗静电剂 XFZ-03，用作腈纶和涤纶等合成纤维的抗静电剂，抗静电性由亲水性聚醚产生，耐洗性则源于较高的分子量与反应性基团。在酸性条件下用 2D 树脂或六羟甲基三聚氰胺树脂作交联剂，在碱性条件下用三甲氧基丙酰三嗪作交联剂。

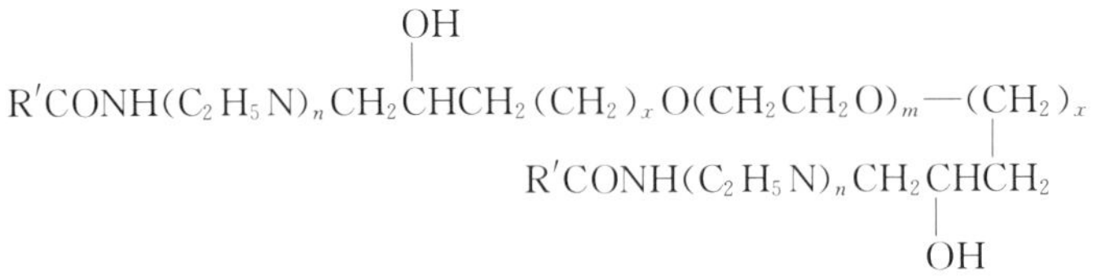

抗静电剂 XFZ-03

(4) 聚氨酯类，聚氨酯类的基本结构式为

$$\left[NH-\overset{\displaystyle O}{\overset{\|}{C}}-O\left(C_nH_{2n}O\right)_m\overset{\displaystyle O}{\overset{\|}{C}}-NH-R\right]_n$$

聚氧乙烯链段和酰胺基都是很好的吸湿抗静电基团，能够与其他类型的抗静电剂混合使

用以获得更好的效果，如与末端含两个环氧乙烯基的化合物并用，商品名为帝特纶 DP－7。聚氨酯类抗静电剂使用量较大时会使织物的风格粗硬化，摩擦坚牢度下降。

4.2.4　抗静电剂的合成

1. 十八烷基二甲基羟乙基季铵硝酸盐的合成

叔胺与环氧乙烷、硝酸反应，胺作为亲核试剂进攻环氧乙烷得到季铵盐乙醇，配对的阴离子为硝酸根。

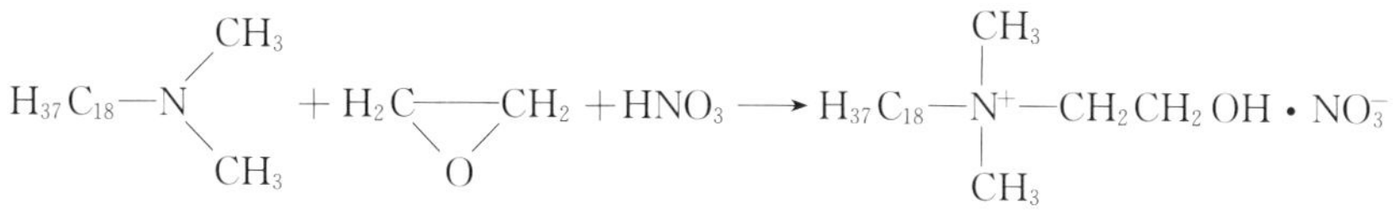

合成操作：

将十八烷基二甲基胺溶解于异丙醇中，加入硝酸后密闭反应釜，抽真空再通 N_2，于 90℃下逐渐通入环氧乙烷，反应温度为 90～110℃，结束后冷却至 60℃，用双氧水漂白，得到十八烷基二甲基羟乙基季铵硝酸盐。

2. 棕榈酸乙酯基三甲基季铵盐的合成

棕榈酸和二甲胺基乙醇进行酯化，再用碘甲烷季铵化得到季铵盐。

$$C_{15}H_{31}COOH + HOCH_2CH_2N(CH_3)_2 \longrightarrow C_{15}H_{31}COOCH_2CH_2N(CH_3)_2 + H_2O$$

$$C_{15}H_{31}COOCH_2CH_2N(CH_3)_2 + CH_3I \longrightarrow C_{15}H_{31}COOCH_2C\overset{+}{N}(CH_3)_3 \cdot I^-$$

合成操作：

（1）棕榈酸二甲胺基乙醇酯

将 128.2 g 棕榈酸、55.3 mL 二甲胺基乙醇、200 mL 二甲苯及 3.0 g 对甲苯磺酸混合，搅拌，加热至 145℃回流反应 10 h，稍冷加入 5.0 g 活性炭，煮沸 5 min，趁热过滤，蒸出溶剂二甲苯，最后减压蒸馏得到产品。

（2）碘化季铵盐的合成

将 25 g 棕榈酸二甲胺基乙醇酯与 35 mL 三氯甲烷混合，搅拌，滴加 11.8 g 碘甲烷，加热至 65℃反应 1.0 h，冷却至室温，搅拌下加入等体积的无水乙醚，降温至 0℃抽滤，得粗产品，用丙酮重结晶。

3. 脂肪胺聚氧乙烯醚的合成

在酸性条件下反应，脂肪胺的氨基与环氧乙烷的碳原子发生亲核加成。

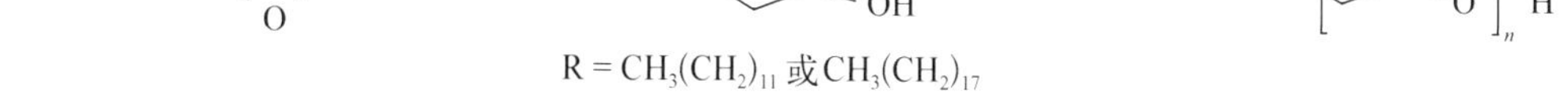

$R = CH_3(CH_2)_{11}$ 或 $CH_3(CH_2)_{17}$

合成操作：

（1）将 100 g 脂肪胺加入高压反应釜中，加热将其融化。

（2）将一定量的 SO_4^{2-}/ZrO_2 超强酸催化剂加入反应釜，控制反应温度为 110℃，搅拌。

（3）反应釜用 N_2 置换，检查气密性。

（4）打开环氧乙烷钢瓶阀门，质量流量积算仪预热 15 min，温度达到 110℃时通入环氧乙烷，内置冷却水调节温度在 120℃，环氧乙烷的量由质量流量积算仪控制，持续时间为 3.0 h，压力为 0.05～0.15 MPa，加料完毕后继续反应 0.5 h，停止加热，关掉冷却水，停止搅拌，自然冷却。

(5) 当釜内温度降到 70℃时，卸压，出料。

4. 聚醚/聚酯嵌段共聚物抗静电剂 PEE 的制备

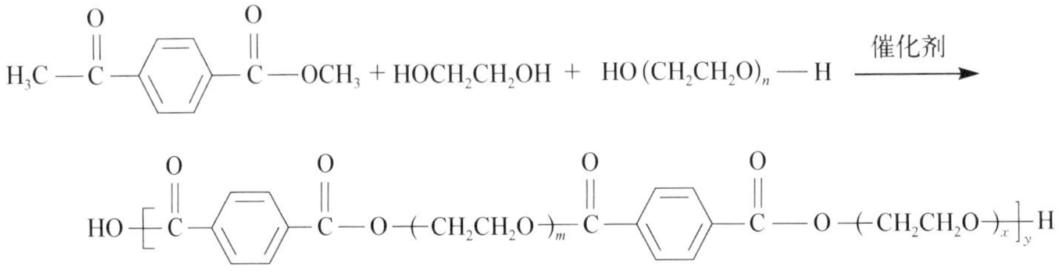

合成操作：

(1) 酯交换反应

按设定量将对苯二甲酸二甲酯、乙二醇、聚乙二醇加入四口烧瓶中，滴加少量一定配比的乙酸锌、三氧化二锑复合催化剂，用 N_2 保护，搅拌并升温至 150～190℃反应，甲醇馏分达到理论值的 98%时反应结束。

(2) 缩聚反应

在 N_2 保护下逐渐升温，在乙酸锌、亚磷酸三苯酯等复合缩聚反应催化剂作用下升温至 220℃，搅拌，抽真空，维持在 250～280℃反应 6.0 h，当反应体系中基本无小分子气体排出时视缩聚反应达到平衡，停止反应，降温至 130℃出料，制得分子量较高的聚醚/聚酯嵌段共聚物。

4.3 抗菌、防臭剂

4.3.1 抗菌、防臭剂

纤维制品，尤其以纤维素、胶原蛋白、角蛋白和丝素蛋白为主要成分的棉、麻、蚕丝和羊毛等非常容易受到微生物侵害。腈纶、涤纶、人造丝、富强纤维、铜氨丝和聚氨酯等聚合物的主链不是亚甲基，也容易受到微生物腐蚀。在服装使用过程中微生物总能使服装发霉变臭，因此必须使用抗菌、防臭剂抑制微生物生长。

1947 年美国市场上出现了经季铵盐处理的尿布、绷带和毛巾等商品，1952 年英国人用十六烷基三甲基溴化铵处理毛毯和床(坐)垫面料，但由于季铵盐活性较低，不耐水洗和皂洗。1975 年美国道康宁公司推出了 DC-5700，是现代抗菌、防臭剂中的代表性品种之一，其安全性要求为口服急性毒性试验 $LD_{50}>1\ 000$ mg/kg；此外还要高效、广谱、耐久，同时对染料色光、牢度及纺织品的风格无负面影响，做到与常用的纺织助剂有良好的兼容性。

4.3.2 纺织品的抗菌机理

一般采用纤维改性加工和织物后整理两种方法来实现织物抗菌功能。目前主要采用物理与化学改性、复合纺丝及把抗菌剂掺杂到纺丝液中纺出纤维的方法制造抗菌纤维，再织成各种织物，具有抗菌性能持久、性能稳定、对人体安全性高等特点。用织物后整理方法的产品抗菌耐久性差，现在较少采用。

1. 抗菌整理剂的抗菌机理

抗菌整理剂分为溶出型和非溶出型两大类。非溶出型的抗菌机理为药剂将微生物细胞壁用物理方法加以破坏，使其内部组织外露而将细胞杀死。有机硅季铵盐属于这一类，细菌一般带负电荷，季铵盐在水中带正电荷，因静电引力吸引在一起，使细菌细胞壁表面停止振动和呼吸，促进细菌死亡。抗菌剂不浸入细菌细胞体内，不影响细菌遗传因子，不会产生遗传变异的耐药性菌。当季铵 N^+ 表面上附着的细菌遗骸或尘土过多时抗菌效果降低，通过洗涤可以重新恢复抗菌效能。溶出型的抗菌机理为药物通过细胞壁、细胞膜浸入微生物细胞中，影响其DNA 和 RNA 的再生能力、破坏酶代谢功能、麻痹呼吸功能促进细菌死亡，如二苯基醚及其衍生物(酚类)就属于这一类，但是一旦细菌产生耐药性，其抗菌作用就会大大降低。

2. 大分子金属络合物的消臭机理

臭气的主要来源是含硫、含氮化合物。大分子金属络合物通过分解、氧化、还原、中和、加成等化学反应使臭味物质转化为无臭物质以达到消臭目的。如以铁-酞菁衍生物为主要成分的消臭剂能分解硫化氢、氨、硫醇等物质。

4.3.3 抗菌剂的种类

无机类抗菌剂主要用于合成纤维的纺丝加工中，添加量在1%左右。有机硅季铵盐类、季铵盐类、双胍类等有机类抗菌剂主要用于天然纤维的后整理。

1. 无机类抗菌剂

无机类抗菌剂是通过物理吸附、离子交换等方法将有抗菌作用的银、铜、锌金属或其化合物固定在多孔材料的表面，添加于合成纤维熔融纺丝原液中。载体主要是硅、磷灰石、泡沸石磷酸锆、氧化钛等无机化合物。抗菌剂泡沸石结构为

$$xM_{2/n}O \cdot Al_2O_3 \cdot ySiO_2 \cdot zH_2O$$

式中，x 为金属氧化物的系数；y 为氧化硅的系数；z 为结晶水的系数；n 为金属的原子价；M 为 1～3 价的金属，以 Ag、Cu 和 Zn 居多。该类抗菌剂耐热达 500℃以上，非常稳定和安全。

随着纳米技术的进步，将含有 TiO_2、ZnO 和 SiO_2 等的纳米微粉掺入天然或合成纤维中可纺出各种抗菌和除臭的纤维，具有优良的保健功能，特别适用于制作医用品如手术服、护士服、手术巾、绷带等。目前日本及一些西欧国家已广泛采用纳米 TiO_2 用于化纤织物的整理。

2. 与纤维配位的金属类抗菌剂

该类抗菌剂的代表性产品是日本化药株式会社的阳离子可染聚酯与银离子结合而成的银磺酸酯：

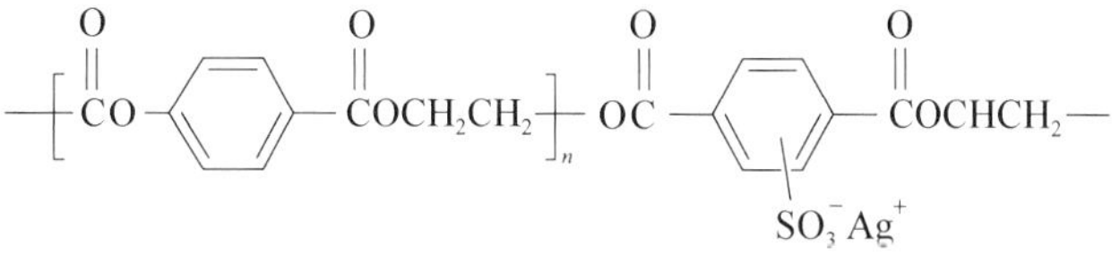

银离子会损害细胞的电子传递系统，破坏蛋白质结构，引起代谢障碍，并能破坏细胞内的 DNA。

3. 有机硅季铵盐类抗菌剂

该类抗菌剂中最著名的是美国道康宁公司的 DC－5700，其活性成分为 3－(三甲氧基硅烷

基)丙基二甲基十八烷基季铵氯化物，其结构式如下：

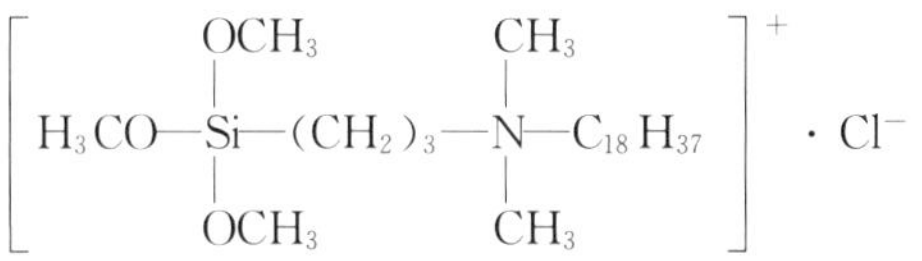

抗菌机理：三甲氧基硅烷遇水分解析出甲醇形成硅醇基，与纤维表面的羟基脱水缩合使DC－5700以共价键牢固地结合在纤维表面。在形成硅醇基的同时，DC－5700的阳离子(N^+)因纤维表面带负电荷而被吸引，形成离子键(静电结合)，加上DC－5700分子之间的脱水缩合反应，使其在纤维表面上形成坚固的覆膜。DC－5700作用于细胞的表层，其阳离子吸引带负电荷的细菌细胞壁，长链烷基破坏细菌细胞壁而杀死细菌。

4. 季铵盐类抗菌剂

季铵盐与纤维的结合力很差，故需要与反应性树脂并用以提高其耐久性。代表性物质为十六烷基二甲基苄基氯化铵(下左图)、聚烷氧基三烷基氯化铵(下右图)：

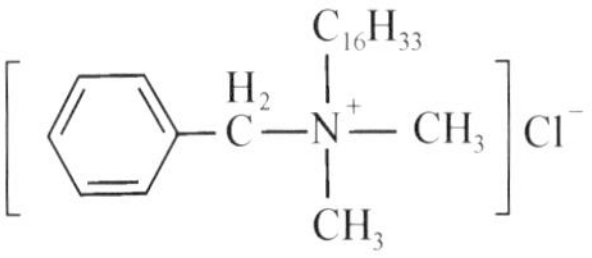

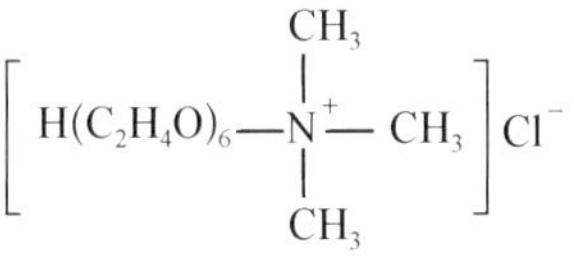

该类抗菌剂的抗菌机理是利用表面静电吸附使微生物细胞组织发生变化从而使酶蛋白质与核酸变性。其主要用于纯聚酯织物，急性毒性 $LD_{50}=6\ 510$ mg/kg(经口、小鼠)。

5. 双胍类抗菌剂

该类抗菌剂用于棉及其混纺织物，一般是聚六亚甲基双胍盐酸盐(PHMB)，其商品名为Reputex20，有效成分为20%的水溶液(无色透明液体)。该类抗菌剂广谱抗菌，对革兰氏阳性菌、革兰氏阴性菌、真菌和酵母菌等均有杀伤能力，毒性低可长期使用。其抗菌机制是破坏细胞膜使细胞物质泄漏而将其杀灭，结构如下：

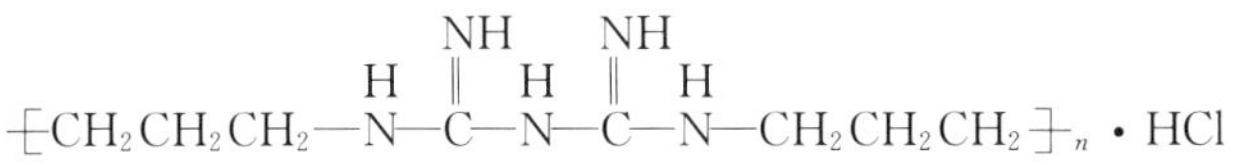

又如1,1－六亚甲基双[5－(4－氯苯基)]双胍盐酸盐，其结构如下：

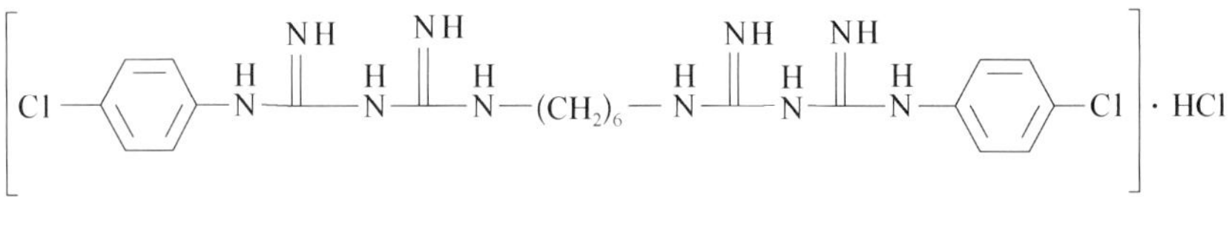

6. 苯酚类抗菌剂

该类抗菌剂的代表性产品为烷基双酚钠盐：

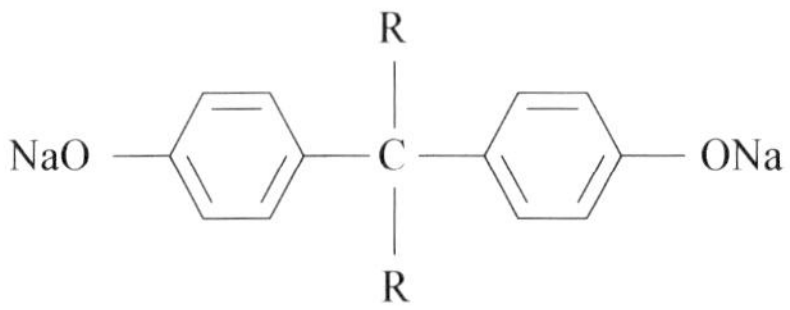

该类抗菌剂有特殊刺激性气味，价廉、高效、稳定，处理简便，抗菌性耐久。其抗菌机制是

通过酚羟基破坏细胞完整性而起到杀菌作用。极其微量的该类物质就足以杀灭各种霉菌。由于味道大，该类抗菌剂一般不做日常用途。

7. 铜化合物类抗菌剂

该类抗菌剂的抗菌机制为铜离子破坏微生物的细胞膜，并穿过膜与细胞内酶、—SH 基结合，降低酶活性、破坏代谢机能，抑制细菌繁殖从而杀灭细菌。铜化合物类抗菌剂非常稳定，具有广谱抗菌性，对细菌和真菌均有很强的杀菌力。其代表性产品有日本蚕毛染色株式会社的 SSN(Cu_9S_5)和旭化公司的 AsahiBCY(CuS、Cu_2S)。

8. 天然抗菌剂

(1) 桧柏油。桧柏油是由桧柏蒸馏而得的浅黄色油状物，由倍半萜烯类化合物的中性油和具有抗菌活性的酚类酸性油组成。中性油的主要成分为斧柏烯，酸性油中含桧醇。抗菌机理是分子结构上的 2 个可供配位络合的氧原子与微生物体内蛋白质作用使之变性。其抗菌面广，尤其对真菌有较强的杀灭效果。

(2) 芦荟、蕺菜、艾蒿。芦荟为百合科植物，药效成分包括多糖类成分和酚类成分，起主要作用的芦荟素具有抗消炎和抗过敏等作用。蕺菜俗名鱼腥草，为泊草科多年生草本植物，叶、茎部分的药用成分主要含有癸酰基乙醛、甲基壬基酮月桂酸，它们对葡萄球菌、线状菌作用较强。艾蒿的主要成分为 1,8-桉树脑、α-守酮、乙酰胆碱、胆碱等，它们具有抗菌消炎、抗过敏和促进血液循环的作用。

(3) 壳聚糖，其化学名称是 β-(1,4)-2-氨基-2-脱氧-D-葡聚糖。壳聚糖是最具代表性的动物类天然抗菌剂，由从蟹壳、虾壳和昆虫类的外壳中提取的甲壳质脱乙酰化精制而成，具有优异的广谱抗菌性，对大肠杆菌、枯草杆菌、金黄色葡萄球菌和绿脓杆菌等均有抑制能力，结构为

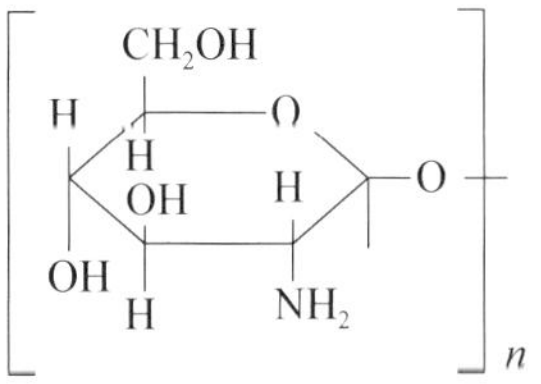

利用离子液体 CmimPF6 直接提取蟹粉中的壳聚糖，能够较好地实现对壳聚糖的富集分离。操作步骤如下。

(1) 原料处理：将虾、蟹壳除去肉质，用清水洗净，烘干，粉碎，称重备用。

(2) 溶解：加入离子液体 CmimPF6 浸泡 24 h 溶解，过滤，滤液进行红外压片测试并回收。滤渣进行脱钙、脱蛋白及脱色漂白等处理。

(3) 脱钙：用 10%的盐酸溶液浸泡 24 h(除去钙)后将样品取出，用清水洗至中性。

(4) 脱蛋白：用 10%的 NaOH 溶液，在 90℃下煮 1.0～2.0 h 除去蛋白质，趁热过滤，滤渣用清水洗涤至中性，样品呈红到橙红色，为粗甲壳素。

(5) 脱色漂白：充分漂洗后用少量 1%的 H_2O_2 溶液冲洗样品，使其呈灰白色后漂洗干净，干燥后即得白色片状甲壳素。

(6) 壳聚糖的制备：将脱色漂白所制的甲壳素研碎后，用 50%的 NaOH 溶液浸透，在 110℃下加热 1.0 h，倒掉碱液，水洗至中性，干燥后即得壳聚糖样品。

(7) 称量：对所得的壳聚糖样品进行称量，然后除以虾、蟹粉样品的质量，得到壳聚糖提

取率。

9. 碘配位化合物

碘配位化合物作为抗菌剂历史悠久，如新型杀菌剂 Triosynl 就是一种含碘的离子交换树脂。其由特殊离子交换树脂和碘在高温高压下结合而成，保留了碘的低毒性，稳定性，pH 范围宽，对病毒、细菌、霉菌及寄生虫有效等优点，克服了碘作为杀菌剂所引起的对皮肤强烈的刺激性及用量大、持续时间短的缺点。产品直径约为 0.5 mm，黑紫色颗粒，碘含量为 20%～50%，不溶于水，常温不升华，与皮肤长时间接触皮肤不会变色，与微生物接触 0.7 s 将其杀灭。

4.3.4 抗菌剂的合成

1. *N*，*N*－二甲基－3－[(三甲氧基硅烷基)丙基]十二烷－1－氯化铵的合成，反应式如下：

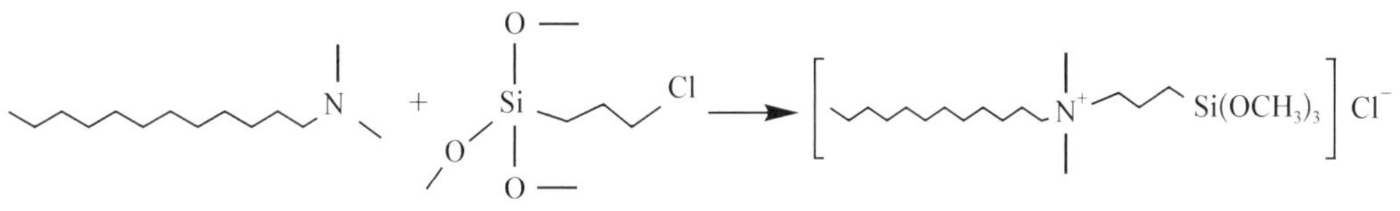

合成操作：

往三口瓶中加入 21.34 g(0.10 mol)的 *N*，*N*－二甲基十二烷基叔胺与 19.87(0.10 mol) 的氯丙基三甲氧基硅烷 CPTMS，20.0 mL 甲醇作为溶剂，0.830 g(5.00 mmol) KI 作为催化剂，搅拌，70℃下回流反应 24 h(N_2 保护)。反应结束后减压旋蒸除去甲醇，黏稠状产物溶于丙酮和乙醇的混合溶剂中，重结晶、过滤，得到固体产物。

2. 双键接枝聚六亚甲基胍盐酸的合成，反应式如下：

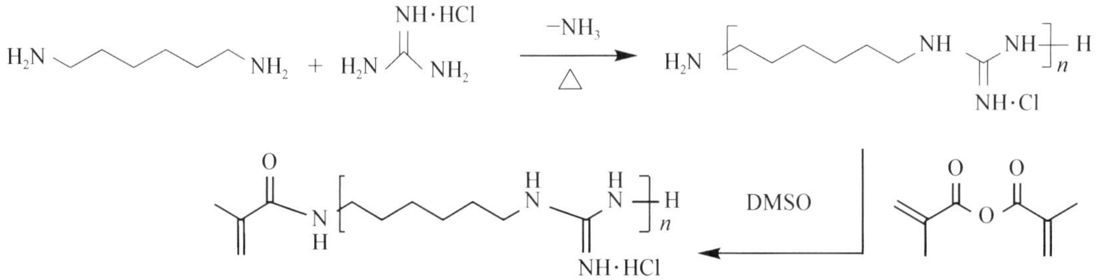

合成操作：

(1) 聚六亚甲基胍盐酸(PHMG)的合成

往三口烧瓶中加入盐酸胍(10.00 g，104.60 mmol)、1，6－己二胺(12.16 g，104.60 mmol)，在 100℃下搅拌 1.0 h 至熔融：当氨气产生速度变缓时升温至 180℃，通入 N_2，搅拌 5.0～6.0 h 进行聚合反应。产生的氨气用稀盐酸接收。反应结束后将产物溶于去离子水中得到无色透明溶液，使用截留分子质量为 800 的透析袋分离产物，在冰箱中冷冻 24 h，再用冻干机干燥 48 h 得到乳白色块状产物。

(2) 聚六亚甲基胍盐酸双键化(MAPHMG)的制备

往烧瓶中加入 5.00 g PHMG(3.57～4.00 mmol)、1.8 mL 2－甲基丙烯酸酐(1.85 g，12.0 mmol)、20.0 mL DMSO 和 1.7 mL 三乙胺(1.210 g，12.00 mmol)，室温下避光反应 24 h。反应结束后将产物滴加于过量的二氯甲烷中，待沉淀析出后过滤得到淡黄色的黏稠状固体。使用截留分子质量为 800 的透析袋分离产物，在冰箱中冷冻 24 h，再用冻干机干燥 48 h，得到接枝有双键的 MAPHMG。

4.3.5　防臭剂配方

1. 一种高效防臭剂的配方及其制备方法

(1) 配方。丙二醇 3 份，柠檬酸三乙酯 5 份，桉叶油 7 份，氯化十二烷基二甲基苄基铵 6 份，十六烷基三甲基氯化铵 4 份，山梨醇 3 份，聚乙烯吡咯烷酮 2 份，2，6-二叔丁基对甲酚 8 份，山梨酸钾 2 份，对乙酸钠 6 份，烷基甜菜碱 10 份，聚乙二醇 3 份，氨基磺酸 8 份，薄荷精油 0.9 份，去离子水 12 份。

(2) 制备方法

步骤 1：取丙二醇、聚乙二醇、柠檬酸三乙酯、桉叶油和氯化十二烷基二甲基苄基铵混合均匀，再加入聚乙烯吡咯烷酮和 2，6-二叔丁基对甲酚，搅拌均匀，得到混合液Ⅰ。

步骤 2：往搅拌釜中加入 40%～60%质量的去离子水，搅拌，依次加入十六烷基三甲基氯化铵、山梨醇、山梨酸钾、对乙酸钠和步骤 1 中所得的混合液Ⅰ，搅拌均匀，得到混合液Ⅱ。

步骤 3：将烷基甜菜碱、氨基磺酸、薄荷精油和剩余的去离子水加入步骤 2 中所得的混合液Ⅱ中，搅拌均匀，用 100 目尼龙筛网过滤，滤液为产品。

2. 一种新型防臭剂的配方及其制备方法

(1) 配方。氨基硅油 20～40 份，琥珀酸酐 2～6 份，烯丙基硅基封端的聚二甲基硅氧烷 3～8 份，十二烷基羧甲基钠型咪唑啉醋酸盐 8～18 份，果壳素 12～25 份，烯丙醇聚氧乙烯醚 3～6 份，日柏醇 4～9 份，甲醚化脲醛树脂 0.1～1 份，椰油酰单乙醇胺 3～10 份，2-甲基-4-异噻唑啉-3-酮 2～5 份，薰衣草精油 1～2 份。

(2) 制备方法

步骤 1：按配方的配比，将氨基硅油、琥珀酸酐、烯丙基硅基封端的聚二甲基硅氧烷放入容器，加热至 80～85℃，搅拌反应 1.0～2.0 h 得到聚合乳液。

步骤 2：将温度降至 55～60℃，在步骤 1 的聚合乳液中加入十二烷基羧甲基钠型咪唑啉醋酸盐、烯丙醇聚氧乙烯醚、甲醚化脲醛树脂、2-甲基-4-异噻唑啉-3-酮，充分搅拌至完全溶解，得到高分子混合溶液。

步骤 3：将步骤 2 的高分子混合溶液降至室温，超声振荡 30～60 s 后加入果壳素、日柏醇、椰油酰单乙醇胺和薰衣草精油，再次超声振荡 2～5 min，得到防臭剂。

4.3.6　常用香精的提取

防臭剂的配方中常常需要加入香精，掩盖防臭剂本身难闻的味道，满足不同香味的需求，下面介绍一些生活中常见的香精及其提取方法。

1. 薄荷精油的提取——石油醚提取法

薄荷精油的主要成分为薄荷醇，是一种常用的凉味添加剂，具有除臭、去腥、抑菌、防腐等用途。提取操作：将自然干燥的薄荷粉碎，取 50 g 置于 1 000 mL 圆底烧瓶中，加入 30～60℃石油醚 500 mL，在 20℃下超声振荡 5 min，抽滤。滤渣重复提取抽滤 2 次，然后将所得滤液用 150 g 活性炭脱色，静置 0.5 h 后重新抽滤，滤液于 40℃下旋转蒸发，回收石油醚，得到黄绿色油状物。

2. 柠檬精油的提取——超声波辅助溶剂法

柠檬精油清新香甜，带有新鲜、强劲、轻快、干净的香气，是柑橘类里解毒、除臭功效最好的一种，也是香水工业中用来当作定香剂的一种很好的香味来源。

① 提取柠檬精油的工艺流程：鲜柠檬皮→烘干→粉碎→称量→加入提取剂→超声辅助提取→抽滤→蒸馏→柠檬精油。

② 提取操作：将鲜柠檬皮烘干、粉碎、过筛子，取 5.0 g 20 目粉末，在料液比为 1∶16 的条件下，于锥形瓶中加入 50 mL 石油醚，超声波提取 50 min，然后抽滤，滤液在 95℃下蒸馏，到溶剂不再流出时停止，称量。

3. 薰衣草精油的提取——水蒸气蒸馏法

薰衣草全株具清淡香气，植株晾干后香气不变，无刺激感、无毒副作用，含有较高的精油，气味芳香，驱虫剂及配制香精的原料中都有应用。

提取操作：取薰衣草干花的花穗，粉碎，粉碎度为 40 目，称量 200 g 置于圆底烧瓶中，加入料液比为 1∶12 的蒸馏水浸泡 2.0 h，然后用水蒸气蒸馏 1.5 h，直到上浮油层不再滴油为止，停止加热，冷却，提取上浮油层和油水混合物，封装在棕色瓶中，并在低温下保存。

4. 玫瑰精油的提取——超声波辅助蒸馏萃取法

玫瑰精油是从玫瑰花中提取的一种安全、无毒、有特殊香味的挥发性物质，具有香气优雅、柔和、细腻、纯正等特点。

① 玫瑰干花预处理。将玫瑰风干、花朵粉碎，过 60 目筛，得到粒径为 0.3 mm 的粉末。准确称取 20 g，按料液比 1∶20(g/mL)加入去离子水，在 40℃下用 90 W 超声波处理 15 min。

② 蒸馏萃取法制备玫瑰精油。将经超声波预处理后的原料液转移至圆底烧瓶中，50 mL 正己烷萃取剂装入另一烧瓶中，按轻、重相分别将原料液和萃取剂同时连接于蒸馏萃取装置的重相侧和轻相侧(正己烷沸点为 69℃，萃取剂为轻相，原料液为重相)。将装有原料液的烧瓶用电加热套加热，装有萃取剂的烧瓶用水浴加热，保持微沸，蒸馏萃取 2.0 h，混合蒸气冷凝后流入储液管中随即分层。蒸馏萃取结束后冷却 15 min，将精油收集合并到装有溶剂的烧瓶中，在−18℃的低温下冷冻过夜以除去溶剂中残存的水，之后经旋转、蒸发、浓缩得黄色的玫瑰精油。

4.4 纺织物柔软剂

4.4.1 柔软剂简介

柔软剂是整理助剂中的一个大类，品种多、产量大。从化学纤维的纺丝、拉伸、卷筒、编织或纤维素纤维的制条、纺纱、织造到纺织品的染色整理等各项工序都要使用柔软剂。织物阶段前称为油剂，织物阶段后称为柔软剂。油剂确保纺丝、拉伸、卷筒、制条、纺纱、编织(织布)等各项工序顺利进行；柔软剂满足纺织品的不同手感、不同风格和要求。棉花、纤维、散毛及各种混纤维染色后要上柔软剂改善手感，消除静电，提高纤维的抱合力、可纺性、可织造性，保证纺纱织布正常进行绞纱。加工好的成衣有各种使用要求如免烫、防水、防污、阻燃、抗菌、抗紫外线、防辐射等，整理后要上柔软剂，确保成衣有良好的手感。随着生活水平的提高，柔软剂已发展到家庭洗涤工序，称为柔软整理剂。

织物柔软剂从 20 世纪 80 年代开始进入我国家庭中，多为阳离子型长链脂肪烃的衍生物或有机硅类化合物。阳离子型柔软剂品种较多，使用普遍。由于纤维本身带有负电荷，阳离子型柔软剂可以高效地沉淀和吸附在纤维上，结合能力强、耐高温、耐洗涤，且整理后织物滑爽，能改善织物的耐磨性和撕破性能，对合成纤维还具有一定的抗静电效果。阳离子型柔软剂在

2%～24%的浓度范围内易于复配，对生命体无毒，在环境中不会积累，是最理想的织物柔软剂，广泛用于棉、锦纶、腈纶等织物。

4.4.2 柔软剂的主要作用原理

静止状态下使纤维开始运动的最小推力的摩擦因数叫作静摩擦因数；当纤维以一定速度做匀速滑动时所需要的摩擦因数叫作动摩擦因数。纤维的静摩擦因数和动摩擦因数越小，纤维之间开始滑动越容易，或对已经滑动使其继续滑动所需要的力就越小。柔软剂吸附在纤维表面以后，要防止纤维与纤维直接接触，提高纤维间的平滑性。矿物油的动摩擦因数小，可复配油剂和毛油；阳离子型及两性表面活性剂静摩擦因数小，适合作纺织品柔软剂。柔软平滑功能主要来自长链烷烃，以十六碳、十八碳为优选；饱和脂肪烃比不饱和脂肪烃好；双烷基比单烷基好。油剂要通过复配来满足各道工序需要的柔软剂，也可通过复配来获得预期的“柔软、滑爽、丰满、舒适”的手感。

4.4.3 柔软剂的种类

柔软剂的主要成分是季铵盐阳离子型表面活性剂，有酯基季铵盐、咪唑啉季铵盐、酰胺基季铵盐、双长链烷基甲基季铵盐及有机硅柔软剂、酯基和酰胺基季铵盐产品。

1. 双长链烷基甲基季铵盐。用量最大的是双十八烷基二甲基氯化铵（D1821）。其生物降解性差，结构为

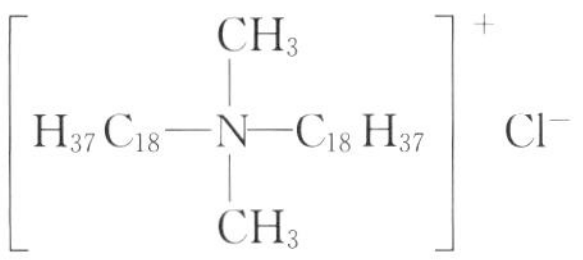

2. 酯基季铵盐。其生物降解率高、生产操作方便，结构如下：

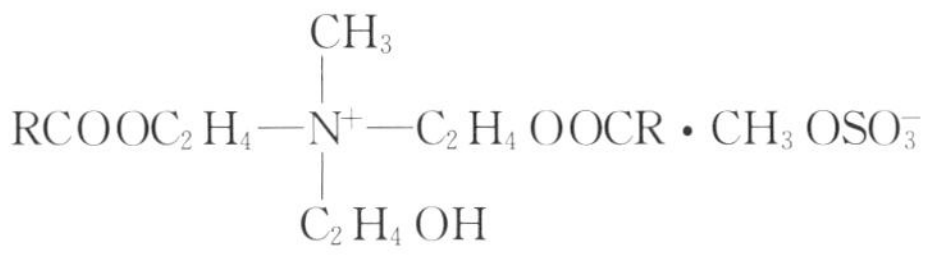

该类化合物环境友好、易于分散且稳定性好，可以配制浓缩型产品，通过调整脂肪酸结构可以生产出系列产品，满足对柔软性、再润湿性和抗静电性等要求。其柔软性能比 D1821 略差，但配伍性、分散性、生物降解性、不泛黄性和再润湿性均强于 D1821。二软脂酸乙酯二羟乙基氯化铵（EPH）的结构如下：

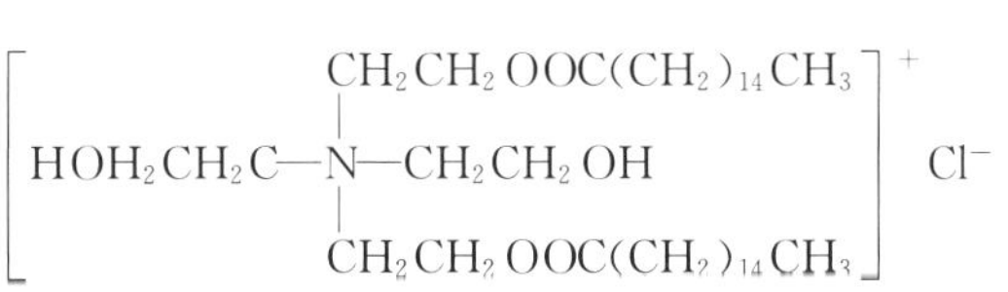

柔软的作用机理：带有双长碳链的铵离子吸附在纤维表面的羧基负离子上形成一层脂质薄膜，改善纤维表面结构，降低纤维间的摩擦因数，从而使织物具有柔软、干爽的手感。脂质薄膜使纤维表面疏水基向外，有一定的拒水性，同时减少了灰尘的吸附，达到抗静电的目的。

3. 酰胺基季铵盐。为了增加生物降解性，在结构中引入酰胺片段，以二酰胺基烷氧季铵

盐为主，下式中 R=脂肪烷基；R′=C_2H_4 或 C_3H_6。

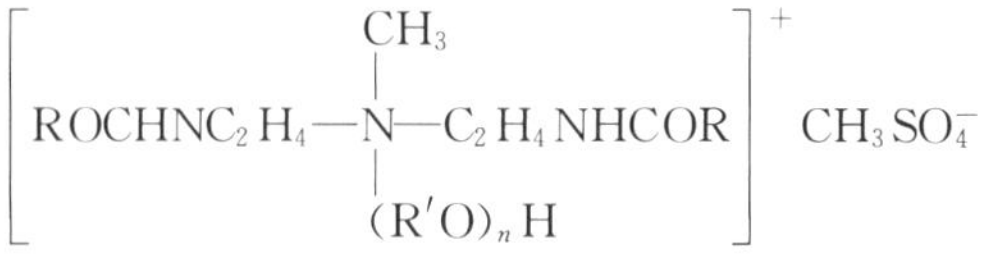

4. 酯基和酰胺基季铵盐。酰胺基季铵盐的代表性产品有十二酰胺丙基—N，N—二甲基季铵盐。

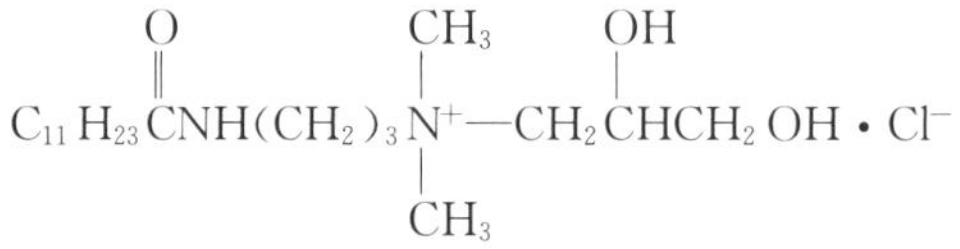

相比于酰胺基，酯基更容易降解，代表性产品是两个长链烷基分别含有酯基和酰胺基的双烷酰氧乙基羟乙基甲基季铵盐（下左图），以及双烷酰氧乙基双甲基季铵盐（下右图）。

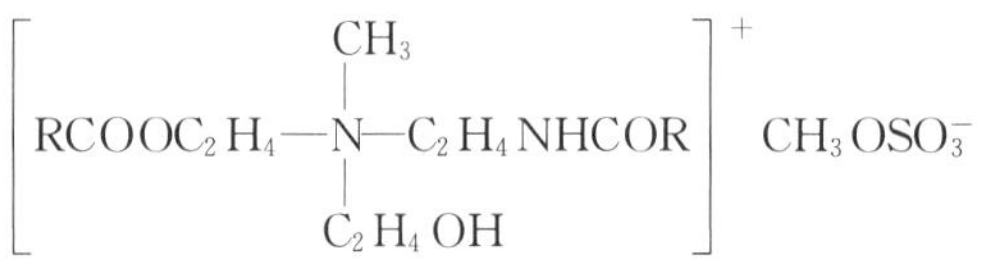
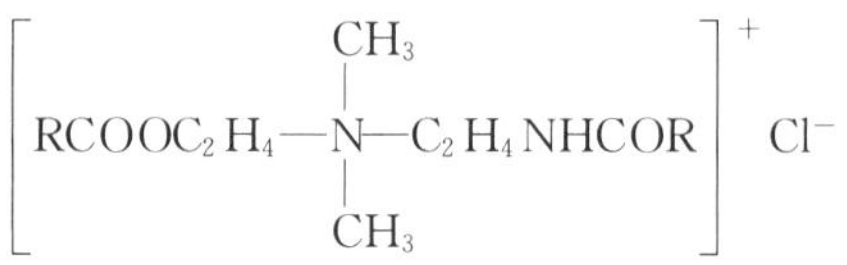

5. 咪唑啉季铵盐。与传统的双烷基二甲基氯化铵相比，酰胺咪唑啉季铵盐具有更好的手感和润湿性，且织物褪色、泛黄现象较轻，可配成高浓度溶液使用，是超浓缩柔软剂中的主活性物之一。其结构为

6. 有机硅柔软剂

有机硅柔软剂的分子主体是聚硅氧烷分子—(Si—O—Si)$_n$—，呈螺旋结构，Si—O 键可以自由旋转，分子链构象变化灵活，相邻分子间距增大、引力低，在纤维表面定向有序地排列成膜，有效地降低了纤维表面张力，摩擦因数随之下降，纤维表面变得光滑柔顺。

有机硅柔软剂是纺织上应用广、性能好、效果最突出的一类柔软剂，具有润滑性、柔软性、疏水性好等优点，且合成过程无毒、几乎无环境污染。目前市场上有数千种有机硅柔软剂，按照主链上基团的不同可分为非活性有机硅柔软剂、活性有机硅柔软剂和改性有机硅柔软剂三大类。

(1) 非活性有机硅柔软剂，主要是二甲基硅油类，是最早的有机硅柔软剂，不和纤维发生交联反应，通过乳液的形式作用在织物上，整理后织物的白度和手感均有所提升，但耐久性和抗静电性能较差。其化学结构为

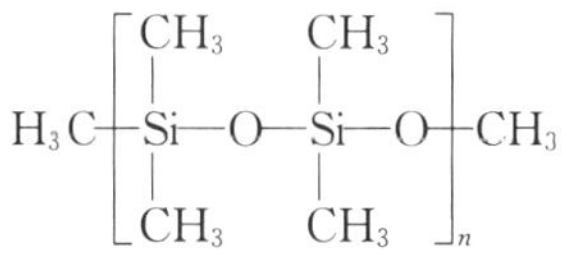

（2）活性有机硅柔软剂，通过在主链末端引入新的活性基团得到，一般是羟基硅油和含氢硅油，在二甲基硅油基础上进一步提升了织物的耐洗性能。其主要结构为

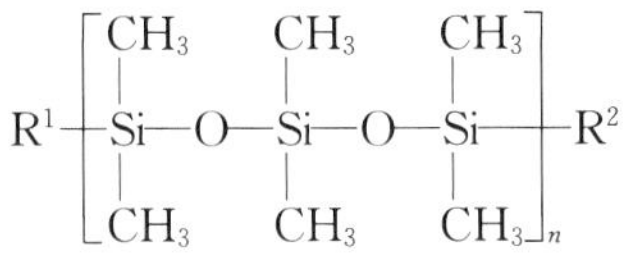

其中，R^1、R^2 主要是—H 和—OH 基团，可以和织物纤维表面的羟基发生交联反应生成化学键，由此提高织物的耐洗性能，但是稳定性不佳，实际应用有一定难度。

（3）改性有机硅柔软剂。将不同类型的活性基团引入聚硅氧烷的分子链上进行改性，使其具有特殊功能以适应各类织物高档整理的需要，改善织物的抗油污、抗静电和亲水性能，并使化纤织物具有天然织物的优点。这些基团进一步增大了聚硅氧烷与纤维之间的亲和力，同时赋予纤维更多新功能，使产品丰富多彩。其主要结构为

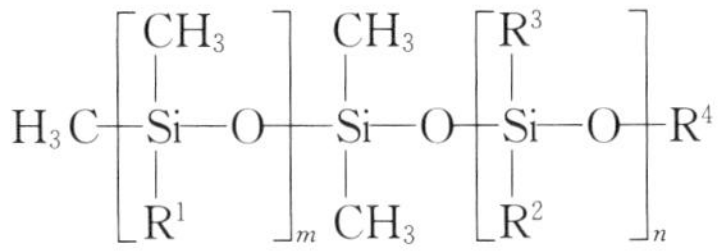

其中，R 的种类很多，典型的有—OH、—PO 和—EO，引入的活性基团有氨基、环氧基、聚醚、羧基、巯基、醇基、酯基等。

① 氨基改性有机硅柔软剂，超过 90%的该类柔软剂是氨乙基氨丙基甲基二甲氧基硅烷和二甲基硅氧烷的共聚物。处理棉织物时，其分子量最好为 40 000～60 000 g/mol，氨基的质量分数为 0.25%～0.5%。其代表性化合物的结构为

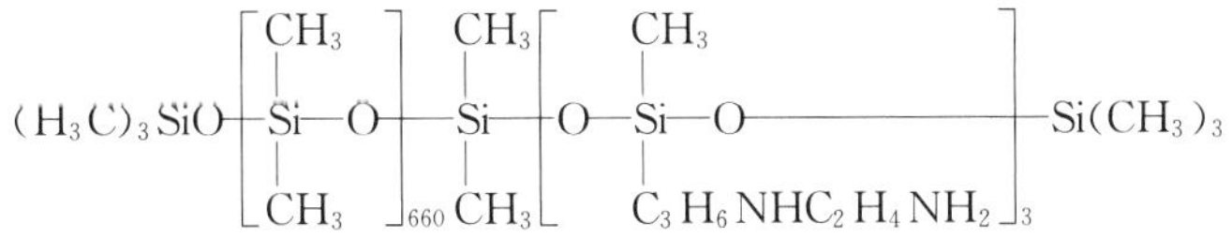

它的分子量为 49 000 g/mol，氨基的质量分数为 0.26%，强极性的氨基与织物的羟基、羧基等相互作用并在纤维表面形成一层类似脂肪、有润滑作用的保护膜，定向排列并牢固吸附在纤维表面，减少了纤维间的直接接触，降低了纤维的动摩擦因数与静摩擦因数，从而起到柔软、平滑的作用，使衣物达到手感柔软、滑爽、穿着舒适的效果，同时降低了纤维表面的静电积累，具备抗静电的作用。

② 聚醚改性有机硅柔软剂，可有效改善织物的亲水性、抗静电性和防污性，且乳化方便，不易漂油，工艺上有时还可与染色同浴，是目前纺织行业中销量最多的一类柔软剂。其代表性化合物的结构为

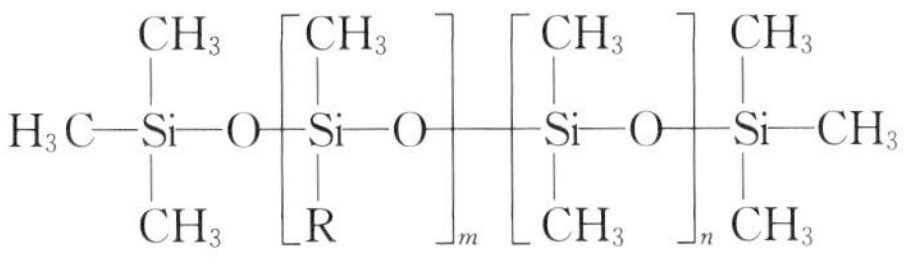

$R=—[(CH_2)_3O(EO)_a(PO)_bH]$，PO 和 EO 分别代表环氧丙烷和环氧乙烷。

③ 巯基改性有机硅柔软剂，用于整理羊毛织物（羊毛衫、羊毛内衣、羊毛围脖、羊毛披肩

等)，可使羊毛具有耐久的防皱性和润滑性。一般结构为

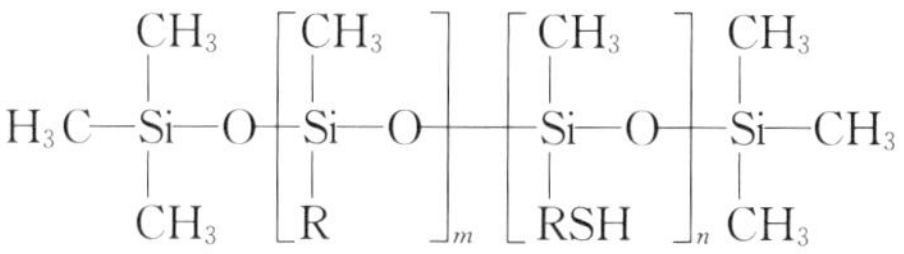

4.4.4 柔软剂的合成

1. 十二酰胺丙基-N，N-二甲基季铵盐的合成

以月桂酸为原料与N，N-二甲基-1,3-丙二胺反应得到十二酰胺丙基-N，N-二甲基叔胺，再与3-氯-1,2-丙二醇进行季铵化反应得到十二酰胺丙基-N，N-二甲基季铵盐阳离子型表面活性剂。反应方程式为

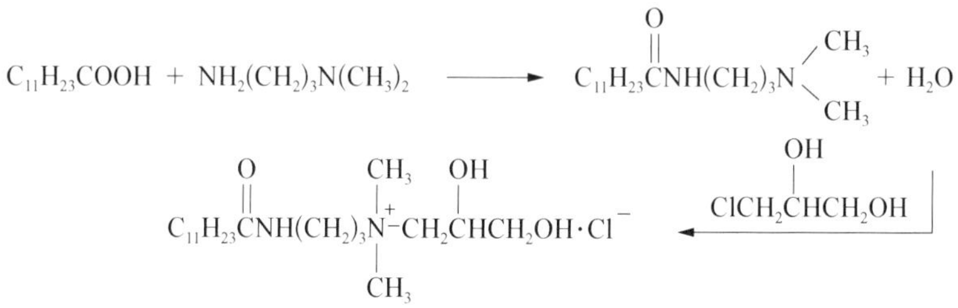

合成操作：

(1) 十二酰胺丙基-N，N-二甲基叔胺的合成

将1.0 mol月桂酸加入四口烧瓶中，加热熔解，用N_2保护，缓慢滴加1.8 mol的N，N-二甲基-1,3-丙二胺，加入4 Å分子筛吸水，密闭反应容器，搅拌，升温至140℃反应9.0 h，测定酸值及叔胺值，当酸值不再发生变化时停止反应。减压蒸馏除去过量的N，N-二甲基-1,3-丙二胺得到粗产品。用正己烷多次重结晶提纯，真空干燥后得到浅黄色产品。

(2) 十二酰胺丙基-N，N-二甲基季铵盐的合成

将上步产物溶于水中，在85℃下，按照物质的量之比n(十二酰胺丙基-N，N-二甲基叔胺)∶n(3-氯-1,2-丙二醇)=1∶1.1投料反应5.0 h，叔胺值不再变化时停止反应，减压蒸馏除去水，用正己烷-乙酸乙酯混合溶剂重结晶提纯，真空干燥得到最终产品。

2. 咪唑啉季铵盐的合成

脂肪酸与二乙烯三胺反应脱水一步法合成咪唑啉环，再直接甲基化得到季铵化的咪唑啉季铵盐。咪唑啉季铵化，根据所采用的试剂分为卤化物法、醋酸法和硫酸二甲酯法等。为了防止咪唑啉中间体开环、过量试剂的分离及成本等问题，优先采用硫酸二甲酯法，使咪唑啉环上的氮原子甲基化形成季铵盐。

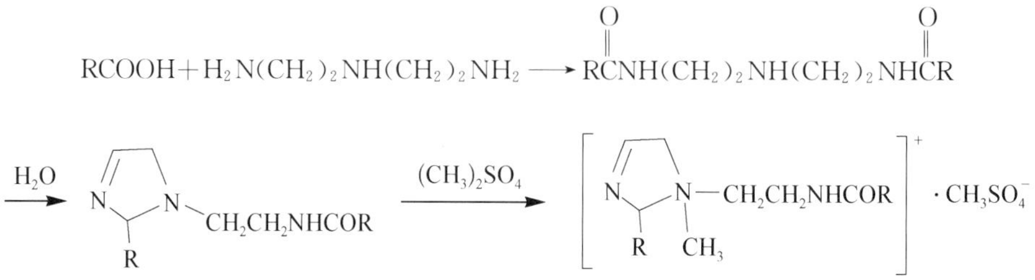

合成操作：

(1) 原料预处理

二乙烯三胺：N_2 保护下收集 140～150℃馏出物。硫酸二甲酯：减压蒸馏，收集 72～73℃/155 Pa 馏分。脂肪酸：重结晶两次，熔点为 63～64℃。

(2) 咪唑啉的合成

将 100 g(0.4 mol)脂肪酸与 21 mL 二乙烯三胺投入反应瓶中，加热并不断搅拌使之充分混合后抽真空，同时逐步升温至 240℃保温反应 2.0 h。停止加热，自然冷却至 120℃，趁热将产物倒出容器，冷却至凝结成淡黄色固体。

(3) 咪唑啉的季铵化

往 50 g 咪唑啉中加入适量溶剂，加热，搅拌下按咪唑啉∶硫酸二甲酯(物质的量之比)＝2∶1 的比例将硫酸二甲酯分次滴加，反应 5.0～6.0 h。减压蒸馏除去水及硫酸二甲酯，将产物趁热倒出，待冷却后得到成品。

3. 二软脂酸乙酯二羟乙基氯化铵的合成

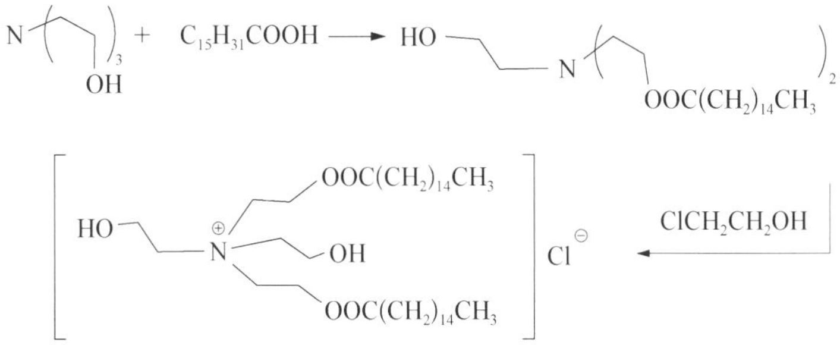

合成操作：

往三口烧瓶中加入软脂酸和三乙醇胺(TEA)，用 N_2 保护，加热至 90～100℃，反应物熔化后加入 0.1 g 对甲苯磺酸，升温至 100～120℃反应 3.0～5.0 h，检测酸价低于 4 mg KOH/g 时终止反应，减压蒸馏除去水，产物溶于己烷，分别用 NaOH 溶液和蒸馏水洗涤，除去未反应的软脂酸和三乙醇胺，减压蒸馏除掉己烷得到单、双和三软脂酸酯的混合物，使用 100～300 目硅胶柱层析，乙醚∶异辛烷(物质的量之比)＝7∶3 的洗脱液洗出软脂酸双酯三乙醇胺。往三口烧瓶中加入软脂酸双酯三乙醇胺、氯乙醇和 200 mL 乙醇，在 80℃下回流 5.0 h 季铵化，粗产物用丙酮∶乙醇(物质的量之比)＝2∶1 的混合溶剂重结晶。

4. 二硬脂酸酯甲基羟乙基硫酸甲酯铵的合成

由硬脂酸与三乙醇胺酯化反应生成酯，再与烷基化试剂季铵化得到：

$$C_{17}H_{35}COOH+N(C_2H_4OH)_3 \xrightarrow[H^+]{-H_2O} (C_{17}H_{35}\overset{\overset{O}{\|}}{C}OC_2H_4)_{3-x}N\!-\!(C_2H_4OH)_x$$

$$(C_{17}H_{35}\overset{\overset{O}{\|}}{C}OC_2H_4)_2NC_2H_4OH \xrightarrow{(CH_3)_2SO_4} [(C_{17}H_{35}\overset{\overset{O}{\|}}{C}OC_2H_4)_2-\underset{\underset{CH_3}{|}}{N}-C_2H_4OH]^+ \cdot CH_3SO_4^-$$

合成操作：

（1）硬脂酸三乙醇胺酯的合成

将硬脂酸(STA)加入四口烧瓶中，搅拌，用 N_2（30 mL/min）保护，升温到 100℃，全部熔化后增大搅拌速度并升温至 110℃，加入三乙醇胺(TEA)[TEA 和 STA 的物质的量之比为 1∶2]、总质量的 0.1%的亚磷酸(催化剂)，升温至 190℃反应。测产物的酸价，当酸价低于 5 mg KOH/g 时中止反应。

（2）季铵化

将硬脂酸三乙醇胺酯加热熔化，搅拌，加入质量分数为 10%的异丙醇，按硫酸二甲酯和硬脂酸三乙醇胺酯的物质的量之比为 0.99∶1 投料，加料时间为 30 min，温度为 70℃，回流反应。测定样品中游离胺的含量，当其质量分数不大于 2%时停止反应。

5. 氨基聚醚改性有机硅的制备

以聚甲基氢硅氧烷(PMHS)和烯丙醇聚氧烷基醚(F－6)为单体，以 H_2PtCl_6 为催化剂，按照硅氢加成反应机制进行，反应方程式为

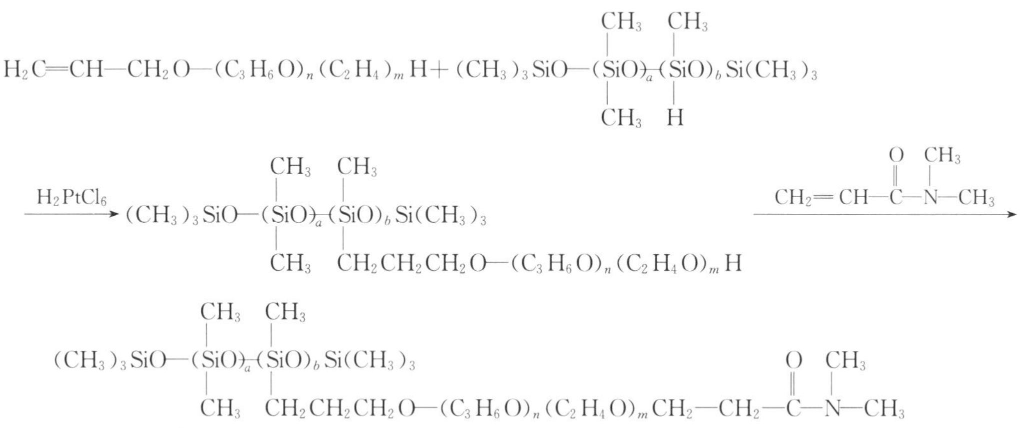

合成操作：

（1）将聚甲基氢硅氧烷(PMHS)、甲苯、氯铂酸-异丙醇溶液(催化剂)依次加入四口烧瓶中，N_2 气泡稳定后打开冷凝水，加热搅拌，升至 80℃后在 1.0～1.5 h 内滴加完混有一定量甲苯的 F－6，然后升温至 110℃反应 4.0 h，再降温至 80℃，在 1.0～1.5 h 内滴加完混有一定量甲苯的 *N*,*N*－二甲基丙烯酰胺，升温至 110℃反应 11 h，冷却至室温。反应过程中定时取样，利用量气法测定反应转化率。

（2）将得到的产物进行减压蒸馏除去甲苯和部分未反应完全的单体，产物溶于正己烷，离心分离除去沉淀，减压蒸馏除去正己烷，用无水乙醇洗涤，离心分离，减压蒸馏除去无水乙醇。反复多次操作得到淡黄色产物。

本章练习题

4－1　解释白色衬衣在紫外线灯下会发出紫光。

4－2　简述普通服装抗静电剂的原理，及其与电网工作人员作业服装的区别。

4－3　简述樟脑丸、邻二氯苯的防霉原理。

4－4　丝绸服装是否需要柔软剂？原因是什么？

第 5 章

表面活性剂

表面活性剂具有润湿、分散、乳化、增溶、起泡、消泡、洗涤、匀染、润滑、渗透、抗静电、防腐蚀、杀菌等功能，除了应用于洗涤用品、化妆品之外，还广泛应用于纺织、造纸、皮革、医药、食品、石油、塑料、橡胶、农药、化肥、涂料、染料、信息材料、金属加工、选矿、建筑、环保、消防、农业等领域，被称为“工业味精”；在国民经济中占据重要地位，深入日常生活，直接影响我们的生活品质。

5.1 表面活性剂的作用原理

5.1.1 表面活性和表面活性剂

物质表面分子受到内部分子的作用力作用而始终有一种“挤入”内部的倾向，造成其表面积尽量缩小，这种作用力被称为表面张力。硬币“漂浮”在水面上，某些昆虫在水面行走，利用的都是水的表面张力。

能够使物质表面张力降低的试剂被称为表面活性剂。对于水来说，洗衣液、洗衣粉、肥皂等都是表面活性剂。不加特殊说明的话，本书中所说的表面活性剂指的是水的表面活性剂，常见液体的表面张力见表 5-1。

表 5-1 常见液体的表面张力

物　质	接触的气体	温度/℃	表面张力/($\times10^{-5}$ N/cm)
汞	空气	20	475
水	空气	20	72.7
水	空气	25	71.9
乙醇	空气	0	24.5
乙醇	N_2	20	22.6
苯	空气	20	28.9
橄榄油	空气	18	33.1

5.1.2 表面活性剂的分子结构与性能

1. 表面活性剂的分子结构

表面活性剂是由非极性亲油(疏水)的碳氢基团和极性亲水(疏油)基团两部分构成的，它们处于分子两端，形成不对称的“双亲结构”。两者在组成上保持相对的平衡，既不能完全溶于水，也不能完全溶于油性溶剂。亲水基团一般是能与水分子亲和的极性基团，如羧基、磺酸基、硫酸基、磷酸基、氨基等。亲油基团一般是非极性长碳链、碳氟链、聚硅氧基等，起到疏水作用。表面活性剂在一定浓度的溶液中形成有序定向排列，显著降低溶液界面张力（气液两相界面水的表面张力及油水界面张力）。依据亲水基团的结构分为阳离子型、阴离子型、非离子型及两性离子型亲水基 4 种类型。

阳离子型亲水基一般为铵离子（又分为伯、仲、叔、季四种），溶于水后，阳离子被水分子溶剂化：

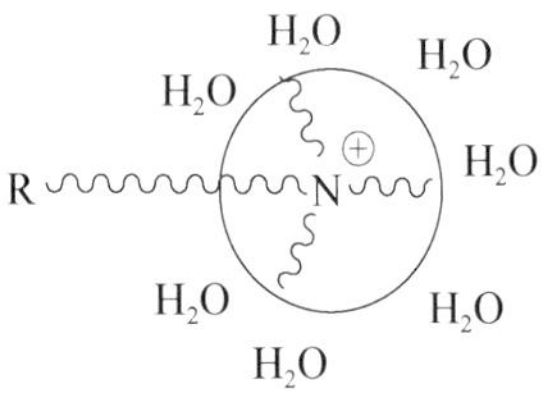

阴离子型亲水基一般为磺酸基（又细分为烷基磺酸、烷基芳基磺酸）、羧基（又细分为脂肪族羧酸、芳香族羧酸）、磷酸根、硫酸根等。

非离子型亲水基一般含有聚醚基团，依据结构分为脂肪族聚氧乙烯醚（$R—O—(CH_2CH_2O)_nH$）、烷基酚聚氧乙烯醚（$R—Ar—(CH_2CH_2O)_nH$）、含酯基的多元醇（$R—COOCH_2—C(CH_2OH)_3$）、脂肪胺（$R—N[(CH_2O)_mH]_2$）。

两性离子型亲水基兼具阴、阳离子亲水基，在水中同时存在电性相反的离子以适应不同的介质环境，在酸性条件下为阳离子型亲水基，碱性条件下为阴离子型亲水基，中性条件下为非离子型亲水基。依据化学结构分为

氨基酸类型：$R—NHCH_2COOH$

甜菜碱类型：$R—\overset{\displaystyle CH_3}{\underset{\displaystyle CH_3}{\overset{|}{\underset{|}{N^{\oplus}}}}}—CH_2COO^{\ominus}$　　　$R—\overset{\displaystyle CH_3}{\underset{\displaystyle CH_3}{\overset{|}{\underset{|}{N^{\oplus}}}}}—SO_3^{\ominus}$

依据亲水基离子类型划分非常便捷，从名称上就可以大体确定其适用范围，如阴、阳离子型的就不能混合使用，再比如阴离子型的可以与酸性染料、直接染料混合使用，阳离子型的就不行。再如，应用于洗涤剂的表面活性剂基本上都是阴离子型的，因为其成本较低，其次是非离子型的；而阳离子型的则很少使用。

2. 亲油基结构与性能

（1）亲油基种类的影响。相较于种类有限的亲水基，亲油基的结构较为复杂，一般为长链脂肪烃，细分为以下类型。

① 脂肪烃基，如月桂基（十二烷基）、十六烷基、十八烯基（油基）等。

② 芳香烃基，如苯基、萘基、酚基等。

③ 烷基芳香基，如十二烷基苯基、二丁基萘基、辛基苯酚基等。

④ 环烃基，如环烷酸皂中的环烷基、松香酸皂中的环基等。

⑤ 含有弱亲水基的亲油基，如含—OH 的蓖麻油酸、含—COO—的油酸丁酯、含醚键的聚氧丙烯和聚氧丁烯等。

亲油基的亲油能力次序：脂肪族烷烃基≥脂肪族环烷基＞脂肪族烯烃基＞脂肪族芳香基＞芳香烃基＞含有弱亲水基的亲油基。亲油基结构对表面活性剂性能的影响很大。作为乳

化剂，除了要考虑HLB值(亲水亲油平衡值)以外，还要考虑亲油基与被乳化物质的亲和力和兼容性。亲油基结构与被乳化物质结构越相近，它们的亲和力和兼容性越好，如果结构相差太大，表面活性剂与被乳化物质分离并自身形成胶束，导致被乳化物质与水分层。因此，乳化矿物油应选择脂肪族或者脂肪族芳香基亲油基较好，对于分散染料和颜料，一般应选择含有芳香基的亲油基。日常生活中的洗涤剂以除污为目的，污垢主要是动植物油脂，应选择肥皂或者十二烷基磺酸钠。含有弱亲水基的亲油基发泡能力小，一般比较适用于工业。

(2) 亲油基支化度的影响。同样条件下亲油基支链越多，润湿、渗透能力越强，去污能力越弱。阴离子型表面活性剂中十二烷基苯磺酸钠是洗衣粉的主要成分，如果换为高度支化的辛基，去污能力极大减弱。

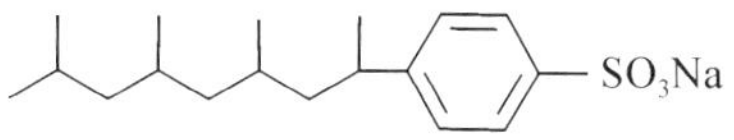

阳离子型表面活性剂以季铵盐为代表，分子结构与临界胶束浓度(CMC)的关系如图5-1所示。

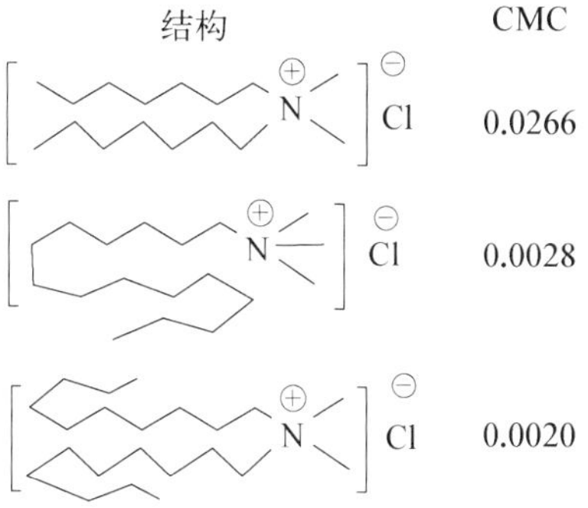

图5-1 分子结构与CMC的关系

由图5-1可知，随着支化度的提高，同等分子量的季铵盐的CMC急剧降低，达到更大分子量的效果，对水的表面张力下降更为有利。

3. 亲水基位置与性能

亲水基在分子中间有较好的润湿性能。例如十八烯醇磺酸钠，其亲水基在端头，去污能力强而润湿、渗透能力差；琥珀酸二异辛酯硫酸钠，其亲水基在分子中央，润湿性能极佳。

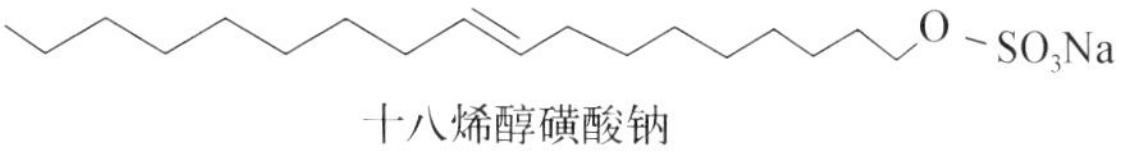

十八烯醇磺酸钠

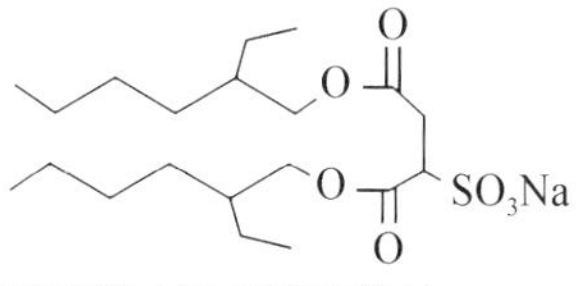

琥珀酸二异辛酯硫酸钠

十五烷基硫酸钠中，硫酸根位置不同对润湿性能的影响如图5-2所示。

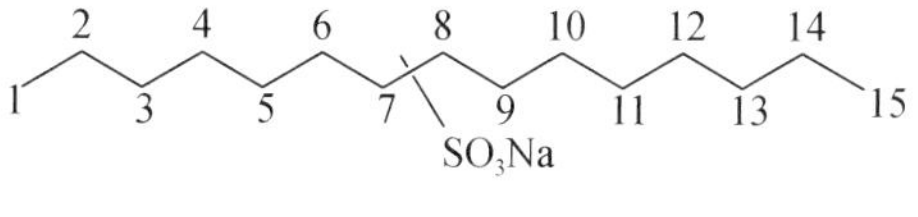

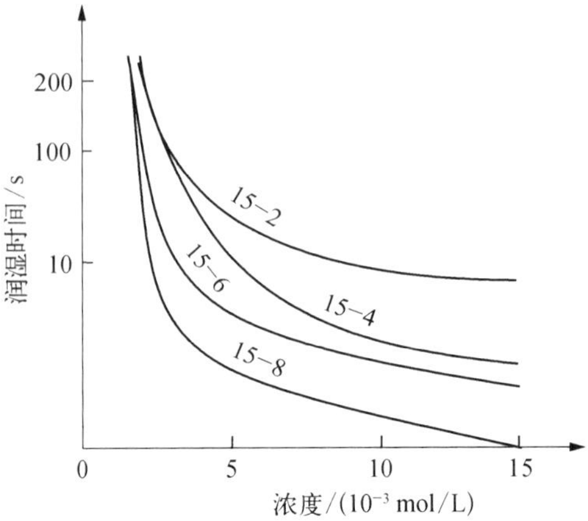

图 5-2　十五烷基硫酸钠的润湿性能(43.3～46.7℃)

要达到同样的润湿程度，15-8 需要的浓度最低，15-2 需要的浓度最高。再如十二烷基磺酸钠中—SO_3Na 处于烷基对位时润湿效果最好，间位次之，邻位最差。

4. *表面活性剂分子量的影响*

相同的分子结构及亲水亲油平衡(HLB)值下分子量影响显著。随着亲油基中碳链增长，其 CMC 值线性减小，降低水的表面张力的效果线性增长。分子量小的渗透力好，分子量大的去污、乳化、分散能力好。聚醚型表面活性剂 Pluronic 结构中亲水基分布在两端：

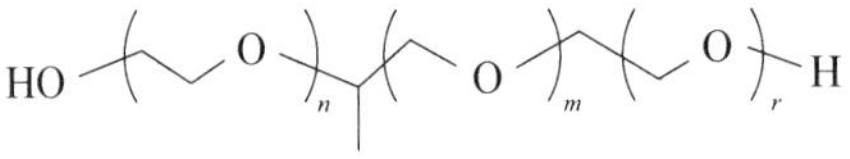

以亲水性(亲水基含量)为横坐标，平均分子量为纵坐标绘图(图 5-3)。

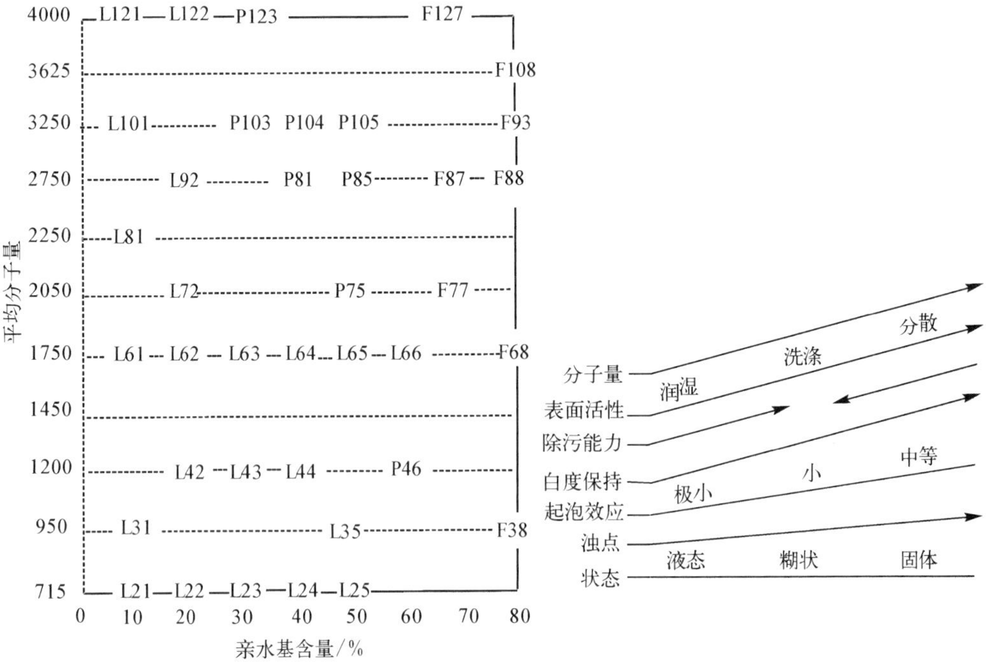

图 5-3　Pluronic 网络坐标与性质关系

图中字母与数字组合(如L21)为品牌号,从图中可以看出亲水基含量相同时,分子量对性质的影响还是很显著的。

5.1.3 表面活性剂的HLB值

表面活性剂的亲水性和亲油性的相对强弱是影响其性质的主要因素。表面活性剂在油相与水相中溶解性的差别用亲水亲油平衡值定量描述,见式(5-1)。

$$\text{HLB值}=\frac{\text{亲水基分子量}}{\text{表面活性剂分子量}}\times\frac{100}{5}=\frac{\text{亲水基质量}}{\text{亲水基质量}+\text{亲油基质量}}\times 20=\text{亲水基的质量分数}\times\frac{1}{5} \tag{5-1}$$

聚乙二醇型非离子表面活性剂的亲水性随着分子量的增大而增强,如果亲水基全部是聚乙二醇,HLB值=20。非离子型表面活性剂的HLB值一般在1～20之间。对于亲水基只有—$(C_2H_5O)_n$—结构单元的,其HLB值的计算公式如下。

$$\text{HLB值}=\text{环氧乙烷的质量分数}/5 \tag{5-2}$$

对于多元醇脂肪酸酯,其HLB值的计算公式如下。

$$\text{HLB值}=20(\text{多元醇皂化价}-\text{脂肪酸酸价})/5 \tag{5-3}$$

其他表面活性剂的HLB值一般在1～40之间,HLB值越大则亲水性越强;反之则亲油性越强。离子型表面活性剂和含有杂原子的非离子型表面活性剂不能使用上述公式。表面活性剂HLB值的范围与水中的溶解状态、应用的关系如表5-2所示,对具有不同HLB值的表面活性剂的应用途径具有很好的指导意义。

表5-2 表面活性剂HLB值的范围与其在水中的溶解状态、应用的关系

HLB值的范围	水中的溶解状态	HLB值的范围	应　　用
1～4	不分散	3～6	W/O乳化剂
3～6	分散较差	7～9	润湿剂、渗透剂
6～8	剧烈振荡呈乳状体	8～18	O/W乳化剂
8～10	稳定的乳状分散体	13～15	洗涤剂
10～13	半透明至透明分散体	15～18	增溶剂
>13	透明溶液		

注:W表示水,O表示油。

然而HLB值仅考虑了表面活性剂的自身性质,而影响其应用性能的因素很多。在不同的相界面上表面活性剂的作用机理各不相同,如表面活性剂与水、油及其他物质之间的相互作用不同等,仅凭HLB值选择最理想的表面活性剂不太妥当,该经验规律只能指定一个范围供参考。

5.1.4 表面活性剂降低表面张力的原理

表面活性剂分子排列在两相之间，通过分子中不同部分对水油两相亲和，消灭了两相的界面，降低了表面张力和表面自由能（图 5－4）。

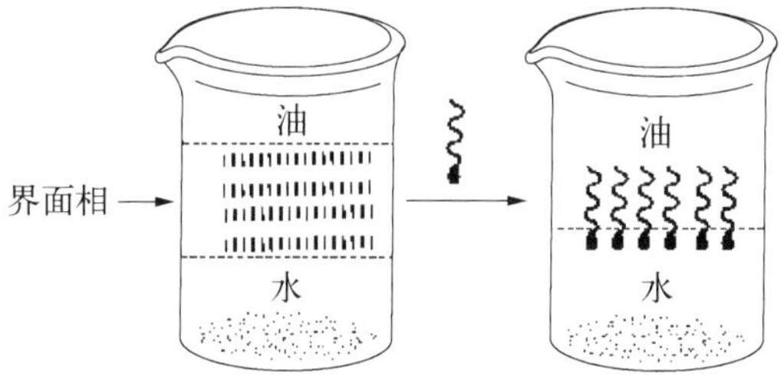

图 5－4 表面活性剂的作用机理

表面活性剂分子首先汇集在两相界面，随着浓度不断增加界面被全部占领（此时达到 CMC 值），随后很快进入溶液内部彼此结合形成胶束，这些胶束有着不同的结构，如球状、棒状及层状等（图 5－5、图 5－6）。亲水基溶解于水分子，亲油基与溶剂中的亲油基进行亲和。胶束的大小主要取决于疏水基链的长短，疏水基链越长，其形成的胶束体积越大，增溶能力也越强。不饱和烃链中电子云之间存在较大的斥力，因此性能低于饱和烃链。

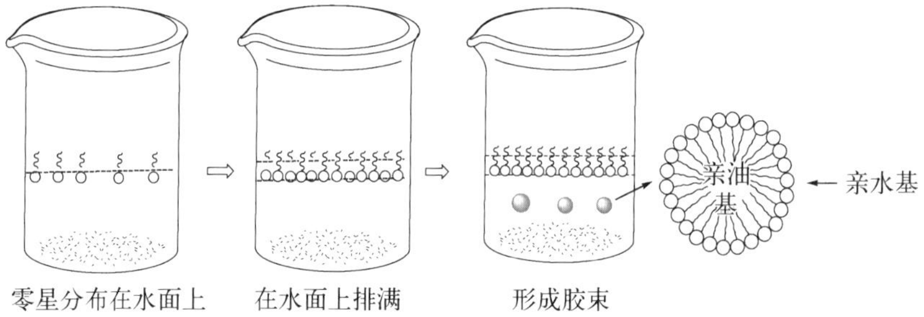

图 5－5 表面活性剂的浓度变化与其分布状况

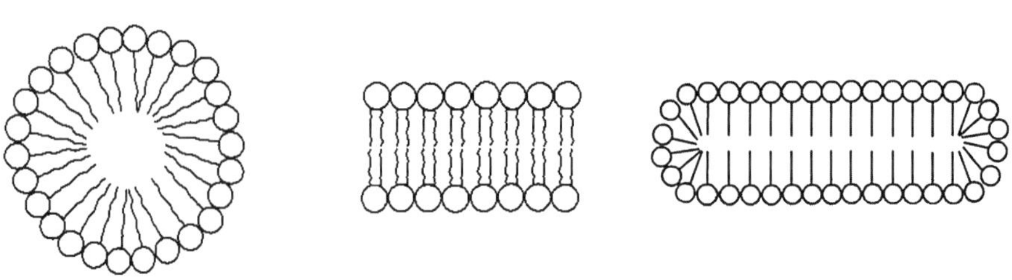

图 5－6 胶束的结构

5.2 表面活性剂的功能与应用

5.2.1 增溶作用

增溶作用是指表面活性剂在水溶液中形成胶团（束）后，原本不溶于水或微溶于水的有机化合物的溶解度会显著增加。四种表面活性剂中,非离子型表面活性剂有较好的增溶作用。一般表面活性剂的增溶作用分为4种情况(图5-7):① 增溶于胶团的内部[图(a)];② 增溶于胶团的定向表面活性剂分子之间,形成栅栏结构[图(b)];③ 增溶于胶团表面[图(c)];④ 增溶于极性基团之间[图(d)]。

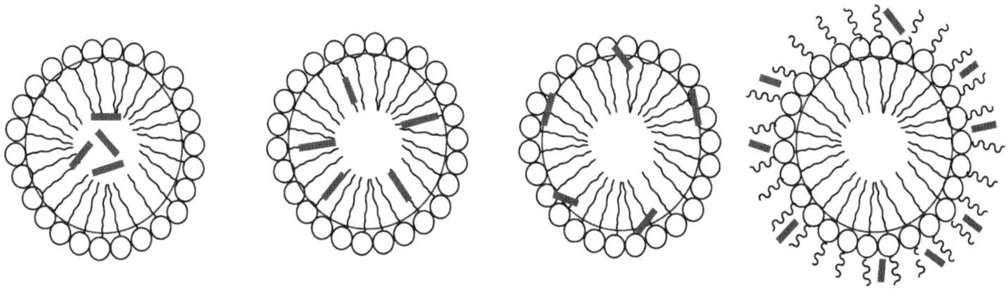

图5-7 增溶作用示意

增溶作用有着极其广泛的应用,如在石油开采过程中利用增溶作用"驱油",提高石油采收率;在丁苯橡胶的合成中通过增溶作用使乳液聚合反应在胶束中进行,大大降低了生产成本;在胶片生产中利用增溶作用消除胶片上的"彗星"斑点,提高胶片质量;在制药工业中,往一些难溶于水的药物中加表面活性剂使药物溶在胶束内,增大其溶解度。

5.2.2 洗涤去污作用

洗涤剂的主要成分是各种功能的表面活性剂。洗涤去污过程是吸附、润湿、渗透、乳化、分散、增溶、发泡等多种综合因素共同作用的结果。这一复杂过程可简单地表示为织物·污垢+洗涤剂⟶织物+污垢·洗涤剂(图5-8)。衣物污垢中的无机物如泥土等与纤维没有分子间作用力,经简单的漂洗就可以除去。而有机物污垢与纤维结合紧密,必须加入洗涤剂才能洗涤干净。

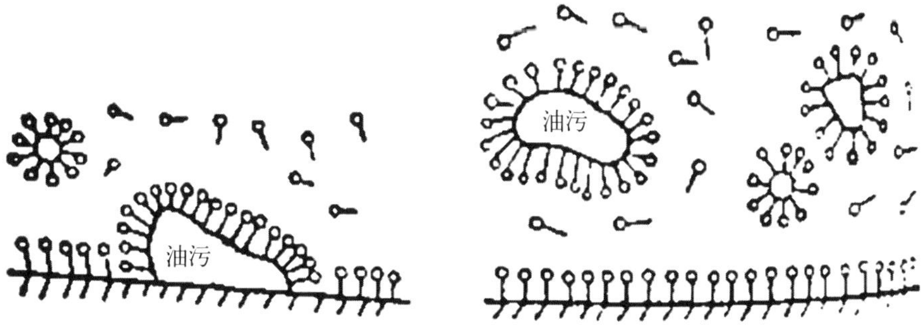

图5-8 衣物洗涤去污过程

绝大部分的洗涤过程是在介质(如水)中进行的,表面活性剂分子首先在污垢及纤维表面上润湿并定向吸附,其疏水基一端吸附在污垢表面并伸入其内部,进而渗透到污垢与纤维之间,使织物和污垢膨胀,降低两者的附着力,从而使污垢与织物表面的牢固结合变为污垢与洗涤剂的结合,污垢被表面活性剂分子包裹着脱离织物表面而悬浮于介质中,在热力学稳定性作用下表面活性剂组成的油膜逐渐缩卷成油珠，经震荡（人工揉搓或者机器翻滚）离开织物表面进入水中成为O/W型乳液。表面活性剂分子中的亲水基相互排斥，油珠稳定地分散在水中，不会再次沉积到织物上。衣物上油污越多，所需要的表面活性剂的量也越多。

表面活性剂在洗涤领域中的应用最为广泛，种类繁多，产量巨大，最常用的是阴离子型表面活性剂，代表性产品为十二烷基苯磺酸钠。由于其工艺简单、成本低廉、产品在水中的溶解性良好、具有较好的去污和起泡能力，LAS是洗衣粉中的主要组分。另外，十二烷基苯磺酸钠还广泛用于餐具洗涤剂及工业清洁剂等。脂肪醇聚氧乙烯醚硫酸盐（AES）是第二大表面活性剂品种，具有良好的溶解性能、表面活性和抗硬水性能，对人的刺激性较低，应用于各种洗涤剂配方中。市场上AES可分为钠盐、铵盐和三乙醇胺盐，其中钠盐的产量最大、应用最广，用于餐具洗涤剂、重垢洗涤剂等民用洗涤剂；铵盐对人体温和，主要用于香波、浴液及洗手液等个人清洁用品中，相对附加值比较高。

5.2.3 乳化作用

将两种互不相溶的液体放在一起搅拌，一种液体以液珠的形式分散于另一液体中形成乳状液；然而物质颗粒越小，其表面积越大、能量越高，因此自然界中的物质总是倾向于聚集而不是分散。乳液是不稳定体系，随着有机相液滴变小，该体系越发不稳定，一旦停止搅拌，有机相液滴就开始聚集并再次分离为相界面最小的油水两相。因此加入适量的表面活性剂，在油滴表面形成稳定的吸附层并定向排列形成一层亲水性分子膜，把有机相包裹在胶束内部，使油、水界面张力降低，防止油滴重新聚集，提高分散体系的不稳定性从而得到稳定的乳状液，这种作用称为乳化作用。我们日常生活中接触到的牛奶、豆浆等都是O/W型乳液。

乳化在日常生活与工农业生产中应用广泛，如食品工业（如椰奶、果汁、豆奶、牛奶等）、高分子合成（乳液聚合）、涂料（表面活性剂为分散剂）、医药、化妆品、农药、石油、纺织、洗涤等领域都需要乳化。下面举例说明。

化妆品属多相分散体系，组成复杂，除了油、水两相外，还需添加乳化剂、防腐剂、增白剂、防晒剂、保湿剂、香精、色素等助剂，体系的稳定性对产品的状态和质量有直接的影响。如利用O/W、W/O两种不同乳化体系制备的化妆品，表面活性剂对其有良好的乳化、增溶、分散作用，赋予产品细腻亮泽、易涂抹、易铺展的特性。

多数农药不溶于水，用药少了很难喷洒均匀，用药多了危害植物和环境，因此农药的稀释直接影响施药效果。早期用有机溶剂进行稀释，成本较高，现在以水作为稀释剂制备悬浮剂和水乳剂成为国内外农药行业的焦点，水乳剂的增效功能、安全性比其他剂型强，而毒性比其他剂型低，有良好的经济效益和环境效益。

沥青是由不同分子量的碳氢化合物及其非金属衍生物组成的黑褐色复杂混合物，用于防水、防潮和防腐，施工时加热熔化，操作不便且挥发难闻气味。采用乳化剂使之分散于水中制成乳化沥青，操作方便且使用过程中不挥发。

5.2.4 起泡与消泡作用

气体分散在液体中有两种状态，一是以分子形态分散在溶剂中（如水中的O_2，可乐、雪碧中的CO_2），稀溶液中气体溶解量近似遵循亨利定律，压力越大气体溶解度越高，当压力降低时气体从溶液中析出。二是聚集成气泡，气泡是不稳定状态，其受到的压力是大气压、水静压、指向球心的附加压力之和，附加压力占主体作用。附加压力大小用拉普拉斯（Laplace）公式计算。

$$p = 2\sigma / r \tag{5-4}$$

式中，σ 是表面张力；r 是气泡半径。如图 5－9 所示，空气中的气泡有内外两层，附加压力都指向球心，忽略气泡的厚度，附加压力的计算公式为

$$p = 4\sigma / r \tag{5-5}$$

式中，σ 为水的表面张力；r 为气泡半径。

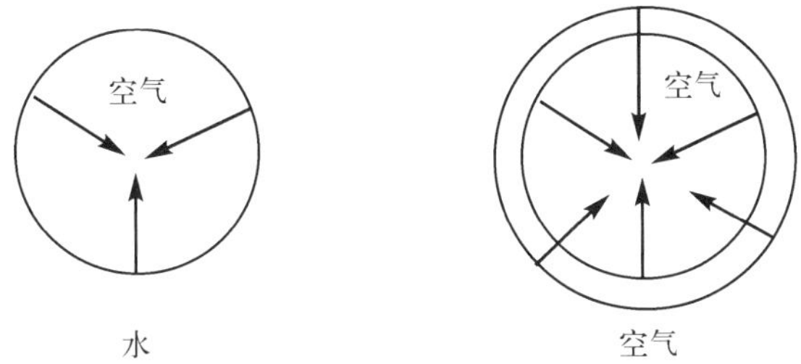

图 5－9 水中气泡和空气中气泡的附加压力

由图 5－9 可知，气泡越小受到的附加压力越大，如烧水时在加热初段大量气泡被压破而产生振动和噪声。溶液中表面活性剂分子能够吸附在气-液表面上，定向排列形成一层坚固的膜，极大降低了表面张力，增加了气泡的稳定性，气泡很快上升到液面并脱离液体进入大气中。空气中的气泡液膜含双层表面活性剂分子，其亲水基朝向水相，亲油基朝向气相，从而在气泡界面上形成双层弹性膜结构，稳定性增强，不易破裂或合并，大量的气泡聚集形成泡沫（图 5－10），这就是起泡作用，两性和阴离子型表面活性剂的起泡性比非离子型表面活性剂的强。

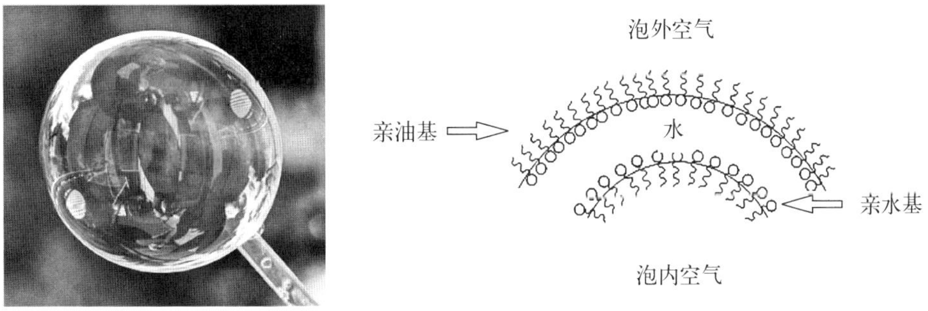

图 5－10 空气中气泡的双层弹性膜结构

消泡剂的作用与起泡剂刚好相反。泡沫过多会给分离操作带来困难甚至危险，工业上常常要消泡。凡是能降低液膜局部表面张力、降低液膜黏度，同时能破坏界面膜弹性使液膜失去自修复作用的物质都可作为消泡剂，如非离子型表面活性剂椰油酰胺就具有较好的稳泡、消泡的作用。起泡与消泡在工业上应用广泛。

泡沫浮选法是矿物浮选中最重要、最成熟的技术。全世界 90%以上的铜、铅、锌、钼、锑和镍都是用泡沫浮选法回收的。其原理是利用矿物表面物理化学性质的不同来分选矿物，矿物颗粒选择性地被捕集剂包裹后形成亲油性表面，随后附着在矿浆中的空气泡上从而与泥沙、黏土等分离并随之上浮到矿浆表面形成矿化泡沫层，使矿物富集、分离。几乎所有的矿石都可用泡沫浮选法进行分离。起泡剂要求泡沫性能好、黏度小，泡沫从浮选槽刮出之后能迅速破灭进行消泡。

气泡在消防领域中的应用。燃油在储存和使用过程中时刻面临火灾威胁。泡沫灭火的原理是利用表面活性剂的起泡性能，产生大量泡沫覆盖在燃烧物体表面隔断空气达到窒息灭火。一般是把起泡作用的表面活性剂加入普通灭火剂之中制成，具有灭火速度快、效率高、联用效果好等特点，适用于油品灭火和电子仪器灭火。

消泡剂在造纸工业中的应用。造纸工业流程包括洗涤、筛选、漂白、浓缩、制浆、表面施胶、涂布、黑液回收等，均不同程度地受到泡沫的影响，特别是制浆和抄纸过程中，必须应用消泡剂。制浆原料中含有脂肪酸、树脂酸等天然物质，与加入的烧碱、硫化碱等发生反应生成脂肪酸皂、树脂酸皂等起泡物质，加上纤维素等高分子物质的稳泡作用，在浆料的流送和混合过程中与带入的空气形成大量的泡沫，给后续工序带来麻烦，造成浮浆和使纸浆质量降低。使用高性能消泡剂如亚乙基脂肪酰胺类和有机硅类表面活性剂改善制浆，可以提高生产效率和产品质量。

5.2.5 润湿渗透作用

润湿就是液体在固体表面上取代另一种与之不相溶解的流体的过程，有沾湿、浸湿和铺展三种形态。沾湿是指液固两相由不接触到接触，液-气界面和固-气界面被液-固界面取代。沾湿状态下液体不能在固体表面展开，如荷叶上的水滴尽可能保持球状(表面积最小)。浸湿是指固体浸入液体，固-气界面被液-固界面取代。在浸湿状态下液体可以在固体表面展开，如玻璃在水中。铺展是指液体在固体表面自动展开，固-气界面被液-固界面取代，如水滴在玻璃表面展开。

液、固接触的形状取决于它们的表面张力能。一般液体的表面张力能在 100 mN/m 以下，高于此数值的称为高能表面，低于此数值的称为低能表面。一般无机物如金属及其氧化物、硫化物、卤化物等无机盐的表面张力能在 200～50 000 mN/m，玻璃就属于典型的高能表面，被液体铺展覆盖后极大地降低了表面张力能，新生成的液-固界面取代原有的固-气界面并形成新的固-液界面，这种现象称为润湿；与此相反，有机固体和高分子聚合物的表面张力能与水差不多甚至更小，如石蜡和聚苯乙烯就是属于典型的低能表面，水因不能铺展而滚落，因此可以作为防水材料。

液体渗入固体内部的过程叫渗透，如水滴在棉纱上很快就进入纤维中。表面活性剂能改善液体对固体的润湿性能，其机理是表面活性剂在固体表面发生吸附，改变了固体表面性质，同时降低了液体表面张力，提高了液体的润湿能力。通常能够起到润湿作用的表面活性剂才能发挥渗透作用，因此渗透的前提条件是润湿。这类表面活性剂又称为润湿剂、渗透剂。

润湿与渗透在采矿中的应用：溶液在矿岩表面铺展润湿、在矿石颗粒间及矿石表面孔裂隙内的流动是浸出有用矿物质的关键，对浸出效果有着重要的意义。通过在溶液中添加表面活性剂，可以降低表面张力，改善溶液在矿石表面的润湿作用，并扩大溶液与矿石的有效接触面积和减小溶液进入矿石表面孔裂隙的阻力。

5.2.6 悬浮分散作用

不溶性的固体在水中容易下沉，加入表面活性剂可以把固体粒子分割成微粒而分散悬浮在溶液中，这种作用称为悬浮分散作用。其机理是表面活性剂分子在固体粒子周围形成一层吸附膜，降低了固、液相之间的界面张力，不仅润湿固体表面，且能进一步渗透到固体粒子的孔道内，使粒子破裂成更加微小的质点而分散悬浮于水中。离子型表面活性剂中的配对离子被吸附在微粒周围形成双电层(图 5-11)，由于微粒带同种电荷互相排斥，不易聚在一起而获得稳定；固体微粒外面包有一层亲水性的吸附膜，溶剂化作用生成的水化层具有屏蔽作用，阻止了固体微粒聚集沉降。非离子型表面活性剂虽然在水中无电荷，但以胶束的状态存在，有较厚的水化层，同样能使固体微粒保持悬浮状态。

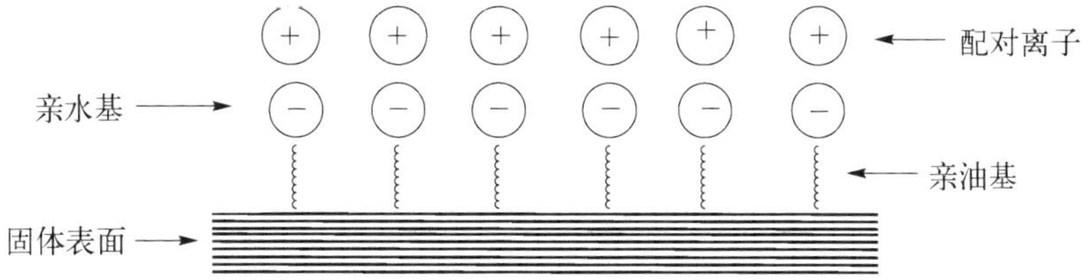

图 5-11　双电层示意

在水煤浆中的应用：煤气化工程是煤化工的起点，以煤炭生产合成气($CO+H_2$)，进一步转化为甲醇和其他化工品。煤气化工程需要高质量的水煤浆作为原料。水煤浆是一种新型煤基液体燃料，必须具备高浓度、低黏度、良好的流动性及稳定性。而煤炭是疏水性的，不易被水润湿，且制浆中煤粒非常细而具有较大的比表面积，容易自发聚集与沉淀，为使煤粒稳定分散在水中并尽可能地减少水含量，降低黏度以满足泵送要求，减少能耗和输送工艺的操作成本，必须借助表面活性剂使煤粒与水密切结合，成为一种具有良好流动性和稳定性的可雾化燃烧的浆体，为此我国开发了阴离子型萘系和非离子型聚氧乙烯系等一系列分散剂。

5.3　常见表面活性剂与制备工艺

5.3.1　常见表面活性剂

1. *阴离子型表面活性剂*

阴离子型表面活性剂的亲水基为阴离子，主要有$—SO_3^-$，$—COO^-$，与碱金属配对。常用的有十二烷基苯磺酸钠(LAS)、脂肪醇聚氧乙烯醚硫酸钠(AES)、脂肪醇硫酸钠(AS)、脂肪醇聚氧乙烯醚硫酸铵(AESA)、α-烯基磺酸钠(AOS)、脂肪酸甲酯磺酸盐(MES)、脂肪酸甲酯乙氧基化物磺酸盐(FMES)、醇醚羧酸盐(AEC)、磺基琥珀酸盐、氨基酸盐等。其他还有如重烷基苯磺酸盐、石油磺酸盐、萘磺酸盐、木质素磺酸盐等。阴离子型表面活性剂大致可以分为脂肪酸类、硫酸化物类和磺酸化物类。

(1) 脂肪酸类。高级脂肪酸盐的通式为$(RCOO^-)_nM$。R 一般为 10～18 个碳的长链，羧酸有硬脂酸、油酸、月桂酸。根据 M 的不同又分为碱金属皂、碱土金属皂和有机胺皂。它们均有良好的乳化性能和分散能力，但易被破坏。碱金属皂还可被钙、镁盐破坏，电解质亦可使之盐析。

碱金属皂，如硬脂酸钠，油酸钾：

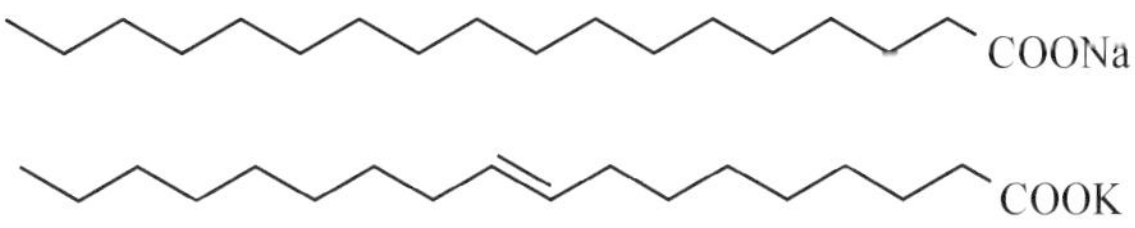

碱土金属皂，如硬脂酸碱土金属盐：$(C_{17}H_{35}COO)_nM^{n+}$，其中 M＝Mg、Ca、Al，$n$ 为碱土金属的价态数。

有机胺皂,如油酸三乙醇胺酯：$C_{17}H_{33}COOCH_2CH_2N(CH_2CH_2OH)_2$。

(2) 硫酸化物类,RO—SO_3—M,主要是硫酸化油类和高级脂肪醇硫酸酯类。R在12～18个碳之间。硫酸化油类的代表性物质是硫酸化蓖麻油,俗称土耳其红油。高级脂肪醇硫酸酯类有十二烷基硫酸钠(SDS),其乳化性强且稳定,耐酸和钙、镁盐;在药剂学上可与一些高分子阳离子药物产生沉淀,对黏膜有一定刺激性,可用作外用软膏的乳化剂,也用于片剂等固体制剂的润湿或增溶。

$CH_3(CH_2)_5CHCH_2CH{=}CH(CH_2)_7COOH$
$\quad\quad\quad\quad\quad\ |$
$\quad\quad\quad\quad OSO_3Na$

硫酸化蓖麻油

十二烷基硫酸钠

(3) 磺酸化物类,R—SO_3—M,有脂肪族磺酸化物、烷基萘磺酸化物等。它们的水溶性和耐酸耐钙、镁盐性比硫酸化物类稍差,但在酸性溶液中不易水解。常见的有十二烷基苯磺酸钠、二辛基琥珀酸磺酸钠和二丁基萘磺酸钠等。

$(C_4H_9—CH—CH_2OOCH_2)_2CH—SO_3Na$
$\quad\quad\quad\ |$
$\quad\quad\ C_2H_5$

二辛基琥珀酸磺酸钠

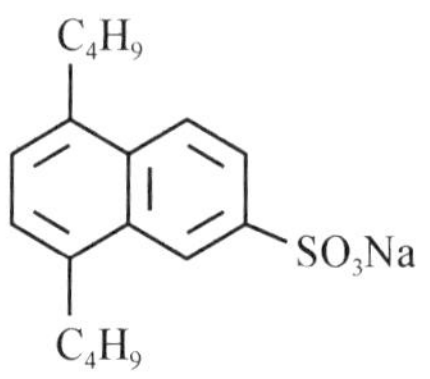

二丁基萘磺酸钠

主要性能特点：渗透性较好,润湿性及分散性优良,具有良好的乳化性能,有着较强的去污性能,有较多的泡沫。除磺酸盐以外其他种类一般不耐酸。除肥皂之外,其他种类的耐硬水性较好,且性价比高。

使用范围：作为渗透剂、乳化剂、润湿剂及去污剂等,在去污剂使用方面用量较大,我国是世界上该类洗涤剂最大的生产国和消费国。

2. 阳离子型表面活性剂

阳离子型表面活性剂又称阳性皂。其阳离子一般是四价氮原子。阳离子型表面活性剂又称季铵化合物,水溶性好,在酸性与碱性溶液中较稳定,具有良好的表面活性作用和杀菌作用。常用的有苯扎氯铵(洁尔灭)和苯扎溴铵(新洁尔灭)等。生成季铵的胺类原料见表5-3。

表5-3 常用的胺类原料

种类	伯胺	仲胺	叔胺
脂肪族胺类	CH_3NH_2	$(CH_3)_2NH$	$(CH_3)_3N$
	$C_{12}H_{25}NH_2$	$(C_{12}H_{25})_2NH$	$>N—C_{12}H_{25}$
	$C_{18}H_{37}NH_2$	$(C_{18}H_{37})_2NH$	$>N—C_{18}H_{37}$

续 表

种 类	伯 胺	仲 胺	叔 胺
乙醇胺类	$HO—CH_2CH_2NH_2$	$(HO—CH_2CH_2)_2NH$	$(HO—CH_2CH_2)_3N$
多胺类	$H_2NCH_2CH_2NH_2$，$H_2NCH_2CH_2NHCH_2CH_2NH_2$		
其他类别	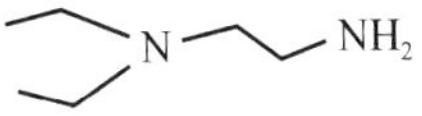		
	吡啶，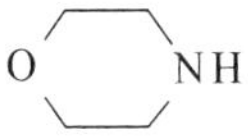		
	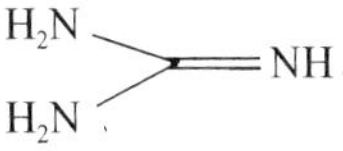，H_2NNH_2		

（1）胺盐型阳离子表面活性剂，它是用酸中和烷基伯胺、仲胺、叔胺或乙醇胺得到的产物。根据胺的不同分为脂肪胺盐、乙醇胺盐和聚乙烯多胺盐。

① 脂肪胺盐是用盐酸、甲酸、乙酸等中和烷基伯胺、仲胺和叔胺得到的产物，如十二烷基二甲基叔胺醋酸盐：

$$CH_3COO^- \left[C_{12}H_{25}—\overset{+}{N}H(CH_3)_2\right]$$

② 乙醇胺盐是酸与一、二、三乙醇胺反应的产物，如三乙醇胺硬脂酸酯甲酸盐：

$$\left[CH_3(CH_2)_{14}COOCH_2CH_2—N(CH_2CH_2OH)_2\right]\cdot HCOOH$$

③ 聚乙烯多胺盐是卤代烷与二乙三胺、三乙四胺反应得到的 *N*-烷基多胺，如 *N*-烷基二乙三胺：

$$R—NH—CH_2CH_2NHCH_2CH_2NH_2$$

胺盐型阳离子表面污性剂的水溶性较小，在酸性介质中较稳定，在中性、碱性介质中会发生水解析出胺，通常只适合作纤维柔软剂，不适合作洗涤剂。

（2）季铵盐型阳离子表面活性剂，它的通式为

$$\left[\begin{array}{c} R \\ | \\ R^1—N—R^3 \\ | \\ R^2 \end{array}\right]^+ X^-$$

式中，R 为 C_{10}～C_{18}的长链烷基；R^1、R^2、R^3 一般是甲基、乙基、苄基或长链烷基；X 是氯、溴、碘或其他阴离子基团（一般是氯或溴）。季铵盐型阳离子表面活性剂产量高、应用广，一般由叔

胺与醇、卤代烃、硫酸二甲酯等烃基化试剂反应制得。该类化合物水溶性好，耐酸、耐碱且大多数具有杀菌作用，除了可以作为抗静电剂、柔软剂外，还可以作为护发产品中的头发定型调理剂，纺织工业中的匀染剂、固色剂；在清洗剂中常与非离子型表面活性剂复配成杀菌、消毒清洗剂。

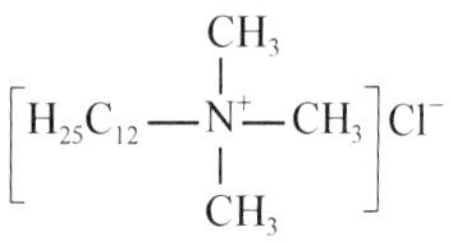

十二烷基三甲基氯化铵

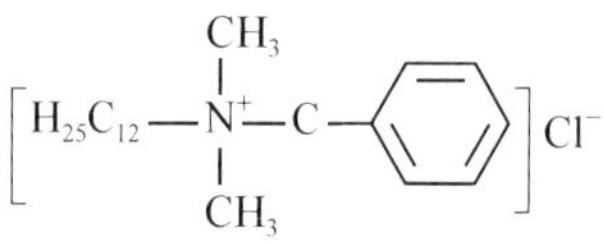

苯扎氯铵

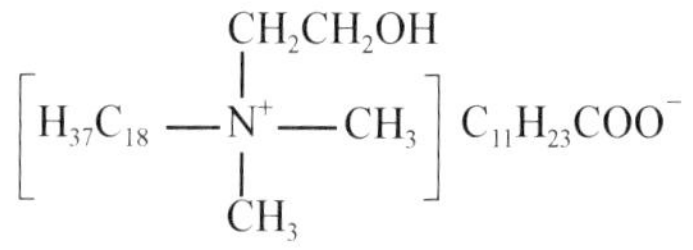

十八烷基二甲基羟乙基月桂酸铵

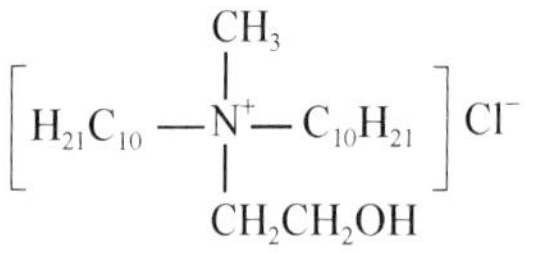

二癸基甲基羟乙基氯化铵

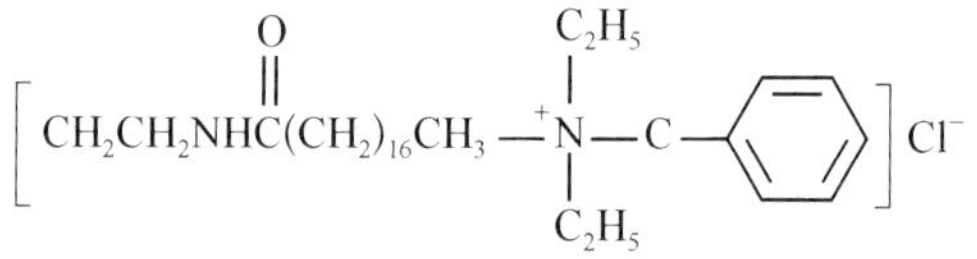

十八酰胺乙基二乙基苄基氯化铵

(3) 杂环类阳离子型表面活性剂，主要有吡啶、咪唑啉、吗啉胍、三嗪类衍生物等。咪唑啉是含有两个氮原子的五元杂环，如 2-烷基咪唑啉与硫酸二甲酯反应生成季铵盐，又如脂肪酸与二乙烯三胺反应生成 2-烷基氨基乙基咪唑啉，乙酰化后再与甲酸中和或季铵化得到阳离子型表面活性剂，可作纤维柔软剂或杀菌剂。一般阳离子型表面活性剂的去污力较差，通常不用作洗涤剂。在特殊清洗剂(如杀菌消毒洗涤剂)中会加入季铵盐型阳离子表面活性剂。

吡啶类，如十六烷基溴化吡啶：

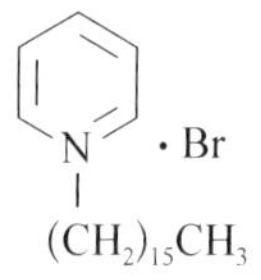

咪唑啉类：

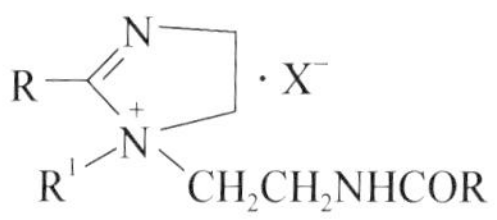

R 常为硬脂酸、油酸、月桂酸、苯甲酸等；R^1 为甲基、苄基等；X 为卤素、硫酸甲酯。典型化合物为 2-十一烷基-*N*-十二烷基酰胺乙基-*N*-苄基咪唑啉氯化铵：

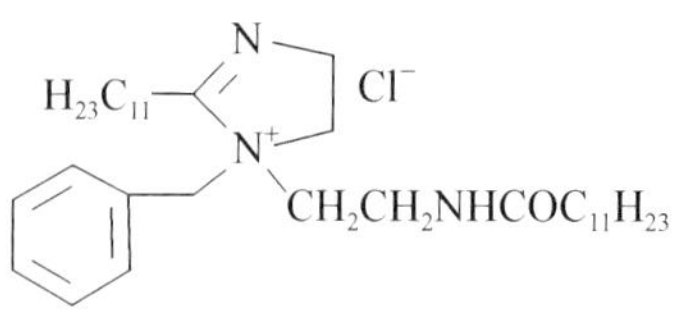

主要性能和应用范围：渗透性、乳化性、润湿性及分散性优良，杀菌性能较好，在织物中可发挥其匀染及抗静电性能；还可以作为杀菌剂、柔软剂、匀染剂、缓蚀剂、抗静电剂，在化妆品中被大量使用，但和阴离子型表面活性剂不能混用，否则会有沉淀产生。

3. 两性型表面活性剂

两性型表面活性剂是分子结构中同时含有阴、阳离子亲水基的表面活性剂，其特征是既能给出质子又能接受质子。两性型表面活性剂分子与单一的阳、阴离子型表面活性剂不同，在与其他类型的表面活性剂复配时，产生不可替代的协和性或复配性。

（1）按阳离子的不同可分为甜菜碱型、氨基酸型及咪唑啉型

① 甜菜碱型，由季铵基构成阳离子，分为 α -烷基型、N -烷基型和 N -长链酰基亚烷基型，R 通常为 $C_{12}\sim C_{18}$，代表性物质有 N -十八烷基二甲基甜菜碱。

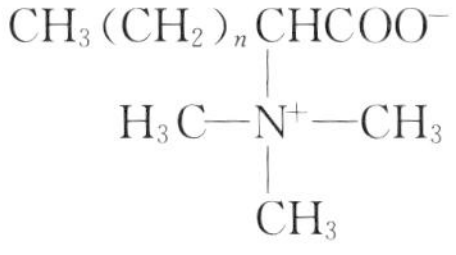

α -烷基甜菜碱

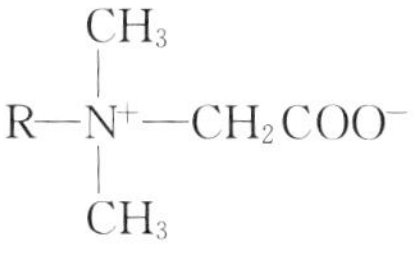

N -烷基甜菜碱

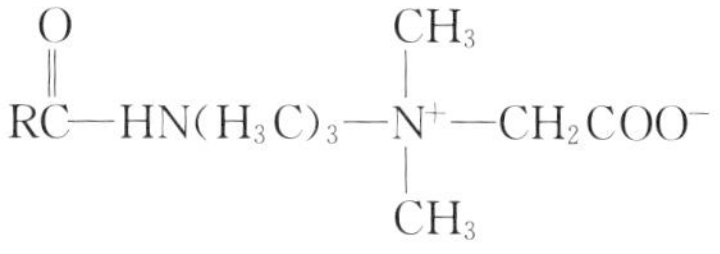

N -长链酰基亚烷基甜菜碱

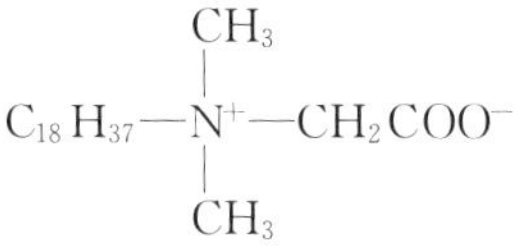

N -十八烷基二甲基甜菜碱

② 氨基酸型，由胺基构成阳离子，分为 α -氨基酸型、β -氨基酸型、烷基聚氨单羧酸盐和烷基低聚氨基酸，R 通常为 $C_{12}\sim C_{18}$，代表性物质为

$R—(NHCH_2CH_2)_n—NHCH_2COOH$

烷基聚氨单羧酸盐

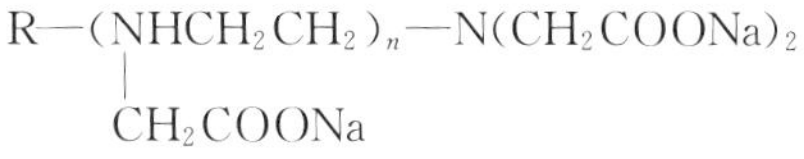

烷基低聚氨基酸

$R—NHCH_2COO^-$

α -氨基酸衍生物

$R—NHCH_2CH_2COO^-$

β -氨基酸衍生物

③ 咪唑啉型，分为羧基型、磺基型、硫酸酯基型和磷酸酯基型，R 通常为 $C_{12}\sim C_{18}$，代表性物质为

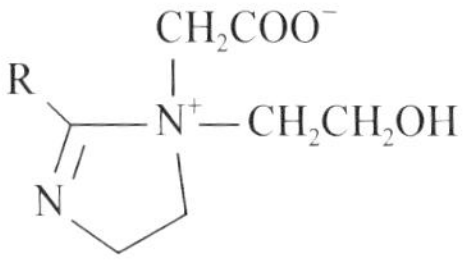

羧基咪唑啉

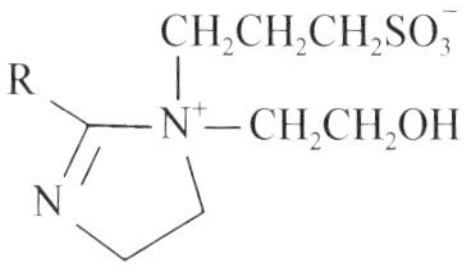

磺基咪唑啉

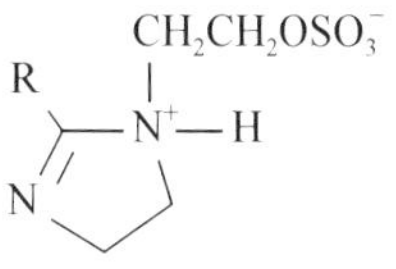

硫酸酯基咪唑啉

（2）按阴离子不同可分为羧酸型、磺酸型、（亚）硫酸酯型、（亚）磷酸酯型及（亚）膦酸型等

① 羧酸型，开发早、应用广，如十二烷基二甲基甜菜碱（BS－12）：

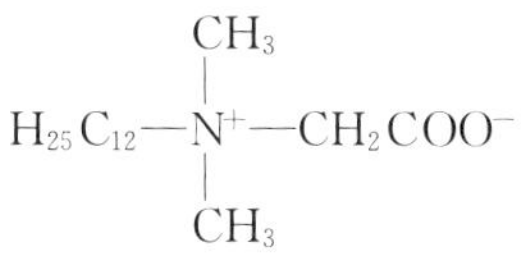

② 磺酸型，耐高浓度的酸、碱、盐，具备良好的乳化性、钙皂分散力和抗静电性、杀菌性和抑霉性、黏弹性等，常用的有十八烷基羟丙基磺基甜菜碱和十二烷基羟丙基磺基甜菜碱(DSB)。

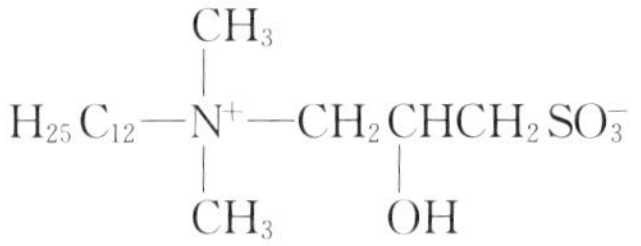

③(亚)硫酸酯型，下左图为硫酸酯型，下右图为亚硫酸酯型。

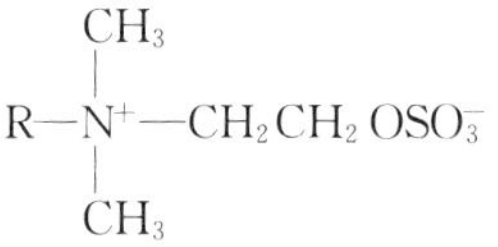

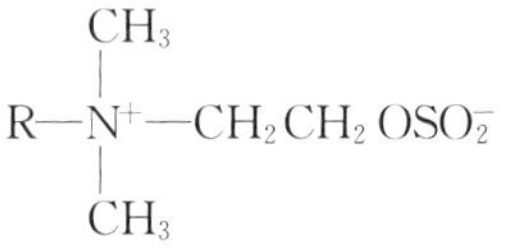

④(亚)磷酸酯型，下左图为磷酸酯型，下右图为亚磷酸酯型。

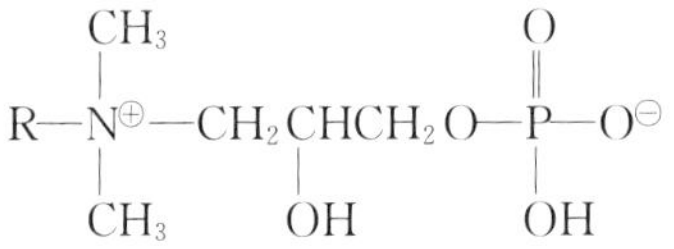

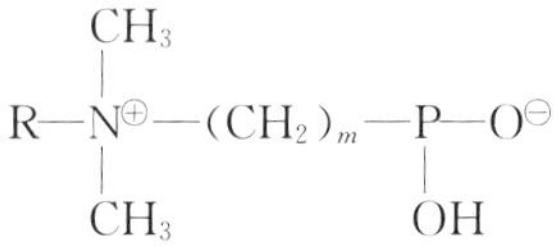

⑤(亚)膦酸型，去污性好，有着良好的起泡性、乳化性及耐硬水性能，耐酸和碱，抗静电、杀菌及缓蚀等性能也非常好，较少刺激皮肤，价格较高，在化妆品及特殊的去污剂中使用。下左图为膦酸型，下右图为亚膦酸型。

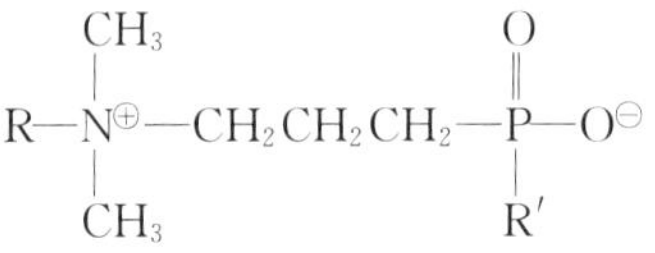

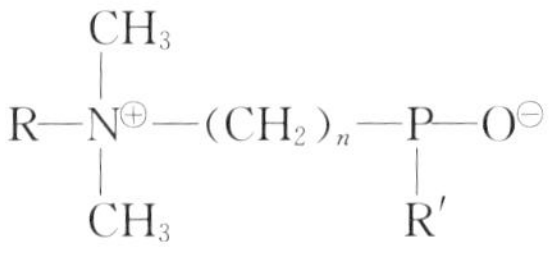

4. 非离子型表面活性剂

非离子型表面活性剂以醚基为主要亲水基，润湿和洗涤功能优异，又可与其他离子型表面活性剂共同使用，分为聚氧乙烯醚类、多元醇酯类、嵌段聚醚类及甾醇衍生类四种类型。

(1) 聚氧乙烯醚类非离子型表面活性剂

① 脂肪醇聚氧乙烯醚(AEO)，其分子中的氧与水分子形成氢键，可以被溶剂化。

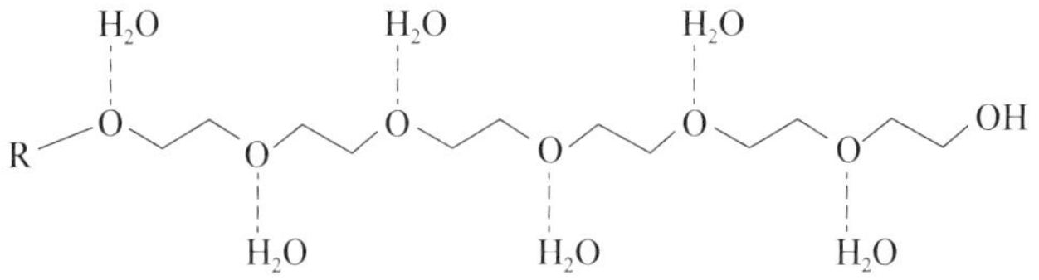

AEO具有低起泡性、高分散能力，对悬浮液及乳状液的分散、乳化稳定有特效，溶解范围从完全油溶到完全水溶，溶解特性取决于环氧乙烷(EO)的含量。其在水中的溶解性与EO含量成正比，比重和黏度也一样。由于温度升高氢键断裂，其亲水性减弱，溶液开始变浑浊，该温度称为浊点。浊点以下可溶于水，浊点以上不溶。浊点与分子大小有关，见图5-12，实践中n一般为9左右。

表面张力与界面张力和 n 成正比。脂肪醇分子量增加时润湿力有所下降，洗净性随脂肪醇碳链的增加而提高。对碳数相同的醇而言，支链醇比直链醇的润湿性能更好，因此洗涤能力更强，但直链醇比支链醇泡沫力好。代表性产品有 AEO－3 和 AEO－9，AEO－3 是一种油溶性非离子型表面活性剂，主要用作 W/O 型乳化剂，如化妆品中膏霜和乳液的配制。AEO－9 用量最大，主要用于各类洗涤剂的配制。

AEO－3：$C_{12}H_{25}O(CH_2CH_2O)_3H$

AEO－9：$C_{12}H_{25}O(CH_2CH_2O)_9H$

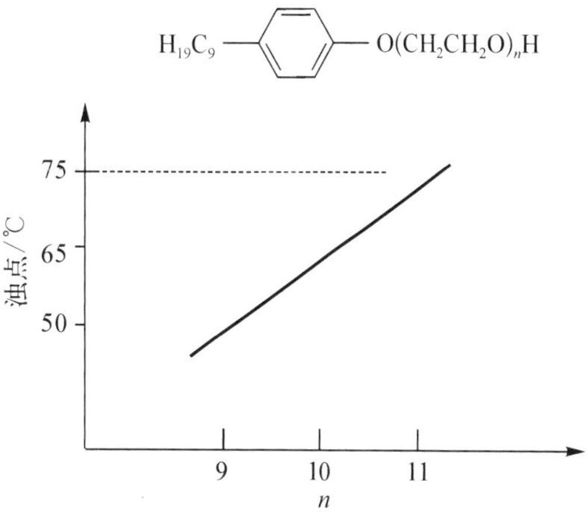

图 5－12　浊点与 *n* 的关系

② 烷基苯酚聚氧乙烯醚。烷基碳原子数通常为 8～9，低碳支链的烷基提高了水溶性和洗涤效能，对酸、碱及氧化剂都较稳定，成本低。结构通式为

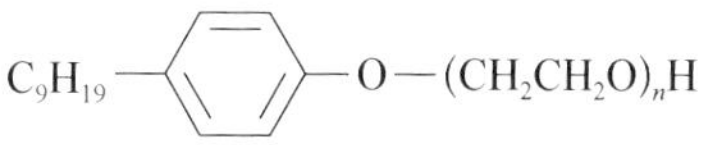

代表性物质为 TX－30(n＝30)，其在水量较少的高浓度状态下，由于亲水链卷曲而使有效长度缩短，容易形成稳定的 W/O 型乳液，是一种理想的乳化剂。

③ 脂肪酸聚氧乙烯酯

脂肪酸聚氧乙烯酯由脂肪酸与环氧乙烷通过加成反应生成，通式为 $RCOO(CH_2CH_2O)_nH$，溶解范围从完全油溶到完全水溶，溶解性比醇醚略差。通常 n＝1～8 的产品是油溶性的，n＝12～15 时在水中分散或溶解。对同一脂肪酸而言，n 越大，比重越大、黏度越高。在强酸和强碱溶液中均水解，在硬水中形成钙皂，影响其应用。脂肪酸聚氧乙烯酯与脂肪醇聚氧乙烯醚和烷基苯酚聚氧乙烯醚相比，润湿、去污和起泡力均比较差，但成本低、泡沫少，可以与各种助剂复配成多种家用和工业用清洗剂，在金属加工中作油脱脂和冷却润滑的添加剂。代表性物质如失水山梨醇脂肪酸酯，$w+x+y+z=20$。

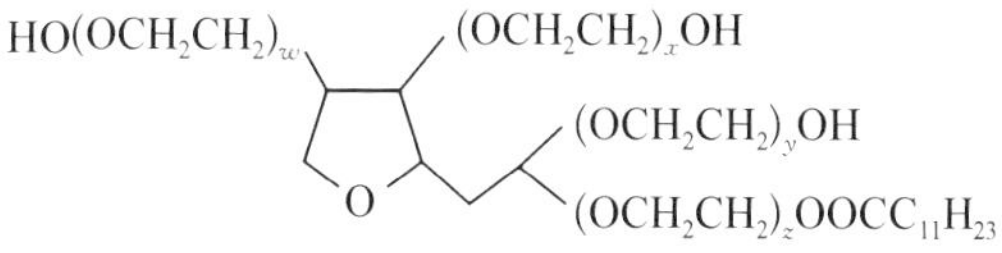

④ 聚氧乙烯脂肪胺化合物

脂肪胺聚氧乙烯醚是一种特殊的非离子型表面活性剂。分子中有 2 个聚氧乙烯醚链、1 个氮原子和 1 个长链脂肪基聚氧乙烯烷。其具有阳离子型表面活性剂的性质，但随着环氧乙烷链长的增加逐渐具有非离子型表面活性剂的性质，主要用作洗涤剂。结构通式为

$$R—N\begin{cases}(CH_2CH_2O)_nH\\(CH_2CH_2O)_mH\end{cases}$$

，R 常为十二烷基、十八烷基、椰油基、牛油基、氢化牛油基、油酸基、大豆油酸基和 N－烷基丙撑二胺等。

(2) 多元醇酯类非离子型表面活性剂

① 一元醇酯,依据分子量、不饱和键和支链的不同,可分别作为润滑油、合成树脂的增塑剂、化妆品基质、药用溶剂。

② 乙二醇酯,主要分为乙烯乙二醇(EG)、聚乙烯乙二醇(PEG)、丙烯乙二醇(PG)的单酯、多酯。分子结构中烯基具有良好的亲水性和对称性,使烯基乙二醇酯易分散于水中,具有良好的柔软、抗静电、芳香、平滑等性能。根据其酯化度和原料 PEG 聚合度的不同,产品的表面活性和亲水性大小有所变化,可用于印花增稠剂、纺织纱线浆料、各种乳化剂或香波用的珠光剂等。PG 酯多用作食品添加剂和糕点起泡剂,具有凝固点低、流动性好、无挥发性、抗臭氧等特点。

③ 甘油酯,由甘油和饱和脂肪酸、不饱和脂肪酸经酯化所生成的酯类表面活性剂。根据脂肪酸数量不同分为甘油单酯[$C_3H_5(OH)_2(OCOR)$],如单硬脂酸甘油酯(MST)、甘油二酯[$C_3H_5(OH)(OCOR)_2$]和甘油三酯[$C_3H_5(OCOR)_3$]。甘油三酯最重要,如甘油三油酸酯、甘油三-16-碳软脂酸酯和甘油三-18-碳硬脂酸酯。

$CH_2—OH$
|
$CH—OH$
|
$CH_2OCOC_{17}H_{35}$

单硬脂酸甘油酯(MST)

$CH_2OOC(CH_2)_7CH═CH(CH_2)_7CH_3$
|
$CHOOC(CH_2)_7CH═CH(CH_2)_7CH_3$
|
$CH_2OOC(CH_2)_7CH═CH(CH_2)_7CH_3$

甘油三油酸酯

甘油单酯的 HLB 值较低,在水中基本不溶解,经乳化后可形成 W/O 型乳液。高纯度甘油单酯可作食品添加剂和食品乳化剂。C_8～C_{12}的甘油三酯具有耐氧化、溶解力好、黏度低的特点,被用作食品香料的溶剂和香料保香剂、增香剂,咖啡助溶剂,化妆品用乳化剂。

④ 山梨醇酯,一般是指分子内失水生成的失水山梨醇的酯,具有优异的乳化性能。其立体层叠式的结构提高了耐热性和乳化性,还有较好的低温流动性,常用于机械油、润滑油、工业用各种润滑剂、缓蚀剂、油性消泡剂、乳化聚合用稳定剂及亲油性分散剂等。代表性产品为失水山梨醇单月桂酸酯(商品名为 Span 20):

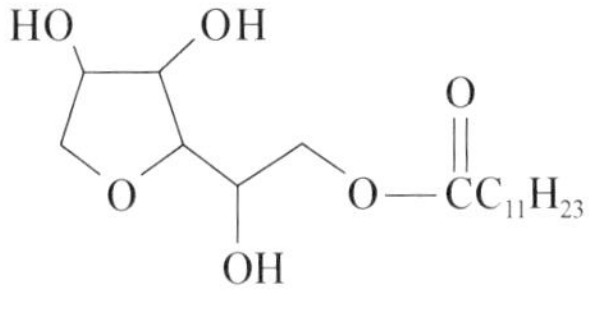

⑤ 糖脂。葡萄糖、蔗糖等均具有多元羟基,可与月桂酸、棕榈酸、椰油酸、硬脂酸、蓖麻油酸等酯化而得到糖脂。糖脂具有极佳的水溶性,大都无味、无臭,有较低的 CMC,可以迅速降低水的表面张力,能被生物完全降解,对人体几乎无毒、无刺激性,起泡性较低,常用作食品和医药用乳化剂。常见的蔗糖脂肪酸单酯的结构式如下:

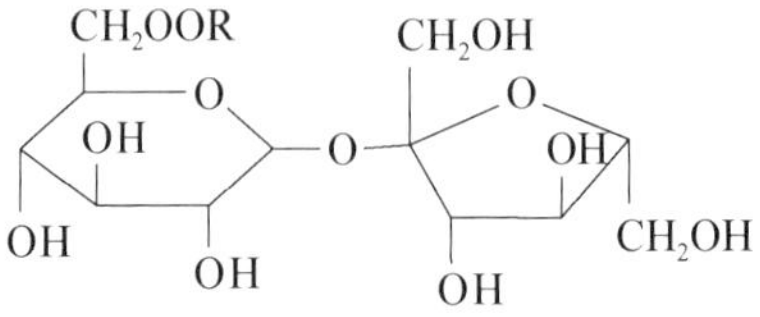

⑥ 烷基糖苷,是由糖的苷羟基与醇反应所生成的具有缩醛结构的衍生物:

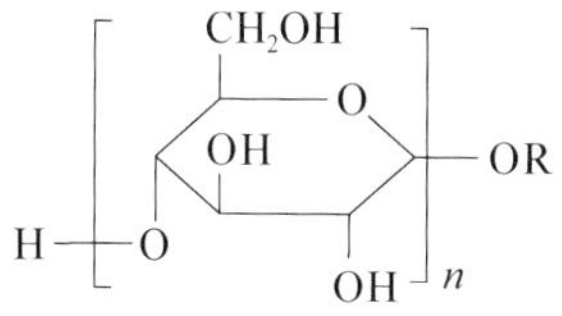

$n \geqslant 2$ 的糖苷统称为烷基多糖苷或烷基多苷(APG)。APG 的表面活性高、泡沫丰富而稳定、去污及配伍性好，且无毒、无刺激、生物降解快而彻底，被公认为21世纪的“绿色”表面活性剂。APG 有很好的润湿和渗透性质。作为非离子型表面活性剂，APG 对高浓度电解质不敏感，没有浊点。

(3) 嵌段聚醚类非离子型表面活性剂

嵌段聚醚类非离子型表面活性剂是以环氧乙烷、环氧丙烷或其他烯烃氧化物为主体，以某些含活泼氢化合物为引发剂的嵌段共聚的非离子型表面活性剂。按其聚合方式可分为整嵌、杂嵌、全杂嵌三种类型。其中整嵌型最为重要，主要商品有 Pluronic 和 Tetronic。

Pluronic 的结构通式：

$$HO(C_2H_4O)_a(C_3H_6O)_b(C_2H_4)_bH$$

Tetronic 的结构通式：

$$\begin{array}{ccc} H(C_2H_4O)_y(C_3H_6O)_x & & (C_3H_6O)_x(C_2H_4O)_yH \\ & \diagdown \quad\quad \diagup & \\ & NCH_2CH_2N & \\ & \diagup \quad\quad \diagdown & \\ H(C_2H_4O)_y(C_3H_6O)_x & & (C_3H_6O)_x(C_2H_4O)_yH \end{array}$$

(4) 甾醇衍生类非离子型表面活性剂

甾醇衍生类化合物是以环戊烷全氢菲为主体骨架(甾核)的一类甾体化合物：

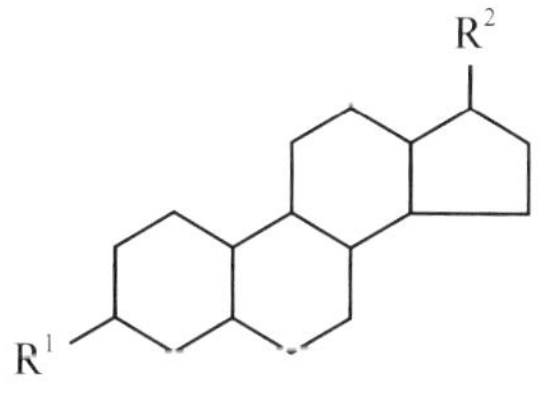

根据来源不同分为动物甾醇、植物甾醇及菌类甾醇，前两者研究得较多。植物甾醇以 β-谷甾醇、豆甾醇、菜油甾醇和菜籽甾醇含量最多，主要来源于植物油精炼的下脚料、脱臭馏出物等，是一种天然表面活性剂，应用于医药、化妆品、食品、光学产品、饲料、油漆、颜料、树脂、造纸、纺织和杀虫剂及除草剂等方面，在化妆品行业常用作乳化剂、调节剂、皮肤细胞促进剂、抗炎剂和伤口愈合剂。

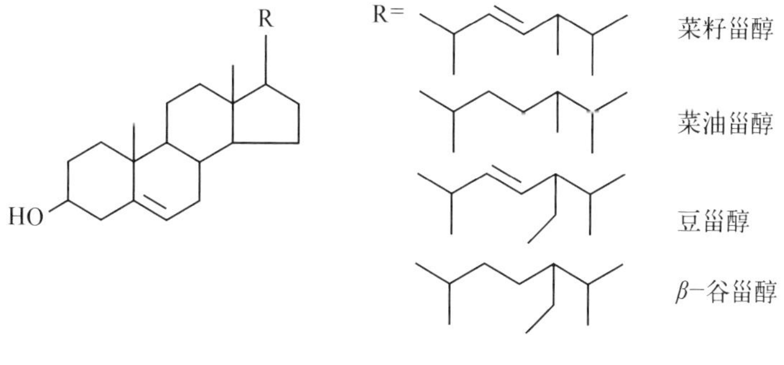

动物甾醇以胆固醇为代表，存在于动物大脑、神经组织及羊毛脂与卵黄中：

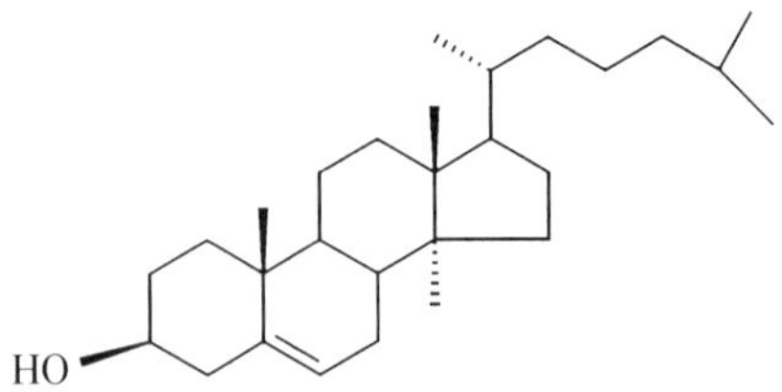

胆固醇

胆固醇同时具有疏水性的甾体骨架和亲水性的羟基，具有很好的乳化性能，是一种天然乳化剂。强疏水基的分子结构使其适宜作油溶性乳化剂制备 W/O 型乳液化妆品。其表面活性较高，临界胶束浓度低于离子型表面活性剂，有较强的加溶性能，乳化和洗涤性能良好，泡沫中等，耐酸和碱，但是存在浊点，且价格高于阴离子型表面活性剂，只能应用于高端产品；可以作为乳化剂、洗涤剂、匀染剂及消泡剂等。

5.3.2 常见表面活性剂的制备

1. 硫酸化蓖麻油的合成

在浓硫酸的作用下，蓖麻油先水解再与硫酸反应，在蓖麻油分子上引入—OSO_3H，经中和转化为亲水性较强的—OSO_3Na。

水解反应：

$$(C_{17}H_{32}(OH)COO)_3C_3H_5 + H_2O \longrightarrow C_{17}H_{32}(OH)COOH + C_3H_5(OH)_3$$

硫酸酯化反应：

$$C_{17}H_{32}(OH)COOH + H_2SO_4 \longrightarrow C_{17}H_{32}(OSO_3H)COOH + H_2O$$

中和反应：

$$C_{17}H_{32}(OSO_3H)COOH + NaOH \longrightarrow C_{17}H_{32}(OSO_3Na)COOH + H_2O$$

合成操作：

往三口烧瓶中加入 100 g 蓖麻油，搅拌，1.5 h 内滴加 10～15 mL 浓硫酸，控制温度在 25～35℃，最高不超过 40℃，浓硫酸滴完后升温至 43～44℃继续搅拌反应 2～3 h，取数滴油样用 60～70℃的清水化开，若为澄清透明表示硫酸酯化反应已结束。停止搅拌，用 40～50℃的 150 mL 饱和食盐水洗涤 2 次。往油相中缓慢滴加 40～50℃的 NaOH 溶液至 pH 为 8，开始溶液呈乳状，最后转为澄清，由黄色转为棕色。取 10 mL 此油溶于 90 mL 水中，如呈透明状则中和反应结束。

2. 二癸基甲基羟乙基氯化铵的合成

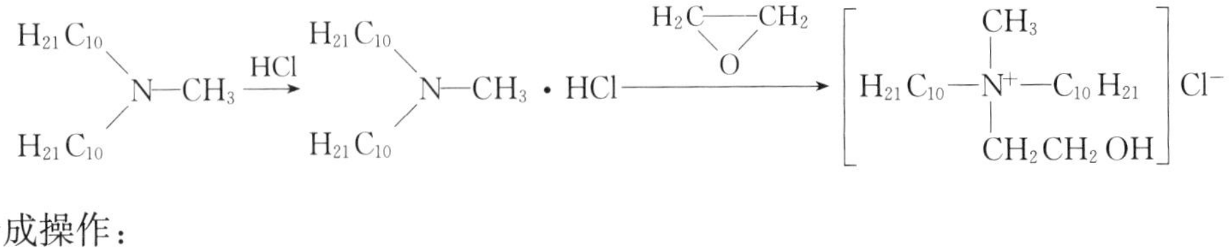

合成操作：

将 0.3 mol 二癸基甲基叔胺与 136 g 异丙醇/水的混合溶剂混合，搅拌，温度为 35℃，滴加

0.3 mol 的盐酸，滴完后继续搅拌反应 10 min，然后将反应物投入高压反应釜内，用 N_2 置换空气，搅拌，加热至 70℃然后通入 15.0 g 环氧乙烷，当釜内压力不再降低时继续恒温搅拌使其老化 30 min，得到二癸基甲基羟乙基氯化铵溶液。减压蒸馏脱除溶剂得到淡黄色蜡状物，用石油醚洗涤 3 次，真空干燥 48 h 得到白色固状物。

3. 2-十一烷基-*N*-十二烷基酰胺乙基-*N*-苄基咪唑啉氯化铵的合成

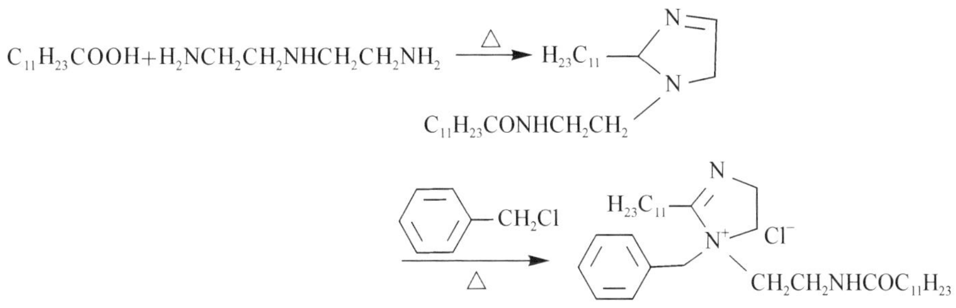

合成操作：

(1) 咪唑啉的合成

将月桂酸、二乙烯三胺(物质的量之比为 2∶1.05)、二甲苯溶剂和少量的催化剂加入带分水器的三口烧瓶中，在 170～174℃下反应，不断分出反应生成的水，8.0 h 后分水器中的水不再增加时反应结束。冷却至 140℃，减压脱除二甲苯和未反应的二乙烯三胺，冷却凝结成淡黄色固体。

(2) 咪唑啉的季铵化

将上述产物与氯化苄或硫酸二甲酯按物质的量之比 1∶1 加入烧瓶中，加热至 100～110℃，慢慢加入氯化苄或硫酸二甲酯并不停搅拌，保温 3.0 h 后降温至室温，得到季铵化的咪唑啉盐。

4. 十二烷基羟丙基磺基甜菜碱的合成

第一步合成 3-氯-2-羟基丙磺酸钠，第二步为十二烷基叔胺与 3-氯-2 羟基丙磺酸钠反应。反应式如下：

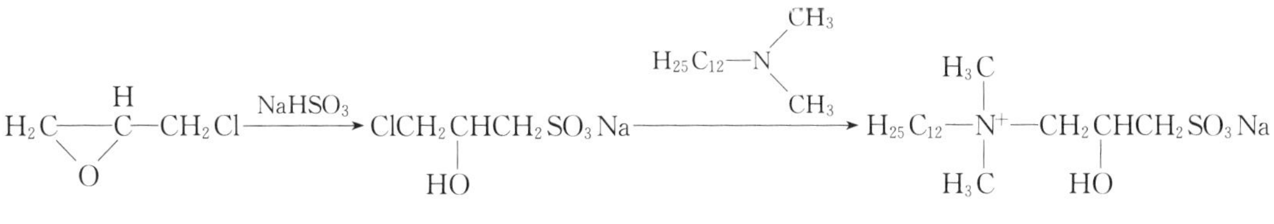

合成操作：

(1) 3-氯-2-羟基丙磺酸钠的合成

往四口烧瓶中加入 $NaHSO_3$、水，搅拌，保温在 70℃使 $NaHSO_3$ 充分溶解，然后滴加环氧氯丙烷，温度维持在 75℃，2 h 滴加完，升温至 85℃反应 1.5～2 h，冷却、析出白色晶体，抽滤得 3-氯-2-羟基丙磺酸钠。

(2) 十二烷基羟丙基磺基甜菜碱的合成

往四口瓶中加入一定量的上一步产物、NaOH 及溶剂，升温搅拌至完全溶解，加入十二烷基叔胺反应若干小时，反应结束后减压蒸馏、萃取，得到目标产物。

5. 1-羟乙基-2-油酸基咪唑啉硫酸酯盐(ISES)的合成

以油酸、*N*-(2-羟乙基)乙二胺、氨基磺酸为原料，用两步分水法合成 ISES。

(1) 咪唑啉的合成

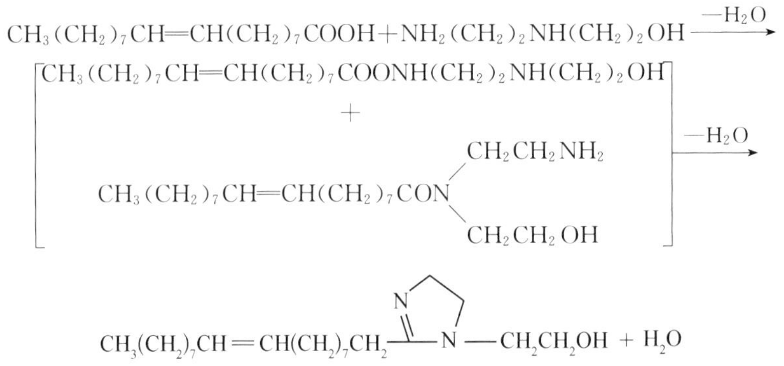

(2) 酯化反应

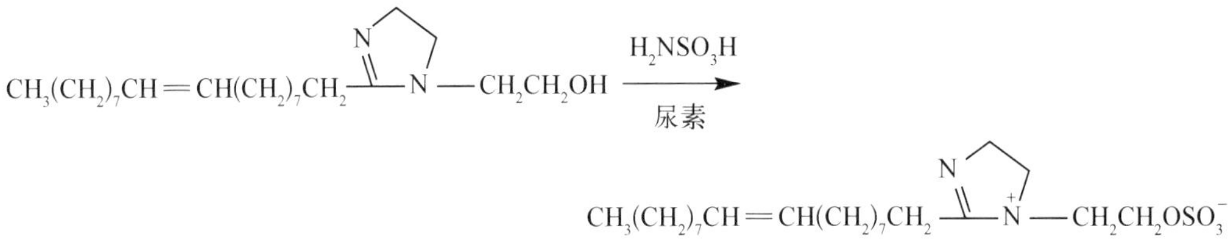

合成操作:

(1) 1-羟乙基-2-油酸基咪唑啉(HEAI)的合成

往三口烧瓶中加入一定量的油酸和 *N*-(2-羟乙基)乙二胺,用二甲苯作为携水剂,升温至 140℃回流 2.0 h 后逐渐升温到 200℃反应 2.0 h,待分水体积达到理论值后结束,减压蒸出大部分溶剂,真空干燥得到深红棕色液体,为中间体 1-羟乙基-2-油酸基咪唑啉。

(2) 1-羟乙基-2-油酸基咪唑啉硫酸酯盐的合成

往烧瓶中加入 HEAI、一定量的氨基磺酸,搅拌升温至 100℃,再加入一定量的尿素作为催化剂,搅拌,在 100℃下反应 1.0 h,混合物逐渐呈膏状、透明,即为 ISES。

6. 单硬脂酸甘油酯的合成

甘油与丙酮在对甲苯磺酸催化下制得异亚丙基甘油,在吡啶催化下与三硬脂酸甘油酯反应,用无机酸水解后制得单硬脂酸甘油酯,反应式如下:

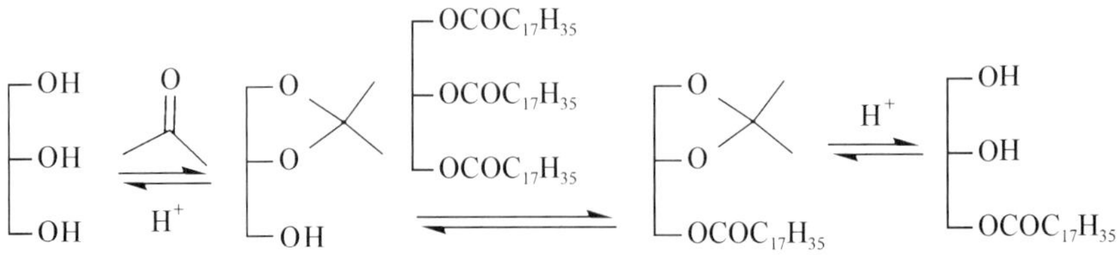

合成操作:

(1) 异亚丙基甘油硬脂酸酯的合成

将 0.1 mol 甘油、0.2 mol 丙酮、25 mL 带水剂石油醚和催化剂对甲苯磺酸(用量为甘油质量的 2.0%)加入三口烧瓶中,搅拌,升温至回流,反应至分水器中水量基本不变时停止,需要 5.5 h。降温后加入碱性催化剂(甘油质量的 4.0%)和 0.04 mol 三硬脂酸甘油酯,回流反应,放出约 10 mL 带水剂使系统升温至 70~75℃反应 6~7 h,蒸干溶剂和过量的丙酮得到白色或浅棕色的固体。

(2) 单硬脂酸甘油酯的合成

取 10 g 上一步产物，加入 120 mL 2.0 mol/L 的盐酸，水解 1.0 h 去除保护基团丙酮，抽滤，并用水洗至中性，干燥后为白色或浅棕色粉末。

7. 甘油三油酸酯的合成

甘油与油酸发生酯化反应合成甘油三油酸酯，这是一个可逆反应，采用带水剂带水、分水器分水的方法，使平衡向右移动，以提高转化率。

$$3H_3C(CH_2)_7CH{=}CH(CH_2)_7COOH+\begin{array}{l}CH_2OH\\|\\CHOH\\|\\CH_2OH\end{array}\underset{H^+}{\overset{-H_2O}{\rightleftharpoons}}\begin{array}{l}CH_2OOC(CH_2)_7CH{=}CH(CH_2)_7CH_3\\|\\CHOOC(CH_2)_7CH{=}CH(CH_2)_7CH_3\\|\\CH_2OOC(CH_2)_7CH{=}CH(CH_2)_7CH_3\end{array}$$

合成操作：

(1) 酯化反应

往四口烧瓶内装入一定配比的甘油、油酸、对甲苯磺酸、甲苯，对甲苯磺酸用量为甘油质量的 6.9%，油酸过量 10%，在 N_2 保护下加热至回流，不定时添加甲苯以控制温度在 150～160℃，用分水器进行分水，反应 4.5 h。反应中不断地测酸值，通过出水量与酸值相结合的方法判断反应终点。

(2) 产物分离与产品质量检测

在 N_2 保护下冷却至室温，先碱洗，然后水洗，再减压蒸馏除去洗液，加入活性白土脱色，在 100℃下搅拌 30 min，减压过滤得产品。测折光率，检测酸值、碘值和密度，验证产品是否合格。

8. 二聚壬基酚聚氧乙烯醚(GNP)的合成

以壬基酚和多聚甲醛为原料、草酸为催化剂，合成二(2-羟基-5-壬基苯基)甲烷，经环氧乙烷加合得到二聚壬基酚聚氧乙烯醚，反应方程式为

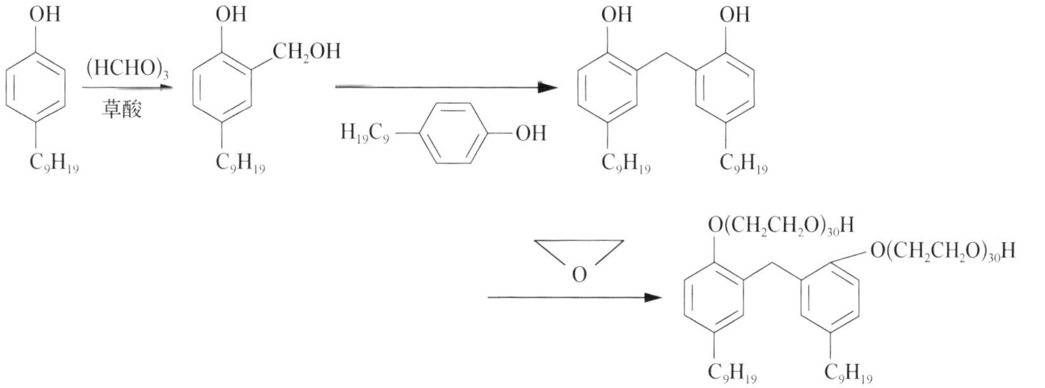

合成操作：

(1) 二(2-羟基-5-壬基苯基)甲烷的合成

在 N_2 保护下，往四口烧瓶中加入 0.1 mol 壬基酚，搅拌加热至 50℃加入 0.495 g 草酸、0.315 g 二次蒸馏水、0.165 g 十二烷基苯磺酸钠，加热，搅拌，升温至 90℃，将 0.05 mol 多聚甲醛分批加入，缓慢升温到 120℃，换上分水器继续反应 4.0 h。在 666.6 Pa 下减压除水，用硅胶柱层析(乙酸乙酯：石油醚=1：30)提纯，得到二(2-羟基-5-壬基苯基)甲烷。

(2) 二聚壬基酚聚氧乙烯醚的合成

将二(2-羟基-5-壬基苯基)甲烷和0.4 g KOH加入100 mL的高压釜中,用高纯N_2置换3次,然后通入60倍量的环氧乙烷,搅拌,在120℃下反应2.0 h,冷却至室温,用酸中和,活性炭脱色后得到二聚壬基酚聚氧乙烯醚。

9. 3-(十六烷基氨基)丙酰二乙醇胺的合成

以十六烷基胺和丙烯酸甲酯为主要原料,经迈克尔加成反应得到十六烷基氨基丙酸甲酯,再氨解得到3-(十六烷基氨基)丙酰二乙醇胺,反应方程式为

$$C_{16}H_{33}NH_2 + CH_2{=}CH_2{-}\overset{\overset{\large O}{\|}}{C}OCH_3 \longrightarrow C_{16}H_{33}NH{-}CH_2CH{-}\overset{\overset{\large O}{\|}}{C}{-}OCH_3$$

$$\xrightarrow{NH(CH_2CH_2OH)_2} C_{16}H_{33}NH{-}CH_2CH{-}\overset{\overset{\large O}{\|}}{C}{-}N(CH_2CH_2OH)_2 + CH_3OH$$

合成操作:

(1) 十六烷基氨基丙酸甲酯的合成

将17.20 g十六烷基胺加入烧瓶中,加热至65℃至完全液化,再缓慢滴入18.07 g丙烯酸甲酯,恒温反应3.5 h后抽滤,得到产物3-(十六烷基氨基)丙酸甲酯。

(2) 氨解产物的合成

将上一步产物与二乙醇胺按质量比1∶1加入烧瓶,再加入一定量的NaOH作催化剂,在90～100℃下预反应3.0 h,用分液漏斗加球形冷凝管蒸出甲醇,继续加热2.0 h停止反应,冷却后抽滤,得到3-(十六烷基氨基)丙酰二乙醇胺。

10. 植物甾醇的分离纯化

分子蒸馏是目前工业化生产的主要方法,是利用高真空条件下物质的蒸汽压及分子自由程差异原理提取和精制甾醇物质,其工艺流程如图5-13所示。

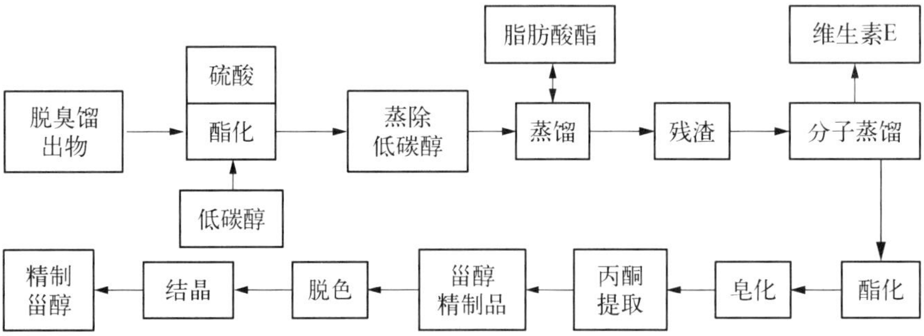

图5-13 通过分子蒸馏提取甾醇的工艺流程

5.4 氟表面活性剂

特种表面活性剂和功能性表面活性剂发展很快,主要是含氟、硅、硼、锗等元素的表面活性剂,目前研究较多的是含氟、硅、硼的种类。

1. 氟表面活性剂的结构特征

分子中碳上的氢原子部分或全部被氟原子取代即为氟表面活性剂。目前使用的多为全氟

化产品，这是特种表面活性剂中最重要的品种，也是迄今为止表面活性最高的，如全氟辛酸铵（PFOA）：

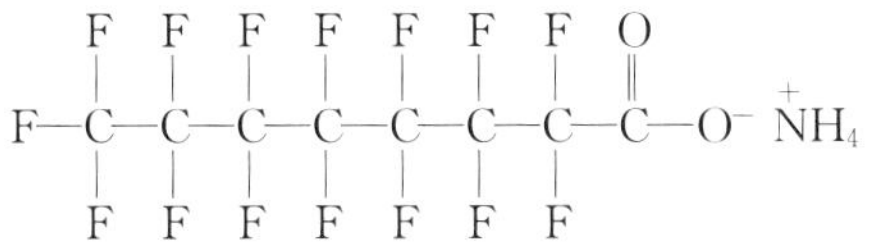

氟表面活性剂具有许多特殊的性能。F的范德瓦耳斯半径为0.071 nm，略大于H而远小于其他原子，能够将碳链架构紧密包围，具有屏蔽保护作用。所有元素中F的电负性最强，原子极化率最小（仅为0.56），F—C键键能为484 kJ/mol，全氟烷基中的C—C键键长更短，键能增强，更加稳定。氟表面活性剂拥有高表面活性、高耐热稳定性及高化学稳定性，既有亲油性，又有亲水性。

2. 氟表面活性剂的分类

氟表面活性剂一般分为阴离子型、阳离子型、非离子型和两性型。

（1）阴离子型氟表面活性剂。

按其结构又分为羧酸盐型、磺酸盐型、硫酸酯盐型和磷酸酯盐型4类（表5-4）。

表5-4 阴离子型氟表面活性剂的主要类型及实例

类　型	结构通式	代表性产品举例
羧酸盐型	$R_fCOO^-M^+$	$CF_3(CF_2)_2OCF(CF_3)CF_2OCF(CF_3)COONa$ $C_9F_{19}CH_2CH(OH)CH_2N(CH_3)CH_2COOK$
磺酸盐型	$R_fSO_3^-M^+$	$CF_3(CF_2)_4CH_2OOCCH(CH_3)CH_2SO_3Na$ $CF_3CF_2OCF_2CF(CF_3)OCF_2CF(CF_3)OCF_2CF_2SO_3Na$
硫酸酯盐型	$R_fOSO_3^-M^+$	$CF_3(CF_2CF_2)_nCH_2(OCH_2CH_2)_mOSO_3NH_4$ $C_8F_{17}SO_2NH(CH_2)_3NH(CH_2)_3NH(CH_2)_2OSO_3Na$
磷酸酯盐型 单酯 双酯	 $R_fOP(O)O_2^-M_2^+$ $(R_fO)_2P(O)O^-M^+$	 $(CF_3)_2CF(CF_2)_6FCH_2CH_2OP(O)(OH)_2$ $[CF_3C(CF_2)_7SO_2N(C_2H_5)CH_2CH_2O]_2P(O)ONa$

非极性端与阳离子通过羧基、磺酸基、硫酸酯基或磷酸酯基相连接。若M^+是有机阳离子，其非极性端为由羧酸酰胺基或磷酸酰胺基相连的架构。尽管氟碳羧酸的酸性更强，但在强酸环境下或含二价或三价金属离子较多的物质中溶解度很低。与羧酸盐型相比，磺酸盐型在工业生产中表现出更好的抗氧化能力，对酸性较强的介质、电解质及高矿化度适应能力较强；硫酸酯盐型与磺酸盐型相比水溶性更好，能快速地从含氟醇中获取，但是硫酸酯盐型水解稳定性小，制约了其应用，一般情况下磷酸酯盐型比其他阴离子型氟表面活性剂的起泡率低。因此部分磷酸酯盐具有良好的抗泡沫性能，应用十消泡剂。

（2）阳离子型氟表面活性剂

分子结构中烷基链（非极性端）直接或通过其他基团间接与阳离子结构（季铵基、质子化氨基或杂环碱）相连，部分烷基链包含季铵基和仲氨基及碳酰胺键或磺酰胺键。和阴离子型氟表面活性剂相似，其致命缺点是对电解质和pH的响应十分活跃，一般分为胺盐型和季铵盐型两

类，季铵盐型最为常见，如

$$CF_3(CF_2)_6CONH(CH_2)_3N^+(CH_3)_3 \cdot I^-$$

$$CF_3(CF_2)_2OCF(CF_3)CF_2OCF(CF_3)—CONH(CH_2)_2N^+CH_3(C_2H_5)_2 \cdot I^-$$

大多数物质表面带负电荷，易与该类物质吸附。如在油田污水处理过程中吸附在黏土和污泥上，中和了这些颗粒所带的电荷，使之更容易相互碰撞聚集而沉淀，剩余的污水中基本不含表面活性剂。

(3) 两性型氟表面活性剂

两性型氟表面活性剂既可吸附于带负电的物质表面，又可吸附于带正电的物质表面，若处于等电点附近则显中性，但其价格昂贵，只应用于特殊需求的领域。

(4) 非离子型氟表面活性剂

其稳定性高于离子型氟表面活性剂，受电解质、酸碱度及矿化度的影响相对较小。非离子型氟表面活性剂的极性端通常由氧醚键或羟基组成，氧醚键多为聚氧乙烯基链或聚氧丙烯基片段。通过调整极性基团的尺寸来调节其 HLB 值，氧醚键的长短直接决定着氟表面活性剂的性能。由于非离子型氟表面活性剂的极性端结构的特殊性，其更易溶于有机溶剂，如 $C_9F_{19}CH_2CH(OH)CH_2OC_2H_5$ 和 $C_8F_{17}CH_2CH_2SO_2N(CH_3)CH_2CH_2OH$。

3. 氟表面活性剂的合成方法

氟表面活性剂的合成通常分为含氟疏水疏油端(非极性基)的合成和亲水端基团的引入两步反应，其中疏水疏油端中间体的制备是关键。亲水端基团的引入与传统表面活性剂相似，操作较简单。目前较成熟且常用的方法主要有电解氟化法、调聚法和齐聚法。

(1) 电解氟化法

该法广泛应用于工业生产和科学研究中。其利用电解形成的游离氟原子与羧酸或磺酸中的氢置换得到氟表面活性剂，最常用的中间体是全氟辛酰氟和全氟辛基磺酰氟，经过以下途径可得到不同类型的产品。

① 直接水解进而中和，得到羧酸盐或磺酸盐型阴离子型氟表面活性剂；

② 与含有二胺官能团的物质酰化，再季铵化得到阳离子型氟表面活性剂；

③ 与脂肪胺或醇类反应生成酰胺或酯，再制取非离子型氟表面活性剂。

该法的原料 HF 价廉易得，且最重要的中间体羧酰氟(—COF)和磺酰氟($—SO_2F$)的合成相对简单，进一步引入极性基团即可制得目标物质，其缺点是产率低。

(2) 调聚法

反应物包含调聚单体和调聚剂。调聚单体一般为四氟乙烯，调聚剂以全氟烷基碘和低级醇为主，如三氟碘甲烷、五氟碘乙烷和甲醇、乙醇等，两者反应可制取链长不等的氟烷基中间体，根据需要进一步反应得到氟表面活性剂。依据调聚剂不同将其分为 3 种不同类型的中间体。

① 全氟碘化物中间体：调聚剂是五氟碘乙烷，与四氟乙烯反应得到中间体。

② ω-氢氟碳中间体：通过四氟乙烯与甲醇、乙醇和丙醇等低碳醇反应制备的中间体氧化得到羧酸，或者直接与环氧乙烷反应制取目标氟表面活性剂。

③ 含氧杂原子氟烷基碘中间体：多以全氟丙酮为单体制备。

(3) 齐聚法

以四氟乙烯、六氟丙烯和六氟环氧丙烷为单体，在氟离子(F^-)的催化作用下发生聚合反应。由四氟乙烯和六氟丙烯制备的中间体多为支链烯烃，这是此法与前两种方法的最大区别。

该法制备的中间体的碳数一般在6～14之间。

① 以四氟乙烯制备中间体：该合成工艺最早，产率相对较高，产物多为四聚体、五聚体或六聚体等，但该反应需要在极性非质子溶液中进行。

② 以六氟丙烯制备中间体及相应产品：在F 存在的条件下六氟丙烯发生亲核反应产生负离子中间体，继续反应直到产生含9个碳原子的氟碳中间体，再进一步与其他物质反应生成所需氟表面活性剂，此法合成的产物多含有支链结构。

③ 以六氟环氧丙烷制备中间体及相应产品：在F^-存在的条件下六氟环氧丙烷齐聚，得到含氧的中间体，反应式如下：

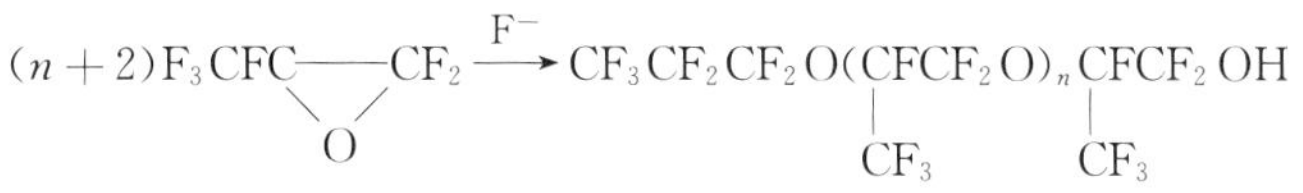

所得中间体可进一步反应得到不同类型的氟表面活性剂。

制备方法比较：电解氟化法工艺成熟，但设备成本高，能耗大且会出现反应物之间环化、重排的现象，副产物较多，产率低；调聚法能够直接生产直链氟碳物质，操作方便且产品性能良好，产率较高，耗时短，但产物为混合物，要进一步分离和转化；齐聚法生产成本低，但产品中含有大量支链产物，与直链产品相比其表面活性不佳，使用范围较小。综合考虑，调聚法是目前较好的方法。

4. *氟表面活性剂的应用*

氟表面活性剂被广泛应用于石油、消防、涂料、表面处理、造纸工业等工业领域，具有降低溶液表面张力、拒油拒水、抗静电、乳化、分散、润湿、渗透等功能，可以达到改进生产工艺、提高产品质量、增加产量、降低能源、提高生产效率等效果。

(1) 在消防领域中的应用

石化行业常用的泡沫灭火剂是蛋白泡沫灭火剂和水成膜泡沫灭火剂(也叫“轻水”泡沫灭火剂)。前者稳定性与流动性较差，难以迅速覆盖火源，灭火效果较差，对油类火灾灭火效果更差，且耐复燃性不好。加入质量分数为0.005%～0.05%的氟表面活性剂后，降低了蛋白泡沫体系的表面张力和泡沫在液面上流动的剪切力，提高了泡沫流动性，灭火速度提高了3～4倍。该类灭火剂被广泛应用于油库、炼油厂、加油站等处扑灭因原油、汽油、柴油等引起的油类火灾，且可以与干粉灭火剂同时使用。

(2) 在石油工业中的应用

油田化学品包括钻井用化学品、采油用化学品和集输用化学品，表面活性剂广泛应用于各种类型的油田化学品中。碳氢表面活性剂与氟表面活性剂复配使用，既降低了成本又达到了实际使用要求。钻井领域所使用的降滤失剂及助排剂要求耐高温、耐酸碱，氟表面活性剂作为配方主要组分，起到降低泥饼中的自由水向地层渗透的作用，从而避免钻井事故，还能降低酸/油界面张力，减小地层汇总液体的毛细管滞留，加速残酸返排，改变地层润湿性，预防淤渣的形成。在三次采油中使用氟表面活性剂，能提高和改善地层岩石的润湿性、渗透性、扩散性及原油的流动性，并进一步提高驱油效率。

(3) 在造纸工业中的应用

对纸张进行涂布加工可提高纸张的适印性、防锈防蚀性、防水防油性、抗静电性、强度等性能。氟表面活性剂在纸张涂料调制中作为分散剂，赋予纸张涂料良好的流动性和涂布适应性，并提高成膜物质与颜料的混合性；作为消泡剂有更好的效果。其润滑、抗静电等优异性能，使其作为纸张涂料润滑剂较为理想，同时能增强纸张的耐水、耐油和耐污染的性能，适用于食品、快餐包装盒及耐油容器包装等。

总而言之，氟表面活性剂对降低水的表面张力有良好的作用，但降低油/水界面张力能力不足，在应用上常采用分子内或分子外的碳氟链和碳氢链复配的方法取长补短；另外氟表面活性剂的一些品种在室温下溶解度很小，其溶解度超过临界胶束浓度时的温度，即 Kraft 点很高，使用不方便。

5.5 硼表面活性剂

硼是一种无毒、无公害的非活性元素，硼表面活性剂具有无法代替的优点：无毒、无腐蚀性、沸点高，且有阻燃性、杀菌性，可用作气体干燥剂、润滑油和压缩机油添加剂，以及聚氯乙烯、聚乙烯、聚丙烯酸甲酯的抗静电剂、防雾滴剂，聚丙烯的阻燃剂和各种物质的分散剂和乳化剂。

1. 硼表面活性剂的结构特征

硼是亲氧元素，能形成 B—O 键化合物，与有机基团连接范围极广。硼酸酯合成底物一般为硼酸，其结构为平面三角形，B 以 sp^2 杂化与 O 结合，作为缺电子原子 B 易与有机化合物中的羟基发生配位反应，脱水后形成硼酸酯(图 5－14)。如硼酸双多元醇酯分子内的羟基与硼原子间形成半极性结合，结构中的活性羟基可继续与不同的官能团反应生成不同类型的硼酸根表面活性剂。

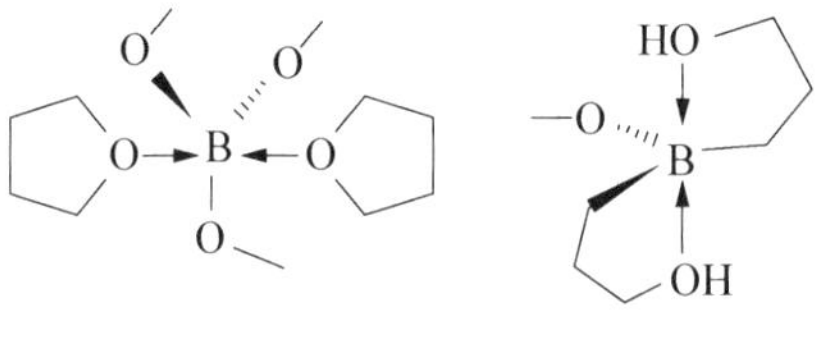

图 5－14　硼酸酯中的配位键

2. 硼表面活性剂的分类

(1) 甘油酯类硼表面活性剂

这是研究较多的一类，包括硼酸单甘酯(MGB)和硼酸双甘酯(DGB)两类。

① 单甘酯类硼表面活性剂

一般用脂肪酸或脂肪酰氯与 MGB 在 DMF 中反应得到 R－MGB，属于阴离子型表面活性剂，但其水溶性较差。需要改性时，MGB 与环氧乙烷在乙酸乙酯中反应得到水溶性较好的 R－E－MGB(n=5～10)，可用作乳化剂。

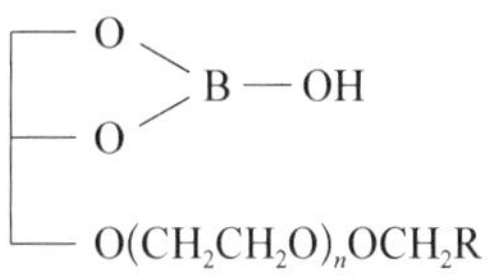

② 双甘酯类硼表面活性剂

因具有良好的表面活性、乳化和分散性能，该类物质可用作乳化剂、分散剂、润滑油的添加剂和金属切削液的润滑剂、防锈剂等。这也是研究最深入的一类，典型的产品为聚氧乙烯丙三醇硼酸酯脂肪酸酯(商品名为 Emulbon T)：

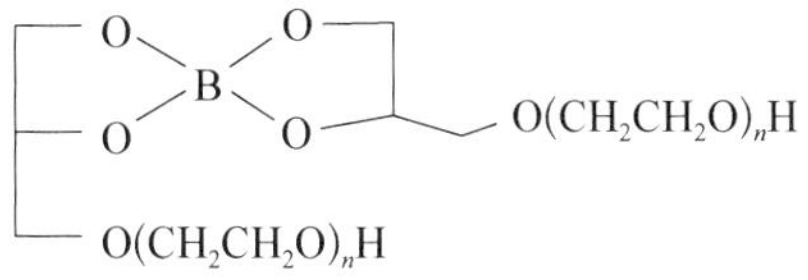

$R=C_{12}\sim C_{20}$；m、$n=0\sim30$

(2) 含氮阴离子型硼表面活性剂

由于硼原子的缺电子性，硼酸酯易受水等亲核试剂进攻，水解稳定性较差，因而应用受到限制。N 的孤对电子与 B 形成 B—N 配位键，能有效改善水解稳定性，提高其防锈性、抗氧化性。该类物质一般含铵基或丁二酰亚胺基或咪唑啉基，如蓖麻油烷醇酰胺硼酸酯：

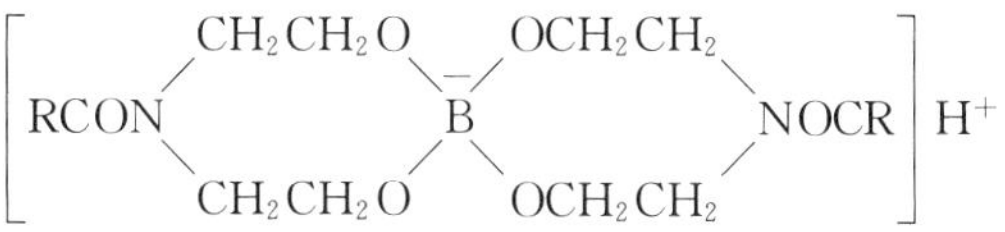

(3) 含卤阴离子型有机硼表面活性剂

阻燃剂是塑料、橡胶、纤维、造纸、涂料等工业不可缺少的助剂，特别是应用在交通运输、建筑、电工器材、航空、航天等领域。阻燃元素除了 B 还有 Cl、Br、B、N、P、Sb 等，在有机硼分子中引进卤素可以提高有机硼的阻燃性能。典型的含氯阴离子型有机硼表面活性剂为 DGB－P$(ECH)_n$，结构式中 $n=m+x$：

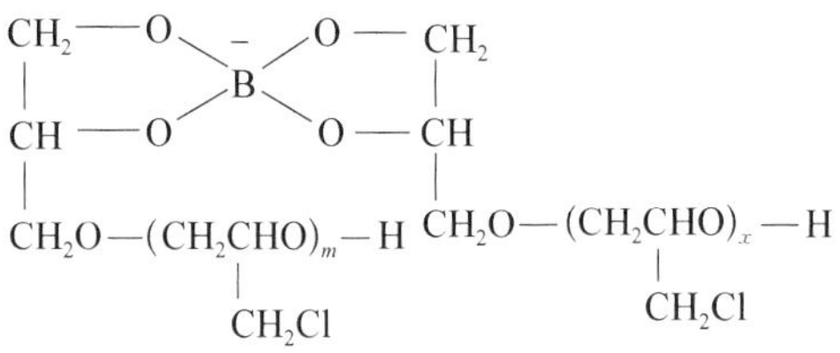

(4) 含磷阴离子型硼表面活性剂

磷元素的阻燃效果比硼元素、卤素好很多，而且磷和卤素有很好的协同阻燃效应，典型物质为 RDGB－P，其结构式为

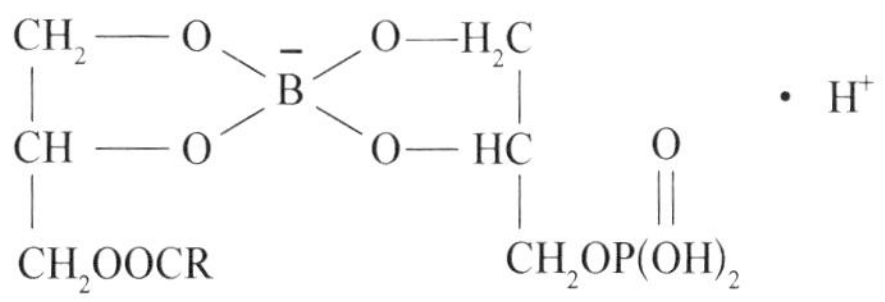

(5) 含硼两性表面活性剂

该类表面活性剂一般用多羟基烷基胺(如二乙醇胺、三乙醇胺等)与硼酸经脱水反应而成，有短碳链多羟基烷基胺法、长碳链多羟基烷基胺法和双甘酯季铵法三种合成方法。制品一般是淡黄色透明黏稠液体，具有良好的表面活性、乳化性、起泡性和抗静电性，可用作乳化剂、纺织制品的抗静电剂、染色分散剂和用于头发及护肤化妆品的表面活性剂。代表性物质为 REAB，其结构如下：

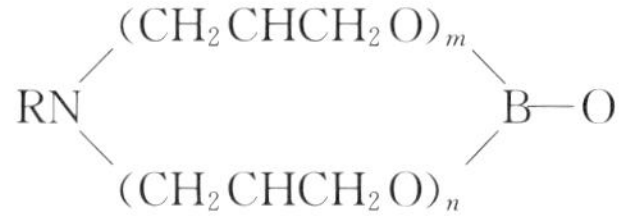

(6) 可聚合的硼酸酯表面活性剂

可聚合的硼酸酯表面活性剂可广泛应用于无皂乳液聚合、功能磁性高分子微球制备、纳米级软模板、微反应器构建、功能纳米材料制备、生物膜模拟及高性能驱油聚合物制备等领域，是表面活性剂、生物、纳米材料等领域的研究热点。非离子可聚合硼酸酯表面活性剂(BES)的结构如下：

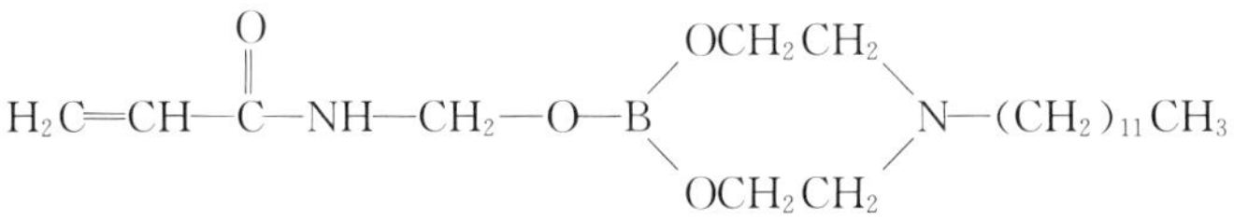

3. 硼表面活性剂的应用

(1) 抗静电性

硼酸酯表面活性剂(PBE)中带有 B—O 键，与高分子物质有良好的相容性及热稳定性，是性能优良的树脂类抗静电剂。如将蓖麻油烷醇酰胺硼酸酯(RAB)以 2%的质量比例添加于聚乙烯(PE)中，PE 表面的电阻降到 10^9 Ω，且抗静电效能持久，对 PE 抗冲击强度无不良影响。国外以高分子型硼酸酯表面活性剂应用于聚乙烯树脂抗静电，与常用的抗静电剂 *N*,*N*-二羟乙基硬脂胺相比，PBE 有更好的抗静电性，而且性能稳定、持久。

(2) 阻燃性

硼酸酯表面活性剂用于防火材料添加剂，可提高材料的热稳定性、阻燃性，且无毒、可抑制可燃性气体生成、成本低。其阻燃机理一般认为是高温下硼化合物分解，在材料表面覆盖形成一种玻璃状焦化层以隔绝空气从而达到阻燃目的。由于含卤阻燃剂在使用和燃烧过程中会造成二次污染，磷、锑类阻燃剂也有较大环境问题，而硼与卤素、磷等多种元素有明显的协同阻燃效应，与 Sb_2O_5 复配后其阻燃性能大幅提高，超过了质量分数 63%的氯化石蜡的阻燃效果；复配含磷元素的阻燃效果更佳，通过加入硼酸酯表面活性剂，有效降低了卤素、锑、磷等元素的使用量，并增强了阻燃及抑烟效果，形成环保型的阻燃剂。

(3) 乳化性和分散性

在硼酸双甘酯中疏水基团的碳原子数为 11～17 时，疏水基链越短，界面张力越小；在疏水基链长相同时不饱和键的表面活性更好。同 Span 80 相比，硼酸双甘酯单脂肪酸酯如硼酸双甘酯单十二酸酯的乳化性和分散性更好。

(4) 抗磨润滑性

硼酸酯表面活性剂能形成边界润滑膜，减少摩擦从而起到抗磨作用。为了进一步提高其应用性能，在其结构中引入氮形成半极性键，结构更稳定，具有较强的水解稳定性且有良好的与硼协同的抗磨性和抗极压性。硼酸酯表面活性剂作为抗磨添加剂在汽车制动液、航空润滑等领域得到广泛应用，如 DOT4、DOT5 已商品化。

(5) 抗菌、抗腐蚀性能

硼酸是医药中常用的消毒剂，硼酸酯的杀菌作用可使水中微生物繁殖能力下降，同时毒性低，如硼酸双甘酯单棕榈酸酯大白鼠口服半致死量达 12.5 mL/kg，很难死亡。这是其他表面活性剂如甜菜碱等所不具有的特性。

5.6　有机硅表面活性剂

有机硅表面活性剂主要是指以聚二甲基硅氧烷为疏水主链，其中间位或端位连接一个或多个有机极性基团而构成的一类表面活性剂，具有表面活性高、润湿性能好、消泡性和稳泡性好、生理惰性、乳化作用强、配伍性能好等优点，因此被广泛应用在纺织、化妆品、塑料、油漆、涂料、农业化学品、医药、汽车和机械加工等领域中。

1. 有机硅表面活性剂的结构特征与性质

有机硅表面活性剂一般以聚硅氧烷为疏水基，聚醚链、羧基和磷酸基等极性基团为亲水基：

$$-\overset{|}{\underset{|}{Si}}-O-(\overset{|}{\underset{|}{Si}}-O)_m-(\overset{|}{\underset{\underset{(CH_2)_3R}{|}}{Si}}-O)_n-\overset{|}{\underset{|}{Si}}- \quad 或 \quad -\overset{|}{\underset{|}{Si}}-O-(\overset{|}{\underset{|}{Si}}-O)_m-\overset{|}{\underset{|}{Si}}-(CH_2)_3-R$$

（R为极性基团）

特殊的—Si—O—骨架结构使有机硅表面活性剂具有许多独特性能：在界面上有很强的定向排列能力，能够显著降低水的表面能，比常规表面活性剂低10%～20%，且在有机溶剂中同样具有表面活性。在水分散体系中倾向于形成双分子层聚集体，如片状胶束、囊泡及易溶的液晶相等，同时还可以稳定有机相分散体系。另外由于其分子结构特殊，界面膜上各分子间的黏附力很小，因而还具有“超润湿性”，在低能疏水表面也能够快速地铺展。

2. 有机硅表面活性剂的种类

按其化学结构中亲水基团R的化学性质分为非离子型、阴离子型、阳离子型和两性型4大类。其中以非离子型研究得最多、应用最广泛。

（1）非离子型有机硅表面活性剂

当R基团中含有聚醚、烷醇酰胺、酯、糖苷等单元时，其具有非离了型表面活性剂的性质。其中聚醚有机硅表面活性剂应用得最多，如

$$R=-O(C_2H_4O)_a(C_3H_6O)_b(C_2H_4O)_cCH_3$$

该类物质由聚硅氧烷链段（A）和聚醚链段（B）组合而成，组合方式有AB型、ABA型、BAB型、$(AB)_n$型、支链型和侧链型等。而聚醚链段与聚硅氧烷链段之间又有两种连接方式，即Si—O—C型和Si—C型。前者不稳定易水解；后者对水稳定，称为非水解型。

Dow Coming 2501是化妆品级蜡，中文名称是二乙二醇-18-甲基醚二甲基硅烷，属于非离子型有机硅表面活性剂，它能够增加约40%的泡沫量，加入化妆品后可降低化妆品的黏性和改善其他成分的质感，主要应用于护肤产品、除臭剂，改善洁面乳及调节香波配方中的泡沫量。

（2）阴离子型有机硅表面活性剂

与有机硅疏水链段结合的亲水基团为磺酸基、羧酸基、磷酸基、硫酸基等阴离子基团及磺基琥珀酰胺酯等结构单元，如阴离子型聚硅氧烷磷酸酯盐表面活性剂中的R为

$$-O(C_2H_4O)_a(C_3H_6O)_b(C_2H_4O)_c-\overset{\overset{O}{\|}}{\underset{\underset{OH}{|}}{P}}-OH$$

(3) 阳离子型有机硅表面活性剂

阳离子型有机硅表面活性剂的 R 基团中含有烷基季铵、酰胺基季铵和咪唑啉衍生物季铵等结构单元：

$$R=\left[-O(C_2H_4O)_a(C_3H_6O)_b-\overset{\displaystyle R^1}{\underset{\displaystyle R^2}{N^+}}-R^3\right]CH_2COO^-$$

当 R^1、R^2、R^3 为各种烷基时即为阳离子型聚硅氧烷季铵盐表面活性剂。由于分子量较大，可与阴离子型表面活性剂配伍，对人体皮肤、眼睛无刺激，具有一定的抗菌能力，在碱溶液中不产生游离铵，性质稳定。大分子上含有疏水的长聚硅氧烷链，因此具有优良的滑爽柔软性。

(4) 两性型有机硅表面活性剂

两性型有机硅表面活性剂的 R 基团中含有磷酸酯、磺酸酯或羧酸酯的甜菜碱结构：

$$R=-O(C_2H_4O)_a(C_3H_6O)_b(C_2H_4O)_cR' \quad 或 \quad -\overset{\displaystyle O}{\underset{\displaystyle O^-}{\overset{\|}{\underset{|}{P}}}}-O-CH_2\underset{\displaystyle OH}{\underset{|}{C}}HCH_2-\overset{\displaystyle CH_3}{\underset{\displaystyle CH_3}{N^+}}-(CH_2)_3NH\overset{\displaystyle O}{\overset{\|}{C}}-R''$$

R 为脂肪酸官能团时称为聚硅氧烷磷酸酯甜菜碱两性型表面活性剂，该类物质在水中的离解由 pH 控制。由于含有聚二甲基硅氧烷聚醚共聚物，其水溶液具有类似非离子型表面活性剂的浊点，且毒性小、抗菌、耐硬水、与各种表面活性剂的相容性好。

3. *有机硅表面活性剂的常用合成方法*

(1) 非离子型有机硅表面活性剂的合成

在疏水性的聚硅氧烷的侧链或链端引入亲水基团的方法有硅氢加成法和缩合法。

① 硅氢加成法。硅氢加成法是利用有机硅分子结构中的 Si—H 键对不饱和键在一定条件下进行加成反应，是最广泛的合成方法，反应式如下：

$$Me_3SiO(Me_2SiO)_m(MeHSiO)_nSiMe \xrightarrow[PtCl_2]{CH_2=CHCH_2-OPE} Me_3SiO(Me_2SiO)_m(Me\underset{\displaystyle (CH_2)_3OPE}{\underset{|}{Si}}O)_nSiMe$$

$$PE=-(-CHCH_2CH_2CH_2O-)_x-(CH_2CH_2O-)_yR \quad (R=H,烷基)$$

② 缩合法。缩合法也是较为常用的方法，反应式如下：

$$Me_3SiO(Me_2SiO)_m(MeHSiO)_nSiMe_3+OH-PE \xrightarrow{PtCl_2} Me_3SiO(Me_2SiO)_m(Me\underset{\displaystyle OPE}{\underset{|}{Si}}O)_nSiMe_3$$

通过该反应得到的表面活性剂的化学结构中含有 Si—O—C 键，易于水解，应用受到限制。利用卤代烷基聚硅氧烷与聚醚的碱金属盐反应来合成有机硅表面活性剂较易进行，反应式为

$$Me_3SiO(Me_2SiO)_nSiMe_2CH_2Cl+RONa \xrightarrow[回流]{DMF} Me_3SiO(Me_2SiO)_nSiMe_2CH_2OR$$

$$R=(CH_3OCH_2)_2CH(OC_2H_4)_{10}$$

(2) 阳离子型有机硅表面活性剂的合成

由有机硅氧烷与有机胺反应制备：

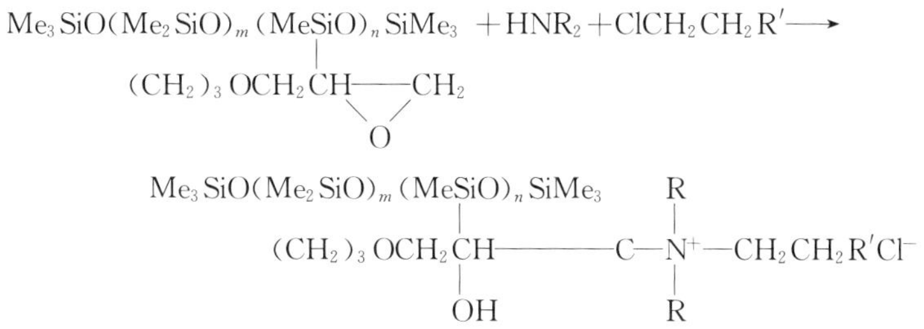

R'为羧酸基、磺酸基、磷酸基等基团。采用一锅法，直接合成季铵盐。

(3) 阴离子型有机硅表面活性剂的合成

利用丙二酸酯中亚甲基氢的活性及水解后丙二酸受热脱羧的特性，引入含硅烷及硅氧烷化合物，可用作阴离子型表面活性剂，还可引入酰胺及酯类等得到其他有机硅表面活性剂。反应式如下：

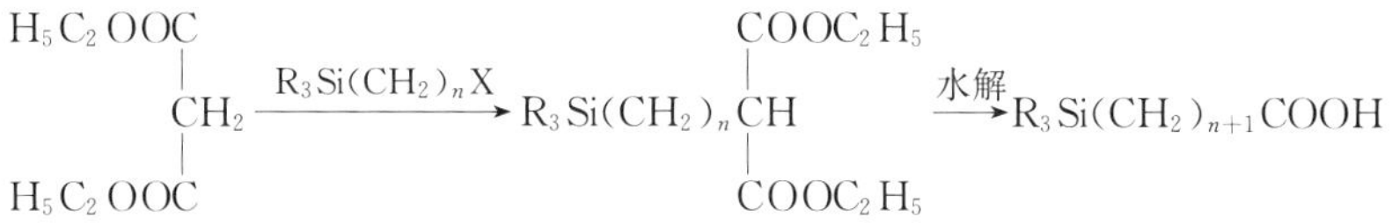

也可用开环反应来合成。

(4) 两性型有机硅表面活性剂的合成。

一般的合成路线为

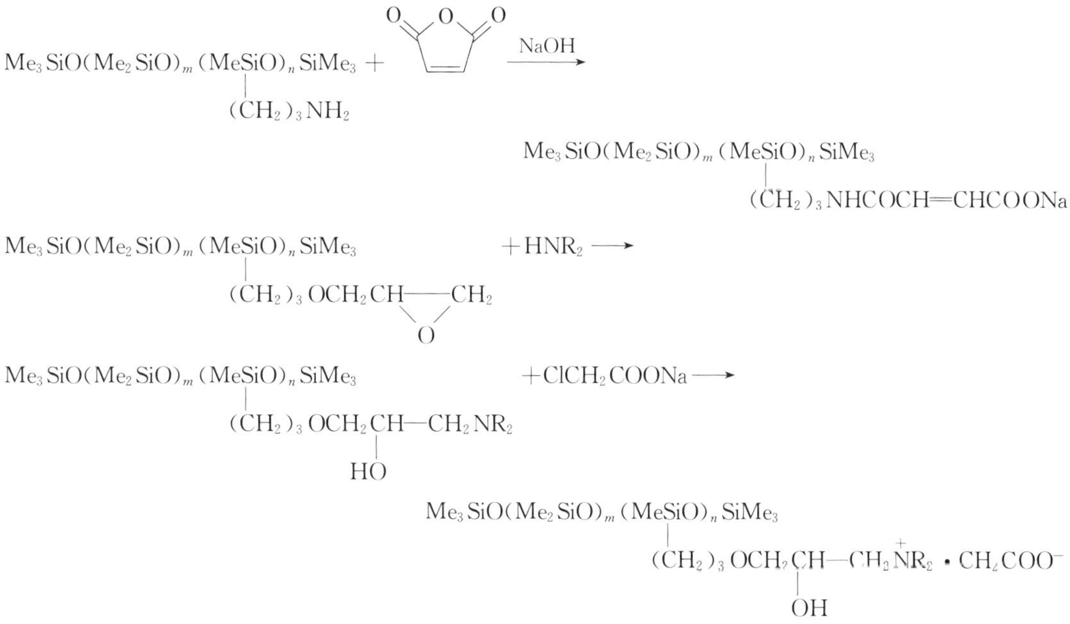

4. *有机硅表面活性剂的应用*

(1) 在建材领域中的应用

有机硅表面活性剂一般应用于其他表面活性剂无法发挥作用的领域，如在涂料行业中作乳化剂、润滑剂，在聚氨酯泡沫塑料中作弹性泡沫稳定剂等，具有毒性低、安全性好的优点。

在塑料行业，该类物质一直是聚氨酯泡沫稳定剂，贯穿于聚氨酯泡沫塑料生产全过程：体系分散、气泡生长、气泡稳定及气室开放，作为稳泡、匀泡剂，用于制造聚氨酯软泡沫、硬泡沫、半硬泡沫及高回弹性泡沫等。

在涂料工业，该类物质用作涂料添加剂以改善其匀染、润湿、扩散等表面性能及涂料的光泽，还用于抑制泡沫的生成或者消泡。新型的聚硅氧烷磷酸甜菜碱型的两性型含硅高分子表面活性剂，不仅具有甜菜碱型的增泡性好、去污力强的优点，还具有润滑性、剥离性较好及安全无毒的特点，多用于建筑业、木材、船舶、炊具及卷材等工业领域。

(2) 在农药中的应用

大多数农药是油溶性的，必须将其乳化成 O/W 乳液，使用时再加水稀释至低浓度喷洒。有机硅表面活性剂表面张力低，具有良好的润湿性、较强的黏附力、极佳的延展性、良好的气孔渗透率和抗雨冲刷性，促使农药乳液迅速润湿、渗透到植物的叶、茎、根的细小部位，使农药用量减少且作用时间大大延长。

有机硅表面活性剂可以作为喷雾改良剂。雾化受表面张力控制，有机硅喷雾改良剂能在喷头产生分散液膜的几毫秒时间内明显降低喷雾液的表面张力，缩小雾滴的粒径。

有机硅表面活性剂可以作为叶面吸收助剂。除草剂、植物生长调节剂和营养物质的最终作用点都在植物组织内，有机硅表面活性剂能极大降低溶液表面张力，增强药液在植物体表的湿润、黏附及展着能力从而提高药效，且能渗入组织内部。如 Silwet L-77 能使药液的表面张力低于植物叶表面湿润临界值(约 25 mN/m)，使药液由叶片气孔渗透进入表皮，促进三氯吡啶的吸收，还能促进某些有效成分对植物的渗透。Silwet L-77 对阿维菌素的增效作用是延长残效期。Silwet L-77 不仅性能优越、用量低，而且可直接在制剂中作桶混助剂加入，具备了商业可行性。

(3) 在化妆品行业中的应用

聚二甲基硅氧烷与聚醚接枝共聚物是化妆品中重要的表面活性剂，用量为 0.15%～5%(质量分数)时化妆品表面张力下降，有利于在肌肤和毛发表面扩散。作为乳化剂用在香精、香波中，具有乳化、起泡、分散、增溶的作用，使香波泡沫丰富、细微稳定，并有抗静电效果，赋予头发光泽、易梳理性、平滑利落和柔软感。对人体无副作用，能在皮肤表面形成脂肪层膜防止皮肤干燥，是优良的皮肤润滑剂和保湿剂，可提高化妆品在皮肤上的保湿性和滞留性，且不妨碍皮肤正常发汗，对人体没有刺激性。作为乳化剂和乳化稳定剂特别适合配制面部、眼部化妆品。

本章练习题

5-1 查阅文献，作为洗涤剂的表面活性剂如何实现生物降解？

5-2 解释免洗服装的机理。

5-3 查阅文献，阐述饮料中起云剂的作用及检测方法。

5-4 查阅文献，阐述白酒类产品中增稠剂的种类。

第6章

涂　　料

6.1　涂料概述

6.1.1　涂料的作用

涂料是一种材料，用不同的施工工艺涂覆在物体表面形成黏附牢固、具有一定强度、连续的固态薄膜。这种薄膜统称为涂膜，又称为漆膜或涂层。涂料通常以树脂、油、乳液为主，通过添加相应助剂、颜料、填料，用有机溶剂或水配制成黏稠液体。涂料涂装在物体表面能够发挥保护、装饰、标志的作用或用于其他用途（如电绝缘、防污、减阻、隔热、耐辐射、导电、导磁等），因此在工农业、国防、科研等领域应用广泛。

早期涂料由动物油脂（牛油、鱼油等）、植物油脂（桐油、亚麻籽油等）和天然树脂（松香、生漆等）等制成，又称为油漆。现在合成树脂全部取代了植物油脂，故称为涂料。涂料的第一个作用是用于装饰，第二个作用是保护被覆盖物质免受风雨、阳光、气体、尘埃等的损害和侵蚀，第三个作用是标志（或标识），特别在道路交通上，利用涂料醒目的颜色可以制备各种标志牌和道路分离线（夜里依然清晰可见）。

除此之外，涂料还赋予物体一些特殊功能，如电子工业中使用的导电涂料、导磁涂料；航天工业中的烧蚀涂料、温控涂料，军事上的伪装与隐身涂料等，这些特殊功能涂料对于维持飞行器或者武器的高性能有着重要的作用和影响。

6.1.2　涂料的组成

涂料的种类繁多、性能各异，依据作用机理一般分为四种基本成分：成膜物质（树脂、乳液等高分子化合物）、颜料（包括体质颜料和着色颜料）、溶剂和助剂（添加剂）。

1. 成膜物质

成膜物质是涂膜的主要成分，包括油脂、油脂加工产品、纤维素衍生物、天然树脂、合成树脂及部分不挥发的活性稀释剂。成膜物质是涂料的基础，也称为基料，具有黏结其他成分的功能，对涂料和涂膜的性能起着决定性的作用。成膜物质是使涂料牢固附着于被涂物表面并形成连续薄膜，为涂膜提供所需要的各种性能。因此，涂料以主要的成膜物质命名，如环氧铁红防锈底漆、丙烯酸聚氨酯面漆等。

早期使用的成膜物质是动、植物油脂，现代主要是合成树脂，如醇酸树脂、环氧树脂、聚氨酯树脂和有机硅树脂等，一般用几种成膜物质复配以满足多方面性能。按照成膜物质的结构将其分为非转化型成膜物质与转化型成膜物质。非转化型成膜物质在成膜过程中其自身化学组成不发生变化，它们具有热塑性，受热软化、冷却变硬，多数可溶解，常见的有天然树脂松香、虫胶和天然沥青等；天然高分子化合物的加工产品如硝基纤维素、氯化橡胶等；合成高分子线型聚合物（热塑性树脂）如过氯乙烯、聚醋酸乙烯树脂等。

（1）油脂

油脂是天然产物，分布广泛，植物的种子、动物的组织中都存在油脂，特别是油料作物的种子和动物的皮下脂肪中油脂含量丰富。用于制作涂料的油脂主要是液态的油，成分是高级脂肪酸甘油酯，其结构式如下：

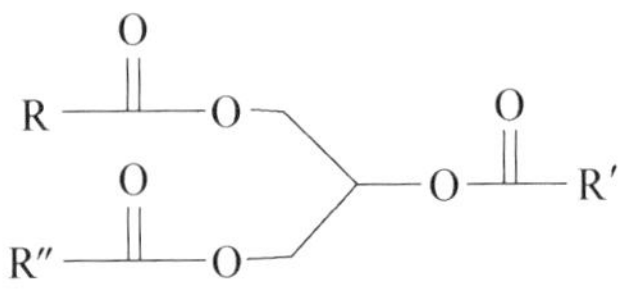

R、R′、R″分别代表三个脂肪酸基，可以相同或不同。脂肪酸分成两类，一类是饱和的脂肪酸，如月桂酸 $C_{11}H_{23}COOH$、软脂酸 $C_{15}H_{31}COOH$、豆蔻酸 $C_{13}H_{27}COOH$、硬脂酸$C_{17}H_{35}COOH$，另一类是不饱和的脂肪酸，常见的有

油酸　　$CH_3(CH_2)_7CH{=}CH(CH_2)_7COOH$，

亚油酸　　$CH_3(CH_2)_4CH{=}CHCH_2CH{=}CH(CH_2)_7COOH$，

亚麻酸　　$CH_3CH_2CH{=}CHCH_2CH{=}CHCH_2CH{=}CH(CH_2)_7COOH$，

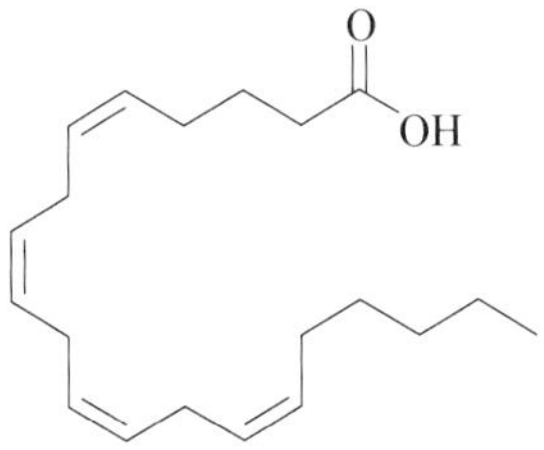

花生四烯酸

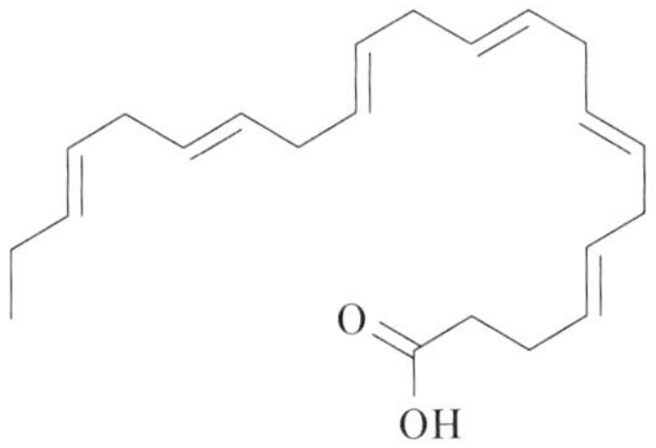

二十二碳六烯酸

含有双键的油脂被涂成薄膜后在空气中逐渐转化成干膜的过程，称为干燥。干燥的机理相当复杂，主要是双键邻位亚甲基 C—H 键被氧化形成过氧化物—CH(OOH)—CH═CH—，引发聚合反应使分子逐渐连接不断增大，最后形成干膜。

链引发：$ROOH \longrightarrow RO\cdot + HO\cdot$

$2ROOH \longrightarrow RO\cdot + ROO\cdot + H_2O$

链传递：$RO\cdot + R'H \longrightarrow ROH + R'\cdot$

$RH + HO\cdot \longrightarrow R\cdot + H_2O$

链终止：$R\cdot + R\cdot \longrightarrow R{-}R$

$RO\cdot + R\cdot \longrightarrow R{-}O{-}R$

$2RO\cdot \longrightarrow R{-}O{-}O{-}R$

ROOH 是 O_2 插入 C—H 所形成的过氧化物；RH 和 R′H 是未被氧化的脂肪酸。

Co、Mn、Pb 等金属盐能够加快上述过程，称为催干剂。依据干燥性能，油脂分为干性油、半干性油、不干性油，这取决于分子中的C═C 的数量。不少于 6 个为干性油，在空气中逐渐干燥成膜；4～6 个为半干性油，在空气中长时间成为黏性膜；4 个以下不能成膜。是否成膜除了与 C═C 的数量有关，还与双键的结构有关，共轭体系更有利于干燥，如桐油。工业上用 100 g 油脂所能吸收的碘的克数（碘值）来表示不饱和度，碘值≥140 的是干性油，如桐油、梓油；碘值为 100～140 的为半干性油，如大豆油、葵花籽油、棉籽油等；碘值在 100 以下的为不干性油，如蓖麻油、椰子油、米糠油等。常见植物油的碘值与组成见表 6－1。由于成本较高，工业上很少用植物油类涂料。

表6-1 常见植物油的碘值与组成

油 脂	碘 值	饱和脂肪酸/%	油酸/%	亚油酸/%	亚麻酸/%	共轭酸/%	蓖麻酸/%
亚麻油	170～190	7～11	15～22	18～26	49～50	—	—
梓 油	169～190	8～9	10～20	26～50	25～45	5	—
桐 油	155～167	3～10	5～13	1～2	—	88～90	—
葵花籽油	119～144	10	39	46	—	—	—
大豆油	114～137	12～14	23～30	53～55	5～8	—	—
椰子油	98～115	25～28	27～29	43～48	—	—	—
蓖麻油	81～91	2～3	7～9	3～5	—	—	80～85

（2）天然树脂和天然高分子化合物的加工产品

① 松香及其衍生物

松香是松树科植物分泌的一种松脂，主要成分为树脂酸（$C_{19}H_{29}COOH$），有多种异构体，主体是松香酸，是微黄至黄色透明的脆性玻璃状固体，有松脂气味，不溶于冷水，微溶于热水，熔点＞70℃，酸值＞160。松香易溶于乙醇、乙醚、丙酮、苯、二氯甲烷、石油醚且易成膜，有光泽，是油漆的基本原料之一。松香可以使油漆色泽光亮、干燥快、漆膜光滑不易脱落。但松香的软化点温度较低，涂膜易发黏、脆性大、保光性差，不能直接使用，一般用其衍生物。松香中的树脂酸具有典型的羧基反应，未改性的松香和改性的松香都可以制备羧酸衍生物，统称为松香衍生物。松香衍生物中最重要的是树脂酸盐类和脂类，广泛用于油漆工业，如钙化松香（石灰松香），由松香与熟石灰反应而成；松香甘油酯，由松香和甘油通过酯化反应制得；松香醇，由松香甲酯在300℃、3.5 MPa的条件下以$CuCrO_3$为催化剂加氢制得。

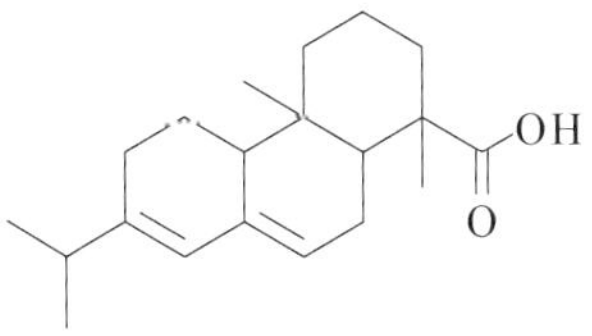

松香酸

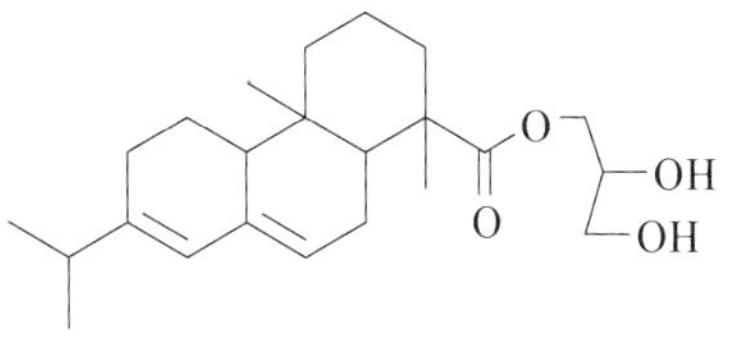

松香甘油酯

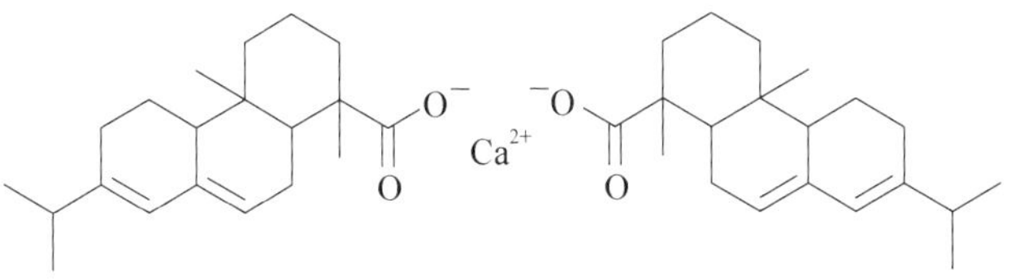

石灰松香

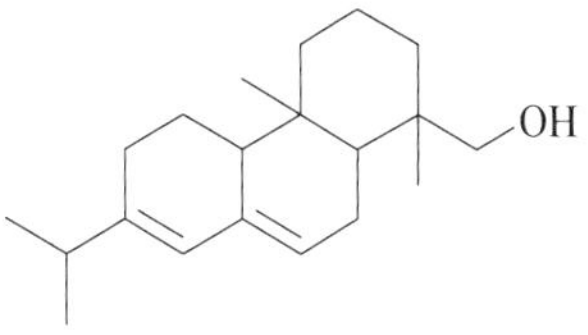

松香醇

与天然松香相比，松香衍生物的软化点提高而酸值降低，与干性油一起熬制所得的漆料涂膜有较高的硬度、较好的光泽和防水性，但耐久性不够好。其因为价格低廉且制作容易，广泛用于制作低档漆，应用于普通家具、金属制品等的涂装。

② 纤维素衍生物

纤维素溶解性差且在熔融前分解，不能直接进行熔融加工。工业上对纤维素进行酯化衍生来改良纤维素的性能，可制备成三维制品、纤维丝等各种材料，其溶液用来做涂料或进行浇铸加工成胶片、膜等；涂料中使用的主要有醋酸纤维素（CA）、醋酸丙酸纤维素（CAP）、醋酸丁酸纤维素（CAB）及硝酸纤维素（NC）等。该类涂料具有干燥快和涂膜强度高等优点。其中以NC的应用最广，制成的硝基漆干燥迅速、涂膜光泽好、坚固耐磨，可以打蜡上光，是一种广泛使用的装饰性能涂料。CA的结构通式为$[C_6H_7O_2(OOCCH_3)_x(OH)_{3-x}]_n$，$n=200\sim400$，结构如下：

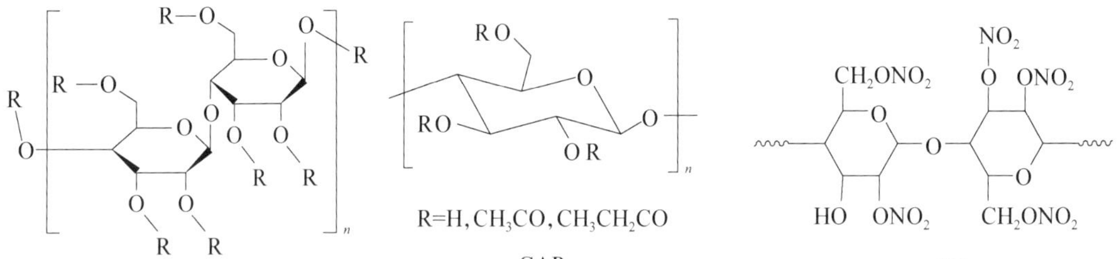

CA　　　　CAP　　　　NC

③ 氯化天然橡胶（CNR）

CNR是由天然橡胶或合成橡胶经氯化改性后得到的，是白色或微黄色粉末，无味无毒，对人体无刺激性，具有良好的黏附性、耐化学腐蚀性、快干性、防透水性和难燃性。CNR防腐涂料广泛用于建筑、化工、阻燃、船舶及海洋钢结构防腐，与常温固化环氧树脂涂料并列为当今防腐涂料的两大体系。CNR结构复杂，有链状结构，也有环状结构，至今尚无定论。CNR的性能与氯含量有关，氯含量>60%才具有热稳定性和耐化学品性，工业品氯含量一般为62%～67%。

④ 合成树脂

油脂和天然树脂无法满足人们对涂料更高更新的要求。以合成树脂为主要成膜物质的涂料被称为合成树脂涂料，其种类繁多、性能优良，成为现代涂料的主要品种，约占整个涂料产量的70%以上。

2. *颜料*

颜料的颗粒度为0.2～10 μm，是涂料的重要组成部分，以极小的结晶分散于成膜介质中。颜料分三种，第一种为体质颜料（填料）如碳酸钙、滑石粉等；第二种为着色颜料，包括白色颜料、黑色颜料和彩色颜料、金属颜料；第三种为防锈颜料，颜料本身不能成膜，但赋予涂膜许多特殊的性质，如使涂膜呈现色彩，增加涂膜厚度，提高涂膜机械强度、耐磨性、附着力和耐腐蚀性能等。

（1）白色颜料

① 钛白粉（TiO_2），在白色颜料中其性能最好，广泛应用于建筑涂料。它具有良好的白度、化学稳定性、耐热性、着色力和遮盖力，以及优良的耐候性。用钛白粉制备的涂料色彩鲜艳，涂膜寿命长。钛白粉有两种晶型：锐钛型（A型）和金红石型（R型）。A型晶格空间大、不稳定、耐候性差，适用于制备内墙涂料和低档涂料。R型晶格致密、稳定、耐候性好、不易粉化，适用于制备外墙涂料和高档涂料。

② 氧化锌（ZnO），俗称锌白，其遮盖力小于钛白粉和立德粉，通常与钛白粉或立德粉配

合，用以改善涂膜的耐光性和抗粉化性，增加涂膜的防霉性，主要作为防锈颜料使用，作为着色颜料已基本不用。

③ 立德粉，又称锌钡白，由 ZnS 和 $BaSO_4$ 相互作用而成。立德粉对碱稳定，遇酸分解放出硫化氢，不耐光，遇光变暗。用立德粉制备的涂料成膜后耐候性不好、易粉化，不宜在室外使用。另外立德粉使涂料增稠，在外墙涂料中很少使用。但它的耐碱性良好，作为内墙涂料使用时可赋予涂料较好的遮盖力。

(2) 黑色颜料

① 铁黑(Fe_3O_4)，具有饱和的蓝色黑光，着色力强，但遮盖力较小，对光和大气稳定，耐碱而不耐酸。

② 炭黑，着色力和遮盖力强，耐光性、耐候性、化学稳定性好，耐酸、耐碱、耐高温；在水中分散较困难，需在分散剂存在下进行研磨后调入涂料内。涂料在储存过程中易出现反粗增稠现象，在建筑涂料中大量使用。

(3) 彩色颜料

① 红色颜料

氧化铁红(Fe_2O_3)简称铁红，其耐光性、耐候性和化学稳定性十分优良，遮盖力是红色颜料中最强的，但耐酸性较差。铁红的色调红中带黑，不够鲜艳。

甲苯胺红，又称猩红、吐鲁定红，是坚牢度最好的红色颜料，具有鲜艳的红色色调，以及高度的耐水性、耐油性、耐酸碱性，质地松软，容易研磨。其在水性涂料中不易分散，经过表面处理剂处理后分散性提高。

大红粉，是一种偶氮颜料，坚牢度较好，色调鲜艳，质地疏松易分散，耐酸碱、耐光、耐热。与甲苯胺红相比其价格较低，因此在建筑涂料中使用较多。

镉红，是硫化镉和硒化镉的复合物，其着色力、遮盖力较强，耐光性、耐候性较好。其色光随硒化镉含量的变化而变化，硒化镉含量越多，红色色光越强，是一种颜色十分鲜艳的红色颜料，但由于价格昂贵在普通建筑涂料中应用较少。

② 橙色、黄色颜料

钼铬橙，又称铅钼铬橙，是由铬酸铅、钼酸铅和硫酸铅组成的。钼铬橙色彩鲜艳，色调变化于浅橙至红橙色之间，具有高光泽。其着色力强，稳定性好，耐光性、耐热性、耐化学药品性均较好，是生产橙红、橙黄色涂料的主要颜料。

铬黄，又称铅铬黄，化学成分为铬酸铅，或者是铬酸铅和硫酸铅的混合物。其颜色随铬酸铅比例的增加而由浅至深，有柠檬黄、浅铬黄、中铬黄、深铬黄、橙铬黄之分。铬黄色泽鲜艳，着色力和遮盖力强，有毒。其遮盖力、着色力和耐候性随硫酸铅含量的增加而变差。其耐酸碱性较差，耐光性不好，在光的作用下色相变绿，甚至变黑。对铬黄进行表面处理可改善其悬浮性和耐光性。

氧化铁黄，简称铁黄，化学成分为水合三氧化二铁，土黄色，色光变化于浅黄与棕黄色之间，加热时脱水并逐步转变为氧化铁红。其遮盖力是黄色颜料中最强的一种，耐光性、耐候性、耐碱性均十分优异，但不耐酸，在建筑涂料中应用广泛。

耐晒黄 G，具有纯净的黄色，色泽鲜亮，遮盖力强，耐光性、耐热性、耐酸碱性均十分优良，无毒，可代替铬黄，在高温时颜色有发红现象，耐溶剂性较差。

③ 绿色颜料

铅铬绿，是由铅铬黄和铁蓝通过共沉淀法制成的绿色颜料，也可由两者机械混合而成，但性能不如共沉淀法产品。其颜色取决于两者的比例，分为浅铬绿、中铬绿和深铬绿三种。铅铬绿的色调鲜艳，耐光性、耐候性优异，遮盖力和着色力强，但耐酸碱性较差，长时间暴晒色泽会变暗，建筑涂料中使用较少。

氧化铬绿，有橄榄绿、灰绿、茶绿和草绿等色调，稳定性非常好，耐酸碱性、耐高温性、耐光性和耐候性均十分优异。其遮盖力仅次于铅铬绿，但颜色不够鲜艳，应避免因分散不好造成涂料发花现象，是外墙涂料中常用的绿色颜料。

酞青绿，绿色调鲜明，着色力、耐光性、耐热性、耐候性、耐酸碱性、耐溶剂性都很好，不溶于水和有机溶剂，是建筑涂料中最常用的绿色颜料。

④ 蓝色颜料

铁蓝，又称华蓝、普鲁士蓝，色相为深蓝色。其颜色因含水量不同而变化于青光、红光或青红光之间，着色力强，遮盖力稍差，耐光性良好，耐弱酸，但耐碱性极差，因此建筑涂料中较少使用。

群青，又称佛青、云青、洋蓝，是含多硫化钠且具有特殊结构的硅酸铝粉末状物，色彩鲜艳，呈半透明，遮盖力、着色力较弱，耐热性、耐碱性较佳，不耐酸，较少单独使用，但因具有消除或减弱黄色色光的效应，通常在乳胶漆中加入少许以增加白色涂料的洁白感。

酞菁蓝，是一种色泽鲜艳、着色力强，耐光性、耐候性、耐化学品性均十分优良的有机颜料，色光变化于青蓝与红蓝色之间。酞菁蓝在水性涂料中容易出现絮凝和增稠现象，出现这种现象与基料、助剂和分散方式有关，在水中不易分散，在建筑涂料中大量使用。

(4) 金属颜料

金属颜料是由金属或合金的颗粒或薄片经过磨细而制得的颜料，具有金属光泽，主要品种有铝粉、铜粉、锌粉和不锈钢粉，其中以铝粉的用量最大，铜粉的用量较小，光反射强度也稍逊于铝粉。金属颜料都具有防腐蚀作用，铝粉具有较好的装饰性。

(5) 体质颜料

体质颜料，又称为填料，主要是钡、钙、镁或铝的盐类，硅或铝的氧化物，或两类物质衍生的复合双盐。其折射率均在 1.65 以下，难以阻止光线穿过，也不能添加色彩，在遮盖力、着色力方面比较差，但可以降低涂料成本，改善涂料性能或消除涂料的某些弊病，一般作增稠剂、流平剂以改善涂料的流变性，或作增强剂以改善涂膜的机械性能、阻水性、阻气性及提高涂膜的耐磨性和耐温性等。

(6) 防锈颜料

起防锈作用的物质如红丹粉、铁红粉、复合铁钛粉、三聚磷酸铝锌粉等统称为防锈颜料。按照防锈机理分为物理性防锈颜料和化学性防锈颜料，化学性防锈颜料又分为缓蚀性防锈颜料和电化学作用型防锈颜料两种。

① 物理性防锈颜料

物理性防锈颜料借助其细密的颗粒填充漆膜结构，提高漆膜致密性、屏蔽并降低漆膜渗透性以防锈，如氧化铁红、云母氧化铁、铝粉、玻璃鳞片等。氧化铁红性质稳定，遮盖力强，颗粒细微，在漆膜中具有很好的防锈作用，耐热性、耐光性好，对大气、碱类和稀酸非常稳定。

云母氧化铁的成分为 Fe_2O_3，有良好的化学惰性，在漆膜中形成鳞片排列，在涂层内形成复杂曲折的扩散路径，使得腐蚀介质的扩散渗透变得相当困难，在面漆中使用可以提高耐候性。

② 化学性防锈颜料

化学性防锈颜料依靠改变基材表面性质或反应生成物达到防锈目的，如与金属表面发生钝化、磷化产生新的表面膜层、钝化膜、磷化膜等。其电极电位较原金属高，使金属表面部分或全部避免成为阳极；另外薄膜上存在许多微孔，便于漆膜的附着。

常用的缓蚀性防锈颜料有铅系颜料、酪酸盐颜料、磷酸盐颜料等。酪酸盐颜料中应用最广泛的是酪酸锌。其使金属表面钝化，从而起到缓蚀作用达到防锈目的，可用作铝、镁等轻金属的防锈漆，也可用于钢铁表面防锈。

电化学作用型防锈颜料中最重要的是锌粉。含锌防锈漆在钢铁表面形成导电保护涂层，锌在涂层表面被氧化形成锌盐及锌的络合物，生成物极难溶解因而沉淀在涂层表面上，以防止氧、水和盐类对基材的侵蚀，使钢铁得到保护。另一方面锌代替铁成为阳极，避免了铁的氧化。

3. 溶剂

在常规液态涂料中溶剂占 30%～50%(体积分数)。溶剂的主要作用：① 分散涂料中的树脂并调节其黏度和流变性，使其易于涂装；② 增加涂料储存的稳定性；③ 改善涂膜外观，如光泽、丰满度等；④ 增加涂料对被涂基材的润湿性，提高附着力；⑤ 配比合理的挥发速率，赋予涂料最佳的流动性和流平性。

涂料中的溶剂必须全部挥发，又称挥发组分。根据其作用分为三类：

(1) 真溶剂，溶解涂料所用成膜物质的溶剂，每种成膜物质有固定的真溶剂。

(2) 助溶剂，也称潜溶剂，本身不能溶解成膜物质，但在一定比例下与真溶剂混合使用，有一定的溶解能力。

(3) 稀释剂，不能溶解成膜物质，也无助溶作用，在一定比例下与真溶剂、助溶剂混合使用，起到稀释的作用，其价格通常较低，能降低成本。

稀释剂有石油溶剂、苯类溶剂、萜烯类溶剂、醇类溶剂、醚类溶剂、酮类溶剂、酯类溶剂、氯代烃类溶剂和硝基烃类溶剂等。在施工阶段稀释剂作用很大，对成膜物质具有良好的溶解性和兼容性，能够极大降低物料黏度，在挥发过程中不允许某一组分率先析出，挥发太快或太慢都不行，成膜后全部挥发到大气中，会造成污染。该类物质易燃易爆，增加了施工风险，减少使用或者开发无稀释剂涂料势在必行。

石油溶剂是指用蒸馏或热裂石油的方法得到的溶剂，主要是烷烃，含有部分芳香族化合物。漆用溶剂汽油又称白油或松香水，一般含 15%～18%的芳烃，沸点为 150～190℃，挥发较慢，可以溶解大部分天然树脂及含油量高的醇酸树脂，但对合成树脂溶解力较差。白油除用作溶剂外，也用于清洗剂。高芳烃溶剂中芳烃含量为 80%～93%，主要是三甲苯的混合物，沸点为 100～210℃，溶解力强。

苯类溶剂主要有甲苯、二甲苯。甲苯用于气干型乙烯基涂料、氯化橡胶及硝基漆的稀释。二甲苯的溶解力强，挥发速度适中，广泛用于醇酸树脂、氯化橡胶、聚氨酯及乙烯基树脂的稀释。一般加入 10%～20%的丁醇可增强苯类溶剂的溶解力，用作烘漆、快干漆、气干漆的溶剂，具有很好的抗流挂性能。

萜烯类溶剂主要有松节油、二戊烯和松油等。松节油是从松树等针叶树及其分泌物中提取的清亮、无色而有刺激味的液体，主要成分是 α-蒎烯、β-蒎烯、蒈烯和二戊烯等。因其含有不饱和化合物，被氧化或聚合生成的物质成为漆膜的一部分，有助于干性油的干燥，广泛用于油基漆中。松节油的挥发速度适中，溶解力强，用于烘漆中能改进流平性，增加光泽度，沸点为 175～195℃。松油的沸点(200～230℃)更高，通过分馏得到，主要成分为萜烯醇。

醇类溶剂主要有乙醇和丁醇等。乙醇中常加入少量甲醇成为变性乙醇，其挥发快，作为聚乙酸乙烯酯、虫胶、聚乙烯醇缩丁醛等的溶剂，也用于硝基纤维素的混合溶剂中。正丁醇挥发较慢，与烃类溶剂及亚麻油等混溶，作为油基漆、氨基漆、丙烯酸树脂、聚乙酸乙烯酯等的溶剂，也可用于硝基漆的混合剂中。二丙酮醇是无味的高沸点（167℃）溶剂，是硝基漆的良溶剂，溶解性很好。

醚类溶剂较少使用，乙二醇的单醚和醚酯（如乙二醇单乙醚、乙二醇单乙醚醋酸酯、乙二醇单丁醚等）是重要溶剂，可与烃类溶剂混溶，大部分还可与水混溶，常作为共溶剂的组分用于水性涂料中，以及在乳胶涂料中作为助成膜剂。但是乙二醇衍生物的毒性大，代用品是丙二醇的单醚或醚酯。

酮类溶剂主要有丙酮、丁酮和甲基异丁基酮等。丙酮挥发快，溶解力很强，用作烯类聚合物和硝基纤维素的溶剂，常与其他溶剂合用。丁酮挥发快、溶解力强，在烯类共聚物、环氧树脂、聚氨酯涂料中作溶剂，常与溶解力弱的溶剂混用以改进涂料的成膜性和涂布性能。甲基异丁基酮和丁酮类似，挥发较慢。环己酮挥发较慢，有难闻的味道。

酯类溶剂主要有乙酸乙酯和乙酸丁酯，广泛应用于多种合成树脂的稀释，特别是乙酸丁酯，其挥发较慢。乙酸乙酯和乙酸丁酯的溶解力都弱于酮类溶剂，且酮类溶剂较便宜，因此酯类溶剂有被取代的趋势。

氯代烃类溶剂和硝基烃类溶剂，如二氯乙烷、三氯甲烷、三氯乙烯、四氯乙烷、硝基甲烷等，其溶解性能好但毒性大，不宜在涂料中常使用，可用于调节静电喷涂涂料的电阻。

4. 助剂

助剂是配制涂料的辅助材料，能改进涂料性能，促进涂膜形成，延长保存时间，改善施工工程。助剂的用量只占涂料的千分之几到百分之几（一般为总配方量的1%～2%），但能克服涂料的缺陷及涂膜的弊病，同时使涂料的生产和施工过程易于控制，且能赋予涂料一些特殊的功能。

(1) 催干剂，又称干燥剂，能够对干性油的吸氧、聚合起催化作用，加快涂膜干结。这是因为干性油中含有少量的生育酚、棉酚等天然抗氧物阻碍干性油与氧的结合。催干剂与它们反应，从而破坏了阻氧作用，大大缩短了干性油达到开始吸氧所需的时间，干结时间由数日缩短到数小时，施工方便且可防止未干涂膜的沾污和损坏。许多金属氧化物、盐类和皂类都有催干作用，有实用价值的有PbO（红丹、黄丹）、MnO_2、$MnCl_2$、醋酸铅、硝酸铅、硫酸锰、硼酸锰、醋酸锰、醋酸钴、氯化钴，以及铅、钴、锰的环烷酸皂、亚麻油酸皂和松香酸皂。金属离子按催干效能排序如下：$Co^{2+}>Mn^{2+}>Pb^{2+}>Fe^{2+}>Zn^{2+}>Ca^{2+}$。干燥剂各有特点，如钴皂表面干燥快而内层不干；铅皂可促进里层干燥而对表面封闭不强，造成表面长时间发黏。几种催干剂混合使用，能产生较好的效果，缩短油膜干燥时间，且所得膜层不会产生表里干燥不一致、表面起皱等问题。

(2) 增塑剂，作用是增加涂膜的柔韧性、弹性和附着力。对于脆性涂料基料，加入增塑剂才能获得较好的柔软性和机械性能。增塑剂必须与成膜物质有良好的相容性，成膜后不渗出、不析出、不易挥发，长期保持增塑作用且稳定性好。增塑剂通常分子量低、挥发度小，某些聚合物树脂也可用作增塑剂（也称增塑树脂），如醇酸树脂用于氯化橡胶和硝基纤维素涂料的增塑。常用的增塑剂有邻苯二甲酸二丁酯（DBP）、邻苯二甲酸二辛酯（DOP）等。DBP对各种树脂都有良好的相容性，在涂料中应用较广，对涂膜的黄变倾向较小，常用于硝基纤维素和聚醋酸乙烯乳液等涂料中。DOP的性能和DBP的相似，挥发性较小，耐光性、耐热性较好，用于硝基纤维素涂料、聚氯乙烯塑溶胶等有机溶胶涂料中。

(3) 润湿剂和分散剂。颜料在漆基中的润湿和分散是色漆制造过程中的重要环节，包括颜料的润湿、研磨破碎、分散和稳定。润湿剂、分散剂是提高色漆研磨效率、保持分散体系稳定所必需的两类助剂，在涂料中起到改善涂膜性能的作用，如改善流平性、防止涂膜浮色发花、提高涂膜光泽和遮盖力等。润湿剂和分散剂是表面活性剂，用于溶剂型漆的有环烷酸锌、环烷酸铜、蓖麻酸锌等脂肪酸皂，用于乳胶涂料的有磺酸盐类阴离子型表面活性剂、烷基醇或烷基酚的聚氧乙烯醚类非离子型表面活性剂及水溶性的聚丙烯酸盐等。

(4) 防沉剂，涂料的流变控制剂，使涂料具有触变性，黏度大大提高。防沉剂对涂料的生产、储存、涂装和涂膜性能产生重要影响，主要有硬脂酸锌、铝、气溶胶二氧化硅、滑石粉、改性膨润土、氢化蓖麻油等。

助剂种类繁多，除上文提到的，还有增韧剂、乳化剂、增稠剂、颜料分散剂、消泡剂、流平剂、抗结皮剂、消光剂、光稳定剂、防霉剂、抗静电剂(见塑料助剂)等。一种助剂可能同时发挥数种作用，它对某些涂料有效，而对于其他涂料可能无效甚至有害，因此在使用助剂时，要考虑多方面效果。

6.1.3 涂料的分类和命名

涂料按形态分为有机溶剂型涂料、水性涂料、无溶剂型涂料、高固体分涂料、粉末涂料及非水分散涂料等。按成膜工序分为底漆、二道底漆(或二道浆、封底漆)、面漆、腻子、罩光漆等。按涂膜功能分为防腐漆、防锈漆、防污漆、绝缘漆、导电涂料、耐高温涂料等。按用途分为建筑涂料、维护涂料和工业用涂料等，其中工业用涂料又包括汽车涂料、飞机涂料、船舶涂料、塑料涂料、皮革涂料、木器涂料、纸张涂料、卷材涂料等。根据《涂料产品分类和命名》(GB/T 2705—2003)，涂料按主要成膜物质分类的方法共分成 16 类：油脂漆类、天然树脂漆类、酚醛树脂漆类、沥青漆类、醇酸树脂漆类、氨基树脂漆类、硝基漆类、过氯乙烯树脂漆类、烯基树脂漆类、丙烯酸酯类树脂漆类、聚酯树脂漆类、环氧树脂漆类、聚氨酯树脂漆类、元素有机漆类、橡胶漆类、其他成膜物类。

涂料的全名称构成：颜色或颜料名称＋主要成膜物质名称＋基本名称。

(1) 颜色或颜料名称的命名原则：① 涂料的颜色位于最前面；② 若颜料对涂膜性能起显著作用，则用颜料的名称代替颜色的名称，仍置于涂料名称的最前面，例如锌黄醇酸调和漆。

(2) 成膜物质名称均进行适当简化，当基料中含有多种成膜物质时，选取起主要作用的一种成膜物质命名，必要时可以选取两种成膜物质命名(主要成膜物质名称在前，次要成膜物质名称在后)，如氨基醇酸漆。

(3) 基本名称仍采用已广泛使用的名称，如清漆、木器漆、调和漆、磁漆等。

(4) 在成膜物质和基本名称之间，必要时可标明专业用途、特性等。

(5) 凡是需加热固化的漆，在基本名称之前要标明“烘干”两字或“烘”字样，如氨基烘干磁漆；若名称中没有“烘干”“烘”字样，则表示常温干燥或烘烤干燥均可。

(6) 除粉末涂料外，其他涂料在命名时用“漆”，在统称时用“涂料”。

6.2 醇酸树脂及醇酸树脂漆

6.2.1 醇酸树脂的介绍和分类

多元醇和多元酸进行缩聚反应得到聚酯，涂料工业中将脂肪酸或油脂改性的聚酯树脂称为醇酸树脂，将大分子主链上含有 C═C 的聚酯称为不饱和聚酯，其他的聚酯则称为饱和聚酯。

1912 年，美国通用电气(GE)公司用邻苯二甲酸酐和甘油制成醇酸树脂代替电绝缘材料——虫胶。1927 年，R.H.基恩尔开发出适于各种用途的醇酸树脂的制造方法，特别是用苯酐或顺酐制造涂料用树脂，同年由 GE 工业化生产。目前，醇酸树脂涂料的产量占涂料工业总量的 20%～25%。

醇酸树脂可与其他树脂配成多种具有不同性能的自干或烘干磁漆、底漆、画漆和清漆，广泛用于桥梁等建筑物及车辆、船舶、飞机等的涂装。醇酸树脂漆的优点如下：涂料干燥后形成高度网状结构，不易老化，漆膜耐候性好、光泽持久、附着力强、柔韧坚牢、耐摩擦，抗矿物油、醇类溶剂，烘烤后漆膜的耐水性、绝缘性、耐油性等大为提高，且施工方便。但醇酸树脂漆完全干燥时间长。

按油的种类不同醇酸树脂分为干性油(亚麻油或脱水蓖麻油)醇酸树脂和不干性油(蓖麻油、棉籽油或椰子油等)醇酸树脂。干性油醇酸树脂可以直接涂刷成薄层，室温下与氧作用成固体薄膜，应用于干型与烘干型清漆及磁漆。不干性油醇酸树脂要与其他种类树脂混合作用。

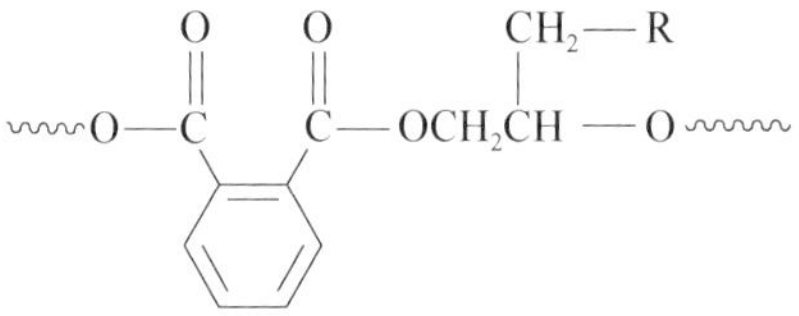

蓖麻油醇酸树脂：$R{=}OOC(CH_2)_7CH{=}CHCH_2CH(OH)(CH_2)_5CH_3$

脱水蓖麻油醇酸树脂：$R{=}OOC(CH_2)_7CH{=}CHCH_2CH{=}CH(CH_2)_4CH_3$ 或

$R{=}OOC(CH_2)_7CH{=}CHCH{=}CHCH_2(CH_2)_4CH_3$

油度(OL)的含义：醇酸树脂配方中油脂的用量与树脂的理论产量之比。使用油度表示醇酸树脂中含油量的高低，醇酸树脂按油度可分为长油度、中油度和短油度醇酸树脂。引入 OL 对醇酸树脂配方有如下的意义。

(1) 表示醇酸树脂中弱极性结构的含量。因为长链脂肪酸相对于聚酯结构极性较弱，其含量直接影响树脂的可溶性，如长油度醇酸树脂的溶解性好，易溶于汽油；中油度醇酸树脂溶于汽油-二甲苯混合溶剂；短油度醇酸树脂的溶解性最差，需用二甲苯或二甲苯/酯类混合溶剂溶解。OL 对光泽、刷涂性、流平性等施工性能亦有影响，弱极性结构含量越高，光泽性、刷涂性、流平性就越好。

(2) 表示醇酸树脂中柔性成分的含量。长链脂肪酸残基是柔性链段，而苯酐聚酯是刚性链段，所以 OL 反映了树脂的玻璃化温度，或常说的“软硬程度”，OL 长时硬度较低，保光性、保色性较差。

$$\text{油度计算公式：油度}=\frac{\text{油脂的用量}}{\text{树脂的理论产量}}\times 100\% \tag{6-1}$$

表 6 - 2 给出了醇酸树脂油度区分。

表 6 - 2 醇酸树脂油度区分

	长油度	中油度	短油度
油量/%	>60	40～60	<40
苯酐量/%	<30	30～35	>35

6.2.2 醇酸树脂的合成原料

(1) 多元醇

多元醇主要有丙三醇(甘油)、三羟甲基丙烷、三羟甲基乙烷、季戊四醇、乙二醇、1,2-丙二醇、1,3-丙二醇等。分子中羟基的个数称为该醇的官能度,如丙三醇为三官能度醇。多元醇还分为伯、仲、叔醇,羟基的活性顺序为伯羟基>仲羟基>叔羟基。

用三羟甲基丙烷合成的醇酸树脂具有较好的抗水解性、抗氧化稳定性、耐碱性和热稳定性,与氨基树脂有良好的相容性。此外,这种醇酸树脂还具有色泽鲜艳、保色力强、耐热及快干的优点。乙二醇和二乙二醇主要与季戊四醇复合使用,以调节官能度,使聚合平稳,避免胶化。

(2) 有机酸

有机酸分为一元酸和多元酸。一元酸主要有苯甲酸、松香酸及脂肪酸(如亚麻油酸、妥尔油酸、豆油酸、菜籽油酸、椰子油酸、蓖麻油酸、脱水蓖麻油酸等)。多元酸包括邻苯二甲酸酐(PA)、间苯二甲酸(IPA)、对苯二甲酸(TPA)、顺丁烯二酸酐(MA)、己二酸(AA)、癸二酸(SE)、偏苯三酸酐(TMA)等。多元酸单体中以邻苯二甲酸酐最为常用;引入间苯二甲酸可以提高耐候性和耐化学品性,但其熔点高、活性低,用量不能太大;己二酸和癸二酸含有多亚甲基单元,可以用来平衡硬度、韧性及抗冲击性;偏苯三酸酐可以在大分子链上引入羧基,经中和可以实现树脂的水性化,用作合成水性醇酸树脂的水性单体。

(3) 催化剂

使用醇解法合成醇酸树脂时需使用催化剂,常用的催化剂为PbO和LiOH。由于环保问题PbO被禁用。催化剂可以加快醇解进程,使合成的树脂清澈透明,用量一般为油量的0.02%。酯化反应中也可以加入催化剂,主要是有机锡类,如二月硅酸二丁基锡、二正丁基氧化锡等。

(4) 催干剂

干性油醇酸树脂的"干燥"过程是氧化交联的过程。该反应从过氧键断裂开始,属自由基连锁反应机理。

6.2.3 醇酸树脂的合成方法

由于原料不同,醇酸树脂合成方法分为脂肪酸法和醇解法。

1. 脂肪酸法

脂肪酸和多元醇(如三羟基甲基丙烷)、多元酸(如邻苯二甲酸酐)一起进行缩聚反应(酯化反应),温度为200～250℃,不间断地测酸值与黏度,达到要求后停止加热,加入溶剂配成溶液即为漆料。脂肪酸通常由油脂加工而制得,直接用油脂更为经济。

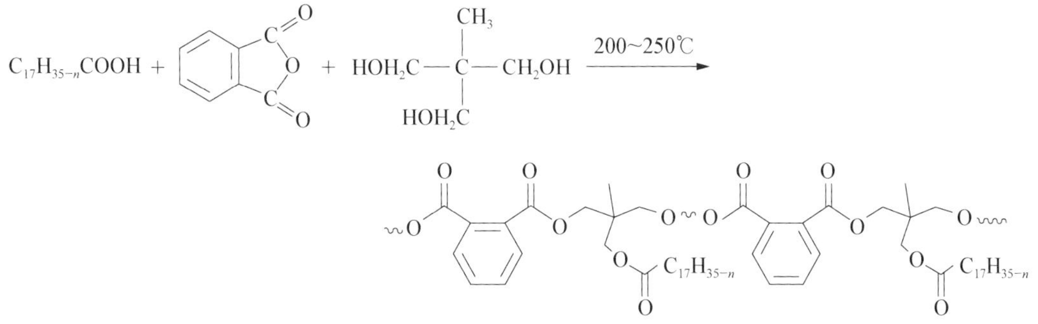

2. 醇解法

醇解法直接以油脂为原料，通过酯交换反应把油脂转化为甘油或季戊四醇单酯。油脂与多元酸(或多元酸酐)不能互溶，因此先将油脂醇解为不完全甘油酯(或季戊四醇酯)，再与邻苯二甲酸酐酯化，形成均相体系而顺利反应。反应体系内存在甘油三酯、甘油二酯、甘油单酯三者间的化学平衡，要时刻观察，甘油单酯达到最高值时停止。

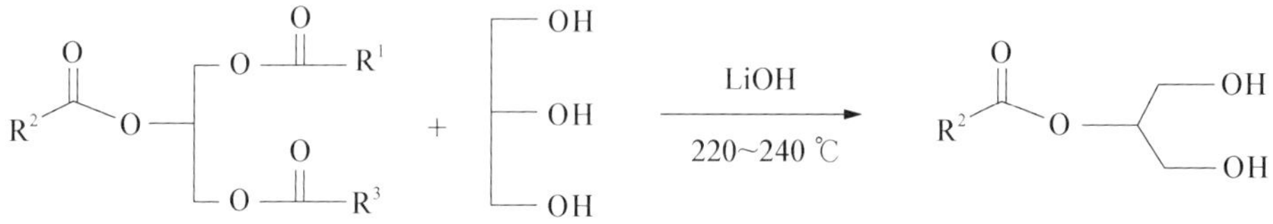

(1) 醇解反应。注意甘油用量、催化剂种类和用量、反应温度，以提高反应速度和甘油单酯含量。此外，还要注意以下几点。

① 所用油脂要经碱漂、土漂精制，至少要经碱漂。

② 通入惰性气体(CO_2 或 N_2)保护，也可加入抗氧剂，以防止油脂氧化。

③ 常用 LiOH 作催化剂，用量为油量的 0.02%，碱金属氧化物也可以，如 CaO，但是与邻苯二甲酸酐形成不溶性的盐导致产品浑浊，因此现在普遍使用锂盐。

④ 及时用醇容忍度法检验以确定其终点，油脂不溶解于甲醇、乙醇，随着甘油单酯增多极性增大，在醇中溶解度也增大，工业上把 1 份醇解油与几份 95%的乙醇在室温下保持透明作为反应终点。该方法不适合蓖麻油。

使用季戊四醇醇解时，其醇解温度比甘油的高，一般在 230～250℃进行。制备干性油、不干性油及长油度醇酸树脂时温度应稍高。从理论上分析，反应温度越高达到平衡所需的时间越短，越能减少能源消耗，但是高温会导致产品颜色发黄。

(2) 聚酯化反应。醇解完成后进入聚酯化反应，温度降到 180℃，分批加入邻苯二甲酸酐、二甲苯，在 180～220℃之间缩聚。二甲苯的加入量直接影响出水速度，用量一般不超过 8%，且随着反应进行，当出水速度降低时逐步放出二甲苯，以提高反应温度，促进反应进行。一般采取逐步升温工艺以保持正常出水速度，要避免因反应过于剧烈而造成物料夹带，从而影响单体配比和树脂结构。另外，搅拌应先慢后快，使聚合平稳进行。温度及时间随配方而定，且与油品和油度有关。制备干性油及短油度醇酸树脂时温度宜低，制备半干性油、不干性油及长油度醇酸树脂时温度稍高。关注出水速度和出水量，并按规定时间取样测定酸值和黏度，达到规定后降温、稀释，过滤制得漆料。

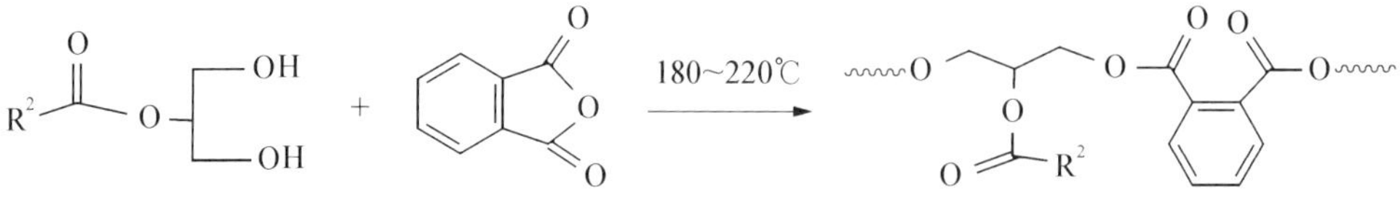

酯化生产工艺如下。

① 熔融法。加入邻苯二甲酸酐后直接加热搅拌，真空蒸出水，该法设备简单、安全，但反应温度高、受热不均匀，造成产品色深、结构不均匀、批次性能差别大、工艺操作较困难，主要用于聚酯合成。

② 溶剂法。聚酯化反应在溶剂中进行，回流冷凝，产品质量优（树脂质量高，颜色浅）。反应温度通过溶剂调节，用二甲苯带出酯化水，经分水器分离后重新流回反应釜，二甲苯的用量为3%时反应温度为251℃；增加到7%时反应温度为204～210℃。该法产品颜色浅、质量高、物料损失小、反应器易清洗。溶剂法生产工艺举例如表6-3所示。

表6-3 溶剂法生产工艺

	55%亚麻油醇酸树脂	41%大豆油醇酸树脂
亚麻油/kg	960	—
甘油/kg	290	415
邻苯二甲酸酐/kg	612	812
大豆油/kg		782
LiOH/kg	0.06	0.01
二甲苯/kg	83	140
200号溶剂油/kg	1 300	—
二甲苯(溶液)/kg	325	1 200
松节油/kg		600
工艺参数		
醇解温度/℃	220	240
醇解终点指标	1∶5(甲醇)	1∶9(95%的乙醇)
酯化温度/℃	200～230	200～210
酯化终点指标		
酸值	≤15	<20
黏度/s	6～6.5(200号溶剂油)	3.5～4(二甲苯)
溶剂稀释温度/℃	<150	<150
不挥发组分含量/%	50±2	50±2

醇酸树脂生产操作工艺曲线见图6-1。

6.2.4 醇酸树脂的性质

1. 干性油醇酸树脂的性质

(1) 油脂的影响。用碘值为125～135或者更高的油脂(如亚麻油)制备的树脂，具备室温

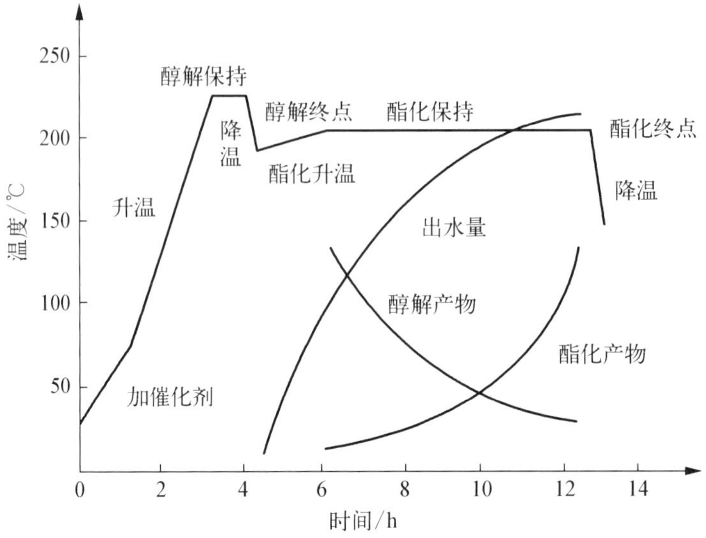

图 6-1 醇酸树脂生产操作工艺曲线

自干的性能,硬度高、光泽强,但易泛黄。用碘值低于 125～135 的油脂(如大豆油)合成的树脂自干性能较差,但抗泛黄性能好。蓖麻油是不干性油,而脱水蓖麻油是干性油,其抗泛黄性能优于亚麻油(表 6-4)。

表 6-4 油脂对树脂性能的影响

油　脂	碘　值	涂膜性能		
		干　率	保色性	保光性
桐　油	155～167	↑	↓	↑
亚麻油	170～190			
脱水蓖麻油	125～140			
大豆油	114～137			
松节油	125～150			
棉籽油	98～115			
花生油	108			
蓖麻油	81～91			

注:箭头表示性能改变趋势。

(2) 脂肪酸含量(油度)的影响。甘油、邻苯二甲酸酐、不饱和脂肪酸物质的量的比例关系直接决定产品性能。当三者物质的量的比例为 1 时,产品的平均官能度为 2,相当于 60%的油度。油度增加,树脂分子量降低,油度减少,树脂的平均官能度>2,酯化时产生凝胶,因此工业生产中常用过量甘油调节平均官能度。纯净的邻苯二甲酸酐-甘油-脂肪酸树脂是玻璃状物质,硬而脆,仅仅能溶解在丙酮和酯类溶剂中。植物油则是低黏度物质,可溶于脂肪烃。醇酸树脂必须介于两者之间,油度对醇酸树脂性能的影响见表 6-5。

表 6-5 油度对醇酸树脂性能的影响

<table>
<tr><th rowspan="2">性 质</th><th colspan="4">油度/%</th></tr>
<tr><th>40</th><th>50</th><th>60</th><th>70</th></tr>
<tr><td>溶 剂</td><td colspan="4">芳香烃溶剂-混合溶剂-脂肪烃溶剂</td></tr>
<tr><td>凝胶性</td><td colspan="4">←</td></tr>
<tr><td>硬度(烘干)</td><td colspan="4">←</td></tr>
<tr><td>干率(常温)</td><td colspan="4">→ ←</td></tr>
<tr><td>户外耐久性</td><td colspan="4">→ ←</td></tr>
<tr><td>醇容忍度</td><td colspan="4">←</td></tr>
<tr><td>溶解性</td><td colspan="4">→</td></tr>
<tr><td>刷涂性</td><td colspan="4">→</td></tr>
<tr><td>耐水性</td><td colspan="4">→ ←</td></tr>
<tr><td>储存性</td><td colspan="4">→</td></tr>
<tr><td>流平性</td><td colspan="4">→</td></tr>
<tr><td>原始光泽</td><td colspan="4">←</td></tr>
<tr><td>保光性</td><td colspan="4">←</td></tr>
<tr><td>保色性</td><td colspan="4">←</td></tr>
</table>

注：箭头表示性能改变趋势。

(3) 干燥性能。干性来自双键与氧结合后的聚合反应，一些不干性油如大豆油等经过醇解-酯化处理后成为干率很好的醇酸树脂。提高温度可以加快成膜速度，且高温烘干的涂膜具有较好的耐久性。

(4) 羟基和羧基对性能的影响。醇酸树脂中总是含有未参与反应的羟基和羧基，一方面导致涂膜的耐水性降低，另一方面该类极性基团易与被覆盖物质表面作用，增加了涂膜的附着力，且羧基易与颜料润湿，因此醇酸树脂中羟基和羧基的含量要综合考虑。

2. 不干性油醇酸树脂的性质

由蓖麻油、椰子油及合成脂肪酸制备的醇酸树脂是不干性的，不能成膜，常与硝基纤维素、氨基树脂、过氧乙烯树脂合用，以增加光泽和附着力，提高耐候性，特别是由椰子油制备的醇酸树脂，其抗氧化能力较强。

6.2.5 醇酸树脂清漆与色漆

1. 醇酸树脂清漆

清漆是指不含颜料的透明涂料。醇酸树脂清漆的主体成分是由中油度或者高油度亚麻油醇酸树脂在添加溶剂、催干剂后过滤得到的。溶剂常用200号油漆溶剂油,并加入松节油、二甲苯来调节其稳定性。催干剂的主体成分是Co、Ca盐。醇酸树脂清漆配方举例见表6-6。

表6-6 醇酸树脂清漆配方举例

	配 方 1	配 方 2
中油度醇酸树脂(50%)/kg	84	—
长油度醇酸树脂(50%)/kg	—	88.5
环烷酸钴(4%)/kg	0.45	0.25
环烷酸锌(3%)/kg	0.35	0.30
环烷酸钙(2%)/kg	2.4	0.30
环烷酸锰(3%)/kg	—	0.05
二甲苯/kg	12.8	10.0
主要指标		
颜色(铁钴比色)号	<12	<12
外观	透明	透明
黏度(涂-4杯)/s	40～60	40～80
不挥发组分含量/%	>45	>45
干燥时间(25℃,表干)/h	≤6	≤5
干燥时间(实干)/h	≤18	≤24
酸值	≤12	≤8

清漆干燥快,漆膜坚硬光亮,耐候性、耐油性优良,耐水性稍差,主要用于给家具漆和色漆罩光。

2. 醇酸树脂色漆

(1) 色漆种类。含有颜料的不透明涂料是色漆,又分为面漆和底漆。底漆直接涂布在物件表面,既能与物件牢固结合,又能与上层漆相容。底漆又分为头道底漆、腻子、二道底漆和防锈漆。头道底漆直接涂布在物件表面,漆膜要求细密、坚固,如果涂布在金属表面,那么还要求具备防锈功能。腻子用来填补物件表面的凸凹不平,确保表面平整度,提高舒适感;腻子直接涂抹在头道底漆上,用刮涂方式找平;腻子一般呈现厚浆状,干燥后打磨。腻子要结合牢固,硬而易磨。二道底漆涂布在腻子上,干燥后需要打磨。面漆涂布在二道底漆上,具备装饰和保护作用,能够遮盖物件表面颜色,主要品种是磁漆,可以做成光、亚光、无光等品种。

(2) 颜料体积浓度。漆膜性能与颜料体积浓度(PVC)有关:

$$\text{颜料体积浓度}=\frac{\text{颜料及体质颜料的真体积}}{\text{成膜物质的体积}+\text{颜料及体质颜料的真体积}}\times 100\% \tag{6-2}$$

随着 PVC 增大，色漆性质会发生突变，从有光、半光到无光，透气性、透水性变好，漆料被颜料分割，不能完全覆盖颜料，漆膜性质变坏。该临界值(CPVC)随着漆料的不同而不同。因此设计色漆配方时，底漆的 PVC 要控制在 40%～55%，头道底漆最小，二道底漆较大，腻子最大。面漆光度随着 PVC 的增大而降低，PVC 为 3%～20%时为有光，PVC 为 40%～55%时为半光，PVC 为 40%～60%时为无光。配方举例见表 6-7 和表 6-8。

表6-7 色漆配方1

	铁红底漆	二道底漆
醇酸树脂(50%)/kg	33.0	33.23
铁红/kg	26.3	26.73
铬酸锌/kg	6.7	—
沉淀硫酸钡/kg	13.2	—
滑石粉/kg	—	11.68
浅铬黄/kg	—	11.63
黄丹/kg	1.1	—
环烷酸铅(8%)/kg	1.3	1.2
环烷酸锰(3%)/kg	1.2	0.17
环烷酸钴(3%)/kg	1.0	0.02
环烷酸锌(3%)/kg	—	0.17
环烷酸钙(2%)/kg	—	0.53
二甲苯/kg	18.8	14.64
三聚氰胺(50%)/kg	0.5	—
PVC/%	39.4	42.0
主要指标		
黏度(涂-4 杯)/s	60～120	80～150
细度/μm	≤50	≤60
干燥时间(25℃，表干)/h	≤2	—
干燥时间(实干)/h	≤24	—
烘干时间(105℃±2℃)/min	≤30	≤60

表 6-8　色漆配方 2：中油度醇酸树脂磁漆(光)

	黑	红	绿	浅灰	天蓝	白
醇酸树脂(50%)/kg	88.3	79.8	72.3	70	70.25	66.4
炭黑(硬质)/kg	2.0	—	—	—	—	—
炭黑(软质)/kg	—	—	—	0.25	—	
钛白/kg	—	—	—	19.2	18.8	25.4
柠檬黄/kg	—	—	11.4	0.39	—	—
铁蓝/kg	—	—	2.40	0.20	1.20	—
黄丹/kg	0.08	—	0.07	0.07	0.06	0.07
群青/kg	—	—	—	—	—	0.18
大红粉/kg	—	8.0	—	—	—	—
中铬黄/kg	—	—	1.90	—	2.0	—
环烷酸铅(12%)/kg	1.20	1.50	1.40	2.0	2.0	2.0
环烷酸钴(3%)/kg	1.20	0.30	0.40	0.20	0.60	0.80
环烷酸锰(3%)/kg	0.60	0.60	0.40	0.80	0.60	0.20
环烷酸锌(3%)/kg	0.78	0.80	1.10	0.94	0.80	0.80
环烷酸钙(2%)/kg	0.85	0.90	0.80	1.24	1.20	1.20
硅油(1%)/kg	—	—	0.40	0.40	0.40	—
二甲苯/kg	2.59	8.10	4.58	1.91	4.09	0.55
双戊烯/kg	2.40	—	2.70	2.40	—	2.40
PVC/%	2.65	12.4	9.20	15.9	14.4	16.4
主要指标						
黏度(涂-4 杯)/s	60～90					
细度/μm	≤20					
干燥时间(25℃,表干)/h	≤12					
干燥时间(实干)/h	≤18					
烘干(60～70℃)/min	≤3					
光泽	≥90					
遮盖力/(g/m²)	红≤140,黄≤150,蓝≤80,黑≤40,白≤100					

3. 色漆制造

作为面漆的色漆对装饰性要求高，细度要求在 20 μm 以下。为了使颜料颗粒均匀分散，通常使用研磨技术，颜料颗粒分散后被漆料分子包围而不重新聚集。常用的磨机有球磨机、辊磨机、砂磨机，研磨时除了颜料和部分漆料，还要加入润滑剂与分散剂，细度合格后加入配方中的其余物质调配成色漆。对于含有多种颜料的色漆，一般是每种颜料分开研磨成色浆，根据配方比例称取各种色浆混合而成。

6.2.6 醇酸树脂漆的优缺点

醇酸树脂漆干燥后形成网状结构，不易老化，耐候性好，丰满，光泽持久，漆膜柔韧而牢固，附着力强，耐摩擦，抗矿物油性，抗醇类溶剂，特别是烘烤后的耐水性、绝缘性、耐油性大大提高，施工方便。其可与其他树脂(如硝化棉、氯化橡胶、环氧树脂、丙烯酸树脂、聚氨酯树脂、氨基树脂)配成具有不同性能的自干或烘干漆。其虽然干结快，但干透时间长，耐水性差，不耐碱；防盐雾性、防湿热性、防霉菌性稍差。

作为经典的漆料，醇酸树脂漆还在不断发展中，在醇酸树脂双键结构上引入其他基团(如苯乙烯、甲基丙烯酸酯等)进行改性，以适应不同的要求。

6.3 氨基树脂漆

6.3.1 氨基树脂漆的介绍和分类

氨基树脂是热固性合成树脂的主要品种之一。氨基树脂的作用是将成膜材料分子通过化学反应交联成三维立体网状结构。机理是通过氨基树脂分子与成膜材料分子上的官能团反应，并和其他氨基树脂分子发生缩聚反应。氨基树脂易与含羟基、羧基、酰胺基的聚合物发生反应，用于以丙烯酸树脂、聚酯树脂、醇酸树脂，或环氧树脂为基础的油漆体系。氨基树脂也用于聚氨酯树脂体系中，作为涂料添加剂改进涂料的某些性能。

氨基树脂经过醇改性后结构中含有一定数量的亚氨基、羟甲基、甲氧基，能溶于水和有机溶剂，在涂料中很容易和带有羟基、羧基、酰胺基的聚合物发生反应，常作为基体树脂(如环氧树脂、丙烯酸树脂、醇酸树脂等)的交联剂成分，并与主要成膜物质有着良好的混溶性和反应性。

由单一成分的氨基树脂加热固化制备的涂膜，其附着力差且脆性大，而作为基体成膜物质交联就能克服脆性、改善附着力，且基体树脂的光泽度、耐化学性及耐冲击性均得到提高。与醇酸树脂漆相比，氨基树脂漆的色泽浅、光泽高、硬度高、电绝缘性良好；其色漆外观丰满、色彩鲜艳、附着力和耐老化性好，具有良好的抗性，且干燥时间短，施工方便，有利于涂膜的连续化操作。甲醚化氨基树脂与水性丙氨酸树脂、聚酯树脂、水性丙烯酸树脂、改性的饱和聚酯树脂配合，可制得高光泽性、耐高温的水性烤漆，其在汽车涂装、家用电器、轻工产品等领域应用广泛。

氨基树脂涂料主要有三聚氰胺甲醛树脂、脲醛树脂、苯代三聚氰胺甲醛树脂、共聚树脂等。其特点是色浅，接近水白，在 90～150℃加热成膜，涂膜光亮、柔和、耐磨、耐用，但比较脆，很少单独使用，而是和其他树脂并用。醇酸树脂、丙烯酸树脂、环氧树脂、有机硅树脂、乙烯基树脂等多种树脂都可与氨基树脂并用。

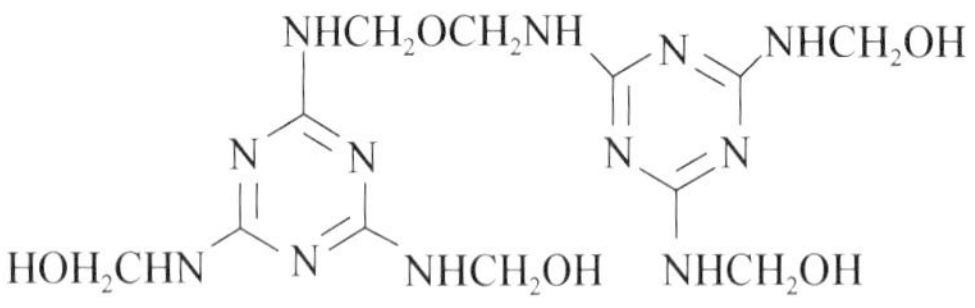

三聚氰胺甲醛树脂

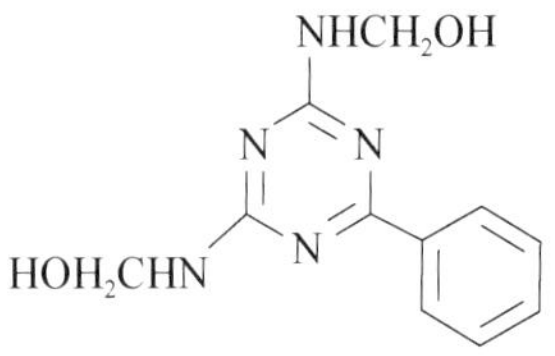

苯代三聚氰胺甲醛树脂

脲醛树脂

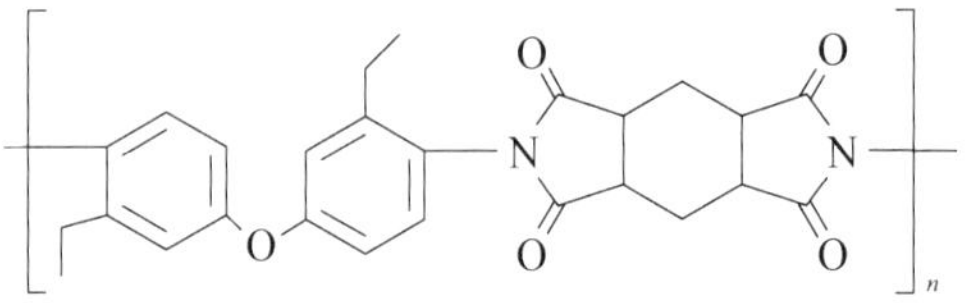

聚酰亚胺树脂

6.3.2 氨基树脂漆的原料

氨基树脂通常是由尿素、三聚氰胺或苯代三聚氰胺与甲醛和醇类经缩聚(合)和醚化而制成的。氨基化合物先与甲醛反应生成相应的羟甲基化合物,数量取决于两者的物质的量之比:

$$—NH_2 + HCHO \longrightarrow —NHCH_2OH \xrightarrow{HCHO} —N(CH_2OH)_2$$

然后羟甲基化合物再与醇进行全部或部分醚化:

$$—\overset{\displaystyle H}{\overset{|}{N}}—CH_2—OH + HO—R \xrightarrow{—H_2O} —\overset{\displaystyle H}{\overset{|}{N}}—CH_2OR$$

无论是羟甲基化还是醚化都会发生缩聚反应导致二聚体、三聚体形成:

$$—\overset{\displaystyle H}{\overset{|}{N}}—CH_2OH \xrightarrow{—H_2O} —\overset{\displaystyle H}{\overset{|}{N}}—CH_2—O—CH_2—\overset{\displaystyle H}{\overset{|}{N}}— \xrightarrow{—HCHO} —\overset{\displaystyle H}{\overset{|}{N}}—CH_2—\overset{\displaystyle H}{\overset{|}{N}}—$$

$$—\overset{\displaystyle H}{\overset{|}{N}}—CH_2OH \xrightarrow{—H_2O} —\overset{\displaystyle H}{\overset{|}{N}}—CH_2—\overset{\displaystyle H}{\overset{|}{N}}—CH_2OH$$

通过上述反应获得氨基树脂,醇要适当过量,由于部分多元酸的羧基没有完全反应,因此树脂中含有一定量的羧基和羟基,用酸值和羟值来表征。酸值是指中和 1.0 g 固体树脂所需要的 KOH 的毫克数;羟值是指中和 1.0 g 固体树脂所含的—OH 转化成—COOH 所需要的 KOH 的毫克数。事实上,聚酯树脂、丙烯酸树脂、氨基树脂也含有一定的羧基和羟基。合成树脂的原料不同,羧基和羟基的量也不相同。酸值、羟值、黏度都是树脂的重要指标,直接影响树脂的性能。氨基树脂的不同功能性基团对其性能的影响见表 6-9。

表 6-9 氨基树脂的不同功能性基团对其性能的影响

	容忍度	混溶性	黏　度	反应性
羟甲基含量增加	(+)	(+)	(-)	(-)
醚化度增加	(+)(+)	(+)(+)	(-)(-)	(-)(-)
分子量增加	(-)	(-)	(+)(+)	(-)

注:(+)表示提高,(-)表示降低。

(1) 三聚氰胺甲醛树脂，在酸或碱存在下由三聚氰胺与甲醛缩合而成。为了改变其亲水性、降低树脂的极性，使它能溶于烃类溶剂，并能与其他树脂有良好的混溶性，在缩合物中引入丁基或其他烷基，生成的烷基化树脂较容易与适量的醇酸树脂、环氧树脂、甲基丙烯酸树脂、硝化棉、蓖麻油、五氯联苯等混溶。目前普遍采用丁醇进行醚化改性，醚化速度是伯醇>仲醇>叔醇。

(2) 脲醛树脂由尿素与甲醛缩合而成，以丁醇进行醚化。一般先用 1 mol 尿素与 1.5～2.5 mol 甲醛及过量的丁醇反应，得到的树脂颜色浅，是透明如水的白色浆状物，再与醇酸树脂并用制得烘漆，最高烘干温度为 105℃，加入酸作为催化剂可常温固化。

(3) 聚酰亚胺树脂，以均苯四甲酸酐与二氨基二苯醚缩聚制得，以二甲基乙酰胺为溶剂。

(4) 苯代三聚氰胺甲醛树脂，由苯代三聚氰胺与甲醛缩合制得，以丁醇进行醚化，制得的树脂能与沥青树脂和丙烯酸树脂以一定的比例混溶。

6.3.3 氨基树脂的合成方法

根据工艺不同氨基树脂的合成方法分为一步法和两步法。国外合成甲醚化氨基树脂选择一步法，将三聚氰胺、甲醛、甲醇一次性投到反应釜中，控制反应处于弱酸性环境下制备甲醚化氨基树脂。该法操作简单，生产周期短，产品综合性能稳定，缺点是多聚甲醛成本高，反应中废液分离回收难度大。国内大都采用两步法。

(1) 羟甲基反应。三聚氰胺与甲醛在碱性催化剂存在的条件下保温反应，生成含羟甲基数目不等的羟甲基化的混合物。反应条件以及三聚氰胺与甲醛的配比决定了羟甲基化的取代数。

(2) 醚化反应。羟甲基化产物与醇形成醚键，形成新烷氧基。

(3) 树脂的自聚和缩聚。氨基树脂结构上的活性基团进行自聚合及分子间缩聚，从而减少了活性基团的数量，增加了树脂的分子量。这些反应在水溶液中是可逆的，反应进行到平衡时停止。

6.3.4 氨基树脂漆的性能与应用

1. 氨基树脂漆的特点

① 清漆颜色浅，不易泛黄；② 漆膜外观丰满、色彩鲜艳；③ 漆膜坚韧，附着力强，机械强度高；④ 漆膜的耐候性、抗粉化性、抗龟裂性比醇酸树脂漆好，干后不回黏；⑤ 有一定的耐水、耐油、耐磨性能；⑥ 有良好的电气绝缘性能；⑦ 可采用静电喷涂来提高生产效率，降低涂料的耗用量，有利于连续化操作。

2. 三聚氰胺甲醛树脂漆的特点

固化速度较快，烘烤时漆膜起皱倾向小，高温烘烤后保光保色性好，光泽高，硬度较高，耐水、耐碱性较好；在漆中含量较低时也具有较好的固化性能；室外耐久性好，具有一定的抗粉化、抗龟裂性。

3. 脲醛树脂漆的特点

用酸作催干剂时能常温干燥；价格较低，附着力强，柔韧性好；耐水性、耐酸碱性、耐电弧性、耐溶剂性比三聚氰胺甲醛树脂漆差；以同样的固含量制得的漆的黏度比三聚氰胺甲醛树脂高；与环氧树脂漆的混溶性较差；可溶入 200 号油漆溶剂油中。

总而言之，氨基树脂漆的性能良好，广泛用于各种具有烘烤条件的金属制品上，已成为装饰性用漆不可缺少的品种，如交通工具、仪器仪表、医疗器械、冰箱、自行车、缝纫机、暖水瓶、罐头容器、玩具、五金零件、文教用品等轻工产品及电机电器设备等方面的涂装，体积不大且大量生产的金属制品皆可采用。

通过在配方中变更氨基树脂和醇酸树脂的种类及用量，可得到具有不同特性的漆膜以满足不同要求，如电冰箱用漆要求漆膜具有高白度，良好的保色性、耐肥皂水性、耐油性和耐磨性，可采用椰子油改性醇酸树脂和氨基含量较高的白氨基烘漆。又如十一烯酸改性醇酸树脂与氨基树脂并用制成的漆，其耐光性、耐水性、不易泛黄性均很好，是制白色漆和罩光漆较理想的材料。用三羟甲基丙烷代替甘油制得的醇酸树脂和氨基树脂并用制得的漆，其保光性、保色性及耐候性都有很大提高，适用于轿车及要求较高的物件。

6.4 环氧树脂漆

6.4.1 环氧树脂漆的介绍和分类

环氧树脂由环氧氯丙烷和二酚基丙烷在碱的作用下缩聚而成。根据配比和操作条件可制得分子量不同(300～7 600)的环氧树脂。由于结构中含有脂肪族羟基、醚键和极为活泼的环氧基，环氧树脂分子能和相邻表面之间产生引力，且环氧基能与含活泼氢的金属表面生成化学键，对金属表面附着力特别强。加入固化剂后变成热固性漆膜，不溶不熔。其苯环上的羟基形成醚键，因而耐化学性及耐溶剂性较好，分子中的脂肪族羟基与碱不起作用，故耐碱性好。而酚醛树脂中的羟基与 NaOH 作用生成可溶性产物；聚酯树脂含有酯基，在碱的作用下水解生成醇和酸性盐。

由环氧树脂制成的底漆和其他类型面漆的附着力弱。它和氨基烘漆的附着力没有和醇酸底漆的强，和醇酸磁漆、硝基磁漆、过氯乙烯磁漆等面漆的附着力更弱，因此要增加一道中间层来补救，但增加了施工工艺和时间，降低了机械性和其他性能。近年来采用“湿碰湿”的工艺，使该问题得到了部分解决。由于它的户外耐候性差，漆膜抗粉化性不好，流平性也较差，不宜作室外和高级装饰用漆。环氧树脂漆固化后涂层坚硬，用它制成的底漆及腻子不易打磨。

环氧树脂按照化学结构、物理状态进行分类如下。

1. 按化学结构分类

① 缩水甘油醚类，环氧基通过醚键与其他基团相连接，如常见的双酚 A 型环氧树脂、双酚 F 型环氧树脂：

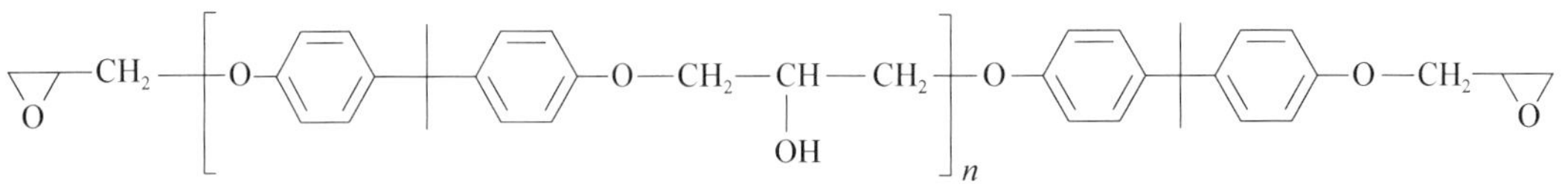

双酚A型环氧树脂

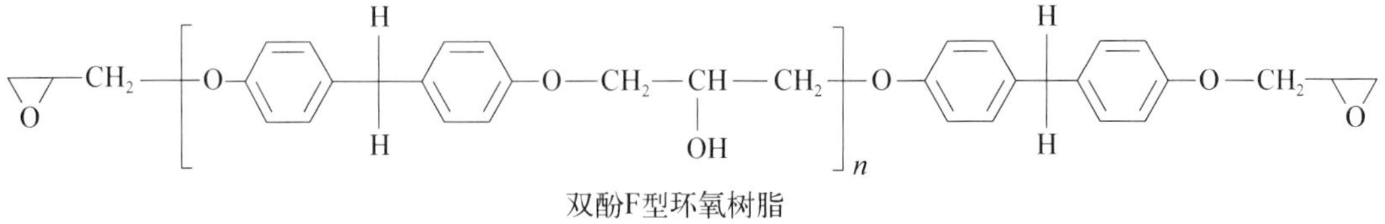

双酚F型环氧树脂

另外还有双酚S型环氧树脂、氢化双酚A型环氧树脂、酚醛型环氧树脂、脂肪族缩水甘油醚树脂、溴代环氧树脂等。

② 缩水甘油酯类，环氧基通过酯基与其他基团相连接，如邻苯二甲酸二缩水甘油酯(PADE)：

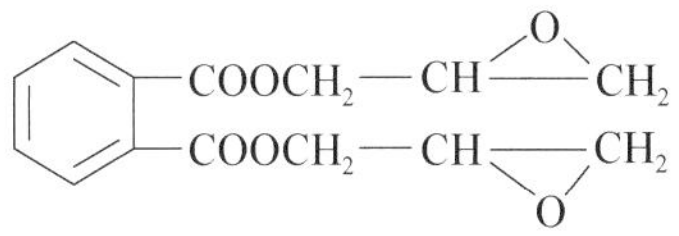

③ 缩水甘油胺类，环氧基通过氮原子与其他基团相连接，其通式为

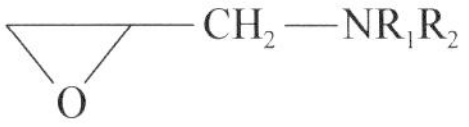

④ 脂环族环氧树脂，环氧基直接与脂环相连，其经典结构如下

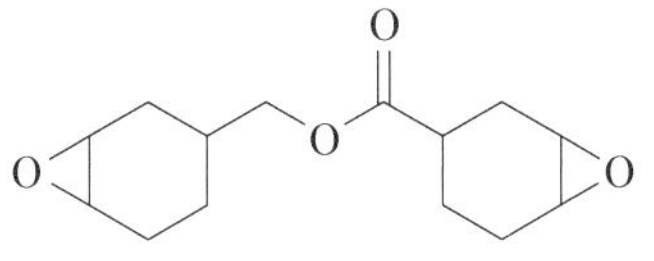

商品名 UVR-6105

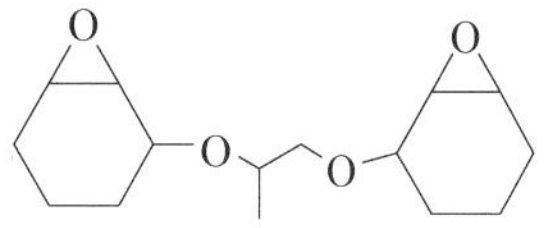

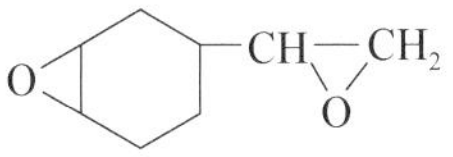

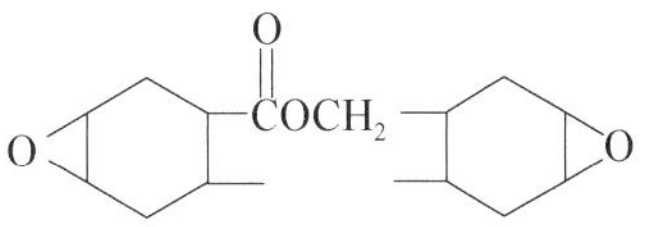

⑤ 环氧化烯烃类，由含不饱和双键或环状化合物经反应得到，其化学结构为

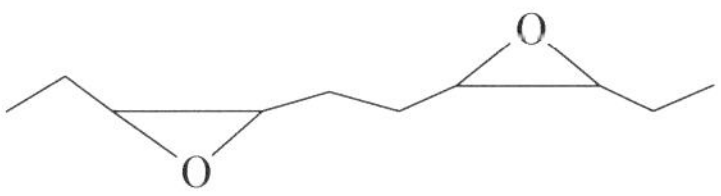

2. 按物理状态分类

环氧树脂按物理状态不同分为固态环氧树脂和液态环氧树脂。液态环氧树脂的分子量较低，可直接用作膜材料。聚合度不同液体黏度也不同，聚合度过大时则成为固态，可作粉末涂料使用。

6.4.2 环氧树脂漆的合成

1. 未酯化的环氧树脂漆

不经过酯化的环氧树脂漆种类很多，有的完全不加溶剂，有的含有溶剂，有的用胺作固化剂，有的以其他树脂作固化剂(与其他树脂缩合改性，如酚醛树脂、氨基树脂等)，液态及固体环氧树脂都可以固化。

平均分子量为1 000左右的环氧树脂用胺作固化剂；分子量为3 000～4 000的一般用酚醛树脂进行交联固化；低分子量的环氧树脂可以单独使用，或与高分子量的环氧树脂配合使用。低分子量环氧树脂的环氧值高、活性较高、固化较快，同时分子链短、脆性大，特别是分子量小于400的活性太高、固化太快，一般不常用，只在特种涂料中或作稳定剂使用。根据它们成膜时干燥形式的不同,又分为常温干燥和加温烘烤两种类型。

2. 酯化的环氧树脂漆

环氧树脂作为多元醇,其一般酯化程度为30%～90%,一个环氧基相当于两个羟基,可与两分子单元酸反应成酯。常用的酸有不饱和酸,如桐油酸、亚油酸、脱水蓖麻油酸、豆油酸等;饱和酸,如蓖麻油酸等;酸酐,如顺丁烯二酸酐等。按照酯化所用油酸的多少不同,环氧树脂分为极短油、短油、中油及长油四种类型。

环氧树脂∶油酸=2∶1(或近似1),为极短油环氧树脂(30%～40%的油度);

环氧树脂∶油酸=1.5∶1(或近似1),为短油环氧树脂(40%的油度);

环氧树脂∶油酸=1∶1(或近似1),为中油环氧树脂(50%的油度);

环氧树脂∶油酸=1∶(1.5～1.5以上),为长油环氧树脂(60%的油度)。

一般采用平均分子量在1 500左右的环氧树脂进行酯化,也有用中等分子量(900～1 000)的,酯化后多用于制水溶性电泳漆。分子量大的环氧树脂酯化产物的黏度也较大。制备方法:环氧树脂与酸混合,在200～300℃下回流,通入CO_2,酯化完毕加入溶剂、催干剂等配成涂料。

酯化后涂料的性质取决于酸的种类、配比、酯化周期、酯化方法及环氧树脂的分子量大小等因素。酯化后的环氧树脂和醇酸树脂一样,附着力强,柔韧性较好,但耐碱性差,耐腐蚀性能也差。其成本低,强溶剂消耗少(一般二甲苯∶丁醇=7∶3即可),抗粉化性能也有较大的改善,在环氧树脂漆中用量最大。

3. 线型环氧树脂漆

线型环氧树脂属于热塑性环氧树脂,分子量高,成膜时不用固化剂也不烘烤,溶剂蒸发即能成膜。漆膜外观平整光滑,柔韧性好,能耐高温,也耐腐蚀,但耐候性尚需改进。其附着力比一般环氧树脂漆更强,能和聚氨酯、酚醛等并用制成热固性涂料,从而提高耐溶剂性和耐高温性,但耐水性和耐盐水性差,不宜用于室外。线型环氧树脂漆对颜料的湿润性差,因而涂膜光泽不好,可加入少量有机硅树脂改进。由于使用高沸点溶剂(如环己酮等),溶剂挥发性较差,其干燥时间较长。

4. 环氧粉末涂料

其涂装工艺称为粉末涂装,和静电喷涂结合,将环氧树脂、固化剂和颜料磨成粉末即成涂料,外观如电木粉。施工时采用沸腾床或静电吸附的方法将粉末吸附在已经预热的工件上,高温烘烤使涂料层交联固化,不用溶剂也不用水,能涂很厚的漆膜,附着力强,保护作用大,机械强度高。

6.5 聚氨酯漆

6.5.1 聚氨酯漆的介绍

聚氨酯漆即聚氨基甲酸酯漆,分为单组分聚氨酯漆与双组分聚氨酯漆两类。

单组分聚氨酯漆:油改性的聚氨酯漆具有储存不坏、涂覆后漆膜干燥快的优点,还具有良好的耐磨性、耐碱性、耐油性和耐溶剂性,但耐候性差,不适合室外使用。潮气固化型聚氨酯漆具有干燥快、附着力强、耐磨、耐水、防潮、耐酸碱介质侵蚀的性能,可用于地下工程的防腐涂料和水泥表面涂料。封锁型聚氨酯漆(高温烘烤型)具有储存不坏、毒性小、耐油、耐溶剂、耐酸和耐碱的性能,还具有电绝缘性、耐热和耐寒性能,一般用于金属防侵蚀涂料。

双组分聚氨酯漆：羟基固化型聚氨酯漆具有室温干燥、毒性小、漆膜坚韧、光泽度高、附着力强、耐侵蚀、耐油、耐水等优良性能，用于金属、水泥、木材、橡胶、皮革等材料的涂饰。催化固化型聚氨酯漆具有良好的耐油、耐水、耐酸碱、耐有机溶剂的性能，且具有很好的附着力和耐磨性能，一般用作木材、混凝土等的表面涂料（如木制地板漆）。

6.5.2 聚氨酯漆的原料

1. 异氰酸酯

异氰酸酯含有一个或多个异氰酸根，反应活性大，能与含活泼氢的化合物反应制成多种形式的聚氨酯漆。制漆一般用二异氰酸酯或多异氰酸酯，常用的有以下两类：

(1) 芳香族多异氰酸酯，如甲苯二异氰酸酯（TDI）、二苯基甲烷二异氰酸酯（MDI）、多亚甲基多苯基多异氰酸酯（PAPI）等。

(2) 脂肪族多异氰酸酯，如六亚甲基二异氰酸酯（HDI）、二聚酸二异氰酸酯（DDI）、1，4-环己烷二异氰酸酯等。

异氰酸酯单体（特别是芳香族化合物甲苯二异氰酸酯）有一定毒性，为了降低毒性并提高异氰酸酯的适用性，通常将异氰酸酯与多元醇或植物油反应，生成异氰酸酯加成物或预聚物，而不是直接使用单体。该物质含有游离的异氰酸基，在使用时再和带有羟基的物质（如聚酯）反应，如常用的甲苯二异氰酸酯的加成物是与三羟甲基丙烷反应得到的。

甲苯二异氰酸酯的异氰酸基在苯环上的位置决定反应速度。2，4-甲苯二异氰酸酯（对位）在常温下的反应速度比2，6-甲苯二异氰酸酯（邻位）的快8倍；当温度上升时邻位反应速度增快，100℃时邻位和对位反应速度接近。因此，涂料工业选用纯对位体或对位/邻位混合体都可以，反应时间长短不一，一般按65∶35及80∶20两种比例混合使用对位体与邻位体。

异氰酸酯与蓖麻油（或蓖麻油双酯）反应得到预聚物，利用蓖麻油分子第12个碳原子上含有的羟基与过量的TDI反应，生成的预聚物上还有部分游离的异氰酸基，可与其他组分（如含有羟基的化合物）反应而制成涂料。也可以向预聚物中加入催化剂，成为催化固化的涂料。

预聚物的工艺流程简要表示如下：

蓖麻油（280℃脱水）→无水蓖麻油液＋TDI→蓖麻油预聚物

为了提高预聚物的耐化学性能，可用蓖麻油与不同多元醇进行醇解，分子中羟基含量相对增加，从而增加交联密度。蓖麻油与多元醇可按不同比例配合制成各种蓖麻油多羟基酯，如与甘油可生成单甘油酯与双甘油酯。再将单甘油酯或双甘油酯与TDI反应制成蓖麻油单酯或双酯预聚物。

蓖麻油双酯预聚物的工艺流程简要如下：

蓖麻油＋甘油＋环烷酸钙→蓖麻油双酯＋二甲苯→蓖麻油双酯-二甲苯液

此外将多异氰酸酯进行自聚或共聚得到的聚合物也是一类加成物，如甲苯二异氰酸酯自聚。

上述这些加成物或预聚物由于含有极为活泼的异氰酸基（—NCO），能够与所有含活性氢原子的化合物（如胺、水、酸、酚等）反应。

2. 多羟基化合物

多羟基化合物是衍生各种聚氨酯的基本物质，常用的有聚酯（如己二酸-缩乙二醇-三羟甲基丙烷聚酯、己二酸-苯酐-甘油-丙二醇聚酯、癸二酸-缩乙二醇-甘油-己二酸-苯甲酸酐聚酯等)、聚醚(如甘油-环氧基氯丙烷聚醚、三羟甲基丙烷-环氧丙烷聚醚等)、蓖麻油等。

6.5.3 聚氨酯漆的分类

1. 双组分聚氨酯涂料

双组分聚氨酯涂料具有成膜温度低、附着力强、耐磨性好、硬度大及耐化学品、耐候性好等优越性能，用于工业防护、木器家具和汽车涂料。双组分水性聚氨酯涂料将双组分溶剂型聚氨酯涂料的高性能和水性涂料的低 VOCs 含量相结合，成为涂料工业的热点。它由含—OH 的水性多元醇和含—NCO 的低黏度多异氰酸酯固化组成，涂膜性能主要由羟基树脂的组成和结构决定。如羟基聚氨酯分散体：

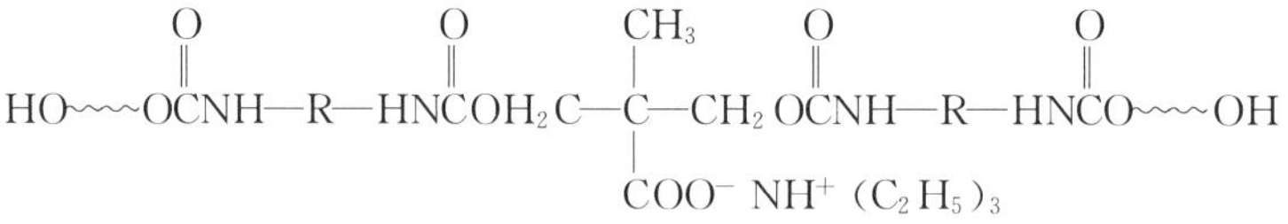

2. 单组分水性聚氨酯涂料

这是以水性聚氨酯树脂为基料，以水为分散介质的一类涂料，包括聚异氰酸酯封端、氨基树脂交联、氧化固化、辐射固化水性聚氨酯。聚异氰酸酯封端水性聚氨酯是指 140～180℃下封端剂和聚异氰酸酯通过共反应剂法得到的产物。在溶剂体系中，带有活性官能团的聚氨酯分散体能和聚异氰酸酯反应，为了阻止其和水反应，异氰酸酯基团通常需要被保护起来，通过添加典型的封端剂如苯酚、己内酰胺和甲乙酮肟来实现。通过交联改性的水性聚氨酯涂料具有良好的储存稳定性、涂膜力学性能、耐水性、耐溶剂性及耐老化性能，而且与传统的溶剂型聚氨酯涂料的性能相近，是水性聚氨酯涂料的一个重要发展方向。

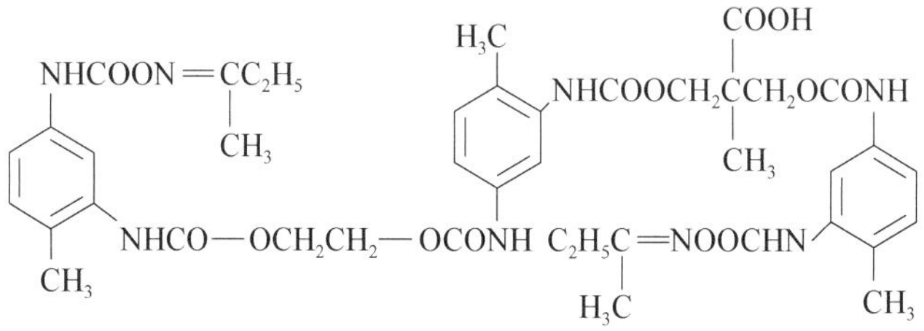

甲乙酮肟封端型水性聚氨酯

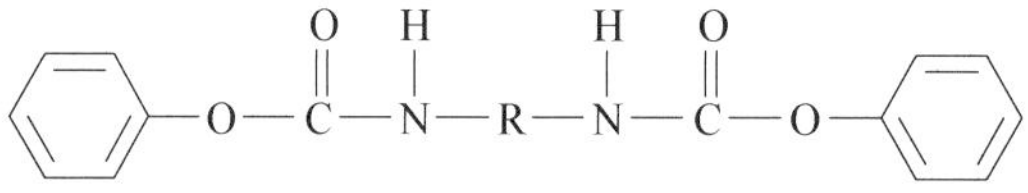

苯酚封端型水性聚氨酯

3. 光固化水性聚氨酯涂料

采用电子束辐射、紫外光辐射引发低活性的预聚物体系产生交联固化，以紫外光固化形式为主。先用不饱和聚酯多元醇制备预聚物，然后用常规的方法引进粒子基团，经亲水处理后制得在主链上带双键的聚氨酯水分散体，再与易溶的高活性 3 -烷氧基丙烯酸酯单体、光敏剂等助剂混合得到光固化水性聚氨酯涂料。

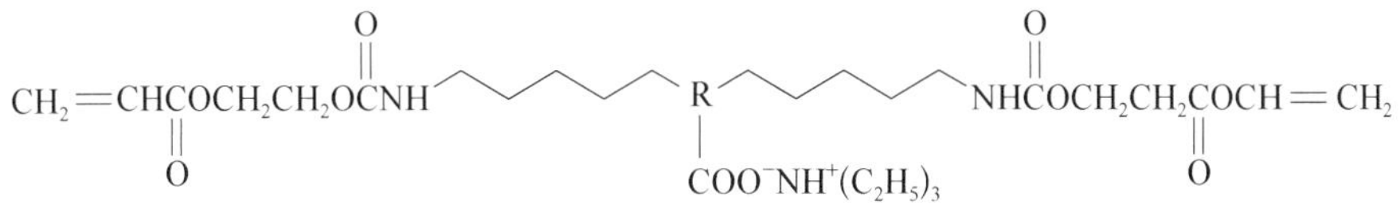

4. 室温固化水性聚氨酯涂料

对于某些热敏基材和大型制件，不能采用加热的方式交联，一般使用室温交联的水性聚氨酯涂料。通过与水分散性多异氰酸酯结合，改进水性羟基聚氨酯预聚物/丙烯酸酯混合物，尤其是水性羟基聚氨酯预聚物/羟基丙烯酸酯混合物的性能。此类水性聚氨酯涂料，采用特制的多异氰酸酯交联剂，含—NCO端基的异氰酸酯预聚物经亲水处理后分散于各种含羟基的聚合物中而形成分散体，与多种含羟基的聚合物水分散体组成能在室温固化的水性聚氨酯涂料。

5. 第三代水性聚氨酯涂料

聚氨酯(PU)乳液和聚丙烯酸(PAA)乳液与其溶剂型产品相比，具有成本低廉、安全、不燃烧、无毒、不污染环境等优点。PAA乳液存在耐磨性、耐水性和耐化学品性差的缺陷，固含量高，应用范围不广。PU和PAA在性质上互补，聚氨酯-聚丙烯酸(PUA)复合乳液兼备了两者的优点，具有耐磨、耐腐蚀、光亮柔软有弹性，以及优良的耐水性和耐候性等特点，被誉为“第三代水性聚氨酯涂料”。下式中 R^1、R^2 为烃基。

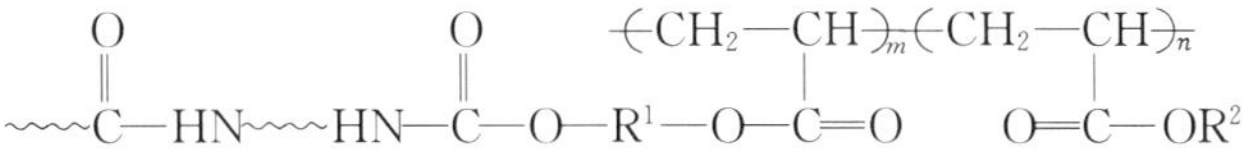

6. 环保型低芳烃聚氨酯涂料

该涂料既可弥补水性涂料性能的不足，保持溶剂型涂料的优异性能，又能减少涂料对环境的影响，兼顾性能与环保。该涂料体系采用气味小、毒性低的石油类低极性溶剂为稀释剂，可显著减少污染物质如苯、二甲苯及有害废气污染物(HAPs)的排放量。作为溶剂体系涂料，它还具有良好的涂膜及施工性能，在冬季低温条件下也可施工。该涂料体系的溶剂的溶解力低，不会产生侵蚀，因而易于重涂，并可用于喷涂易被溶剂侵蚀的材料。

6.5.4 聚氨酯漆的特性和应用

聚氨酯漆的优点：

(1) 在高聚物分子之间形成氢键，在外力作用下氢键分离而吸收能量(20～25 kJ/mol)，当外力去除后又重新形成氢键，这样的可逆重复使聚氨酯漆膜具有优良的机械耐磨性和韧性。与其他油漆相比，在相同的硬度条件下，聚氨酯漆由于存在氢键作用，漆膜的断裂伸长率较大，因而广泛用作地板漆、家具漆、高装饰性防腐漆等。

(2) 环氧树脂漆、氯化橡胶漆等涂料的保护功能好但装饰性差，硝基漆等则相反。聚氨酯漆两者兼具，用于高级木器、钢琴、大型客机等的涂装。

(3) 漆膜附着力强。同环氧树脂一样，聚氨酯可制成优良的黏合剂，对多种物面(金属、木材、橡胶、混凝土、某些塑料等)均有优良的附着力。对于某些金属表面，聚氨酯漆的附着力稍逊于环氧树脂漆，对于橡胶则聚氨酯漆效果好。

(4) 涂膜的弹性可以通过调节其成分配比来满足需求，从而实现从极坚硬到极柔韧的变化。而一般油漆(如环氧树脂漆、不饱和聚酯漆、氨基醇酸漆等)只能制成刚性涂层，没有高弹性。

（5）涂膜具有优良的耐化学药品性，耐酸、碱、盐液、石油产品，因而可作钻井平台、船舶、化工厂的维护涂料，以及石油储罐的内壁涂覆等。

（6）固化温度范围宽。常温固化涂料环氧树脂、聚氨酯、不饱和聚酯中，环氧树脂及不饱和聚酯在10℃以下难以固化，聚氨酯在0℃可正常固化，可施工的季节长。聚氨酯漆的常温固化性能对大型工程如大型油罐、大型飞机等能获得优于普通烘烤漆的效果。

（7）聚氨酯漆可耐－40℃的低温，也可制成高温绝缘漆，其性能接近聚酰亚胺漆。

（8）用聚氨酯漆涂覆的电磁线可以不需刮漆，能在熔融的焊锡中自动上锡，特别适用于电信器材和仪表的装配。

（9）可与聚酯、聚醚、环氧树脂、醇酸、聚丙烯酸酯、醋酸丁酸纤维素、氯乙烯醋酸乙烯共聚树脂、沥青、干性油等配合制漆，可根据不同的要求制成许多品种。

（10）可制成溶剂型、液态无溶剂型、粉末、水性、单灌装、两灌装等多种形态，满足不同需要。

聚氨酯漆的缺点：施工工序复杂，对施工环境要求高。在聚氨酯漆和聚酯漆中同样存在苯系物添加剂和稀释剂。苯系物与甲醛、氡和γ射线并称为室内环境“四大杀手”，对人体的危害涉及血液病、癌变、呼吸道疾病等。聚氨酯漆中残留的TDI刺激眼睛、皮肤和呼吸道，能引起哮喘，长期接触有致癌的危险。

6.6　丙烯酸树脂漆

6.6.1　丙烯酸树脂漆的介绍

丙烯酸树脂漆是甲基丙烯酸酯、丙烯酸酯与烯类单体的共聚物。相比于其他高分子树脂材料，丙烯酸树脂材料的优点非常明显，如耐光性、耐候性、耐久性、耐热性、耐酸碱腐蚀性好等，230℃下不会发生变色，在汽车、家电、建筑、塑料制品等方面应用广泛。依据选用单体的不同，丙烯酸树脂分为热塑性和热固性两类。热塑性丙烯酸树脂是线型结构，不含活性官能团，在加热的情况下不会交联成体型结构，分子量在75 000～120 000之间，可保证涂料具有合适的施工黏度。

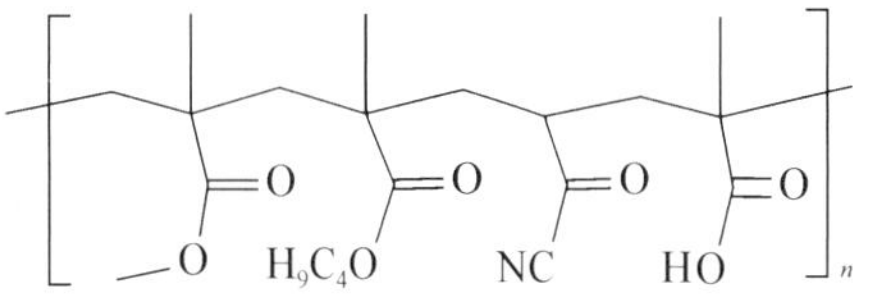

共聚型丙烯酸树脂

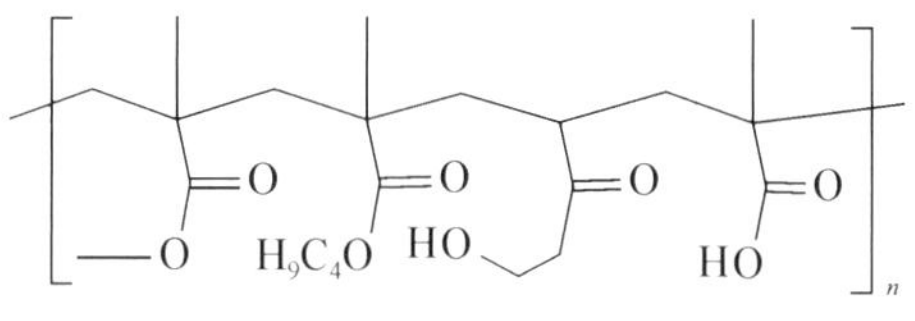

羟基丙烯酸树脂

热固性丙烯酸树脂含有活性官能团，在加热情况下自身或与其他外加树脂进行交联反应，形成网状结构，不熔不溶，可以提高物理性能及防腐性、耐化学性。

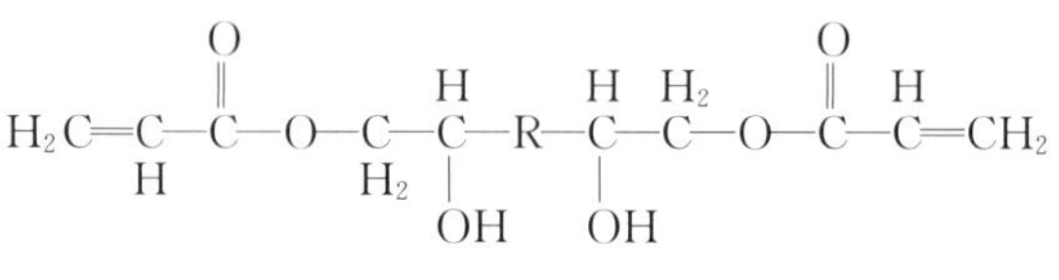

环氧丙烯酸树脂

6.6.2 丙烯酸树脂涂料的合成

丙烯酸树脂涂料的合成是自由基反应，分为链引发、链增长及链终止三个过程，同时还伴有链转移。在合成热塑性丙烯酸树脂的过程中必须要做好分子量和分子量分布的控制；尽管随着分子量的增加漆膜的机械性能提高，但漆膜的黏度也明显增大，溶解性逐步降低。因此商业上使用的树脂分子量一般在 80 000～90 000。

分子量及分子量分布还受到单体加料方式、引发剂类型等因素的影响。以过氧化苯甲酰(BPO)作引发剂，BPO 分解变为高活性自由基，容易发生支化反应，剥夺单体或者聚合物分子链的氢原子，在 130℃以上出现大量支链反应，增大了分子量分布。在单体加料方式方面，间歇式加料法获取的分子量分布较宽，半连续滴加法及连续滴加法获取的分子量分布较窄。实践中一般先将溶剂加入反应釜中，升温至反应温度，按照一定的速度持续加入混合液，以能够维持正常聚合温度为准，反应釜中单体的浓度基本保持恒定。在烯类单体共聚物反应方面，还需要对单体竞聚率进行全面分析。如果单体的反应速率常数类似，可以将分子链结构看作无规分布，如果单体的反应速率常数差异非常大，间歇式加料法将影响分子链组成的均匀性，而选择半连续滴加法及连续滴加法等方式，做好单体滴加速度控制，保持与聚合速度相一致，可以获取平均组成分子链。

6.6.3 丙烯酸树脂涂料的性能和用途

丙烯酸成本低，发展过程中为了改进性能、降低成本，还使用丙烯酰胺、苯乙烯等烯烃单体共聚，因此需要结合产品具体要求，明确不同型号涂料的种类。

丙烯酸树脂涂料的性能：光泽非常好，可以制成水白色清漆或者纯白色的白磁漆；耐光性非常好，在紫外线照射下不会发黄或分解，可以长时间维持原有的色泽；耐热性好，能够作为中性涂料与铝粉和铜粉等混合，具有金银一样的色泽，抗酸碱腐蚀，耐油脂，能够长期储存。

丙烯酸树脂涂料的使用性能良好，在汽车装饰、家电、机械、仪表、建筑、皮革等领域应用广泛，是一种新型优质涂料。其分为溶剂型、水性、无溶剂型三类。

溶剂型丙烯酸树脂涂料又分为热塑性和热固性。热塑性溶剂型丙烯酸树脂涂料适合应用在工业领域，如建筑外墙喷涂、汽车修补漆等，为了控制环境污染，应使用非光活性溶剂。热固性溶剂型丙烯酸树脂涂料包含羟基丙烯酸树脂涂料、环氧丙烯酸树脂涂料等，选择氨基树脂作为固化剂，应用在家用电器、汽车面漆等领域；选择多异氰酸酯作为固化剂，应用在汽车面漆、建筑外墙涂装等方面；选择多元胺、多元酸、环氧树脂作为固化剂，应用在罐头喷涂等领域；选择三聚氰胺树脂作为固化剂，应用在底层、中层涂料中，在家具金属涂料方面也有着非常好的应用效果。

水性丙烯酸树脂涂料也分为热塑性、热固性。热塑性漆主要应用在建筑外墙涂料、水性路标漆、金属防腐涂层等方面；热固性漆有乳液型、水稀释型和水溶液型等类别，乳液型应用在马路标志漆、建筑内外墙涂料等；水稀释型主要应用在汽车电泳底漆、铝制门窗框等；水溶液型主要应用在汽车底漆、家用零部件涂装等。

无溶剂型丙烯酸树脂涂料主要是指热固性紫外光固化涂料和热固性丙烯酸酯粉末涂料两种，其中紫外光固化型用在光纤涂料、木器漆、塑料涂料等方面；丙烯酸酯粉末型用在护栏涂料、铝制轮毂涂料等，近年来开始应用在汽车罩光漆等领域。

丙烯酸树脂涂料在实际应用中性能卓越，应用广泛，是一种新型优质涂料。在实际使用过程中，要结合实际需要选择不同的固化剂，以更好地满足使用要求。

6.7 聚酯树脂漆

6.7.1 聚酯树脂涂料的组成和种类

聚酯树脂涂料是以聚酯树脂为主要成膜物质的涂料。聚酯树脂由多元醇和多元酸缩聚而成。与聚氨酯涂料的区别在于聚酯树脂涂料的分子中不含氨基“—NH—”。选用不同的多元酸、多元醇和其他改性剂能生成不同类型的聚酯树脂。聚酯树脂涂料广泛应用于中高档涂料、低污染的高固体分涂料、粉末涂料中。

1. 不饱和聚酯树脂

采用饱和的二元醇与不饱和的二元酸反应得到的线型聚酯，又称为不饱和聚酯树脂。常用的醇有丙二醇，其次为乙二醇、二乙二醇、1，3 -丁二醇等。常用的酸有顺丁烯二酸酐、顺丁烯二酸、反丁烯二酸，此外还添加部分饱和二元酸参加反应改进树脂性能。如用己二酸可以增进韧性，用邻苯二甲酸酐可以增进树脂在芳族单体中的溶解性。苯二酸用量多则漆膜硬度差，漆的黏度高。反之，顺丁烯二酸酐用量多，漆膜的硬度高，漆的黏度低。

交联所用的单体有苯乙烯、乙烯基甲苯、醋酸乙烯等，其中由苯乙烯交联制得的漆质量较好。苯乙烯中不能含微量的自聚物，否则会影响不饱和聚酯树脂储存的稳定性。聚苯乙烯不能与固化的聚酯树脂混溶，会导致漆膜成云雾状至乳白色。

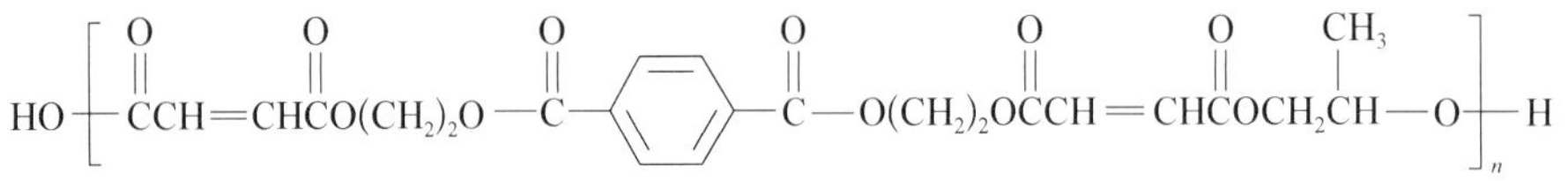

对苯型不饱和聚酯树脂

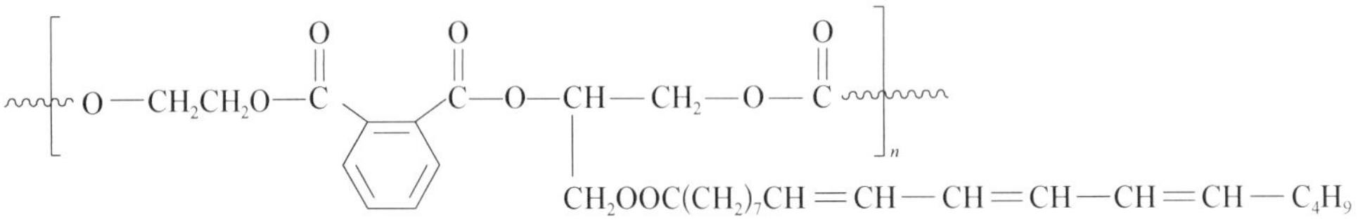

桐油基不饱和聚酯树脂

2. 饱和聚酯树脂

饱和聚酯树脂是指由饱和二元酸(如己二酸、癸二酸)和饱和二元醇(如乙二醇)反应制成的线型聚合物。它的柔韧性好，可以作纤维素及乙烯等类漆的增塑剂，而不单独用来制漆，所以也被称为聚酯增塑剂，不易挥发，比一般常用的邻苯二甲酸二丁酯等增塑剂的增塑效果更持久。

3. 油改性聚酯树脂

油改性聚酯树脂实际上就是醇酸树脂，由二元酸(如邻苯二甲酸酐)、多元醇(如甘油、季戊四醇)及改性用的油或脂肪酸反应制成。由于它的品种众多，已组成一个独立的系统。

4. 对苯二甲酸聚酯树脂

对苯二甲酸聚酯树脂由对苯二甲酸与烷基二醇反应制成。“涤纶”就由这类聚酯抽丝而成，可以制成高强度、高韧性和耐绝缘性的塑料薄膜。在涂料工业中主要用它作浸渍绝缘漆和漆包线漆。

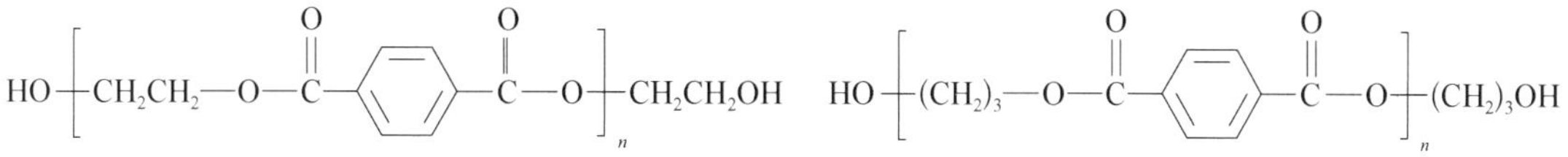

聚对苯二甲酸乙二醇酯(PET)　　聚对苯二甲酸丙二醇酯(PTT)

5. 多羟基聚酯树脂

多羟基聚酯树脂由多元酸(如邻苯二甲酸酐、己三酸等)与多元醇(如三羟甲基丙烷、甘油等)制成,可以与异氰酸发生交联反应,主要用作双组分聚氨酯漆及聚氨酯泡沫塑料的配套树脂,而不单独用来制漆。三羟甲基丙烷的苯甲酸衍生物如下:

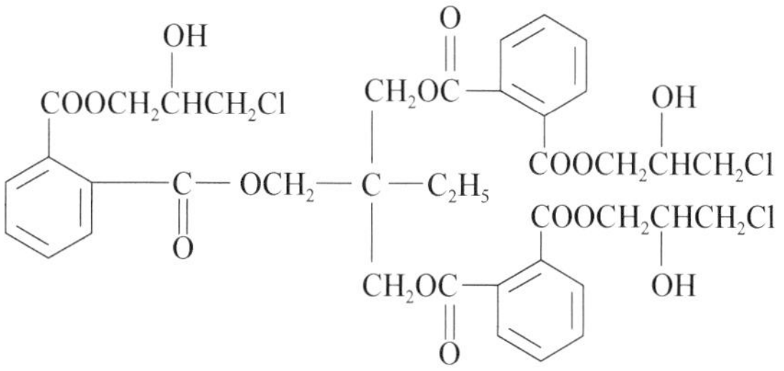

6.7.2 聚酯树脂漆的主要原料

1. 多元酸

聚酯树脂合成用多元酸分为芳香族、脂肪族和脂环族三类。芳香酸主要有邻苯二甲酸酐(PA)、间苯二甲酸(IPA)、对苯二甲酸(PTA)和偏苯三酸酐(TMA)等,TMA 用来引入支化结构。脂肪酸有丁二酸、戊二酸、己二酸(AA)、庚二酸、辛二酸、壬二酸(AZA)、马来酸酐、顺丁烯二酸、反丁烯二酸、羟基丁二酸和二聚酸等。

比较新型的抗水解型单体有四氢苯酐(THPA)、六氢苯酐(HHPA)、四氢邻苯二甲酸、六氢间苯二甲酸、1,2-环己烷二甲酸、1,4-环己烷二甲酸(1,4-CHDA),它们属于脂环族二元酸。

羧酸中的烃基的不同结构影响羧基的活性,而且对最终合成的聚酯树脂的结构、性能产生重要影响。

2. 多元醇

二官能度的单体有乙二醇、1,2-丙二醇、1,3-丙二醇、1,4-丁二醇、1,2-丁二醇、1,3-丁二醇、2-甲基-1,3-丙二醇(MPD)、新戊二醇(2,2-二甲基-1,3-丙二醇,NPG)、1,5-戊二醇、1,6-己二醇(1,6-HDO)、3-甲基-1,5-戊二醇、2-乙基-2-丁基-1,3-丙二醇(BEPD)、2,2,4-三甲基-1,3-戊二醇(TMPD)、2,4-二乙基-1,5-戊二醇、1-甲基-1,8-辛二醇、3-甲基-1,6-己二醇、4-甲基-1,7-庚二醇、4-甲基-1,8-辛二醇、4-丙基-1,8-辛二醇、1,9-壬二醇等。

其他脂肪族二元醇包括二乙二醇、三乙二醇、聚乙二醇、聚丙二醇、聚四亚甲基二醇(聚四氢呋喃二醇,PTMG)。1,4-环己烷二甲醇(1,4-CHDM)、1,3-环己烷二甲醇、1,2-环己烷二甲醇、氢化双酚 A 二醇等,属于脂环族二元醇,性能往往更为优异。

多元醇还有丙三醇、季戊四醇、三羟甲基丙烷(TMP)、三羟甲基乙烷等,其中,TMP 和三羟甲基乙烷都有三个伯羟基,乙基(或甲基)的空间位阻效应可屏蔽聚酯的酯基,提高耐水解性,同时也常用来引入分支。同理,与其类似的二官能度单体 NPG 也是合成聚酯树脂的常规单体；CHDM、TMPD、BEPD、2,2-二甲基-3-羟基丙酸新戊二醇酯（HPHP）是新一代多元醇，具有很好的耐水解性、耐候性、硬而韧、抗污、不黄变等特性。

3. 催化剂和抗氧剂

（1）对催化剂的要求：中性，对设备不产生腐蚀；具有热稳定性及抗水解性；反应后无须分离，但不影响树脂性能；效率高、用量少、选择性好。以有机锡类应用最广，重要的品种有单丁基氧化锡、二丁基氧化锡、二丁基氧化锡氯化物、二丁基二月桂酸锡、二丁基二乙酸锡、单丁基三氯化锡等，一般添加量为总反应物料的0.05%～0.25%（质量分数），酯化温度在220℃左右。选择何种催化剂及其加入量应根据不同的聚合体系及其聚合工艺条件通过实验进行确定。

（2）抗氧剂，要能有效抑制或降低大分子的热氧化、光氧化速度，显著提高材料的耐热、耐光性能，延缓材料降解等老化过程，延长制品使用寿命。常用的抗氧剂按分子结构和作用机理主要分为三类：受阻酚类抗氧剂、亚磷酸酯类抗氧剂和复合型抗氧剂。

① 受阻酚类抗氧剂，是高分子材料的主抗氧剂，与高分子材料中因氧化产生的自由基R·、ROO·反应，中断链增长。工业品分为单酚、双酚、多酚等，由于其抗氧效果好、热稳定性高、无污染、与树脂相容性好，因而应用广泛。基本品种为2,6-二叔丁基酚（BHT），但其分子量低、挥发性大、易泛黄变色，用量逐年减少。以抗氧剂1010（四[β-(3,5-二叔丁基-4-羟基苯基)丙酸]季戊四醇酯）、抗氧剂1076（β-(3,5-二叔丁基-4-羟基苯基)丙酸十八碳醇酯）为代表的高分子量受阻酚类抗氧剂用量逐年提高，聚合型和反应型受阻酚类抗氧剂的开发也日渐活跃。

② 亚磷酸酯类抗氧剂，为辅助抗氧剂（或称为预防型抗氧剂），其主要作用机理是通过自身分子中磷原子化合价的变化把大分子中高活性的氢过氧化物分解成低活性分子。三壬苯基亚磷酸酯（TNP）、1,6,8-三(2,4-二叔丁基苯基)亚磷酸酯是通用品种。由于亚磷酸酯易水解，影响了储存和应用性能，因此提高抗水解性一直是抗氧剂领域的研发热点。高分子量亚磷酸酯具有挥发性低、耐久性好等特点。

③ 复合型抗氧剂，由两种或两种以上不同类型或同类型不同品种的抗氧剂复配而成，取长补短。复合使用时其应用效应大于单独使用的效应加和，称为协同效应，高效复合型抗氧剂为受阻酚类抗氧剂与亚磷酸酯类抗氧剂的复合物。复合型产品具有开发周期短、效果好、综合性能佳、多种助剂充分发挥协同作用的特点。

6.7.3 聚酯树脂的合成方法

涂料用聚酯树脂的合成方法常用的有三种：溶剂共沸法、本体熔融法和先熔融后共沸法。

1. 溶剂共沸法

该法在常压下进行，用恒沸惰性溶剂（如二甲苯）带走聚酯化反应生成的水。油水分离后溶剂循环使用。一般在150～220℃反应，条件较温和，反应结束后真空脱除溶剂。由于物料夹带造成醇类单体损失，实际配方中醇类单体要过量，具体数值与选用单体的种类和配比、聚合工艺条件及设备参数有关。

2. 本体熔融法

该法是熔融缩聚工艺，反应釜装备锚式搅拌器、进气管、蒸馏柱、冷凝器、接收器和真空泵。第一阶段的温度低于180℃，在常压下操作，控制气流量和出水、回流速度，蒸馏柱顶温度低于103℃，避免单体馏出造成原料损失和配比不准，出水量达到80%以后体系由单体转变为低聚物;第二阶段的温度为180～220℃,关闭气阀,逐渐提高真空度使低聚物进一步缩合,得到较高分子量的聚酯树脂。反应程度可通过测定酸值、羟值及黏度来监控。

3. 先熔融后共沸法

该法是本体熔融法和溶剂共沸法的综合。聚合的第一阶段为本体熔融法工艺,第二阶段为溶剂共沸法工艺。

聚酯树脂一般采用间歇法生产。涂料行业及聚氨酯工业使用的聚酯多元醇的分子量大多在500～3 000,呈二官能度的线型结构或多官能度的分支型结构。溶剂共沸法和先熔融后共沸法比较适用于该类聚酯树脂的合成,聚合条件温和,操作较方便;本体熔融法适用于高分子量聚酯树脂的合成。无论何种工艺,单体和低聚物的馏出、成醚反应都会导致实际合成的聚酯树脂与理论设计的聚酯树脂的分子量有偏差,应使醇类单体适当过量,一般经验是二元醇过量5%～10%(质量分数)。

6.8 水性涂料

以水为主溶剂或分散介质,使油脂或树脂等成膜物质溶解或均匀分散在水中的涂料均属水性涂料。水性涂料分为水溶性涂料和水分散性涂料两种。水溶性漆包括水溶性油、水溶性酚醛树脂、水溶性醇酸树脂、水溶性氨基树脂、水溶性环氧树脂、水溶性丙烯酸树脂。水分散性漆包括水分散性油漆、乳胶漆。

6.8.1 水溶性漆

水溶性漆是指油漆本身溶于水,成膜后抗水。树脂分子链上含有强亲水性基团如羧基、羟基、氨基、醚基、酰胺基等,与水混合多数形成乳浊液,它们的羧酸盐可部分溶解于水中,因而水溶性树脂绝大多数是盐的形式。

水溶性漆一般由水溶性树脂、水与各种助剂等构成。色漆品种还包括着色颜料与体质颜料。在成膜聚合物中引进亲水的或增溶基团便可获得水溶性树脂,如水溶性酚醛树脂、水溶性醇酸树脂、水溶性氨基树脂与水溶性丙烯酸树脂等。目前水溶性漆主要用于金属表面,如电泳漆、水溶性烘漆与水溶性自干漆等。这种油漆的配制方法与其他油漆不同,它是先做成能溶于水的“油漆”,然后将其施工成膜后采取其他方法使漆膜具有抗水性以提供保护作用。制造水溶性漆的油和树脂有以下几种类型。

1. 水溶性丙烯酸树脂

过量的丙烯酸或甲基丙烯酸与丙烯酸酯等丙烯酸单体进行乳液共聚,在共聚结束后进行盐析破坏乳液,将盐析出来的固体树脂逐渐溶解于水,成为溶液状的水溶性丙烯酸树脂。其结构如下:

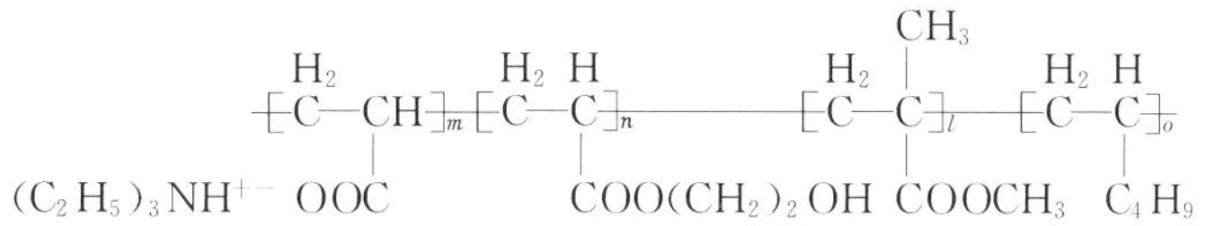

2. 水溶性油

以含有共轭双键的甘油(或者大豆油、亚麻仁油等)与一定量的顺丁烯二酸酐进行双键加成反应,得到含有羧基的改性油,再与氨水或醇胺类化合物反应就成为水溶性油。其结构如下。

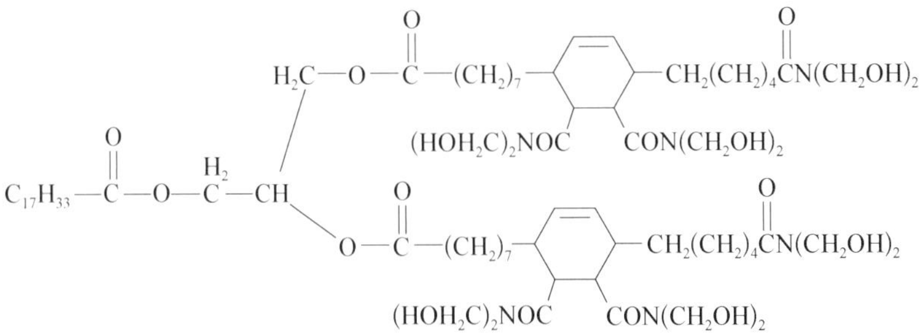

3. 水溶性醇酸树脂

溶剂型醇酸树脂不溶于水，控制酯化反应使树脂中留存未反应的游离羧基，用胺中和就可以得到水溶性醇酸树脂。如将邻苯二甲酸酐部分或全部地用偏苯三甲酸酐代替，得到的水溶性醇酸树脂性能更佳。普通油漆所用的醇酸树脂的酸值越低越好，而对于水溶性漆用的醇酸树脂，要求酸值较高，以便与氨或胺类作用制成能溶于水的树脂。三羟甲基丙烷与邻苯二甲酸酐合成的水溶性醇酸树脂如下：

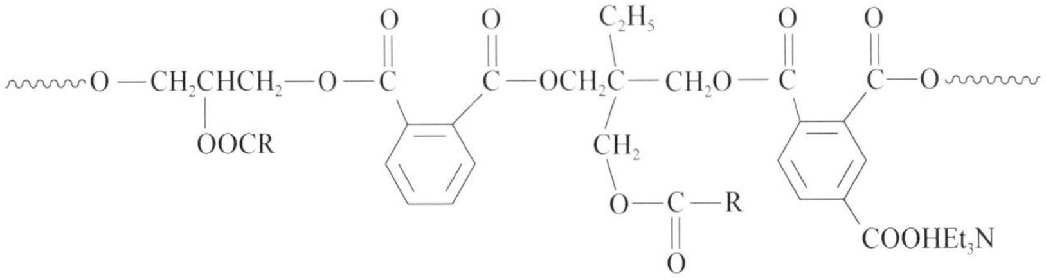

4. 水溶性酚醛树脂

通常先用松香改性酚醛树脂、丁醇醚化酚醛树脂或纯酚醛树脂与干性油熬炼，再加入顺丁烯二酸酐进行改性，以氨水中和来制成水溶性酚醛树脂。因加入了酚醛树脂，故其性能比水溶性油有所提高。

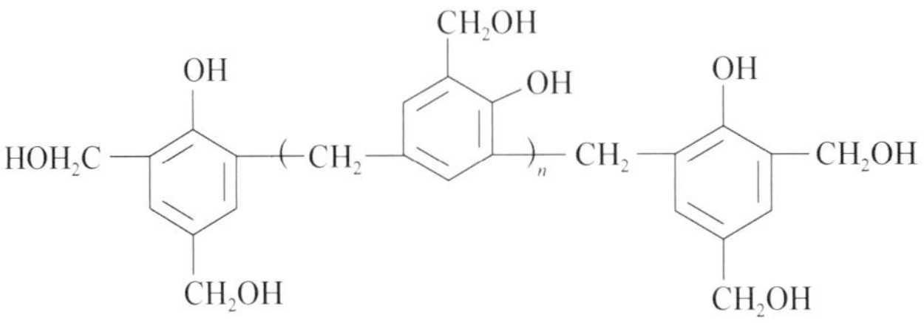

5. 水溶性环氧树脂

水溶性环氧树脂是由干性油酸（如亚麻仁油酸）与环氧树脂进行酯化反应制成的，在其结构中引入亲水官能团使之溶于水。一种方法是使环氧树脂与顺丁烯二酸酐进行反应，用氨水中和得到水溶性环氧树脂。另一种方法是控制酯化反应不完全，加入邻苯二甲酸酐与未反应的环氧基在低温下进行半酯化开环反应，用氨水中和树脂上由邻苯二甲酸酐引入的羧基，制成短油度环氧树脂的水溶性树脂，其耐化学性能较好。

6. 水溶性氨基树脂

在碱的催化下三聚氰胺与甲醛反应生成六羟甲基三聚氰胺甲醛树脂，然后在酸催化下用甲醇进行醚化，再用 NaOH 中和，过滤除盐后就得到六甲氧基甲基三聚氰胺甲醛树脂。它能溶于水，主要用作水溶性醇酸树脂的交联剂和水溶性氨基醇酸烘漆，在 150℃下烘烤干燥。若加入磷酸二氢丁酯或对氨基苯磺酸,可使交联温度降至120℃。大多数水溶性漆是烘干型的,只适用于工业用途,它们漆膜的光泽不好,不能满足面漆光泽与装饰的要求,多用作底漆。

6.8.2 水分散性漆

液体或固体的树脂通过乳化作用分散在水中形成分散体,由前者形成的分散体称为乳液,由后者形成的分散体称为乳胶(或悬浮体)。以这两种分散体为主体制成的漆叫水分散性漆。

(1) 水分散性油漆,通常由亚麻仁油通过乳化剂分散在水中制得,这种漆的性能与一般清油制得的油性调和漆相仿,主要用于房屋建筑。

(2) 乳胶漆,以乳液(乳胶)为主要成膜物质。乳液是在乳化剂和引发剂的作用下,由不饱和单体聚合所成的聚合物粒子分散于水中而形成的一种胶体。乳胶漆的无光和有光是由乳液粒子的大小决定的,粒子直径在0.5～3.0 pm之间制成的漆膜是无光或半光乳胶漆;直径在0.2 μm左右制成的乳胶漆则是有光的。乳胶漆主要用于涂刷墙体的内壁和外墙,干燥快,一般2.0 h左右完全干燥。缺点是于5℃时就不宜施工,容易冻结。

乳胶漆的制备包括乳胶的制备和乳胶漆的制备两道工序。

(1) 乳胶的制备,使用的原料较多,技术较复杂。以制备聚醋酸乙烯乳胶为例,原料除醋酸乙烯外还要加入保护胶体,用量以能保证乳液的安全性为准,用量很少即能降低聚合物颗粒的大小,一般用的保护胶体有聚乙烯醇、纤维素等,由后者制成的乳胶耐水性好。进行乳液聚合时要加入水溶性引发剂,常用的有过硫酸铵、过硫酸钾、H_2O_2等。引发剂用量直接影响聚合物的分子量和黏度。引发剂用量增多,聚合物分子量减小,黏度降低。为使聚醋酸乙烯免于分解,反应pH在4～6之间,通过加入碳酸氢钠调节。聚醋酸乙烯制成漆后,它的漆膜过脆,因此在乳胶中还须加入苯二甲酸二丁酯等增塑剂以提高漆膜的弹性。

聚合过程中还须加入多种辅助剂,以保证生产顺利进行,如消泡剂、控制分子量的阻聚剂、阴离子乳化剂、防冻剂、pH调节剂等。制得的乳胶是乳白色液体,其中约含50%的固体聚醋酸乙烯树脂,树脂以微米以下的粒度分散于水中,这种乳胶可直接用于乳胶漆的制备。

(2) 乳胶漆的制备

乳胶漆的制备使用的原料除了乳胶外,还包括颜料浆、其他助剂和水。

① 颜料浆,由颜料、体质颜料和各种助剂组成,通过球磨机碾磨而成。颜料及体质颜料,不能被乳胶漆的碱性破坏,并且易分散使乳胶漆系统保持稳定。多数乳胶漆以白色颜料为基础,常用金红石型二氧化钛,它有优良的遮盖力和耐候性。锌钡白价廉,它易被水润湿和分散,但户外耐久性和遮盖力低,常与二氧化钛合用以降低成本。体质颜料如瓷土、云母粉、滑石粉和硫酸钡等可降低漆的成本,提高漆的耐水、耐磨等性能,但光泽和遮盖力降低。碳酸钙容易和未反应的单体水解产生的醋酸作用导致气体放出,故不宜采用。

② 其他助剂,为获得或改善性能,还要加入分散剂、增稠剂、防腐剂、防霉剂、防锈剂、防冻剂等。

③ 水,水是乳胶漆的分散介质,在各个环节都要加水,要求没有多价离子;清洗用水在回用前应过滤和杀菌,此外硬水中含有较多的钙镁离子,也会影响乳胶系统的稳定性。

6.8.3 水性涂料的优点

(1) 采用水作稀释剂,对环境和人体无害,保护一线工人的健康。

(2) 采用树脂成膜,原材料具有安全性和可持续性,符合可持续发展理念。

(3) 水性涂料本身防火、防爆,其运输、储存和使用的安全性较好。

(4) 漆膜密度高，易修复，具有优异的防腐性能。

(5) 适用范围广泛，可用于地坪工程、汽车、船舶锅炉、钢结构网架、机械设备制造、集装箱、铁路桥梁、内外墙建筑等国民经济的各行各业。

6.9 涂料的合成

6.9.1 改性水性醇酸树脂漆的制备

1. 环氧树脂改性水性醇酸树脂漆的制备

(1) 环氧树脂的合成路线

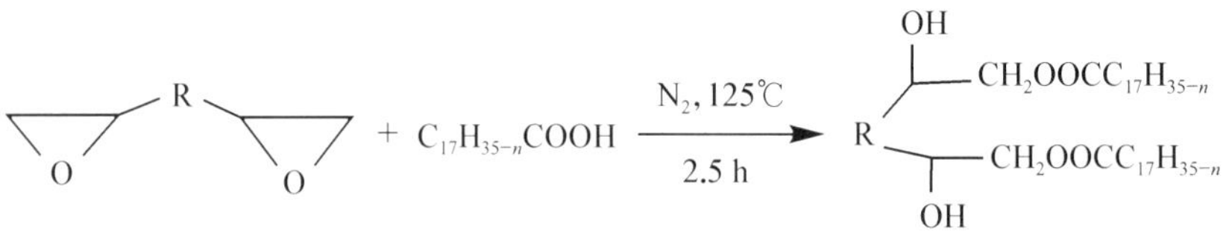

(2) 环氧树脂改性水性醇酸树脂漆的合成路线

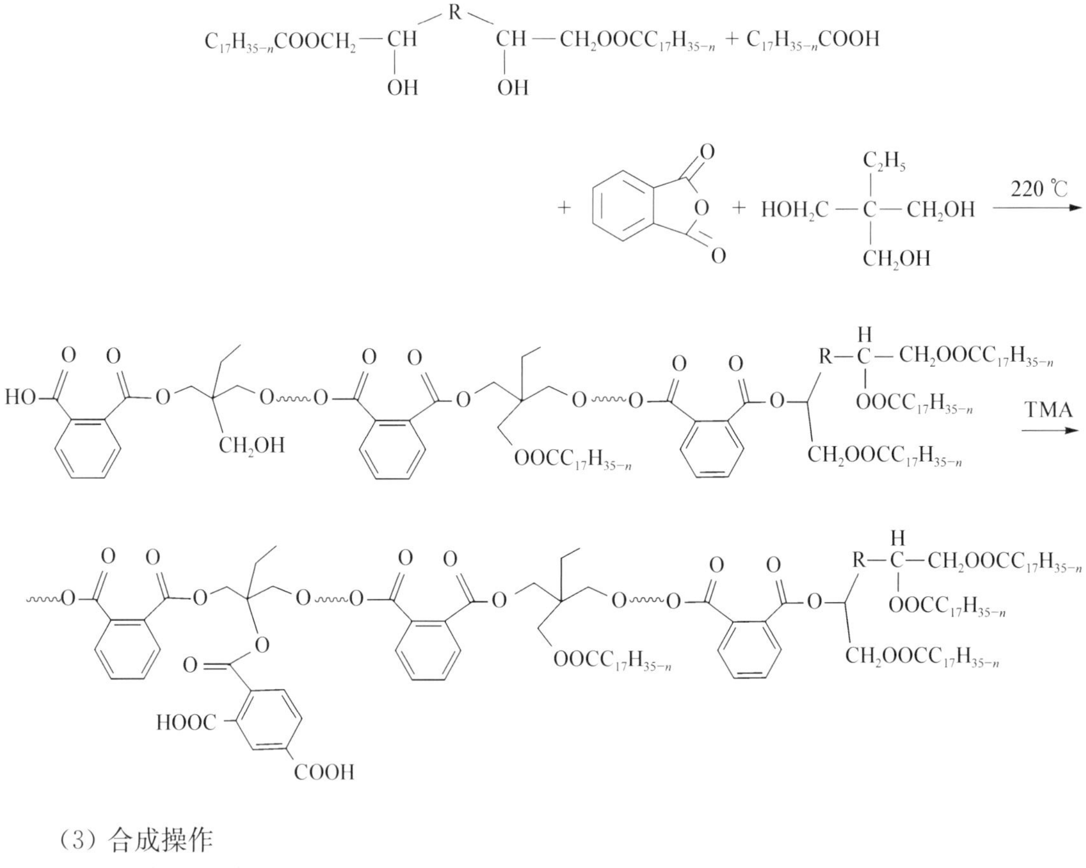

(3) 合成操作

① 环氧树脂的合成

将豆油酸、环氧树脂 E－51 和占反应物总质量 2% 的催化剂四丁基溴化铵加入四口烧瓶中，通入 N_2，20～30 min 升温至 125℃进行酯化反应，每隔 0.5 h 取样测一次酸值，待酸值合格后降温备用。

② 环氧树脂改性水性醇酸树脂漆的合成

往四口烧瓶中加入豆油酸、三羟甲基丙烷(TMP)、邻苯二甲酸酐(PA)、适量的环氧树脂、占反应物总质量10%～15%的二甲苯,用 N_2 保护,逐渐升温至120℃至物质溶解,继续升温至140℃(升温速率为10℃/15 min),提高搅拌转速,再升温至225℃(升温速率为10℃/h),直至酸值为10 mg KOH/g时反应终止,抽滤30 min除去二甲苯。待温度降至150℃时加入偏苯三酸酐(TMA)继续反应,升温至180℃保温反应直至体系的酸值降到45～50 mg KOH/g,降温至120℃,加入适量助溶剂乙二醇叔丁醚,搅拌降温到60℃,再加入适量中和剂 *N*,*N*-二甲基乙醇胺(DMEA),充分搅拌后出料(表6-10)。

表6-10 环氧树脂改性水性醇酸树脂漆合成的物料比

原　料	质量分数/%
豆油酸	54～58
TMP	13～15
环氧树脂	10～13
PA	14～16
TMA	4～8

2. 丙烯酸酯改性水性醇酸树脂漆的制备

1) 脂肪酸法

(1) 水性醇酸树脂漆的合成路线

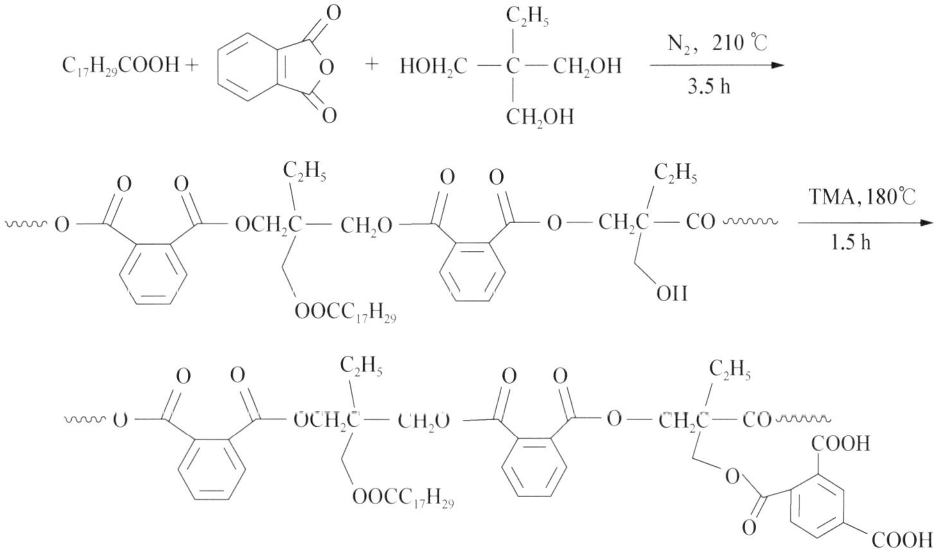

M1

(2) 丙烯酸酯改性水性醇酸树脂漆的合成路线

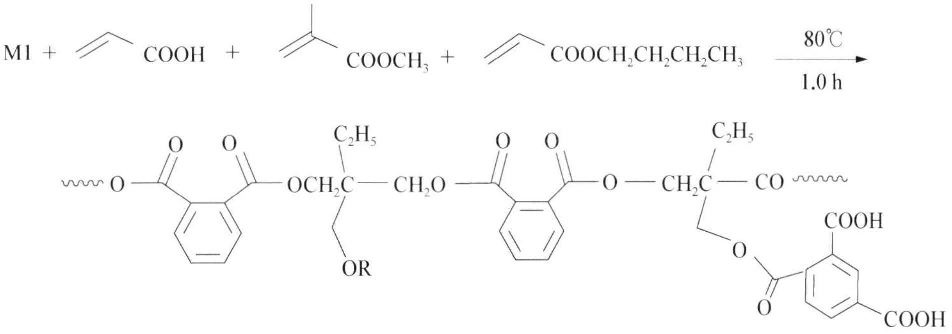

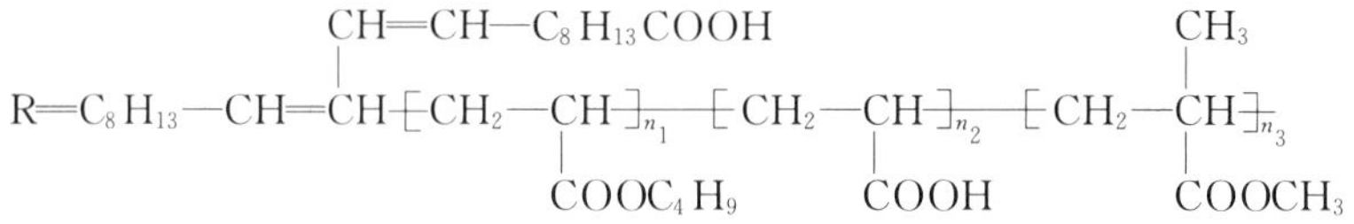

（3）合成操作

① 水性醇酸树脂漆的制备

往四口烧瓶中依次加入亚麻油酸（42.3 g）、三羟甲基丙烷（24.3 g）、邻苯二甲酸酐（24.7 g）、二甲苯（9.1 g），通入 N_2，50 min 内升温至 210℃反应 3.5 h 至酸值为 20～25 mg KOH/g，减压蒸馏除去二甲苯得到基础醇酸树脂。待温度降至 150～160℃时加入偏苯三酸酐（8.7 g），升温至 180℃反应 1.5 h 至酸值升至 50～55 mg KOH/g 时停止，降温至 110℃加入助溶剂乙二醇单丁醚（41.6 g），高速分散 40 min 得到水性醇酸树脂漆。

② 丙烯酸酯改性水性醇酸树脂漆的制备

拆除分水器，装上恒压分液漏斗，加入甲基丙烯酸甲酯（23 g）、丙烯酸丁酯（6 g）、丙烯酸（4 g）与偶氮二异丁腈（1.84 g），用 N_2 保护，升温至 80℃，控制在 1.0 h 滴加完毕并充分搅拌，再加入偶氮二异丁腈（0.49 g），保温 3.0 h 后降温至 50℃，加入氨水调节 pH 到 8.5，最后加入助溶剂调整固含量达到要求，即为产品。

2）醇解法

（1）水性醇酸树脂漆的合成路线（醇解、缩聚）

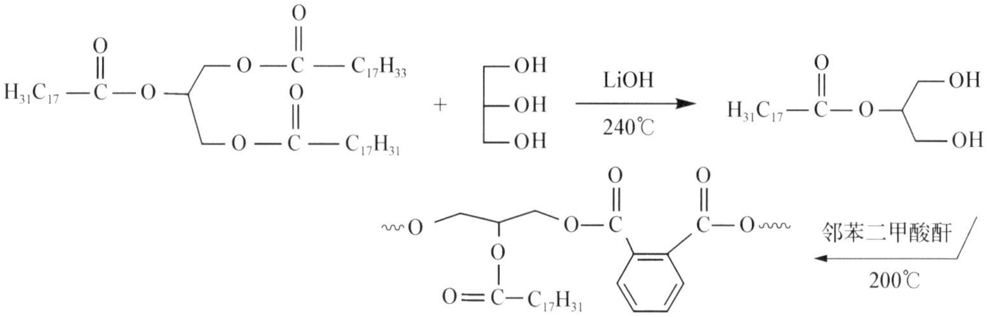

（2）丙烯酸酯改性水性醇酸树脂漆的合成路线

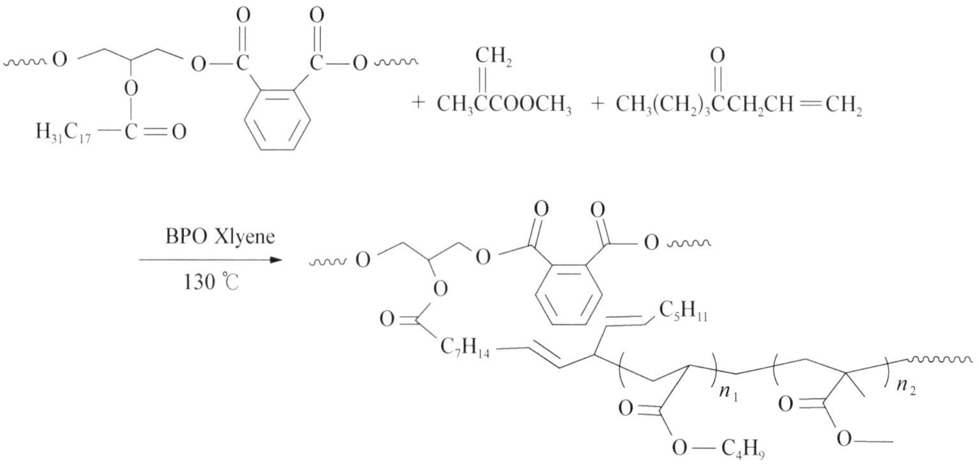

(3) 合成操作

① 水性醇酸树脂漆的制备

a. 将甘油(49.5 g)和大豆油(100 g)加入三口烧瓶中，搅拌，升温至120℃时加入0.1%的LiOH，继续升温到240℃左右醇解至终点。

b. 降温至150℃加邻苯二甲酸酐和二甲苯，搅拌，升温至200℃进行酯化反应。终点确认方法：取1.0 mL醇解物，加入4.5 mL 95%的乙醇，振荡摇匀后放入25℃的水浴中，若透明则为终点，若混浊则需继续醇解。

c. 待树脂酸值小于20 mg KOH/g时，降温加入兑稀溶剂(200# 溶剂油)和催干剂环烷酸钴，最后降温备用。

② 丙烯酸酯改性水性醇酸树脂漆的制备

a. 甲基丙烯酸甲酯(30 g)、丙烯酸丁酯(6 g)与引发剂(过氧化苯甲酰)(2.5 g)预先混合均匀。

b. 将基础醇酸树脂(65 g)放入三口烧瓶中，用适量二甲苯稀释并搅拌加热至130℃，恒速滴加引发剂与丙烯酸单体的预混物，控制滴加速度，温度控制在130℃，3～4 h内滴加完毕后继续反应2 h。

c. 加入0.5 g引发剂，保温，每隔1 h测量树脂的酸值(滴加法)，酸值稳定在不高于14 mg KOH/g后降温、过滤，得到丙烯酸改性水性醇酸树脂漆。

3. 苯乙烯改性水性醇酸树脂漆的制备

首先合成含共轭双键的基础醇酸树脂，然后和苯乙烯单体及少量丙烯酸类单体在引发剂及合适温度下进行共聚反应(即醇酸树脂的苯乙烯化)，直至所要求的黏度。该法工艺易控制，利用常规醇酸树脂的生产设备即可工业化生产。

(1) 水性醇酸树脂漆的合成路线

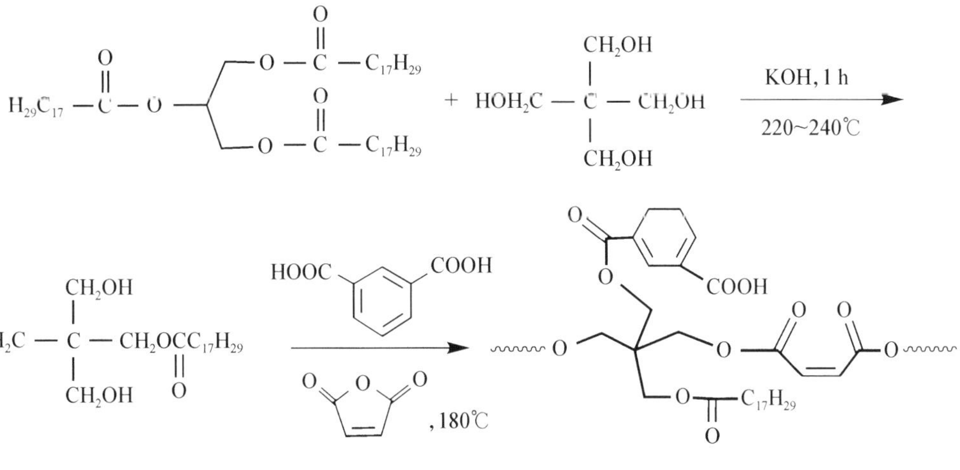

(2) 苯乙烯改性水性醇酸树脂漆的合成路线

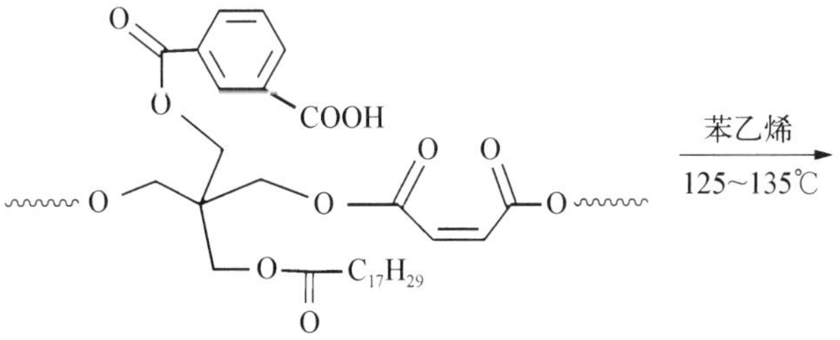

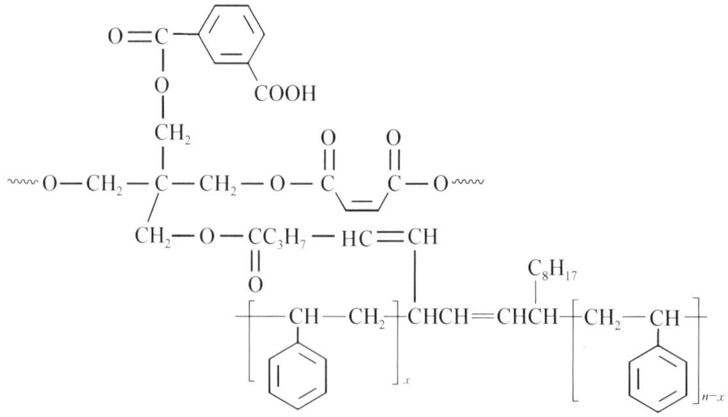

(3) 合成操作

① 水性醇酸树脂漆的制备

将豆油、桐油、季戊四醇和甘油加入四口烧瓶中，用 N_2 保护，搅拌，缓慢升温至 90℃加入 KOH，1 h 内升温到 220～240℃反应 1.0 h，而后每隔 20 min 进行一次醇解度的测定，以 1∶5 的比例取待测物于无水乙醇中，搅拌并观察，若透明则醇解结束。降温至 180℃，分批缓慢加入顺丁烯二酸酐、间苯二甲酸和二甲苯，控制温度在 180℃进行酯化，酸值降到 80 mg KOH/g 时停止。降温至 100℃加入助溶剂，继续降温至 70℃时多次加入中和剂使 pH＝8.0～8.5，保温数分钟出料。

② 苯乙烯改性水性醇酸树脂漆的制备

往四口烧瓶中按差量法加入水性醇酸树脂，并加入部分二甲苯回流；缓慢升温至 125～135℃，将苯乙烯、剩余二甲苯和引发剂总量的 40%的混合物缓慢滴入，1.5～2 h 内滴完，保温 1 h。分 2 次各加入引发剂总量的 30%，加入后各保温 1 h。反应完成后，树脂能够基本达到澄清透明，此时苯乙烯及其自聚物已经完成接枝，没有接枝的聚苯乙烯也可以和改性后的树脂很好地相容。降温至 80℃，用三乙胺中和调节 pH 至 7.5～8.5，加水稀释至 40%的固含量，调整黏度合格后出料。

6.9.2 氨基树脂漆的制备

1. 三聚氰胺甲醛树脂漆的制备

高甲醚化的三聚氰胺甲醛树脂的合成路线。

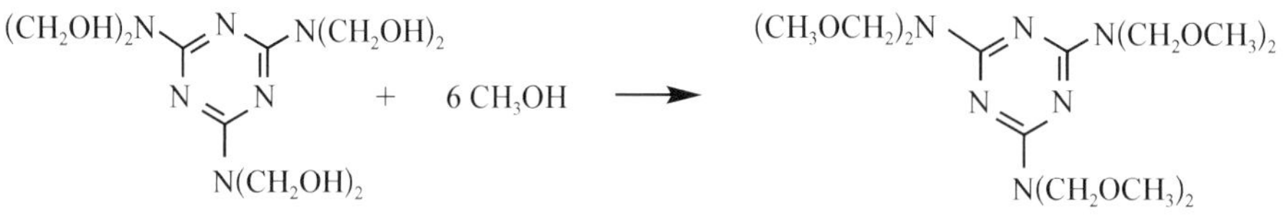

合成操作：

将 60 g 三聚氰胺、60 g 水和适量甲醛溶液加入反应烧瓶中，用 NaOH 调节 pH＝9。加热至 70℃恒温搅拌 2 h 后保温 3 h，抽滤，烘干滤饼获得六羟甲基三聚氰胺树脂(HMM)。取 72.83 g 的 HMM 和 228 mL 甲醇加入反应烧瓶中，用浓硫酸调节 pH＝2～4，升温至 50℃恒温搅拌 5 h 后加入 NaOH 调节 pH＝9，减压蒸馏获得无色透明黏稠滤液，即为最终产物。

2. 脲醛树脂漆的制备

该制备工艺采取“弱碱-弱酸-弱碱”体系，尿素按照总量的 7 份与 3 份分 2 次加入。反应过程中严格控制体系的反应温度和 pH。

(1) 加成反应

尿素和甲醛在中性或微碱性介质中生成羟甲基脲。

$$\mathrm{H_2N\overset{\overset{O}{\|}}{C}NH_2 + HCHO \longrightarrow HOCH_2NH{-}\overset{\overset{O}{\|}}{C}{-}NH_2 + HOCH_2NH{-}\overset{\overset{O}{\|}}{C}{-}NHCH_2OH}$$

(2) 缩聚反应

$$\mathrm{HOCH_2NH{-}\overset{\overset{O}{\|}}{C}{-}NH_2 + HOCH_2NH{-}\overset{\overset{O}{\|}}{C}{-}NHCH_2OH \longrightarrow}$$
$$\mathrm{HOCH_2NH{-}\overset{\overset{O}{\|}}{C}{-}NHCH_2NH{-}\overset{\overset{O}{\|}}{C}{-}NHCH_2OH + H_2N{-}\overset{\overset{O}{\|}}{C}{-}NHCH_2CH_2NH{-}\overset{\overset{O}{\|}}{C}{-}NHCH_2OH}$$

(3) 合成操作

① 碱性加成：往三口瓶中注入 37%的甲醛水溶液(30 mL)，搅拌，加热至 30℃保温，用 20%的 NaOH 调节 pH=7.0～8.0；将尿素(12 g)溶解于 25 mL 水中，按 7∶3 的比例分两次投料，慢慢滴入第一批，全部溶解后 8 min 内缓慢升温到 60℃，每隔 5 min 测 pH 并保持 pH 在 7.0 左右，反应 15 min，保温结束后加入第二批尿素溶液，缓慢升温到 90℃，保温反应 30 min。

② 酸性缩聚：每隔 5 min 测 pH 直到 pH=5.0～6.0，温度维持在 85～90℃，溶液中有油珠存在，检测反应终点，达到一定黏度后将产品滴入水中，有白色的雾状沉淀时反应结束。成胶后不宜继续高温反应，否则会成胶冻。

③ 后处理：降温至 50℃以下，用 10%的 NaOH 溶液调节 pH=7.0～8.0，冷却出料并密封于玻璃瓶中，得到的是乳白色黏稠液体。

3. 聚酰亚胺树脂漆的制备

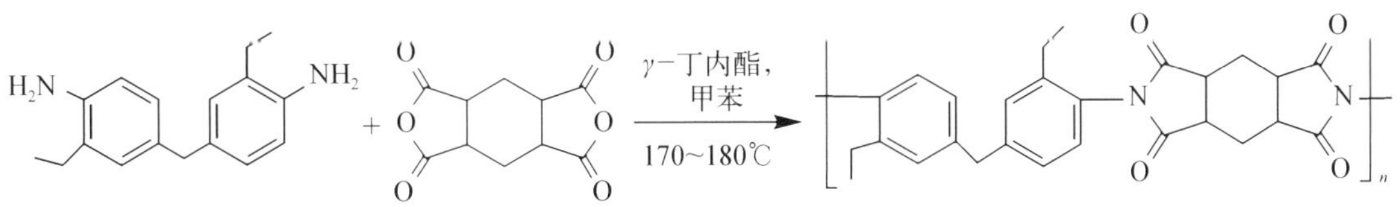

合成操作：

在 20～30℃条件下，将 3, 3′-二乙基-4, 4′-二氨基二苯甲烷(6.36 g,25 mmol) 与 20 g γ-丁内酯加入四口瓶中，用 N_2 保护，搅拌至完全溶解，30 min 后加入 1,2,4,5-环己烷四甲酸二酐(5.60 g,25 mmol)，并用 5.0 g γ-丁内酯冲洗称量纸，调整固含量为 30%，室温搅拌反应 12 h 得到均一黏稠的浅色聚酰胺酸溶液。向反应体系中加入 6 滴异喹啉与 40 mL 甲苯，加热至回流，甲苯将反应副产物水不断排出体系，体系温度逐渐稳定在 140℃左右，维持脱水反应 6.0 h。将甲苯蒸出后升温至 170～180℃并维持 3.0 h。冷却至室温得到黏稠聚酰亚胺溶液，将其缓慢滴加至 200 mL 无水乙醇中，逐渐析出丝状固体，浸泡 12 h 后更换乙醇再浸泡 12 h，将所得丝状固体置于真空烘箱(100℃)中干燥 10 h 得到聚酰亚胺树脂。

6.9.3 环氧树脂漆的制备

1. 双酚 A 型环氧树脂漆的合成

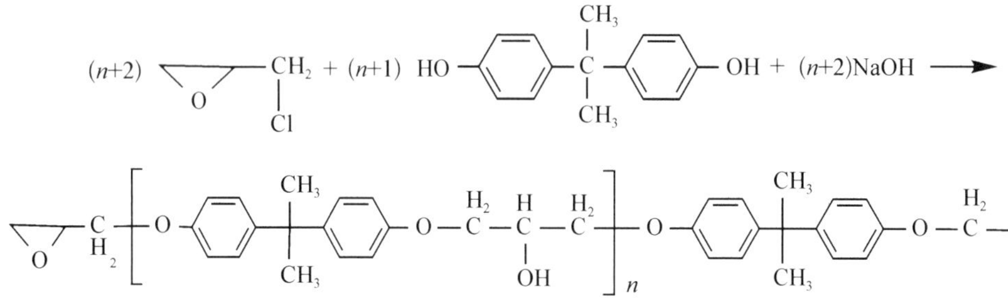

合成操作：

在 N_2 保护下，将一定量的双酚 A 溶于环氧氯丙烷中，升温至 56℃±2℃ 加入 48% 的 NaOH 溶液，搅拌反应，剩余的环氧氯丙烷通过旋蒸除去，控制温度为 130℃，压力为 −0.96～−0.9 kPa。加甲苯溶剂和水，分液，将上层溶液倒入四口瓶中，补加 NaOH 进行精制反应，维持 85℃反应一段时间，加入 Na_2HPO_4 中和至 pH ≤7。滤液用去离子水洗 3～4 次，旋蒸除去甲苯得到成品。

2. 双酚 F 型环氧树脂漆的制备

以乙二酸为催化剂合成双酚 F，催化剂分离工艺简单，环境污染小，但存在多酚含量高的缺点，合成路线如下：

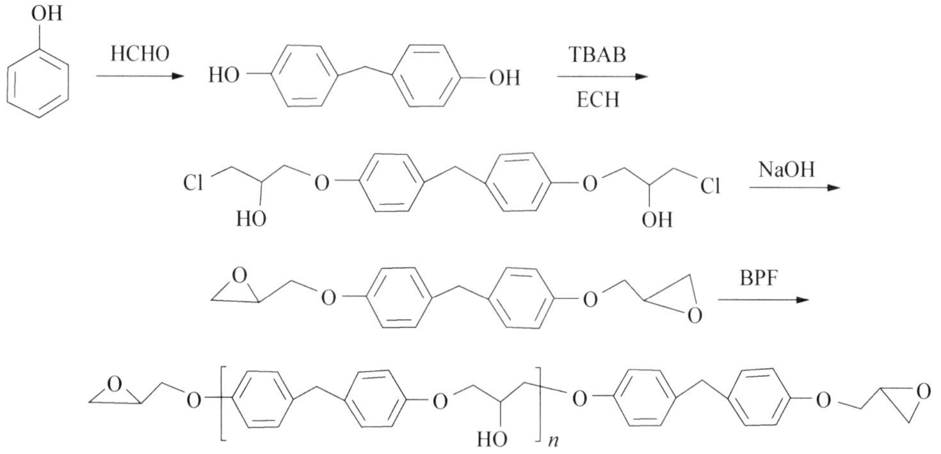

合成操作：

将一定量的苯酚加入四口瓶中，加入乙二酸，加热至 70℃，搅拌，缓慢滴加 37% 的甲醛溶液，继续反应 3.0 h，经减压蒸馏、水蒸气蒸馏回收过量的苯酚。蒸馏残液经甲苯重结晶得到双酚 F 产品。将定量的双酚 F(与多酚的物质的量之比为 90∶10)置于干净的四口烧瓶中，加入适量的环氧氯丙烷(ECH)，搅拌，加热至 70℃，再加入适量的四丁基溴化铵(TBAB)醚化 5.0 h，反应结束后减压回收环氧氯丙烷。加入适量的甲苯升温至 70℃，搅拌使其充分溶解，再加入固体 NaOH 闭环反应 2.0 h，过滤，滤液用大量水洗至中性，有机层经减压蒸馏，得到产品。

3. 邻苯二甲酸二缩水甘油酯(PADE)的合成

在季铵盐相转移催化剂的作用下以邻苯二甲酸酐、水、环氧氯丙烷(ECH)为原料一步法

制备 PADE,反应式如下:

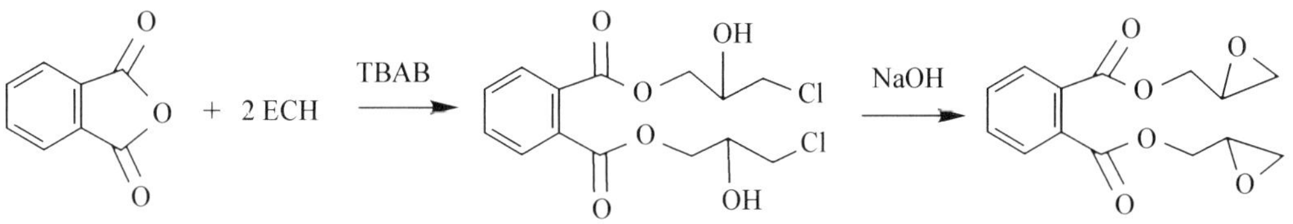

合成操作:

往四口瓶中加入物质的量之比为 10∶1 的邻苯二甲酸酐、环氧氯丙烷,水和相转移催化剂四丁基溴化铵(TBAB)(用量分别为邻苯二甲酸酐的物质的量的 1%~1.5%和 2%),搅拌,升温至 100~110℃回流 2.0 h,减压脱除 ECH,降温并加入一定量的甲苯溶解,保温,滴加 30%的 NaOH 水溶液,滴加完毕后继续反应 1.0 h。分液,有机层依次用 NaH_2PO_4 水溶液、饱和食盐水洗涤,用无水 $CaCl_2$ 干燥,过滤后减压蒸馏回收溶剂,得到浅黄色油状产品。

6.9.4 丙烯酸树脂漆的制备

热固性环氧丙烯酸酯树脂的合成路线如下:

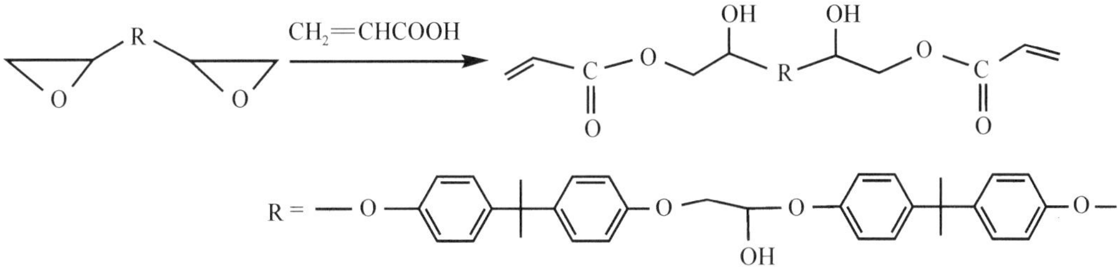

合成操作:

往四口烧瓶中加入 274.4 g 环氧树脂 E-51(分子量为 392),搅拌,加热到 80~90℃时滴加含有催化剂三苯基磷和阻聚剂对苯二酚的丙烯酸(103.3 g),滴加速度约为 150 g /h。滴加完毕后强烈搅拌,控制温度为 100℃,每 1.0 h 取样测定酸值至 100 mg KOH /g 时升温至 110~115℃。每 1.0 h 取样测酸值至小于 5 mg KOH /g 时停止反应(4.0~6.0 h),冷却到 80℃出料。

6.9.5 聚氨酯树脂漆的制备

1. 单组分水性聚氨酯树脂的制备

整个反应过程包含酯化、预聚、封端三步,具体的合成路线如下:

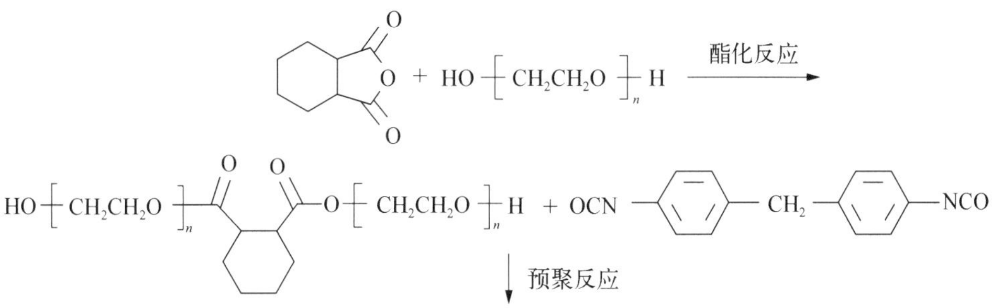

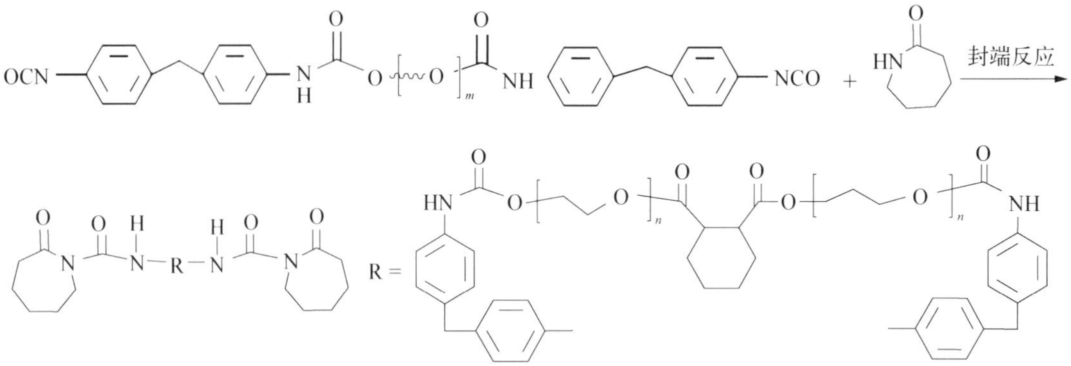

合成操作：

(1) 大分子多元醇的合成

反应前将原料 PEG 1000/PEG 400 置于 100℃的油浴中真空除去水分。将聚乙二醇(PEG 1000/PEG 400)、甲基六氢苯酐(MHHPA)及少量的催化剂对甲苯磺酸按一定比例加入三口烧瓶中，用 N_2 保护，在 120℃下保温 1.5 h，然后抽真空处理 3.0 h 除去反应过程中产生的水，得到端双羟基的聚酯多元醇。

(2) 聚氨酯预聚物的合成

降温至 70℃，按计量比加入液态二苯基甲烷二异氰酸酯(MDI)，在 N_2 保护下，保温 4.0 h。反应后期加入少量催化剂月桂酸二丁基锡使反应更完全。反应过程中用二正丁胺滴定法对聚氨酯预聚物中—NCO 的含量进行跟踪测定。

(3) 己内酰胺封端型水性聚氨酯树脂漆的合成

当—NCO 的含量基本不再变化时，根据—NCO 的量按比例加入己内酰胺进行封端，70℃下保温 3.0 h，然后冷却至室温，得到黄色透明状的水性聚氨酯树脂。

2. 双组分水性聚氨酯树脂漆的制备

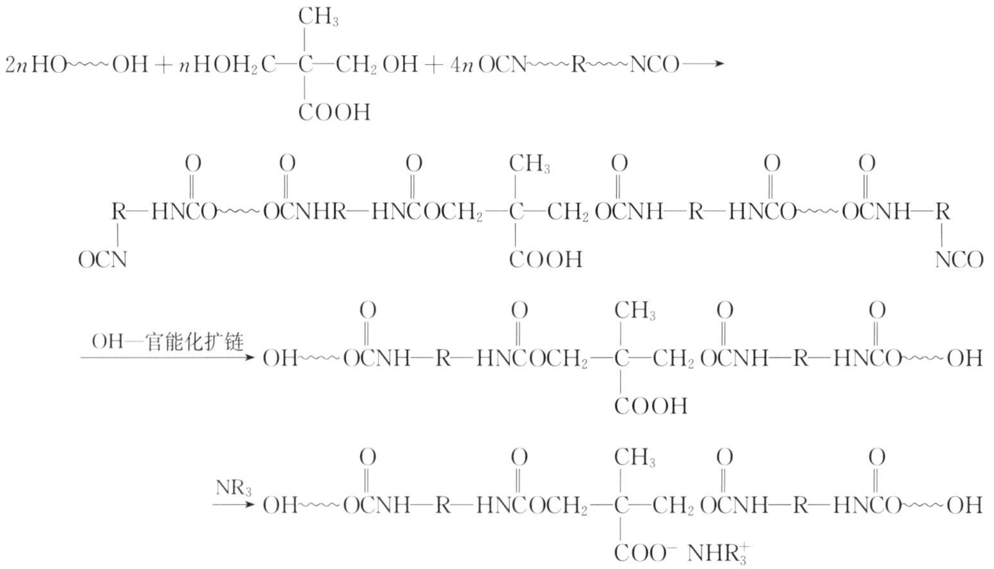

合成操作：

(1) 原材料脱水：250 g 的 N220，90℃下抽真空脱水 2.0 h。

（2）预聚：将 39.79 g 的 TDI 和 200 g 脱水后的 N220 放入烧瓶中，60～70℃下反应1.0 h，升温至 80℃再继续反应 2.0 h。

（3）引入亲水性单体：取 5.3 g 的 DPMA 与少量的 *N*－甲基吡咯烷酮混合均匀，最后缓慢倒入烧瓶保温 2.0～3.0 h，黏度过大可加丙酮稀释。

（4）扩链：缓慢加入 9.6 g 的一缩二乙二醇，反应 1.0～2.0 h。

（5）中和：将预聚体温度降至室温，加入一定量的丙酮降低黏度，再加入 4.0 g 的 TEA 中和 20 min。

（6）乳化分散：将预聚体倒入容器内搅拌，缓慢添加去离子水搅拌约 15 min，完成乳液分散。

3. 室温固化端羧基水性聚氨酯漆的制备

以甲苯－2,4－二异氰酸酯（TDI）、聚乙二醇（PEG）、2,2－二羟甲基丙酸（DMPA）和乙醇酸（GA）为主要原料，制备具有羧基官能团的水性聚氨酯（PU）分散液，具体的合成路线如下：

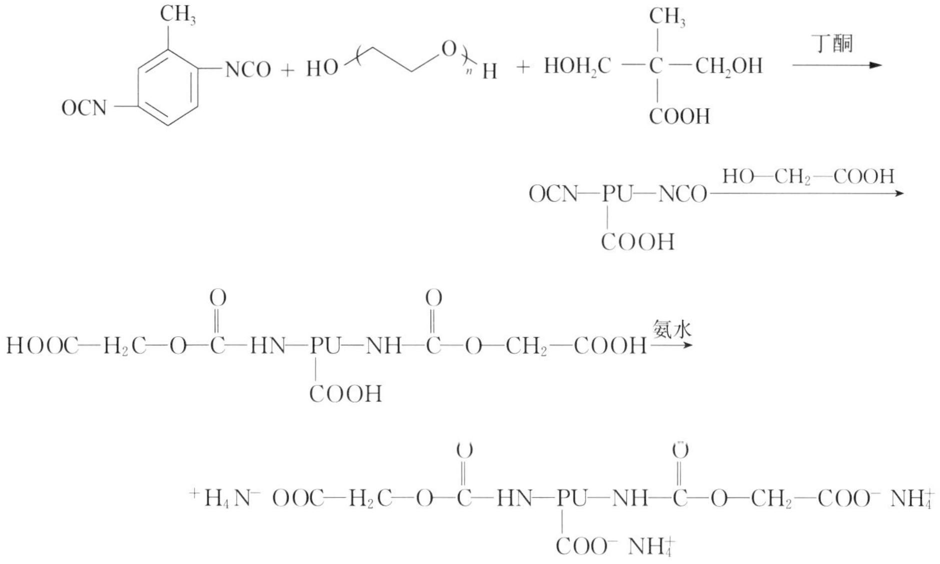

合成操作：

将丁酮、7.9 g PEG 和 1.1 g DMPA 混合加热至 50℃，加入 0.050 g 二月桂酸二丁基锡（DBTDL），搅拌直至 DMPA 完全分散在 PEG 和丁酮中；然后加入 9.8 g TDI 升温至 80℃反应 2.0 h（反应过程中黏度增大，酌情补加少量丁酮）；之后加入 1.2 g 适量的 GA，在 80℃下恒温反应 0.5 h；取 1.6 g 氨水缓慢滴加到体系中调整 pH＝8，同时降至室温，制得水性聚氨酯分散液。

4. 丙烯酸酯改性水性聚氨酯（PUA）漆的制备

单羟基的丙烯酸酯单体（如甲基丙烯酸羟乙酯）和多异氰酸酯反应，然后和丙烯酸酯单体进行乳液共聚合，得到 PUA 共聚物乳液。其相关的合成路线如下：

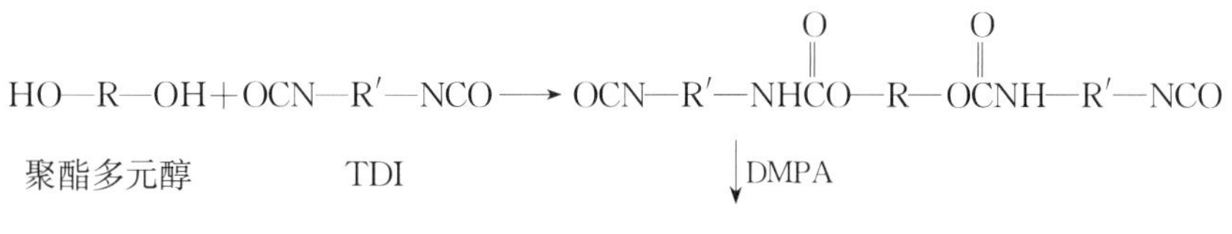

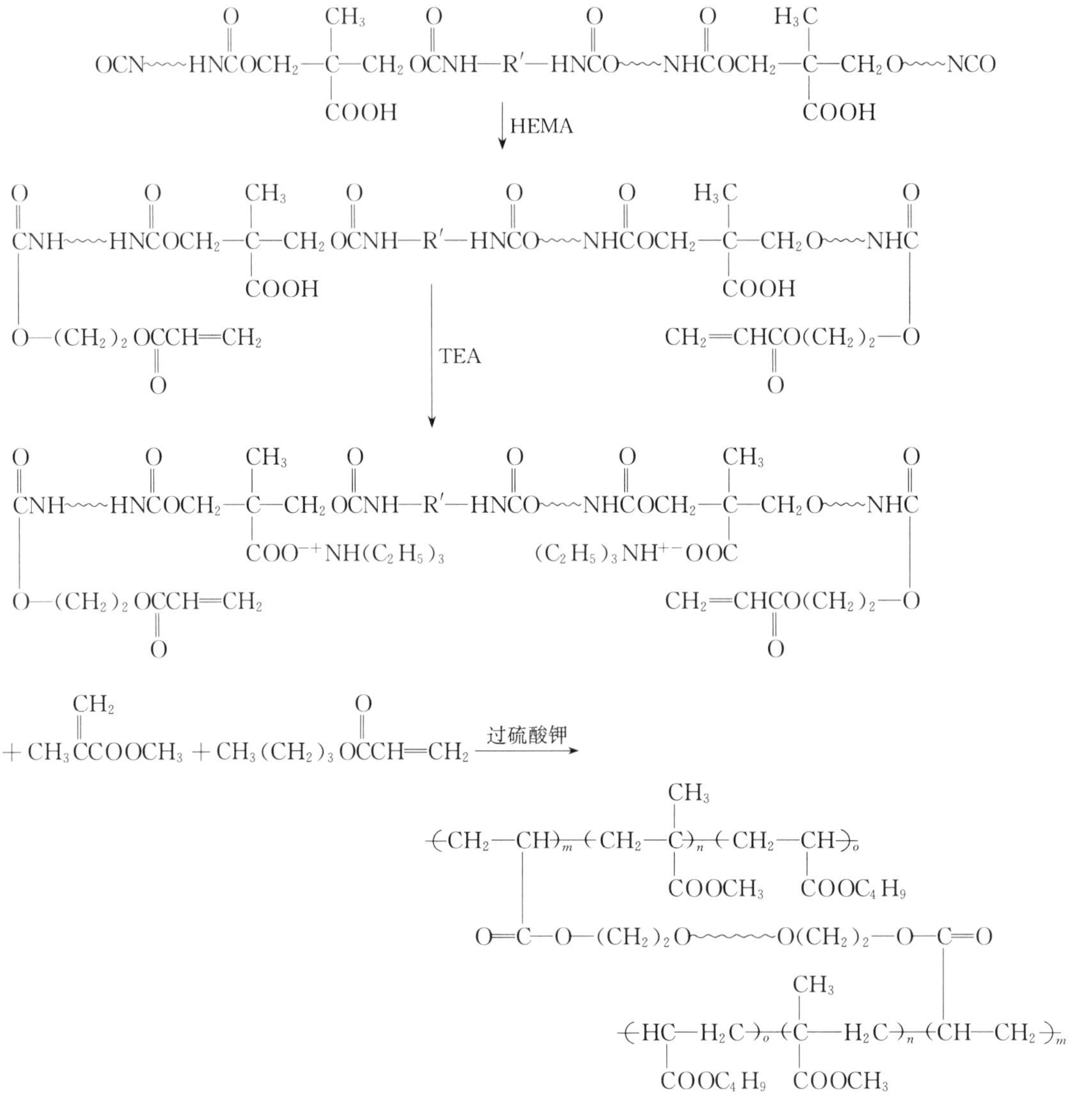

合成操作：

往三口烧瓶中加入 100 g 聚酯多元醇，在 120℃下真空脱水，然后缓慢滴加 26.1 g TDI，在 75℃下反应 2.0 h；加入 8.83 g DMPA 和 0.29 g DBTDL，升温到 85℃反应；隔一定时间取样，并用二正丁胺滴定法滴定，当—NCO 的含量降至 2%时加入 4.05 g 甲基丙烯酸羟乙酯(HEMA)反应 0.5 h，后降温到 40℃，加入 45.95 g 丙烯酸酯降黏，用三乙胺(TEA)中和，快速搅拌，加入 340 mL 含 0.6%乙二胺的去离子水进行乳化分散，升温至 85℃时再加入 85 g 丙烯酸酯单体，并在一定时间内滴加完 1.08 g 引发剂过硫酸钾的水溶液，保温出料。

6.9.6 聚酯树脂漆的制备

1. 双环戊二烯不饱和聚酯树脂(DCPD－UPR)漆的制备

(1) 水解加成法是合成 DCPD－UPR 的常用方法，顺丁烯二酸酐先水解生成顺丁烯二酸，然后与双环戊二烯进行加成反应生成双环戊二烯顺丁烯二酸单酯。

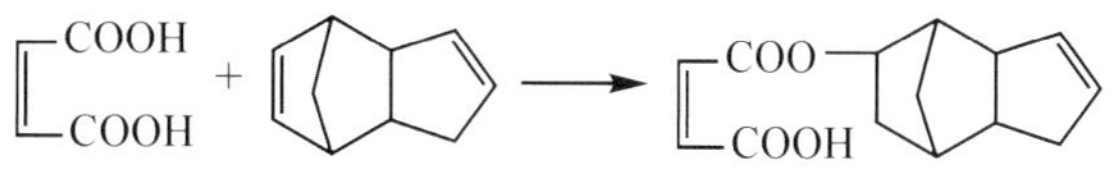

(2) 双环戊二烯顺丁烯二酸单酯继续和二元醇(PG、DEG)、二元酸(MA、PA) 进行缩聚反应,生成双环戊二烯不饱和聚酯树脂。

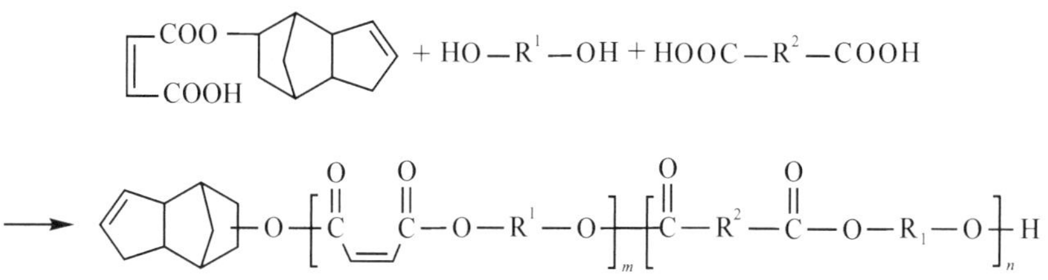

HO—R^1—OH 为 1,2-丙二醇或一缩二乙二醇;HOOC—R^2—COOH 为马来酸或邻苯二甲酸。

(3) 合成操作

将 39.2 g 顺丁烯二酸酐(MA)、12.7 g 一缩二乙二醇(DEG)、总质量的 0.2%的磷酸(0.3 g)和与 MA 等物质的量的去离子水(7.5 g)加入四口瓶中,搅拌,通 N_2,升温至 125~135℃时滴加 41.1 g 双环戊二烯(DCPD),保温反应 2.0 h 生成双环戊二烯顺丁烯二酸单酯。加入 29.6 g 邻苯二甲酸(PA)、5.3 g DEG、25.1 g 1,2-丙二醇(PG)和树脂总质量的 0.01%的阻聚剂对苯二酚(HQ)(0.02 g),将回流装置改为蒸馏装置,缓慢升温至 195~200℃进行反应。当酸值降到 30~40 mg KOH/g 时降温至 160℃加入树脂总质量的 0.01%的阻聚剂 HQ(0.020 0 g),继续降温至 90~100℃时加入树脂总质量的 35%的苯乙烯(51.6 g),搅拌、冷却得到浅黄色透明的产品。

2. 聚对苯二甲酸丙二醇聚酯(PTT)树脂漆的制备

对苯二甲酸(PTA)和 1,3-丙二醇(PDO)直接酯化得到对苯二甲酸丙二醇酯,然后熔融缩聚成 PTT。反应流程包括酯化、预缩聚和缩聚反应。具体合成步骤如下:

(1) 酯化反应

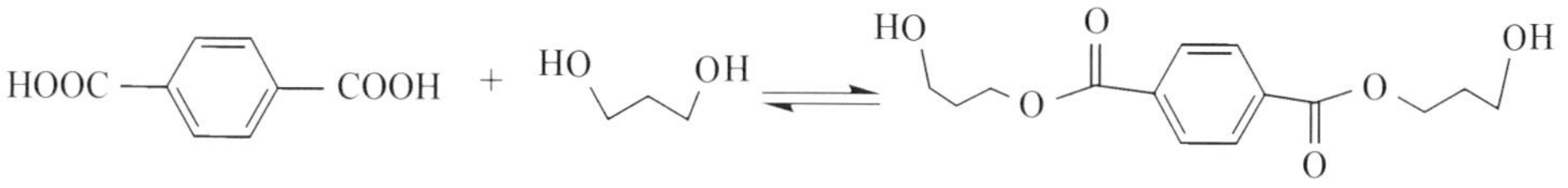

(2) 缩聚反应

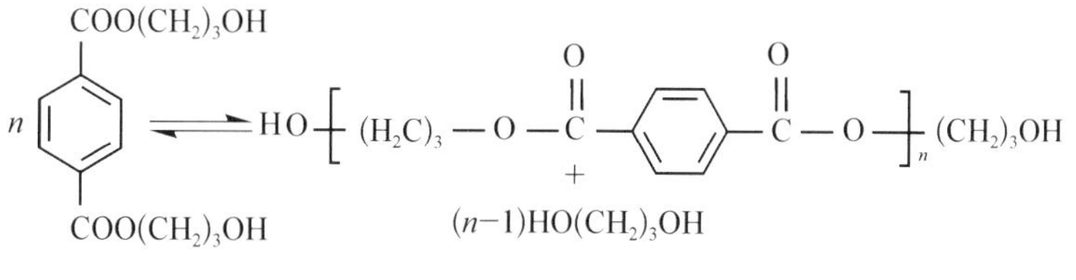

(3) 合成操作

① 酯化反应

将原料 PTA 与 PDO 按物料的物质的量之比 1∶1.8 投入四口烧瓶中,加入钛系催化剂进行酯化反应,在 N_2 保护下搅拌,加热,保证分馏柱内上方气体的温度为 100℃,有持续稳定的馏出液流出。物料由白色浑浊逐渐变为无色澄清，分馏柱内气体温度下降且无馏出液流出时酯化反应结束。

② 预缩聚反应

分段抽真空，逐渐提高反应体系的真空度，反应物黏度增加，保持分馏柱内上方气体温度为100℃直至无冷凝液流出，保持体系低于100 Pa的高真空度。

③ 缩聚反应

在高真空条件下维持温度在250～265℃，搅拌速度维持在150 r/min以上进行缩聚反应5.0 h，产物黏度逐渐增大，跟踪记录缩聚过程中扭矩值的变化。结束后通入N_2，常压保护，得到PTT。

3. 羟基聚酯树脂漆的制备

以多元醇与邻苯二甲酸酐为原料反应生成含端羧基的半酯，再与环氧化合物发生开环反应制得系列羟基聚酯。其相关的合成路线如下：

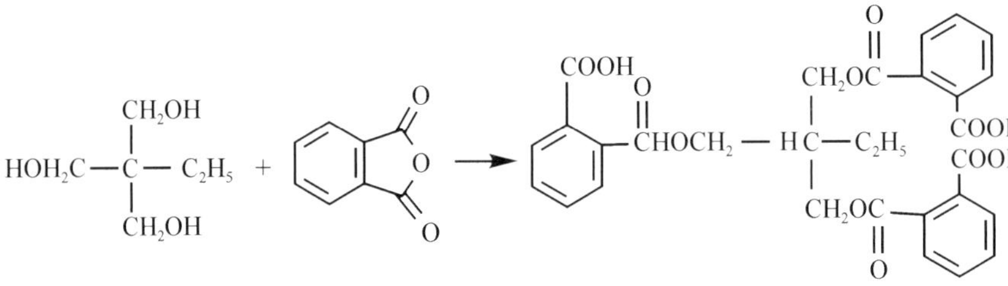

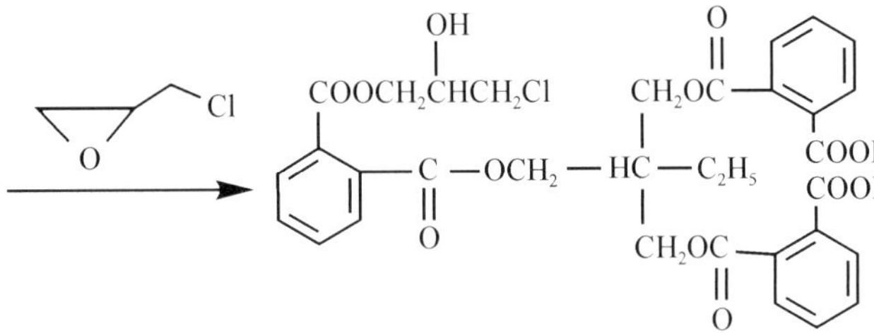

合成操作：

往四口烧瓶内加入3.0 g三羟甲基丙烷、9.95 g邻苯二甲酸酐、6.22 g环氧氯丙烷和适量溶剂，在110℃下反应3～4.0 h，当反应体系的酸值达到理论值时，将化学计量的环氧单体及少量(0.5%)四乙基溴化铵加入，在110～120℃下继续反应4～5.0 h至酸值小于10 mg KOH/g时，冷却降温制得产品。

6.9.7 水溶性树脂漆的制备

1. 水溶性酚醛树脂漆的制备

以苯酚和甲醛为主要原料合成的酚醛树脂，一般聚合度在2～10，主产物为取代酚缩聚的二聚体和三聚体，其合成路线如下：

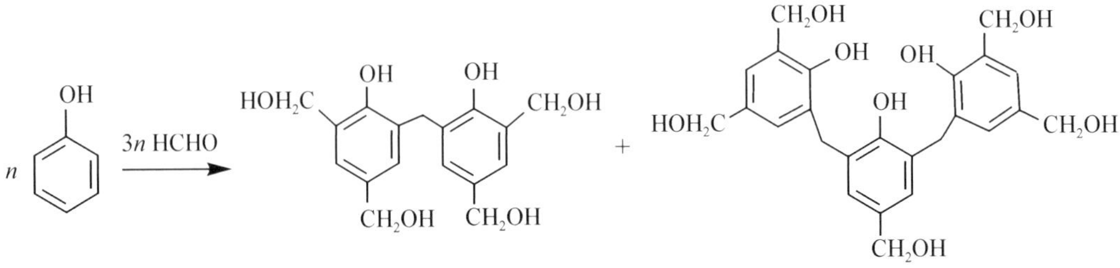

合成操作：

甲醛与苯酚的化学计量比为3，NaOH的量以反应物总质量的10%计。将苯酚加入反应釜中，在50℃下搅拌熔融，加入NaOH搅拌反应30 min，程序升温并滴加甲醛，1.0 h内温度上升到70℃。甲醛滴加完毕后升至80℃并恒温反应30 min得到预聚体溶液。加入去离子水使预聚体的质量分数保持在20%，在100℃下反应30 min得到产物，配制成5.0 g/L的水溶液，加入10%的NaCl溶液，摇动直到絮凝体完全析出。混合液通过0.22 μm的混合纤维素滤膜过滤除水，小心地将载有产物的纤维素滤膜于室温下真空干燥24 h，刮下产物，置于冰箱冷藏保存。

2. 水性丙烯酸树脂漆的制备

选择丙烯酸丁酯(BA)和甲基丙烯酸甲酯(MMA)为软硬单体，丙烯酸(AA)作为带有亲水基团的功能单体，通过中和盐化来实现树脂水溶性。其合成路线如下：

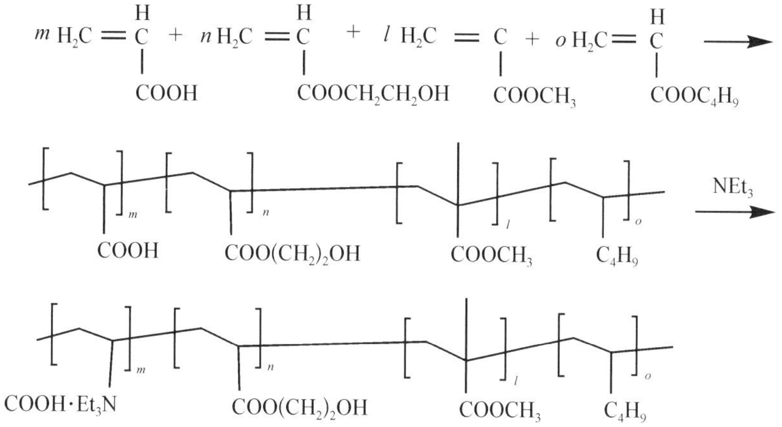

合成操作：

往四口烧瓶中加入9.66 g偶氮二异丁腈和100 mL丙酮，搅拌溶解后加入52.37 g MMA、67.04 g BA、37.63 g AA、42.92 g丙烯酸羟乙酯、3.12 g β-巯基乙醇，搅拌，在65℃下回流反应6.0 h后降温至35℃取样测分子量，用红外光谱表征，然后加入52.93 g三乙胺进行中和，搅拌10 min，加入适量去离子水，搅拌，蒸馏除去丙酮溶剂得到水性丙烯酸树脂漆。

3. 水溶性醇酸树脂漆的制备

以花椒籽油为原料、偏苯三酸酐为水性单体合成水溶性的醇酸树脂，合成路线如下：

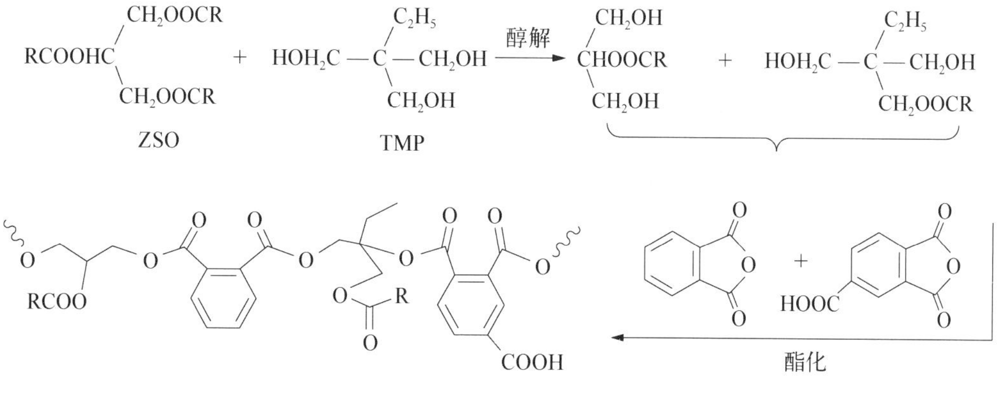

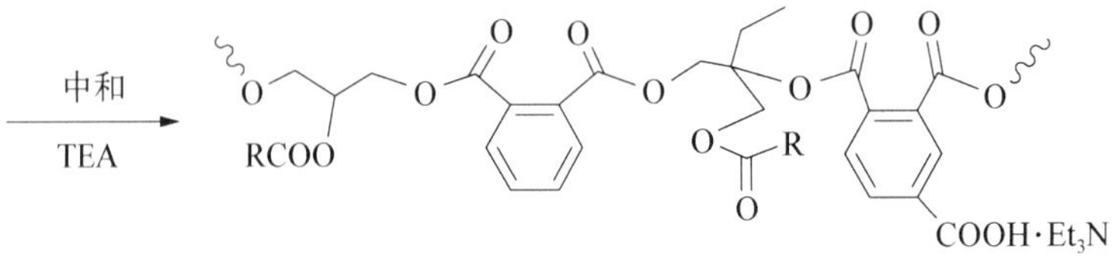

合成操作：

用花椒籽油制备水溶性醇酸树脂的物料比见表 6-11。

表 6-11 用花椒籽油制备水溶性醇酸树脂的物料比

原　料	质量分数/%	原　料	质量分数/%
花椒籽油	40～60	二甲苯	适量
三羟甲基丙烷	13.7～26.6	三乙胺	适量
偏苯三酸酐	13.3～31.3	乙二醇单丁醚	适量
二元酸	15.8～6.4		

(1) 醇解反应：往四口烧瓶中按配方投入花椒籽油和 TMP，升温至 120℃后加入适量 NaOH，缓慢升温到 230℃保温反应一定时间得到甘油单酯。

(2) 酯化反应：降温至 180℃，按配方加入二元酸和二甲苯(占醇解产物和二元酸总质量的 6%)，在 220℃下反应 1.0 h 再升至 230℃，保温反应一定时间，通过二甲苯带出反应所产生的水。每隔一定时间测酸值，降至 10 mg KOH/g 时降温至 180℃蒸出残留的二甲苯。在 70℃下加入 TMA 反应直至酸值降为 50～60 mg KOH/g 时停止反应。

(3) 中和反应：降温至 120℃，按 85%的固含量加入乙二醇单丁醚并溶解，继续降温至 70℃，加入适量三乙胺中和 30 min，再加入去离子水稀释，得到产品。

4. 聚醋酸乙烯乳液的制备

(1) 实验基本配方

底液：聚乙烯醇 4.0 g，去离子水 36 g；预乳液：聚乙烯醇 5.0 g，去离子水 45 g，乙酸乙烯酯 40 g，丙烯酸丁酯 2.5 g，丙烯酸羟乙酯 2.5 g，过硫酸铵 0.75 g。

(2) 均聚乳液的制备工艺及操作方法

往三口烧瓶中加入聚乙烯醇和蒸馏水，搅拌，升温至 90℃，聚乙烯醇全部溶解后降温至 60℃，加入乳化剂、1/4 的乙酸乙烯酯单体、引发剂。换水浴，温度维持在 65～75℃，待无大量回流后滴入 1/2 的乙酸乙烯酯，再加入 1/3 的过硫酸铵溶液，然后滴加最后 1/4 的乙酸乙烯酯单体。投料完毕后加入余下的引发剂并继续加热回流，逐步升温以不产生大量泡沫为准，直到 90～91℃无回流为止。冷却至 40℃加入少量的 Na_2CO_3 水溶液、适量邻苯二丁酸二乙酯，搅拌冷却 1.0 h 得到黏稠白色乳液。

聚乙酸乙烯酯乳液的共聚改性：适当减少丙烯酸羟乙酯的用量，并采用分开滴加的方式，可以获得稳定、均匀的乳液。

本章练习题

6-1　涂料与颜料的区别是什么？

6-2　涂料中的成膜物质主要有哪些类型？

6-3　如何改善涂料与底物的附着力？

6-4　绿色环保理念下，如何减少涂料中有机溶剂的使用？

第7章

聚合物助剂

7.1 聚合物的种类

聚合物又称加聚物，由单体经聚合反应而成，具有重复的结构单元。分子量低的称为低聚物，分子量达几千甚至百万的称为高聚物或高分子化合物。天然高聚物如蛋白质是氨基酸的聚合物、淀粉和纤维素是环状葡萄糖的聚合物。人工合成的高聚物种类繁多、应用广泛，如聚烯烃塑料[聚氯乙烯(PVC)、聚苯乙烯(PS)、聚乙烯(PE)、聚丙烯(PP)等]、纤维(如尼龙，聚丙烯腈)及橡胶等很难降解，污染环境，发展方向是研制各种能光解或者能被生物降解的新型聚合物。高分子聚合物用结构单元表达，如PE为$\left[CH_2—CH_2\right]_n$，尼龙-6为$\left[NH(CH_2)_5CO\right]_n$，聚合度为$n$。

7.1.1 聚合物的性质和应用

聚合物的分子量很高(通常为10^4～10^6)，在水及一般有机溶剂中难以溶解甚至不溶，即使溶解也是先溶胀；溶液黏度比相等浓度的小分子溶液高很多；分子间作用力大，通常是黏稠的液态或固态，很难汽化；固体有一定力学强度，可拉丝、拉膜、挤压成型。

聚合物是混合物，每个分子的聚合度不同，分子量也不同，该特性称为多分散性，用分子量分布(molecular weight distribution, MWD)来描述。通常所说的聚合物的分子量是平均值，根据统计方法不同有数均分子量(M_n)、质均分子量(M_w)等。M_w/M_n称为多分散系数(polydispersity index, PDI)，用来衡量分子量分布，PDI越大分子量分布越宽，分散程度越大。聚合物的密度比同体积的钢铁小得多，且绝大部分是绝缘体(少数具有导电性、磁性)，广泛用于医疗、建筑、包装材料、塑料等方面。聚合物的应用指标主要有强度、硬度、耐热性、耐腐蚀性、耐磨性、耐溶剂性、透光性、气密性、电绝缘性等。

阅读材料

导电塑料

20世纪70年代，白川英树小组获得了一种具有金属光泽的能导电的银灰色薄膜——聚乙炔塑料，从此人类进入导电塑料时代。用导电塑料代替半导体材料制造太阳能电池及蓄电池的电极材料，蓄电池由15 kg降至2 kg，且能够反复充电1 000次以上，极大延长了电池的使用寿命。导电塑料兼具塑料和金属的优点，密度比金属小，不需要冶炼，也不需要高温加工，且制取导电塑料的资源十分丰富且低廉，因此导电塑料给材料科学带来新的生机。

7.1.2 聚合物的分类

(1) 按分子链的形状分类

高分子的性质很大程度上取决于分子链的形状，一般分为线形、球形、网形和体形。

线形结构：线形结构中主链原子排成长链，链上分布着长短不一的支链，这类高聚物有PE、PVC、橡胶等，受热时熔化，也能溶于特定的有机溶剂，形成定向排列的晶体。其支链增大了分子间距，使溶解度和塑性增高，但降低了机械强度。

球形结构：大量的支链围绕在主链周围使分子成为球状。其强度和弹性都不及线形结构，无明确的熔点，但溶解性能良好。

网形结构：聚合物的主链彼此交联成为网状，高温下不熔但能变软；在有机溶剂中不溶解但能膨胀，如硫化橡胶。

体形结构：聚合物链在三维空间与其他分子交联导致其硬而脆，高温下不熔化、不可塑，在有机溶剂中不溶解。酚醛、胺醛、环氧及聚酯等均属于此类。

(2) 按性质和用途分类：化学纤维、塑料、橡胶、涂料和黏合剂等。

(3) 按合成反应类型分类：加成聚合物(如PE、PP等)、缩合聚合物(如聚酯、聚酰胺等)、开环聚合物(如聚醚等)等。

(4) 按来源分类：天然聚合物(如淀粉、纤维素等)、合成聚合物(如烯类聚合物等)、半合成聚合物(如醋酸纤维素等)。

(5) 按主链元素组成分类：碳链聚合物(由碳原子构成)、杂链聚合物(除碳原子外还有氧、氮、硫等杂原子)、元素有机聚合物(主要由硼、硅、铝、氧、氮、硫、磷等原子组成，侧链为有机基团如甲基、乙基等)。

(6) 按应用功能分类：通用高分子、功能高分子等。

7.2 胶黏剂的概述

能够把两种相同或者不同的材料通过粘接的方式连接起来，并且具备一定的物理和化学性能的物质称为胶黏剂。把两种材料连接的工艺称为黏结。胶黏剂广泛应用于汽车、航空航天、船舶工业、木材工业建筑和生物医学等领域，在国民生活中扮演着重要角色。

7.2.1 胶黏剂的组成及其作用

(1) 基料：胶黏剂的主体材料，起粘接作用，一般是高分子材料，决定胶黏剂的性能。胶黏剂一般由1～3种基料组成。

(2) 固化剂与促进剂：促进固化，也是胶黏剂中的主要成分之一。

(3) 稀释剂：又称溶剂，用来降低胶黏剂的黏度，分为活性和非活性两种，活性的含有活性基团并能参与固化反应；而非活性的不参与固化，仅起到降低黏度的作用。另外稀释剂还有润湿填料的作用。

(4) 偶联剂：用于提高被粘物与胶黏剂的胶接能力的物质。其分子结构上带有不同性质的活性基团，一部分与被粘物反应，另一部分与胶黏剂反应，从而使两种不同的材料连接起来。

(5) 其他助剂：稳定剂、增稠剂、增韧剂、分散剂、防老剂、阻燃剂、乳化剂、增塑剂等，其目的都是为了改善或提高胶黏剂的总体性能。

(6) 填料：为改善胶黏剂性能或降低成本而加入的一种非黏性固体物质。填料在胶黏剂组分中不与基料发生化学反应。

7.2.2 胶黏剂的粘接理论

人们对胶黏剂的粘接机理还不是十分清楚，目前有六种假设。

(1) 机械连接理论：胶黏的本质为摩擦力，微观状态下粘接基材表面凹凸不平且粗糙，胶黏剂将凹凸孔洞填满，固化后就像铆合与榫接的机械连接，因此基材表面的粗糙程度以及胶黏剂本身的流动浸润性能对粘接强度都有决定性的影响。

(2) 吸附理论：胶黏剂依靠布朗运动在基材表面扩散，布朗运动的强烈程度决定两者之间的粘接强度。当分子间距足够小的时候，两者之间产生吸引力，直至两者之间处于稳定状态，胶黏剂与基材表面完成粘接。

(3) 化学键理论：界面间化学基团互相反应产生粘接，是强度最高的连接。分析表明胶黏剂与含有相似反应基团的基材之间的粘接效果更优。

(4) 扩散理论：在两种聚合物相容的前提下，胶黏剂分子中的某些短链穿过界面(胶黏剂-基材)扩散至基材中产生交联，导致界面产生 10～1 000Å 的过渡区，进而两者之间产生粘接力。

(5) 弱界层理论：由于界面(胶黏剂-基材)间存在小气泡或者杂质，对胶黏剂的浸润性能有影响，使得胶黏剂与基材之间形成弱界层，当受到外力时，破坏过程必然在弱界层发生，故效果好坏取决于弱界层的组成。

(6) 静电理论：胶黏剂表面的残余电子与基材表面的残余电子形成接受体-供给体组合，供给体的电子转移到胶黏剂(接受体)，在界面层(胶黏剂-基材)形成带电双电层，产生静电力。实验表明，如果分子间距达到 5Å 以上，静电力作用会剧烈减小，所以在施胶过程中应保证有足够的压力，以确保胶的粘接效果。

7.2.3 胶黏剂的分类

胶黏剂主要包括天然胶黏剂、无机胶黏剂和合成树脂胶黏剂三大类。

1. 天然胶黏剂

(1) 单宁胶黏剂

单宁胶黏剂是以凝缩类单宁为主要原料，通过添加固化剂制备的一类胶黏剂。凝缩类单宁是分子量在 500～3 000 范围内的聚多酚类化合物，属于聚合黄酮类，广泛存在于植物的干、皮、根、叶和果实中，具有类似酚醛树脂胶黏剂的胶合性能和耐老化性能，在使用时添加固化剂对单宁分子进行交联，因此固化剂对胶黏剂的力学性能影响显著。常用的固化剂有甲醛、多聚甲醛和乙二醛，以及糠醇、三羟甲基硝基甲烷、六次甲基四胺及聚乙烯亚酰胺等。单宁胶黏剂具有可再生和生态环保等优点，主要用于皮革和木材胶黏剂工业；缺点是分子量大、黏度大、交联度低、适用期短、胶层物理力学性能差。凝缩类单宁的化学结构如下：

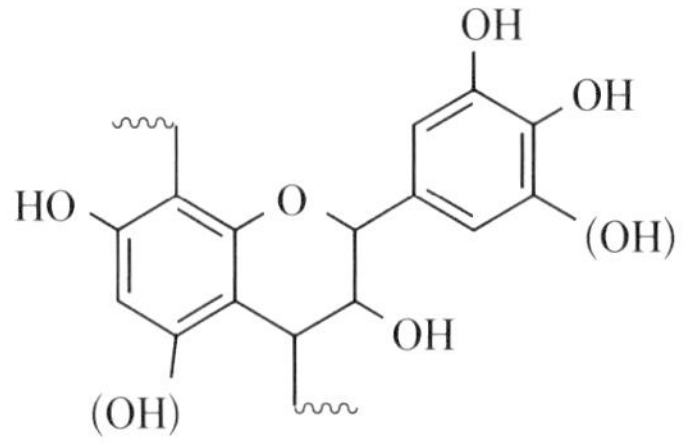

(2) 淀粉胶黏剂

淀粉胶黏剂是以天然淀粉如玉米、木薯和小麦淀粉等为原料、水为溶剂，同时添加其他助剂，经过氧化、糊化、交联接枝等相关改性技术制备的绿色环保型胶黏剂。淀粉是多糖类物质，分子式为$(C_6H_{10}O_5)_n$，含水量为10%～20%，一般分为直链与支链两种类型。直链淀粉由α-1,4-糖苷键连接而成，聚合度为70～350，占淀粉量的23%，可溶于热水，不含磷脂，不生糊，有凝胶作用；支链淀粉由α-1,6-糖苷键连接而成，聚合度为280～5 000，占淀粉量的77%，含有磷脂成分，可成糊。淀粉胶黏剂具有粘接强度高、质量轻、无污染等优点，广泛应用于纺织、包装、食品等行业。

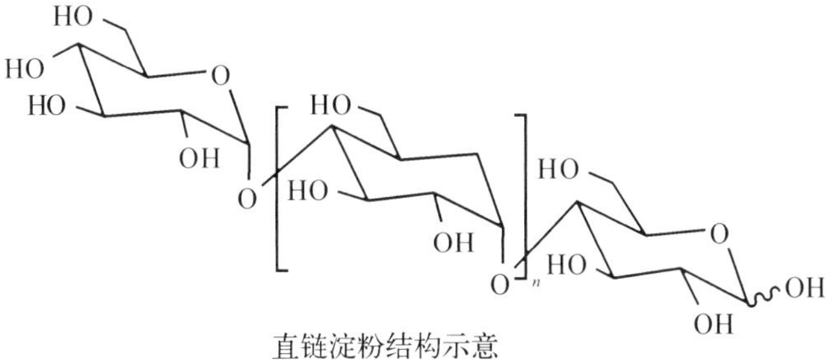

直链淀粉结构示意

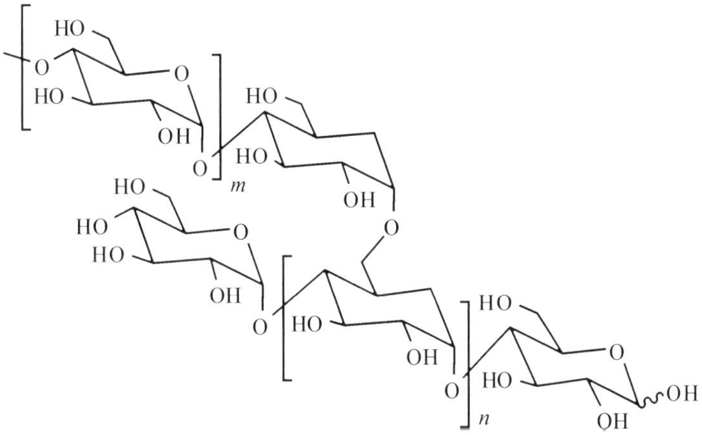

支链淀粉结构示意

(3) 木质素胶黏剂

木质素胶黏剂是以木质素为主要原料，添加固化剂制备的一类胶黏剂。自然界中木质素的含量仅次于纤维素，其结构中存在较多的醛基和羟基，可部分替代甲醛或苯酚制作树脂，也可以作为改性剂降低其他胶黏剂的甲醛或苯酚用量，减少成品中游离甲醛或苯酚的释放量，改善胶黏剂的环保性能。木质素的分子结构中还存在芳香基、酚羟基、醇羟基等活性基团，可以进行氧化、还原、水解、醇解、酸解、去甲氧基化、羧基化、光解、酰化、磺化、烷基化、缩聚或接枝共聚等反应，此外木质素还能抗紫外线，可完全生物降解。其结构如下：

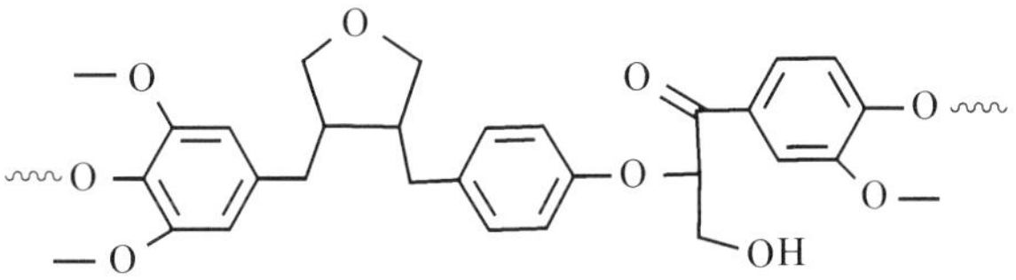

(4) 植物蛋白胶黏剂

植物蛋白胶黏剂主要有大豆、油菜籽和棉籽蛋白胶黏剂等，其中对大豆蛋白胶黏剂研究得最多，其以豆粉或豆粕为主要原料，通过加入改性剂、助剂等调制而成。大豆蛋白中近90%是以储藏蛋白的形式存在的，主要是大豆球蛋白和β-伴球蛋白，分别占总蛋白质含量的40%和30%。大豆球蛋白的沉降系数是11S，β-伴球蛋白的沉降系数是7S，这对大豆蛋白胶黏剂的性能有很大影响。7S球蛋白的疏水性氨基酸含量高，在胶黏剂中有助于提高耐水性能，11S球蛋白的硫氨基酸含量高，在形成凝胶时二硫键和巯基反应形成分子间二硫键，有助于提高胶接性能。该类胶黏剂的缺陷是胶合强度低、易腐败变质、黏度高、存储期短、耐水性差等，工业上应用于胶合板、刨花板、中密度纤维板和工程木地板。大豆蛋白胶黏剂的结构如下：

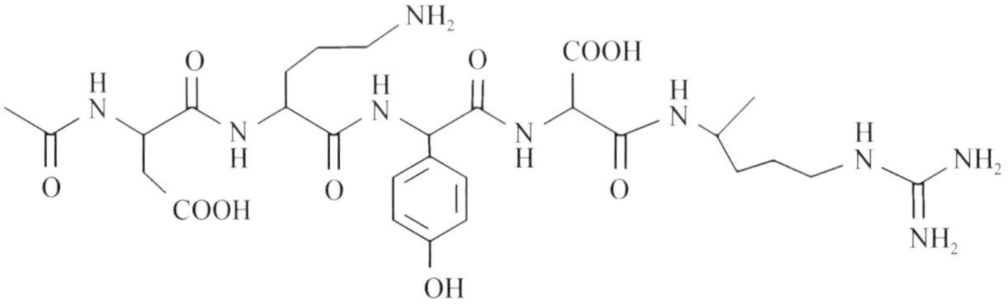

2. 无机胶黏剂

无机胶黏剂是胶黏剂的一个重要分支，由无机酸碱、金属化合物、无机盐等组成，具有抗老化、耐高温、热膨胀系数小等特点，在机械、航空航天等具有高温需求的领域优势明显。目前有硅酸盐、磷酸盐两大类，其共同的特点是耐高温性能突出，具有较好的粘接性能，一般由基料、固化剂、填料组成，还要加入颜料、促凝剂、稀释剂、酸性抑制剂、缓凝剂、发泡剂或气泡稳定剂及其他助剂等。

(1) 硅酸盐胶黏剂

硅酸盐胶黏剂以碱金属硅酸盐溶液（俗称水玻璃）为主体，加入预处理的氧化物如SiO_2、Al_2O_3、MgO，Al粉、石墨粉、硼酸盐等固化剂及填料、水等调配而成。碱金属硅酸盐的通式为$M_2O \cdot nSiO_2$，M表示碱金属，n表示模数，即SiO_2与M_2O之比。

硅酸盐中硅酸钠价格低、成膜性好、粘接强度高，常作为主体基料。该类胶黏剂主要有硅酸钠-氧化物胶黏剂、硅酸钠-石墨胶黏剂、硅酸盐水泥胶黏剂等，以硅酸钠-氧化物胶黏剂最常见，具有无毒、使用方便、耐高温性（800～2 900℃），以及室温固化后耐油、耐辐射和耐久性好等优点，广泛应用于金属、陶瓷、石材、玻璃、木材等材料的粘接。其缺点是内聚强度低、脆性大、耐酸碱与耐水性差，在使用时需改性，从固化剂改性、填料改性，以及新材料改性、有机改性、物理改性等方面入手改善其性能。

(2) 磷酸盐胶黏剂

磷酸盐胶黏剂是以酸式磷酸盐、焦磷酸盐、偏磷酸盐或磷酸为基料，加入金属氧化物或氢氧化物为填料和固化剂的无机胶黏剂。磷酸盐自身无黏结能力，与固化剂反应生成的盐形成强烈的结合力从而具有黏结能力，结构为磷酸或磷酸盐复合物。磷酸盐的通式为$M_2O \cdot mP_2O_5 \cdot nH_2O$，M以碱金属为主，常用的有Ca、Mg、Zn、Al、Cu、Fe等。常用的基料主要有磷酸铝、磷酸铬、磷酸镁、磷酸锆与磷酸铝铬等。

磷酸铝由铝的氢氧化物或氧化物、氮化物与磷酸反应而得，其反应式如下：

$$Al(OH)_3 + 3H_3PO_4 \xrightarrow{\triangle} Al(H_2PO_4)_3 + 3H_2O$$

$$2Al(OH)_3 + 3H_3PO_4 \xrightarrow{\triangle} Al_2(HPO_4)_3 + 6H_2O$$

$$Al(OH)_3 + H_3PO_4 \xrightarrow{\triangle} AlPO_4 + 3H_2O$$

调整磷酸、铝的氢氧化物(氧化物、氮化物)的用量,可以得到磷与铝的比例不同的磷酸盐胶黏剂,其中磷酸二氢铝的黏结性能好、应用范围广,具有粘接能力强、常温固化、耐高温、价格低及红外吸收良好等优异性能,可用作耐火材料及纤维、木材的阻燃材料,因介电性能良好而用于电器材料的粘接及生产耐热绝缘制品等。

CrO_3 与 60%的 H_3PO_4 反应,再加入甲醛、脲基甲醛、H_2O_2、甲醇及氧化铬或氢氧化铬等还原剂,搅拌,加热后生成绿色的磷酸铬:

$$CrO_3 + H_2O_2 + H_3PO_4 \xrightarrow{\triangle} Cr(H_2PO_4)_3 + H_2O + O_2$$

磷酸铬在高温处理过程中组成无定形的 $P_2O_5-Cr_2O_3$ 无机聚合物骨架,具有一定的弹性模量从而产生固化作用。该骨架具有极高的强度,能耐 900℃高温。但 Cr 离子有毒,因此实际应用较少。

磷酸镁是采用磷酸和镁、氧化镁、氢氧化镁等反应制得。磷酸镁胶黏剂多为磷酸二氢镁的溶液,具有凝固速度快、早期抗压强度高、可塑性和胶黏性好等优点,固化时体积略微膨胀,无毒,可作为生物材料植入体内并逐步降解;通常也用于道路、桥梁等公用设施的快速修复。

磷酸锆由 $Zr(OH)_4$ 与磷酸制得,不适于长期保存。其反应式如下:

$$Zr(OH)_4 + 4H_3PO_4 \xrightarrow{\triangle} Zr(H_2PO_4)_4 + 4H_2O$$

$$Zr(OH)_4 + 2H_3PO_4 \xrightarrow{\triangle} Zr(HPO_4)_2 + 4H_2O$$

$$3Zr(OH)_4 + 4H_3PO_4 \xrightarrow{\triangle} Zr_3(PO_4)_4 + 12H_2O$$

磷酸铝铬由铝的磷酸盐与含 50%～60%的铬的磷酸盐溶液混合,或用 Cr^{3+} 和 Al^{3+} 与磷酸作用得到,反应式如下。

$$Al(OH)_3 + Cr_2O_3 + H_3PO_4 \xrightarrow{\triangle} Al(H_2PO_4)_3 + Cr(H_2PO_4)_3 + H_2O$$

磷酸铝铬在水中的稳定性好,在 200℃下开始固化,具有很好的黏结性能,能长期保存。加入铬盐可以降低胶黏剂的黏度,减少胶黏剂及水分的含量,起到防裂的作用。该胶黏剂化学性质稳定,黏性高,可塑性好,同时黏结剂固化后产生 $P_2O_5-Al_2O_3-Cr_2O_3$ 复合物,在近 1 800℃时熔融,不分解也不与被结合的填料形成低共熔物,可作为高温胶黏剂。

(3) 固化剂

固化剂与基料发生化学反应,穿插在基料分子聚合物中形成大分子。常见的固化剂有碱土金属和过渡金属的氧化物、氢氧化物等,其分类及性能描述见表 7-1。

表 7-1　磷酸盐胶黏剂固化剂的分类和性能

分　类	性　　能	举　　例
金属氧化物	ⅡA、ⅢA 主族元素氧化物或过渡金属氧化物	MgO、CuO、Al_2O_3
金属氢氧化物	和磷酸反应生成磷酸盐而发生作用	$Al(OH)_3$、$Zr(OH)_4$
金属盐	ⅠA～ⅣA 主族金属的盐类,如硫酸盐、碳酸盐等	$ZnSO_4$、$MgCO_3$
硅的氧化物	二氧化硅,ⅡA、ⅢA 主族金属的硅酸盐	SiO_2、$MgSiO_3$
硼酸盐	ⅡA 主族金属的硼酸盐	硼酸铝、硼酸锆等

其中磷酸盐-氧化铜胶黏剂应用得最为广泛，属于化学反应型无机胶黏剂，耐高低温性能优异，使用温度范围为−183～1 400℃，其线膨胀系数极小(10^{-6} ℃$^{-1}$)，避免了粘接时产生较大的内应力，其套接强度是同类有机胶黏剂的3～4倍。

(4) 无机胶黏剂的制备

① 硅酸钠胶黏剂的制备

配方：Na_2SiO_3 80.5 g，SiO_2 14.6 g，MgO 8.6 g，Al_2O_3 8.6 g，ZnO 2.6 g。

制备过程：

取80.5 g Na_2SiO_3 配制溶液，作为a组分；按照配方把剩余物质混合均匀，组成b组分。使用前将a、b组分按剂量配比调和均匀，即可制得固含量为61.7%、pH约为11的硅酸钠胶黏剂。其在30～800℃范围内有良好的热稳定性，对杨木胶合板的胶合强度达到0.7 MPa，24 h吸水率为31%。

② 磷酸盐-氧化铜胶黏剂制备

将氧化铜粉于890℃煅烧4.0 h，冷却后研磨1.0 h，其粒径为45～75 μm，适于配制胶黏剂。按每100 mL磷酸加5 g氢氧化铝的配比，在室温下混合成均匀的浓乳液，加热至150～200℃使氢氧化铝反应完全，水分蒸发约半小时后停止加热，得密度为1.7～2.0 g/mL的磷酸铝溶液，再按4～5.5 g/mL的调胶比(氧化铜粉的克数与磷酸铝溶液的毫升数之比)，把两者在调和用玻璃板上均匀调和，呈浓胶状并能拉出10 mm以上丝条即可使用。

3. 合成树脂胶黏剂

1) 环氧树脂胶黏剂及其分类

环氧树脂胶黏剂由环氧树脂基料和固化剂组成，具有价格低廉、黏结力大、黏结强度高、化学稳定性优异、收缩率低、机械性能好、易于加工成型、无环境污染等优点，对金属、玻璃、木材、塑料、陶瓷、水泥、橡胶、织物等多种极性材料都具有很强的黏结能力，常称作"万能胶"，被广泛应用于化工、家电和航空航天等领域。作为胶黏剂使用的环氧树脂有两类：第一类是缩水甘油基型环氧树脂，其由环氧氯丙烷与含有活泼氢原子的有机化合物(如多元酚与多元醇、多元酸、多元胺等)缩聚而成；第二类是环氧化烯烃型环氧树脂，其由含不饱和双键的低分子量的直链或环状化合物被过氧化物环氧化而成。

(1) 缩水甘油基型环氧树脂

① 缩水甘油醚型环氧树脂。其由多元酚、多元醇与环氧氯丙烷经缩聚反应而成，包括二酚基丙烷型(双酚A型)、二酚基甲烷型(双酚F型)、二酚基砜型(双酚S型)、环氧化酚醛型、间苯二酚型、均苯三酚型等。

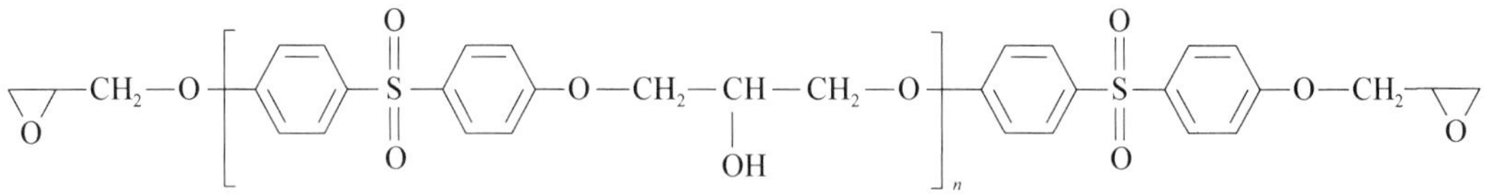

双酚S型环氧树脂

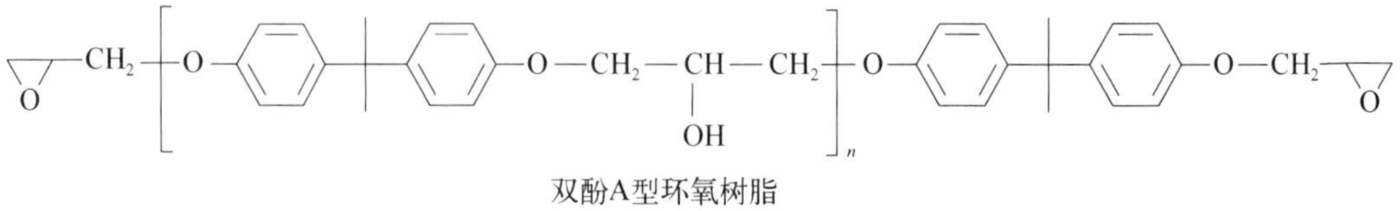

双酚A型环氧树脂

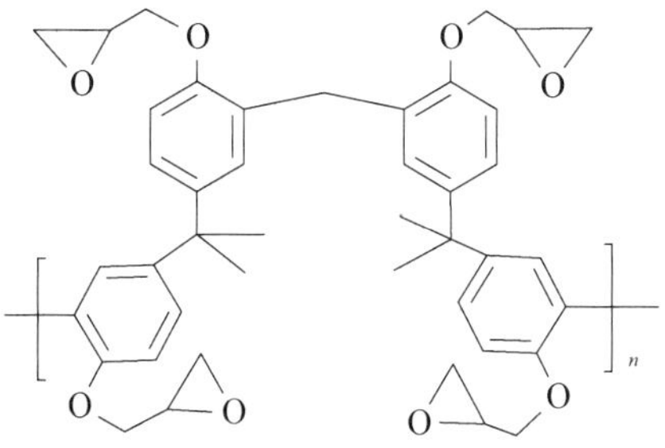

BPA—PA 酚醛环氧树脂

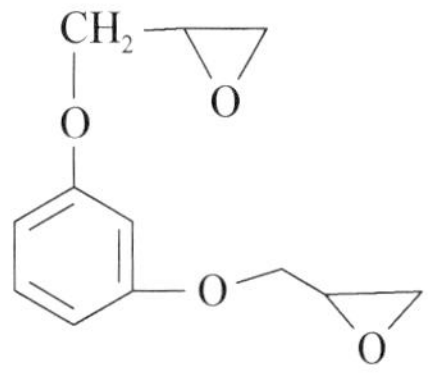

间苯二酚环氧树脂

② 缩水甘油酯型环氧树脂，分子结构中含有两个或两个以上缩水甘油酯基的化合物。

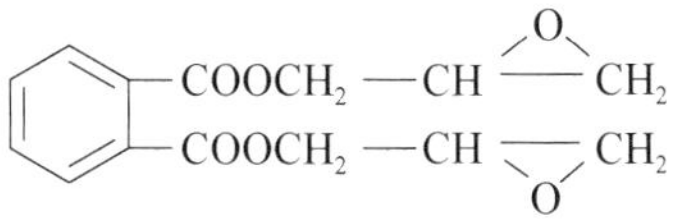

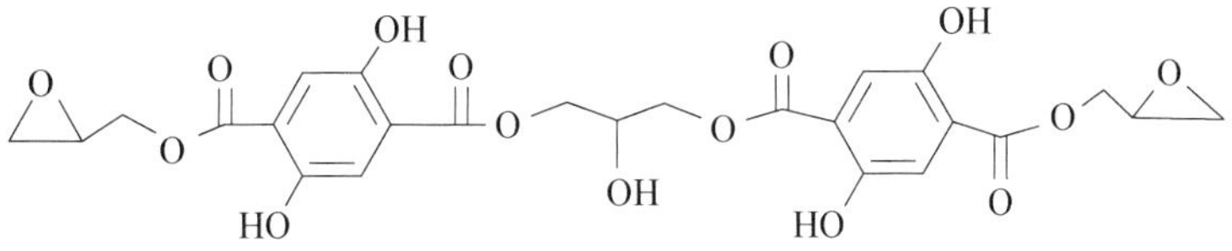

③ 缩水甘油胺型环氧树脂，由伯胺、仲胺与环氧氯丙烷合成的，含有不少于 2 个缩水甘油氨基的环氧树脂。

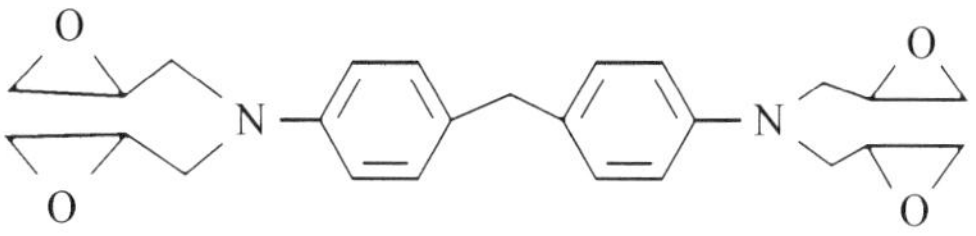

N,*N*,*N*′,*N*′-四缩水甘油基-4,4′-二氨基二苯甲烷(TGDDM)，商品名：AG-80

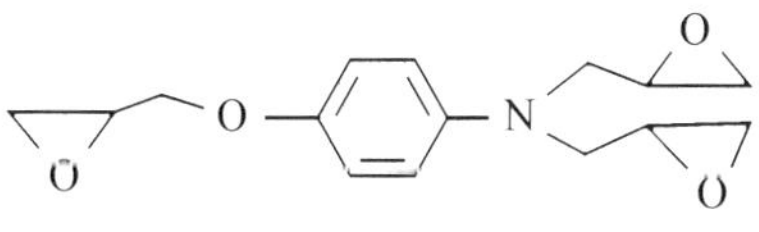

三缩水甘油基对氨基苯酚(TGPAP)环氧树脂，商品名：AFG-90

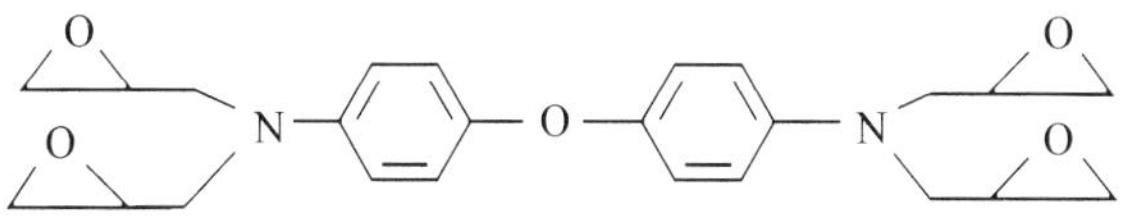

N,*N*,*N*′,*N*′-四缩水甘油基-4,4′-二氨基二苯醚(TGDDE)

(2) 环氧化烯烃型环氧树脂

a. 脂环族类，含有—C═C—的脂环族化合物经环氧化反应制得的环氧树脂。

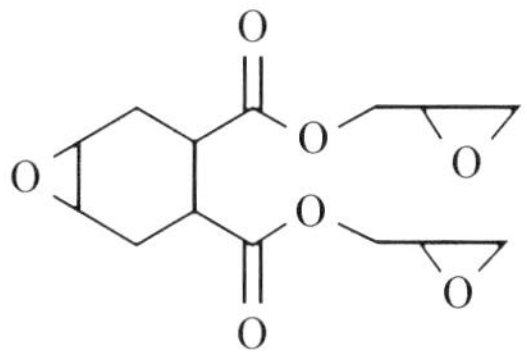

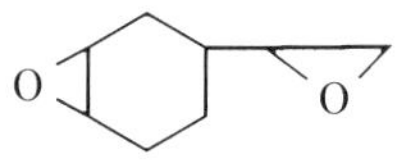

b. 线型脂肪族类,如聚丁二烯环氧树脂。

2) 高性能环氧树脂胶黏剂

环氧树脂胶黏剂固化后脆性大、韧性差、不耐冲击、剥离强度低、耐热性和耐水性差。近年来各类高性能环氧树脂胶黏剂被研发出来,如耐高温、高韧性、耐湿性以及室温固化环氧树脂胶黏剂等。

(1) 耐高温环氧树脂胶黏剂

提高耐热性的改性方法包括用马来酰亚胺、橡胶、无机填料、树脂、有机硅等进行改性,改性后具有优异的黏结性能、高耐热性及良好的工艺性能,广泛应用在航空航天、汽车、电子电器、轻工、船舶制造、建筑等行业中。

① 马来酰亚胺改性环氧树脂

马来酰亚胺呈现出良好的耐热性。合成中常以二元胺为固化剂,其与马来酰亚胺反应生成线形链延长聚合物,同时与环氧树脂中的环氧基反应形成互穿网络或两相体系,从而制备耐热性能良好的环氧树脂胶黏剂。

② 橡胶改性环氧树脂

橡胶中的活性端基如氨基、羧基等与环氧树脂中的环氧基、羟基等发生反应,在固化过程中弹性链段析出形成两相结构,从而增加韧性。常用的有液态端羧基丁腈橡胶、聚醚弹性体等。

③ 无机填料改性环氧树脂

在环氧树脂中添加 SiO_2、TiO_2 及 Al_2O_3 等,或引入耐热杂原子如硅、钛、硼都能提高其耐热性。无机粒子均匀地分散在环氧树脂基质中,当基体受冲击时粒子与基体之间产生的银纹能吸收大量的冲击能,阻止银纹的扩散,同时粒子之间的基质产生塑性变形吸收冲击能,从而达到增韧的效果。

④ 有机硅改性环氧树脂

聚有机硅氧烷具有热稳定性好,耐高温、防潮、绝缘、耐老化、生理惰性等优异性能,有机硅改性环氧树脂后生成类似无机硅酸盐的网状结构,Si—O 的键能(422.5 kJ/mol)比 C—O 的键能(344.5 kJ/mol)大得多,既能降低环氧树脂的内应力,又能增强环氧树脂的韧性和耐高温性。

(2) 高韧性环氧树脂胶黏剂

通常采用添加无机填料、橡胶弹性体、热塑性聚合物、有机硅改性物等提高环氧树脂胶黏剂的韧性。举例如下:

① 无机填料改性环氧树脂

无机纳米粒子具有纳米尺寸效应、巨大的比表面积和较强的界面作用,易与环氧树脂键合,可使无机物的刚性、尺寸稳定性和热稳定性与环氧树脂的韧性、加工性糅合在一起,表现出增韧与增强的同步效应。但是如果加入太多,在外力冲击时就会产生更大的银纹及塑性形变并发展为宏观开裂,抗冲击强度反而下降。

② 热塑性聚合物改性环氧树脂

这类热塑性聚合物主要有聚醚砜(PES)、聚砜(PSF)、聚乙烯醇缩醛、聚碳酸酯(PC)、尼龙(PA)、聚醚酰亚胺(PEI)、聚醚酮(PEK)等。其投入量与环氧基体形成双连续相结构或发生相反转时才能产生良好的增韧效果,且增韧效果还取决于树脂的骨架结构、分子量及活性端基、环氧基体自身的延展性,这些因素对热塑性树脂与环氧基体之间的界面作用有着直接的影响。

③ 橡胶弹性体改性环氧树脂

这类增韧剂包括端基官能化的液体橡胶(CTBN、ATBN)、端羟基丁腈橡胶(HTBN)、端环氧基丁腈橡胶(ETBN)、液体无规羧基丁腈橡胶、聚硫橡胶、聚氨酯弹性体、硅橡胶及聚醚弹性体等。活性端基液体橡胶含有羧基、羟基、硫醇基(巯基)、环氧基、胺基、卤素和脲烷基等,以键合的形式结合到环氧树脂主体结构中,得到具有岛网状结构的嵌段聚合物,从而提高其增韧效果。改性后的环氧树脂受到冲击时内部应力场不均匀,橡胶粒子因应力集中而具有诱导银纹生成和产生剪切带,吸收大量的能量,因此显著提高了环氧树脂的抗冲击性能。

④ 有机硅改性物改性环氧树脂

在有机硅上引入活性端基如羟基、氨基、烷氧基等与环氧树脂中的环氧基、羟基进行反应生成共聚物,在固化物结构中引入稳定柔顺的 Si—O 链,从而既能降低环氧树脂内应力又能增强其韧性、耐高温性及断裂韧性。

(3) 耐湿性环氧树脂胶黏剂

水工建设中对各种建筑材料进行黏结,施工环境差,环境湿度高,普通环氧树脂胶黏剂无法使用。增加环氧树脂耐湿性的有效途径主要有:聚烯氢改性,即高乙烯基改性环氧树脂;利用高度氟代的环氧材料;体系中溴的质量分数超过 15%;引入特殊结构如萘环、酰亚胺等;混入少量的封闭剂等。改性后的环氧树脂广泛应用于隧道的防渗漏,堤坝、桥梁的修复和加固。

(4) 室温固化环氧树脂胶黏剂

这类胶黏剂在室温条件下几分钟或是几小时内凝胶,一周内完全固化且强度达到使用要求,省时、省力、省工、适用性强,用于航空、航天材料制造以及仪表、汽车、电器制造和建筑装饰等行业。其缺点是室温下反应分子链段、活性端基无法获得足够的能量相互缠结,固化反应不彻底,此外能用于室温固化的材料类型有限,因此具有耐高温机制的官能结构单体、具有高强度机制的核壳结构和具有内增韧机制的结构(或链段)必须预合成,室温下将上述结构组装。常用的固化剂有低分子量聚酰胺、多乙烯多胺(三乙烯四胺)、硫醇类[四(3-巯基丙酸)季戊四醇酯]等。

3) 环氧树脂胶黏剂的制备

(1) 双酚 S 型环氧树脂胶黏剂的制备

这是典型的缩聚反应。该树脂分子链段中含有砜基,极性较大。反应式如下:

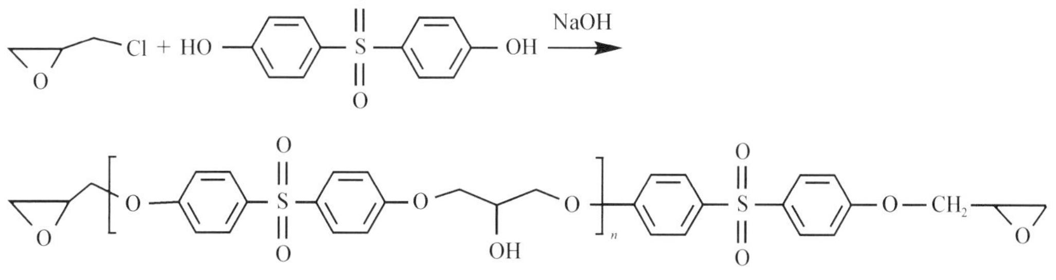

合成操作:

① 双酚 S 型环氧树脂的合成

往装有搅拌杆、滴液漏斗、温度计及惰性气体保护装置的四口烧瓶中加入物质的量之比为 1∶5 的 4,4′-二羟基二苯砜、环氧氯丙烷。搅拌,缓慢加热至反应液澄清透明,定量加入

25%～35%的 NaOH 溶液，完毕后在 90～100℃反应 8～9.0 h，过滤，弃去沉淀物。往溶液中加入甲苯，用蒸馏水反复洗涤、分液至水相为中性，有机相为双酚 S 型环氧树脂的甲苯溶液，减压蒸馏得到液体产品。如果反应体系中出现大量沉淀，则抛弃滤液，将沉淀物作为产物，烘干、粉碎并用蒸馏水反复洗涤、过滤至水相为中性，得到固体双酚 S 型环氧树脂。

② 双酚 S 型环氧树脂胶黏剂的制备

以双酚 S 型环氧树脂为主体，加入活性稀释剂，用聚酰胺树脂作为主体固化剂，适量加入其他固化剂复配，在 23℃下固化 24 h 后再在 100℃下固化 1.0 h 后得到产品。

(2) 双酚 A 型环氧树脂胶黏剂的制备

双酚 A 与环氧氯丙烷反应合成双酚 A 型环氧树脂，其反应式为

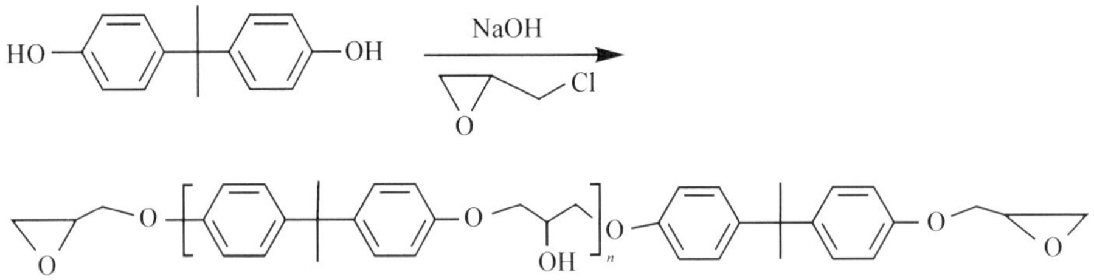

合成操作：

① 双酚 A 型环氧树脂的合成

将 22 g 双酚 A 和 28 g 环氧氯丙烷加入三口烧瓶中，搅拌，加热至 70℃使双酚 A 全部溶解；将 8 g NaOH 溶解在 20 mL 水中，慢慢滴加至三口烧瓶中，在 75～80℃下继续反应 1.5～2.0 h，混合物呈乳黄色；向三口烧瓶中加入 30 mL 蒸馏水和 60 mL 苯，搅拌，分液，油层用蒸馏水洗涤至呈中性；蒸馏除去苯、水及未反应的环氧氯丙烷，得到淡黄色透明黏稠液。

② 双酚 A 型环氧树脂胶黏剂的配制与固化

先将 10 g 双酚 A 型环氧树脂与 0.86 mL 邻苯二甲酸二丁酯(增塑剂)混合均匀，加入 6 g 轻质碳酸钙(填料)混匀，最后加入 0.75 g 乙二胺(固化剂)，在室温下固化 3.0 h，混匀后就可进行涂胶了。

(3) BPS-BPA 酚醛环氧树脂胶黏剂的制备

以双酚 A 型环氧树脂(BPA 酚醛树脂)和 4,4′-二羟基二苯砜(BPS)为原料，环氧氯丙烷为桥连剂，在四丁基溴化铵(TBAB)的作用下合成 BPS-BPA 酚醛环氧树脂。

合成操作：

① BPS-BPA 酚醛环氧树脂的合成

往三口瓶中加入 2.3 g BPA 酚醛树脂、1.7 g BPS、0.09 g TBAB、35.49 g 环氧氯丙烷，用 N_2 保护，缓慢升温至 110℃，反应体系呈现红褐色后继续反应 2.5 h，随后冷却至 60℃，1.5 h 内缓慢滴加 1.98 g 10%的 NaOH 溶液，滴加完毕后升温至 70℃反应 1.0 h 得到粗产物，加入 100 mL 甲苯在室温下静置 24 h，析出的白色晶体为副产物 BPS 环氧树脂，过滤除去。将过滤后的粗产物移至分液漏斗中，在 50～60℃下用去离子水洗涤 3～4 次除去无机盐和未反应的 BPS，旋蒸除去未反应的环氧氯丙烷、甲苯及去离子水，用乙醇洗涤、旋蒸所得的固体产物，以除去小分子产物及副产物，烘干，得到高纯度的 BPS-BPA 酚醛环氧树脂。

② BPS-BPA 酚醛环氧树脂胶黏剂的合成

往 150 mL 烧杯中一次性加入 2.0 g BPS-BPA 酚醛环氧树脂、6 mL 环氧稀释剂、1.0 g 聚

酰胺树脂、10 mL 三乙烯四胺，在 40℃下搅拌 6.0 h，室温下固化 12 h 后得到 BPS - BPA 酚醛环氧树脂胶黏剂。

4）聚氨酯(PU)胶黏剂及其分类

PU 胶黏剂是指分子链中含有氨基甲酸酯基团(—NHCOO—)或异氰酸酯基(—NCO)的胶黏剂，通常由多异氰酸酯或其加成物与含活泼氢的聚多元醇反应而成，分子主链由软链段和硬链段交替排列，通过改变 PU 胶黏剂的配方调节其分子主链的结构及硬链段和软链段之间的比例，从而制备出不同硬度和断裂伸长率的胶黏剂。通过改变聚氨酯胶黏剂的原材料组成，可明显改善其对不同基材的黏结性。该类物质具有反应活性高、黏结力强、常温固化、抗冲击等诸多优异性能，被广泛应用于纺织、家具、制鞋、电子工业、包装、建筑、汽车等领域。

（1）聚氨酯胶黏剂的组分(表 7 - 2)

表 7 - 2　聚氨酯胶黏剂的常用组分

组　分	举　　例
异氰酸酯	MDI、TDI
多元醇	聚酯和聚醚多元醇
溶　剂	CP、DMB、乙酸乙酯、*N*，*N* -二甲基甲酰胺、MEK
催化剂	叔胺(R_3N)类催化剂、有机锡化合物催化剂、有机铋催化剂
填　料	石英粉、重晶石、玻璃微珠、$CaCO_3$、陶土、TiO_2
其他助剂	光稳定剂、抗氧化剂、润湿剂

（2）聚氨酯胶黏剂的分类

聚氨酯胶黏剂的类型很多，可按照包装方式、反应组分、溶剂形态、用途、固化方式等进行分类，实际生产中分为单组分型与双组分型，具体见表 7 - 3。

表 7 - 3　聚氨酯胶黏剂的分类

分类方式	聚氨酯胶黏剂
包装方式	单组分、双组分
反应组分	异氰酸酯胶黏剂(单体胶黏剂)、异氰酸酯预聚体胶黏剂、聚氨酯树脂胶黏剂
溶剂形态	溶剂型、无溶剂型、水溶型、醇水型、水乳型
固化方式	热固化、常温固化、湿固化、紫外固化
用　途	通用型、鞋用、复合膜用、木材用、汽车用、建筑用、医用

① 单组分聚氨酯胶黏剂

该类胶黏剂不需要调配比例，不需要添加固化剂，可直接施胶，简化了施工步骤，提高了施工率，在汽车、建筑装饰、木材加工等行业广泛应用。

a. 湿固化型聚氨酯胶黏剂

利用聚合物中游离活性基团(—NCO)与大气中的水汽或粘接基材中的活泼氢发生反应从而达到粘接目的。该类胶黏剂常温固化，应用广泛，缺点是释放 CO_2 易造成胶层缺陷且不易存储。常见结构如下：

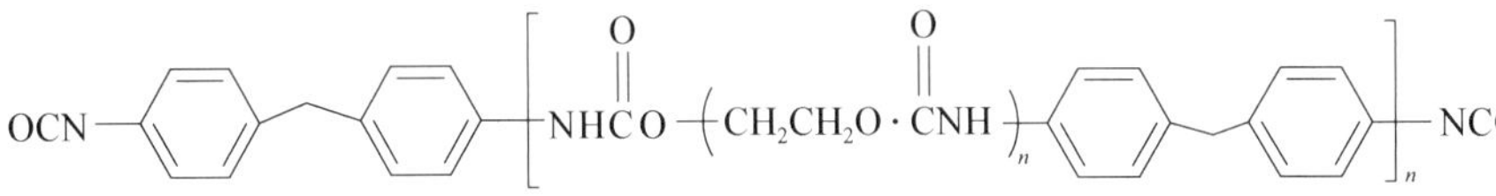

b. 热熔型聚氨酯胶黏剂

热熔型聚氨酯胶黏剂兼备强韧性与柔软特性，遇水发生交联反应，并与黏结材料形成牢固稳定的黏合层，在极低的温度下仍保持较好的剥离强度，耐低温效果远超其他类型胶黏剂。该类胶黏剂常温下是固体，加热熔融成黏稠液体，冷却后又变成固体，形成较强的黏结作用。常见的结构如下：

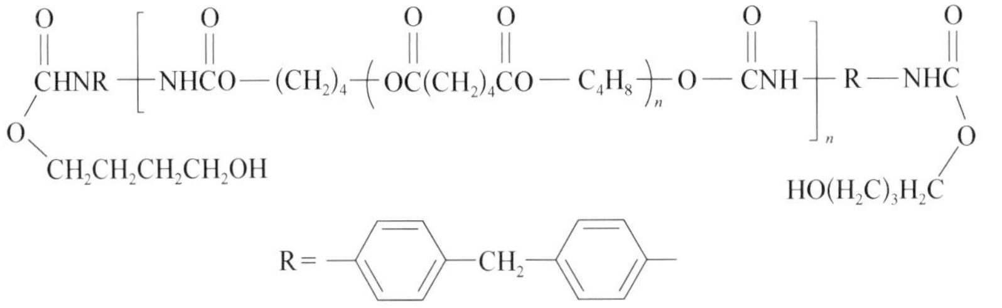

c. 放射线固化型聚氨酯胶黏剂

在结构中引入丙烯酸酯，用放射线或紫外线进行固化，时间快，效率高。常见的结构如下。

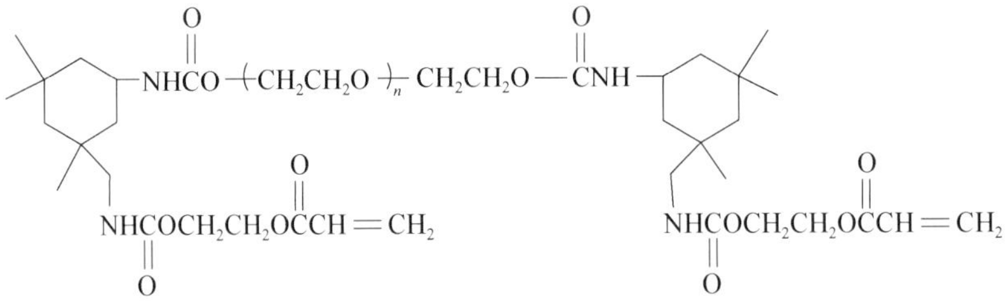

d. 压敏型聚氨酯胶黏剂

压敏胶(PSA)是一种自胶黏物质，无须借助于溶剂、热或其他手段，只需施加轻度压力就能形成较牢固的黏结力，不破坏黏结表面结构。压敏胶在两固体表面之间形成的黏结力主要是范德瓦耳斯力，其特点是粘之容易，揭之不难，在较长时间内胶层不会干涸。压敏胶属于线形多嵌段共聚物，由交替的玻璃态或结晶态的硬链段和高弹态的软链段组成。软链段一般为聚醚、聚酯或聚烯烃等，硬链段一般由异氰酸酯和扩链剂组成。压敏胶与丙烯酸相比具有无残胶、可反复揭贴、遇潮不脱落、毒性低、生物相容性好等特点。典型种类的结构如下：

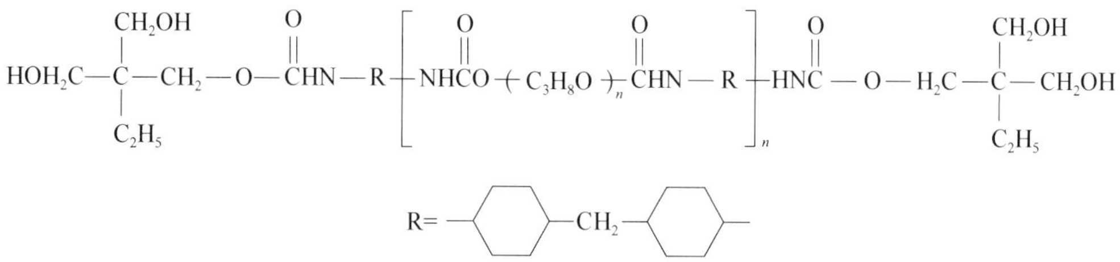

e. 封闭型聚氨酯胶黏剂

聚氨酯中的—NCO 基团与含有活泼氢的封闭剂作用把—NCO 基团“保护起来”，得封闭型聚氨酯胶黏剂。该类胶黏剂在常温下性质稳定，温度升高后—NCO 基团被解封，与含羟基化合物进行交联反应。常用的封闭剂有羟基型、亚胺基型、活泼亚甲基型。羟基型包括酚类和醇类，亚胺基型主要是肟类和内酰胺，活泼亚甲基型是指含有 β -二羰基- α -氢结构的化合物，如丙二酸二乙酯、乙酰乙酸乙酯、乙酰丙酮等。羟甲基环己酮封闭 PMDI 的结构如下：

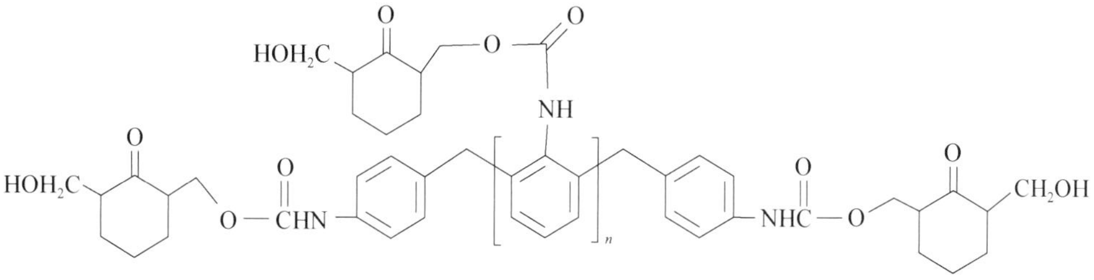

② 双组分聚氨酯胶黏剂

A 组分端基为—OH，B 组分端基为—NCO。A 和 B 分开包装，使用时按一定比例混合，发生交联固化形成大分子。常用类型有通用型胶黏剂，双组分密封胶，用于食品包装、纸塑复合的双组分复膜胶，用于土木建筑的双组分聚氨酯结构胶等。该类胶黏剂的优点是性能可调，固化速度快、黏结强度高，用途广泛；缺陷是使用不便、调配计量难以控制、调配后留给操作的时间短，容易造成浪费。

A 组分结构

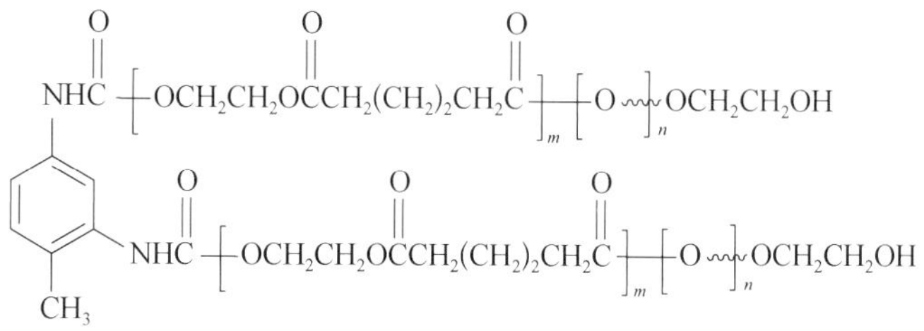

B 组分结构

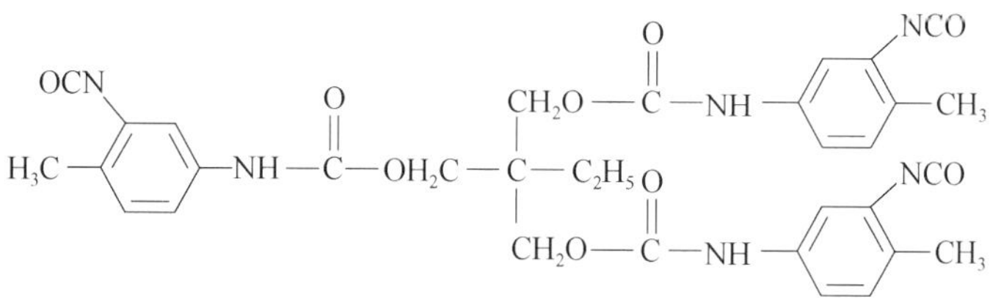

③ 水性聚氨酯(WPU)胶黏剂

水性聚氨酯胶黏剂是向聚氨酯分子主链或侧链中引入亲水基团或亲水性结构，可分散于水中的聚氨酯胶黏剂，含有活泼基团—NCO 和—NHCOO，具有较好的黏结力。与传统的溶剂型聚氨酯胶黏剂相比，水性聚氨酯胶黏剂无毒无害、安全环保，储存和运输更为安全且易于使用，残留物易于清洗，广泛应用于服饰、包装、建筑、汽车、皮革等领域。

水性聚氨酯胶黏剂和溶剂型聚氨酯胶黏剂的性能见表 7-4。

表 7-4 水性聚氨酯胶黏剂和溶剂型聚氨酯胶黏剂的性能

性　能	水性 PU 胶黏剂	溶剂型 PU 胶黏剂
成膜性	干燥速率慢，施工条件对其影响较大	易于成膜
耐用性	部分易发霉	个别溶剂抵抗性较差
耐候性	优良	日晒易变色
毒　性	对环境友好、对人体无毒害	易挥发、气味大、污染环境
黏　度	主要受乳液粒径、粒子间作用力的影响，分子量及固含量对黏度的影响不大	主要受支化程度、分子量、固含量、溶剂等的影响

但是 WPU 胶黏剂的耐水性、耐溶剂性较差，干燥速度慢，黏附力较低，导致施工成本高，限制了 WPU 胶黏剂的应用。为克服上述缺点，通常对 WPU 胶黏剂进行丙烯酸改性、有机硅改性和环氧树脂改性，此外还有添加助剂、固化等改性手段。

5）聚氨酯胶黏剂的制备

(1) 放射线固化丙烯酸酯聚氨酯胶黏剂的制备

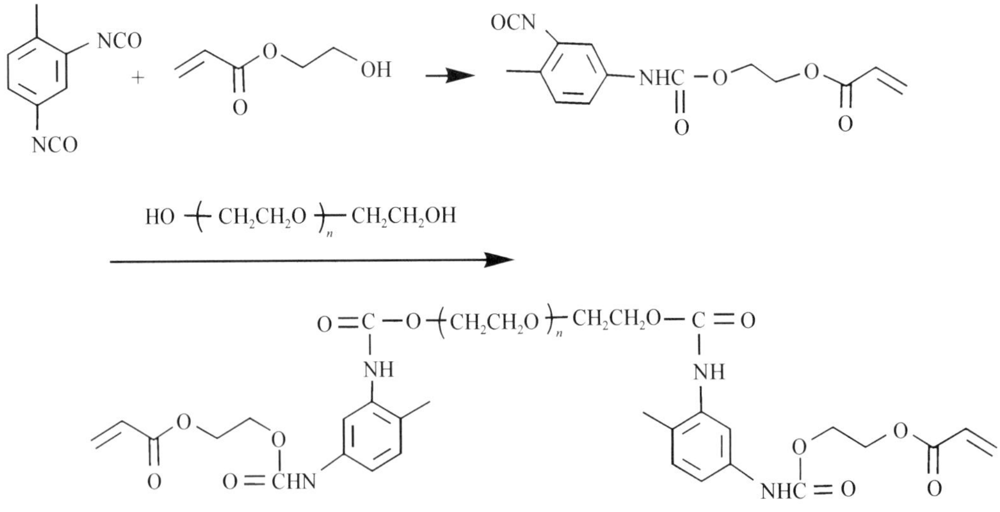

合成操作：

① 烯酸酯聚氨酯的合成

往四口烧瓶中加入 1.0 mol 甲苯二异氰酸酯和适量催化剂、阻聚剂、溶剂 TPGDA，用 N_2

保护，搅拌，滴加 1.0 mol 丙烯酸羟乙酯，在 50℃下反应 2～3.0 h。检测异氰酸根反应 50%后视为第 1 步反应完成。升温至 60℃，加入 0.5 mol 聚乙二醇 200，直到测不出异氰酸根为止(异氰酸根残余含量过高时，可加入乙醇清除)。冷却至室温出料，避光保存。

② 紫外线固化胶黏剂的制备

取一定质量的预聚物加入活性稀释剂、光引发剂安息香乙醚和助剂等，搅拌均匀；然后将制得的胶黏剂注入四周密封的用乙酸乙酯清洗干净的玻璃片与聚碳酸酯(PC)片之间，用紫外灯照射一定时间，使其固化。

(2) 羟甲基环己酮封闭 PMDI 单组分聚氨酯胶黏剂的制备，反应式如下：

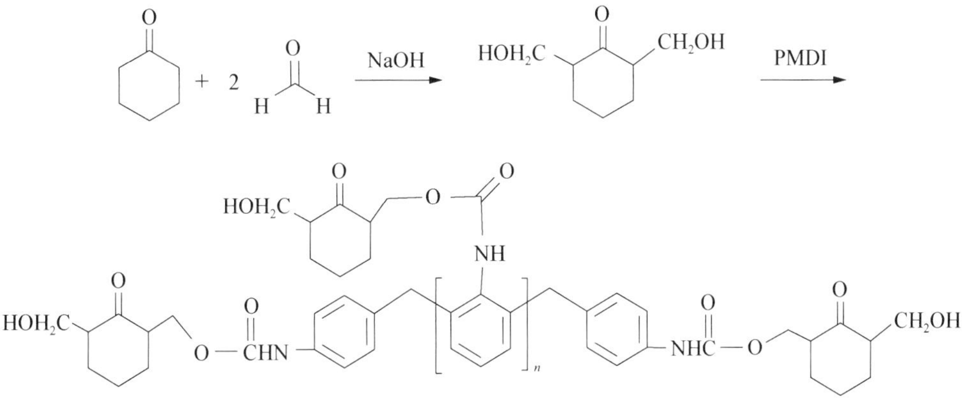

合成操作：

① 羟甲基环己酮的合成

将环己酮与 37%的甲醛按照物质的量之比 1∶2.1 加入至四口烧瓶中，搅拌，滴入 10%的 NaOH 水溶液(用量为总物料量的 0.5%)，升温至 90℃反应 3.0 h，加入少量的甲酸中和至中性；在不高于 60℃的温度下旋蒸脱水 3.0 h 得到羟甲基环己酮，加入丁酮，配成羟甲基环己酮丁酮溶液备用。

② 羟甲基环己酮封闭 PMDI 单组分聚氨酯胶黏剂

往四口烧瓶中加入一定量的 PMDI、丁酮，用 N_2 保护，滴加羟甲基环己酮与丁酮溶液[事先加入一定量的 1,3-二羟基丙酮二聚体(T12)]，滴完后在 50～60℃下搅拌反应 3～4.0 h，每 1.0 h 测定异氰酸根含量至恒定，加入经过分子筛脱水处理的 PPG 1000(用量为残余异氰酸根的摩尔数的 1.1 倍)，升温至 70℃反应 2.0 h，降温至 45℃出料，得到单组分聚氨酯胶黏剂。

(3) 热熔型聚氨酯胶黏剂的制备

以二苯基甲烷二异氰酸酯(MDI)、聚酯多元醇为单体，1,4-丁二醇为扩链剂合成软化点高、耐热性能好、黏结强度高、分子量大小及分布合理、性能优良的热熔型聚氨酯胶黏剂。

合成操作：

① 原料的预处理

将聚酯多元醇加入单口烧瓶中，在真空度>0.09 MPa 的条件下减压蒸馏脱水 3.0 h 以上。1,4-丁二醇在 100～110℃下真空干燥箱中进行真空干燥 3.0 h 以上。

② 热熔型聚氨酯胶黏剂的制备

将聚酯多元醇加入三口烧瓶中，用 N_2 保护，在 70～75℃下加入 MDI，缓慢升温反应 2.0 h 至—NCO 的质量分数达到理论值，升温至 80～85℃加入扩链剂反应 30 min，再加入消泡剂、抗氧化剂、抗水解剂、热稳定剂等搅拌均匀出料，在100～110℃下熟化2.0～3.0 h，制备出热熔型聚氨酯胶黏剂，密封保存，测其性能。

(4) 双组分聚氨酯胶黏剂的制备

以己二酸、乙二醇、1,2-丙二醇、甲苯二异氰酸酯(TDI)和三羟甲基丙烷(TMP)为原料合成双组分聚氨酯胶黏剂。

合成操作：

① 端羟基聚酯多元醇(PEPA)的合成

将物质的量之比为1∶1.76的己二酸和乙二醇加入三口烧瓶中，用N_2保护，升温至120℃熔融，加入适量催化剂乙酸锌，升温至140～150℃开始出水，控制出水速度和馏出温度，缓慢升至160～180℃并保温2～3.0 h，升温至220～230℃并保温1.0 h，取样测酸值、羟值。逐渐提高真空度(大约需要4.0 h)，隔一段时间取样测酸值、羟值，直到合格为止，外观为无色或浅黄色蜡状固体。

② A组分的合成

反应中PEPA和TDI的物质的量之比为8∶1。先将PEPA加入50 mL烧瓶中，搅拌，加热到60℃，再慢慢滴加TDI并迅速搅拌，滴完后保温3 min，加入适量催化剂，体系黏度迅速增加，可用适当的溶剂来稀释，保温20 min后停止反应，降温至60℃以下加入一定量的溶剂稀释出料。

③ B组分[甲苯二异氰酸酯(TDI)-三羟甲基丙烷(TMP)加成物]的合成

反应中TDI和TMP的物质的量之比为3.0～3.1。往50 mL三口烧瓶中加入TDI，水浴加热到40℃，搅拌，缓慢加入预先用乙酸乙酯溶解的TMP，控制TMP的加入速率使温度不超过60℃，TMP滴加完毕后在60℃下反应2.0～3.0 h，用二正丁胺-盐酸法测定-NCO含量。达标后停止，降至70℃以下加入计量好的乙酸乙酯-丙酮稀释搅匀后出料。

(5) 水性聚氨酯胶黏剂的制备

以聚四氢呋喃(PTMEG)、异佛尔酮二异氰酸酯(IPDI)、2,2-二羟甲基丙酸(DMPA)、有机锡等为基础原料，季戊四醇、H103为扩链剂、三羟甲基丙烷(TMP)为内交联剂、聚乙二醇单甲醚(MPEG)为亲水扩链剂、乙二胺(EDA)为后扩链剂、三乙胺(TEA)为成盐剂合成水性聚氨酯胶黏剂。

合成操作：

① 原料的预处理

脱水处理：在真空度为0.8大气压的真空干燥箱中，将聚酯多元醇、MPEG、H103在100℃下干燥3～4.0 h。固体小分子多元醇的研磨处理：将物料颗粒置于石英研钵中研磨至粉末状，直到肉眼基本看不到晶型小颗粒为止。

② 水性聚氨酯的合成

扩链反应：将聚酯二醇和二月桂酸二丁基锡(DBTDL)混合均匀后倒入四口烧瓶中，在75℃的水浴中搅拌，加入相应量的DMPA和季戊四醇固体粉末，搅拌溶解至少40 min。保持温度在75℃、中等速度搅拌，加入相应量的IPDI，当体系温度开始下降时，升温到80℃反应2.0 h。随着预聚反应的增加适当提高搅拌速度，确保预聚反应平稳。

亲水性封端剂封端：加入IPDI反应2.0 h后加入适量的亲水性封端剂(聚乙二醇单甲醚)封端，升温至85℃，根据黏度情况调节搅拌速度，反应1.0 h。

中和：加入MPEG反应1.0 h后降温，当温度降至75℃以下时加入适量的三乙胺并高速搅拌中和10 min，控制温度在70℃左右。

乳化及后扩链：中和完毕后降温至60℃，高速搅拌，倒入加水量的40%的常温去离子水分散30 s，再加入剩余60%的常温去离子水和多元胺(乙二胺)的混合物，高速搅拌5 min。在此期间用冷水浴冷却。5 min后进行低速搅拌，在冰水浴下后扩链反应1.0 h。自然消泡后得高固含量的无溶剂型水性聚氨酯。

(6) 环氧树脂改性水性聚氨酯胶黏剂的制备

以聚酯二元醇(PBA)、异佛尔酮二异氰酸酯(IPDI)、环氧树脂(E51)、2,2-二羟甲基丙酸(DMPA)、1,4-丁二醇(BDO)、三乙胺(TEA)和水等为基础原料，经相转化法合成了环氧树脂改性水性聚氨酯。

合成操作：

往四口圆底烧瓶中加入计量的PBA，在110～120℃下保温抽真空1.5 h，冷至65℃以下滴入5滴二月桂酸二丁基锡催化剂，接着加入计量的IPDI，缓慢升温至80℃保温1.5～2.0 h，测定-NCO含量达到或低于计算值时加入DMPA和E51，升温至88℃反应1.0 h，然后加入1,4-丁二醇，在85℃下继续反应2.0 h，必要时加入适量的丙酮降黏；降至室温将三乙胺加入预聚体中盐化，把预聚物高速搅拌分散在水中搅拌15～30 min后得到溶液或乳液，pH为7.0～8.5。继续加乙二胺进行扩链反应，反应5.0 h，在35℃下减压除丙酮得到由E51改性的水性聚氨酯。

(7) 丙烯酸改性聚氨酯胶黏剂的制备

以三羟甲基丙烷为交联剂，1,4-丁二醇为扩链剂，采用多种丙烯酸酯类单体对水性聚氨酯进行共聚改性，制备出了丙烯酸酯改性水性聚氨酯胶黏剂乳液。

合成操作：

往三口烧瓶中加入经脱水处理的IPDI和聚酯二元酯(XH-111)，在90℃下恒温反应1.0 h，降温至70℃后加入*N*-甲基-2-吡咯烷酮(NMP)降低黏度，分别加入一定量的DMPA、TMP、BDO和适量的DBTDL，恒温反应3.0 h，温度保持在70℃，加入一定质量的丙烯酸羟乙酯(HEA)封端反应1.0 h；冷却至30℃后用适量TEA中和，高速搅拌下加入去离子水乳化，高速搅拌30 min后制得稳定的水性聚氨酯乳液。加热至90℃，分别加入一定量的丙烯酸甲酯(MA)和丙烯酸丁酯(BA)，搅拌均匀后缓慢滴加适量的过硫酸钠水溶液引发反应，2.0 h内滴完，保温反应1.0 h制得所要的胶黏剂乳液。

(8) 有机硅改性水性聚氨酯胶黏剂的制备

以2-氨基-1,3-丙二醇(2-APD)、聚四氢呋喃醚二醇(PTMG)、异佛尔酮二异氰酸酯(IPDI)、聚二甲基硅氧烷(PDMS)、异氰酸丙基三乙氧基硅烷(IPTS)等为主要原料，合成侧基含有三乙氧基硅烷的水性聚氨酯，合成路线如下。

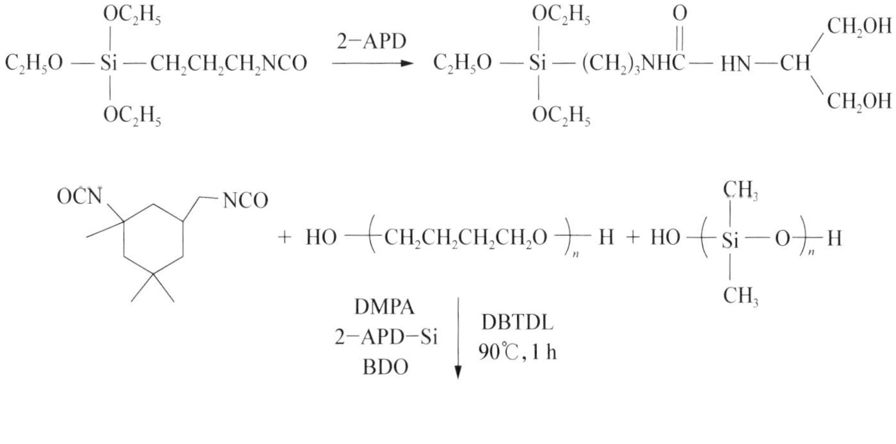

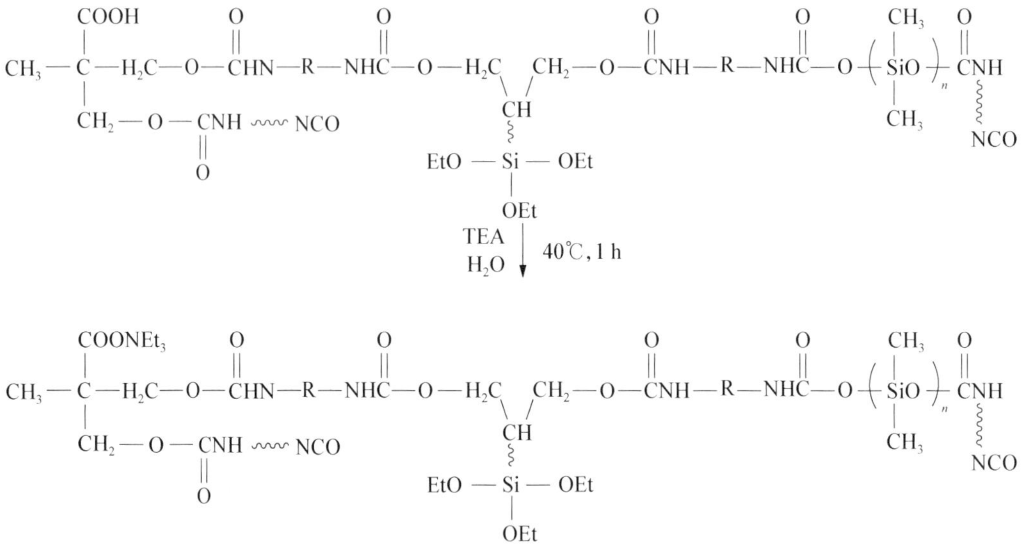

合成操作：

① 2 - APD - Si 的合成

将化学计量的 2 - APD 加入三口烧瓶中，用 N_2 保护，以 THF 作溶剂，缓慢滴加 IPTS 并充分搅拌。结束后室温下反应一段时间，除去溶剂得到 2 - APD - Si。

② 侧基含有三乙氧基硅烷的水性聚氨酯的合成

先把 PTMG、BDO 置于 80℃ 真空烘箱中脱水除氧 2.0 h，在三口烧瓶中加入 PTMG、BDO、IPDI、PDMS 和 DBTDL，用 N_2 保护，在 80℃ 下反应一段时间后加入预先溶于 DMAC 中的 DMPA，并缓慢滴加 2 - APD - Si 反应 1.5 h，体系黏度增大，迅速降至 40℃ 并加入少量丙酮降低黏度，继续反应 30 min 后得到聚氨酯预聚体。最后加入 TEA 中和体系内剩余的—COOH，加入去离子水，转速调至 1 000 r/min 搅拌 30 min，得到侧链含有三乙氧基硅烷的水性聚氨酯乳液。

7.3 抗氧剂

7.3.1 抗氧剂的概述

高分子材料在使用过程中受热、氧气、光照、水分、微生物、化学介质等环境因素综合作用导致材料变硬、变脆、发黄，其机械强度、韧性、物理性能降低，这些变化和现象称为老化，是一种不可逆的化学反应。氧化对老化的影响首当其冲，被外界因素诱发产生的自由基与 O_2 迅速反应生成过氧自由基，与 C—H 生成新的碳链自由基，加速了材料的老化。

抗氧剂是一种能提高润滑油、聚合材料、高分子材料等抗氧化能力并延长其使用寿命的化学物质，又称氧化抑制剂。作为助剂的一类，它能有效降低材料自氧化反应速度、延缓老化降解时间，从而延长材料的使用寿命。

7.3.2 抗氧剂的分类

1. 按作用原理分类

抗氧剂按作用原理分为三类：主抗氧剂、辅助抗氧剂、碳自由基捕捉剂。主抗氧剂一般易形成氢自由基,通过与链引发过程生成的氧自由基结合形成氢过氧化物来终止链式反应。主抗氧剂结构中剩余的氧自由基,部分以分子内氢键或共轭作用形成结构稳定的新自由基,因此主抗氧剂又被称为链终止剂。辅助抗氧剂通过分解主抗氧剂生成的氢过氧化物和高分子材料在氧化过程中积累的氢过氧化物发挥抗氧化作用,通常和主抗氧剂协同作用(图 7-1)。碳自由基捕捉剂通过在高分子材料氧化初始时捕获碳自由基,从源头对氧化过程进行控制。

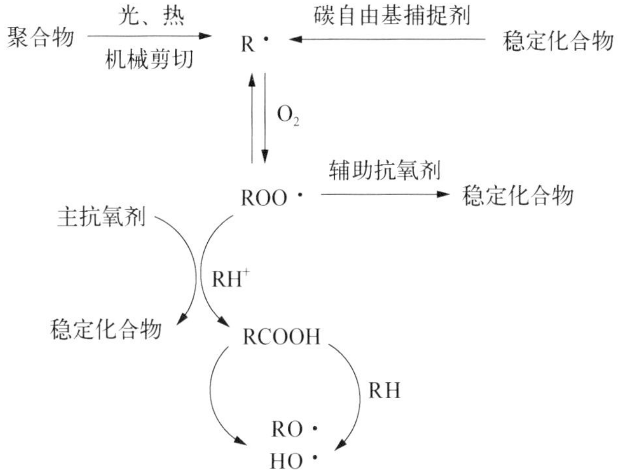

图 7-1　抗氧剂的作用机理

2. 按化学结构分类

抗氧剂按化学结构分为胺类、受阻酚类、硫类和亚磷酸酯类抗氧剂等。

(1) 硫类抗氧剂

这是一种重要的辅助抗氧剂,能分解氢过氧化物,抑制材料的热氧老化,且与受阻酚类抗氧剂有良好的协同效应,广泛应用于聚烯烃、聚苯乙烯、ABS 树脂和橡胶中。国内生产的硫类抗氧剂主要有 3 大类:硫代酯类抗氧剂、硫代双酚类抗氧剂以及硫醚类抗氧剂。

① 硫代酯类抗氧剂,有效分解氢过氧化物生成砜或者亚砜等稳定产物,抑制高分子材料进一步氧化。该类物质环境友好、无毒或低毒,可用于聚合物、植物油、合成润滑油,防止氧、热、光或高能量辐射对有机物的破坏。代表性产品有抗氧剂 DLTP、抗氧剂 412s 等。

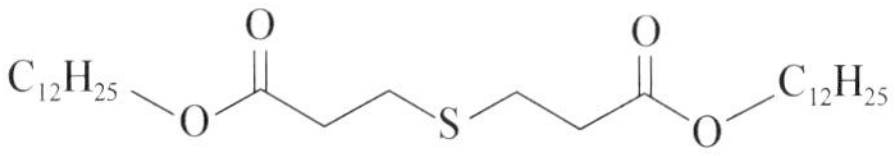

抗氧剂 DLTP:硫代二丙酸双十二烷酯

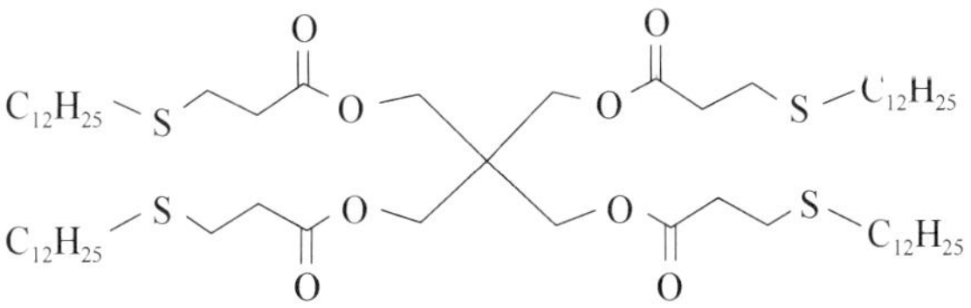

抗氧剂 412s:季戊四醇四(3-十二烷基硫代丙酸酯)

② 硫醚类抗氧剂，含有低价(S)原子的辅助抗氧剂，同时具有受阻酚基团。代表产品有抗氧剂 1035、抗氧剂甲叉-4426-S 等。硫醚类抗氧剂与抗氧剂 1010、抗氧剂 1076 等共用，有良好的协同效应，主要应用于聚丙烯、聚乙烯、合成橡胶等材料中。

抗氧剂 1035：2,2′-硫代二乙基双[3-(3,5-二叔丁基-4-羟基苯基)丙酸酯]

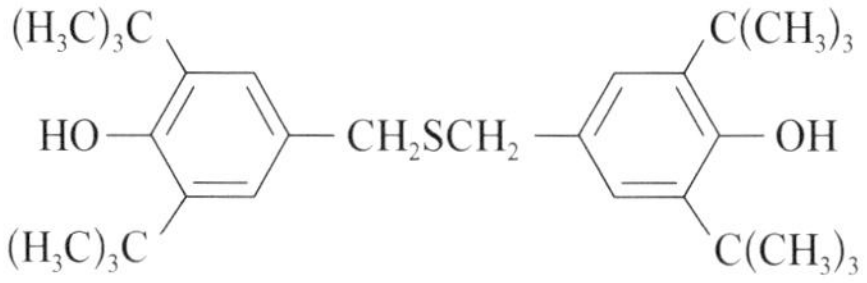

抗氧剂甲叉-4426-S：双(3,5-二叔丁基-4-羟基苄基)硫醚

③ 硫代双酚类抗氧剂，分子中含受阻酚结构，在塑料材料中呈现出良好的抗氧化性能，毒性低，色泽污染性小且相容性强。因其结构的特殊性，与炭黑等共用时表现出优良的协同效应，主要用于电线电缆、耐热管材、热收缩管材等中。代表性产品有抗氧剂 300、抗氧剂 736 等。

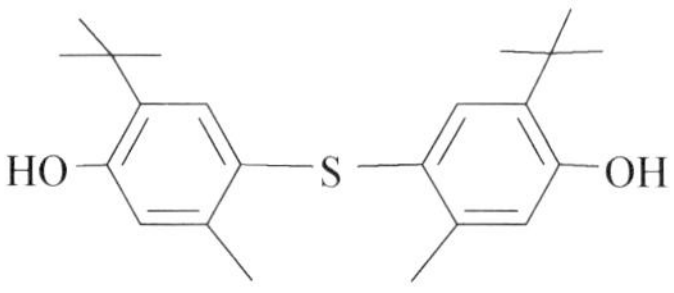

抗氧剂300

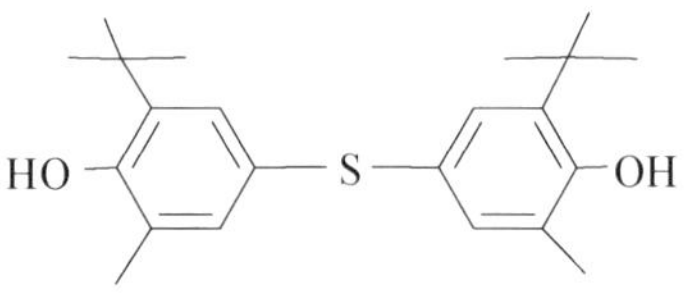

抗氧剂736

硫类抗氧剂的作用机理：一方面通过酚羟基质子与过氧化自由基(ROO·)、烷氧自由基(RO·)、羟自由基(·OH)等结合使自由基失去活性，从而使热氧老化的链反应终止；另一方面分解氢过氧化物，抑制、延缓引发过程中自由基的生成。

(2) 受阻酚类抗氧剂

受阻酚类抗氧剂是具有空间受阻结构的酚类化合物，是链终止型抗氧剂中最重要的主抗氧剂。在酚羟基的邻对位含有位阻基团和给电子基，能够捕捉老化过程中出现的所有自由基而起到抗氧化作用，其抗氧效果与分子结构、分子质量和电子离域等有关。

① 单酚型受阻酚抗氧剂。分子中只有一个受阻酚单元，具有不变色、无污染等优势，无抗臭氧功能，且因分子量小、挥发性强而导致损失较大，因此抗氧化性能较弱。解决的方法是在羟基(—OH)的对位上引入长碳链、酯基、醚键等官能团增加分子量，降低挥发性、增强抗氧化性能，提高与聚合物的相容性。代表性产品有抗氧剂 1076、抗氧剂 264 等，它们无毒性、无着色性、无污染性，是高性能的通用型抗氧剂，广泛用于树脂、油品和食品工业中。

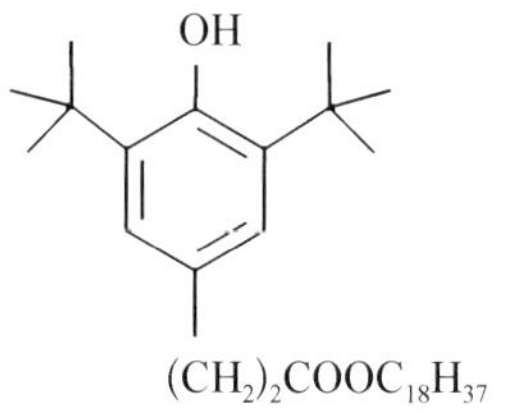

抗氧剂1076

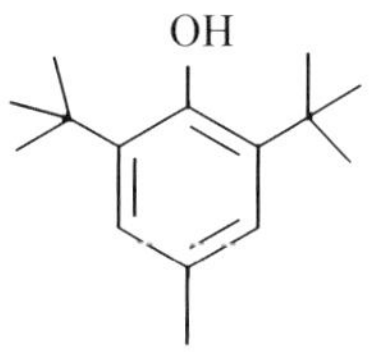

抗氧剂264

② 双酚型受阻酚抗氧剂。亚甲基（—CH_2—）或者硫键（—S—）连接两个受阻酚单元。相较于单酚型受阻酚抗氧剂，双酚型受阻酚抗氧剂的分子量大，挥发性较弱及热稳定性较好，抗氧化效果更好。代表性产品有抗氧剂 2246、抗氧剂 245 等，广泛用于橡胶、聚烯烃塑料及其他高聚物材料中。

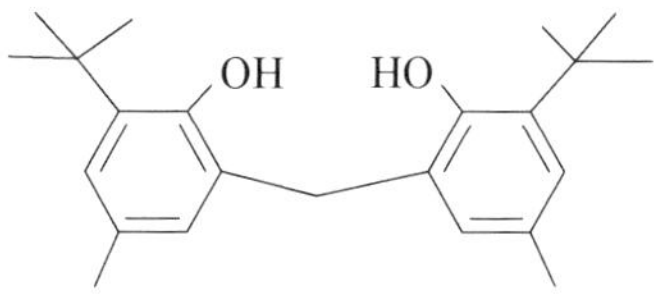

抗氧剂 2246：2，2′-亚甲基双（4 -甲基- 6 -叔丁基苯酚）

抗氧剂 245：二缩三乙二醇双[β -（3 -叔丁基- 4 -羟基- 5 -甲基苯基）丙酸酯]

受阻酚类的作用机理：酚羟基受到空间障碍的限制，质子很容易脱落并与过氧自由基（ROO—）、烷基自由基、羟基自由基等相结合，致使氧化反应终止。

（3）胺类抗氧剂

胺类抗氧剂是链终止剂，可有效防止聚合物的氧化降解，也是一种重要的主抗氧剂。自由基捕获体（—NH—）与过氧自由基反应阻止链引发和链增长，达到防止氧化的目的。胺类抗氧剂通常耐高温，较少的用量就能达到较好的抗热氧老化的效果，但是胺类大都有毒、有污染性，且具有较强的着色能力导致制品变色。胺类抗氧剂大多应用在航空领域的润滑油和柴油中。常用的有对苯二胺类抗氧剂、二苯胺类抗氧剂、苯基- α -萘胺类抗氧剂和吩噻嗪类抗氧剂。

① 对苯二胺类抗氧剂。抗氧化效果好，主要用于石油产品或天然橡胶，代表性产品有 *N* -（1，3 -二甲基丁基）- *N*′-苯基对苯二胺（抗氧剂 4020）、*N*，*N*′-二仲丁基对苯二胺（抗氧剂 4720）等。

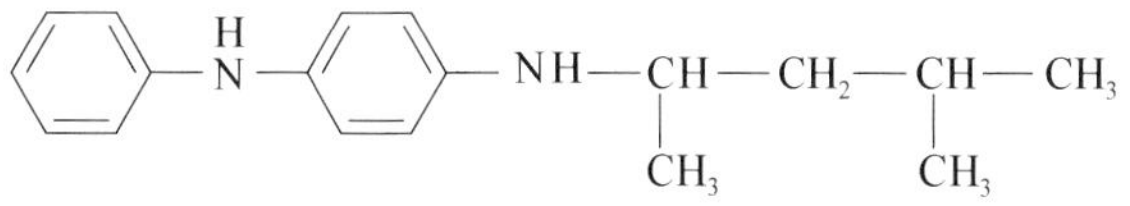

抗氧剂 4020：*N* -（1，3 -二甲基丁基）- *N*′-苯基对苯二胺

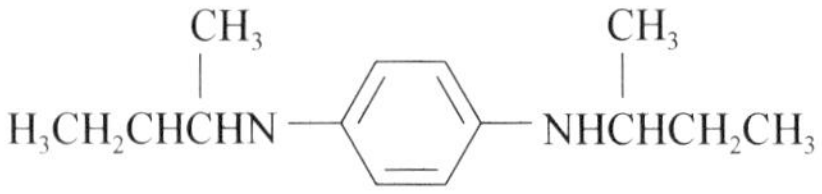

抗氧剂 4720：N,N'-二仲丁基对苯二胺

② 二苯胺类抗氧剂。由不同的烷基或苯基等基团连接在二苯胺上，广泛应用于橡胶、塑料、发泡聚合物和高温功能液体(润滑油、齿轮油、液压油)等领域以阻断、抑制或延缓聚合物氧化或自动氧化过程，具有高温稳定性好、生物降解率低、水溶性低和沸点低等特点。代表性产品有抗氧剂 445、抗氧剂 NDPA 和抗氧剂 ODA。

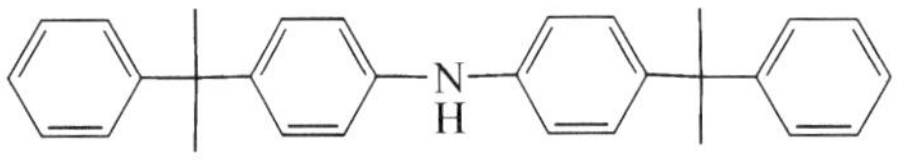

抗氧剂 445：4,4′-二(苯基异丙基)二苯胺

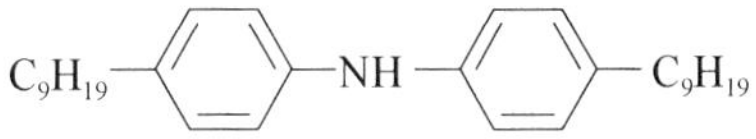

抗氧剂 NDPA：4,4′-二壬基二苯胺

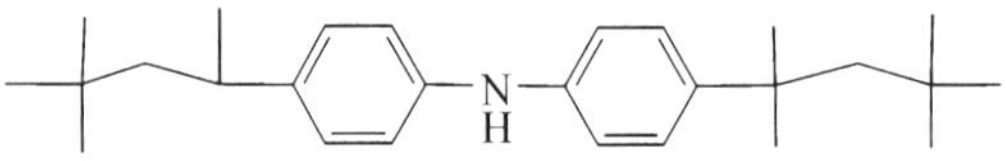

抗氧剂 ODA：4,4′-二异辛基二苯胺

③ 苯基-α-萘胺类抗氧剂。该类抗氧剂高温性能较好、配伍性强，应用于矿物润滑油和合成润滑油，在高性能航空润滑油中有很好的溶解性和稳定性。代表性产品有 *N*-苯基-α-萘胺、*N*-对-二异辛基苯基-α-萘胺。

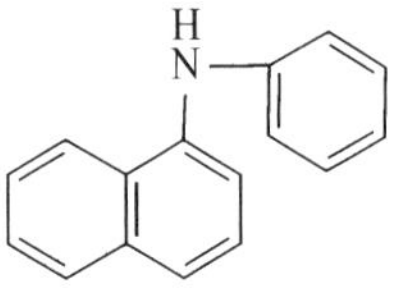

N-苯基-α-萘胺

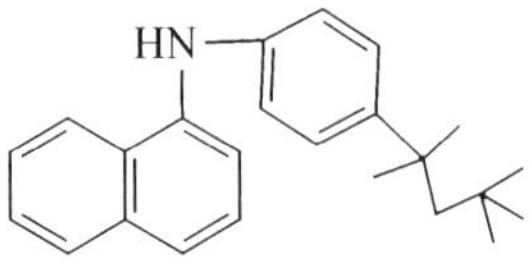

N-对-二异辛基苯基-α-萘胺

④ 吩噻嗪类抗氧剂。吩噻嗪类抗氧剂又称硫化二苯胺类抗氧剂，兼具自由基终止剂和过氧化物分解剂的作用。其抗氧化效果比常用的烷基二苯胺类抗氧剂性能更好，常作为高温抗氧剂使用。代表性产品有 3,7-二异辛基吩噻嗪(DOPTZ)、3,7-二(1-甲基-1-苯乙基)-吩噻嗪(抗氧剂 165)等。

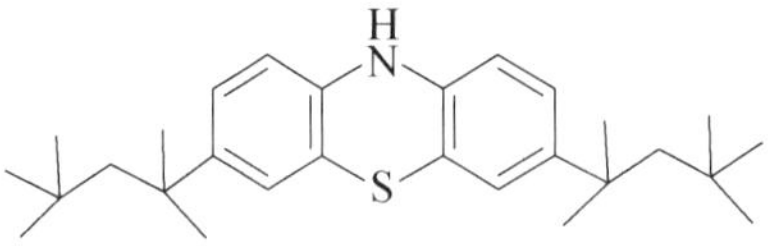

DOPTZ

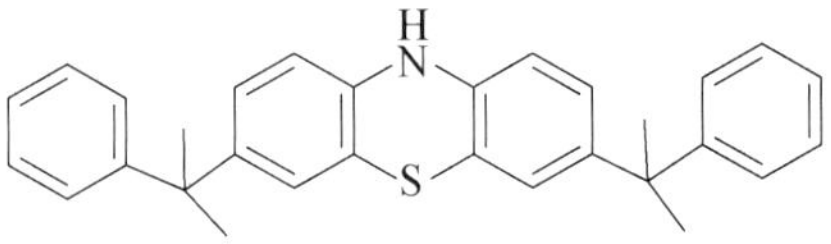

抗氧剂165

(4) 亚磷酸酯类抗氧剂

亚磷酸酯类抗氧剂作为辅助抗氧剂应用广泛，稳定性强，耐热、抗色变、耐候性方面较好。与受阻胺光稳定剂及受阻酚类抗氧剂复合使用展现出较好的协同效果。分子结构通

式为 $R_3O-\underset{}{\overset{OR_1}{\overset{|}{P}}}-OR_2$，P 原子是 3 价的，很容易氧化到 5 价，$R_1$、$R_2$、$R_3$ 分别为独立选择的烷基、芳基、烷基化芳基，根据 R 结构将其分为烷基、芳基、烷基化芳基亚磷酸酯类抗氧剂。代表性产品有抗氧剂 168、抗氧剂 618、抗氧剂 A 和双(2,4-二枯基苯基)亚磷酸酯等，广泛应用于 PE、PP、PVC 和聚酯等中。

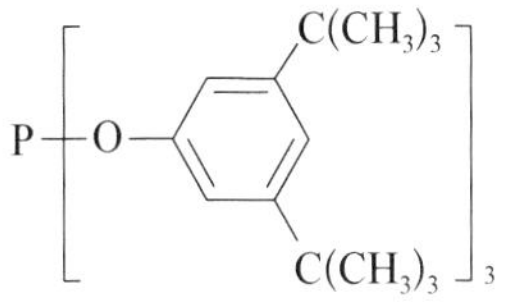

抗氧剂168：三(2,4-二叔丁基苯基)亚磷酸酯

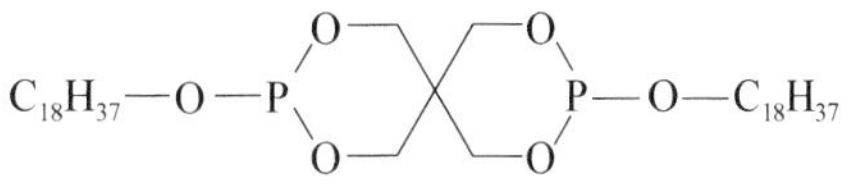

抗氧剂618：双(十八烷基)季戊四醇二亚磷酸酯

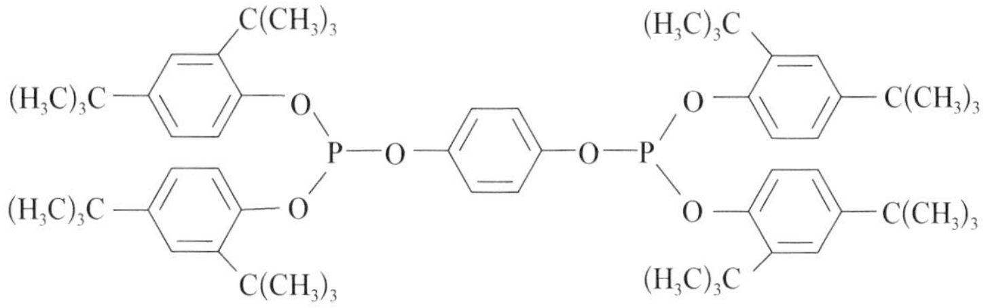

抗氧剂 A：2-叔丁基对苯二酚双亚磷酸酯四(2,4-二叔丁基苯酚)酯

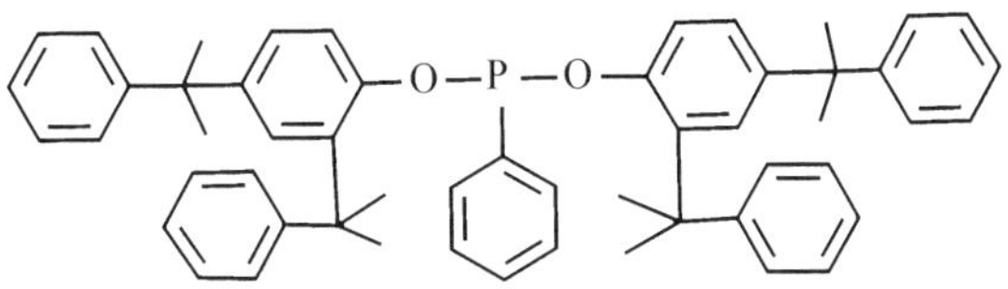

双(2,4-二枯基苯基)亚磷酸酯

亚磷酸酯类抗氧剂的作用机理。这是当量型过氧化物分解剂，兼具分解氢过氧化物和终止自由基链的功能。将氢过氧化物还原成相应的醇，其自身转化成磷酸酯，具体机理如下：

① 分解氢过氧化物，防止自由基支化链自氧化反应，反应式如下：

$$R-O-O-H+(R'O)_3P \longrightarrow (R'O)_3P=O+ROH \tag{7-1}$$

② 捕获自由基。捕获过氧自由基及烷氧自由基，反应式如下：

$$ROOH+(R'O)_3P \longrightarrow (R'O)_3P=O+R\dot{O} \tag{7-2}$$

$$R\dot{O}+(R'O)_3P \longrightarrow ROP(R'O)_2+R'\dot{O} \tag{7-3}$$

$$R\dot{O}+(R'O)_3P \longrightarrow (R'O)_3P=O+R\cdot \tag{7-4}$$

分子结构中 R′官能团决定了氧自由基的稳定性。RO·被还原的产物 R·因无法与氧结合而发生裂化或者歧化反应。当反应式(7-3)中生成的 R′O·趋于稳定且对氧化链增长反应无传导作用时，聚合物分子结构得以稳定，含受阻酚结构的亚磷酸酯类抗氧剂具备此功能，而烷基亚磷酸酯类抗氧剂只能通过反应式(7-2)和(7-4)来捕捉自由基。研究表明低温条件下此反应过程有相对较高的稳定性。

7.3.3 抗氧剂的合成

1. 抗氧剂 412s 的合成

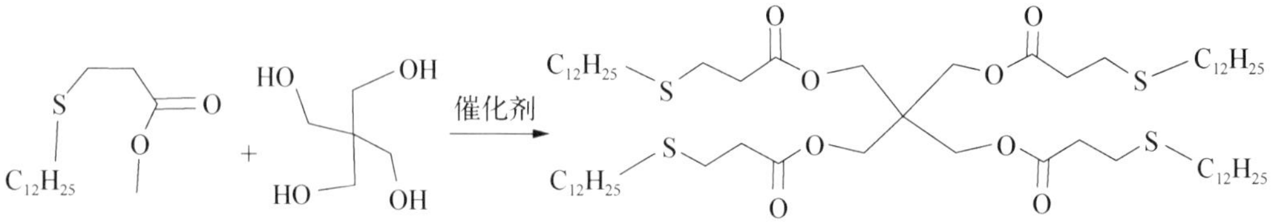

合成操作：

往三口烧瓶中依次加入 0.37 g 氨基锂、6.4 g 季戊四醇、62 g 3-十二烷基硫代丙酸甲酯、100 mL 二甲苯，回流，逐步放出部分二甲苯使反应体系从 144℃升温至 170℃(控制 10℃ /h)并保温 6.0 h，反应总时间为 9.0 h。结束后降至室温，将放出的二甲苯倒回反应体系，加入 70 mL 1%的乙酸水溶液，在 50℃下搅拌 0.5 h，静置分液，减压蒸馏回收二甲苯。加入混合溶剂回流，在 55℃下热过滤，降温至 10℃结晶 2.0 h，过滤，滤饼用无水乙醇漂洗，晾干得 44.8 g 粗品。加入 75 mL 混合溶剂和 0.23 g 活性炭回流半小时，在 55℃下热过滤，在 10℃下结晶 2.0 h，过滤，晾干。

2. 抗氧剂 1035 的合成

以 3,5-甲酯、硫代二甘醇为原料、二正丁基氧化锡为催化剂进行酯交换反应。其反应式如下。

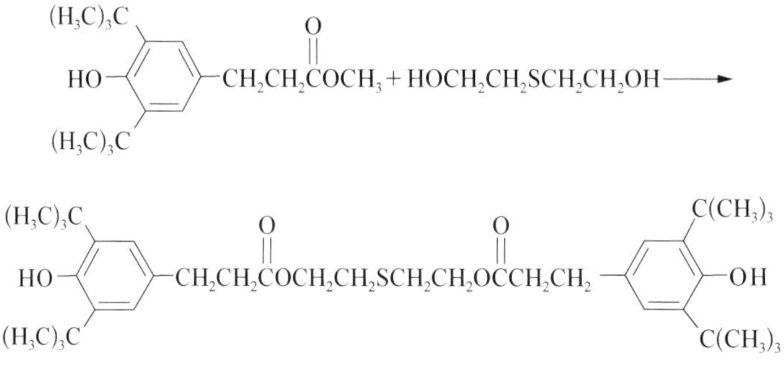

合成操作：

往三口烧瓶中依次加入 30.00 g 3,5-甲酯、0.30 g 二正丁基氧化锡、7.5 g 硫代二甘醇、0.2 g阻色剂，升温至 60℃搅拌使物料充分混合溶解，升温到 130℃反应 0.5 h，然后抽真空，减压至−0.095～−0.05 MPa 恒温反应 1.0 h；继续升温到 150℃恒温反应 2.5 h；继续升温到 165℃恒温反应 1.0 h，然后加入 0.54 g 亚磷酸酯化合物(亚磷酸三乙酯)，恒温反应 1.0 h 至酯交换反应结束。温度降至 20～25℃得到反应混合液，用液相色谱分析纯度。

3. 双(2,4-二枯基苯基)亚磷酸酯的制备

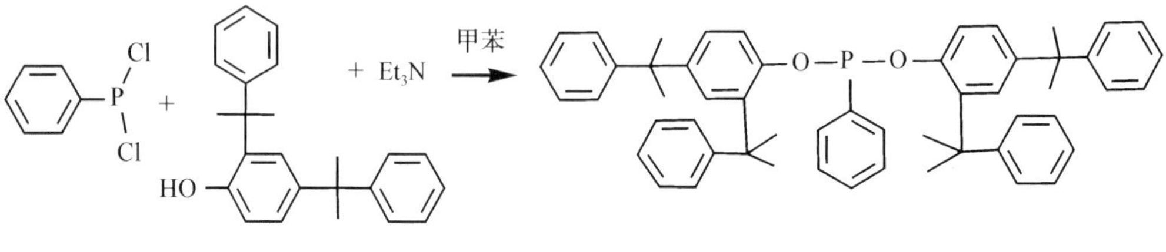

合成操作：

将反应瓶置于水浴中，将 0.102 5 mol 2,4-二枯基苯酚、0.102 5 mol 三乙胺、90 g 甲苯加入，待温度稳定在−5℃后搅拌滴加二苯基氯化膦的甲苯溶液(15.0 g)，控制温度在 20℃，加完后缓慢升温到 110℃保温反应 3.0 h，冷却，过滤除去二乙胺盐酸盐，减压蒸除溶剂和过量三乙胺，粗品用乙腈重结晶，干燥后密封保存。

4. 抗氧剂 A 的合成

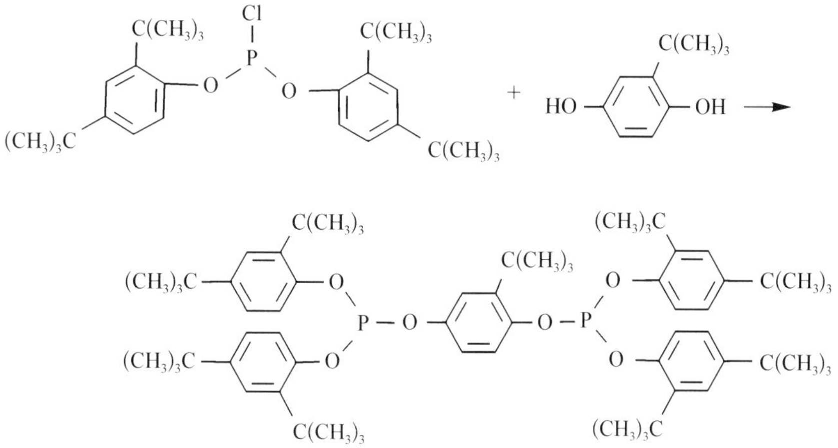

合成操作：

(1) 原料预处理

甲苯的提纯：用 20%的 NaOH 溶液洗涤、分液，以除去其中少量的羧酸和醇类杂质，再用蒸馏水洗涤至中性，加入无水 $CaCl_2$ 置于室温下静置约 12 h，过滤后再加入无水硫酸钙以除去微量的水分，过滤除去硫酸钙，蒸馏滤液即可。

PCl_3 的提纯：置于三口烧瓶中蒸馏(N_2 保护)，收集蒸出液即可。

2-叔丁基对苯二酚的提纯：和甲醇一起置于三口烧瓶中加热至沸腾，同时滴加甲醇(保持沸腾)使之完全溶解后继续沸腾约 1 min 停止加热，室温下结晶，抽滤，滤饼于 70℃下真空干燥，保存于深色玻璃容器中。

(2) 抗氧剂 A 的合成

将 14.19 g 2,4-二叔丁基苯酚及适量的催化剂吡啶加入 100 mL 三口烧瓶中，用甲苯溶解，加热至 50℃，在 30 min 内滴加 3 mL PCl_3，滴加完毕后继续反应 30 min 后升温至 80℃反应至体系中无 HCl 溢出，加入 2-叔丁基对苯二酚 2.86 g 并补加甲苯，升温至回流，然后常压蒸馏除去溶剂和吡啶，再在 150℃下减压蒸馏，将产物倒出、冷却、破碎，得到淡黄色固体，经过精制得到白色粉末。

5. 抗氧剂 ODA 的合成

以二苯胺、二异丁烯为原料，在固体酸的催化下合成 4,4′-二辛基二苯胺，反应式如下。

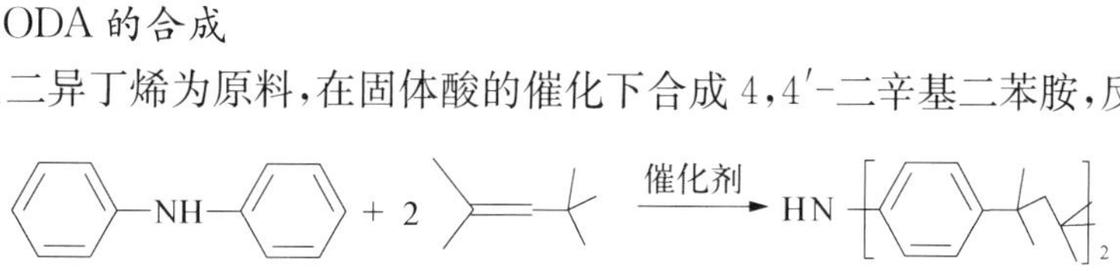

合成操作：

向带有回流冷凝管、搅拌器、加料漏斗、温度计的四口圆底烧瓶中加入物质的量之比为

7∶1 的二苯胺和固体酸 SiO_2—Al_2O_3，按二苯胺与二异丁烯的物质的量之比为 1∶3.2 的比例滴入二异丁烯，控制反应温度，滴加完毕后在 135℃下反应 6.0 h。减压蒸馏回收二异丁烯，将产物降至室温后加入乙醚溶解，再加入一定比例的盐酸-冰水溶液搅拌均匀，分层，有机相分别用过量的 $NaHCO_3$ 饱和溶液和水进行洗涤。有机层经常压蒸馏出乙醚，将产物置于干燥箱中干燥，称重，测熔点，并进行一定的表征。

6. 抗氧剂 245 的合成

以 2-甲基-6-叔丁基苯酚（抗氧剂 164）、丙烯酸甲酯（MA）、二缩三乙醇（TEG）为原料，通过迈克尔加成反应和酯交换反应合成抗氧剂 245。其反应式为

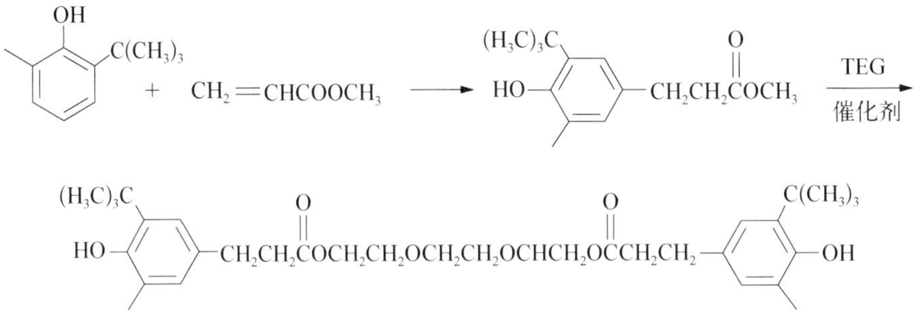

合成操作：

（1）中间体抗氧剂 250 的合成

往三口烧瓶中加入 24.64 g 2-甲基-6-叔丁基苯酚和 0.84 g KOH 反应一段时间后，在 120℃下滴加 15.50 g 丙烯酸甲酯，30 min 内滴加完毕后升温至 130℃反应 5.0 h，加入 30 g 甲苯，用 10 mL 20%的稀盐酸稀释、中和、水洗后分液，在 120℃蒸馏出甲苯和残留的水，减压蒸馏除尽甲苯，收集 90～98℃（755 mmHg）的馏分（中间体抗氧剂 160），然后收集 160～168℃的馏分，为中间体抗氧剂 250。

（2）抗氧剂 245 的合成

往三口烧瓶中加入 18.2 g 中间体抗氧剂 250 和 5.2 g TEG，用 N_2 保护，在 100℃减压蒸馏除去轻组分，加入 CYZ-1 作催化剂，停止通 N_2，减压，升温至 185℃反应 6.0 h，反应过程中用薄层色谱跟踪，展开剂为正己烷∶乙酸乙酯=3.5∶1。反应结束后降温至 70℃，加入体积分数为 90%的甲醇水溶液，回流溶解后搅拌降温得到白色混浊液，抽滤并洗涤，干燥 3.0 h 得到粗产品。将 90%的甲醇溶剂和抗氧剂 245 粗产品按 $V:m=1.5\ \mathrm{mL}:1.0\ \mathrm{g}$ 的比例在 70℃下溶解，在 0～5℃下结晶，得到纯品。

7. 3,7-二异辛基吩噻嗪（DOPTZ）的合成

以 4,4′-二异辛基二苯胺（DOD-PA）为原料，通过硫化闭环反应合成 3,7-二异辛基吩噻嗪（DOPTZ）。其反应式为

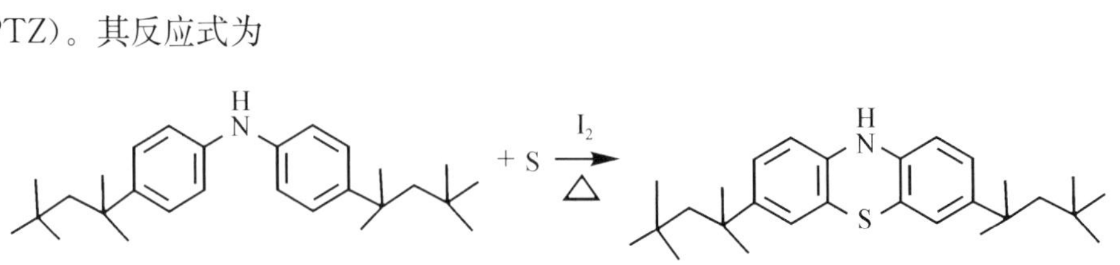

合成操作：

往三口烧瓶中依次加入 12.30 g 4,4′二异辛基二苯胺，1.93 g 硫黄，0.092 g 碘，加热搅拌并

升温至 165℃反应 4.0 h(注意尾气吸收),冷却至室温,加入 50 mL 丙酮将粗产物溶解,过滤,旋蒸所得滤液除去丙酮,用柱层析(石油醚∶甲苯=10∶1)分离,浓缩,得到白色产品即 DOPTZ。

7.4　增塑剂

7.4.1　增塑剂的概述

增塑剂又称塑化剂,将其加入合成树脂和橡胶等高分子材料中能增加它们的可塑性、柔韧性或膨胀性。增塑剂的作用是减弱树脂分子间的次价键、增加键的移动性、降低分子的结晶度、增加分子的可塑性,是塑料加工助剂中量最大的一类,对改善塑料的加工性能、柔韧性能起着不可或缺的作用,广泛应用于合成树脂、合成橡胶、皮革加工等领域。

增塑剂应具备的性能:① 黏度低,与聚合物相容性好,迁移性低(包括渗透性低、挥发性低等性质),对交联反应的影响较小;② 化学性能稳定,危险性低;③ 成本低,纯度高,毒性低。增塑剂作为一种"类溶剂"物质,通常是液体有机物或者低熔点的固体,与树脂均匀混合,且不与树脂发生化学反应。

7.4.2　增塑的作用机理

增塑的基本原理是将增塑剂插入聚合物大分子间,扩大了分子间距,削减了分子链间的范德瓦耳斯力,使大分子结晶性能下降,并通过偶极力相互作用与聚合物大分子连接。加入增塑剂后混合体系的熔融黏度、软化温度、拉伸强度、硬度、密度、玻璃化转变温度(T_g)和弹性模量降低,而柔性、断裂伸长率和介电常数提高。关于增塑剂的作用机理,有以下三种理论。

(1) 润滑理论:聚合物大分子之间存在摩擦力,使聚合物具有一定的刚性而能抵抗形变。增塑剂通过降低大分子间的摩擦力而使界面润滑,促进分子间或链段间相互滑移,降低熔体黏度、T_g 和弹性模量,提高塑料制品的弹性和柔韧性。

(2) 凝胶理论:高分子材料内部存在众多三维蜂窝状结构或者凝胶,使其具有一定的硬度能抵抗形变。增塑剂通过拆散蜂窝状结构或凝胶的缠结点,遮蔽聚合物分子链间的相互作用力中心,削弱相邻大分子链间的吸引力,使高分子材料具有流动性,达到增加其柔韧性的目的,或者使凝胶溶胀,促进高分子链移动,增加高分子材料的柔软性。

(3) 自由体积理论:处于 T_g 以下的聚合物刚而硬,其自由体积很小且基本恒定,聚合物分子链间可移动空间小。处于 T_g 以上的聚合物的热能和分子振动能增加,自由体积较大,聚合物分子链可移动性增加。增塑剂将聚合物分子链分隔,相当于增加了聚合物的自由体积,使聚合物分子运动变得容易,流动性和柔韧性增加,同时聚合物的 T_g 降低。

7.4.3　增塑剂的分类

增塑剂按化学结构分为邻苯二甲酸酯类增塑剂、环氧类增塑剂、柠檬酸酯类增塑剂、聚酯类增塑剂等。

(1) 邻苯二甲酸酯(PAEs)类增塑剂

PAEs 又称酞酸酯,使用量最大,能够增强高分子材料的延展性、柔软度和强韧性,具有良好的相容性、低挥发性,增塑效果好、耐低温,广泛应用于日常生活用品及工业产品,如食品包装、日常用品、儿童玩具，甚至医疗器具、化妆品、清洁剂、润滑油等领域。代表性品种有邻苯二甲酸二异辛酯(DIOP)、邻苯二甲酸二丁酯(DBP)、邻苯二甲酸二异癸酯(DIDP)等。但 PAEs 在 PVC 产品中的添加量较大，且在加工过程中易挥发，产品中有一定的渗出性和挥发性，会污染环境，危害健康。

(2) 环氧类增塑剂

环氧类增塑剂包括环氧植物油、脂肪酸单酯类环氧化物等。其无毒环保、功能全面、热稳定性良好、耐水耐油性能突出，市场前景广阔，已成为我国第三大类增塑剂。环氧植物油主要有环氧大豆油、环氧亚麻油、环氧玉米油、环氧棕榈油、环氧棉籽油；脂肪酸单酯类环氧化物有环氧乙酰亚麻油酸甲酯、环氧糠油酸丁酯、环氧大豆油酸辛酯、9,10－环氧硬脂酸辛酯、环氧脂肪酸辛酯丁酯等。其中环氧大豆油开发应用较早，是唯一经美国食品药品监督管理局(FDA)批准的用于食品包装材料的环氧类增塑剂，广泛应用于塑料、橡胶、涂料等工业领域。

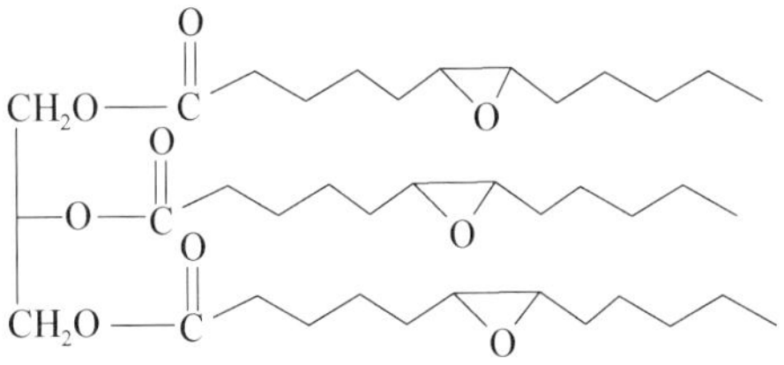

环氧大豆油

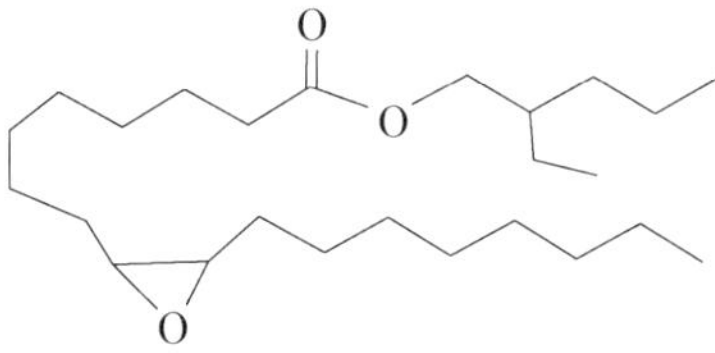

9,10－环氧硬脂酸异辛酯

(3) 柠檬酸酯类增塑剂

柠檬酸酯类增塑剂是海外市场主推的无毒增塑剂，被 FDA 认证用于食品药品包装。其以柠檬酸为主要原料合成，无毒、生物降解性好、挥发性低、抗细菌、增塑效率高，广泛应用于制备食品包装、饮料瓶瓶塞、瓶装食品的密封圈、医疗器具、儿童玩具等制品。如柠檬酸三丁酯(TBC)和乙酰柠檬酸三丁酯(ATBC)。

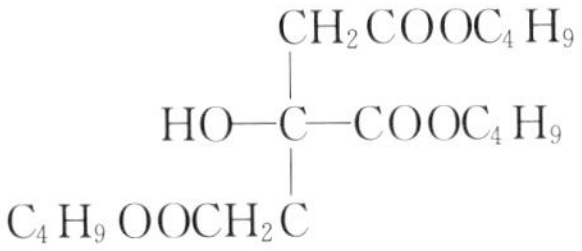

TBC

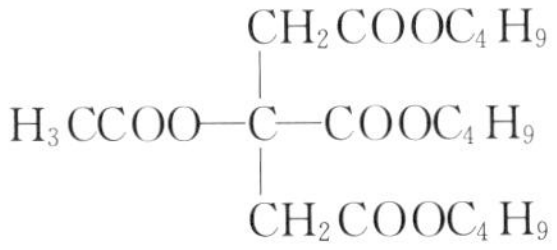

ATBC

(4) 聚酯类增塑剂

聚酯类增塑剂是由二元羧酸和二元醇经酯化、缩聚反应得到的一种线型含有酯基的高分子聚合物，其化学结构式为 $H\!\left[OROOCR'CO\right]_{n}OH$，式中 R 和 R′分别代表二元醇和二元酸的烃基，n 代表聚合度。聚酯的分子量通常在 800～8 000 之间，可以插入高分子之间形成强相互作用力，稳定地存在于聚合物内部而较难迁出，被称为“永久性增塑剂”。其绿色、环保、健康、耐久，广泛应用于医疗健康、运输、耐油电缆、煤气胶管工业制品等多个领域，主要缺点是极性大、黏度高、耐低温性能差。按照反应物原料来源聚酯类增塑剂分为生物基聚酯类增塑剂与石油基聚酯类增塑剂。

① 生物基聚酯类增塑剂，以可再生资源为主要原料制备的聚酯类增塑剂，具有聚酯类增塑剂的特性且无毒、可降解、原料可再生，生物相容性好，安全系数较高，可应用于儿童玩具、医疗器械、食品包装材料等对安全卫生要求较高的领域。常用的有甲基丁二酸类聚酯、植物油基聚酯、甘油基油酸聚酯、葡萄糖己酸酯等。选用生物基原料合成高分子材料，解决能源、环境问题，已成为研究热点。

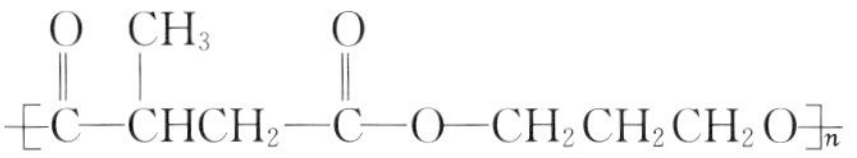

聚 2-甲基丁二酸 1,3-丙二醇酯

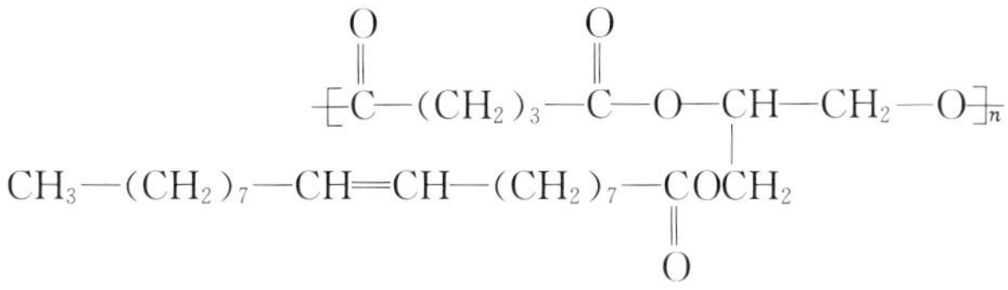

聚戊二酸单油酸甘油酯

② 石油基聚酯类增塑剂，生产工艺成熟，是聚酯类增塑剂的主流产品。二元酸类聚酯增塑剂具有耐迁移性好、原料成本低廉等特点。二元酸主要有己二酸、丁二酸、壬二酸等，其中己二酸类聚酯增塑剂的耐迁移性和耐候性尤为优异，主要产品有聚己二酸丁二醇酯(PBA)、聚己内酯、聚丁二酸-1,6-己二醇酯(PHS)等，国内已经实现聚己二酸丙二醇酯工业化生产。

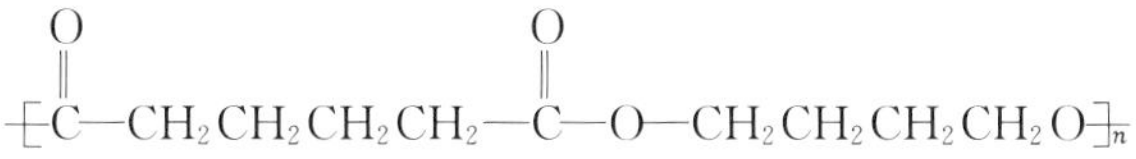

PBA

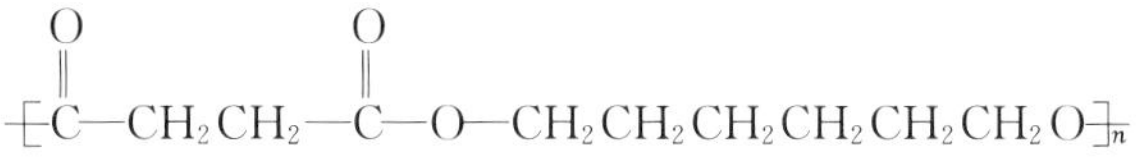

PHS

与单羧酸酯相比，二元酸酯才显示增塑性能。其化学结构通式如下：

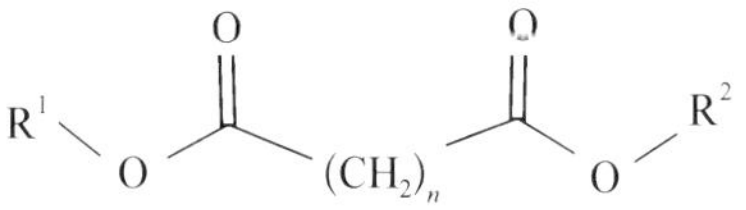

式中，n 为 2～11，R^1、R^2 是相同或不同的烷基，耐寒性能好，在 −60℃ 的环境中仍能展现出优异的增塑性、耐光性和绝缘性，广泛应用于耐寒电线、电缆材料、人造革、板材、片材等塑料和橡胶制品。主要产品有己二酸二异辛酯(DOA)、癸二酸二辛酯(DOS)、癸二酸二异辛酯、癸二酸二异壬酯、壬二酸二(2-乙基己酯)等。极性基团的位置对增塑性能也有影响，如甲酸和丙二酸酯没有增塑作用，两个羧基被至少 4 个亚甲基分开才有增塑效果，但过高的分子量直接影响增塑剂与树脂的相容性，从而影响增塑性能。

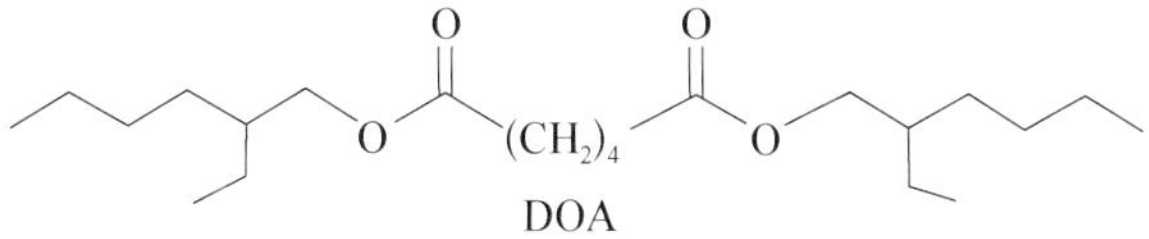

DOA

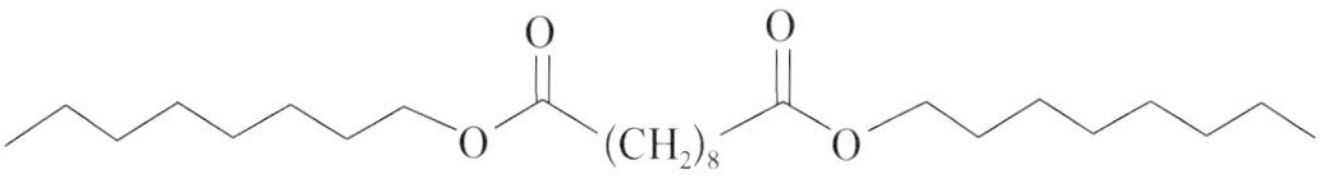

DOS

7.4.4 增塑剂的制备

1. 邻苯二甲酸二异辛酯(DIOP)的合成

以邻苯二甲酸酐和异辛醇为原料，甲苯为带水剂，经硫酸氢钠催化合成DIOP，反应式为

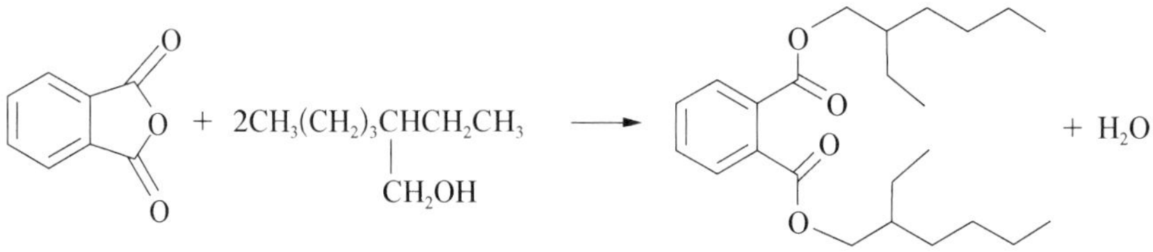

合成操作：

将一定配比的邻苯二甲酸酐、异辛醇、甲苯和硫酸氢钠加入三口烧瓶中，在 N_2 保护下搅拌，加热到140℃回流，分水，记录时间，控制温度在160～180℃，定时取样测定体系酸值，约需3.0 h。反应结束后用等体积的5%的碳酸钠中和，再用等体积的饱和食盐水洗涤2～3次至中性，粗产物经减压蒸去甲苯和未反应完的异辛醇，收集200～210℃、1.333 kPa的馏分，得无色透明油状液体，即DIOP。

2. 环氧大豆油的合成

以大豆油、乙酸、双氧水为原料，采用过氧羧酸氧化法对大豆油进行环氧化聚合得到环氧大豆油。其反应式为

$$CH_3COOH + H_2O_2 \xrightarrow{\text{催化剂}} CH_3COOOH$$

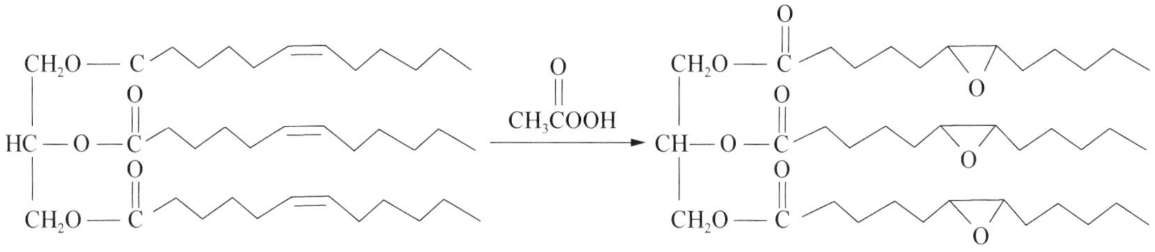

合成操作：

往三口烧瓶中加入大豆油，将浓硫酸溶于乙酸中并加入大豆油中，搅拌(速度为500 r/min)，在40℃下滴加30%的双氧水，速度为1～2 s/滴，72 mL双氧水在2～3.0 h内滴加完毕，搅拌(速度700 r/min)，升温至60℃恒温反应3.0 h，分液除去水层，有机相用50～60℃的0.1 mol/L的NaOH溶液洗涤至pH=5～6，再依次用饱和食盐水和蒸馏水洗至pH=7～8。减压蒸馏(100 kPa、70℃)得到最终产物。

3. 9,10-环氧硬脂酸辛酯的合成

以油酸、异辛醇为原料，先在硫酸催化下进行酯化反应，再通过双氧水环氧化得到9,10-环氧硬脂酸辛酯，其反应式为

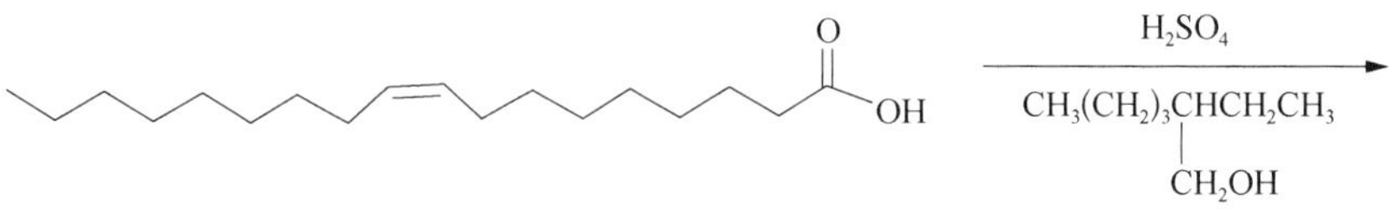

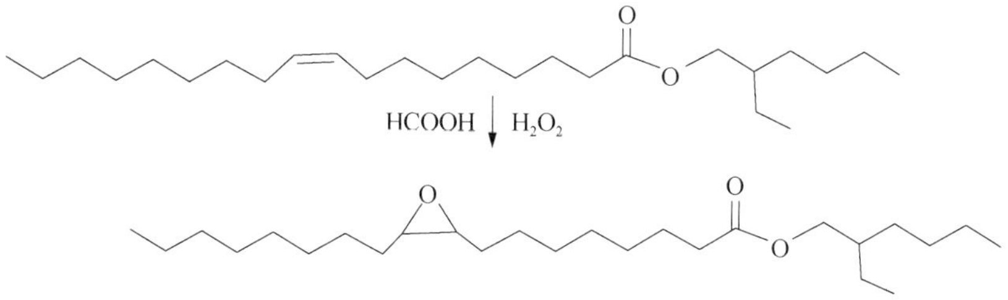

合成操作：

（1）油酸酯化

在室温下，将 99%的 10.0 g 油酸与 15.0 mL 异辛醇混合，小心加入 0.10 mL 浓 H_2SO_4，搅拌回流反应 4 h，冷却至室温后旋蒸去除溶剂，将所得产物溶解在 10 mL 己烷中，分别用饱和 $NaHCO_3$ 溶液（1 mL×2）和饱和食盐水（1 mL×2）洗涤，接着用无水 $MgSO_4$ 干燥，过滤，真空浓缩后在高真空下放置 6 h，得到透明油状的油酸异辛酯。

（2）油酸异辛酯环氧化

在冰浴中将 10.0 g 油酸异辛酯与 88%的 5.0 mL 甲酸混合，向其中缓慢加入 30%的 8.0 mL H_2O_2 水溶液。室温下剧烈搅拌（900 r/min）反应 14～16 h。分液除去水相，向油相中添加己烷（20 mL），分别用饱和 $NaHCO_3$ 溶液（5 mL×2）和饱和食盐水（5 mL×2）洗涤，接着用无水 $MgSO_4$ 干燥，过滤，浓缩，在高真空下放置 6 h，得到 9，10 -环氧硬脂酸辛酯。

4. 柠檬酸三丁酯的制备

以柠檬酸和正丁醇为原料，在磺酸基离子液体催化下酯化，反应式为

$$\begin{array}{c}CH_2COOH\\ |\\ HO-C-COOH\\ |\\ CH_2COOH\end{array} + 3CH_3(CH_2)_3OH \xrightarrow{\text{催化剂}} \begin{array}{c}CH_2COOC_4H_9\\ |\\ HO-C-COOC_4H_9\\ |\\ CH_2COOC_4H_9\end{array}$$

（1）柠檬酸三丁酯的合成

往三口烧瓶中加入 0.05 mol 柠檬酸、0.225 mol 正丁醇，全部溶解后加入 0.27 g [bPySO_3H][HSO_4]离子液体催化剂（反应底物总质量的 1%），测始酸值。加热反应，从蒸馏出醇水共沸物起记录时间并分水，定时取样测酸值，当不再有水分蒸出时停止反应。

（2）产物纯化

将产物冷却静置，分离出下层离子液体，向剩余液中加入 5% 的 $NaHCO_3$ 溶液并搅拌，洗涤至中性（pH=7）。将装置改为减压蒸馏装置，先蒸出过量醇或带水剂甲苯，在 90℃下加入活性炭，搅拌 1.0 h 后抽滤，得到无色透明或淡黄色的柠檬酸三丁酯产品。

5. 聚戊二酸单油酸甘油酯（PGAGMO）的合成

以钛酸四丁酯（TBT）为催化剂，戊二酸（GA）和单油酸甘油酯（GMO）为原料，通过酯化和缩聚两步合成 PGAGMO，其反应式为

$$n\,CH_3-(CH_2)_7-CH{=}CH-(CH_2)_7-\underset{\underset{O}{\|}}{C}O\overset{\overset{HO-CH_2-CH-OH}{|}}{CH_2} + n\,HO-\overset{\overset{O}{\|}}{C}-(CH_2)_3-\overset{\overset{O}{\|}}{C}-OH$$

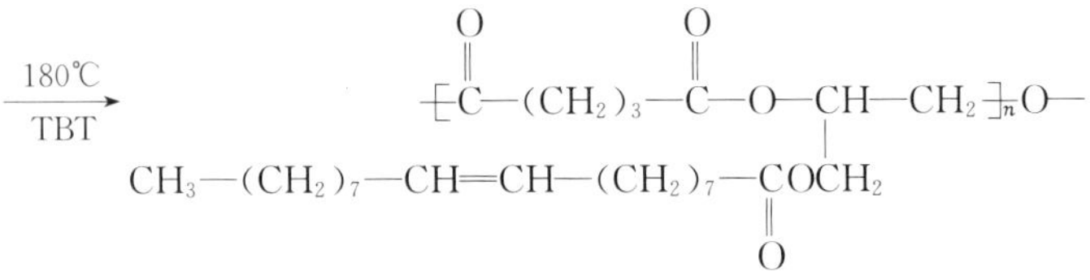

合成操作：

将 10 g 戊二酸、31.06 g 单油酸甘油酯（GMO）和 0.012 g 钛酸四丁酯（反应物总质量的 0.03%）放入三口烧瓶中，用 N_2 保护，加热到 150℃并保温直到物质熔化。6 h 内温度缓慢升高到 180℃完成酯化，真空冷凝直到酸值不变，冷却并溶解在丙酮中，加水沉淀，重复三次，产品风干 36 h，然后在 60℃下真空干燥 24 h。

6. 聚己二酸丁二醇酯（PBA）的合成

以己二酸和 1,4－丁二醇为原料，采用高温 N_2 法合成。其反应式为

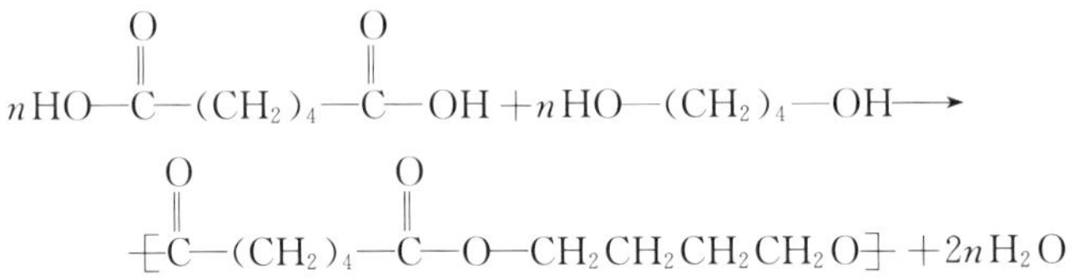

合成操作：

按物质的量之比为 1∶1.3 称取己二酸与 1,4－丁二醇，加入四口烧瓶中，总投料量为 400 g。通 N_2 10 min，缓慢升温至 145℃后恒温 30 min，控制出水速率及顶温[(100±2)℃]。控制升温速度为 12～13℃/10 min，升温至 220℃、无水馏出且顶温降至 70℃以下，迅速加入 2 滴四异丙基钛酸酯，并加大搅拌速率至 320～350 r/min，N_2 流量为 50 mL/min，在 220℃下反应 3.5 h 取样测酸值，其后每 30 min 测一次酸值直至低至 0.8 mg KOH/g 或者反应 6.0 h 后结束得到 PBA，其羟值在 55～60 mg KOH/g 之间，分子量约为 2 000。

7. 己二酸二异辛酯（DOA）的合成

以己二酸和异辛醇为原料，采用甲苯为带水剂、对甲苯磺酸作催化剂。向三口烧瓶中依次加入 4.38 g 己二酸、12.3 mL 异辛醇、1.0 g 对甲苯磺酸和 10 mL 甲苯，混合均匀，控制温度在 110～140℃回流反应 30 min。冷却至室温，用 10%的 Na_2CO_3 中和，再用等体积的饱和食盐水洗涤 2～3 次使之呈中性。减压蒸馏，收集 214℃（0.67 kPa）的馏分，得无色透明微有气味的油状液体。

7.5 阻燃剂

阻燃剂又称难燃剂、耐火剂或防火剂，用来提高可燃材料的难燃性，阻止其被火引燃和抑制火焰传播。阻燃剂的基本要求：阻燃效率高，获得单位阻燃效能所需要的能量少；本身低毒或基本无毒（大鼠口服 LD50＞5 000 mg/kg），燃烧时生成的有毒和腐蚀性气体量及烟量尽可能少；与被阻燃基材的兼容性好，不易迁移和渗出；具有足够的热稳定性，在被阻燃基材的加工温度下不分解，分解温度也不宜过高，以 250～400℃为宜；不能过多地恶化、弱化被阻燃基材的性能；具有可接受的紫外线稳定性和光稳定性；原料来源充足，制造工艺简单，价格低廉。在满足基本要求的前提下，综合考量求得最佳的平衡。

7.5.1　阻燃剂的分类

阻燃剂按照组成分为有机、无机、无机-有机混合型阻燃剂，按照使用方法分为添加型和反应型阻燃剂。添加型阻燃剂与聚合物基体不相容，在加工过程中会溢出、分解而影响材料的性能，需要进一步改进。反应型阻燃剂是通过共聚的方式将阻燃元素(溴、氯、硫、磷、硅等)直接引入聚合物主链或侧链中达到提高阻燃性的效果，克服了添加型阻燃剂从聚合物表面迁移或挥发的缺点，且对聚合物性能影响较小。反应型阻燃剂在环氧树脂(EP)、聚氨酯(PU)、聚碳酸酯(PC)、聚酯、丙烯腈-丁二烯-苯乙烯共聚物(ABS)等材料中应用广泛。

1. 添加型阻燃剂

添加型阻燃剂在被阻燃基材(一般为高聚物)的后处理加工过程中加入，与基材及基材中的其他组分不发生化学反应，分散于基材中而赋予基材阻燃性。加工时直接与树脂或胶料混配，加工方便，适用面广，是阻燃剂的主体，约占阻燃剂市场的85%，包括卤系阻燃剂、磷系阻燃剂等，主要应用于热塑性高聚物。

(1) 磷系阻燃剂：红磷、磷酸铵盐、聚磷酸铵盐、磷酸酯类等

① 红磷，阻燃性能优良同时具有抑烟效果，但红磷易燃，且受热时生成极毒的磷化氢，因此不能直接作为阻燃剂使用，要经过特殊处理如使用氢氧化铝、三聚氰胺包覆红磷和微胶囊化红磷等。红磷在400～450℃时形成白磷，在水蒸气作用下氧化为五价含氧酸，在凝聚相中可脱水成炭并覆盖在基材表面。此外红磷可延缓某些高聚物在凝聚相中的非氧化性裂解。其阻燃效率与高聚物类型有关，且对含氧高聚物的效能更佳。

② 磷酸铵盐，为无色透明薄片或菱形晶体，易溶于水，不溶于有机溶剂，在空气中逐渐失去部分氨，在水溶液中受热转变为磷酸二氢铵从而起到阻燃的作用。磷酸铵盐价廉且阻燃效率高，可用于木材、纺织品、弹性体等的阻燃。

③ 聚磷酸铵，是一种聚磷酸盐，是由—P—O—P—链连接而成的长链状化合物，通常简称为APP，通式为$(NH_4)_{n+2}P_nO_{3n+1}$。其在350℃下分解放出氨后生成非挥发性磷氧化物或聚磷酸等薄膜隔绝空气而起阻燃作用。聚磷酸铵流动性好、含氮磷量高、杂质少、耐水、热稳定性好、阻燃性持久，广泛应用于聚氯乙烯、丙烯酸类乳液、聚氨酯、酚醛树脂、纤维材料、橡胶等，还可用于森林、煤田等大面积灭火。

④ 磷酸酯类，资源丰富、价格低廉、应用广泛，大都属于添加型阻燃剂，具有阻燃与增塑的双重功能。阻燃机理以凝聚相为主，在高温环境下磷酸酯燃烧形成聚磷酸并覆盖在高分子材料燃烧后形成的致密炭层表面，隔绝氧气增强阻燃效果。代表性产品有甲基磷酸二甲酯(DMMP)、磷酸三甲苯酯(TCP)、间苯二酚双(二苯基磷酸酯)(RDP)和双酚A双(二苯基磷酸酯)(BDP)，其中以RDP和BDP为代表的缩合磷酸酯是目前使用最广泛的磷酸酯类阻燃剂。

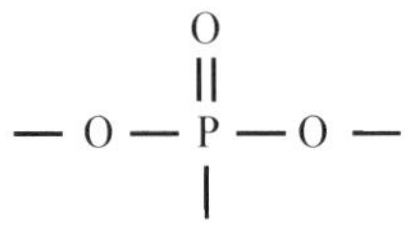

DMMP

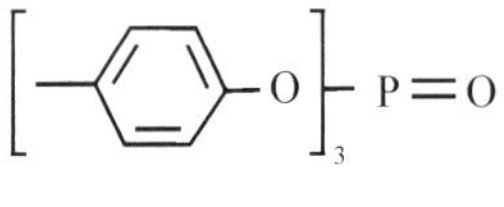

TCP

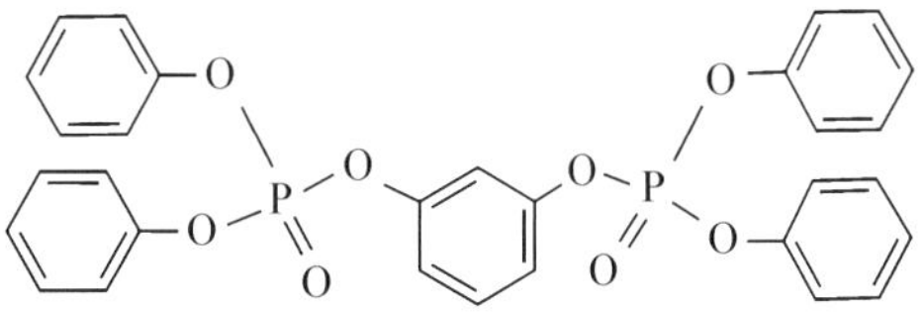

RDP

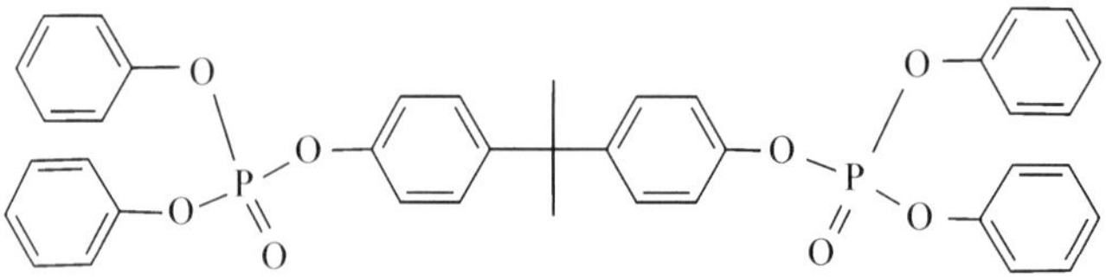

BDP

(2) 卤系阻燃剂

氟、氯、溴、碘都有阻燃性，阻燃效果为 $F<Cl<Br<I$。工业上只用氯系和溴系阻燃剂，氟系和碘系阻燃剂少有应用，原因是 C—F 键太强而不能有效捕捉自由基，而 C—I 键太弱易被破坏，影响了聚合物性能(如光稳定性)。卤系阻燃剂(特别是溴系阻燃剂)的最大优点是阻燃效率高、用量少、相对成本较低，此外溴系阻燃剂与材料的相容性好，被广泛应用于 PP、PE、PS、PC、PET、ABS 等高分子材料中。具有代表性的氯系阻燃剂有四氯邻苯二甲酸酐(TCPA)、六氯环戊二烯、四氯双酚 A(TCBPA)等，溴系阻燃剂有十溴二苯乙烷、十溴二苯醚(DBDPO)、四溴双酚 A(TBBP－A)等。卤系阻燃剂燃烧时释放出大量有毒、腐蚀性的卤化氢气体，造成环境污染，并危害人体健康。

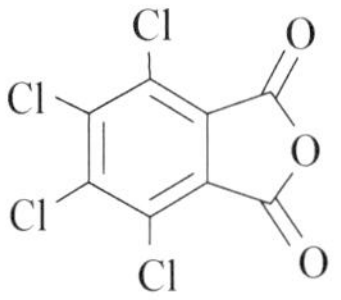

TCPA：四氯邻苯二甲酸酐

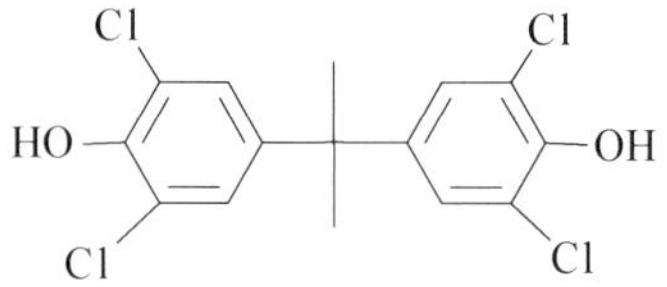

TCBPA：四氯双酚A

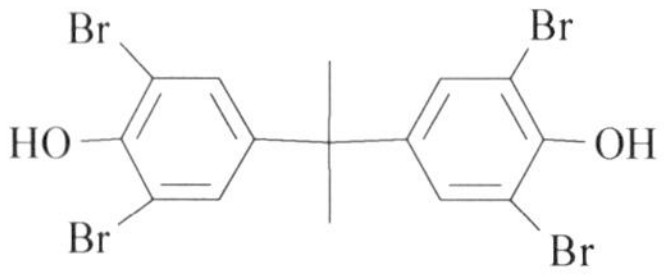

TBBP-A：四溴双酚A

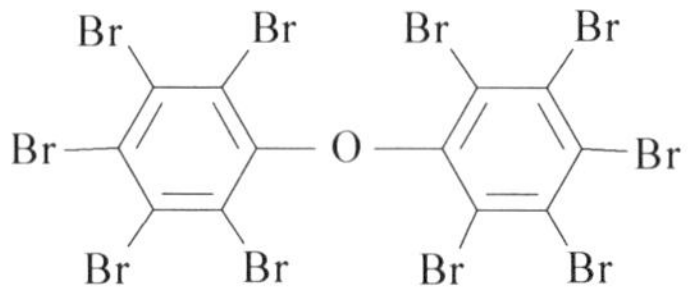

DBDPO：十溴二苯醚

卤系阻燃剂阻燃机理是阻隔降温、终止链反应、切断热源三个方面综合作用。

① C—X 的键能低，阻燃剂的分解温度与材料热分解温度基本一致，阻燃剂受热分解，吸收热量降低温度，而生成的 HX 气体的密度大，把材料周围的空气挤走形成氧渗透屏障。

② HX 与聚合物分解产生的自由基 HO· 反应生成卤系自由基 X·，继续与高分子链反应生成 HX，切断了 HO· 与氧的反应。

③ 阻燃剂减弱了高分子链之间的范德瓦耳斯力，材料受热时处于黏流态，在受热流动时带走部分火焰和热量，从而实现阻燃的效果。

2. 反应型阻燃剂

反应型阻燃剂自身带有活性官能团，或作为高聚物的单体，或作为交联剂参与构建聚合物，采用化学方法改变高分子材料的组成和结构。其在制造过程中引入阻燃基团如溴、氯、磷、锑、硼等元素，从而阻止材料被引燃和抑制火焰传播。该类高分子材料具有相对永久的阻燃性，但生产工艺复杂，应用范围比较窄。根据阻燃元素的不同分为卤系、磷系、氮系、膨胀型、硅系等阻燃剂体系，主要应用于热固性高聚物。

(1) 卤系阻燃剂，代表性产品有 BHTBA、丙烯酸五溴苄酯。

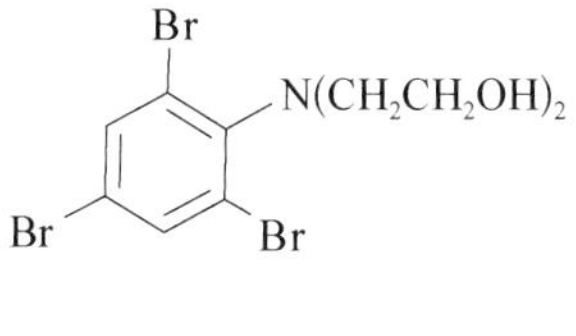

BHTBA

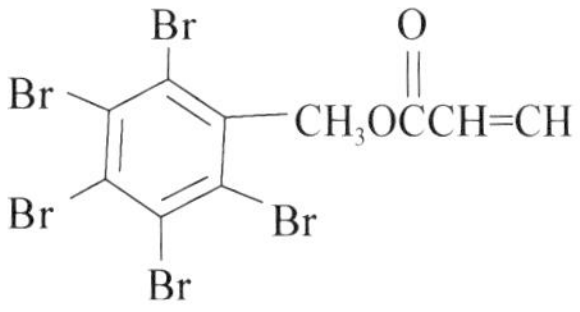

丙烯酸五溴苄酯

（2）磷系阻燃剂

磷系阻燃剂主要以P—C或P—O等共价键的形式接枝到聚合物结构中，也有部分含双官能团的磷系阻燃剂与聚合物共聚，持久且稳定地存在于聚合物中，提高了聚合物与阻燃剂的相容性，且对聚合物的力学性能影响较小。其按照结构分为磷酸酯类、亚磷酸酯类、膦酸酯类、氧化磷类等，其中磷酸酯类和亚磷酸酯类及其衍生物应用最为广泛。

① 磷酸酯类，+5价磷的化合物，主要在凝聚相发挥阻燃作用，应用最广泛。代表性产品有甲基膦酸二甲酯(DMMP)、三(2-羟乙基)磷酸酯、三(3-羟基苯基)磷酸酯(THPP)等。

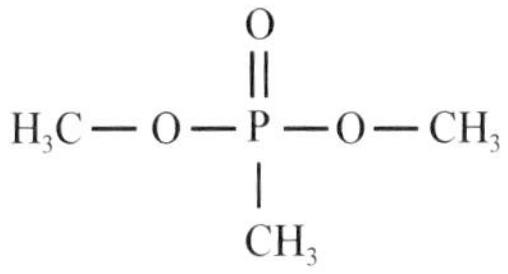

DMMP

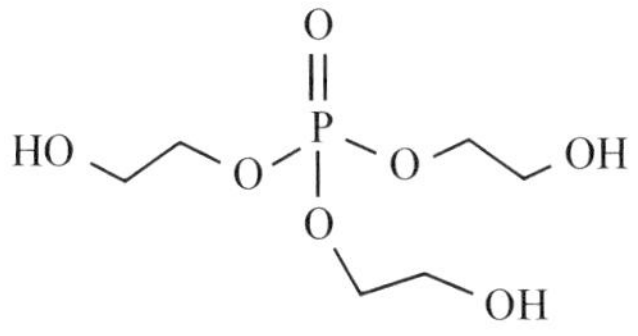

三(2-羟乙基)磷酸酯

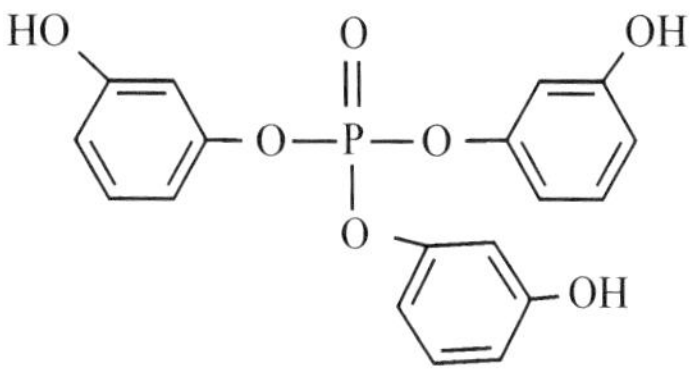

THPP

② 亚磷酸酯类，作为反应型阻燃剂，一般引入羟基，与聚氨酯中的异氰酸酯基团反应从而使聚氨酯材料更加稳定。代表性产品有双季戊四醇二亚磷酸酯，三(一缩二丙二醇)亚磷酸酯(P430)。

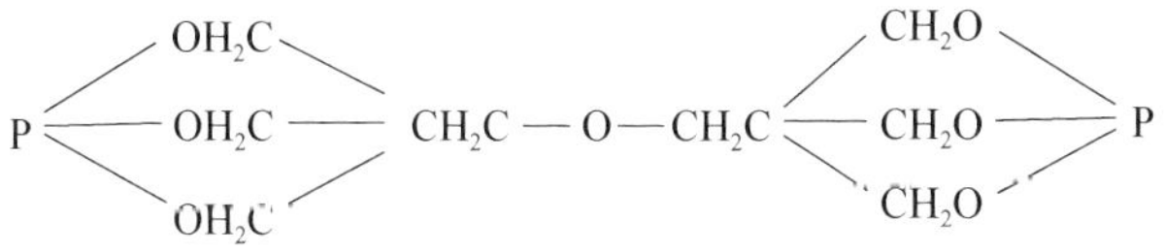

双季戊四醇二亚磷酸酯

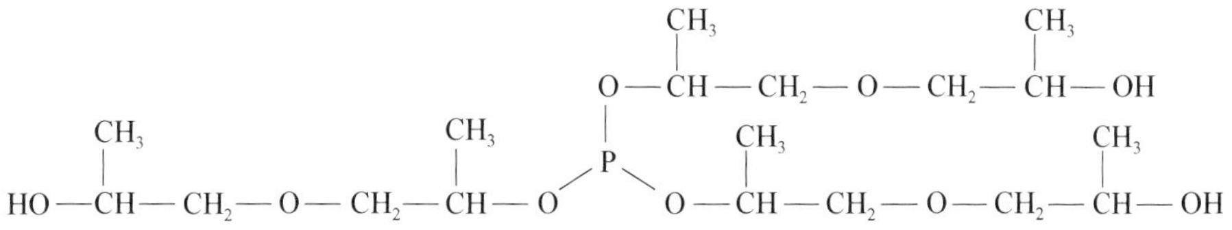

P430

③ 膦酸酯类，这是最重要的磷系阻燃剂，其分子结构中存在羟基、氨基等活性官能团。膦酸酯的分子结构中是P—C—O，增加的碳原子提高了膦酸酯的热稳定性，因此其耐水解性、热稳定性更好，燃烧后的残炭量更低，主要用于聚氨酯和树脂等材料的阻燃。代表性产品有双(4-羟基丁基)苯基膦酸酯(BHPP)、DMTO、双(2-羟丙基)苯基膦酸酯、双((二甲氧基磷酰基)甲基)苯基膦酸酯(BDMPP)等。

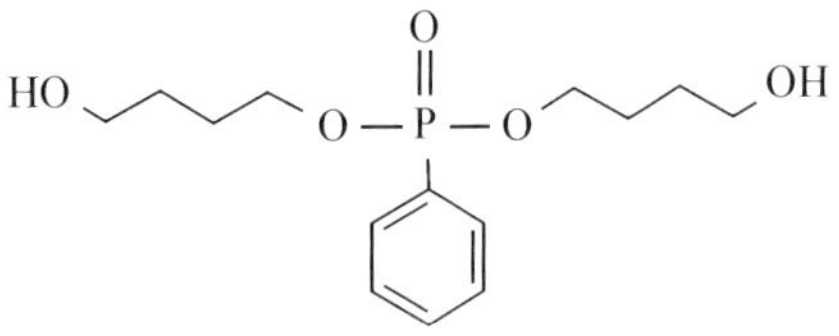

BHPP

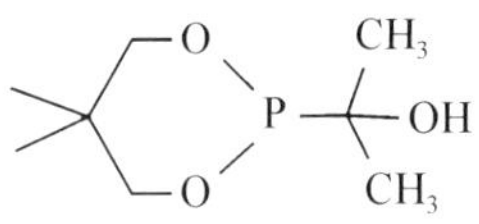

DMTO

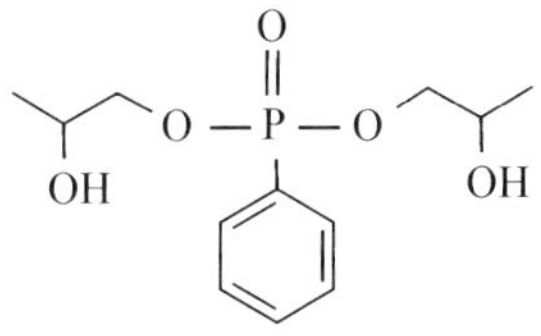

双(2-羟丙基)苯基膦酸酯

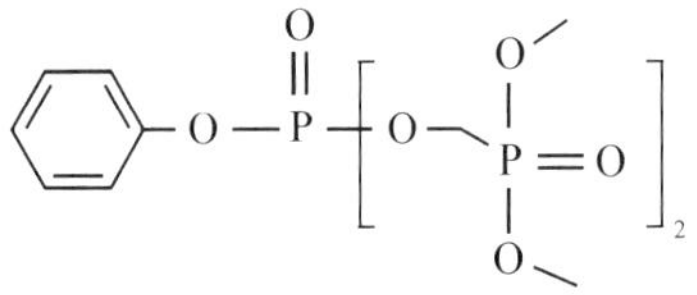

BDMPP

④ 氧化膦类，是反应型阻燃剂中较为重要的一类，分子结构中仅含有 P—C 和 P═O，通式为 $R_3P═O$(R 为烷基、芳基等)，稳定性好，耐氧化、耐水解，且低烟低毒，可应用于聚酯、聚酯纤维等的阻燃。代表性产品有三羟基氧化膦(PTMA)、双(对-羧酸苯基)苯基氧化膦(BCPPO)，双(对-氨基苯基)苯基氧化膦(BPPPO)、双(3-氨基苯基)苯基氧化膦(BAPPO)。

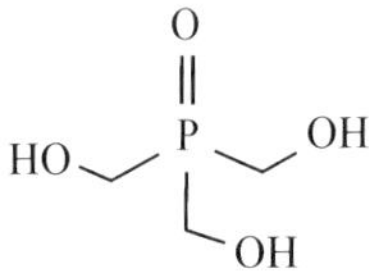

PTMA

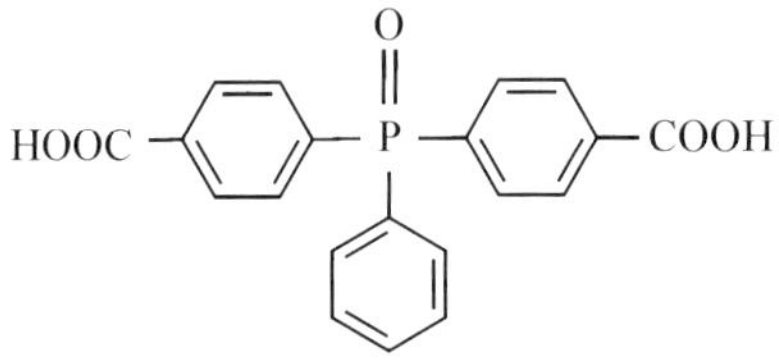

BCPPO

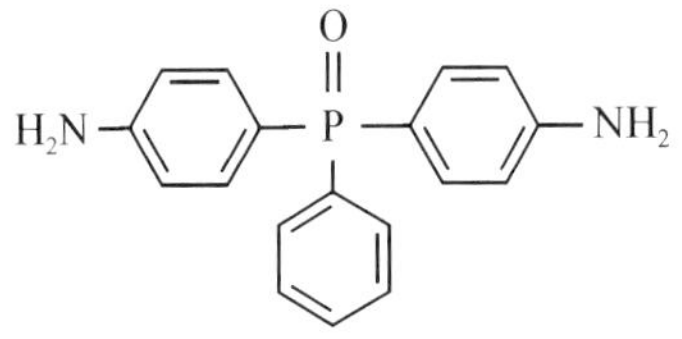

BPPPO

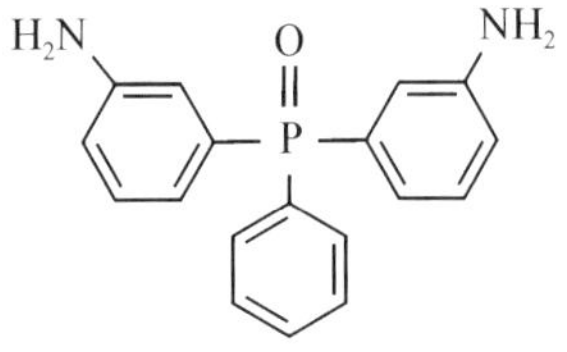

BAPPO

该系列物质的阻燃效果主要通过凝聚相阻燃、气相阻燃和协同阻燃等机理实现。燃烧和阻燃十分复杂，受多种因素制约，一般是几种阻燃机理同时起作用。

阅读材料

磷系阻燃剂的阻燃机理

(1) 凝聚相阻燃机理。利用阻燃剂的热降解产物(磷酸→偏磷酸→聚偏磷酸)使聚合物表面迅速脱水而炭化进而形成炭化层，起到阻燃保护作用。与此同时在燃烧温度下分解生成不挥发的玻璃状致密物质包覆在基材表面，起到隔离层作用，隔绝空气，阻碍了热量的进一步传递。

(2) 气相阻燃机理。热分解形成的气体产物中含有自由基 PO·，PO·与 H·形成 HPO 降低了氢原子的浓度从而抑制链反应，使火焰熄灭；同时热分解出 CO_2、N_2 等难燃气体，降低燃烧范围内的可燃气体浓度至着火点以下，同时稀释氧气浓度，阻止燃烧的进行。

（3）氮系阻燃剂

氮系阻燃剂因阻燃效果好、分解产物毒性较小而成为新型阻燃剂的研究热点，主要有三聚氰胺、双氰胺、胍盐（碳酸胍、磷酸胍、缩合磷酸胍和氨基磺酸胍）及其衍生物等，具有高效环保、腐蚀性小、与材料中的光稳定剂不冲突等优点。大多数情况下氮系阻燃剂不单独使用，往往与磷系阻燃剂复配形成协效阻燃体系。

氮系阻燃剂受热分解吸收热量且生成 NH_3、N_2、水蒸气等不燃气体带走热量，有效地降低了高聚物材料表面的温度。不燃气体同时还稀释了空气和链传递自由基浓度，通过捕捉自由基抑制链反应速度，从而抑制了燃烧反应速度。此外，氮系阻燃剂还与氧气反应生成 N_2、H_2O、氮的氧化物，消耗氧气达到阻燃效果。代表性产品为 6-[3-(2-噁唑啉基)苯代]-1,3,5-三嗪环-2,4-二胺。

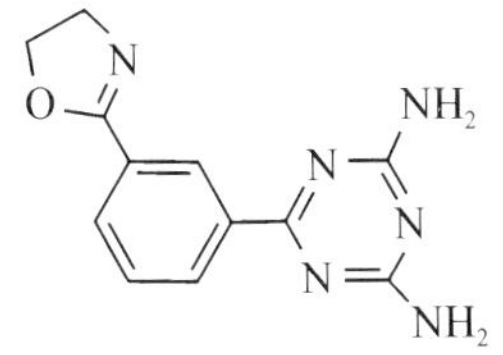

6-[3-(2-噁唑啉基)苯代]-1,3,5-三嗪环-2,4-二胺

（4）膨胀型阻燃剂

膨胀型阻燃剂含有两种阻燃元素，具有协同阻燃效果，同时具备凝聚相阻燃和气相阻燃的作用。该类阻燃剂由酸源（脱水剂）、碳源（成碳剂）和气源（发泡剂）三部分组成，具有化学稳定性好、阻燃效率高以及无毒、无害等优点，已经广泛应用于 PP、PU 和环氧树脂等高分子材料中。反应型磷-氮类阻燃剂有 *N*,*N*-二(2-羟乙基)氨甲基膦酸二乙酯(BHAPE)、*N*,*N*-双(2-羟乙基)氨基异丙基膦酸二乙酯(BHAIPE)、*N*,*N*-二(2-羟异丙基)氨甲基膦酸二乙酯(HPAPE)、DTDBA 等。

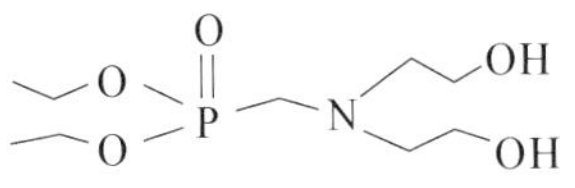

BHAPE

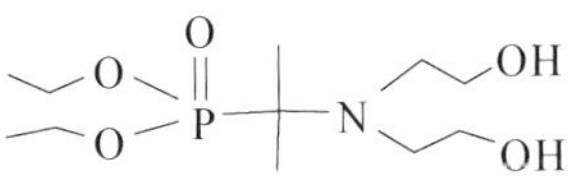

BHAIPE

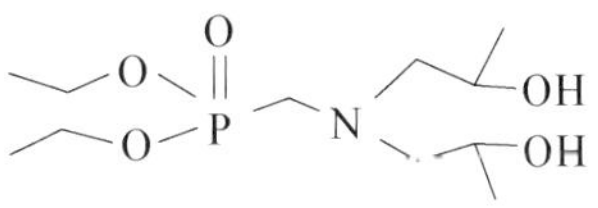

HPAPE

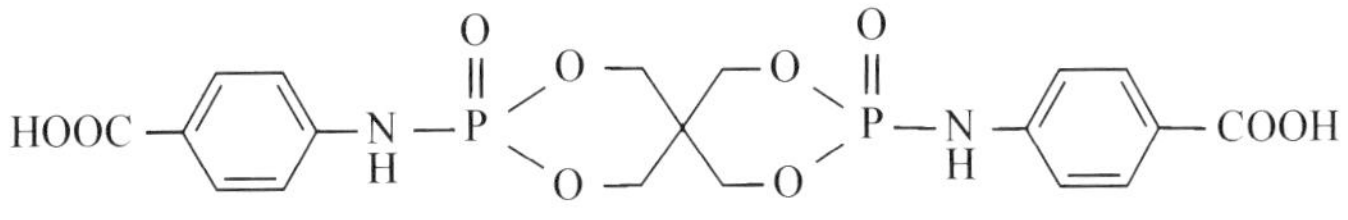

DTDBA

阻燃机理：受热时膨胀型阻燃剂于材料表面形成致密的多孔泡沫碳层，既阻止了内层高聚物的降解及可燃物向表面的释放，又阻止了热源向高聚物传递，同时还隔绝了氧气，从而能有效阻止火焰的蔓延和传播。

（5）硅系阻燃剂

硅系阻燃剂种类很多，作为反应型阻燃剂的硅系阻燃剂一般带有官能团，具体种类有硅树脂、聚硅氧烷、聚碳酸酯-硅氧烷共聚物、硅酮聚合物、丙烯酸酯-硅氧烷复合材料等。工业上利用聚合、交联、接枝技术将含硅基团导入高聚物分子链上所得的含硅阻燃高聚物，除了具有阻燃、耐热、抗氧化、不易燃烧等特点外，还有较高的耐湿性和分子柔顺性，聚合物的加工性能也得到改善。

聚硅氧烷分子中以硅氧键（—Si—O—Si—）为主链，硅原子上接有各种有机基团，一般是聚合度不同的线形和交联聚硅氧烷，线形聚硅氧烷的结构式如下：

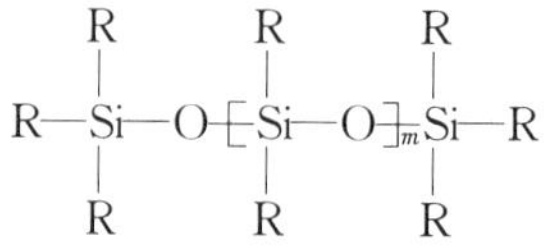

聚硅氧烷兼具有机-无机的双重性能，主链骨架为—Si—O—Si—，侧链为烷基、烷基取代基、苯基等，既有高分子材料的柔韧性、易加工性，又有无机材料的耐高温性、耐氧化性、耐候性等优点，广泛应用于PC、ABS、PE、PET、环氧树脂材料等，表现出良好的阻燃性和热稳定性。

阻燃机理：主要是凝聚相阻燃机理，在材料表面形成裂解碳层以达到阻燃目的。将有机硅添加入高分子材料后，阻燃剂大多会迁移至材料表面，形成梯度阻燃剂层。燃烧时表层阻燃剂生成聚硅氧烷特有的含—Si—O、—Si—C的隔氧、绝热阻燃层，阻止燃烧产物外逸，抑制层下材料热分解，起到阻燃、低烟、低毒的作用。典型化合物的结构为

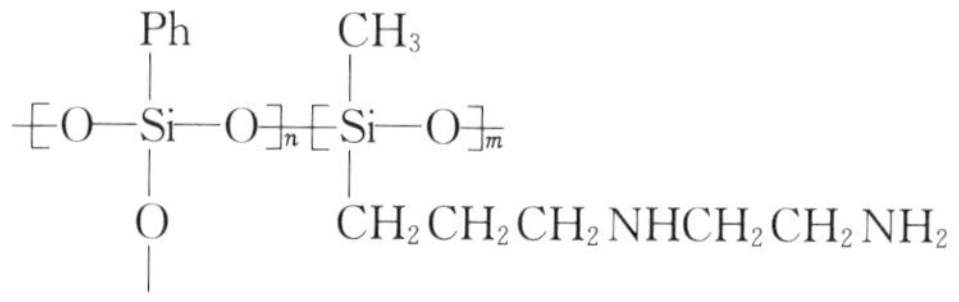

7.5.2 阻燃剂的制备

1. 丙烯酸五溴苄酯阻燃剂的合成

以甲苯为原料，经过溴化、酯化制备，其反应式为

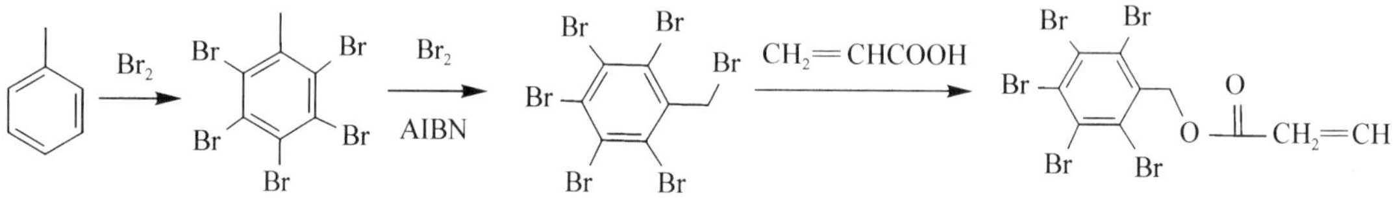

合成操作：

(1) 五溴甲苯的合成

向三口烧瓶中加入50 mL氯仿、5.0 g甲苯、0.8 g无水$AlCl_3$，室温搅拌下加入45 g液溴，溶液颜色逐渐加深，最后变为棕红色，滴加完毕后室温下反应0.5 h，升温回流3.0 h，放出的HBr用水吸收，回收氯仿，洗去多余的溴素和催化剂，加入适量的稀盐酸，搅拌，煮沸得淡黄色固体，分别用亚硫酸氢钠和水洗至中性，干燥，得淡黄色粉末状五溴甲苯。

(2) 五溴苄基溴的合成

向三口烧瓶中加入50 mL CCl_4、20.0 g五溴甲苯、0.5 g偶氮二异丁腈(AIBN)，搅拌，加入6.57 g溴素，用紫外灯照射且加热至沸腾，反应混合物有固体析出，反应3.0 h后蒸出溶剂。固体用正丁醇结晶，即得五溴苄基溴。

(3) 丙烯酸五溴苄酯的合成

向三口烧瓶中加入100 mL氯苯、2.8 g NaOH及5 g丙烯酸，通入N_2并搅拌，升温至35℃加入37.3 g五溴苄基溴、0.3 g苄基三乙基溴化铵及少量阻聚剂对苯二酚，然后加热到90℃保

温反应 4.0 h，冷却，过滤，用甲醇洗涤，干燥得白色粉末，即得丙烯酸五溴苄酯。

2. 三(3-羟基苯基)磷酸酯(THPP)的合成

以 $POCl_3$ 与间苯二酚为原料、丙酮为溶剂、三乙胺为缚酸剂合成 THPP，反应式为

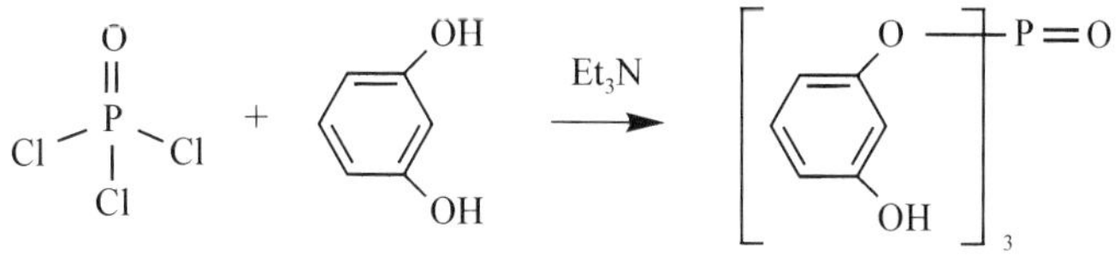

合成操作：

取 2.75 g 间苯二酚(RC)、3.8 mL 经脱水处理的丙酮和 2.53 g 三乙胺(TEA)加入四口烧瓶中，通入 N_2，搅拌升温至 45℃，缓慢滴加由 10 mL 丙酮与 1.55 g $POCl_3$ 配制的混合液，反应 3.75 h 后得到白色固体悬浮液，过滤，减压蒸馏除掉产物中的三乙铵盐和丙酮，再经过水洗和真空干燥得到 THPP。

3. 双((二甲氧基磷酰基)甲基)苯基膦酸酯(BDMPP)的合成

通过 DHP 和 PDCP 的亲核取代反应合成有两种氧化态磷的液体阻燃剂 BDMPP，反应式如下。

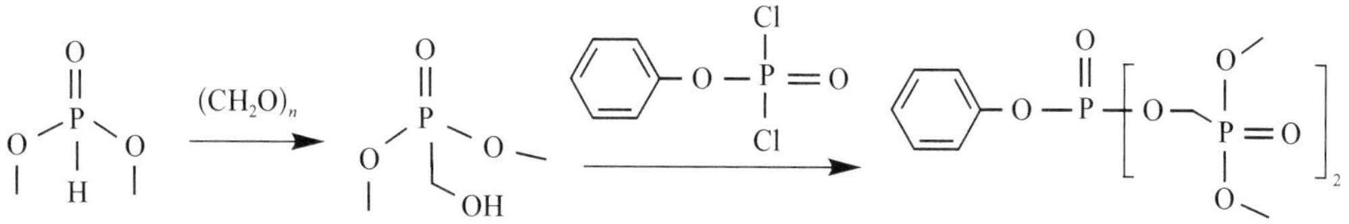

合成操作：

(1) 羟甲基亚膦酸二甲酯的合成

将 6.01 g 多聚甲醛、1.38 g K_2CO_3、22 g DMP、100 mL 甲醇依次加入三口烧瓶中，搅拌反应 1.0 h，过滤，旋蒸除去溶剂，在 60℃下真空干燥 24 h，得到无色透明产物。

(2) BDMPP 的合成

在冰水浴中，向装有 28.01 g DHP、21.25 g TEA 和 150 mL 二氯甲烷的三口烧瓶中逐滴加入 21.10 g PDCP(溶于 60 mL 二氯甲烷中)，1.0 h 内滴完，撤去冰浴，室温下搅拌 10 h。过滤除去三乙胺盐酸盐，滤液依次用 1.0 mol/L 的盐酸、饱和 $NaHCO_3$ 溶液、饱和 NaCl 溶液洗涤，用无水硫酸镁干燥，旋蒸除去二氯甲烷，在 80℃下真空干燥 24 h 得到无色透明黏稠液体产物。

4. 三(一缩二丙二醇)亚磷酸酯(P430)的合成

以亚磷酸三甲酯与一缩二丙二醇为原料，催化酯化生成阻燃剂 P430，反应过程中不断将甲醇蒸出以使反应进行。其反应式为

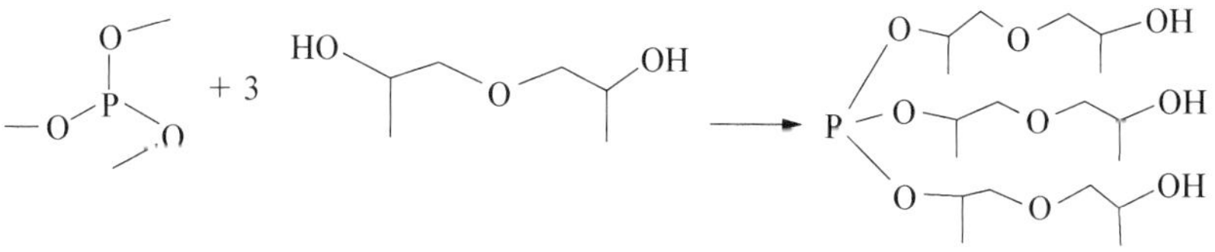

合成操作：

向四口烧瓶中加入 26.2 g 亚磷酸三甲酯、40.2 g 一缩二丙二醇、原料总质量的 1%的有机

胺催化剂，在 80℃下保温反应 4.0 h，升温至 120℃，经减压蒸馏收集甲醇，催化剂回收套用，得到无色透明液体，即三(一缩二丙二醇)亚磷酸酯。

5. 双季戊四醇二亚磷酸酯的合成

以双季戊四醇(DPE)、亚磷酸三苯酯(TPP)为原料，NaOH 为催化剂，通过酯交换反应得到双季戊四醇二亚磷酸酯。其反应式为

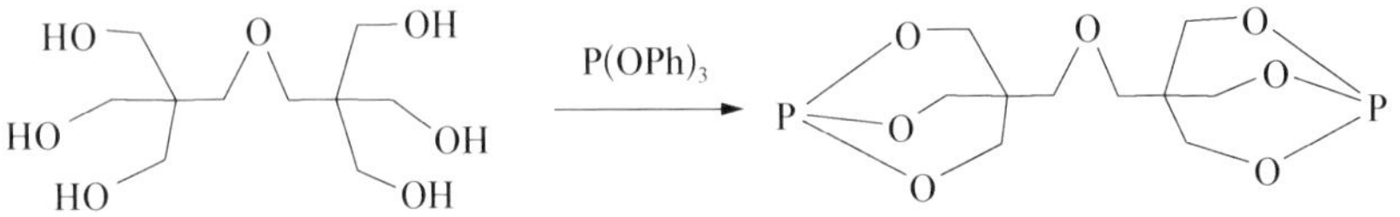

合成操作：

向配有搅拌器、常压蒸馏装置、温度计和导气管的四口烧瓶中加入 12.7 g 双季戊四醇、32 g 亚磷酸三苯酯、0.5 g NaOH，加热并搅拌，升温至 100～110℃反应物液化后恒温反应 10 h，副产物苯酚在减压(6.67 Pa)条件下抽出(通过苯酚量来判断反应终点)，趁热取出乳白色熔融态物质，真空干燥，冷却至室温，研碎，先后用水和乙醚分别洗涤，真空烘干得到白色双季戊四醇二亚磷酸酯。

6. 双(4-羟基丁基)苯基膦酸酯(BHPP)的合成

苯氧化二氯磷(BPOD)和 1,4-丁二醇(BDO)反应合成了 BHPP。其反应式为

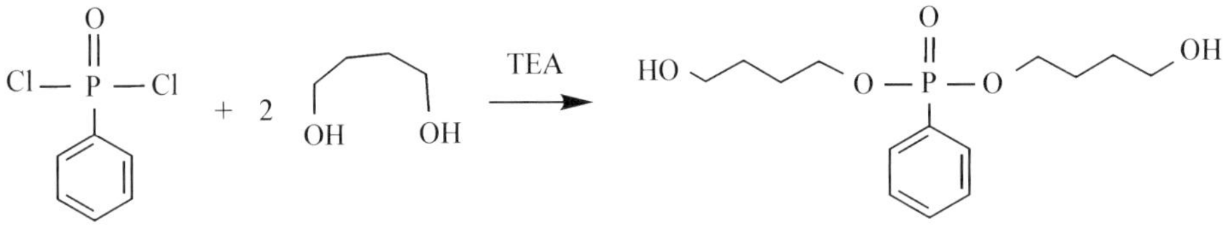

合成操作：

将 18 g BDO、21.25 g TEA 和 60 mL 四氢呋喃加入三口烧瓶中。将 0.1 mol BPOD 溶解于 50 mL THF 中，在 0℃下将 BPOD/THF 混合物滴加至反应瓶中，先在 0℃下搅拌反应 6.0 h，然后在室温下再搅拌反应 8.0 h。过滤除去三乙胺盐酸盐，滤液经旋转蒸发，剩余黄色液体重新溶解在四氢呋喃中，通过 200 μm 微孔滤膜过滤以除去少量三乙胺盐酸盐，滤液经旋转蒸发除去四氢呋喃，三次纯化后得到最终产品 BHPP(淡黄色液体)。

7. 双(3-氨基苯基)苯基氧化膦(BAPPO)的合成

以 TPPO 为原料，通过硝化反应合成了双(3-硝基苯基)苯基氧化膦(BNPPO)，再经过还原反应将 BNPPO 还原为 BAPPO，反应式为

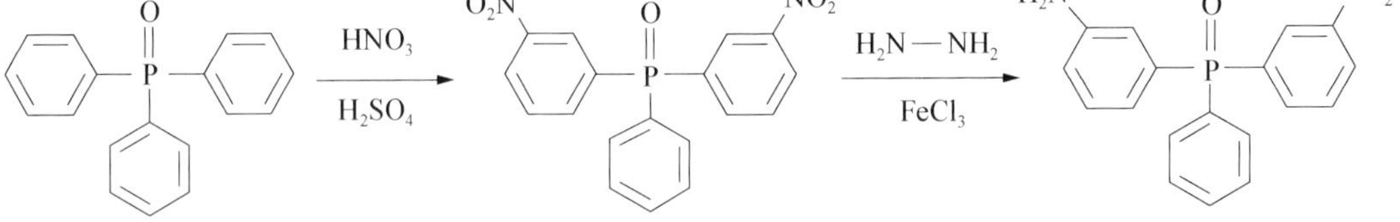

合成操作：

(1) BNPPO 的合成

向三口烧瓶中加入 27.80 g $POCl_3$ 和 200 mL 98%的硫酸，在冰盐浴下搅拌溶解，在 5℃

下 2.0 h 内滴加 9.65 mL 发烟硝酸和 100 mL 浓硫酸的混合液，在室温下反应 8.0 h，反应结束后将反应液倒入 3.0 L 碎冰中，用 100 mL 氯仿萃取，再用 $NaHCO_3$ 饱和溶液调节 pH 至中性，水洗，减压除去溶剂，粗产品用无水乙醇重结晶，得到淡黄色固体，即 BNPPO，收率为 92%。

（2）BAPPO 的合成

向三口烧瓶中依次加入 28.60 g BNPPO、210 mL 无水乙醇、1.95 g 活性炭（110℃下活化 4.0 h）、0.20 g 六水合三氯化铁，加热至 80℃，2.0 h 内恒温缓慢滴加 130 mL 80%的水合肼，继续反应 12 h，趁热过滤，滤液经减压蒸馏得粗产品，在 150 mL 50%的乙醇水溶液中重结晶得到浅白色固体，即双(3-氨基苯基)苯基氧化膦。

8. 环状有机膦硅酸脂的制备

以 Cl_2SiMe_2 和三羟甲基氧化磷为原料制备环状有机膦硅酸酯，即 1,1-二甲基-1-硅杂-2,6-二氧杂-4-氧基-4-膦杂-4-羟甲基环已烷，其反应式为：

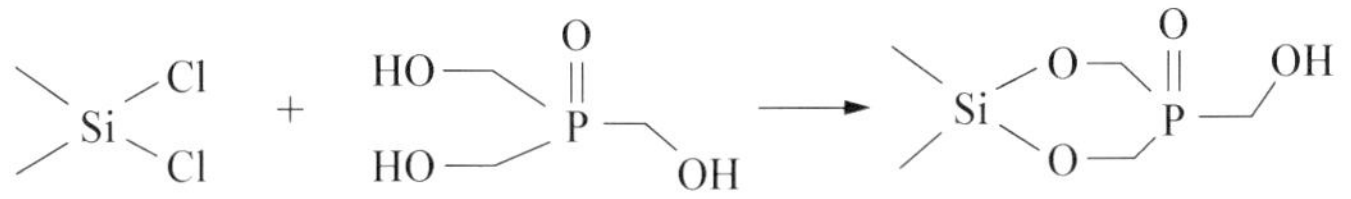

合成操作：

N_2 保护，搅拌，将三羟甲基氧化磷 7.00 g 和 50 mL 二乙二醇二甲醚加入四口烧瓶中，将氯化氢吸收装置、干燥管安装于高效回流冷凝管上口，在 20℃下缓慢滴加 6.45 g 的 Cl_2SiMe_2（控制温度不超过 40℃），滴加完成后在 1.0 h 内升温至 70℃，保温反应 8.0 h，然后升温至 130℃反应 6 h。加入三乙胺 0.55 g，将 pH 调至 5～6，搅拌 1.0 h 后趁热抽滤，蒸馏滤液回收溶剂，加入相当于产物质量 2 倍体积毫升数的水，滴加 5%的 $NaCO_3$ 溶液，调节 pH=7，搅拌 30 min 后静置分层。取下层液体进行干燥，得到反应型阻燃剂环状有机膦硅酸酯。

9. *N*,*N*-二(2-羟异丙基)氨甲基膦酸二乙酯(HPAPE)的合成

以多聚甲醛、二异丙醇胺和亚磷酸二乙酯为原料，通过两步反应合成 HPAPE。其反应式为

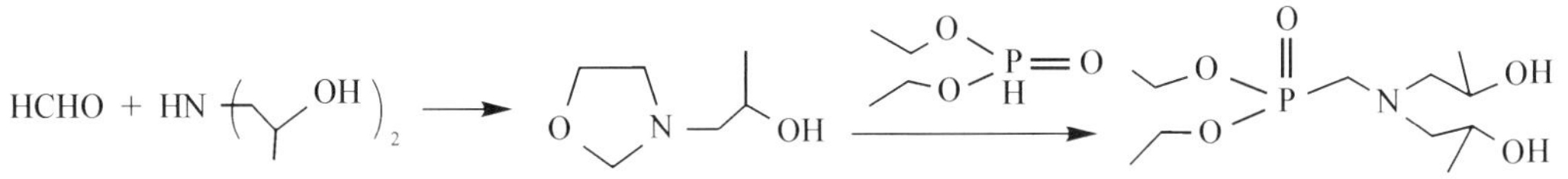

合成操作：

将 66.6 g 二异丙醇胺、18.0 g 多聚甲醛放入烧瓶中，加热至 60℃使固体熔融反应 4.0 h。采用梯度减压的方法将体系的压力降到 18 kPa，蒸馏 2.0 h，得到 66.39 g 液态中间体 5-甲基-3-(2-羟异丙基)-1,3-噁唑(MHPZ)，收率为 93.5%。冷却到室温，搅拌，加入 70.97 g 亚磷酸二乙酯、0.41 g 催化剂强酸性阳离子交换树脂，在 50℃下保温反应 5.0 h，降至室温回收催化剂，产物为 HPAPE，为淡黄色黏稠液体。

10. *N*,*N*-双(2-羟乙基)氨基异丙基膦酸二乙酯(BHAIPE)的合成

以亚磷酸二乙酯、二乙醇胺和丙酮为原料，磷钨酸为催化剂，合成 BHAIPE，反应式如下。

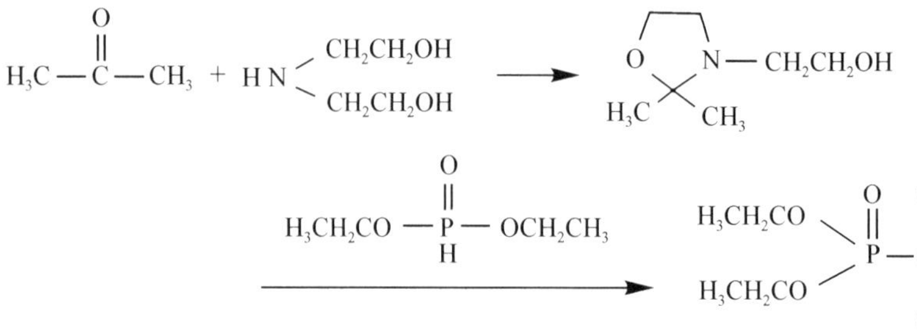

合成操作：

将 31.6 g 二乙醇胺、34.9 g 丙酮加入三口烧瓶中，搅拌，加入 41.4 g 无水碳酸钾，在 50～60℃下回流反应 12 h，过滤除去碳酸钾，滤液经减压蒸馏除去未反应的丙酮，在 70℃下加入 0.1 g 催化剂磷钨酸，滴加约 41.4 g 亚磷酸二乙酯并反应 4.0 h，过滤除去催化剂磷钨酸，减压蒸馏得到淡黄色透明液体终产物，即 BHAIPE。

11. 新型氮反应型阻燃剂的合成

以间苯二甲腈为原料，与双氰胺、乙醇胺反应，同时引入三嗪环和噁唑啉环，反应式如下。

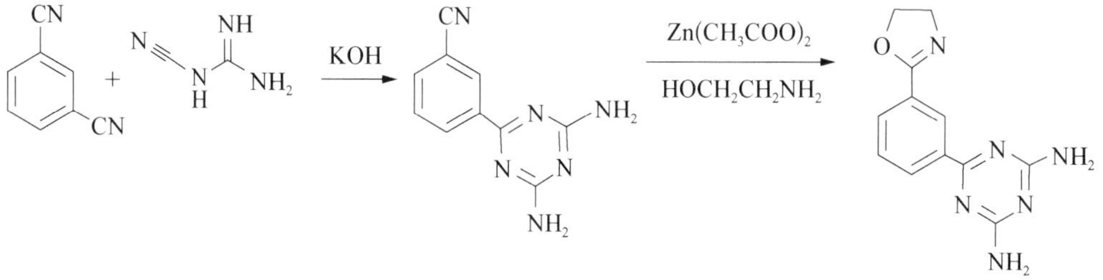

合成操作：

(1) 6-[3-腈基苯代]-1,3,5-三嗪环-2,4-二胺的合成

向三口烧瓶中依次加入 150 mL DMSO、25.6 g 间苯二甲腈、16.8 g 双氰胺、2.80 g KOH，搅拌，升温至 85℃恒温反应 4.0 h，冷却，将反应混合物倒入水中静置沉析，抽滤并用水洗至近中性，在 120℃下烘干，得到淡黄色中间体 6-[3-腈基苯代]-1,3,5-三嗪环-2,4-二胺。

(2) 6-[3-(2-噁唑啉基)苯代]-1,3,5-三嗪环-2,4-二胺的合成

向三口烧瓶中依次加入 150 mL 二甲苯、21.2 g 中间体、1.10 g 乙酸锌、9 mL 乙醇胺，搅拌，升温至 120℃恒温反应 3.0 h，停止加热，冷却，将反应混合物静置沉析，抽滤并用甲醇、水先后洗涤，在 120℃下烘干，得白色的 6-[3-(2-噁唑啉基)苯代]-1,3,5-三嗪环-2,4-二胺。

12. 4,4′-[(3,9-二氧-2,4,8,10-四氧基-3,9-二膦脂螺[5.5]十一烷-3,9-二酰基)双(氮苯基)]二苯甲酸(DTDBA)的合成

以季戊四醇(PER)、$POCl_3$ 和对氨基苯甲酸(PABA)为原料合成“三源一体”反应型阻燃剂 DTDBA。其反应式为

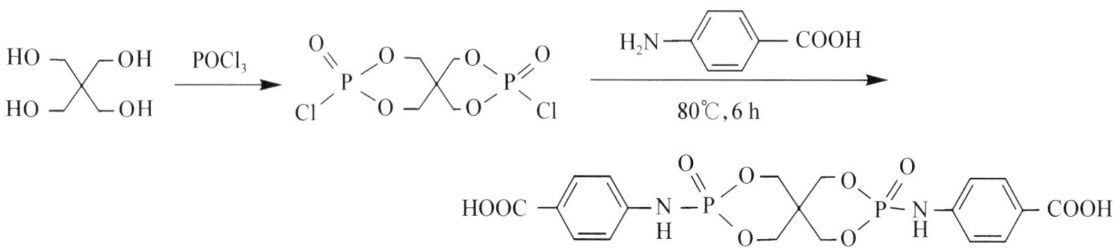

合成操作：

(1) 中间体(PDD)的制备

将 PER 与 $POCl_3$ 以 1∶5(物质的量之比)的比例加入带有搅拌器和尾气吸收装置的反应容器中，用 N_2 保护，在 60℃下搅拌 1～1.5 h，升温至 105℃回流 9～11 h，反应结束后减压蒸馏出过量的 $POCl_3$，置于真空环境中干燥至恒重，得到白色粉末状固体。

(2) DTDBA 的合成

将第一步制备得到的 29.7 g PDD 与 250 mL DMF 加入三口瓶中，缓慢升温至 80℃并搅拌使 PDD 充分溶解，再将 27.4 g PABA 分批加入，反应 6.0 h 直至无 HCl 气体排出。反应结束后抽滤得到白色粉末状粗产物，用二氯甲烷对粗产物反复洗涤除去杂质得到最终产物，在 60℃下真空干燥 12 h，即得到干燥的目标产物。

7.6 发泡剂

7.6.1 发泡剂的概述

发泡剂通过直接注入或加热分解的方式提供气体，使聚合物在加工条件下能形成泡孔结构。多孔材料相对密度小、比表面积大、比强度高、热导率低及吸热性能好，具有致密材料难以实现的用途，在结构、缓冲、减震、隔热、消音、过滤等领域发挥作用。按照材质多孔材料分为多孔聚合物、多孔金属和多孔陶瓷三大类。多孔聚合物材料又称聚合物发泡材料，可发泡的聚合物有 PE、PP、PS、PU、PVC、酚醛、环氧化物树脂等，天然橡胶、丁腈橡胶、热塑性弹性、淀粉、植物纤维等高分子材料也可以发泡，它们在家庭日常用品、电器、交通工具、运动设施、电子产品、包装材料、绝缘材料和化学及纺织等行业中发挥着重要作用。多数发泡剂是在特定的聚合体系黏度范围内通过气体发泡直接制备而得的。

7.6.2 发泡剂的成泡原理

在聚合物熔体或液体中形成大量均匀细密的气泡核，再膨胀成为具有设定泡孔结构的泡体，最后通过固化定型将泡孔结构固定而得到泡沫材料制品。发泡的三个步骤：产生泡核[图 7-2(1)]；泡核膨胀[图 7-2(2)]；气泡成型[图 7-2(3)]。

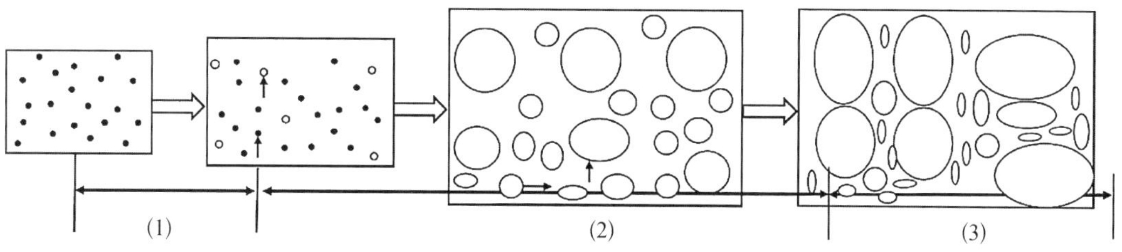

图 7-2 发泡剂成泡原理示意

7.6.3 发泡剂的分类

根据气体形成的机理发泡剂分为物理发泡剂和化学发泡剂。

1. 物理发泡剂

在发泡造孔过程中，物理发泡剂发生物理形态改变，如膨胀、挥发、脱附等，不发生化学反应。该法工艺简单，成本低，但发泡制品性能相对较差。按照物理形态物理发泡剂可分为液态发泡剂、固态发泡剂及气态发泡剂。

（1）液态发泡剂，又被称作挥发发泡剂，是物理发泡剂中最重要的一类。加热条件下液态发泡剂挥发从而在聚合物内部形成气泡。其成本较高，储存条件严苛，主要有氟氯烃类发泡剂（CFCs）（如一氟三氯甲烷（CFC－11））、氢氟烃类发泡剂（HFCs）、烷烃类发泡剂三类。相比于含氟类发泡剂，烷烃类发泡剂不破坏臭氧层，不释放温室气体，无毒。使用最广泛的是环戊烷类发泡剂，其性能优异，但烷烃易燃、挥发气体热导率高，设备需要增加安全处理装置，成本较高。

（2）固态发泡剂，是通过内部气体分子的脱附产生气泡的固体化合物，主要有微孔炭黑、超高分散 $CaCO_3$ 及硅酸盐等。其主要用于环氧树脂、酚醛树脂及橡胶的发泡。由于固态发泡剂中吸附的气体受到发泡剂自身泡孔结构的限制，很难在聚合物内形成均匀分布、尺寸均一的泡孔，因此其应用受到影响。

（3）气态发泡剂，直接将气体溶解于聚合物中形成泡孔，常用的有 CO_2、O_2、H_2、N_2、He 及空气等。其发泡的关键是提升气体在聚合物熔体中的溶解能力。

2. 化学发泡剂

化学发泡剂是一种加热或者分解后释放 CO_2 或 N_2 等气体在聚合物中形成泡孔的化合物，通常呈粉末状，在聚合物内的分散性好，发泡后形成的泡孔分布均匀、尺寸均一，更容易获得高密度的泡孔。按照化学组成化学发泡剂分为无机发泡剂、有机发泡剂两类。常见的化学发泡剂的分解特性如表 7－5 所示。

表 7－5 化学发泡剂的分解特性

名　称	分解温度/℃	分解气体的组成	发气量/(mL/g)
$NaHCO_3$	60～150	H_2O、CO_2	267
NH_4HCO_3	36～60	H_2O、CO_2、NH_3	—
$(NH_4)_2CO_3$	40～120	H_2O、CO_2、NH_3	700～800
$NaBH_4$	400	H_2	—
偶氮二甲酰胺(ADC)	195～210	N_2、CO、少量 CO_2	190～240
偶氮二异丁氰(AIBN)	105～130	N_2	120～140
4,4′-氧代双苯磺酰肼(OBSH)	157～173	N_2 和水蒸气	115～135
二乙酰肼	230～250	—	210～230
二亚硝基五次甲基四胺	206～222	N_2，少量 CO、CO_2	232～252
重氮苯胺	103	N_2	115

续　表

名　　称	分解温度/℃	分解气体的组成	发气量/(mL/g)
对甲基苯磺酰叠氮	140	—	200
对甲苯磺酰氨基脲	220～235	N_2、CO_2、少量 CO	180
硝基脲	129	—	380

(1) 无机发泡剂

无机发泡剂又细分为反应型和分解型无机发泡剂。反应型无机发泡剂通常无须加热，通过化学反应发气，如 $NaHCO_3$ 加酸、H_2O_2 加酵母菌等，普遍使用的是分解型无机发泡剂，通过加热产生气体，如碳酸氢盐、碳酸盐、亚硝酸盐等。由于无机物在聚合物中的分散性较差，容易团聚、产生的气体扩散太快容易逸出等缺点，限制了其应用。

(2) 有机发泡剂

有机发泡剂按结构分为偶氮类、亚硝基类、磺酰肼类、脲基类发泡剂及其他发泡剂。

① 偶氮类发泡剂，分子内含有—N═N—基团，热分解产生 N_2。偶氮类发泡剂按化学结构分为脂肪族偶氮发泡剂和芳香族偶氮发泡剂。代表性产品有偶氮二甲酰胺(AC)、偶氮二异丁腈(AIBN)、偶氮二甲酸二异丙酯(DIAD)和二偶氮氨基苯(DAB)等，其中应用最广泛的是AC，其产气量大、成本低廉、室温下性质稳定、易于储存，分解产物无毒、不污染环境，可制得致密泡孔的发泡产品，几乎可用于所有发泡聚合物的生产。

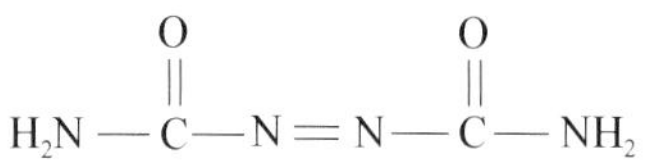

AC

AIBN

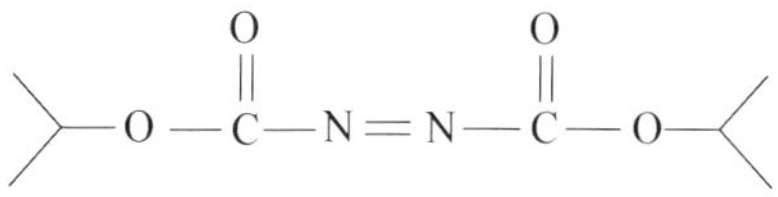

DIAD

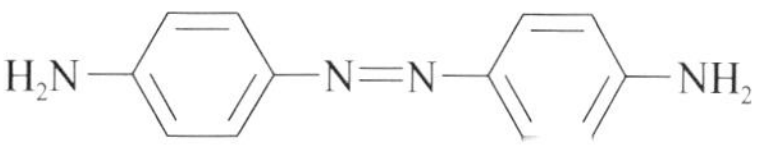

DAB

② 亚硝基类发泡剂，最具代表性的产品有二亚硝基五亚甲基四胺(DPT)、*N*,*N*′-二甲基-*N*,*N*′-二亚硝基对苯二甲酰胺(NTA)等。DPT 的产气量大，价格低廉，用量仅次于 AC，但 DPT 易燃易爆，不易储存，分解时放出大量热量，可能使产品中心部位的泡孔碳化。DPT 主要用于制造发泡聚烯烃、发泡 PVC 和发泡环氧树脂等产品。

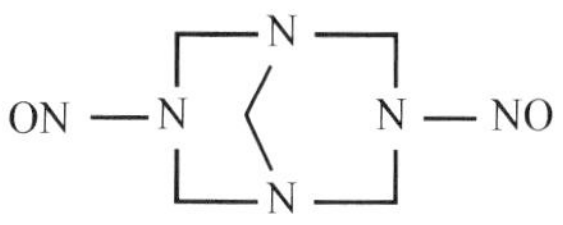

DPT

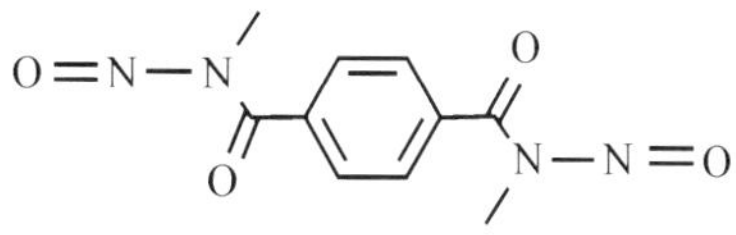

NTA

③ 磺酰肼类发泡剂，吸热后放出 N_2 和水蒸气，以及二硫化物或硫化亚砜。主要品种有4,4′-氧代双苯磺酰肼(OBSH)、对甲基苯磺酰肼(TSH)、苯磺酰肼(BSH)等。OBSH 产气量最大、适应性极强、无着色、泡孔分布均匀、尺寸较小，有万能发泡剂之称，主要用于氯丁橡胶泡

沫制品，EPDM 挡风条，PE、PS、PVC 的注射和挤出成型加工，以及 PVC 壁纸及其他发泡剂性能无法满足的场合。但该类物质成本高，易吸湿受潮，在聚合物中的分散性较差，且不可与有机过氧化物发泡剂共用。

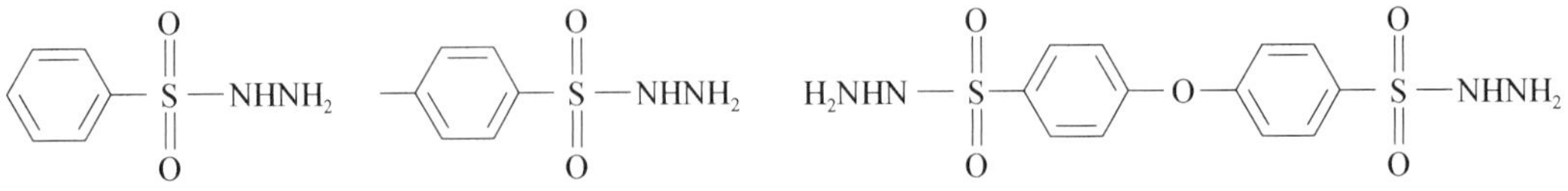

BSH　　　　TSH　　　　OBSH

④ 脲基类发泡剂，为脲及其衍生物，主要品种有尿素、对甲苯磺酰氨基脲（发泡剂 RA）和 4,4′-氧代双苯磺酰氨基脲（发泡剂 BH）。以 RA 最具代表性，其分解温度为 235℃，适用于高温加工，用于硬质聚氯乙烯、高密度聚乙烯、聚丙烯、聚碳酸酯、尼龙、ABS、天然橡胶和丁苯橡胶等合成橡胶的发泡。RA 的安全性好，无提前发泡的危险，分解气体 NH_3 和 CO_2（约 2∶1），固体残余物主要是二对甲苯二硫化物和对甲苯磺酰胺，对物料无污染，发泡制品白色纯正，外观亮丽。

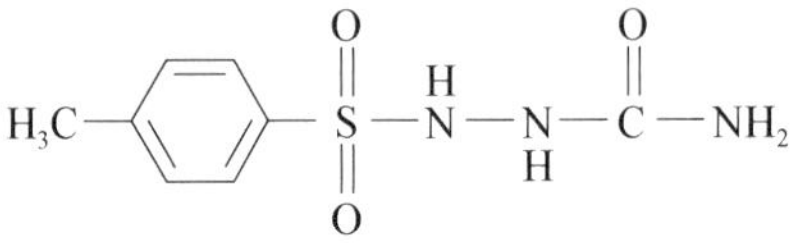

对甲苯磺酰氨基脲（发泡剂 RA）

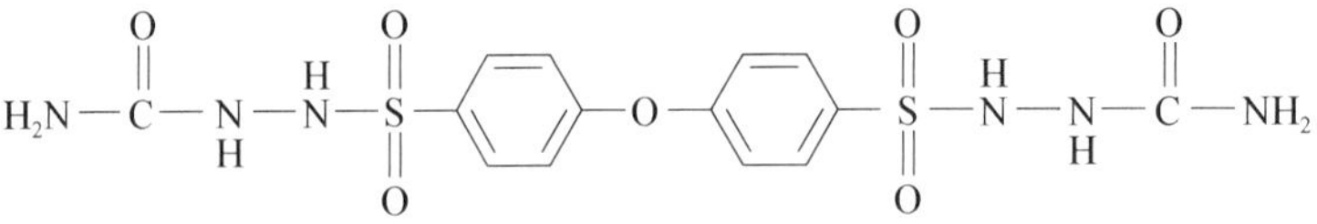

4,4′-氧代双苯磺酰氨基脲（发泡剂 BH）

有机发泡剂还包括叠氮化合物、三唑类化合物、锌-氨络合物等重要品种。

7.6.4 发泡剂的制备

1. 偶氮二甲酰胺（AC）的合成

以水合肼、氰酸钠、盐酸为原料合成中间体联二脲，然后通过双氧水法氧化制备偶氮二甲酰胺发泡剂，其反应式为

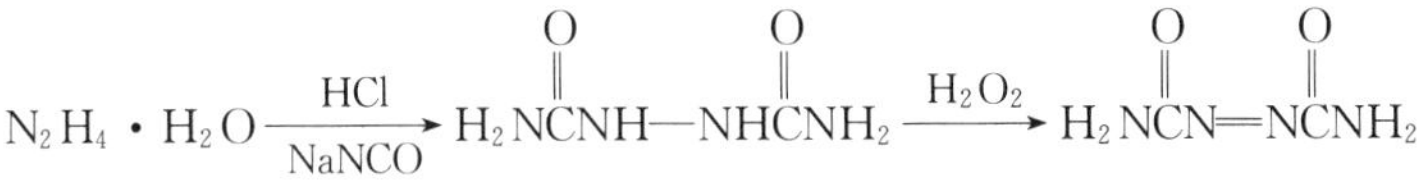

合成操作：

(1) 联二脲的合成

将 50.08 g 10%的水合肼溶液加入三口烧瓶中，搅拌，控制温度在 25℃，缓慢滴加配置好的 14.13 g 氰酸钠溶液，滴加完毕后再缓慢滴加 146.0 g 5.0%的盐酸溶液，滴加过程中有白色沉淀产生，最后出现少量气泡，继续反应 30 min，将混合液过滤，洗涤至中性，在 105℃下干燥 3.0 h，冷却至室温得到固体。

(2) 偶氮二甲酰胺的合成

取 20.0 g 联二脲于四口烧瓶中，加入少量的溴化钠、0.2 g 硫酸亚铁，40 mL 蒸馏水，升温至 65℃，用 10%的硫酸调节 pH＝2，同时缓慢滴加 22.0 g 双氧水(30%)，滴加时间控制在 1.5 h，滴加结束后保温反应 30 min，冷却，抽滤，洗涤，在 105℃下干燥 2.0 h，得到纯的偶氮二甲酰胺产物。

2. 偶氮二甲酸二异丙酯(DIAD)的合成

先以氯甲酸异丙酯和水合肼制备肼-1,2-二甲酸二异丙酯，然后以双氧水为氧化剂、氢溴酸为催化剂，在低温、浓硫酸酸性条件下氧化肼-1,2-二甲酸二异丙酯制得 DIAD，反应式为

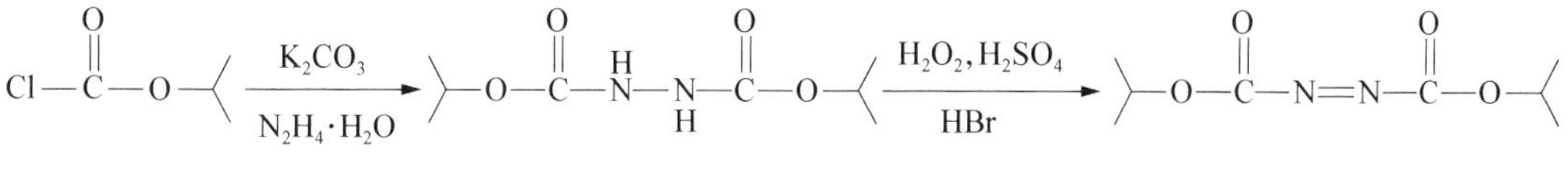

合成操作：

(1) 肼-1,2-二甲酸二异丙酯的合成

向三口烧瓶中依次加入 49.02 g 氯甲酸异丙酯、80 mL 乙醚、41.5 g 碳酸钾，搅拌，用冰盐浴降温至 0℃以下，缓慢滴加 12.5 g 水合肼，滴加完毕后继续反应 2.0 h，有大量白色固体析出。向反应瓶中倾入 100 mL 冰水，抽滤，用 50 mL 水洗涤固体 3 次，烘干，得到白色晶状固体产物。

(2) 偶氮二甲酸二异丙酯的合成

向三口烧瓶中依次加入 10.2 g 肼-1,2-二甲酸二异丙酯、50 mL 水，在搅拌下加入 50 mL 浓硫酸至固体全溶；加入 0.2 g 40%的氢溴酸，在 0℃以下 1.0 h 内滴加完 6.23 g 30%的双氧水，滴加完毕后溶液为橘红色，在 0℃以下反应 2.0 h。反应完毕后静置，用 CH_2Cl_2 萃取，将萃取液反复水洗至中性，用无水 $MgSO_4$ 干燥，回收溶剂，在 75～80℃(2 mmHg)下减压蒸馏得到淡黄色液体产物。

3. 4, 4′-氧代双苯磺酰肼(OBSH)合成

以 CCl_4 为溶剂，二苯醚与氯磺酸进行磺酰氯化反应，再与水合肼反应，采用两步法制备 4, 4′-氧代双苯磺酰肼发泡剂，其反应式为

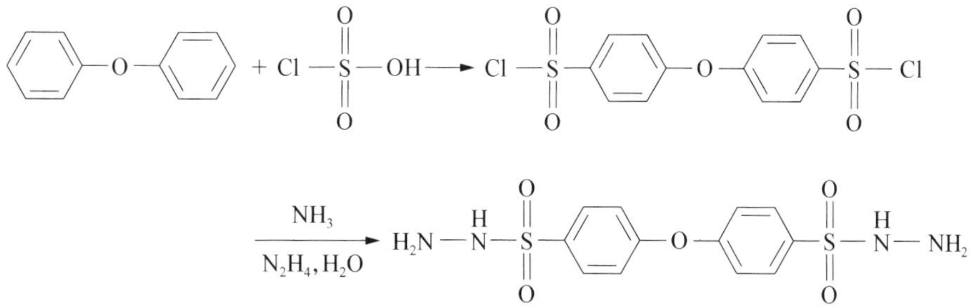

合成操作：

(1) 4, 4′-氧代双苯磺酰氯的合成

在一个有直形冷凝管(带有尾气处理装置)、电动搅拌棒和恒压分液漏斗的三口烧瓶中加入 17.10 g 二苯醚及 CCl_4，缓慢滴加 34.96 g 氯磺酸，再加入 0.2 g NaCl，搅拌，在 30℃下反应 2.0 h。反应结束后分液，用硫酸洗涤，接着再用蒸馏水洗，蒸馏下层溶液并收集 100℃的馏分，

得到 4，4′-氧代双苯磺酰氯中间体。

(2) 4，4′-氧代双苯磺酰肼的合成

向三口烧瓶中依次加入 3.53 g 85%的水合肼和 50 mL 蒸馏水，搅拌，将温度降到 10℃，缓慢滴加 18.32 g 4，4′-氧代双苯磺酰氯。随后升温到 25℃反应大约 1.5 h，用 TLC 监测反应进度，反应结束后将溶液倒入冷水中，过滤、水洗和干燥得粗品，经柱分离[淋洗剂：V(石油醚)：V(乙酸乙酯)=30：1]、旋蒸脱干溶剂得到 4，4′-氧代双苯磺酰肼。

4. 对甲苯磺酰氨基脲的合成

以氰酸钠、盐酸和对甲基苯磺酰肼为原料生成对甲苯磺酰氨基脲，反应式如下。

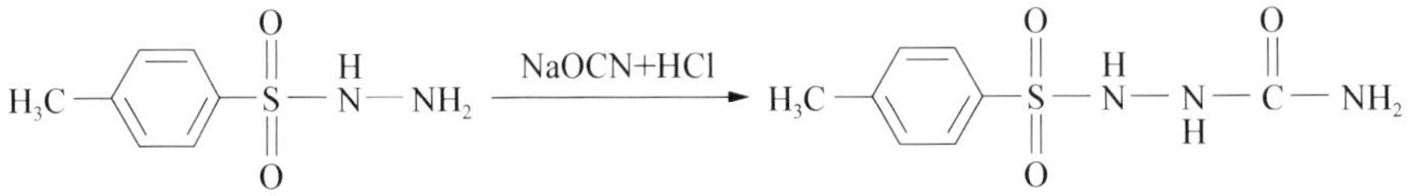

合成操作：

向三口烧瓶中依次加入 3.53 g 对甲基苯磺酰肼和 10 mL 蒸馏水，搅拌，将温度控制在 20℃，缓慢加入 37%的稀盐酸，当 pH 达到 3～4 时缓慢加入 0.78 g 氰酸钠，在室温下反应，用 TLC 监测反应进度，反应结束后加入少量稀盐酸中和未反应的氰酸钠，将产品倒入冷水中，过滤、洗涤、干燥，用乙醇重结晶得到产品。

7.7 抗静电剂

7.7.1 抗静电剂的概述

高分子材料普遍具有良好的绝缘性，非常容易产生静电且不易流失。静电往往会产生危害，如灼伤皮肤、击穿集成电路和精密的电子元件，高压静电放电甚至会危及人身安全，因此使用抗静电剂来避免高分子材料产生静电危害非常必要。

抗静电剂是一类涂覆于聚合物材料表面或与聚合物共混，能够防止静电产生或有效地加速泄漏静电荷的化学添加剂。它通过极性基团或离子化基团的离子传导及吸湿作用，加速静电荷的泄漏，从而达到抗静电的效果。

7.7.2 抗静电剂的机理

两种机理：一是抗静电剂使制品表面具有一定吸湿性与离子性的薄膜，在材料表面形成导电性连续膜从而降低表面电阻率，使静电荷迅速泄漏；二是赋予材料表面一定的润滑性，降低摩擦因数，从而抑制和减少静电荷。

7.7.3 抗静电剂的分类

抗静电剂一般按使用方式和化学组成进行分类。

1. 按使用方式分类

抗静电剂按使用方式分为外涂型和内加型抗静电剂两种。

(1) 外涂型抗静电剂。外涂型抗静电剂是将抗静电剂溶解于醇或混合溶剂中，对材料表面进行喷涂、浸渍等处理，通过烘干或溶剂自然挥发在制品表面形成抗静电剂分子层。外涂型抗静电剂适用范围较广且见效快，不影响聚合物的加工性能和机械性能，但会受摩擦、洗涤或抗静电剂向材料内部迁移等因素的影响，导致制品表面抗静电剂逐步减少，不能保持持久的抗静电效果。

(2) 内加型抗静电剂。将抗静电剂在高分子材料成型加工前或成型加工过程中混配到树脂材料中，使其分散到聚合物树脂中，加工成型后抗静电剂分子借助聚合物分子的链段运动向表面迁移，吸收空气中的水分，形成导电层消除静电。当表面的抗静电剂缺失或损坏时，内部的抗静电剂分子不断向外迁移到表面，使其保持持久且稳定的抗静电效果。内加型抗静电剂具有耐洗涤、耐摩擦等优势，在高分子材料中应用广泛。

2. 按化学组成分类

抗静电剂按化学组成分为表面活性剂型、高分子永久型抗静电剂两个大类。

(1) 表面活性剂型抗静电剂，应用广泛，具有用量小、成本低、对基体性能影响小等优点。分子中 C_{12} 以上的烷基是亲油性基团，羧基、羟基、磺酸基和醚键是常见的亲水性基团，具体类型见表7-6。

表7-6　常用的表面活性剂型抗静电剂

种　类	主　要　品　种	适用树脂
阳离子型	季铵盐、铵盐、烷基氨基酸盐	PVC、PS
阴离子型	烷基磺酸盐、硫酸盐、磷酸盐、羧酸盐、高级脂肪酸盐及聚合型阴离子抗静电剂	PVC、PS、PO
两性型	氨基酸型、咪唑啉型和甜菜碱型	PVC、PS、PO
非离子型	聚乙二醇酯或醚类、多元醇脂肪酸酯、脂肪酸烷醇酰胺、脂肪胺乙氧基醚	PVC、ABS、PO

① 阳离子型，包括季铵盐、铵盐、烷基氨基酸盐等，其中最常见的是季铵盐类。其抗静电性能优异，对高分子材料附着力强，但热稳定性较差，高温条件下容易变色，且具有一定的毒性和刺激性，因此常作为外部涂覆型抗静电剂使用。

② 阴离子型，包括烷基磺酸盐、硫酸盐、磷酸盐、羧酸盐、高级脂肪酸盐及聚合型阴离子抗静电剂等。其耐热性好，兼有润滑的功能，但其水溶性较好，在使用过程中容易损失，与高分子材料的相容性差，容易影响材料的表观性能。

③ 两性型，兼有阳、阴两种离子型抗静电剂的特性，包括氨基酸型、咪唑啉型和甜菜碱型等。其具有优良的耐热性、相容性和配伍性，同时兼有柔软和助染的作用，但价格较高，因此常作为内加型抗静电剂使用。

④ 非离子型，主要依靠亲水性基团吸收空气中的水分，在材料表面形成水膜来泄漏材料表面的静电荷，包括聚乙二醇酯或醚类、多元醇脂肪酸酯、脂肪酸烷醇酰胺、脂肪胺乙氧基醚等。其毒性小，耐腐蚀，相容性好，不易引起材料老化，具有良好的加工性和耐热稳定性，常作为内加型抗静电剂使用，但其自身不能电离，使用时添加量比较大。

(2) 高分子永久型抗静电剂

高分子永久型抗静电剂(表7-7)是一类亲水或导电的聚合物，包括聚醚型、季铵盐型、磺酸型、内铵盐型等，有持久抗静电的效果，没有诱导期，不受洗涤、擦拭等影响，适用于 PS、PP、ABS、PVC、PE 等树脂。添加量通常为 10%以上，成本较高。

表 7－7　常用的高分子永久型抗静电剂

种　类	主　要　品　种	适 用 树 脂
聚醚型	聚环氧乙烷(PEO)	PS
季铵盐型	含季铵盐基的马来酰亚胺共聚物	ABS
磺酸型	聚苯乙烯磺酸钠	ABS

① 聚醚型永久型抗静电剂，包括聚环氧乙烷、聚醚酯酰胺、聚醚酯酰胺亚胺等。

a. 聚环氧乙烷，结构式为

$$\left[CH_2CH_2O\right]_n$$

b. 聚醚酯酰胺，属于交替型多嵌段共聚物，由聚酰胺硬段和聚醚软段交替组成，结构式为 $HO\left[PA-\overset{\overset{O}{\|}}{C}-O-PE-O\right]_nH$，其中，PA 为聚酰胺，如 PA－6、PA－12、PA－610、PA－612 和芳香族聚酰胺等，PE 为聚醚齐聚物，如聚乙二醇(PEG)、聚丙二醇(PPG)、聚四氢呋喃二醇(PTMG) 等。聚酰胺链段的分子量为 800～5 000，聚醚链段的分子量为 400～3 000。聚醚链段的类型决定了聚醚酯酰胺的亲水性和抗静电性。

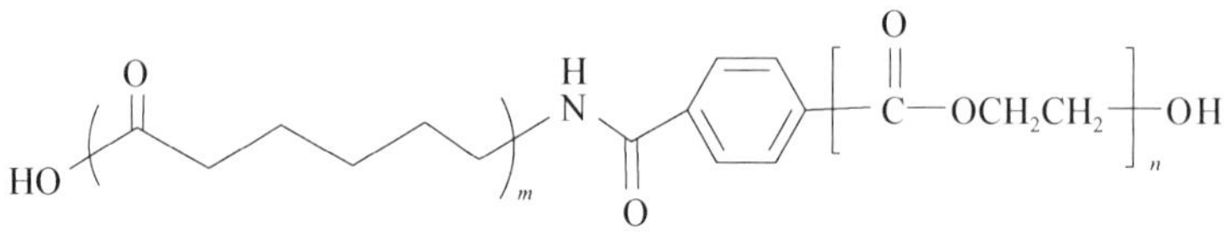

聚己内酰胺-聚醚型[其中硬段为聚己内酰胺，软段为聚乙二醇(PEG)]

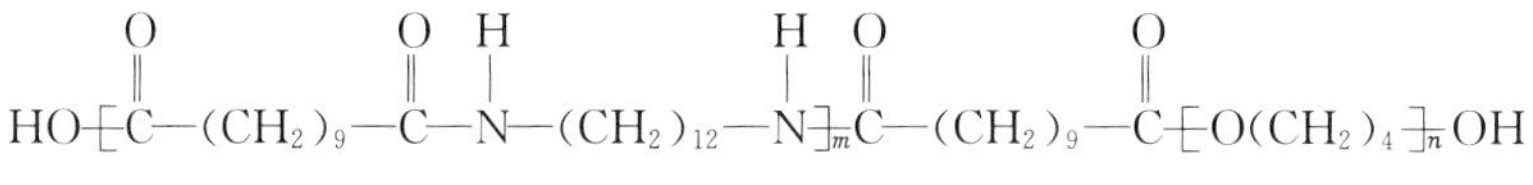

聚酰胺聚醚型(其中硬段为聚酰胺 1211，软段为聚四氢呋喃醚二醇)

c. 聚醚酯酰亚胺，硬段为聚酯酰亚胺，软段为聚乙二醇(PEG)

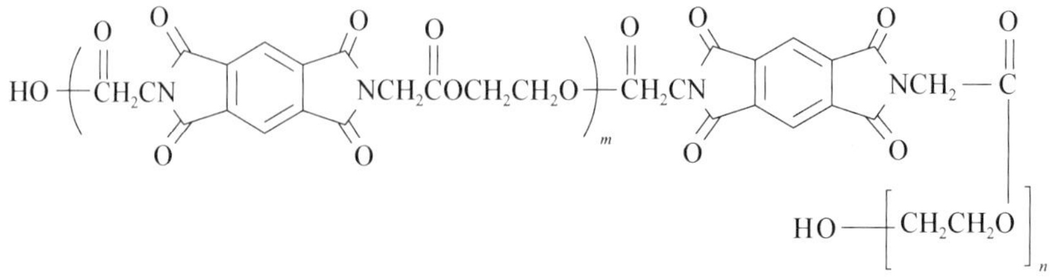

② 季铵盐型,季铵盐与甲基丙烯酸酯缩聚物、马来酰亚胺缩聚物的共聚物。聚甲基丙烯酰氧乙基三甲基氯化铵的结构式如下：

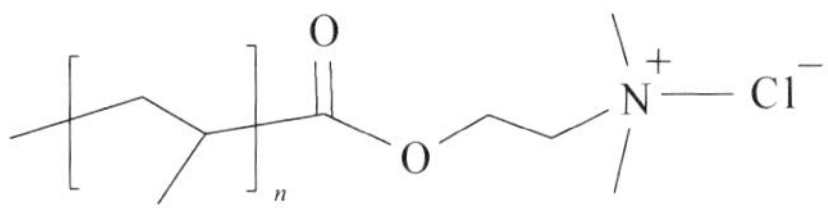

③ 磺酸型,具有磺酸基团,同时还与基体树脂相容,因此抗静电性能持久、稳定、高效、绿色,受使用环境的影响较小,以及对材料成品的外观和性能的影响较小,广泛应用于ABS树脂。代表性产品有聚苯乙烯磺酸钠、聚苯氯磺酸钠等。聚苯乙烯磺酸钠的结构式如下：

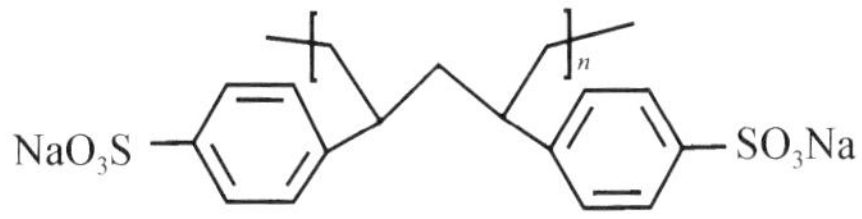

阅读材料

高分子永久型抗静电剂的作用机理

一方面,此类抗静电剂只能通过共混的方式添加到基体材料中,共混后由于其分子链的运动能力较强,质子易在分子间移动,通过离子导电作用来传导和泄漏静电荷;另一方面此类抗静电剂在基材表面形成以筋状或层状分布的导电表层,而在中心部分呈球状或颗粒状分布,构成"芯壳结构",以此为导电网络通路传导和泄漏静电荷。因为此类抗静电剂主要以降低材料电阻率来达到抗静电效果,不完全依靠材料表面吸附的水分,所以受环境湿度的影响较小。

7.7.4　抗静电剂的制备

1. 聚醚酯酰胺(PEBA)的合成

以己内酰胺、二元酸A(对苯二甲酸)、聚醚B(聚乙二醇)等为原料,采用两步法合成PEBA,反应式如下。

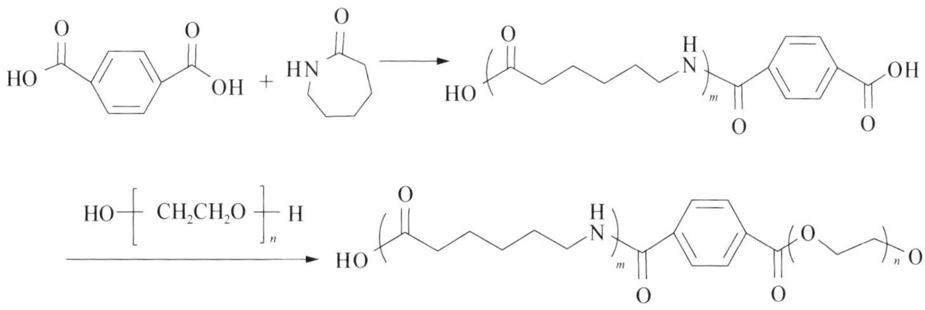

合成操作：

(1) PA-6的合成

向高温高压反应釜中加入900 g己内酰胺、166 g对苯二甲酸、27 g去离子水,用高纯氮置换釜内空气5次。封闭反应釜,压力为0.5 MPa,逐渐升温至250℃反应2.0 h,转速为200 r/min。

缓慢释放压力，收集排出的水、未反应的已内酰胺等小分子。连续通氮继续反应 1 h，促进反应进一步进行。

（2）聚醚酯酰胺嵌段共聚物的合成

前聚合阶段：高速搅拌，通过加料罐加入熔化的 1 000 g 聚乙二醇和 10 g 烷氧基金属化合物催化剂，用高纯氮置换加料过程中进入体系的空气。在 N_2 保护下升温至 260℃反应 3.0 h，转速为 200 r/min。

后聚合阶段：缓慢提高真空度达到 500～1 000 Pa，使反应生成的水、未反应的单体和低聚物从体系中排出，再反应 4.0 h 左右，通入高纯氮至常压，打开底阀将产物放出，待产物冷却后收集。

2. 聚甲基丙烯酰氧乙基三甲基氯化铵（PDMC）的合成

以甲基丙烯酰氧乙基三甲基氯化铵单体（DMC）为原料，过硫酸钾（$K_2S_2O_8$）为引发剂，乙二胺四乙酸四钠盐（Na_4EDTA）为引发剂助剂，采用溶液聚合法制备 PDMC。

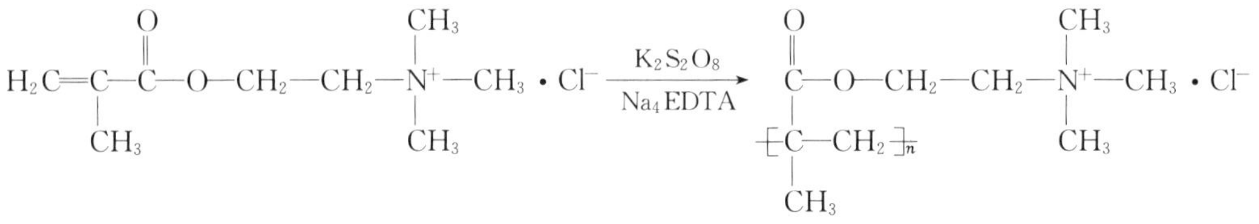

合成操作：

在四口烧瓶中，将 17.14 g DMC 配成 40％的水溶液，通入 N_2 0.5 h，加入 0.12 g $K_2S_2O_8$ 和 0.01 g Na_4EDTA，加热至 65℃，搅拌反应 5.0 h，冷却至室温得到 PDMC 粗产品。旋蒸除去部分水，倒入无水乙醇中搅拌 3 min，静置 5 min 后抽滤，重复该步骤三次，将提纯的产物置于真空干燥箱中干燥至恒重。

7.8 润滑剂

7.8.1 润滑剂的概述

某些高分子材料存在热不稳定、熔体黏度高、剪切摩擦生热大、熔体对加工设备金属表面黏附严重等加工问题，需要添加润滑剂以提高润滑性、减少摩擦、降低界面黏附性，因此润滑剂被广泛应用于成型加工中，以提高速度、降低能耗。

7.8.2 润滑剂的作用机理

1. 外润滑剂的作用机理

外润滑剂一般是非极性或极性较小的有机化合物。其表面张力小，与强极性的树脂相容性低，极易被强极性树脂排斥到体系的界面上，形成薄层外润滑膜，包裹在树脂粒子表面，减少粒子间摩擦，阻止树脂链段的相互缠绕、粘连，延缓树脂塑化；塑化后外润滑剂在树脂熔体表面形成薄膜，减少树脂熔体对金属表面的黏附和摩擦。但外润滑剂与极性树脂和金属表面的作用力很小，在高温和剪切力作用下薄膜强度低，很容易被破坏，影响润滑作用的效果。

带有极性基团的外润滑剂，如硬脂酸铅和氧化聚乙烯蜡等，可以与极性树脂粒子表面的极性结点形成络合键，也可以与带有自由电子的金属表面形成络合键，外润滑剂薄膜的强度增加，不易被剪切力破坏。

2. 内润滑剂的作用机理

内润滑剂通常是带有极性基团的小分子有机化合物，与极性树脂相容性好，容易插入树脂各层粒子间以及链段内。在树脂塑化前，其极性结点与内润滑剂的极性部分亲和力强，吸附后形成络合键，减弱了树脂链段间的摩擦力；塑化后内润滑剂的极性基团减弱了熔体内分子间及链段间的相互作用力，使树脂熔体易于流动，降低塑化扭矩，从而减小熔体黏度起到内润滑的作用。内润滑剂的极性、黏度和熔点三个因素中，极性最为关键。物理吸附主要依靠色散力，随着温度升高吸附作用急剧下降，而化学吸附在较高的温度下仍能维持动态平衡。

7.8.3 润滑剂的分类

1. 按润滑作用分类

润滑剂按润滑作用分为内润滑剂、外润滑剂和复合润滑剂。润滑剂分子结构中的长链非极性基团和极性基团的比例决定了它们与聚合物的相容性，也决定了其润滑效果及机理。

(1) 外润滑剂，一般为OPE蜡、PE蜡、石蜡、硬脂酸铅、二盐基硬脂酸铅、硬脂酸与多元醇二元酸的低分子聚合物。

(2) 内润滑剂，一般为硬脂酸酯类、皂类及酰胺类化合物。

(3) 复合润滑剂，由内、外润滑剂复配而成。复合润滑剂具有良好的内、外润滑作用，一般为金属皂类硬脂酸钙、脂肪酸皂和脂肪酰胺等的复配。

2. 按化学结构分类

润滑剂按化学结构分为金属皂类、烃类、脂肪酸酰胺类、高级脂肪酸类、脂肪酸酯类、脂肪醇类润滑剂等。

(1) 金属皂类润滑剂，多为高级脂肪酸盐，主要是硬脂酸盐，品种主要有钙皂、锌皂、钡皂和铅皂等(表7-8)。硬脂酸钙最普遍，可协同长链烃类润滑剂显著延缓物料塑化并有利于脱膜，用于聚烯烃、酚醛树脂、氨基树脂、不饱和聚酯，缺点是在加工时容易出现压析，产品透明性低。

表7-8 常用金属皂类润滑剂的润滑性值

金属皂类润滑剂	无	硬脂酸钡	硬脂酸钙	硬脂酸镉	硬脂酸锌	硬脂酸铅
润滑性值	26	27.4	35.7	54.7	59.2	59.3

(2) 烃类润滑剂，来源广泛、价格低廉、性能稳定、润滑作用较好。应用较多的品种有液体石蜡、天然石蜡、微晶蜡、卤代烃、聚乙烯蜡(PE蜡)、聚丙烯蜡(PP蜡)和氧化聚乙烯蜡(OPE蜡)。除OPE蜡外其余均为非极性化合物。根据相似相容原则，该类润滑剂在PE、PP等非极性树脂中为内润滑剂，而在PVC、PA等极性树脂中则为外润滑剂。OPE蜡含有部分羧基、羟基和酮基等极性基团，具有抗磨痕性、自修复性、可抛光性和耐用性，且化学性能稳定、无毒无腐蚀，与PVC等极性树脂的相容性较好。OPE蜡的酸值一般控制在15～25 mg KOH/g之间。在挤出和注塑生产工艺中，OPE蜡是较好的外润滑剂和脱模剂。

(3) 脂肪酸酰胺类润滑剂，其耐热性、脱模性、透明性均较好，且与稳定剂有协同效应。主要产品有硬脂酸酰胺、油酸酰胺、N，N'-乙撑双硬脂酰胺等，其中 N，N'-乙撑双硬脂酰胺(EBS)开发早、应用广，是一种重要的润滑剂产品，耐热性好，能促进熔融体流动，具有脱膜功能，广泛应用于 ABS 树脂、PVC、PE、PP、PS、酚醛树脂及氨基树脂的生产及加工中。

$$CH_3(CH_2)_{16}\overset{\overset{\displaystyle O}{\|}}{C}-NH_2$$

硬脂酸酰胺

$$CH_3(CH_2)_7CH=CH(CH_2)_7\overset{\overset{\displaystyle O}{\|}}{C}-NH_2$$

油酸酰胺

$$CH_3(CH_2)_{16}\overset{\overset{\displaystyle O}{\|}}{C}-NHCH_2CH_2NH-\overset{\overset{\displaystyle O}{\|}}{C}(CH_2)_{16}CH_3$$

EBS

(4) 高级脂肪酸类润滑剂，包括饱和的、不饱和的脂肪酸、羟基脂肪酸和氧化脂肪酸，一般碳原子数在 12 以上。应用最广的是硬脂酸，其分子间存在氢键结构，起外润滑作用，而在高温、高剪切力作用下氢键解离，起内润滑作用。作为润滑剂使用时以碘值和酸值较低者为好。由于硬脂酸挥发性较大，在塑料加工过程中要控制用量，以免在真空定型器及注塑模具中冷凝，影响连续生产或熔接痕的力学性能。

(5) 脂肪酸酯类润滑剂，一般为高级脂肪酸酯类化合物，兼具内、外润滑剂的作用，适用范围广、用量大，与其他助剂的协同效能好，是塑料行业中最常用的助剂之一。由于其分子中含有极性酯基和非极性烷基，与树脂有较好的相容性；该类化合物对设备和制品均不污染，是较为理想的润滑剂。根据结构不同，脂肪酸酯类润滑剂一般分为脂肪酸低级醇酯、蜡、脂肪酸多元醇酯和多元羧酸高碳醇酯。其中蜡包括漂白蜡(S 蜡和 L 蜡)、酯蜡(E 蜡和 EG 蜡)和皂化蜡(O 蜡和 OP 蜡)。

① 脂肪酸低级醇酯，由一元脂肪酸与一元脂肪醇酯化而得，包括低碳醇酯和高碳醇酯。常见的品种有硬脂酸丁酯、12-羟基硬脂酸丁酯、硬脂酸十八烷醇酯等，应用最多的是硬脂酸丁酯和硬脂酸十八烷醇酯。影响润滑性能的因素主要是碳链的结构与长度。

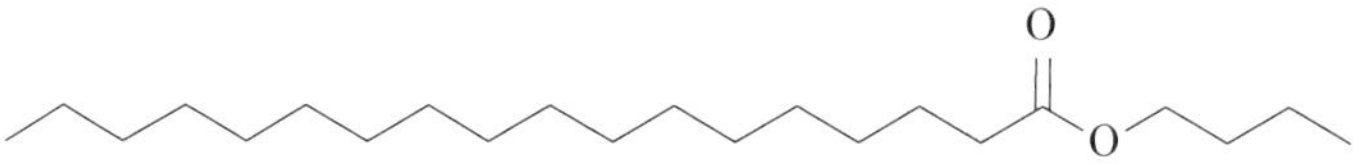

硬脂酸丁酯

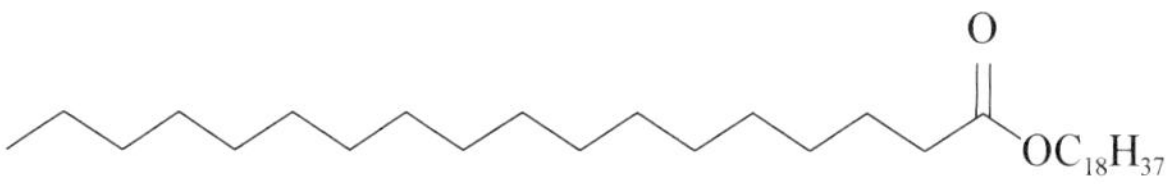

硬脂酸十八烷醇酯

② 脂肪酸多元醇酯，包括脂肪酸甘油酯、季戊四醇酯、山梨糖醇酯等。Loxiol 生产的 G10、G11、G12、G13、G15 都属于此类。其中季戊四醇硬脂酸酯(PETS)属于醇酸酯类润滑剂，内、外润滑性能均良好，能提高制品热稳定性且无毒，高温下热稳定性好、挥发性低、易脱模、流动性能好，在橡胶、塑料行业用作增塑剂、润滑剂，特别适用于同时要求热稳定性和优异脱模性的工况，作为 PC、PVC 和其他聚合物体系的外润滑剂时，用量为 0.1%～1%，低于大多数润滑剂。

$$C_{17}H_{35}H_2COOH_2C-\overset{\overset{\displaystyle OH}{|}}{HC}-CH_2OH$$

硬脂酸单甘油酯

$$C\!\leftarrow\!(CH_2OOCC_{17}H_{35})_4$$

季戊四醇硬脂酸酯

③ 多元羧酸高碳醇酯，包括饱和、不饱和醇酯，是性能优异的内润滑剂。代表性品种有己二酸双(十八烷醇酯)、柠檬酸三(十八烷醇酯)等。

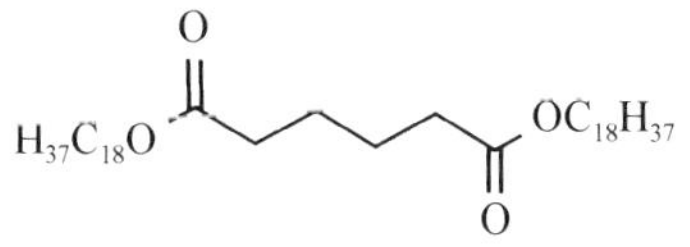

己二酸双(十八烷醇酯)

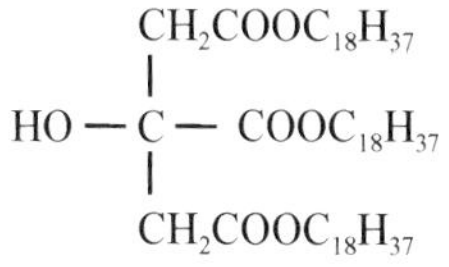

柠檬酸三(十八烷醇酯)

(6) 脂肪醇类润滑剂，以直链饱和脂肪醇化合物为主，润滑作用随着碳链的增加而增加，与 PVC 等聚合物的极性相似，相容性较好，因而内润滑性能优良，且不影响产品的透明度，具有与热稳定剂协同和促进助剂分散的效能，是润滑剂热稳定剂及复合润滑剂的基础成分。其通常是十八醇或棕榈醇的混合物，存在易挥发、价格昂贵的问题。

7.8.4 润滑剂的制备

1. N,N'-乙撑双硬脂酰胺的合成

硬脂酸与二氯亚砜反应生成酰氯，再与乙二胺反应得到 EBS。其反应式为

$$C_{17}H_{35}COOH \xrightarrow{SOCl_2} C_{17}H_{35}COCl \xrightarrow{\text{乙二胺}} CH_3(CH_2)_{16}\overset{\overset{\large O}{\|}}{C}—NHCH_2CH_2NH—\overset{\overset{\large O}{\|}}{C}(CH_2)_{16}CH_3$$

合成操作：

将干燥后的 30 g 硬脂酸置于四口烧瓶中，用 N_2 置换空气，搅拌，30 min 内缓慢滴加 8.4 mL $SOCl_2$，35℃时混合物熔融并出现气体，随着温度的升高生成的气体量增多，50℃时混合物全部熔融并产生大量的气体，在 80℃下反应 2.5 h，减压蒸馏除去未反应的 $SOCl_2$，真空度控制在 0.095 MPa，直到烧瓶里没有气泡出现(需要 1.0 h)，在 N_2 氛围中冷却到 40℃，滴加 2.5 g精制的乙二胺(硬脂酰氯与乙二胺的物质的量之比为 3∶1)，在 95℃下反应 1.2 h，降温到 50℃时加入丙酮，至室温后减压过滤，粗品在四氢呋喃中重结晶，真空干燥后得到白色产品。

2. 季戊四醇硬脂酸酯的合成

以对甲苯磺酸为催化剂、甲苯为带水剂，在低温下合成 PETS。

合成操作：

(1) 季戊四醇硬脂酸酯的合成

向烧瓶中依次加入 0.1 mol 硬脂酸、0.041 mol 季戊四醇和 20 mL 甲苯，搅拌，130℃下使反应物溶解，再加入 0.1 g 对甲苯磺酸，回流分水 1.5 h，冷却至室温，取样按《增塑剂酸值及酸度的测定》(GB/T 1668—2008)测定反应体系的酸值。酯类润滑剂的酸值标准要求不超过 0.5 mg KOH/g。

(2) 产物的提纯

用去离子水洗涤酯化反应混合物，旋蒸除去甲苯得粗产物，加入 25 mL 丙酮，在 70℃下回流 30 min，趁热过滤，将滤液静置冷却 6.0 h，析出晶体，过滤，烘干至恒重，即为纯化产物季戊四醇硬脂酸酯。

本章练习题

7-1 聚合物成核剂的作用原理是什么?

7-2 如何去除聚合物自身的臭味?

7-3 橡胶交联剂都有哪些? 如何进行交联?

7-4 酚类物质抗氧化的机理是什么?

7-5 如何提高聚合物器具的透明度?

7-6 熔融指数对聚合物的意义是什么?

第 8 章

香　　料

8.1　香料概述

香料是一种具有挥发性的芳香物质，会产生令人愉悦的香气。香料最初来源于植物花、果、茎、叶、根等，已发现 3 600 余种香料植物，400 余种被有效利用。从 16 世纪开始就已从芳香物质中提取天然香料——芳香油（又名精油）。芳香植物有地域、季节限制，香料产量小、价格贵。现在主要用化学合成法制备香料，既弥补了天然香料产量的不足，又增加了芳香物质来源。

应用不同的香料调香后，配制成具有一定香型和风味的混合体，称为香精。根据加香产品的不同用途，香精分为食用香精和日用香精两种。

8.2　天然香料

天然香料广泛分布于植物体内和动物腺囊中，一般要将原料进行预处理，如将植物的茎、叶、皮切成细片，果实研成粉，枝根宜截断，视香料种类施以不同的工艺如压榨法、冷浸法、温浸法、水蒸气蒸馏法等进行提取。天然香料的主要成分是萜烯、芳香烃、醇、酸、酮、醚、酯和酚等。

8.2.1　动物香料

麝香、灵猫香、海狸香、龙涎香是配制高级香料时不可缺少的配合剂。麝香来源于公麝的生殖腺分泌物，香味成分为麝香酮，化学结构如下：

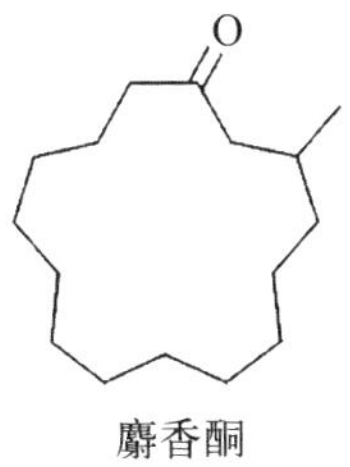

麝香酮

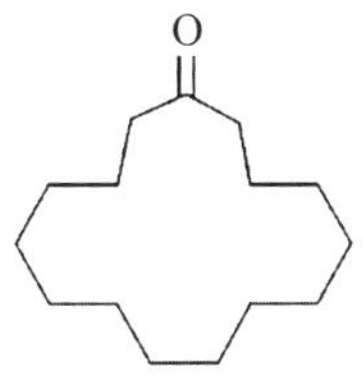

降麝香酮

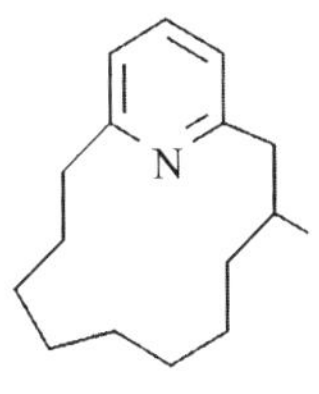

麝香吡啶

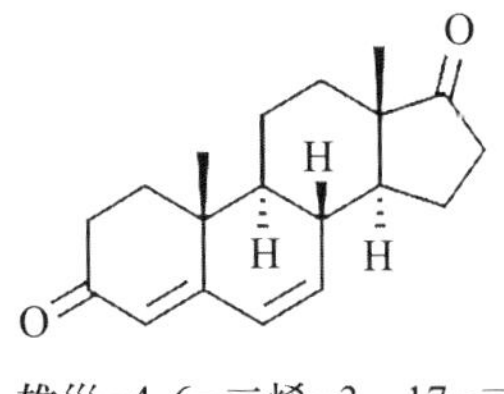

雄甾-4,6-二烯-3，17-二酮

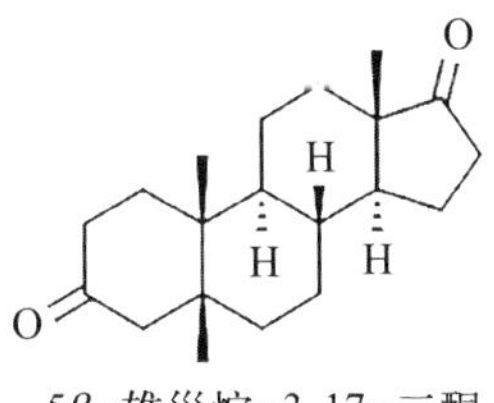

5β-雄甾烷-3,17-二酮

灵猫香来源于麝香猫，香味成分为灵猫酮，化学结构如下：

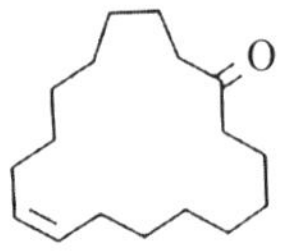

灵猫酮

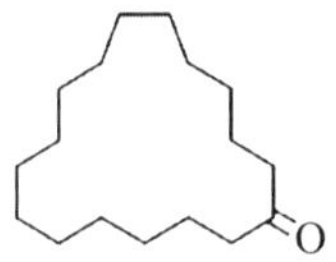

二氢灵猫酮

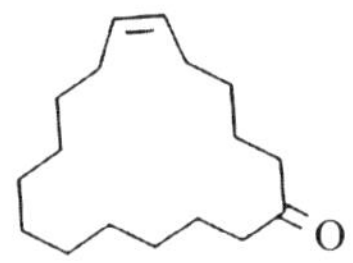

6-环十七烯酮

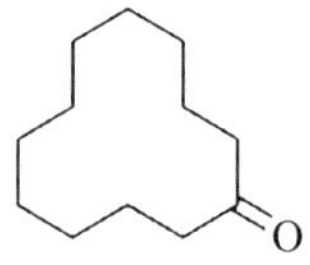

环十六酮

海狸香来源于海狸生殖器腺囊，含 40%～70%的树脂状物，主要成分为对乙基苯酚、苯甲醇、内酯及海狸香素等。

龙涎香是抹香鲸肠胃内的结石状病态物，其在海上漂流、风吹雨打自然成熟为灰褐色大块，主要成分为龙涎香醇，化学结构如下：

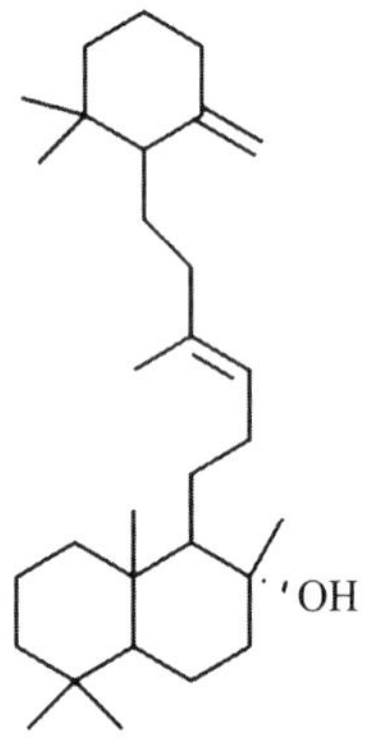

龙涎香醇

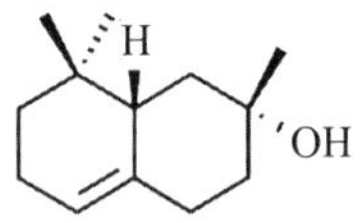

α-降龙涎醇
霉烂-动物粪臭味

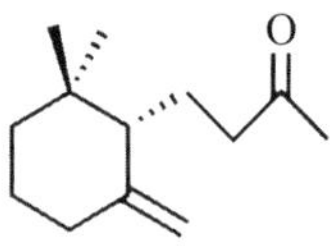

γ-二氢紫罗兰酮
弱的烟草味

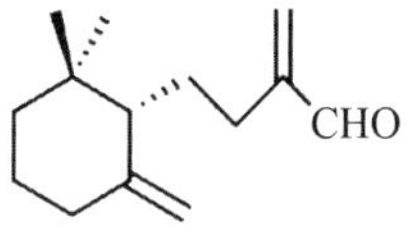

γ-可拉醛
海水味

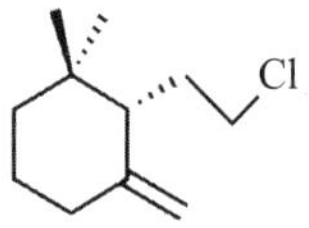

γ-环高香叶氯代物
臭氧-海水味

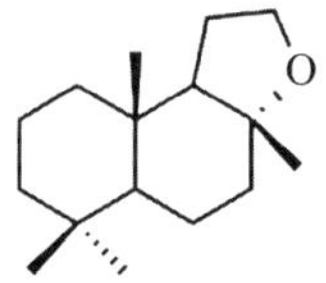

(−)-降龙涎醚
龙涎香的特殊香味

8.2.2 植物香料与提取产品分类

以芳香植物的花、果、叶、枝、皮、根或地下茎、种子等含有精油的器官及树脂分泌物为原料，可制成各种不同形态的香料产品。由花提取香料的芳香植物有玫瑰、茉莉、橙花、薰衣草、水仙、黄水仙、合欢、蜡菊、刺柏、衣兰等。由叶子提取香料的芳香植物有马鞭草、桉叶、香茅、月桂、香叶、橙叶、冬青、广藿香、香紫苏、枫茅、岩蔷薇等。由木材提取香料的芳香植物有檀香木、玫瑰木、羊齿木等。由树皮提取香料的芳香植物有桂皮、肉桂等。由树脂提取香料的芳香植物有安息香、吐鲁番香脂、秘鲁香脂。由果皮提取香料的芳香植物有柠檬、柑橘等。由种子提取香料的芳香植物有黑香豆、茴香、肉豆蔻、黄葵子、香子兰等。由苔衣提取香料的芳香植物有橡苔等。由草类提取香料的芳香植物有薰衣草、薄荷、留兰香、百里香、龙蒿等。

香料可以直接提取，但多数是制成精油使用，此外还有浸膏、净油、香树脂、油树脂和酊剂等制品。

① 精油，具有挥发性特征的油状液体，又称挥发油，通常采用水蒸气蒸馏法制取，少数采用冷榨、冷磨法。精油一般呈透明澄清、无色至棕褐色，大多数密度小于水，不溶或微溶于水，易溶于有机溶剂，易燃、热敏，其主香成分是含氧化合物。精油中的萜烯化合物易氧化变质，将萜烯除去后的精油称为除萜精油，其水溶性较好，是配制水溶性香精的重要原料。精油浓缩所得产品称为浓缩油，如二倍浓缩甜橙油。精油有玫瑰油、香叶油、薰衣草油、檀香油、薄荷油等。

② 浸膏，具有特征香气的黏稠膏状液体或半固体物，有时会有结晶析出，采用有机溶剂萃

取法制取。浸膏所含成分较精油更为完全，但含有植物蜡和色素，在乙醇中溶解度较小，色深，常见的如茉莉花、桂花等浸膏。

③ 净油，用纯净乙醇在低温下对浸膏进行萃取，再经过冷冻除蜡制成的产品，可直接用于配制各种高档香水。常用的有晚香玉、茉莉等净油。

④ 香树脂，用乙醇萃取芳香植物器官的干燥物，以及香膏、树胶、树脂等渗出物和动物的分泌物而获得的有香物质的浓缩物，多半为黏稠液体，有时呈半固体，如橡苔香树脂等。

⑤ 油树脂，用食用挥发性溶剂萃取辛香料而制成的含香、含味道的黏稠液体和半固体，多数作食用香精，如生姜油树脂等。

⑥ 酊剂，用乙醇萃取天然芳香物质并浓缩的产品，如麝香酊、排草酊等。

8.2.3 天然香料的制法

(1) 水蒸气蒸馏法。这是提取香料最重要的方法，适用于花(不耐热处理的茉莉和晚香玉除外)、叶、木材、树皮、树根、苔衣、草类等。对于肉桂、檀香木、樟木、桂枝、薄荷、藿香、丁香、豆蔻等，都用此法，由花制得的叫花精油，其他的叫香精油。

生产香料的蒸馏法有三种：水上蒸馏、水中蒸馏、水蒸气蒸馏。水蒸气蒸馏法操作最简单，能有效防止香料的分解和变质。其原理是水蒸气把挥发度很小的有机物带出来，相当于减压蒸馏，极大降低了有机物沸点。这种方法无法提取到味觉成分，且水溶性的组分损失较多。20 世纪 20 年代发展出水扩散法在低压下水蒸气通过植物进行渗透，使油类物质扩散出来再冷凝，该法设备简单，操作方便，产品收率高、品质好、蒸馏时间短、能耗低，并且抑制了香味成分的水解和热解。

提取举例：迷迭香，唇形科，多年生常绿小灌木植物，用水蒸气蒸馏法进行提取。往迷迭香药材中加 10 倍水，水蒸气蒸馏提取 4.0 h。迷迭香精油能有效缓解由消化不良引起的胃满、气胀，促进肠道蠕动，增强食欲，调节神经系统，促进血液循环，还有驱蚊的作用。

(2) 有机溶剂提取法，主要有溶剂萃取法、超临界 CO_2 萃取法、超声波萃取法、微波辐射诱导萃取法等。溶剂萃取法操作简单，收率高，对于醇类和酯类收率尤为突出，但成本较高，只适用于名贵珍稀香料的提取。超临界 CO_2 萃取法用于天然植物中脂溶性挥发油、浸膏、树脂和热敏性产品的萃取。CO_2 无毒、无害、无残留，且可以循环使用，提取物香味纯正、无溶剂残留。超声波萃取法和微波辐射诱导萃取法利用机械作用促使细胞破碎并释放香味物质，再利用溶剂捕获。

将原料浸于低沸点溶剂如乙醇、氯仿中进行萃取，完成后蒸去有机溶剂，再用乙醇混合过滤除去杂质，蒸去乙醇后的产物称净油，由花制成的叫净花精油，往往重复混合和蒸馏数次方得佳品。

(3) 吸收法，玫瑰、桂花、蔷薇、兰花等所含的香料，品质高贵、含量极微，通常利用脂肪油吸收花卉中的香质。吸收法又分为热脂浸渍法和冷吸收法，前者用热的纯猪油或牛油吸收花中的芳香油，冷却后再用乙醇萃取，过滤，除去乙醇后称浸膏或净香脂。后者在常温下进行，方法相同，适用于花香受热易损失者，如茉莉、晚香玉等。

(4) 压榨法，应用较少，主要提取柑橘、柠檬、甜橙中的橘皮精油。压榨法又分为海绵法、锉榨法、机械压榨法。海绵法最为古老：用手压挤，并用海绵吸附后放入陶瓷罐。锉榨法是利用带有针刺的铜质漏斗状锉榨器摩擦锉榨提取精油。机械压榨法是利用机械压榨提取整果精油。压榨法一般在常温下进行，保证了芳香油中的化合物成分不发生化学反应，精油品质高，香气保真。

(5) 其他提取法，主要有分子蒸馏萃取法、微胶囊-双水相萃取技术、酶水解辅助提取技术、发酵液提取法。分子蒸馏萃取法是在高真空条件下对高沸点、热敏性物料进行液-液分离，具有温度低、受热时间短、分离程度高、产品收率高的特点，适用于浓缩或纯化分子量高、沸点高、黏度高、热稳定性差的香料。微胶囊-双水相萃取技术融合了微胶囊技术和双水相萃取技术，能有效保护精油的天然组分。酶水解辅助提取技术利用酶对植物细胞壁进行酶解，再与其他技术相结合对提取物进行分离，一般利用纤维素酶进行酶解，破坏植物细胞壁，增加其通透性，减小提取物与提取介质的扩散阻力。该法与普通水提法相比得油率提高 40%。发酵液提取法是以微生物发酵液为提取剂提取香味物质，提取率显著高于常规法。

举例：荠菜，十字花科草本植物，食药一体，荠菜的茎、叶、根均可烹饪食用。荠菜中含有大量的香精类化合物，是荠菜香味的唯一来源。用 90%的乙醇在 pH=4 的溶剂中对荠菜碎末用连续回流法提取，可得荠菜香油。

8.2.4 天然香料的生物合成

香兰素(又称香草醛，化学名为 4-羟基-3-甲氧基苯甲醛)具有强烈的甜味和奶油香草味，是最广泛的调味剂之一。香兰素为白色针状结晶，熔点为 80～82℃，溶于水、乙醇及醚，具有香兰素芳香味及巧克力的香气。乙基香兰素在自然界中不存在，它的香气与香兰素相似但更强烈，比香兰素强 3～4 倍。香兰素可作为食品风味增强剂、生物防腐剂，以及生产甲基多巴、多巴胺、罂粟碱、L-DOPA 等药物，还用于生产消泡剂、除臭剂、空气清新剂、地板抛光剂和除草剂。天然香兰素是用丁香花的提取物丁香酚氧化得到的，其价格是合成香兰素的 50～200 倍。由于天然资源的限制，目前大都采用生物法或化学合成法制备香兰素。

1. *微生物发酵法*

微生物发酵法的优势：将多步反应简化为一步反应，提高反应进程；与酶相比，微生物的来源更加多样和稳定；其合成原料碳水化合物、无机盐等价格低廉。生产香料的微生物很多，以葡萄糖为原料的香兰素的合成路线如图 8-1 所示。目前使用重组菌株的裂殖酵母菌和 *Saccharoisiae* 协同作用将葡萄糖转化成香草酸，培养 7.0 h 后进一步还原成香兰素，转化率为 92%。

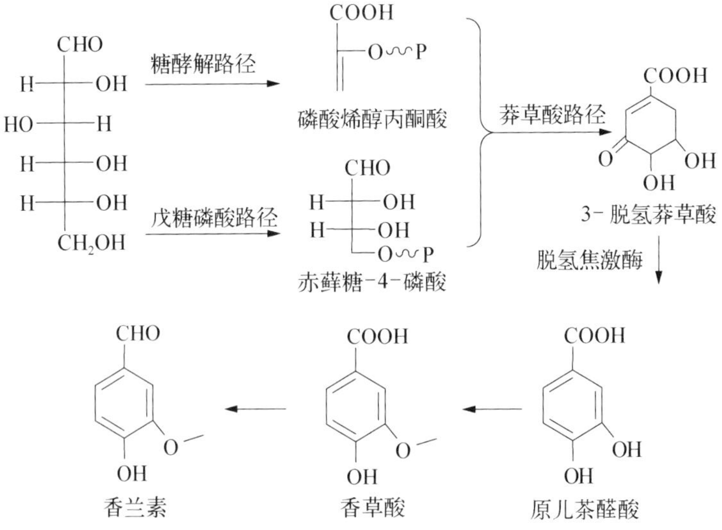

图 8-1 以葡萄糖为原料的香兰素的合成路线

2. 生物催化法

生物催化法是利用酶催化生产各种有价值的物质。与微生物发酵相比，生物催化过程具有时间短、易控制、效率高、易分离、产品具有区域和对映选择性的特点。用酶合成生产香料的前体物质，使原料廉价，极大地降低了生产成本。

3. 植物细胞培养法

植物细胞培养法是指分离一个或数个植物的体细胞或植物体的一部分再培养的技术。其产出的香料为天然物质，避免了地域、气候、病虫害所产生的不利影响，更加易于控制，为实现工业化提供了可能。

8.3 合成香料

从天然香料中剖析、分离其主要发香成分，通过化学合成扩大生产，解决天然香料数量少、成本高的问题，还能合成出新的发香物质，使香型更趋丰富。

8.3.1 羰基化合物

含羰基的香料化合物应用十分广泛，特别在日用香精和食用香精中使用很多，如苯甲醛作为头香剂用于紫丁香、白兰、茉莉、橙花、金合欢、紫罗兰等皂用香精和化妆品香精中；肉桂醛广泛用在奶油、桃子、坚果、香草、热带水果等食用香精中，以及膏香型、辛香型、东方型的牙膏、漱口水、洗涤剂香精中；大茴香醛（对甲氧基苯甲醛）用在肉桂、辛香、可乐、糖果等香精中，用于配制金合欢、紫丁香、葵花等日用香精以及香草、调味品、杏仁、大茴香、浆果等食用香精；菇酮类如α-紫罗兰酮、β-紫罗兰酮、γ-紫罗兰酮、甲基紫罗兰酮及其衍生物等广泛用于紫罗兰、金合欢等日用香精中，用来调制樱桃、菠萝、覆盆子、草莓等食用香精。

8.3.2 碳氢化合物

合成香料中的碳氢化合物主要是萜烯类化合物，用于仿制天然精油及配制香精，也是合成含氧萜烯化合物的重要原料，如松节油成分中的α-蒎烯和β-蒎烯。α-蒎烯的沸点为155.5℃，β-蒎烯的沸点为163.5℃，是工业上用来合成樟脑的重要原料。

α-蒎烯　　β-蒎烯

(1) 樟脑精，无色结晶体，气味类似樟脑，存在于姜油内，熔点为51～52℃，沸点为160℃，溶于醚及醇。工业上用松节油加 HCl 生成氯氢化松节油精，然后与苯酚钾反应消除 HCl、碳环重排而成，反应式如下。

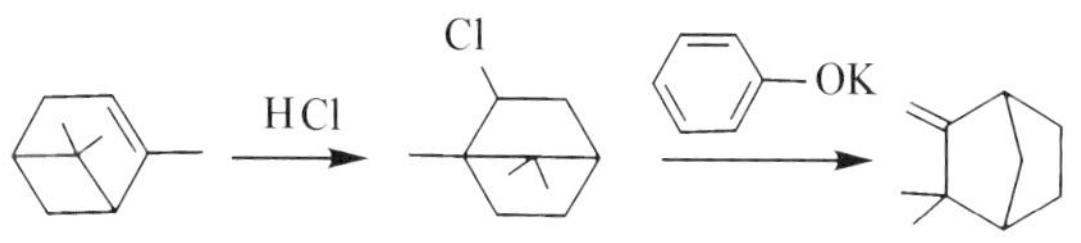

(2) 柠檬烯，非共轭的单环双烯结构，大量存在于柠檬油、橘子油、葛缕子油中，在橘子油中含量高达90%，具有柠檬香气，可用来配制人造柑橘油。

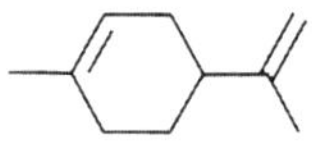

(3) 二苯甲烷，无色针形结晶，熔点为 26～27℃，溶于醇及醚，具有橘子香气，用于配制橘子油及香叶油等。它可由氯化苄与苯进行傅克反应而得到。

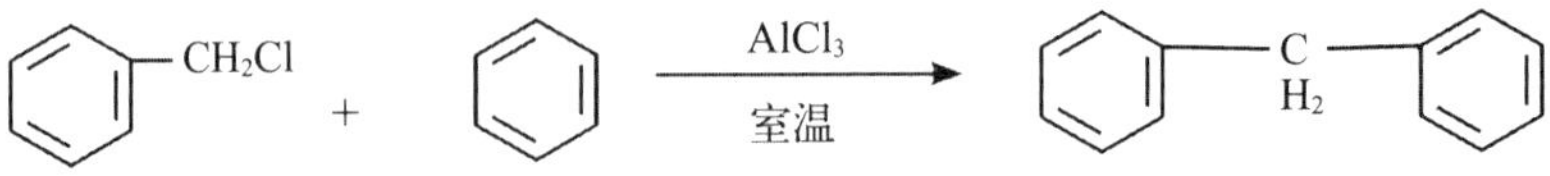

8.3.3 醇类化合物

天然芳香成分中大都含有醇类化合物，调香中使用的醇类化合物由人工合成，醇类化合物也是合成其他香料单体的中间体。

1. 香叶醇和橙花醇

香叶醇(化学名为 3,7 -二甲基- 2,6 -辛二烯- 1 -醇)，又名香天竺葵醇，淡黄色液体，熔点为－15℃，是玫瑰系香精的主剂，花香香精调香原料，作为增甜剂用于配制食品、香皂、日用化妆品香精(用于食品、日用化妆品香精，含量大于 90%；用于香皂香精，含量大于 80%)。香叶醇也是制造香草醇、香草醛、柠檬醛、羟基香草醛、紫罗兰酮和维生素 A 的原料。香叶醇入药可用于改善肺通气功能和降低气道阻力，起效快、副作用小，临床上治疗慢性支气管炎效果较好。

香叶醇　　　　橙花醇

橙花醇(化学名为顺- 3,7 -二甲基- 2,6 -辛二烯醇)，有玫瑰和橙花的香气，香气比香叶醇柔和优美，微带柠檬的果香，相对偏清，有新鲜的清香和柑橘香调，用于配制玫瑰型和橙花型等花香香精。

在自然界中橙花醇和香叶醇存在于姜草油、柠檬草油及雄刈萱草油内，两者往往同时存在，为玫瑰香精主要成分。

工业上用月桂烯的一级氯化物与乙酸钠共热合成香叶醇和橙花醇的乙酸酯，皂化、蒸馏得到 60%的香叶醇和 40%的橙花醇的混合物，分馏得到高品级的香叶醇；或以 α -蒎烯为原料，通过芳樟醇生产高质量的香叶醇，还可以以硼氢化钠为还原剂，对柠檬醛进行选择性还原制备橙花醇和香叶醇，反应式如下：

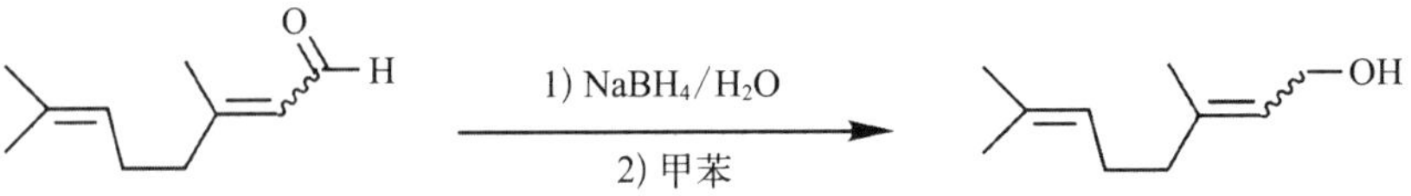

2. 苯甲醇

苯甲醇也称苄醇，无色，有果子香气，沸点为 206～207℃，溶于乙醇及乙醚，具有固定香气的能力，使其他香料的香气久不消失。苯甲醇由氯化苄与碳酸钾共沸，进行水解反应而得，反应式如下：

$$2C_6H_5CH_2Cl + H_2O + K_2CO_3 \xrightarrow{\triangle} 2C_6H_5CH_2OH + 2KCl + CO_2\uparrow$$

也可用苯甲醛与苛性钾进行康尼扎罗反应制备，但只能得到一半产物，反应式如下：

$$2C_6H_5CHO + KOH \longrightarrow C_6H_5CH_2OH + C_6H_5COOK$$

3. β-苯乙醇

β-苯乙醇天然存在于玫瑰油及橙花油中，无色液体，具有柔和的玫瑰似甜香，是配制玫瑰型香精的主要原料，对碱稳定，被广泛用于皂用香精中，制备方法如下：

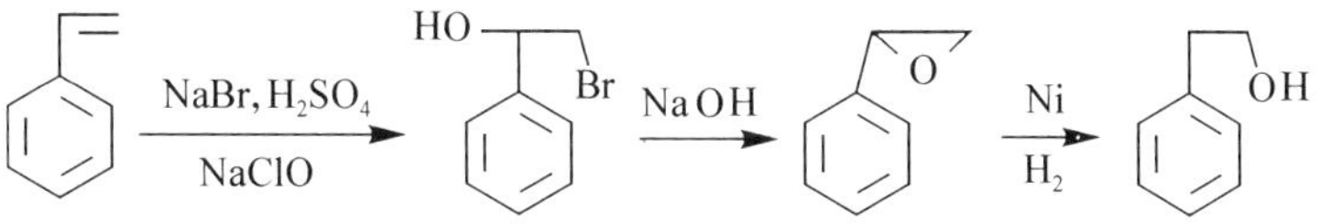

8.3.4 醛类化合物

1. 柠檬醛

柠檬醛是萜烯类化合物，是顺反异构体的混合物。它为微黄色液体，有浓郁柠檬香气，无旋光性，用亚硫酸氢钠溶液处理，顺式溶解性极小，反式很大，可将两者分开。

工业上柠檬醛由柠檬草油、山苍子油经减压精馏而得，常用于各类花香型香精(如玫瑰、橙花、紫罗兰等香精)中作调香用，是合成紫罗兰酮的基体，也是合成萜类香料的一个重要中间体。

2. 甲基壬基乙醛(2-甲基十一醛)

甲基壬基乙醛的香气似柑橘香并带有龙涎香气息，又似琥珀香。它的香气温和持久，优于其他脂肪醛，多用于香水香精中(配方中只能微量使用，否则会掩盖其他香气)。合成方法如下：

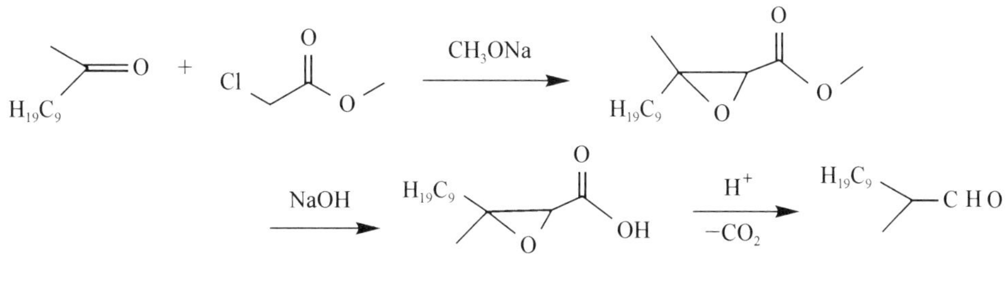

3. 香兰素

香兰素的全合成法以阿魏酸为底物，经过4条途径将其转化成香兰素：非氧化脱羧、侧链还原、不依赖辅酶A的去乙酰反应和依赖辅酶A的去乙酰反应：

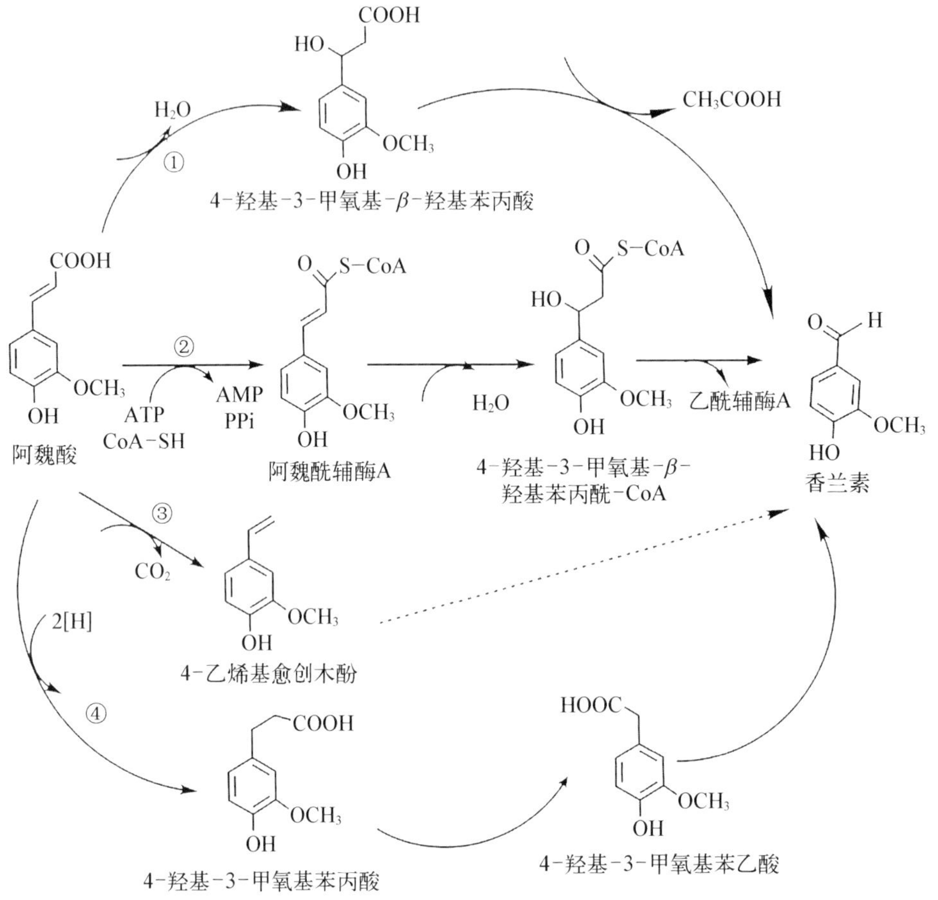

8.3.5 芳香族酮类化合物

芳香族酮类化合物有令人喜爱的香气，如麝香酮有麝香香气，是高档香精中的定香剂，为微黄色油状液体，香味特殊，微溶于水，与乙醇混溶，是天然麝香中最具生理活性的组分，也是香气的主要来源，在香精中起到定香、烘托、圆润等作用，极为珍贵。它还具有重要的药理作用，能兴奋神经中枢、呼吸中枢和心脏，以及促进多种腺体分泌，治疗神志昏迷。目前由人工合成，采用插入甲基法合成麝香酮，原料易得，步骤简便，反应式如下：

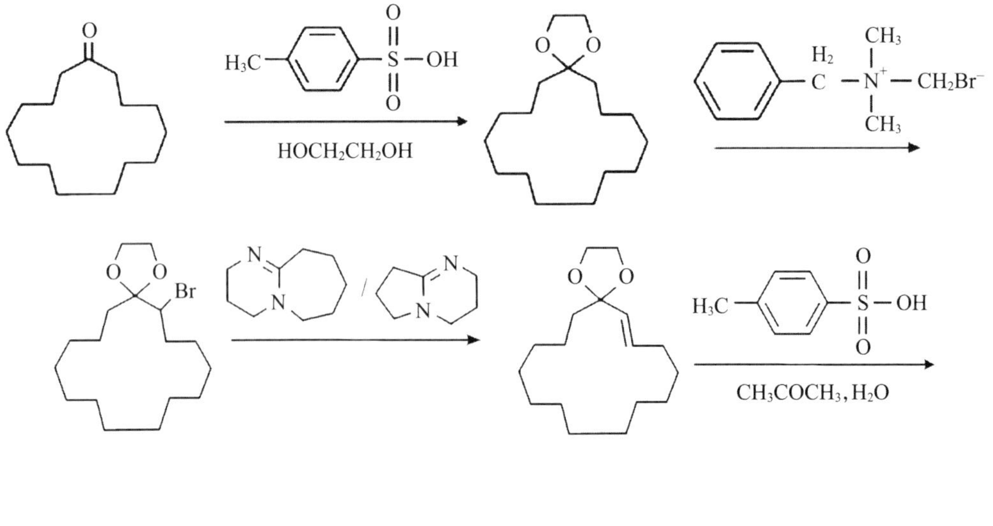

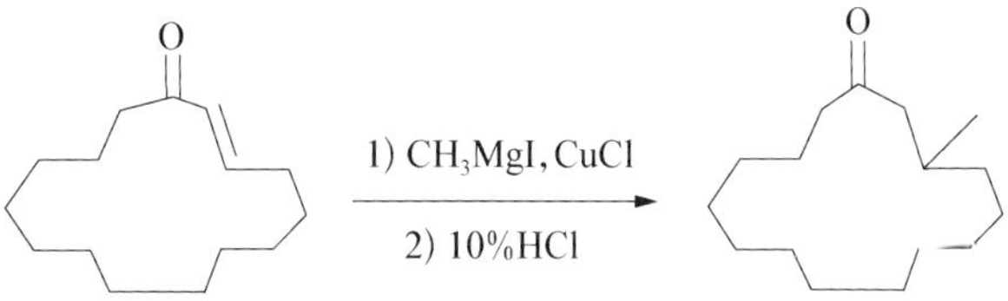

8.3.6 羧酸酯类化合物

羧酸酯类化合物广泛存在于自然界，且绝大部分具有令人愉悦的香气，在香精中能加强与润和其他香气，有些酯类化合物能起到定香剂的作用，在配制各类香型香精时都要使用。它分为脂肪酸酯类化合物和芳香酸酯类化合物。

(1) 乙酸芳樟酯，又名乙酸沉香酯，用于制备高级香精，在日化、烟草、食品工业中十分重要，存在于香柠檬、香紫苏、薰衣草及其他植物的精油中，有类似铃兰、薰衣草等香精油的幽雅香气，使人心旷神怡、清新舒畅，用于配制古龙水、人造香柠檬油和薰衣草油，及皂用香精、化妆品香精、食品香精等。它由芳樟醇与乙烯酮反应而得，反应式如下：

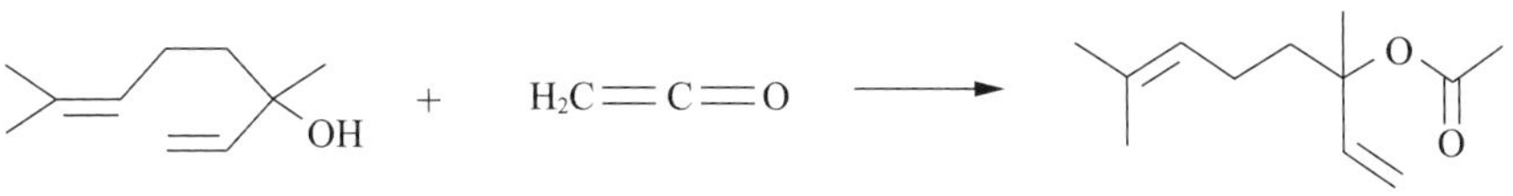

(2) 苯甲酸酯类，主要品种有苯甲酸甲酯、苯甲酸乙酯、苯甲酸苄酯：

苯甲酸甲酯　　苯甲酸乙酯　　苯甲酸苄酯

苯甲酸甲酯存在于依兰香油、月下香油、丁香油等中，具有芬芳香气，是依兰香必需成分，常用来配制依兰香油。苯甲酸乙酯具有果香及甜香，但比苯甲酸甲酯略淡雅，用来配制依兰香油和丁香油。苯甲酸苄酯为秘鲁树脂的主要成分，也存在于依兰香油及月下香油中，香气较微，沸点高(323～324℃)，可作定香剂，同时又是香精的最好溶剂，常作为合成麝香的溶剂。该类化合物由芳香酸的酯化反应制备。

(3) 邻氨基苯甲酸甲酯，存在于橙花油、茉莉、甜橙油及其他芳香油，以及葡萄汁中，具有橙花油香气，用来配制人造橙花油。它由邻氨基苯甲酸与甲醇酯化得到，以硫酸为催化剂，在甲醇溶液中加热回流，将反应生成的硫酸盐用 NaOH 溶液中和，粗品用甲苯萃取，洗涤，往蒸去甲苯后的粗品中加入碳酸钠进行减压精馏，成品馏分冷却至 12～15℃以下析出。它还可以由苯酐经氨化、降解氧化、酯化得到，反应式如下：

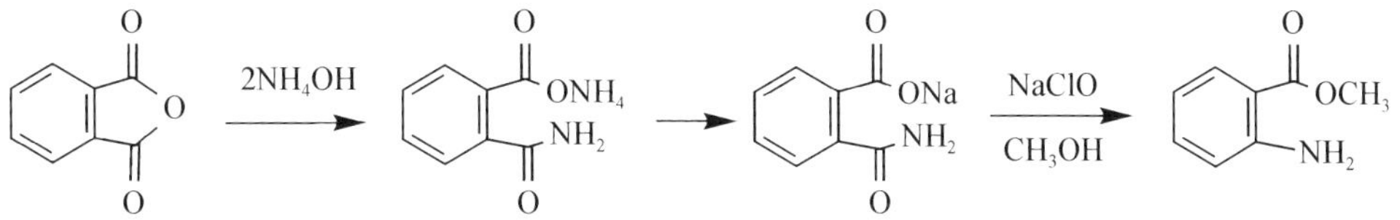

8.3.7 内酯类化合物

内酯类化合物均有特殊的果香。一般酯类香料几乎可在一切类型的香精中使用，而内酯类化合物由于受到原料来源及合成工艺复杂等原因的影响，应用受限。

（1）γ-十一内酯（桃醛），具有桃香气息，香气强烈，用量不宜过多。它用于桃香型食用香精中，也用于紫丁香型、茉莉型香精的调香中，由正辛醇和丙烯酸（酯）在引发剂的作用下进行游离基加成反应，再进行分子内酯化闭环反应得到。反应式如下：

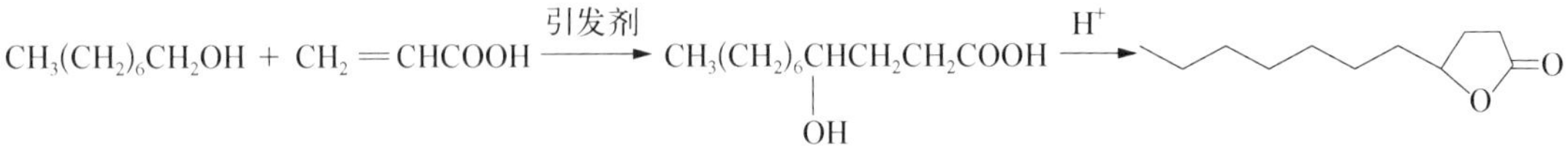

（2）芳香族内酯类，香豆素存在于香豆及车叶草中，香气似香兰素，具有刈草甜香、巧克力气息。其合成产品价格低廉，用量大，常用于新刈草型和馥奇型香精配制的香水定香剂，还可以作为工业香精除臭剂，消除橡胶塑料制品中的不愉快气息。它由水杨醛与醋酐经过珀金反应制备，反应式如下：

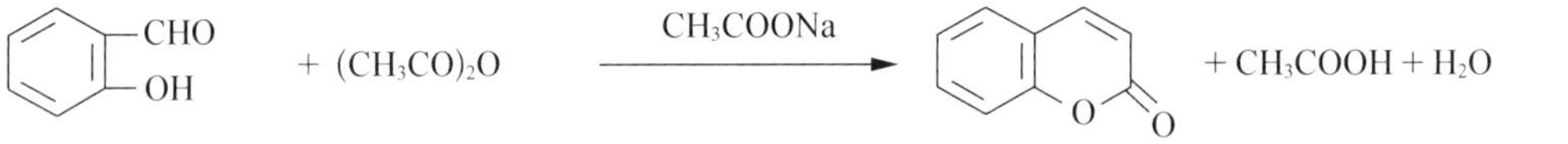

8.3.8　缩醛类化合物

醛类化合物在氧气、光、热的作用下极易氧化成酸，在碱性介质中易发生醇醛缩合反应。而醛类化合物转化为缩醛后性质稳定，且在香气上比醛类化合物和润，如二乙缩柠檬醛，其香味似花信子，由柠檬醛与原甲酸三乙酯在对甲苯磺酸催化下进行脱水反应制备得到。

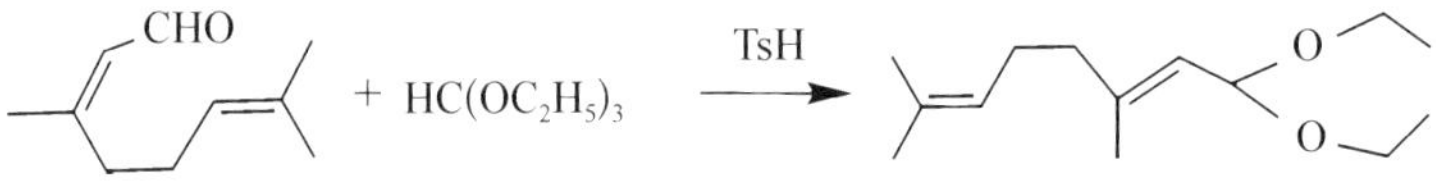

8.3.9　人工合成麝香

1. 硝基麝香

主要成分是多硝基苯，香气凝重，有定香作用，虽在香气上不及芬檀麝香、巨环麝香及万山麝香，且遇光易变色，但合成方便。该类化合物有毒，用量不宜太多。二甲苯麝香香气品质稍差，一般仅用于皂用香精。

（1）葵子麝香的合成

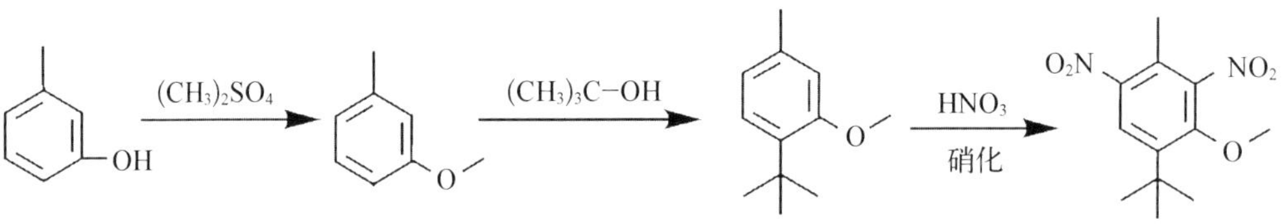

（2）酮麝香的合成

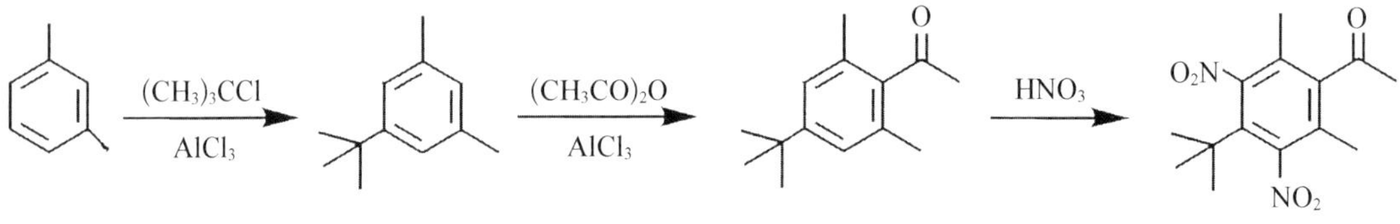

(3) 二甲苯麝香的合成

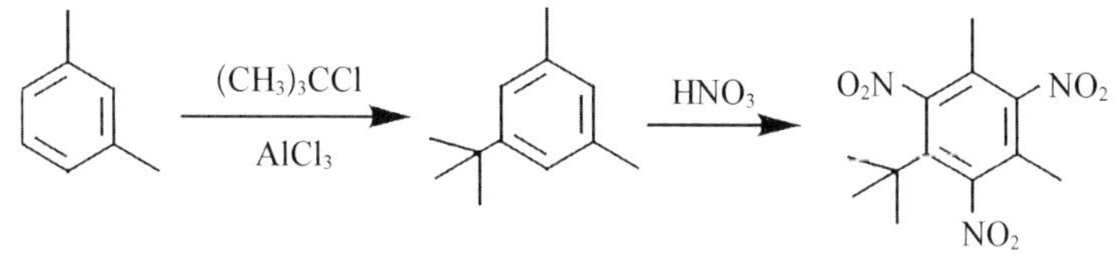

(4) 三甲苯麝香的合成

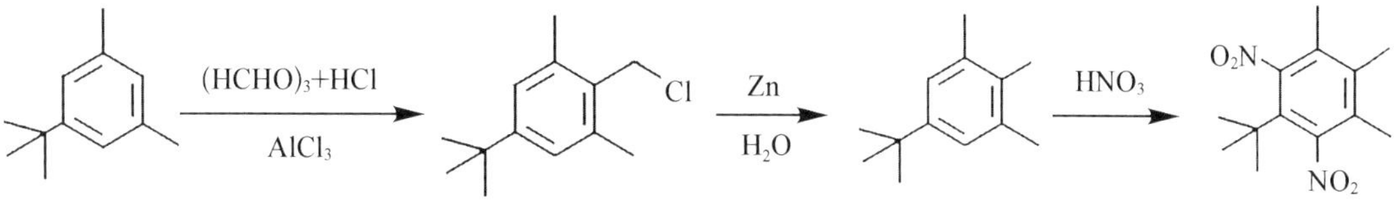

2. 其他类型的麝香

(1) 万山麝香,化学名为1,1,4,4-四甲基-6-乙基-7-乙酰基-1,2,3,4-四氢萘,具有天然麝香的香气,对光稳定,人工合成路线长,工艺复杂,成本较高。

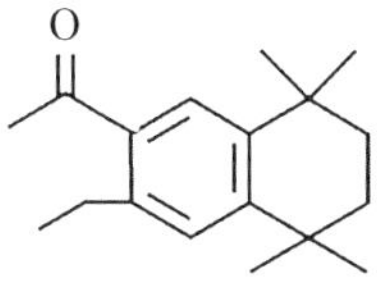

万山麝香

(2) 芬檀麝香,化学名为6-乙酰基-1,1,2,3,3,5-六甲基茚满,为茚满衍生物,香气比硝基麝香优越,与万山麝香及十五内酯相仿,对光和碱稳定,对化妆品加工过程中的氧化、还原、高温都稳定,沸点较高,和其他香料调配时能抑制易挥发的香料,作为定香剂,一般使用量为5%。

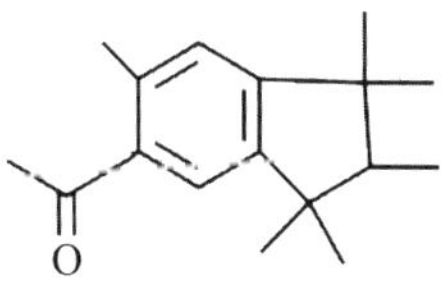

芬檀麝香

(3) 巨环麝香,植物性麝香黄蜀葵素(十五内酯),麝香香气细腻,能使调香的香精具有高雅及润和的香气,作为定香剂使香精持久地保持芬芳气息,留香力强、香气柔和,存在于白芷根油内且含量极微,目前依靠化学合成。合成方法为由十二碳二酸发生酯化反应得到二酯,二酯与γ-丁内酯进行缩合反应,再通过皂化、酸化、加热脱羧后得到酮酸,经克莱门森法还原后进行分子内酯化反应。

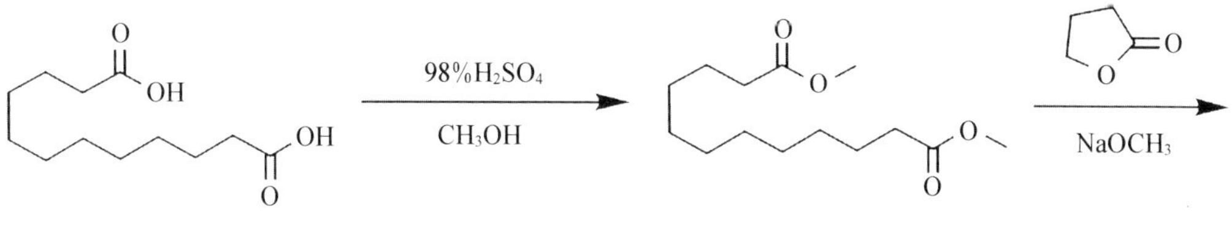

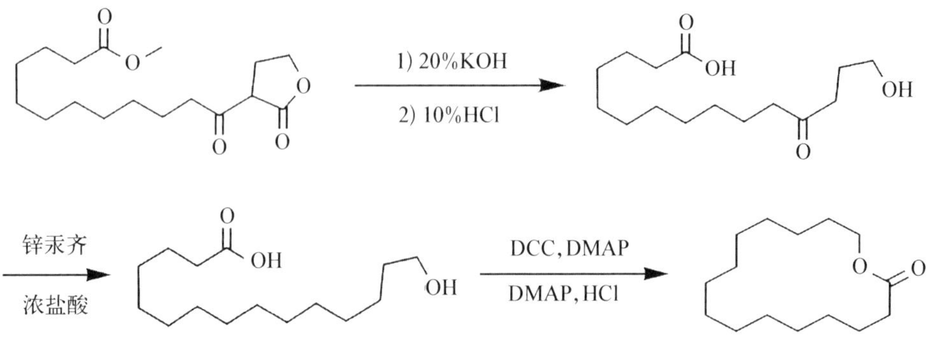

8.4 合成香料的结构和香气的关系

人类对香气的感觉是一种主观感受，嗅觉是鼻腔中的某些神经细胞对物质分子的信号刺激的反应，属于分子识别范畴。人体细胞中含有大量旋光物质(如酶)，对物质分子结构非常敏感，甚至对分子的堆积方式都有不同的反应。香气不仅与碳原子数、原子结合方式有关，且与官能团在分子中的相对位置有关，结构与香气的关系相当复杂，本书只做简单的定性解释。如甲位戊基桂醛具有茉莉花香，铃兰醛具有铃兰的香气。

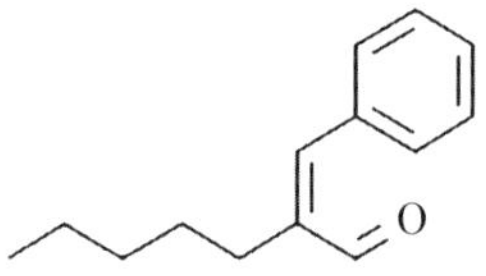

甲位戊基桂醛

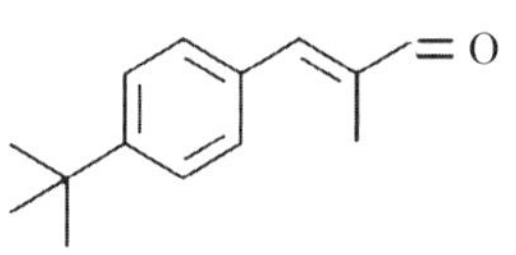

铃兰醛

凡分子结构中含有羟基、羧基和酯基的化合物一般都有香气，碳原子数超过 17～18 个时香气减弱甚至消失；若碳链中有支链基团，尤其是叔碳原子，对香气有一定影响；若含不同的不饱和键，其香气不同，对映异构体的香气也不同。如橙花酮的香气以顺式为佳：

顺式

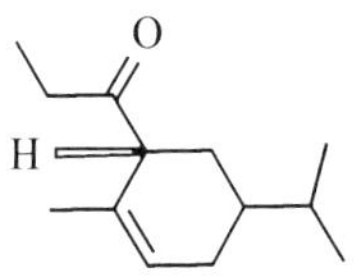

反式

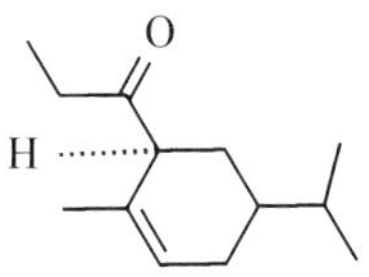

橙花酮

8.4.1 醇类化合物中的香气差异

醇类化合物分为脂肪醇、萜类醇、芳香醇，它们的香气各不相同。脂肪醇的香气随碳原子的增加而增强，如甲醇、乙醇、丙醇仅具有酒的气息，至 C_4～C_7 时为生果、青草、青叶类气息，至 C_8～C_{12} 时为果香并带油脂气息，继续增加则为油脂气息。

萜类醇中开链的单萜烯醇及倍半萜烯醇的香气以花香为主，而单环或双环单萜烯醇与环状倍半萜烯醇的香气都以木香为主。芳香醇的香气大都以花香、皮香为主。如果醇类分子中连接两个或两个以上羟基，则无香气且水溶性增大。

8.4.2 醛类化合物中的香气差异

脂肪族的 C_1～C_4 醛具有强烈的臭气，随着碳原子数的增加而逐渐呈现香气，C_8～C_{17}醛在稀释情况下有令人愉快的香气，常用于香精配方，C_{17}以上的醛没有香气。具有侧链的醛类化合物的香气较其直链强且更悦人，如 2-甲基-十一醛具有柑橘果香，而十二醛在极稀的情况下有类似紫罗兰的花香；再如十四醛只有微弱的油脂气息，其异构体 2,6,10-三甲基十一醛则有浓烈香气。脂肪族醛类化合物的饱和度和共轭双键在链中的位置对香气也有一定的影响。如：

强的臭气

弱的尖刺油脂青气

青气

尖刺气

芳香醛中官能团的位置不同香气也不同，3,4-位上有取代基的有很好的香草气息，如香兰素和乙基香兰素。

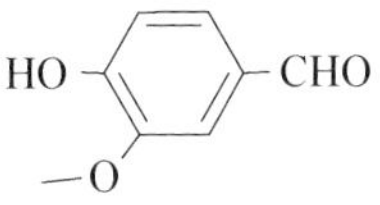

香兰素

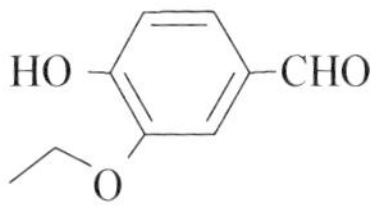

乙基香兰素

若醛基的邻位有羟基则呈现酚的气息，无香气：

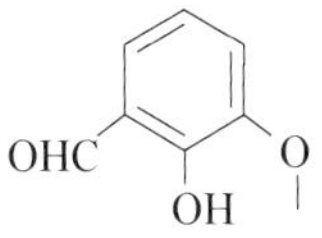

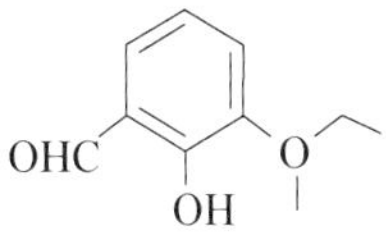

下图中的异香兰素没有香气，只有在加热情况下才具有香草气息：

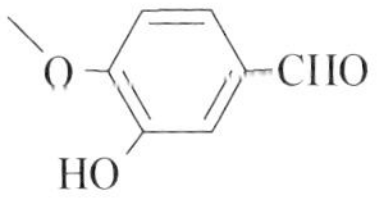

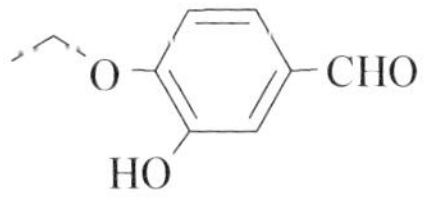

缩醛类化合物的香气要比醛类化合物和润，如将尖刺气息的香茅醛制成二甲缩香茅醛时，可配制玫瑰型香精。

8.4.3 酯类化合物中的香气差异

低级脂肪酸酯一般具有果香，如乙酸丁酯、乙酸异戊酯等，高级脂肪酸酯呈油脂气。低级脂肪酸的萜烯醇酯具有花香及木香，如乙酸香叶酯、乙酸芳樟酯等。芳香族羧酸的芳醇酯香气较弱，但沸点高、黏度大，有很好的定香作用，如苯甲酸苄酯。具有三键结构的一般带有臭气，但炔类的羧酸酯如庚炔羧酸甲酯、辛炔羧酸甲酯却具有迷人的紫罗兰香气。

内酯化合物均有特殊的果香，环状结构不同其香气差别很大，如丙位内酯具有果香，丁位内酯具有奶香，而巨环内酯具有麝香香气。表 8-1 列出了丙位内酯的香型。

表 8-1 丙位内酯的香型

R	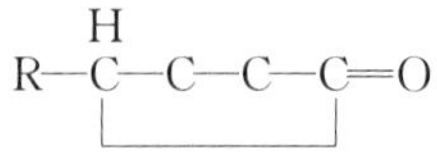	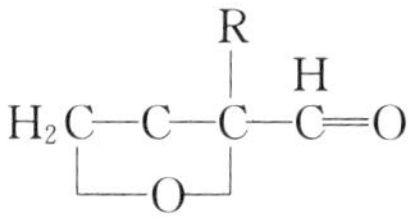
正丙基	香豆素香	姬茴香型
正丁基	姬茴香型	姬茴香型
正戊基	椰子香	—
异戊基	欧白芷香	欧白芷香
正己基	桃子香	杏-琥珀香
2-己烯基	桃子香	—
庚烯基	强烈的桃子香	桃子-麝香
3-庚烯基	较强且清甜的桃子香	—
辛烯基	桃子-麝香	桃子-麝香
壬烯基	麝香-草香	桃子-椰子香
癸烯基	香气微弱	草-麝香-椰子香

8.4.4 硝基麝香类化合物中的香气差异

从葵子麝香、二甲苯麝香、三甲苯麝香来看，其分子结构中一般有两个以上的硝基，但一个硝基的化合物也有麝香香气：

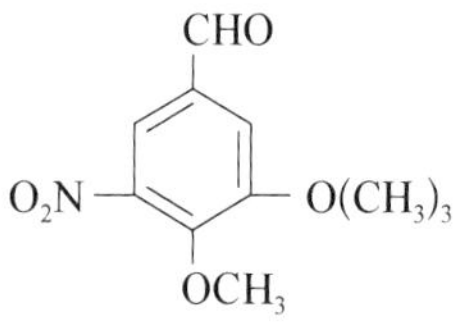

向芳香族化合物中引入叔丁基、异丙基有利于产生麝香香气，换成甲基或乙基则无麝香香气。叔丁基与甲氧基处于邻位的能产生麝香香气，但香料分子结构和感官性能之间的关系，目前还没有明确的结论。

8.4.5 不饱和性对香气的影响

对于碳原子个数相同且结构非常相近的有机化合物，双键存在与否及双键的位置对化合物的香气性质也有一定影响，例如：

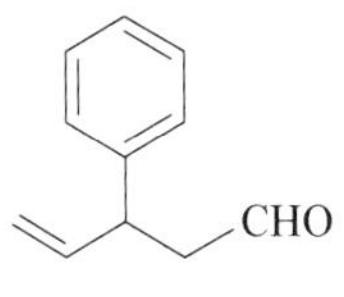

可可粉香

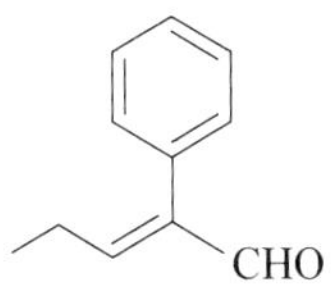

弱的玫瑰香

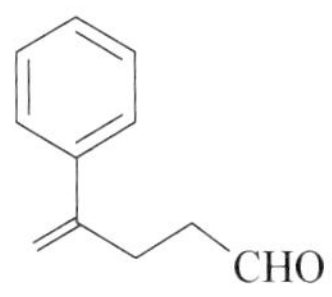

西瓜香

8.4.6 碳原子个数对香气的影响

沸点太低而挥发快的化合物不宜用作香料，沸点太高而难于挥发的化合物也不宜用作香料。因此香料分子量一般在50～300之间，相当于C_4～C_{20}。

8.4.7 取代基对香气的影响

取代基的类型、数量及位置对香气都有影响。如紫罗兰酮和鸢尾酮只差一个甲基，但两者的香气却有很大差别。

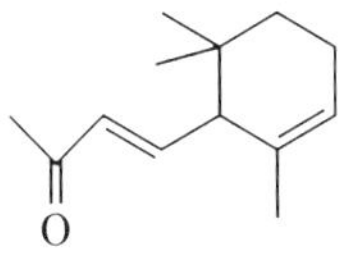

紫罗兰酮

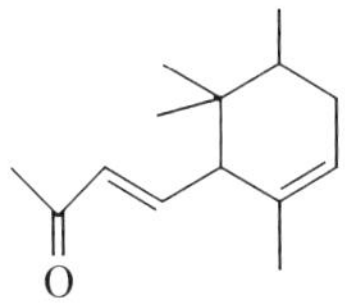

鸢尾酮

8.4.8 异构体对香气的影响

双键的顺式和反式异构、左旋和右旋的光学异构体对香气有很大的影响。

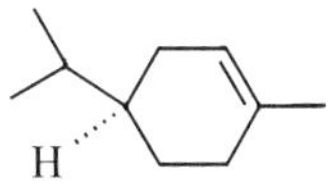

(4R)-1-甲基-4-异丙基环己烯：橘子味

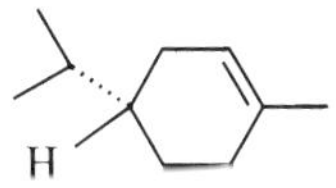

(4S)-1-甲基-4-异丙基环己烯：柠檬味

香气是个主观感受很强的概念，不同的民族、不同的文化对香气的理解各不相同，因此实际工作中要针对不同受用人群进行必要的研究。

8.5 香精

8.5.1 香精发香原理

香精是利用天然香料及合成香料，经过调香配成的香气和润、令人喜爱的混合物，它不能直接消费，而是添加在其他产品中，如化妆品、食品、香皂、洗涤剂、牙膏、环境卫生用品以及纸张、塑料、皮革等。日用化妆品用的香精具有花香、青香、果香、木香和草香等。食品用的香精通常具有果香、乳香、巧克力香、坚果香、酒香、肉香等，是一类重要的食品添加剂。

调香时首先根据香料挥发度适当地配合好基香香料，然后加入辅助香料。调香直接决定了香精香气的优劣。如香皂、牙膏要配合10～30种香料，前者需要给人清洁感觉，后者需要给人以清凉爽口的感觉。一般普通化妆品也需要数十种香料配合，优质香水在整个挥发过程中保持同样香味，一般需要有上百种香料配合。调香师根据经验和艺术灵感可以调配出近于自然界的花香。调香过程中还须加入定香剂、稀释剂。

定香剂：不易挥发的香料，沸点一般较高，能抑制易挥发香料的挥发，降低挥发速度，使香味常驻。天然动物香料定香效果好，如麝香、灵猫香、酮麝香、二甲苯麝香、葵子麝香、秘鲁香脂、吐鲁香脂、安息香等。其他如檀香、广藿香等天然香精油也可用作定香剂。

稀释剂：香料的香味过强，会强烈刺激嗅觉器官令人恶心，因此必须稀释。稀释剂无臭、极易溶解香料、稳定且安全，价格低廉，一般为纯净的乙醇、苯甲醇、二己基二醇、二辛基己二酸酯。

香料和香水在制造及刚调配出来时香味粗糙，甚至发臭，须在暗凉处放置一段时间熟化后才能产生圆润、甘美、醇郁的香味，熟化过程包含多种化学反应，如酯基转移、醇解、生成乙缩醛、氧化、生成席夫碱等复杂的化学反应。

8.5.2 香精配方

1. 水果香精

（1）苹果香精，这是一种带有清甜香韵的果香型香精，以玫瑰香韵来模拟其甜香特征，以乙酸苄酯、芳樟醇等衬托其清香，以异戊酸异戊酯、异戊酸乙酯作为苹果特征果香，并辅以丁酸异戊酯、丁酸乙酯、乙酸乙酯、乙酸异戊酯和柠檬醛来丰满果香。苹果香精配方1、配方2见表8-2、表8-3。

表8-2 苹果香精配方1

组　分	用量/g	组　分	用量/g	组　分	用量/g
异戊酸异戊酯	5.55	香叶油	0.02	柠檬醛	0.07
异戊酸乙酯	1.11	乙酸烯丙酯	0.02	95%的乙醇	60.00
丁酸异戊酯	1.11	丁香油	0.05	蒸馏水	30.00
乙酸乙酯	1.20	香兰素	0.11		
甲酸异戊酯	0.67	苯甲醛	0.09		

表8-3 苹果香精配方2

组　分	用量/g	组　分	用量/g	组　分	用量/g
异戊酸异戊酯	110	冷榨橘子油	1	甲酸戊酯	1
97%的柠檬醛	1	BHA	0.1	甘油	20
苯甲醛	1	丁酸异戊酯	15	乙酸乙酯	22
甲酸香叶酯	0.5	香兰素	1	蒸馏水	120
异戊酸苯乙酯	0.2	乙酰醋酸乙酯	11		
十九醛	0.2	异戊酸乙酯	22		

注：本品为无色透明液体，溶于水，具有成熟的苹果香味，主要用于汽水、冰棒、雪糕等的加香，加香量一般为0.05%～0.15%。

(2) 桃子香精

桃子香精配方 1、配方 2 见表 8-4、表 8-5。

表 8-4 桃子香精配方 1

组　　分	用量/g	组　　分	用量/g	组　　分	用量/g
γ-十一内酯	500	苯甲醛	10	丁酸乙酯	50
乙酸戊酯	150	肉桂酸苄酯	40	戊酸乙酯	50
甲酸戊酯	50	庚酸乙酯	50	香兰素	100

表 8-5 桃子香精配方 2

组　　分	用量/g	组　　分	用量/g	组　　分	用量/g
苯甲醛	3	桃醛	66	糖酯香基	182
香兰素	4	γ-癸内酯	120	乙醇	429
苯甲醇	13	2-甲基丁酸	126		
芳樟醇	17	桃内酯香基	40		

(3) 柠檬香精。调配柠檬香精需要柠檬油，以及柠烯、月桂烯、松油烯、α-蒎烯、β-蒎烯、α-松油醇、芳樟醇、橙花醇、正辛醇、辛醛、壬醛、癸醛、十一醛、香茅醛、柠檬醛、乙酸辛酯、乙酸癸酯、乙酸香茅酯、乙酸香叶酯、乙酸橙花酯、乙酸芳樟酯等。其中宁烯等萜烯类化合物约占到 90%以上，它们的水溶性很差，所以在水溶性的柠檬香精中必须除去它们。柠檬香精配方 1、配方 2 见表 8-6、表 8-7。

表 8-6 柠檬香精配方 1

组　　分	用量/g	组　　分	用量/g	组　　分	用量/g
柠檬油	15.0	辛醛	0.5	乙酸香茅酯	0.5
95%的乙醇	68.4	柠檬醛	8	70%的乙醇	90
水	31.6	乙酸芳樟酯	1		

制备：先将柠檬油与 95%的乙醇混合，再加水搅拌均匀，静置 48 h，分去上层的柠檬油萜（可用作油质柠檬香精），向留下的水层中加入其余组分。

表 8-7 柠檬香精配方 2

组　　分	用量/g	组　　分	用量/g	组　　分	用量/g
柠檬油	70.00	辛醛	0.05	松油醇	0.15
柠檬油萜	29.50	壬醛	0.05	芳樟醇	0.05
柠檬醛	0.15	癸醛	0.05		

(4) 甜橙香精。甜橙香精中具有挥发性的香味成分主要有柠烯、α-蒎烯、β-月桂烯、巴伦西亚橘烯、正丁醇、正辛醇、顺-3-乙烯醇、香茅醇、香叶醇、橙花醇、芳樟醇、α-松油醇、4-松油烯醇、乙醛、辛醛、壬醛、癸醛、柠檬醛、乙酸、己酸、乙酸乙酯、丁酸乙酯、丁酸丁酯、己酸乙酯、3-羟基己酸乙酯、3-羟基辛酸乙酯、乙酸香茅酯、乙酸香叶酯、乙酸橙花酯、乙酸芳樟酯、芳樟醇氧化物等。甜橙香精是以冷压甜橙油或橙汁精油为主原料，通过乙醇萃取除萜工艺制得。甜橙香精配方见表 8-8。

表 8-8 甜橙香精配方

组　　分	用量/g	组　　分	用量/g	组　　分	用量/g
10 倍甜橙油	5	变性淀粉	12	酯胶	6
5 倍甜橙油	3.5	苯甲酸钠	1	柠檬酸	适量
甜橙醛	0.5	巴伦西亚橘烯	0.05	色素	适量
BHA	适量	癸醛	0.05	蒸馏水	80

注：本品为橙红色不透明浊液，溶于水，具有新鲜的天然甜橙香味，主要用于汽水的加香，加香量一般为 0.1%左右。

2. 蜂蜜香精

常以苯乙酸和苯乙酸乙酯、苯乙酸异丁酯、苯乙酸苯乙酯等苯乙酸酯类作为其特征的蜜甜香韵，适量配以洋茉莉醛、香兰素、乙基香兰素、大茴香醛等豆甜香韵，有时头香上适量添加壬酸乙酯等酿甜香韵及果甜香韵。蜂蜜香精配方见表 8-9。

表 8-9 蜂蜜香精配方

组　　分	用量/g	组　　分	用量/g	组　　分	用量/g
甲基苯乙酮	0.375	苯乙酸	12.000	乙酸乙酯	100.000
香叶油	0.375	苯乙酸甲酯	12.625	戊酸戊酯	250.000
芹菜籽油	0.375	壬酸乙酯	31.250	95%的乙醇	400.000
乙基香兰素	6.000	乙酸戊酯	187.000		

3. 酒用香精

(1) 清香型白酒香精，清香纯正，醇甜和顺，余量爽净，代表品种是汾酒。主体香成分是乙酸乙酯和乳酸乙酯。酯含量比浓香型、酱香型白酒香精的低，主体是乙酸乙酯，己酸乙酯的含量很低，还含有多元醇、丁二酮、2，3－丁二醇等芳香物质。一种清香型仿汾酒香精配方见表8－10。

表8－10 一种清香型仿汾酒香精配方

组 分	用量/g	组 分	用量/g	组 分	用量/g
乙酸乙酯	35.0	乳酸	1.5	2,3－丁二醇	0.125
丙酸乙酯	0.2	丙醇	1.0	70%的山梨醇	2.0
丁酸乙酯	0.5	异丁醇	0.12	甘油	10.0
己酸乙酯	1.0	正丁醇	0.06	95%的乙醇	22.46
乳酸乙酯	14.0	异戊醇	0.5	蒸馏水	8.0
乙酸	3.5	正己醇	0.01		
己酸	0.02	丁二酮	0.005		

（2）酱香型白酒香精，酱香突出，优雅细腻，回味悠长，以茅台和郎酒为代表。酱香成分复杂，至今尚没有确切的结论。各种芳香成分的含量都较高，除含有类似于浓香型和清香型的白酒香精的一些酯、醇、醛、酸等物质以外，还含有4－乙基愈创木酚、4－羟基－2－(或5－)乙基－5－(或2－)甲基－3(2H)呋喃酮、糠醛、香兰素、阿魏酸、四甲基吡嗪等，这些物质构成了酱香型白酒的主体香气，其他的物质是辅香成分。酱香型白酒香精配方见表8－11。

表8－11 酱香型白酒香精配方

组 分	用量/g	组 分	用量/g	组 分	用量/g
甲酸乙酯	10	丁酸	16	乳酸	45
乙酸乙酯	120	戊酸	4	丁醇	18
乙酸异戊酯	10	己酸	35	异丁醇	12
丁酸乙酯	20	丙醇	26	仲丁醇	10
戊酸乙酯	8	乳酸乙酯	140	异戊醇	42
己酸乙酯	320	乙醛	50	己醇	2
乙酸	40	乙缩醛	110		
丙酸	3	丙三醇	150		

(3) 仿五粮液型酒用香精

仿五粮液型酒用香精配方见表 8-12。

表 8-12 仿五粮液型酒用香精配方

组　分	用量/g	组　分	用量/g	组　分	用量/g
十四酸乙酯	0.05	己酸	0.3	乳酸乙酯	15.0
十二酸乙酯	0.04	乳酸	0.2	乙酸	0.5
癸酸乙酯	0.1	异戊醇	0.55	乙醛	0.05
壬酸乙酯	0.1	正己醇	0.03	乙缩醛	0.15
辛酸乙酯	0.1	己酸乙酯	32.0	甘油	10.0
庚酸乙酯	0.7	丁酸乙酯	0.9	95%的乙醇	22.0
丙酸	0.01	丙酸乙酯	0.1	蒸馏水	8.0
丁酸	0.12	乙酸乙酯	9.0		

(4) 仿剑南春型酒用香精

仿剑南春型酒用香精配方见表 8-13。

表 8-13 仿剑南春型酒用香精配方

组　分	用量/g	组　分	用量/g	组　分	用量/g
甲酸乙酯	0.02	乙酸	0.4	乳酸乙酯	14.0
乙酸乙酯	10.0	丁酸	0.1	杂醇油	1.5
丁酸乙酯	1.0	己酸	0.4	乙缩醛	3.0
戊酸乙酯	0.07	乳酸	0.5	甘油	10.0
己酸乙酯	32.0	辛酸乙酯	0.05	95%的乙醇	19.8
苯乙醇	0.01	癸酸乙酯	0.15	蒸馏水	7.0

(5) 其他浓香型白酒香精

其他浓香型白酒香精配方见表 8-14。

表 8-14 其他浓香型白酒香精配方

组 分	用量/g	组 分	用量/g	组 分	用量/g
己酸乙酯	41.5	乙酸异戊酯	12.1	正己醇	0.5
乳酸乙酯	25.1	癸酸乙酯	3.6		
乙酸乙酯	15.5	壬酸乙酯	1.7		

注：本品中还应加入痕量的正庚醇、苯乙醇、甲酸乙酯、丁酸乙酯、异戊酸乙酯、丙二酸二乙醇、丁二酸二乙酯、月桂酸乙酯、肉豆蔻酸乙酯。勾兑白酒时，香精用量为每升酒 4～4.5 g。

3. 烟用香精

(1) 弗吉尼亚烟用香精

配方 1(见表 8-15)，配方 2 见表 8-16。

表 8-15 弗吉尼亚烟用香精配方 1

组 分	用量/g	组 分	用量/g	组 分	用量/g
香豆素	50	香荚兰豆浸膏	40	香兰素	20
玫瑰油	10	柠檬油	30	桂皮油	10
丁香油	15	香柠檬油	30	黑香豆酊	80
薰衣草油	40	苦香木皮油	30	戊酸苯乙酯	20
戊酸异丁酯	40	甜橙油	50		
鸢尾酊	445	香叶油	90		

用途：本品为深色液体，具有浓郁烟香，烟草味较浓厚，主要用于卷烟的加香，加香量在 0.05%左右。

表 8-16 弗吉尼亚烟用香精配方 2

组 分	用量/g	组 分	用量/g	组 分	用量/g
香豆素	5	柠檬油	3	黑香豆酊	3
戊酸苯乙酯	2	桂皮油	0.5	香荚兰酊	25
甜橙油	2	丁香油	1.5	鸢尾酊	50
香柠檬油	3	香叶油	5		

(2) 朗姆香烟香精

配方见表 8-17。

表 8-17 朗姆香烟香精

组　分	用量/g	组　分	用量/g	组　分	用量/g
丁酸乙酯	8	肉桂油	0.75	春黄菊油	0.25
戊酸乙酯	8	多香果油	0.75	卡藜油	0.25
柠檬油	2	橙花油	0.375	朗姆醚	3 379.625

(3) 哈瓦那雪茄烟用香精

配方 1 见表 8-18,配方 2 见表 8-19。

表 8-18 哈瓦那雪茄烟用香精配方 1

组　分	用量/g	组　分	用量/g	组　分	用量/g
香兰素	0.5	秘鲁香膏	72	檀香油	6.5
缬草油	1.5	海狸香膏	32	苦香木皮酊	6.2
苦香木皮油	0.25	丁酸乙酯	169	可可酊	192
戊酸戊酯	0.5	乙醇(95%)	293.55	香荚兰豆浸液	100
戊酸乙酯	0.25	香叶油	0.5	柏木油	50
丁酸	72	薰衣草油	3.25		

表 8-19 哈瓦那雪茄烟用香精配方 2

组　分	用量/g	组　分	用量/g
柏木油	5	广藿香油	1
香叶油	2	乙醇	990
白檀油	2		

(4) 南味克型烟用香精

配方见表 8-20。

表 8-20 南味克型烟用香精配方

组　分	用量/g	组　分	用量/g	组　分	用量/g
苦香木皮酊	10	肉豆蔻油	1.5	苯甲醛	30
欧莳萝酊	11	小茴香油	2.5	壬酸乙酯	0.75

续 表

组　分	用量/g	组　分	用量/g	组　分	用量/g
朗姆醚	45	桂皮油	0.5	公丁香浸液(1∶1)	8
香豆素	10	秘鲁香膏	0.5	枣酊	150
香兰素	0.5	独活浸液(1∶1)	6		

(5) 混合型烟用香精

配方见表8-21。

表8-21 混合型烟用香精配方

组　分	用量/g	组　分	用量/g	组　分	用量/g
可可酊	8	β-紫罗兰酮	2	茴香醛	1
葫芦巴酊	4	乳酸乙酯	1.2	香兰素	1
白芷酊	0.5	香紫苏油	1.5	美拉德反应物	10
红条酊	3	辛香香料	5	香味增效剂	2
排草浸膏	1.5	朗姆醚	5	丙二醇	10
菊苣浸膏	2	乙基香兰素	4	乙醇	14
茅香浸膏	5	乙基麦芽酚	4	含氮杂环化合物	3
香豆素	1.5	甲基环戊烯醇酮	8		
胡椒腈	2	苯甲醛	0.8		

本章练习题

8-1 如何解决动物源香料来源日渐枯竭问题？

8-2 香料合成中常常使用金属催化剂，其微量残留就会对人体产生健康危害，如何去除这些残留的催化剂？

8-3 查阅资料，对食用香精的安全性进行评述。

8-4 如何判断香兰素是人工全合成的还是以丁香酚为原料合成的？

第 9 章

化 妆 品

9.1 概述

9.1.1 化妆品的定义

为了保持人体清洁，美化身体，使之增加魅力，改变容貌，或者保持皮肤或毛发的健康，以在身体上涂抹、撒布等方法或以其他类似的方法为目的而使用的物品，并能对身体起缓和作用者叫作化妆品。

化妆品对保护皮肤生理健康有着重要意义，对皮肤的作用机理尚不明晰。

9.1.2 化妆品的分类

化妆品的品种繁多，根据产品工艺和配方特点分为 14 类。

(1) 乳化状化妆品，如清洁霜、粉底霜、营养霜、雪花膏、奶液、冷霜、发乳、乳液状洗发香波等。

(2) 悬浮状化妆品，如香粉蜜、水粉、临时性染发浆等。

(3) 粉状化妆品，如香粉、爽身粉、痱子粉等。

(4) 油状化妆品，如发油、发蜡、防晒油、浴油、按摩油等。

(5) 锭状化妆品，如唇膏、鼻影膏、眼影膏等。

(6) 膏状化妆品，如香波、护发素、睫毛膏、剃须膏、牙膏、染发膏等。

(7) 胶态化妆品，如指甲油、染发膏、面膜等。

(8) 液状化妆品，如化妆水、香水、古龙水、花露水、营养头水、冷烫水等。

(9) 块状化妆品，如粉饼、胭脂等。

(10) 喷雾状化妆品，如喷雾发膏、香水、古龙水、祛臭剂、抑汗剂等。

(11) 透明状化妆品，如透明香波、发蜡、发膏等。

(12) 珠光状化妆品，如珠光指甲油、雪花膏、粉饼、香波等。

(13) 笔状化妆品，如眉笔、唇线笔等。

(14) 其他化妆品，如香粉纸、香水纸等。

按用途分为皮肤、毛发、口腔卫生用化妆品三大类，前两类又细分为清洁、保护、美容、营养及日常治疗用几类。

1) 皮肤用化妆品

(1) 清洁皮肤用化妆品，如清洁霜、清洁奶液、泡沫浴等。

(2) 保护皮肤用化妆品，如雪花膏、冷霜、奶液、防水霜等。

(3) 美容皮肤用化妆品，如化妆水、粉底霜、香粉、胭脂、唇膏、眼影膏、睫毛膏、脱毛剂、面膜(分成油性、干性、增白、减少皱纹用)等。

(4) 营养和日常治疗皮肤用化妆品,营养用有人参霜、蜂王霜、维生素霜、防皱霜、珍珠霜等。日常治疗用有粉刺霜、雀斑霜、药性唇膏、痱子粉等。

2) 毛发用化妆品

(1) 清洁毛发用化妆品,如透明液状、珠光液状、膏状、粉状香波。

(2) 保护毛发用化妆品,如发油、发蜡、发乳、护发素等。

(3) 美容毛发用化妆品,如电烫液、冷烫液、固发液、临时染发剂、永久性染发剂等。

(4) 营养和日常治疗毛发用化妆品,如头发营养液、去头屑香波、药性发乳、药性头蜡等。

3) 口腔卫生用化妆品,如牙膏、牙粉、含漱液等。

9.1.3 皮肤的组织和生理功能

皮肤由表皮、真皮、皮下组织三层组成,表皮处于最外层,厚 0.1～0.3 mm,主要由角朊细胞组成,分为角质层、颗粒层、有棘层和基底层,角质层细胞呈扁平状,无细胞核,坚韧、有弹性,含角蛋白,与水有较强的亲和力。

在水里浸泡后角蛋白吸水导致皮肤肿胀发白。如果气候干燥,角质层细胞水分含量降低,引起皮肤质地变硬,易脆裂(称为皲裂),影响健康。

人体的皮肤按性状分为脂性皮肤、干性皮肤和一般性皮肤三类。脂性皮肤又称油性皮肤,皮脂分泌比较旺盛,需经常用清洁类化妆品加以清理和防护。干性皮肤皮脂分泌较少,皮肤表皮干燥易开裂,对环境的适应性较差,应选用 W/O 型化妆品滋润保养。一般性皮肤可使用一些护肤性化妆品加以保养。

随着年龄增长皮肤会逐渐衰退老化,汗腺和皮脂腺的新陈代谢逐渐减弱,皮脂分泌减少,肌肉纤维萎缩,使皮肤变得干燥、粗糙、长皱纹。化妆品可延缓皮肤衰老,保护和增进皮肤的健康。

9.1.4 化妆品的安全性

化妆品是日用消费品,每天用在皮肤上,必须安全可靠,不得有碍人体健康,在使用时不能有任何副作用。

1. 毒性试验

急性口服毒性选用大白鼠、小白兔作试验动物,口服或针剂被试验物质,毒性值用半数致死量(LD_{50})表示。LD_{50} 大于 5 000 mg/kg 的毒性小,比较安全;LD_{50} 大于 2 000 mg/kg,为低毒性。

2. 刺激性试验

做人体皮肤封闭式接触试验,把化妆品涂布于手或腹部,面积为 2.5 cm×2.5 cm,经 48 h 和 72 h 后无发痒、丘疹、红肿者为阴性,每次试验为 25 人。

3. 保护皮肤用化妆品的效果测试

保护皮肤用化妆品的效果在于避免皮肤水分的损失,用电解质水分分析器测定表皮的失水,仪器的工作温度为 20～21℃。先用酒精擦净皮肤,再经仪器测试表皮失水,按照干燥 N_2 所吸收水分的量来计算,由记录仪显示。

4. 各类化妆品检验测试的要求

(1) 膏霜类。耐热、耐寒性等级:热,在 50℃ 下不熔化,不分层;寒,在 －5℃,－10℃,－30℃ 下经 24 h 后膏体不变化;膏体细腻度凭经验目测;pH 为 4.5～9;微生物指标大肠杆菌、绿脓杆菌为 0 个/克，杂菌小于 1 000 个/克。唇膏、眼影膏、婴儿用品杂菌小于 500 个/克；有害物质 As、Hg、Pb 的含量需符合化妆品卫生标准指标。

(2) 香水类。检测色泽稳定性(光照是否褪色)、耐热性、透明度、密度；香气；甲醇含量小于 20 ppm；混浊度，10℃放置是否混浊。

(3) 粉类。细度 120 目筛 95%通过；香气；水分小于 2.5%。

化妆品必须经有关部门检验合格并发放生产合格许可证后才能生产。

9.2 化妆品的原料

化妆品由各种不同的原料经配方加工而制得。化妆品的质量除受配方、加工技术及制造设备等因素影响外，主要取决于原料的质量。随着化妆品工业的发展，化妆品的品种、类型日益增多，不断有新的原料被开发和利用，所用原料品种繁多，但按其用途和性能，可分为两大类——基质原料和辅助原料。

9.2.1 基质原料

组成化妆品基体的原料称为基质原料，在配方中占有较大的比重。

1. 油脂、蜡类原料

油脂、蜡类原料是组成膏霜类化妆品及发蜡、唇膏等油蜡类化妆品的基本原料，起护肤、柔滑、滋润等作用。油性原料来自动植物、矿物(如石油)及化学合成(脂肪酸的甘油酯)。动植物的蜡的主要成分是脂肪酸的脂肪醇酯，蜡是习惯名称。常见的种类如下：

(1) 椰子油，白色半固体脂肪，有椰子香味，易溶于乙醚、氯仿，用于制造表面活性剂，如十二醇硫酸钠、聚氧乙烯(接三个环氧乙烷分子)十二醇硫酸钠等。椰子油来自椰子果肉，主要成分是月桂酸和肉豆蔻酸的三甘油酯，并含有少量油酸、棕榈酸、硬脂酸等。

(2) 蓖麻油，从蓖麻子中提取，主要成分是蓖麻油酸甘油酯，无色或微黄色的黏稠液体，具有特殊气味，能溶于乙醇、乙醚等。蓖麻油较易酸败，需密闭保存，常用作制造唇膏、化妆皂、香波、发油等的原料。

(3) 橄榄油，从橄榄仁中提取，主要成分是油酸甘油酯，微黄或黄绿色液体，能溶于乙醚、氯仿，不溶于水。橄榄油用作制造冷霜、化妆皂等的原料。

(4) 羊毛脂，将洗羊毛的废水用高速离心机分离而得到，内含胆固醇、虫蜡醇和多种脂肪酸酯，呈微黄色或黄色，有羊膻气味，能溶于乙醚、热乙醇，不溶于水。羊毛脂护肤性能良好，具有柔软、润滑及防止脱脂的功效，但因气味和色泽问题，用量不宜过多。将羊毛脂加工成衍生物，改善其色泽和气味，也是化妆品的重要原料。

(5) 羊毛醇，由羊毛脂经高压加氢制得，色泽白，无气味，长期储存不易酸败，已被大量用于护肤膏霜及蜜类中。聚氧乙烯(5EO)羊毛醇醚(也可以是 16EO 和 24EO)，是护肤膏霜和蜜类的非离子型乳化剂。

(6) 蜂蜡，由蜜蜂的蜂房精制而得(将蜂房溶于热水，倾注于模中，然后摊成薄层，用日光漂白)，主要成分是棕榈酸蜂蜡酯、虫蜡酸等，白色微黄的固体，薄层时呈半透明，略有蜂蜜的气味。蜂蜡溶于油类及乙醚，不溶于水，是制造冷霜、唇膏、美容化妆品的主要原料。由于有特殊气味，不宜多用。

(7) 鲸蜡，从抹香鲸脑中提取，主要含有月桂酸、棕榈酸、硬脂酸等的鲸蜡脂及其他脂类，白色半透明固体，无臭无味，在空气中易酸败，易溶于乙醚、氯仿、油类及热酒精中，不溶于水，是制造冷霜的原料。

(8) 硬脂酸，白色固体，从牛脂、硬化油等固体脂中提取，通常是硬脂酸(55%)和棕榈酸(45%)的混合物，是制造雪花膏的主要原料。硬脂酸衍生物可制成多种乳化剂。硬脂酸锌、硬脂酸镁用于香粉，对皮肤有较好的黏附性。

(9) 白油，由石油高沸点馏分(330～390℃)通过去除芳烃、烯烃或加氢等方法精制而得，无色透明油状液体，几乎没有气味，适合作为制造护肤霜、冷霜、清洁霜、蜜、发乳、发油等化妆品的原料。

(10) 异辛酸十六烷基酯(CEH)，俗称海鸟羽毛油，性能稳定、安全，是几乎能与所有化妆品油脂相溶的合成酯，保湿、干爽、透气、光滑性能优越，应用于护肤品、粉底霜、防晒品、眼影、口红、睫毛膏等配方中。

2. 粉类原料

粉类原料是组成香粉、爽身粉、胭脂等化妆品基体的原料，主要起遮盖、滑爽、吸收等作用。常用的种类如下：

(1) 滑石粉，是天然的含水硅酸镁，化学成分是 $3MgO \cdot 4SiO_2 \cdot H_2O$。由于矿床地区不同，其质地、品种、成分也略有不同。滑石粉性质柔软，易磨碎成粉，光泽滑润者为上品，是制造香粉、粉饼、胭脂、爽身粉的主要原料。

(2) 高岭土，是天然黏土经煅烧粉碎而成的细粉，主要成分是 $2SiO_2 \cdot Al_2O_3 \cdot 2H_2O$。其吸油性、吸水性、对皮肤的附着力等性能都很好，色泽白、质地细者为上品。高岭土是制造香粉的原料，能吸收、缓和及消除滑石粉引起的光泽。

(3) 钛白粉，主要成分是 TiO_2，白色，无臭，无味，有极强的遮盖力，用于粉类化妆品及防晒霜中。钛白粉由钛铁矿石经硫酸处理成硫酸钛后再制得。

(4) 氧化锌，由锌或锌矿氧化制得，主要成分是 ZnO，白色，无臭，有较强的遮盖力，同时具有收敛性和杀菌作用，主要用于粉类化妆品。

(5) 云母粉，是含有碱金属的矾土硅酸盐，手感滑爽，细度为 5～40 μm，厚度约为 0.5 μm。云母粉的黏附性很好，但遮盖力不强。如用化学方法在云母粉上镀一层 TiO_2，即得珠光粉质(含 80%的云母和 20%的 TiO_2)，用于粉饼和唇膏中。

3. 香水类原料

化妆品中常用的香水类原料是乙醇，主要起溶解、稀释等作用，用淀粉糖化法或乙烯水化法合成。要求纯度高、不含低沸点乙醛、丙醛和较高沸点的戊醇、杂醇油等。

9.2.2 辅助原料

使化妆品成型、稳定或赋予化妆品以色、香及特定作用的原料称为辅助原料。它在化妆品的配方中占的比重不大，但极为重要，包括乳化剂、香精、色素、防腐剂、抗氧剂等。

1. 乳化剂

有很大一部分化妆品(如冷霜、雪花膏、奶液等)是水和油的乳化体。乳化剂是使油脂、蜡与水制成乳化体的原料，一般使用表面活性剂，此外树胶等胶体物质及硅胶、皂土、活性炭、氧化铝凝胶等也能作为乳化剂使用。常用的乳化剂如下：

1) 阴离子型乳化剂

(1) 肥皂，结构式为 $RCOO^-M^+$，M 为 Na、K、NH_4 等，R 为 C_{11}～C_{28}的直链饱和或不饱

和烃基，能形成 O/W 乳化剂。常用的为硬脂酸（$C_{17}H_{35}COOH$），膏霜配方中有高碳脂肪酸，如二十二烷酸和二十六烷酸，这些脂肪酸存在于蜂蜡中，因此传统的冷霜配方以蜂蜡为原料，用硼砂或其他碱中和。

（2）烷基硫酸盐，结构式为 $ROSO_2^-M^+$，R 为 C_{12}～C_{18}烷基，M 为 K、Na、Mg、NH_4、乙醇胺。纯度较差的烷基硫酸盐用于液状或膏状香波中，纯度高的烷基硫酸盐被用作乳化剂及牙膏中的发泡剂。

2）阳离子型乳化剂

阳离子型乳化剂主要是高分子胺及季铵盐，广泛用作杀菌剂及头发调理剂。作为乳化剂要注意其与阴离子活性剂的配伍性。产品的 pH 一般为 3～5，有助于保护皮肤的酸性膜，以及对皮肤及毛发中的蛋白质的亲和作用，给头发以柔润、柔顺作用，主要品种如下：

（1）酰氨基胺，结构式为 $RCONHCH_2CH_2(C_2H_5)_3$，由硬脂酸或油酸与多官能胺缩合而成，能与有机酸或无机酸反应生成水溶性盐。

（2）脂肪类季铵盐，结构式为 $R^-N^+(CH_3)_3X^-$，$R_2N(CH_3)_2X^-$，R 为 C_3～C_{23}，X 为卤素。季铵盐的烷基链的长度维持在 C_{12}～C_{18}的效能最好，用作头发调理剂和抗静电剂，能使头发柔软，也能促使水包油乳剂的生成。

3）两性型乳化剂

两性型乳化剂对皮肤的刺激性小、毒性低，同时大多具有去污、杀菌、抑菌、发泡、柔软等效能，用于制造香波和婴儿用品，可与阴离子、阳离子和非离子物质一起使用。主要品种如下：

（1）羧酸型内铵盐，具有水溶性好、pH 范围宽、稳定性好等特点，对头发具有柔软、防静电干扰和湿润作用，用于制造香波（洗发剂、头发漂洗剂、护发素）。其结构式中 R 为 C_{12}～C_{18}。

（2）咪唑啉衍生物，是代表性的两性型乳化剂之一，在各种乳化剂中它的毒性、对皮肤的刺激性和对眼睑的刺激性最小，具有增加头发光泽、使头发柔软的功能，主要用于洗发护发类制品。其结构式中 R 为 C_3～C_{17}。

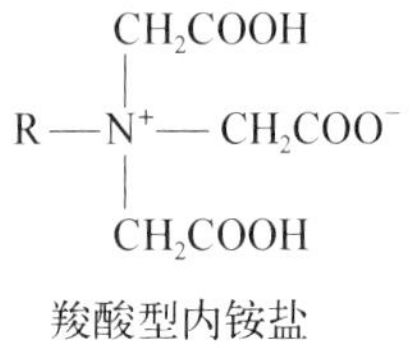

羧酸型内铵盐

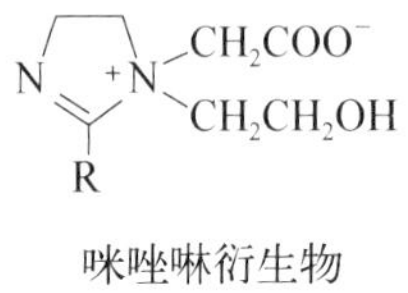

咪唑啉衍生物

4）非离子型乳化剂

制取 W/O 乳化剂选用 HLB≤6 的表面活性剂，HLB 值在 6～17 的表面活性剂适于制取 O/W 型乳剂。该类乳化剂广泛应用于化妆品中，对阴离子、阳离子及两性离子化合物都有良好的配伍性。主要品种如下：

（1）聚氧乙烯化合物，其亲油基是高级脂肪醇和酸、烷基苯酚、烯基酰胺等。其乳化能力和增溶能力都很好，可作为乳膏和乳液等的乳化剂。其水溶性通过浊点判断，同等情况下聚氧乙烯链越长浊点越高，亲水性越好。通式中 R 为烷基。

$RO(CH_2CH_2O)_nH$　　(R:C_{12}～C_{18})

$RCOO(CH_2CH_2O)_nH$　　(R:C_{12}～C_{18})

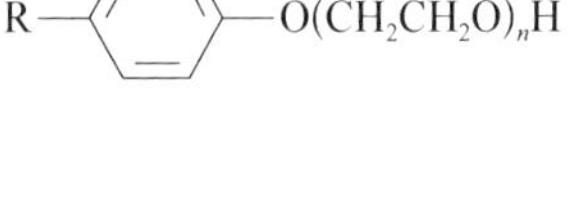

(R:C_8)

(2) 多元醇的脂肪酸酯，如月桂酸、棕榈酸、椰子酸、硬脂酸等与多元醇如甘油、乙二醇、丙二醇等生成的酯是很有价值的乳化剂。

(3) 烷基醇酰胺，由脂肪酸与烷醇胺(如甲乙醇胺、二乙醇胺和异丙醇胺等)缩合而成，在香波、洗涤剂中作为增泡剂及泡沫稳定剂，也用作乳化剂及乳剂稳定剂。

5) 天然乳化剂

(1) 羊毛脂，用作 W/O 乳化剂，也能与亲水性乳化剂一起使用，作为 O/W 乳化剂的稳定剂。

(2) 蜂蜡，与其他乳化剂一起在 W/O 乳化剂中用作辅助乳化剂。其中的游离脂肪醇也可用作乳剂稳定剂。

(3) 无机的水化胶体(白土)，广泛用作乳剂稳定剂、增稠剂及颜料悬浮的辅助稳定剂。

2. 香精

通过在配制时加入一定数量的香精而赋予化妆品一定香气。香精是关键性原料之一，由各种香料调配混合而成。取自动物和芳香植物的香料有 500 余种，人工合成香料的品种在 3 100 种以上。

1) 化妆品香精的香型。一定类型的香气叫作香型，化妆品香精的香型多数是采用各种香花香型。常用的香型有以下几种。

(1) 玫瑰香型，主香原料为玫瑰油、香叶油、香叶、玫瑰醇、苯乙醇、羟基香草醛、乙酸香叶酯等，适用于雪花膏、冷霜、胭脂、唇膏、发油等。

(2) 茉莉香型，主香原料为茉莉油、乙酸苄酯、甲位戊基桂醛、吲哚等，适用于雪花膏、冷霜等。

(3) 紫罗兰香型，主香原料为紫罗兰酮、甲基紫罗兰酮、桂皮油、洋茉莉醛等，适用于雪花膏、冷霜等。

(4) 熏衣草香型，主香原料为薰衣草油、香柠檬油、麝香酊、灵猫香酊等，适用于花露水、发蜡、剃须用品等。

(5) 檀香香型，主香原料为檀香油、岩兰草油、柏木油等，适用于香皂。

(6) 麝香玫瑰香型，以麝香(龙涎香)与玫瑰两种香型调和，适用于香水。

(7) 古龙香型，主香原料为香柠檬油、柑橘油、橙花油、薰衣草油、迷迭香油等，适用于香水、唇膏等。

2) 化妆品的加香

化妆品的加香除了香型合适，还要考虑香精对产品质量及使用效果有无影响，如对于白色膏霜、奶液等应注意色泽，对于唇膏、牙膏等产品应考虑有无毒性，对于直接在皮肤上涂敷的产品应避免对皮肤有刺激性。不同的产品对加香有不同的要求。

(1) 雪花膏，一般用作粉底霜，所选香型必须与香粉的香型调和，香气不宜强烈，能遮盖基质的臭味并散发出愉快的香气即可，一般用量为 0.5%～1%。

(2) 冷霜，含油脂较多，所用香精必须能遮盖油脂的臭气，一般用量为 0.5%～1%。

(3) 奶液，与冷霜相同，但奶液中含水较多，为了乳化稳定，少用香精或用一些水溶性香精。

(4) 香粉。香粉必须有持久的香气，对定香剂的要求较高。由于其有粉底霜打底，对皮肤的刺激性较少考虑。但因粉粒间空隙多，与光和空气的接触面大，所以对遇光变色、易氧化变质及易聚合树脂化的香料不宜使用。

(5) 香水。香水是香精的酒精溶液，对香精的溶解度要求极高，不宜采用含蜡多的香料，而对刺激性、变色等的要求不高，一般用量为 10%～15%。

(6) 花露水，夏令卫生用品，形式上虽与香水相似，但其作用主要是杀菌、防痱、止痒和去污，因此对香气持久性要求不高，可用一些易挥发的香精。

(7) 牙膏，用于口腔卫生，要求所用香精无毒性、无刺激性，香气以清凉为主。

3. 色素

色素是赋予化妆品一定颜色的原料，对化妆品外观起决定作用，分为合成色素、无机色素和天然色素三类。

(1) 合成色素。通过化工制备的色素称为合成色素。化妆品用色素的纯度类同于食用色素，常用 FD&C 表示，能溶于水，用于护发水、古龙水、花露水、化妆水、膏霜类、蜜类和香波等产品。

(2) 无机色素。常用的无机色素有氧化铁、碳黑、氧化铬绿等，要求具有良好的耐光性，不溶于水及有机溶剂，能耐碱及弱酸。

(3) 天然色素。常用的天然色素有胭脂树红、胭脂虫红、藏红花素、紫草素、叶绿素、姜黄和叶红素等。天然色素天然无毒且有一定生理活性，如叶绿素对细胞组织再生有促进作用，可制绿色膏霜类。选用色素时还应注意其稳定性，并须严格控制 pH。例如色素 FD&C3 号红(下图)，在 pH 小于 6 时，能生成沉淀。

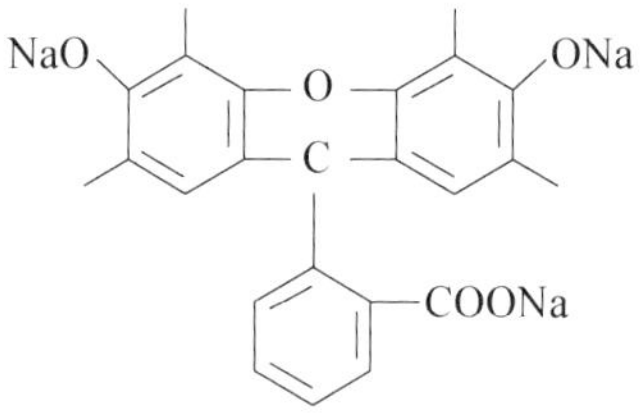

4. 防腐剂和抗氧剂

防止微生物生长的原料叫防腐剂，延长油脂酸败的原料叫抗氧剂。由于大多数化妆品含有水分、胶质、脂肪酸、蛋白质、维生素等，易受微生物作用而变质，因此必须在化妆品中加入防腐剂和抗氧剂。防腐剂和抗氧剂必须适合使用条件，能和大多数成分配伍，在较大 pH 范围内保持效用；能溶于产品的基质并达到一定的浓度；在极低含量时应具有抑菌功能；基本无色、无臭、无毒，并在使用浓度下不产生刺激性及敏感性，能长期保存。常用的防腐剂有以下 4 类：

(1) 对羟基苯甲酸酯类(又称尼泊金酯类)，不挥发、无毒、稳定性好、气味极微，在酸、碱性介质中都有效，并能抗植物油氧化，用于油脂类化妆品。

(2) 醇类，主要是乙醇，酸性溶液(pH=4～6)中的用量在 15%以下，中性或微碱性溶液(pH=8～10)中用量在 17.5%以上。其仅对部分微生物有效，易挥发，只适用于液体产品。

(3) Dowicil 200，对皮肤无刺激、无过敏，在膏霜类、香波中使用的浓度一般为 0.05%～0.1%，与尼泊金酯类配合使用抗菌效果更好，合适的 pH 范围为 4～9。

(4) 表面活性剂性。阳离子型表面活性剂抗菌能力最强、使用较为普遍，但不能杀死孢子和真菌。阴离子型表面活性剂仅对部分革兰氏阳性菌有作用，且不能和阳离子型表面活性剂共用。离子型表面活性剂还具有强化其他防腐剂的能力，适用的 pH 范围为 4～6。

多数化妆品均含有油脂成分，其中的不饱和键很容易被氧化而变质，称为酸败。油脂中的不饱和键越多越容易氧化，氧化是连锁反应，只要开始就会导致油脂完全酸败。影响酸败的因素有水分、空气、日光、酶、微生物，其中氧是主要因素，抗氧剂能阻滞油脂中不饱和键的氧化或者本身能吸收氧，其一般用量为 0.02%～0.1%。抗氧剂按结构可分为以下 5 类：

(1) 酚类，如没食子酸丙酯、2,6-二叔丁基对甲酚等。

(2) 醌类，如叔丁基氢醌等。

(3) 胺类，如乙醇胺、谷氨酸、酪蛋白、动植物磷脂等。

(4) 有机酸、醇及脂抗坏血酸、柠檬酸等。

(5) 无机酸及其盐类，如磷酸及其盐类、亚磷酸及其盐类等。

5. 黏合剂

黏合剂是使固体粉质原料黏合成型或使含有固体粉质原料的膏状产品分散、悬浮稳定的辅助原料。其在液体或乳化产品中还用作增稠剂。黏合剂通常是天然或合成的树胶类产品，如阿拉伯树胶、果胶、淀粉、甲基纤维素等。

6. 滋润剂

滋润剂是使产品在储存与使用时能保持湿度，起滋润作用的原料。常用的滋润剂是多元醇类，如甘油、丙二醇、山梨醇等。

7. 助乳化剂

助乳化剂是能与脂肪酸或其他类似物质作用形成表面活性剂而起乳化作用的辅助原料。常用的助乳化剂是无机或有机碱性化合物，如氢氧化钾、NaOH、硼砂、三乙醇胺等。

8. 洗涤发泡剂

洗涤发泡剂为具有洗涤发泡等作用的原料，是香波、剃须膏、牙膏等产品的主要组成。常用的洗涤发泡剂有肥皂、烷基苯磺酸钠、月桂醇硫酸钠等。

9. 收敛剂

收敛剂是能使皮肤毛孔收敛的原料。常用的收敛剂有铝、锌等金属的盐类，如碱性氧化铝、氯化铝、硫酸铝、苯酚磺酸铝、苯酚磺酸锌等，用于抑汗化妆品中。

10. 其他配合原料

巯基乙酸($HSCH_2COOH$)是卷发化妆品、脱毛化妆品的原料，水杨酸薄荷酯($C_{10}H_{19}OCOC_6H_4OH$)是防晒化妆品的原料，硝酸纤维素是指甲油的原料，白降汞($HgNH_2Cl$)是祛斑霜的原料等。

9.3 膏霜类化妆品

膏霜类化妆品是由油、脂、蜡、水、乳化剂所组成的乳化体，分为 W/O 型和 O/W 型两种。W/O 型是水的微小颗粒被油包围，直径一般为 1～10 μm，水是分散相；O/W 型是微小的油珠被水包围，油是分散相。两种类型中都要再加入乳化剂，以使乳化体成为稳定状态。从膏霜类化妆品的形态来看，呈半固体状态不能流动的称作膏霜，如雪花膏、润肤霜、祛斑霜、粉刺霜、冷霜、清洁霜等；呈液体状态、能流动的称为液，如清洁奶液、润肤奶液、防晒奶液等。

9.3.1 雪花膏

1. 雪花膏的成分

雪花膏以硬脂盐(阳离子为 K^+、Na^+、NH_4^+ 等)为主料，属于以阴离子型乳化剂为基础的 O/W 型乳剂，是一种非油腻性的护肤用品，涂在皮肤上经水分蒸发后留下一层由硬脂酸、硬脂酸皂和保湿剂组成的薄膜，使皮肤与外界干燥空气隔离而抑制表皮水分的蒸发，保护皮肤不干燥、不开裂。雪花膏中的保湿剂为甘油、丙二醇等，敷粉前先涂雪花膏可以黏附香粉，使香粉粒子钻进皮肤毛孔。雪花膏要加适量香料和防腐剂。雪花膏只有 O/W 型，由 10%～20%的油分散在水相中乳化而成，主要成分如下。

(1) 硬脂酸

一般采用工业三压硬脂酸，含硬脂酸(45%)、棕榈酸(55%)、油酸(0%～2%)，控制碘价在 2 以下。油酸含量过高会导致颜色泛黄且易引起酸败。要选择颜色洁白、无特殊气味的硬脂酸，油酸含量越低越好。

(2) 碱类

所用碱类有 KOH、NaOH、NH_4OH、K_2CO_3、Na_2CO_3 和硼砂等，K_2CO_3 与硬脂酸中和时生成 CO_2 气体造成乳化体产生气泡，较少使用。由 NaOH 制成的乳化剂稠度较大，导致乳化体水分离析，所以一般采用 KOH，配合少量 NaOH，其质量比约为 9∶1。

(3) 多元醇

甘油作为保湿剂至今仍在使用，还有山梨醇、丙二醇、1,3-丁二醇。丙二醇具有与甘油相似的外观和物性，无色、无臭，黏度比甘油低，效果很好。1,3-丁二醇效果更好。多元醇在雪花膏中还有可塑作用，当雪花膏中不加或加少量的多元醇时，用手涂擦会出现“面条”，加入 5%的甘油或丙二醇等则可避免“面条”的出现；如在雪花膏中加入香精的同时加入 1%的白油，既能使乳化体增加润滑性，又可避免“面条”的现象。多元醇用量增加，产品的耐寒性能也随之提高。

2. 雪花膏的配方实例

三压硬脂酸(14%)，单硬脂酸甘油酯(1.0%)，十六醇(1.0%)，18 号白油(2.0%)，甘油(8.0%)，KOH(0.5%)，去离子水(73.5%)，香精和防腐剂适量。

3. 雪花膏的制造过程

(1) 加热溶解。将三压硬脂酸、单硬脂酸甘油酯、十六醇、18 号白油用甘油混合后加热到 90℃(用不锈钢夹套锅，或者耐酸搪瓷锅)。碱液(先配制成 8%～10%)和水亦分别加热到 90℃并维持 20 min。

(2) 混合乳化。将加热后的水和碱液混合，再加到三压硬脂酸等混合油中并进行搅拌。叶桨式搅拌器的转速为 50～100 r/min。

(3) 搅拌冷却。冷却速度要求缓慢，如果回流温水与原料的温差过大，产品会变粗，温差过小则需延长搅拌时间。加入香精的温度为 58℃。

(4) 静止冷却。停止搅拌后经化验合格，冷却到 30～40℃装瓶，如装瓶时温度过高冷却后体积会收缩，装瓶温度过低则膏体变稀薄。一般以隔一天包装为宜。

9.3.2 润肤霜

皮肤涂抹润肤霜后，表皮上的脂类物质和水起乳化作用产生脂类薄膜防止皮肤干燥。水分多形成 O/W 薄膜，脂肪多则形成 W/O 薄膜，都能有效阻止水分过快蒸发。与此同时还使润肤物质补充皮肤中的脂类物质，逐渐恢复皮肤的柔软和光滑。水分从外界补充到皮肤中去比较困难，有效的方法是防止表皮角质层水分过量损失。人体表皮角质层脂肪中含有游离脂肪酸、脂肪酸三甘油酯、双甘油酯、胆固醇酯类、烷烃、蜡类等，根据上述组成在润肤霜中选用有效的润肤剂或润湿剂。

1. 润肤剂

润肤剂能使表皮角质层水分减缓蒸发，主要成分是羊毛脂及其衍生物、高碳脂肪醇、多元醇、角鲨烷、植物油、乳酸、脂肪醇等。

2. 润湿剂

润湿剂是使水分传送到表皮角质层中起结合作用的物质。皮肤水分的含量、润滑性直接和润湿剂有关，配方的组成物质与天然调湿因子相类似，能避免皮肤干燥。吡咯烷酮羧酸及其钠盐的保湿性能比较好，乳酸及其钠盐的保湿性能次之。在上述润肤剂中加入营养物质组成营养润肤霜，要添加以下物质。

(1) 蜂王浆，含有多种维生素、微量酶及激素。其用量为0.3%～0.5%。

(2) 人参浸出液，含有抑制黑色素的天然还原物质和多种营养素，能增加细胞活力，延迟衰老。其用量为5%～15%。

(3) 维生素，分为水溶性和油溶性两种，主要使用油溶性的维生素A、维生素D和维生素E。维生素A可防止皮肤表皮细胞的不正常角化，但受热易分解。维生素D对治疗皮肤创伤有效。维生素E是一种不饱和脂肪酸的衍生物，有加强皮肤吸收其他油脂的功能，缺少维生素E会使皮肤干枯、粗糙，头发失去光泽、易脱落，指甲变脆易折。润肤霜中含有维生素的量(单位)为维生素A，1 000～5 000单位/克；维生素D，100～500单位/克；维生素E，0.5克/100克。

维生素A和维生素D可以合用，比例为5∶1或10∶1。维生素E可作为稳定剂。其他营养物质有胡萝卜油、蛋黄油、胎盘组织液、角鲨烷、维生素B1、维生素B12、维生素C和酒花油等。

加入上述营养物质时要使用有效的防腐剂或制成W/O型乳剂以免杂菌繁殖，pH控制在4～6，与皮肤的pH相似。如果pH大于7呈现微碱性，长久使用会引起皮肤干燥。

3. 配方实例

羊毛醇(5.0%)，白蜂蜡(10.0%)，鲸蜡(5.0%)，硼砂(0.5%)，去离子水(50%)，香精和防腐剂适量。

4. 制备工艺

将油相部分加热到80℃，过滤，水相部分加热到90℃，维持20 min以灭菌，然后冷却到75℃并缓慢倒入油相中进行乳化反应，搅拌，降至40℃时加香精，至35℃时停止搅拌，化验合格后即可包装。

9.3.3 冷霜

1. 冷霜的主要成分

冷霜也称香脂或护肤脂，大多是W/O型乳剂，用蜂蜡和硼砂作乳化剂，加入过量水或亲水性乳化剂时也能制成O/W型乳化体。由于使用地区气温和用途不同，配方和合成工艺上有所区别。热带地区使用的膏体熔点要高，而寒带地区使用的膏体熔点要低，作为润肤和按摩用的乳化体往往要比清洁皮肤用的清洁霜稠厚一些。质量好的冷霜应是光亮、细腻的，没有油水分离现象，不易收缩，稠厚程度适中便于使用。乳化体的稠度、光泽和润滑性要依靠配方中的其他成分，使用后能在皮肤上留下一层油性薄膜。W/O型冷霜中水分的含量为10%～40%，因此，油、脂、蜡的变化幅度也很大。主要成分如下：

(1) 蜂蜡。蜂蜡是从蜜蜂的蜂巢中提取的天然蜡，混有沙土等杂质，颜色发黄，经加热熔融、沉淀去除杂质后缓慢倒入剧烈搅动的冷水中制成片状蜡花，冬季日晒两周、夏季日晒一周后即成白色略带微黄色的漂白蜂蜡，才能用于制造冷霜。蜂蜡一般有微量特殊气味，如果在配方中用量较高对香气有影响，可采用过热水蒸气在负压下脱臭。制造冷霜的蜂蜡应符合的理化指标：酸价为 17～24、熔点为 57～64℃、相对密度(15/15℃)为 0.950～0.968、皂化值为 88～96、碘价为 12、乙酰价为 15～15.2、颜色微黄、气味类似蜂蜜。

(2) 羊毛脂。羊毛脂对皮肤有高度营养价值，其稠厚的薄膜能有效保持皮肤的水分。精制羊毛脂色泽淡黄、气味较淡、质地光泽，能吸收水分和渗入皮肤。缺点是羊毛脂用量较多时，乳化体表面由于失水和氧化致使颜色变深。另外，羊毛脂气味较重，应采用较浓的香料来遮盖，如玫瑰香型或甜橙油等香型。经高压加氢处理的羊毛脂，其中 95%以上的成分是脂肪醇，因此称为羊毛醇。其胆固醇的含量近 40%，吸水性能高于羊毛脂，颜色呈微黄，气味甚淡，而且不易酸败，在颜色、气味、氧稳定度、吸收性能、扩散性能方面都优于羊毛脂。羊毛醇在化妆品领域的使用范围不断扩大，有逐渐取代羊毛脂的趋势。

(3) 鲸蜡。鲸蜡是从抹香鲸脑中分离的鲸油经冷却和压榨而得的固体蜡，主要成分是棕榈酸十六醇酯，能增加冷霜的润滑度，一般用作皮肤的软化剂和润肤剂。

2. 冷霜的基本配方

蜂蜡(酸价为 17.5)(16.0%)，白油(44.7%)，水(38.0%)，硼砂(1.3%)，香精和防腐剂适量。

在水分含量过高，不能使乳化体变型(转变成 O/W 型)的情况下，乳化体会有水渗出，并黏附在容器壁上或浮于表面。

9.4 奶液

奶液是一种液态霜，如早期的杏仁蜜和奶液是 O/W 型乳化体，采用钾皂作乳化剂，存放一段时间后奶液增厚，不易从瓶口倒出，采用由三乙醇胺和硬脂酸制成皂作乳化剂，减少了增厚的趋势，但是会导致某些香料变色及呈微碱性。近来采用十六醇硫酸二乙醇胺或聚氧乙烯脱水山梨醇单油酸酯等作乳化剂，配制成与皮肤类似酸度的奶液。制取奶液比制取固态膏霜困难，奶液要有很好的流动性，不易保持稳定，储存过程中易分层。优良的奶液应符合的条件：能使一般干燥的皮肤变得柔软、光滑，有润湿作用；在室温时应保持流动性、乳化稳定、无水分析出；在皮肤上无黏腻的感觉，不影响汗液排出；显微镜下颗粒较小，直径在 1～4 μm，颗粒圆整，分布均匀；有令人喜爱的香气、色泽洁白，对人体皮肤无刺激或过敏。

现代奶液的发展趋向是具有润肤作用和润湿作用，作为敷粉前打底用，或作为润滑皮肤之用，有很好的展开性能和渗透性能。

配方实例：胆固醇(0.5%)，硬脂酸(3.0%)，白油(25.5%)，三乙醇(1.0%)，丙二醇(4.0%)，水(66.0%)，香精和防腐剂适量。

制法：将油脂和乳化剂在同一容器中加热到 90℃，在水溶液中 90℃下维持 20 min 杀菌，然后冷到所需温度进行乳化。将水加入油中，在 1 400 r/min 的转速下搅拌 3～10 min，用冷却水进行缓慢地冷却，在 40～50℃时加入香精，搅拌冷却到室温。

9.5 香水

香水是将香料溶解于乙醇中的制品，有时根据需要加入微量色素、抗氧化剂、杀菌剂、甘油、表面活性剂等添加剂。香水具有芬芳浓郁的香气，喷洒于衣襟、手帕及发际等部位，散发怡人香气，是重要的化妆品之一。

9.5.1 香水的分类

（1）按照香水的特征进行分类（表9-1）

表9-1 香水类型及香气特征

主要类型	香 气 特 征
柑橘型	香柠檬香气，包括柑橘、酸橙、柠檬、香柠檬、香橼、佛手等香型，以香气成分中有大量的柠烯（香柠檬中较少）为基本特征；香气比较透发、扩散，但留香期都不长；有清新和清洁的感觉
清香型	揉搓青叶和青草时的鲜嫩芳香和花香混合时的香气；使人联想大自然清新的感觉；比柑橘型更有特性和高档
单花香型	单独一种花的香气，如茉莉花、玫瑰花、白兰花、栀子花、百合花、荷花、姜花、康乃馨、桂花、紫罗兰、树兰花、铃兰花、水仙花、兰花、菊花、薰衣草等；天然和清新的感觉
百花香型	又名花束香，自然界中几种花混在一起的花束的香气；有现代高雅感风格的芳香，洋溢着女性的柔和感，以及有雅和圆润的感觉
醛香花香型	脂肪族醛类香料的香气作为香精主体香气的一部分，并与花香和其他非花香韵组成整个香精的基体香气；带有女性柔和、优雅、浪漫的感觉
素心兰型	果香（香柠檬油为主）、草香、苔香、豆香、花香、膏香；具有橡苔、香柠檬、玫瑰、茉莉、香木和麝香等混合特征香气；赋予成年女性特征的感觉
花香东方调	花香型的优雅和东方型的个性混合在一起的香气
东方香型	简称东方香，香气浓烈、刺激而长久，具有典型的东方神韵色彩；所含麝香、龙涎香、香草香、檀香的成分比较高，适合晚上使用；给人一种朦胧、高贵、典雅、神秘的气质，赋予成年女性浓艳、妩媚和性感的感觉
馥奇香型	源于馥奇皇家的香气，薰衣草和香豆素混合起来的香气
木香型	木的香气，有厚重感，以檀香、柏木香、沉香、樟木香、杉木香为代表
草辛香型	草的气味和辛香料辛辣的气味
皮革/烟草香型	皮革/烟草的男性的香气。皮革香型有花香、草香、动物香、豆香、膏香、焦木香等混合香气，一种经典的非花香香型，表现为文雅、爽快中稍显焦熏香的特殊皮革香气。烟草香型有好闻的烟草香气。带有男子气的柔和的感觉

（2）按照香精浓度进行分类

香精（Parfum）的赋香率为18%～25%，持续时间可达7～9 h之久，价格昂贵且容量小，通常都是7.5 mL或15 mL的包装。

淡香精（Eau de Parfum）的赋香率为12%～18%，持续时间为3～4 h，价格也比一般香水（eaudetoilette简称e.d.t）略高。

淡香水（Eau de Toilette）泛指一般香水，赋香率为7%～12%，持续时间为2～3 h，价格便宜，也是最常见、最被广泛使用的品种。

古龙水(Eau de Cologne)的赋香率为3%～7%,持续时间为1～2 h,价格最为便宜,但因为不持久,很少有人使用。

清香水(Eau Fraiche)也称清凉水,在各个香水等级中香精含量最低,为1%～3%。刮须水和体香剂都属此等级。

9.5.2 香水的构成

香水中香精用量较多,一般为15%～25%,5%的水能使香气透发。浓度稍淡的香水中香精用量为7%～10%,必要时加0.5%～1.2%的豆蔻酸异丙酯,使香水搽用部位皮肤或衣服的内侧形成一层膜而使留香长久。

有名的香水牌号有340多种,名牌约有38种,绝大部分是外国品牌。香料是决定香型和质量的关键,高级香水中一般使用茉莉、玫瑰和麝香等天然香料,但天然原料供应有限,近年来合成了很多新品种以补充天然香料的不足。

香精配方是香水的核心技术。香水的配方极为简单,只有香精和酒精,为防止在衣服上留下斑迹,通常都不加色素,只需简单地混合均匀即可,但对设备要求高,不能与香精发生作用或促使香精变色和香味败坏,要用不锈钢或搪玻璃、搪银、搪锡等设备。混合好的香水要经过至少三个月的低温陈化,陈化期有一些不溶性物质沉淀出来,过滤除去以确保香水透明清晰。

9.5.3 水质要求

香水中用的水是新鲜蒸馏水、去离子水或脱去矿物质的软水,不能含有微生物。虽然微生物能被乙醇杀死而沉淀,但它能形成令人不愉快的气味,损害香水香气。水中如含有铁、铜离子,会使不饱和的芳香物质发生氧化作用。一般加整合剂(如柠檬酸钠或葡萄糖酸)以抑制金属离子对水的污染,加入量为0.005%～0.02%。

9.5.4 香精的预处理

各种天然的、合成的单体香料经调配混合后称为香精。初调配的香精,其香气往往不够协调,要熟化处理。为了缩短香水类化妆品的生产周期,往往将香精进行预处理,如先在香精中加入少量乙醇然后移入玻璃瓶中,在25～30℃和无光线的条件下储存几周后再配制产品,另外可将新的和陈的同一品种香精混合,有助于加速香气的协调。为了更深入地了解如何配制香水,下面简单介绍古龙水和花露水的配方。

9.5.5 古龙水

古龙水中香精用量为2%～5%,乙醇的浓度为75%～80%(或70%～85%)。传统古龙水中香精用量为1%～3%,乙醇的浓度为65%～75%。古龙水是男用花露香水,其香气清新、舒适,香精中含有香柠檬油、柠檬油、薰衣草油、橙花油、迷迭香等,其生产过程基本上和其他香水相同。

9.5.6 花露水

花露水是一种用于沐浴后祛除汗臭,以及在公共场所解除一些秽气的夏令卫生用品。要求其香气易于发散,且有一定持久留香的能力。其中香精用量一般为2%～5%,乙醇的浓度为70%～75%。习惯上以清香的薰衣草油为主体,有的产品采用东方香型,如玫瑰麝香型,以加强保香能力，称为花露香水。

花露水在制法上与其他香水相似，根据需要加入一些醇溶性色素，使之有清凉的感觉，颜色以淡色、湖蓝、绿色、黄色为宜。

9.6 香粉类化妆品

9.6.1 香粉

1）香粉的特性

香粉类化妆品是用于面部化妆的物品。其作用是使颗粒极细的粉质涂敷于面部以遮盖皮肤上的某些缺陷，应达到以下要求：

（1）遮盖力，香粉必须能遮盖住皮肤本色而赋予香粉的颜色，弥补皮肤的缺陷，增加皮肤的光泽，常用的有 ZnO、TiO_2 和 $MgCO_3$，这些物质被称为“遮盖剂”。

（2）吸收性，主要是指对香精的吸收，也包括对油脂和水分的吸收。香粉中一般以沉淀 $CaCO_3$、$MgCO_3$、胶态高岭土、淀粉或硅藻土等作为香料的吸收剂，采用沉淀 $CaCO_3$ 和 $MgCO_3$ 的较多。

（3）黏附性，香粉必须有很好的黏附性。硬脂酸镁、硬脂酸锌和硬脂酸铝在皮肤上有很好的黏附性，它们的用量根据配方的需要而决定，一般在 5%～15%。

（4）滑爽性，香粉在具有滑爽、易流动的性能时才能涂敷均匀，产品的滑爽性能极为重要，主要依靠滑石粉，其用量往往在 50%以上。

2）香粉的种类和组成

香粉除了按香味和色泽区分外，一般还根据遮盖力、吸收性和黏附性等特性进行分类。油性皮肤采用吸收性和干燥性较好的香粉，干性皮肤应采用吸收性较差的香粉。炎热潮湿的地区皮肤容易出汗，需要吸收性较好的香粉；寒冷干燥的地区皮肤容易干燥开裂，宜采用吸收性较差的香粉，除了减少 $CaCO_3$ 的用量以外还可以增加硬脂酸盐的用量，使香粉不易吸水。

香粉中使用的色素应有较好的耐热、耐光与化学稳定性能。色素一般采用不溶性的颜料，以防止被芳香油、汗液等溶解后引起色泽分布不均匀。

香粉加香不宜过分浓郁，选用的香精应具有化学稳定性，留香好，不会引起变质及变色，对皮肤应无刺激性。

香粉的质量完全取决于原料。香料中用量最多的是滑石粉，优质滑石粉有薄层结构，赋予滑石粉滑爽和光泽效果。滑石粉必须洁白、无臭、有柔软光滑的感觉，细度要求在 98%以上，能通过 200 目的筛孔，且越细越好。

高岭土也是香粉的基本原料之一，有很好的吸收性，并能去除滑石粉的闪光。作为香粉基料的高岭土应色泽洁白、细致均匀，不含水溶性的酸性或碱性物质。

$CaCO_3$（尤其是沉淀 $CaCO_3$）具有很好的吸收性，色白、无光泽，但在水中呈碱性，遇酸分解，滑爽性差，吸收汗液后会在面部形成条纹，用量不宜过多。

$MgCO_3$ 主要用作吸收剂，吸收性比 $CaCO_3$ 强 3～4 倍，生产时往往先用 $MgCO_3$ 与香精混合均匀再和其他原料混合，纯度、色泽、细度等要求也和其他原料相同。用量过多会引起皮肤干燥，一般不宜超过 15%。

硬脂酸锌和硬脂酸镁用于增进黏附性，必须色泽洁白，质地细腻，具有脂蜡的感觉，能均匀涂敷在皮肤上形成薄膜，用量一般在5%～15%。

氧化锌和钛白粉在香粉中的作用主要是遮盖。氧化锌对皮肤有缓和干燥和杀菌的作用，用量在15%～25%就有足够的遮盖力。钛白粉遮盖力强，但不易和其他粉料混合均匀，因此和氧化锌一起混合使用，用量小于10%。钛白粉对一些香料的氧化变质有催化作用，选用时要注意。

配方举例：滑石粉(45.5%)，高岭土(8.0%)，$CaCO_3$(轻质)(8.0%)，$MgCO_3$(15%)，氧化锌(15%)，硬脂酸锌(8.5%)，香料和颜料适量。

香粉的生产方法比较简单，主要是混合、磨细及过筛。生产设备必须经常保持清洁，以防止在生产过程中混入杂质而影响产品的质量。

9.6.2 粉饼

将香粉制成粉饼的形式便于携带，使用效果和目的均与香粉相同。粉饼有两种形式，一种是用湿海绵敷面作粉底用，一种是普通用的粉饼。

(1) 作粉底用的粉饼含有较多油分胶黏剂，有抗水作用。用油量可多达25%，水溶性物质或水分散性原料的用量最多为15%，其中包括保湿剂。

(2) 普通粉饼。其用法和香粉相同，扑敷于面部。

粉饼的生产方法是将胶水先与适量的粉混合均匀过筛后，再和其他粉料混合，在低温处放置数天使水分保持均衡即可进行压制。粉料不能太干燥，否则会失去胶合作用。

9.6.3 爽身粉

爽身粉用于沐浴后敷在全身，滑爽肌肤、吸收汗液。其原料和生产方法与香粉基本相同，对滑爽性要求较突出，而对遮盖力则要求很低。其主要成分是滑石粉，还有$CaCO_3$、$MgCO_3$、氧化锌、高岭土、硬脂酸锌和硬脂酸镁等，以及具有杀菌、消毒作用的硼酸等。爽身粉中选用的香精偏清凉型，如薄荷脑。婴儿用的爽身粉必须没有任何刺激性，香精用量限制在0.15%～0.25%之间。

9.7 毛发用化妆品

正常头皮的油性超过其他部位的皮肤，头发角质蛋白的表面也有一层薄的油层可避免头发水分挥发，同时保持光泽。如果油膜所含油分减少，头发因失水而变干枯、发脆而断裂，需要用润发油以补充发油。头发经漂白、染发或烫发后，头发油膜的油分损失很大，也需要用润发油来保护。某些由合成洗涤剂制成的洗发香波，对头发的脱脂作用较为严重，因此洗发后需使用润发油。

9.7.1 头油

头油的主要作用是补充头发油分的不足，并增加头发光泽。喷雾包装形式的白油，采用低黏度的白油；瓶装的头油则需用中或高黏度的白油。白油必须对日光、紫外光稳定，减少变色泛黄及气味变化等。在调香时要选择溶解度较好的香精，确保产品在储存过程中不会沉淀析出及变浑浊。头油一般采用两种或多种油脂复合使用，可增加润滑性和黏附性。配方举例见表9-2。

表9-2 配方举例

	配方一	配方二
白　油	80%	66%
橄榄油	20%	
花生油		34%
香精、抗氧剂和颜料	适量	适量

制法：加热到60℃加入香精、抗氧剂等，搅拌溶解，过夜澄清，然后装瓶。

9.7.2 头蜡

头蜡大多以凡士林为原料制成，黏性较高，能使头发梳理成型，光亮度保持数天。其缺点是黏稠、油腻，不易洗净，可在配方中适量加入植物油或白油以降低头蜡的黏度，增加滑爽度。头蜡不透明，可加入高黏度的白油增强其透明度和润滑性，但会使其熔点降低，可能导致头蜡热天“发汗”出油，所以要控制白油的加入量。最好的加入物是天然蜡和鲸蜡。配方举例见表9-3。

表9-3 配方举例

	配方一	配方二
白　油	67%	42%
地　蜡	11%	8%
羊毛脂	22%	
白凡士林		50%
香精，抗氧剂和颜料	适量	适量

制法：熔化所有原料，维持流动状态，加入香精搅匀，趁热浇入已烘热的玻璃瓶中，保温，使之逐步冷却并凝结成固体。

9.7.3 香波

香波是洗发用化妆品的专称。其除了能洗净头发上的污垢、头屑以达到清洁的效果，还能使头发柔软、顺服并留有光泽。香波往往会过多地脱去皮脂，使头发变得干枯，并难以梳理。香波的配方应满足的要求如下：

(1) 形态是液态、膏霜；

(2) 产品外观需符合标准，包括色泽、澄清度或乳浊度等；

(3) 泡沫量需适宜，并具有良好的稳定度；

(4) 使用要方便,洗涤时容易均匀分布在头发上;

(5) 淋洗方便,容易清洗;

(6) 洗后使头发保持光滑,易于梳理,不会产生静电效应;

(7) 洗后头发留有光泽;

(8) 对眼睛、皮肤等无刺激性。

香波的主要原料是洗涤剂,经常使用的有脂肪酸盐、脂肪醇硫酸盐、聚氧乙烯脂肪醇硫酸盐和聚氧乙烯烷基酚硫酸盐等。

1. 液体香波

最简单的液体香波是软皂的水溶液(含 15%的脂肪酸),在理发店中被广泛使用。现代化妆品工业生产的液体香波,较多由合成洗涤剂制成,有透明的,也有乳液状的。配方举例见表 9-4。

表 9-4 配方举例

	配方一	配方二
椰子油脂肪酸	21%	20%
油 酸	28%	26.5%
丙二醇	22%	26%
三乙醇胺	29%	27.5%
香精、防腐剂、染料	适量	适量

制法:将椰子油脂肪酸和油酸加入丙二醇中搅拌,加热至 60℃,加入三乙醇胺中和至 pH=7~8.5。用 60℃水稀释,加入量可根据黏度需要调整,一般香波与水之比为 1∶1~1∶3,然后加入染料。

2. 膏霜类香波

膏霜类香波含有羊毛脂等类脂肪物,用后头发更为光亮、柔软和顺服。配方举例见表 9-5。

表 9-5 配方举例

	配方一	配方二
硬脂酸	3.0%	3.0%
8%的氢氧化钾溶液	5%	5%
十二醇硫酸钠	25%	20%
月桂酰二乙醇胺	3%	5%
磷酸五钠	10%	
碳酸氢钠	10%	12%
水	44%	53%
香精、防腐剂、染料	适量	适量

制法：将熔化的硬脂酸加到十二醇硫酸钠、氢氧化钾的水溶液中（90℃），搅拌，再加入月桂酰二乙醇胺和磷酸五钠，此时仍为液体，最后加入 $NaHCO_3$，待溶解后即结成膏状，40℃时加入香精搅匀。

9.7.4 染发剂

染发剂是指把白发或红发染成黑色，或者把黑色漂白脱色，染成红褐色、棕色等深浅不同的颜色的化妆品。染发剂必须满足以下几点要求：(1) 染着良好，不伤头发。(2) 使用时对身体无害。(3) 暴露在空气、日光和盐水中不褪色；使用发油、香波时，既不变色，也不溶出；接触酸、碱、氧化剂或还原剂等不变色或褪色。

1. 氧化染发剂

氧化染发剂为永久性染发剂，染色后接近自然发色且有光泽，无枯燥感，主料是对苯二胺、氨基酚及其衍生物。氧化染发剂有膏状、液状和染发香波等，一般分两瓶分开包装，一瓶含有形成颜色的原料，并加入基质和载体，另一瓶是有氧化作用的显色剂，将两者混合后立即均匀地抹在头发上，20～30 min 后用水洗净即可。配方举例见表 9－6、表 9－7。

表 9－6 一号药剂的配方

对苯二胺	3.0%
2,4－二氨基甲氧基苯	1.0%
间苯二酚	0.2%
聚氧乙烯(10 mol)油醇醚	15%
油 酸	20%
异丙醇	10%
氨水(28%)	10%
去离子水	40.8%
抗氧化剂、金属离子螯合剂	适量

表 9－7 二号药剂的配方

双氧水(30%)	20%
去离子水	80%
H_2O_2 稳定剂	适量

染料一般易被氧化，应尽量减少一号药剂接触空气的时间，勿使金属离子混入，二号药剂必须存放在阴凉处。

2. 空气氧化染发剂

空气氧化染料也称为自动氧化染料，在室温条件下用于头发 20～30 min 经空气氧化可使头发染色（表 9－8）。

表 9-8 空气氧气染发剂的组成与颜色

空气氧化染料	pH	染发颜色
6-硝基-2,4-二氨基酚盐酸盐	8.8	红棕色
2,4,6-三氨基酚三盐酸盐	7.0	金绿色
3,4-二氨基酚盐酸盐	9.4	棕　色
2,5-二氨基茴香醚	9.0	灰蓝色
2,5-二氨基酚二盐酸盐	5.0	蓝紫色
1,2,4-三羟基苯		黑　色
5-羟基-6,8-二氨基醌		棕　色

9.7.5 烫发剂

采用加热卷烫的方法使头发卷曲称为烫发。随着化妆品技术的发展和对头发物理化学性质的进一步认识,不用热烫而使头发卷曲,即所谓冷烫。

1. *烫发剂*

烫发剂是在电烫(或火烫)时使用的卷发剂。将头发洗净,在卷曲成型时均匀涂在头发上,利用烫发工具加热到100℃,完毕后用水或稀酸冲洗残留在头发上的碱性药液,干燥后即能保持卷曲的形状。其主要成分是亚硫酸盐,还有一定量的碱,既能在头发卷烫过程中保持有一定的碱性,又能在头发已软化变弱后受热挥发,还加入一些表面活性剂如肥皂、磺化蓖麻油等以增加其润湿性,加入一些脂肪物使头发在烫后有光泽不致干枯。

2. *冷烫发剂*

冷烫发剂也叫冷卷发剂。将头发洗净,在卷曲成型时涂上冷卷发剂,一定时间后用水冲洗干净,以氧化剂处理或暴露于空气中氧化,干燥后即能保持卷曲。其主要成分是硫乙醇酸铵,其他成分与烫发剂相仿。硫乙醇酸极易氧化变质,用料必须纯净,防止混入铁离子。游离氨含量和pH对冷卷发剂的配方有很大影响,pH应维持在8.5～9.5,pH及游离氨含量对卷发效果的影响见表9-9。配方举例见表9-10、表9-11。

表 9-9 pH及游离氨含量对卷发效果的影响

卷　发　剂	pH	游离氨	卷 发 效 果
7.8%硫乙醇酸	2.0	—	弱或无效
9.2%硫乙醇酸铵	7.0	0.05%	弱或无效
9.2%硫乙醇酸铵	8.8	0.24%	弱
9.2%硫乙醇酸铵	9.2	0.75%	适当
9.2%硫乙醇酸铵	>9.2	>0.75%	过强

表9-10 配方一

原料	用量/g	原料	用量/g
巯基乙酸(50%)	40	过硼酸钠(工业品、粉末状)	10～15
甘油(或羊毛脂油)	10	氯乙酸水溶液(10%)	10
氨水(25%)	80	去离子水	1 500左右
香皂片	10		

表9-11 配方二

原料	用量/g	原料	用量/g
甘油	10	氨水(50%)	75
香皂片	10	过硼酸钠(工业品、粉末状)	10～15
六次甲基四铵	10	去离子水	1 300左右
无水碳酸钠	10	NaOH水溶液(10%)	10
巯基乙酸(50%)	42		

当pH在9.5以上而无挥发性的碱存在时,硫乙醇盐会变成脱毛剂。

3. 中和剂

在卷发过程中卷发剂起还原作用,中和剂起氧化作用。经卷发剂处理以后,需要用中和剂使头发的化学结构以卷发形状固定,同时去除残留的卷发剂。一般卷发剂常采用空气氧化的方法。冷卷作用较快,一般用氧化中和剂处理,可以用双氧水(约3%,使用时以一倍水稀释),也可以用粉剂配方,使用时配成2%～3%的溶液。配方实例见表9-12。

表9-12 配方实例

原料	含量/%
过硼酸钙(或溴酸钠)	56.0
磷酸二氢钠(或焦磷酸钠)	42.8
磷酸钠	1.2

9.8 口腔卫生类用品

9.8.1 概念

口腔卫生类用品用于除去牙齿表面的食物残渣、牙垢,预防龋齿,去除口臭,使口腔清爽。

其包括牙膏、牙粉和含漱液等，其中牙膏的消费量最大，本书只介绍牙膏。

9.8.2 主要成分及作用

1. 粉质摩擦剂

粉质摩擦剂是牙膏的主体，在刷牙时其与牙刷一起通过摩擦清洁牙齿。常用的有钙盐，如碳酸钙、磷酸钙、磷酸三钙，还有碳酸镁、氢氧化铝等。

2. 表面活性剂

表面活性剂又称为洗涤发泡剂，其作用在于洗涤、发泡、乳化、分散、润湿，使牙膏更易与不洁物融合而快速被冲洗。常用的有月桂酸硫酸钠、月桂酰甲胺乙酸钠等无毒、无刺激、无味的表面活性剂。

3. 胶合剂

胶合剂使膏体中的各种固、液原料均匀地胶合在一起，并具有一定的稠度，使其从牙膏管中挤出时能成型。常用的有海藻酸钠、羧甲基纤维素钠、硅酸铝镁等。

4. 保湿剂

保湿剂使膏体保持一定的水分、黏度和光滑程度，防止固化而挤不出。在透明牙膏中含量高达75%，一般牙膏中含量为20%～30%。常用的有甘油、山梨醇、丙二醇等。

5. 香精和染料

香精赋以香气和清爽舒适的口感。常用的有水果香型、留兰香型、薄荷香型、茴香型等。药物牙膏加入适量香精和染料，能遮盖一部分药物的气味和颜色。

6. 防腐剂和甜味剂

防腐剂的作用是防止牙膏其他成分在储存中发霉。常用的有山梨酸及其钾盐、苯甲酸及其钠盐，对羟基苯甲酸的酯类和溴氯苯酚等。甜味剂的作用是改善牙膏的口感，最常用的是糖精，也有的用环己胺磺酸钠。

7. 特种活性添加剂

抗菌剂：用于抑制细菌生长和由此产生的多糖和酸，常见的有冰片、叶绿素衍生物等。

氟化物：可降低龋齿发生率，如氟化钠等。

药物活性成分：具有杀菌、消炎止痛等作用，如由田七总皂苷制成的田七牙膏，具有消炎止痛作用。

酶制剂：用于去污洁齿，防止牙齿疾病，如蛋白酶能有效除去牙齿表面的蛋白质脏物，还有良好的抗菌、消炎作用。

抗结石剂：在牙膏中加入季铵盐等有效防止牙结石的形成。

脱敏剂：具有抑菌、抗酸和镇痛等作用，如氯化锶等。

本章练习题

9-1 人用化妆品需要遵循的原则是什么？

9-2 查阅文献，讨论化妆品基质的发展历程。

9-3 讨论儿童牙膏和成人牙膏的区别。

9-4 讨论化妆品中重金属残留的安全规范问题。

第 10 章

农　　药

10.1　农药概述

10.1.1　农药的定义和分类

农药是指农林渔牧业用于防治病虫害及调节植物生长的化学药剂。目前世界各国注册使用的农药品种达几千种。联合国粮食与农业组织(FAO)统计表明通过合理使用农药,作物产量的损失减少 40%。一般按防治对象、化学结构、成分和来源、作用方式及毒理机制等分类。

(1) 依据防治对象分为杀虫剂、杀螨剂、昆虫生长调节剂(包括昆虫激素类杀虫剂、昆虫引诱剂、不育剂、粘捕剂等)、杀菌剂(包括保护性杀菌剂、内吸性杀菌剂)、杀线虫剂、除草剂、杀软体动物剂、杀鼠剂、植物生长调节剂等。

(2) 依据化学结构分为有机农药和无机农药。有机农药是现代农药的主体,分为有机氯类、有机磷类、氨基甲酸酯类、拟除虫菊酯类、酰脲类、有机氟类、有机硅类、羧酸类、腈类、酚类、酰胺类、杂环类、季铵盐类。

10.1.2　农药的毒性和残留

农药的毒性是指使人和动物中毒的农药浓度或剂量大小。不同的农药毒性大小、药性强弱和残效期各不相同。农药按毒性分为以下五级:

① 剧毒农药,如久效磷、磷胺、甲胺磷等;

② 高毒农药,如呋喃丹、氟乙酰胺、氰化物、磷化锌、磷化铝、砒霜等;

③ 中毒农药,如乐果、叶蝉散、速灭威、敌克松、菊酯类农药等;

④ 低毒农药,如敌百虫、杀虫双、马拉硫磷、辛硫磷、乙酰甲胺磷、二甲四氯、丁草胺、草甘膦、托布津、氟乐灵、苯达松、阿特拉津等;

⑤ 微毒农药,如多菌灵、百菌清、乙膦铝、代森锌、灭菌丹、西玛津等。

农药对人、畜的毒性分为急性毒性和慢性毒性。急性毒性是指一次口服、皮肤接触或通过呼吸道吸入等途径接受了一定剂量的农药,短时间内引起急性病理反应。慢性毒性是指长时间连续使用,接触或吸入体内引起慢性病理反应。

农药的毒性大小以致死量或致死浓度作为指标。致死量是指人、畜吸入农药导致中毒死亡的数量,一般以每千克体重所吸收农药的毫克数表示,以半数致死量(LD_{50})或半数致死浓度(LC_{50})表示。LD_{50} 以小白鼠或大白鼠测定,LD_{50} 越小毒性越大。

农药残留,是农药使用后一段时期内没有被分解而残留于生物体、收获物、土壤、水体、大气中的农药原体、有毒代谢物、降解物和杂质的总称。残存农药一部分被植物吸收,剩余部分通过植物果实或水、大气、食物链到达人、畜体内。

10.1.3 农药的发展历史和前景

农药的历史可追溯到公元前，分为天然农药、无机农药和有机合成农药时代。

(1) 天然农药和无机农药时代

1851 年，法国人格里森(Grison)用等量的石灰与硫黄加水共煮制取石硫合剂，这是最早的无机农药，1882 年，法国人米亚尔代(Millardet)研发了波尔多液，这是人工合成无机农药的开端。

(2) 有机合成农药时代

1938 年，瑞士嘉基公司发现了杀虫剂 DDT，1942 年投产并用来杀灭跳蚤，第二次世界大战(简称“二战”)后用于农业。1945 年卜内门公司投产 666，同时期美国和英国投产除草剂 2，4 - D。1938 年德国法本公司发现了有机磷酸酯的杀虫作用，于 1944 年合成了对硫磷和甲基对硫磷。二战后农药迅速发展成为精细化工的一大领域。1950—1960 年发展了氯代环二烯和氯代莰烯系列，以及有机磷类杀虫剂马拉硫磷、敌百虫、杀螟硫磷等。1956 年氨基甲酸酯类杀虫剂的第一个重要品种甲萘威投产，其后不断有新品种问世。杀菌剂方面，1961 年日本开发了第一个农用抗生素杀稻瘟素- S。内吸性杀菌剂在 60 年代后半期出现，重要品种有萎锈灵、苯菌灵、硫菌灵等。除草剂品种更多，重要的有苯氧羧酸、氨基甲酸酯、酰胺、取代脲、二硝基苯胺、二苯醚、三嗪、吡啶衍生物等系列。目前农药的各个类别都已形成，除了杀虫剂、杀菌剂、除草剂三大类外，杀螨剂、杀线虫剂、杀鼠剂、植物生长调节剂中都有重要品种开发应用。

滥用农药会引起人畜中毒、环境污染和生态失调及有害生物的抗药性，从 20 世纪 70 年代起加快了品种更新，药效低、安全差、残留长的品种如有机氯类、有机磷类、有机汞类和有机砷类等都被淘汰，代之以相对高效、安全的新品种，如拟除虫菊酯类杀虫剂、高效内吸性杀菌剂、农用抗生素和新型除草剂。同时农药工业的生产技术提高，质量明显改进，剂型和施药技术也多样化了。

(3) 农药发展前景

新时代强调农药对人体的安全性和对环境的相容性。未来安全、高效、经济和使用方便的农药产品将成为市场的主流产品，绿色农药成为新宠。

10.2 杀虫剂

杀虫剂是指用来防治害虫的化学制剂，用于防治农业害虫和城市卫生害虫。DDT 的诞生、有机磷类杀虫剂的出现，使人类进入有机杀虫剂时代。20 世纪 70 年代起高效、光稳定的拟除虫菊酯类杀虫剂投入使用，人类进入“超高效杀虫剂时代”。

10.2.1 杀虫剂的分类

1. 按作用方式分类

(1) 胃毒剂，经虫口进入其消化系统起毒杀作用，如敌百虫等。

(2) 触杀剂，与表皮或附器接触后渗入虫体，或腐蚀虫体蜡质层，或堵塞气门而杀死害虫，如拟除虫菊酯、矿油乳剂等。

(3) 熏蒸剂，利用农药挥发蒸气毒杀害虫或病菌，如溴甲烷等。

(4) 内吸杀虫剂，被植物根、茎、叶、种子吸收并输导至全株，随害虫取食植物组织或吸吮植物汁液而进入虫体起毒杀作用，如乐果等。

2. 按毒理作用分类

（1）神经毒剂，作用于害虫的神经系统，如对硫磷、呋喃丹、拟除虫菊酯等。

（2）呼吸毒剂，抑制害虫的呼吸酶，如 HCN 等。

（3）物理性毒剂，如堵塞害虫气门、磨破害虫表皮使害虫死亡。

（4）特异性杀虫剂，引起害虫生理上的反常反应，如驱避剂使害虫离开作物，诱致剂以性诱或饵诱诱集害虫，拒食剂使害虫不再取食以致饥饿而死，不育剂使成虫不育，昆虫生长调节剂影响害虫生长、变态、生殖。

3. 按来源分类

（1）无机和矿物杀虫剂，如砷酸铅、砷酸钙、氟硅酸钠和矿油乳剂等。

（2）植物性杀虫剂，全世界有 1 000 多种植物对昆虫具有或多或少的毒力，广泛应用的有除虫菊、鱼藤和烟草等。

（3）有机合成杀虫剂，如有机氯类杀虫剂、有机磷类杀虫剂、拟除虫菊酯类杀虫剂、有机氮类杀虫剂、甲脒类杀虫剂等，其中有机磷类杀虫剂超过 400 个品种，产量居杀虫剂的首位。

（4）昆虫激素类杀虫剂，如多种保幼激素、性外激素类似物等。

10.2.2　有机氯类杀虫剂

有机氯类杀虫剂是以碳氢化合物为基本架构，含有 C—Cl 键又有杀虫效果的有机化合物。

1. DDT

DDT，化学名为双对氯苯基三氯乙烷，白色晶体，不溶于水而溶于煤油，可制成乳剂。世界卫生组织于 2002 年宣布重新启用 DDT 用于控制蚊子的繁殖及预防疟疾、登革热、黄热病等。

合成路线：通过乙醛法或乙醇法生成三氯乙醛，再和氯苯在浓硫酸的催化下生成 DDT。

（1）三氯乙醛的合成

① 乙醛法合成三氯乙醛

用硫酸作催化剂由乙醛氯化制得三氯乙醛。

$$CH_3CHO + Cl_2 \xrightarrow{H_2SO_4} CCl_3CHO + HCl$$

② 乙醇法合成三氯乙醛

乙醇氧化成乙醛，氯化得到氯乙醛，与乙醇缩合生成半缩醛和缩醛。

$$CH_3CH_2OH \xrightarrow{Cl_2} CH_3CHO \xrightarrow{Cl_2} CH_2ClCHO \underset{H^+}{\overset{CH_3CH_2OH}{\rightleftharpoons}} CH_2ClCH(OH)OCH_2CH_3 + CH_2ClCH(OCH_2CH_3)$$

彻底氯化后通入水蒸气（俗称“冲淡”）使之水解生成水合三氯乙醛。

$$\left.\begin{array}{l} CH_2ClCH(OH)OCH_2CH_3 \\ CH_2ClCH(OCH_2CH_3) \end{array}\right\} \xrightarrow{Cl_2} \xrightarrow{H_2O} CCl_3CH(OH)_2 + CH_3CH_2OH$$

（2）DDT 的合成

向所得的三氯乙醛中加入氯苯和浓硫酸，搅拌反应数小时后提纯可得 DDT。

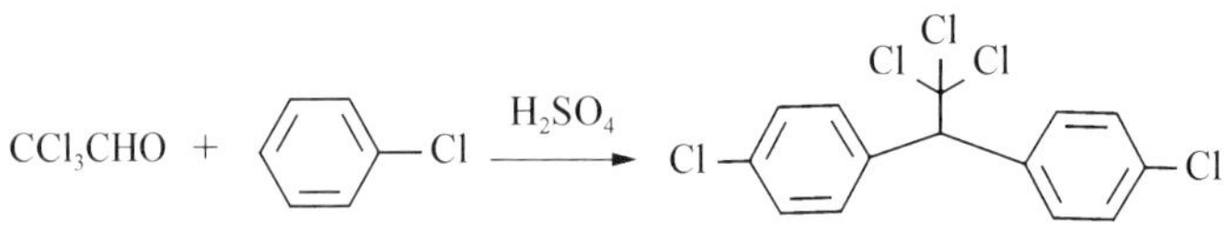

2. 氯丹

氯丹用于杀灭地下害虫(如蝼蛄、地老虎、稻草害虫等),对防治白蚁效果显著。

合成方法:环戊二烯在40～60℃下氯化,接着在汽化釜中汽化后与氯气在500～560℃下氯解得到六氯环戊二烯。六氯环戊二烯在55℃与环戊二烯生成氯啶,在80℃下通氯气得到氯丹。加工剂型有粉剂、可湿性粉剂、乳剂、乳膏、油剂和颗粒型。

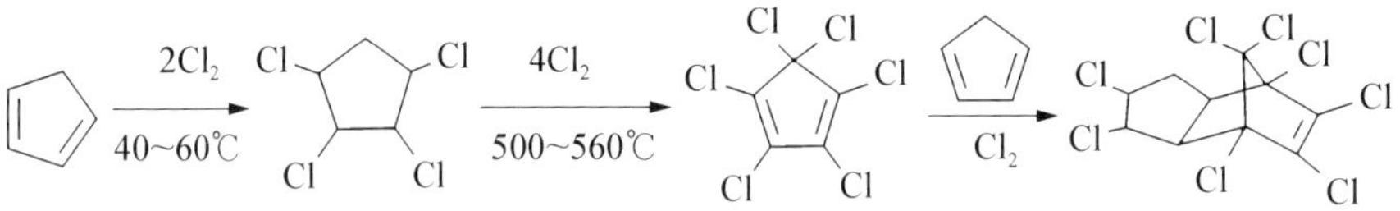

3. 硫丹

硫丹,具有触杀和胃毒作用,杀虫谱广且持效期长。气温高于20℃时可通过其蒸气起杀虫作用,20%乳油300～500倍液喷雾用于棉铃虫、红铃虫、棉卷叶蛾、金刚钻、金龟子、梨小食心虫、桃小食心虫、黏虫、蓟马、叶蝉、蚜虫、菜青虫、天牛等害虫的防治;用20%乳油500～1 000倍液喷雾防治棉花和果树上的蚜虫、螨虫。用20%乳油200倍液灌根防治地老虎。近年来硫丹用于防治抗性棉铃虫效果良好,尤其与氯氰菊酯混用的更受人们青睐。

合成方法:六氯环戊二烯与1,4-丁烯二醇加热反应保温10 h,冷却,过滤,洗涤制得硫丹醇,再加热到一定温度滴加 $SOCl_2$,并反应1.0 h,减压脱HCl,冷却、结晶、过滤制得硫丹。

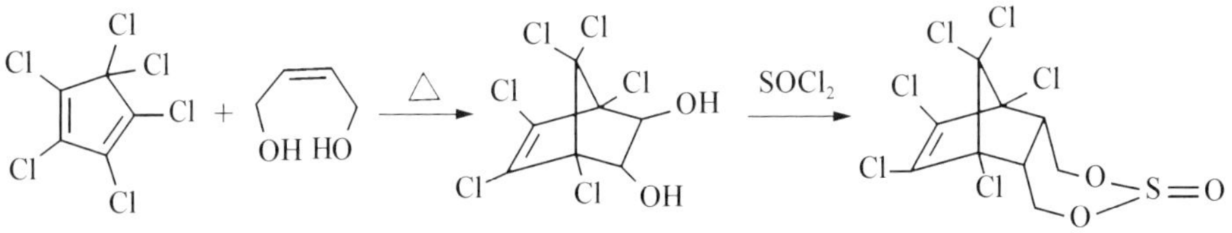

10.2.3 有机磷类杀虫剂

有机磷类杀虫剂是最常用的农用杀虫剂,多数属高毒或中毒类。有机磷类杀虫剂广泛用于防治植物病、虫害,它对人和动物的主要毒性来自抑制乙酰胆碱酯酶引起的神经毒性。

1943年第一个有机磷类杀虫剂产品供应德国市场,目前超过50多个品种,其毒力强、药效高兼具广谱性,且易于分解,残效期短,适于果树、蔬菜使用,有些品种残效期长适于防治地下害虫;有些品种有内吸或渗透作用不易伤害天敌。

1. 有机磷类杀虫剂的作用机理

有机磷类杀虫剂的作用机理是通过抑制乙酰胆碱酯酶,使其失去分解乙酰胆碱的能力,造成乙酰胆碱积聚,引起神经功能紊乱(图10-1)。

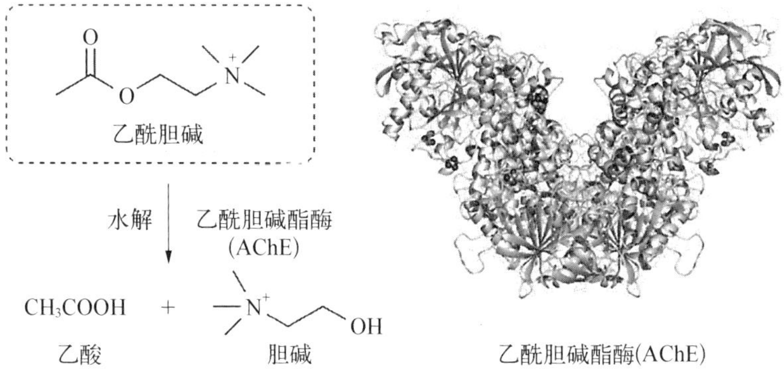

图 10-1 有机磷类杀虫剂的作用机理

阅读材料

乙酰胆碱的作用

神经与神经、神经与肌肉之间存在间隙，乙酰胆碱把它们连接起来将神经冲动传递下去，然后迅速被乙酰胆碱酯酶破坏终止神经信号传递，否则产生过量刺激导致肌肉收缩、麻痹、窒息，甚至死亡。乙酰胆碱酯酶通过降解乙酰胆碱、终止神经递质对突触后膜的兴奋作用，保证神经信号在生物体内的正常传递。

2. 有机磷类杀虫剂的举例

有机磷类杀虫剂主要包括磷酸酯类、硫代磷酸酯类、二硫代磷酸酯类、焦磷酸酯类、膦酸酯类、磷酰胺类。本书对常用的种类进行介绍。

(1) 敌百虫

敌百虫，化学名为 *O*,*O*-二甲基-(2,2,2-三氯-1-羟基乙基)膦酸酯，是高效低毒杀虫剂，具有强烈的胃毒和触杀作用，并有熏蒸作用，对双翅目、鳞翅目、鞘翅目害虫最为有效，用于防治蔬菜、果树、茶、桑、棉花和粮食作物上的咀嚼口器害虫及卫生害虫，对高粱、大豆易发生药害。

敌百虫纯品为稍带芳香气味的白色结晶粉末，熔点为 83～84℃，于 180℃ 分解，蒸气压为 1.04×10^{-3} Pa(20℃)，挥发度为 0.11 mg/m^3，沸点为 100℃(13.33 Pa)，密度为 1.73 g/cm^3(20℃)；溶于苯、乙醇、氯仿、甲醇等，微溶于 CCl_4，不溶于石油醚，25℃时在水中的溶解度为 154 g/L；常温下稳定，其水溶液长期放置会生成无毒的去甲基敌百虫；碱性条件下脱去 HCl 生成毒性更大的敌敌畏；对金属略有腐蚀性。

合成方法：甲醇与三氯乙醛生成半缩醛(少量缩醛)。低温下 $POCl_3$ 与甲醇反应生成亚磷酸二甲酯，然后在较高的温度下与半缩醛发生缩合反应生成敌百虫。

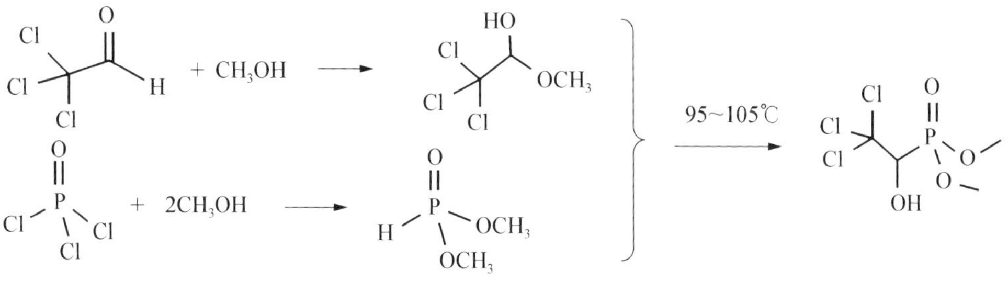

加工剂型有粉剂、可湿性粉剂、乳剂、液剂、颗粒剂、毒饵剂等。

(2) 敌敌畏

敌敌畏，化学名为 *O*,*O*-二甲基-*O*-(2,2-二氯乙烯基)磷酸酯，无色至浅棕色液体，沸点为 140℃(133.322 Pa)，挥发性大，能溶于苯、二甲苯，不溶于石油醚；热稳定性较好，室温下其饱和水溶液每天水解 3%，碱性或升温条件下水解加速；对铁有腐蚀性，对不锈钢、铝、镍和 Teflon 耐腐蚀；毒性大，急性毒性 LD_{50} 值：对大白鼠经口为 56～80 mg/kg，经皮为 75～210 mg/kg。

敌敌畏具有熏蒸、胃毒和触杀作用，对咀嚼式口器害虫和刺吸式口器害虫均有良好的防效。施用后易分解、残效期短。使用方法简便，可防治棉花、果树、蔬菜、甘蔗、烟草、茶、桑等作物上的多种害虫，对蚊、蝇、米象、谷盗等也有良好的防效。

合成方法：

① 间接法(敌百虫法)。控制敌百虫水悬浮液的含量为 25%，敌百虫与碱的配比为 1∶(1.35～1.4)，采用水和甲苯(二甲苯、苯)为溶剂，在 50～60℃下反应 20～25 min，终点 pH=7～8。反应中 α-羟基膦酸酯重排成磷酸酯。反应结束后静置分层，油层经旋蒸回收溶剂，得敌敌畏原油。该方法原料低廉，工艺成熟。

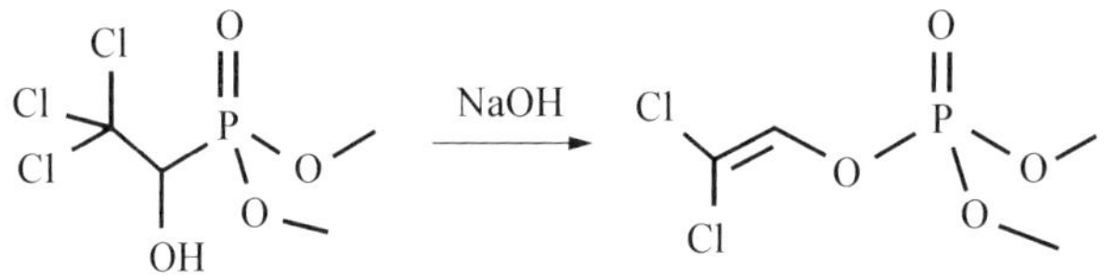

② 直接法(亚磷酸三甲酯法)。将亚磷酸三甲酯在常温下滴加到三氯乙醛中，冷却，控制温度在 60℃，滴毕于 70℃保温 90 min，两者的配比为 1∶1，收率为 94.53%。

(3) 杀螟松

杀螟松，化学名为 *O*,*O*-二甲基-*O*-(3-甲基-4-硝基苯基)硫代磷酸酯，是一种广谱性杀虫剂，具有强烈的触杀、胃毒作用，无内吸和熏蒸作用，在植物体内有渗透作用。用于水稻螟虫，对二化螟有特效，也可防治三化螟、大螟、稻纵卷叶螟、稻苞虫、稻叶蝉、稻飞虱、稻蓟马等；还用于大豆、棉花、果树、茶叶、蔬菜等上的害虫防治。防治稻螟虫时，在盛孵期每百平方米用 18.8～22.5 mL 50%的乳油勾兑 60～75 kg 水泼浇，或用 7.5～11.3 mL 50%的乳油，兑 7.5～9 kg 水喷雾；防治棉铃虫、红铃虫、棉蓟马时，用 50%乳油的 1 000～1 500 倍稀释液喷雾。

杀螟松的纯品为微黄色油状液体，工业品为棕黄色，带臭味，沸点为 118℃(6.666 Pa)，密度为 1.332 7 g/cm^3(25℃)，挥发度为 0.82 mg/m^3(20℃)，蒸气压为 7.999×10^{-4} Pa(20℃)；易溶于苯、二甲苯、乙醇、丙酮、乙醚、氯仿等，在脂肪烃中溶解度较低，在石油醚中的溶解度为 7%，在煤油中的溶解度为 4%；30℃时在水中的溶解度为 14 mg/L；在酸性条件下较稳定，100℃时水解半衰期为 14 h；在碱性介质中不稳定，在 0.01 mol/L 的 NaOH 溶液中水解半衰期为 272 min(30℃)、12 min(100℃)；铁、锡、铅、铜等金属会促使其分解。

合成方法：

① 4-硝基间甲酚的制备。间甲酚与亚硝酸钠的水溶液在 15%～20%的硫酸中反应，控制温度为 10～15℃，再用稀硝酸氧化，加酸速度先慢后快，控制温度为 35～38℃，然后在 44～46℃下保温 3.0 h，离心、水洗至 pH=3～4，得 4-硝基间甲酚。

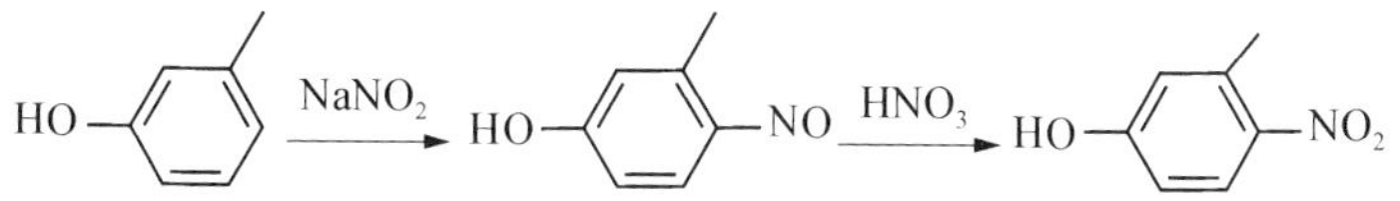

② O,O-二甲基硫代磷酰氯的制备。O-甲基硫代磷酰二氯的反应速度很快，在醇过量的情况下能使反应进行到底，副产物 HCl 用负压排除，主要工艺参数：投料比为 5∶1，反应温度为(−5±2)℃，水洗温度为(5±5)℃，加水量(水洗)为投料量×0.7，收率为 95%～98%，含量>95%。用醇碱法生产时主要工艺参数：投料比为 O-甲基硫代磷酰二氯∶甲醇∶碱=1∶5∶1.08，反应温度为−4～0℃，终点 pH=9.5～10，水洗加水量为投料量×0.7，以 O-甲基硫代磷酰二氯计收率为 85%～90%，含量为 95%。

③ 杀螟松的合成。O,O-二甲基硫代磷酰氯与 4-硝基间甲酚反应，一般采用溶剂法，也可采用三甲胺水溶液法或甲苯-丙酮双溶剂法。若以甲苯为溶剂，反应以氯化亚铜为催化剂，碳酸钠为缚酸剂，反应温度为 90～96℃。

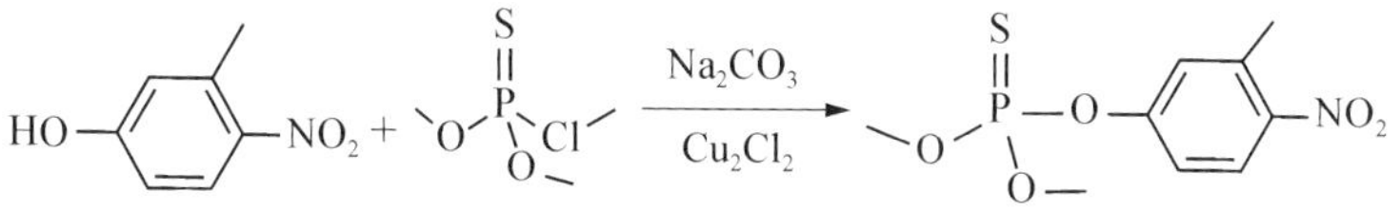

(4) 乐果

乐果，化学名为 O,O-二甲基-S-(N-甲基氨基甲酰甲基)二硫代磷酸酯，是高效广谱、具有触杀性和内吸性的杀虫杀螨剂，对刺吸式口器害虫有特效，在植物体内保持药效达一周，可防治蚜虫、红蜘蛛、潜叶蝇、蓟马、果实蝇、叶蜂、飞虱、叶蝉、介壳虫。

乐果的纯品为白色结晶，工业品为带有蒜臭味的浅黄色固体或淡黄色液体，熔点为 52～52.5℃，密度为 1.277 g/cm^3(20℃)，挥发度为 0.107 mg/m^3，蒸气压为 1.13 ×10^{-3} Pa(25℃)，其在常温下的溶解度为：甲醇，80%；丙酮，70%；二氯甲烷，70%；氯仿，65%；环己酮，65%；苯，60%；甲苯，40%；水，2.9%。其在酸性介质中稳定，在碱性介质中易水解，重金属离子(铜、锰、铁)有催化水解作用；在储存期会缓慢分解，分解速度与纯度及温度有关，纯度高、气温低、分解慢，40%的乳油常温储存 1 年含量约下降 5%；热稳定性较差，加热时会发生异构化。

乐果的合成方法：工业上的生产方法主要有氯乙酰甲胺法、胺解法。后一种方法副反应少，产品纯度可达 90%以上，粗品收率为 90%左右。

① O,O-二甲基二硫代磷酸钠的制备。首先 P_2S_5 与过量的 CH_3OH 在 55～60℃反应(强放热反应，注意安全)，采用催化剂时收率和含量可达 90%左右。反应的产物再与碳酸钠(铵)或碳酸氢钠在常温下反应制备钠盐。

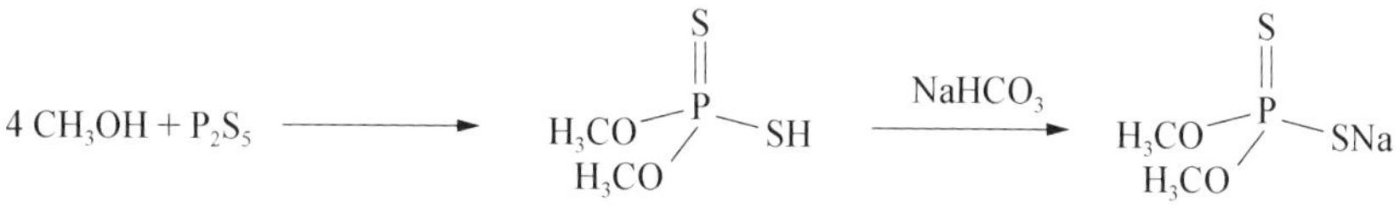

② 乐果的合成。O,O-二甲基二硫代磷酸钠与氯乙酸甲酯反应得到酯化物，原料配比为 1∶1.7，反应温度为 55℃，当采用连续化生产工艺时，预热温度为 60～70℃，反应温度为 80～85℃；继续与甲基胺反应得到产品，原料配比为 1∶(1.2～1.3)，反应温度为−5～0℃；反应结束用苯(或三氯乙烯)萃取反应液中的乐果，加盐酸调节 pH 为 7，加适量水以促进分层。加工剂型有乳剂(20%，40%)、2%粉剂、可湿性粉剂、颗粒剂等。

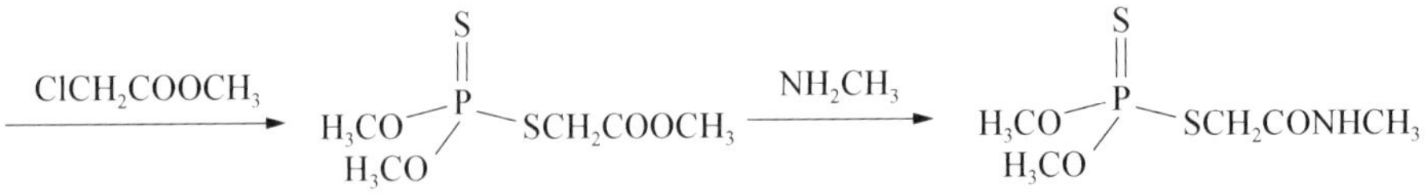

(5) 二溴磷

二溴磷,化学名为 O,O-二甲基-O-(1,2-二溴-2,2-二氯乙基)磷酸酯,白色结晶,熔点为 26℃,沸点为 110℃(6.65×10^{-2} kPa),密度为 1.96 g/cm³(20/4℃);溶于苯、酮、醇、醚,不溶于水;稍有辛辣气味,是一种新型、高效、低毒、低残留的杀虫、杀螨剂,用于防治将要采收的蔬菜、果树等作物的害虫。

二溴磷的合成方法:

将 232.6 g 敌敌畏、0.4 g 过氧化苯甲酰加入 CCl_4 中,搅拌加热到 80℃,滴加 179.4 g 溴素,保持在 80℃反应,反应结束后冷却,减压脱除 CCl_4 即得二溴磷。

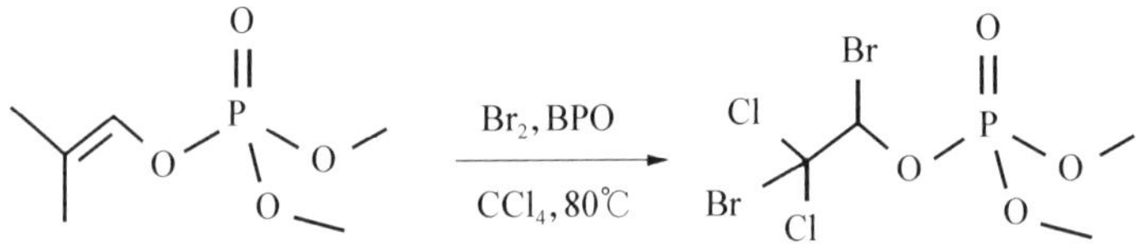

10.2.4 有机氮类杀虫剂

1. 有机氮类杀虫剂的优点

1930 年英格哈特(Engelhardt)发现毒扁豆碱(见下图)及其类似物具有抑制胆碱酯酶的作用,20 世纪 50 年代后期陆续效仿研发了一系列 N-甲基氨基甲酸酯类杀虫剂。

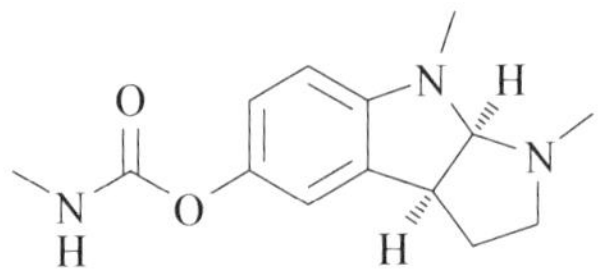

氨基甲酸酯类杀虫剂具有以下优点。

(1) 选择性强,该类杀虫剂对咀嚼式口器害虫(如棉红铃虫等)有效。

(2) 杀虫谱广,如甲萘威和克百威均能防治上百种害虫,速灭威、灭多威和丁硫克百威等还有一定的内吸性,且不伤害天敌。

(3) 具有增效剂的作用,可提高氯化胡椒丁醚的药效,甲萘威对家蝇的毒力可提高 15 倍。最近发现的增效剂 UC-76220,能使甲萘威对灰翅夜蛾类的药效提高 27 倍。

(4) 对人畜和鱼类低毒,在温血动物与昆虫体内的代谢途径不同,在前者体内易水解,在后者仍保持母体化合物的毒性。

(5) 化合物结构简单,易于合成,一种中间体或一套设备能生产多种产品。如甲基异氰酸酯可至少作为 30 种氨基甲酸酯类杀虫剂的中间体。

(6) 新的品种不断上市,应用范围不断拓宽,出现了具有非杀灭性的昆虫激素型氨基甲酸酯类结构(如双氧威)。

2. 氨基甲酸酯类杀虫剂的分类

根据取代基的不同,可将氨基甲酸酯类杀虫剂划分为 4 种类型。

(1) 二甲基氨基甲酸酯，该类化合物是杂环或碳环的二甲氨基甲酸衍生物，在酯基中含有烯醇结构单元。常用的品种有地麦威、吡唑威、异索威、敌蝇威和抗蚜威等。

(2) 甲基氨基甲酸芳香酯，该类化合物品种最多，含有 CH_3N—，还有对位、邻位和间位取代的苯基、萘基和杂环苯并基等。主要品种为西维因、仲丁威、灭害威、残杀威、除害威、速灭威、害扑威、叶蝉散和克百威等。

(3) 甲基氨基甲酸肟酯，1966 年肟酯基的引入使此类化合物变得高效、高毒，烷硫基是肟酯基中的重要单元。主要品种有涕灭威、灭多威、棉果威、杀线威和抗虫威等。

(4) 酰基(或羟硫基)*N*-甲基氨基甲酸酯，这是一类新化合物，主要是在第二类、第三类化合物的基础上进行改良并使之低毒化的品种。其氮原子上的一个氢原子被酰基、磷酰基、羟硫基、羟亚硫酰基等基团取代，使其在昆虫和哺乳动物中有不同的代谢降解途径以提高其选择性。其合成难度较高，商品化的品种不多，有呋线威、棉铃威和磷亚威等。

3. 氨基甲酸酯类杀虫剂的举例

(1) 西维因

西维因，化学名为 *N*-甲氨基甲酸-1-萘酯，又称甲萘威，是一种高效、低毒、低残留、长残效的广谱性杀虫剂；对害虫有强烈的触杀作用兼有胃毒作用，并有轻微的内吸作用；能防治 150 多种作物上的 100 多种害虫；对于有机氯、有机磷有抗性的昆虫有较好的防治效果；用药量一般为每公顷 375～750 g(1 公顷＝0.01 km^2)。该品不能与碱性农药混配使用，对蜜蜂毒性高，养蜂地区在开花季节不宜使用。

西维因的纯品为白色结晶，熔点为 145℃，密度为 1.232 g/cm^3(20℃)，蒸气压为 0.666 Pa(25℃)。其溶解度为：二甲基甲酰胺，大于 45%；丙酮，大于 20%；环己酮，大于 20%；甲乙酮，大于 15%；氯仿，大于 10%；水，40 mg/L(30℃)。其对光、热较稳定，遇碱性物质迅速分解失效。其工业品略带灰色或粉红色，熔点为 142℃。

合成方法：

① 氯甲酸酯法

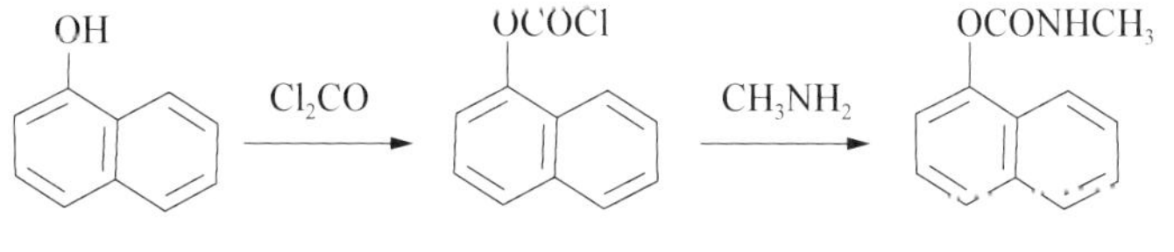

将 100 kg 甲萘酚与 200 kg 甲苯溶解后抽至盛有 600 kg 甲苯的反应器中，搅拌降温至 −10℃ 以下通入 224 kg 光气，4.0 h 通完。滴加 400～500 kg 20%的碱液，控制温度在 0℃ 以下，2.0 h 左右滴完，调节盐水层使其 pH＝6，放尽盐水，水洗氯甲酸甲萘酯 2 次。温度保持在 10～20℃，在 40 min 内滴加约 80 kg 40%的甲胺，然后于 10℃，约 20 min 内滴加 120 kg 20%的液碱，搅拌 10 min，滴入 80 kg 30%的盐酸，测得 pH 为 5～6。经分离、水洗、烘干得产品。

② 氨基甲酰氯法

a. *N*-甲基氨基甲酰氯的制备。工业上常用气相法，便于连续化生成。甲胺与光气的配比为 1∶1.3(体积比)，预热温度为 220～240℃，混合后通过 280～300℃ 的管道反应器瞬间完成，吸收温度为 0～20℃。

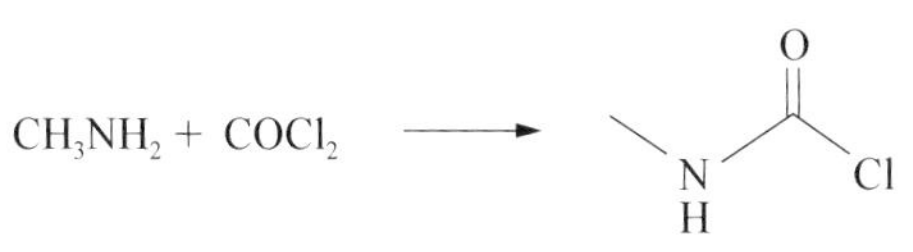

b. 西维因的合成。将甲萘酚与稀碱液配制成甲萘酚钠，在 0～5℃下滴加 N -甲基氨基甲酰氯，并不断补充碱液，待 pH 达 7.5～8.0 时反应结束，反应时间为 30～40 min，经离心、水洗、烘干即得成品，含量在 90%以上。

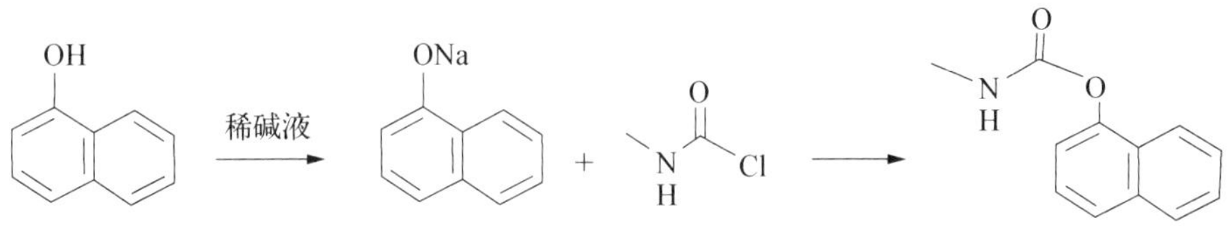

(2) 杀螟丹

杀螟丹，化学名为 S,S'-[2-(二甲氨基)-1,3-丙烷二基]硫代氨基甲酸酯盐酸盐，通常制成盐酸盐，白色晶体，有轻微臭味，在 183～183.5℃分解，熔点(原药)为 179～181℃；微溶于甲醇，难溶于乙醇，不溶于乙醚、丙酮、氯仿、苯等有机溶剂；在 25℃的水中的溶解度为 200 g/L；在酸性介质中稳定，碱性介质中分解，对铁等金属有腐蚀性；雄性大鼠急性经口的 LD_{50} 为 345 mg/kg，雌性大鼠急性经口的 LD_{50} 为 325 mg/kg，小鼠急性经口的 LD_{50} 为 192 mg/kg；无致癌、制畸、致突变作用，对家蚕有毒，对鸟低毒，对蜘蛛等天敌安全；用于防治鳞翅目、鞘翅目、半翅目、双翅目等多种害虫和线虫，对捕食性螨类影响较小。

合成方法：

氯丙烯与二甲基胺在 NaOH 作用下偶联为 N,N -二甲基烯丙基胺，用盐酸酸化后与氯气加成，然后用 NaOH 中和，与硫代硫酸钠进行取代反应，再氰化，醇解得到最终产品。

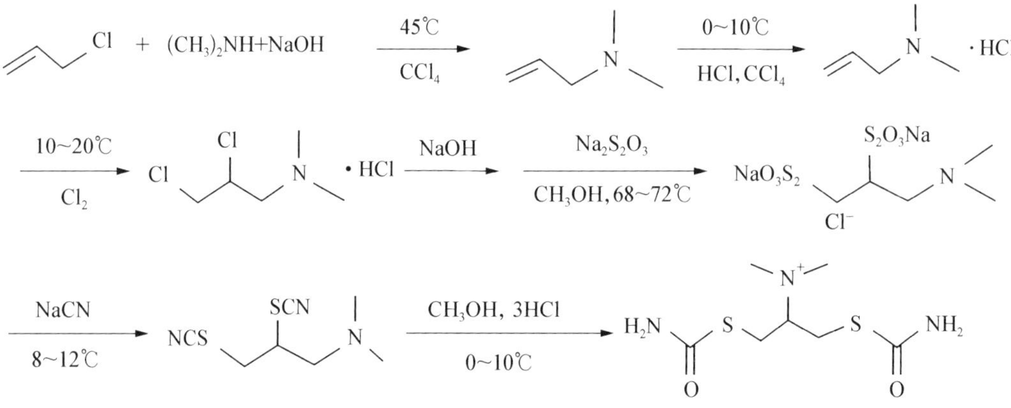

10.2.5 拟除虫菊酯类杀虫剂

1949 年合成了丙烯菊酯，并将其作为先导化合物进行修饰和衍生。该类杀虫剂具有高效、广谱、低毒和生物降解等特点，已商业化 50 个品种。拟除虫菊酯类杀虫剂的杀虫毒力比有机氯、有机磷、氨基甲酸酯类杀虫剂等提高 10～100 倍，对昆虫具有强烈的触杀作用，有些品种兼具胃毒或熏蒸作用，但无内吸作用。其作用机理是干扰神经膜中的钠离子通道，使通道打开时间过长从而阻碍神经信号的传输，最终导致虫螨死亡。拟除虫菊酯类杀虫剂的用量小、使用浓度低，对人畜较安全，对环境的污染小。其缺点是对鱼毒性高，对某些益虫也有伤害，长期重复使用会导致害虫产生抗药性。

1. 氯氰菊酯

氯氰菊酯，化学名为(*R*/*S*)-α-氰基-3-苯氧基苄基(1*R*,*S*)-顺、反-3-(2,2-二氯化烯基)-2,2-二甲基环丙烷羧酸酯，工业品为黄色至棕色黏稠固体，60℃时为黏稠液体；对光稳定，温度大于220℃时缓慢分解，在弱酸、中性条件下稳定，遇碱分解，半衰期为1 d。氯氰菊酯为中等毒性杀虫剂，防治对有机磷类杀虫剂产生抗性的害虫效果良好，但对螨类和盲蝽的防治效果差。该药残效期长，正确使用时对作物安全，可用于公共场所防治苍蝇、蟑螂、蚊子、跳蚤、虱和臭虫，也可防治牲畜外寄生虫蜱、螨等。在农业上主要用于苜蓿、禾谷类作物、棉花、葡萄、玉米、油菜、梨果、马铃薯、大豆、甜菜、烟草和蔬菜上防治鞘翅目、鳞翅目、直翅目、双翅目、半翅目和同翅目等害虫。

合成方法：二氯菊酰氯与醛和NaCN在相转移催化剂(PTC)存在下反应。

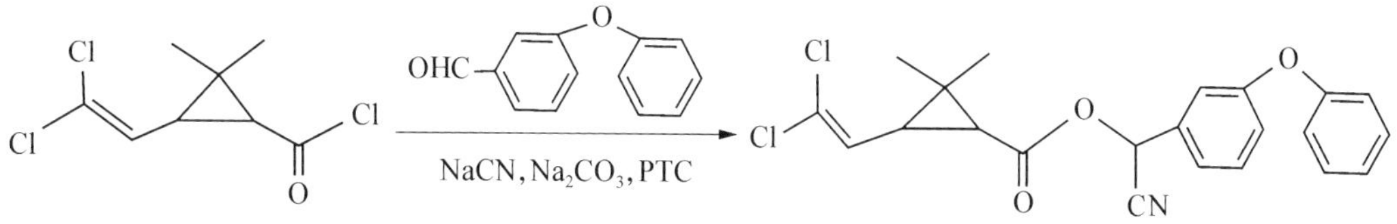

将3.4 g 3-苯氧基苯甲醛(含量为87.40%)、3.0 g二氯菊酰氯(含量为95.8%)和适量溶剂加入反应瓶中，剧烈搅拌，在20℃以下滴加由0.85 g NaCN、0.27 g Na_2CO_3和少许PTC(苄基三乙基氯化铵或间苯氧基苄基三乙基氯化铵)溶解于6.5 mL水中的盐溶液，升温至45～50℃继续搅拌反应5.0 h，分离水相并用少量甲苯萃取1次，合并有机相，用水洗至中性为止，脱溶后得淡黄色氯氰菊酯，收率为93%。

2. 胺菊酯

胺菊酯，化学名为3,4,5,6-四氢酞酰亚胺甲基(±)顺反式菊酸酯，商品名称为诺毕那命。胺菊酯对蚊、蝇等害虫具有快速击倒效果，但致死性差，有复苏现象，要与其他杀虫剂混配使用。该药可使栖居在黑暗处的蜚蠊跑出来被其他杀虫剂毒杀。其纯品为白色结晶固体，具有除虫菊一样的气味。原药(有效成分胺菊酯的含量为70%)为黄色膏状物或凝固体，密度为1.108 g/cm^3(20℃)，沸点为185～190℃(13.3 Pa)，熔点为60～80℃((±)-顺式体的熔点为130℃，(±)-反式体的熔点为78℃)；30℃时在水中的溶解度为4.6 mg/L。25℃时的溶解度：苯和二甲苯，50%；甲苯和丙酮，40%；乙醇，4.5%。其在弱酸性条件下稳定，50℃下储藏6个月后不丧失生物活性，正常条件下储存稳定期至少为两年。

合成方法：

(1) 胺醇的制备。四氢化邻苯二甲酸酐与尿素反应得到四氢化邻苯二甲酰亚胺。将四氢化邻苯二甲酰亚胺、37%的甲醛溶液、1%的NaOH溶液混合，以CH_2Cl_2为溶剂回流，冷却后分出有机层，水层用CH_2Cl_2萃取，合并有机层，并用水洗涤，减压蒸馏得粗胺醇。用甲苯溶解，冷却至室温结晶，过滤、干燥得结晶状胺醇。

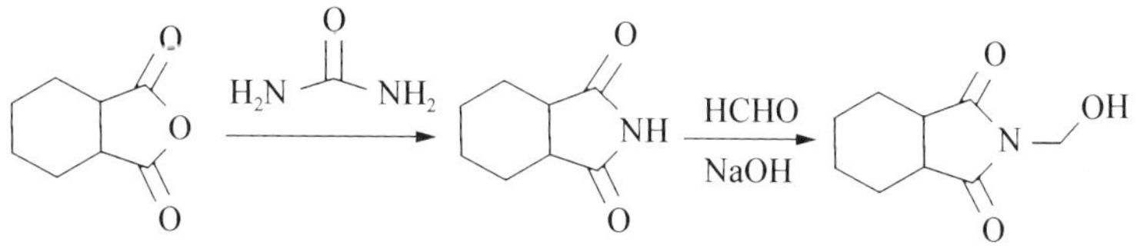

(2) 菊酰氯的制备。将菊酸乙酯、液碱、乙醇在加热条件下回流，pH＞9，常压蒸出乙醇，加适量水使菊酸钠溶解，滴加10%的盐酸溶液酸化至水层pH≤2，分出有机层，水层用甲苯萃取，合并有机层，水洗一次，蒸出甲苯得粗菊酸。将粗菊酸、三氯化磷和甲苯于50℃反应4.0 h，分出亚磷酸，有机层减压脱溶剂得到粗菊酰氯，进一步减压蒸馏收集96～98℃(2 kPa)的馏分，得精菊酰氯。

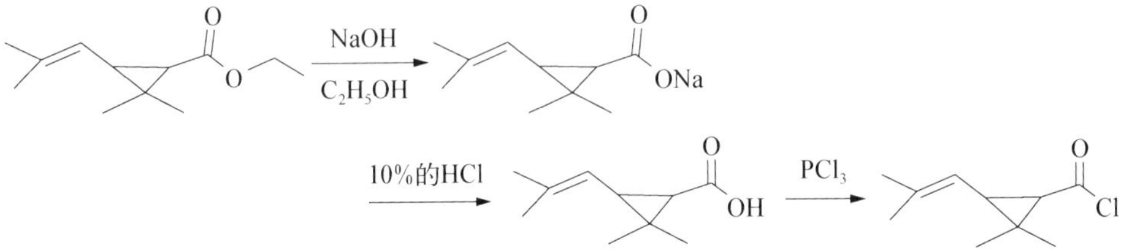

(3) 胺菊酯的合成。加入胺醇、吡啶和甲苯，开动搅拌，微微加热，使胺醇全部溶解，冷却后，滴加菊酰氯甲苯溶液，滴毕于50～60℃反应2.0 h。过滤，用甲苯洗涤滤饼，合并滤液和洗涤液，经酸洗、碱洗、水洗至中性，减压脱溶剂得胺菊酯原油，含量为92%～93℃，收率在92%以上。

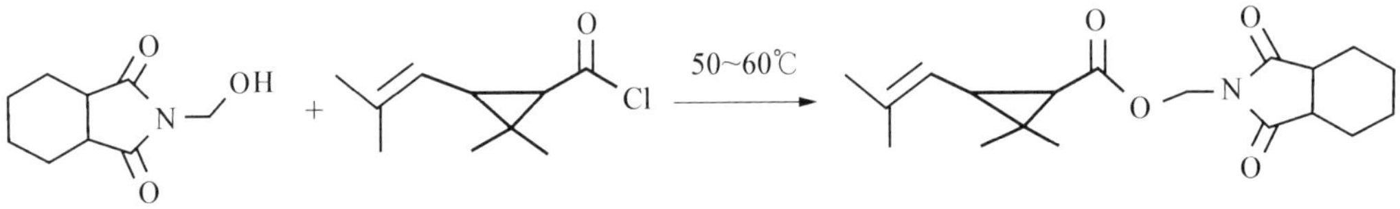

10.2.6 甲脒类杀虫剂

甲脒类杀虫剂的主要品种为双甲脒。其具有触杀、拒食、驱避与胃毒作用，以及一定的熏蒸和内吸作用；对叶螨科各个发育阶段的虫态均有效，但对越冬的虫卵效果较差。双甲脒属中等毒性杀螨剂，原药为白色或黄色针状结晶，具有碳胺的味道，密度为1±0.1 g/cm^3，熔点为86～87℃，20℃时蒸气压为506.6 ×10^{-7} Pa，微溶于水，可溶于二甲苯、丙酮和甲醇等多种有机溶剂；在无水条件下对温度和光稳定；在酸性条件下不稳定；不易燃，不易爆，长期储存在潮湿的地方易分解变质；药效期达40～50 d；主要用于果树、蔬菜、茶叶、棉花、大豆、甜菜等防治各种害螨，对木虱类也具有良好防效，对部分鳞翅目害虫卵有效，对蚧、蚜及棉铃虫、红铃虫等亦有一定兼治效果，也可防治牛、羊蜱螨及蜂螨。双甲脒可与有机磷和拟除虫菊酯类、阿维菌素等农药混用，有增效作用，并可扩大杀虫谱。

合成方法1：

(1) *N*-2,4-二甲基苯基-*N*′-甲基甲脒的制备。间二甲苯经硝化、还原、分离制得2,4-二甲基苯胺，用盐酸酸化得相应的盐。将55.1 g 2,4-二甲基苯胺盐酸盐、83.7 g对甲苯磺酰氯和150 mL *N*-甲基甲酰胺的混合物冷却，反应发热结束后将混合物在室温下搅拌4.0 h，然后全部注入冷水中，用10 mol/L的NaOH溶液调至碱性，在此期间温度保持在10℃以下，过滤、水洗、干燥、用环己烷重结晶，得*N*-2,4-二甲基苯基-*N*′-甲基甲脒，熔点为75～76℃，收率为85%。

(2) 双甲脒的合成。将19.4 g *N*-2,4-二甲基苯基-*N*′-甲基甲脒、0.3 g对甲苯磺酸、195 mL干燥的二甲苯混合回流48 h释放出甲胺。反应结束后减压蒸出二甲苯，残留物固化，经异丙醇重结晶2次制得双甲脒，熔点为88～89℃，收率为90%。或在苯腈存在下，以 Cu_2O 为催化剂反应。

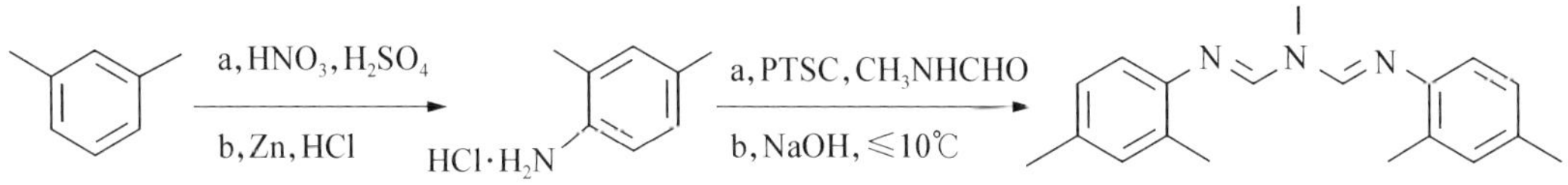

合成方法2：

先将原甲酸三乙酯与2,4-二甲基苯胺反应，制得 *N*-(2,4-二甲苯基亚氨基)甲酸乙酯(简称亚胺酸酯)，再将干燥的甲胺气体通入得单甲脒(*N*-2,4-二甲苯基-*N*′-甲基甲脒)，单甲脒与亚胺酸酯缩合成双甲脒。

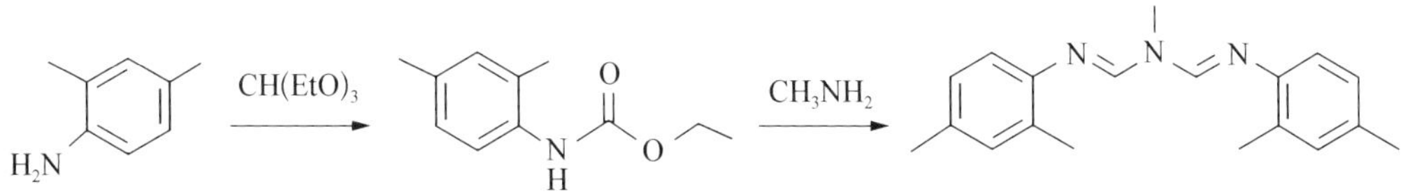

10.2.7 天然产物杀虫剂

天然产物杀虫剂是指以植物、动物、微生物等产生的次生代谢产物开发的杀虫剂，具有多样性和复杂性，易在自然界中降解，对昆虫具有选择性，毒性低，对人畜安全，但作用缓慢。常见的天然产物杀虫剂有以下几种：

(1) 植物源杀虫剂，包括烟碱、除虫菊素、鱼藤酮、印楝素、鱼尼丁、苦皮藤素、藜芦碱、苦参碱等。

(2) 动物源杀虫剂，包括性信息素、聚集信息素、报警信息素、追踪素等。

(3) 微生物源杀虫剂，包括杀蝶素、杀螨素、阿维菌素、依维菌素、橘霉素、华光霉素、多杀霉素等。

(4) 昆虫激素类杀虫剂，包括昆虫激素和对昆虫生长发育有调节作用的植物性物质，或人工合成的仿昆虫激素。昆虫激素是由昆虫自身分泌并影响其变态、发育、繁殖或互相传递信息的微量化学物质。昆虫激素受到影响时，昆虫的发育或正常活动即受阻碍、干扰。只有一部分昆虫激素可用作农药，其活性高、用量少(一般1 μg以下的剂量即发生作用)、专一性强，且无公害。由于这类药剂与传统杀虫剂毒杀害虫的致死机理不同，又称作“软杀虫剂”或第三代杀虫剂。其主要可分为内激素和外激素两大类。

(1) 内激素

① 保幼激素，昆虫在幼虫期咽侧体(与脑连接)分泌的一种激素，使昆虫保持幼虫状态，经数次蜕皮到最后一龄时停止分泌然后蜕皮化蛹。保幼激素能使幼虫化蛹不正常而死亡，使成虫不产卵或卵不能孵化。人工合成的保幼激素类似物比天然的活性高几百倍，对蚊类幼虫、储粮害虫和温室内同翅目害虫有较高的药效。保幼激素也用于家蚕饲养，使桑蚕延迟化蛹，从而增加蚕丝的产量。

② 抗保幼激素，存在于熊耳草、胜红蓟等植物体内的早熟素，能抑制昆虫分泌保幼激素从而使幼虫早熟、死亡。抗保幼激素对害虫各龄期都有效，但尚未应用。

③ 蜕皮激素，控制蜕皮的一种激素，缺乏或过多时都会使昆虫发育不正常而死亡。这种

激素结构复杂、合成困难，且不能从昆虫体外渗入，难以实际应用。

④ 抗蜕皮激素，主要指灭幼脲类物质，具有抗几丁质合成作用，使昆虫蜕皮时不能形成新表皮而死亡。用其处理成虫可抑制产卵或卵不能孵化。灭幼脲Ⅰ已投入市场，对高等动物和鱼类、鸟类的毒性都低，选择性强，可保护益虫而对马尾松毛虫、黏虫、棉象鼻虫、舞毒蛾等有较高药效。

(2) 外激素，或称昆虫信息素，是昆虫向体外释放用于传递信息的物质。雌虫或雄虫分泌的相互吸引求偶的物质称为性信息素。用作农药时有三方面的作用：① 测报虫情。将微量性信息素吸收在载体内制成诱捕器，根据诱捕害虫的数量可预报虫情，确定施药适期。② 诱杀。在捕获器中加入杀虫剂诱杀成虫。③ 迷向。在一定的区域内大量释放性信息素，扰乱害虫雌、雄之间的正常求偶行为，从而失去繁殖力。为使空气中较长时期保持性信息素的一定浓度，可将其制成微胶囊、空心纤维剂或多层片剂，以便持续缓慢释放。下面简单介绍几种已经市场化的产品。

① 氟铃脲

氟铃脲，化学名为1-[3,5-二氯-4-(1,1,2,2-四氟乙氧基)苯基]-3-(2,6-二氟苯甲酰基)脲。氟铃脲又称伏虫脲、氟脲杀、敌灭灵，是最早开发的苯甲酰脲类几丁质合成抑制剂其能抑制壳多糖形成，阻碍害虫正常蜕皮和变态，还能抑制害虫的进食速度。它的纯品为白色结晶，原粉为白色至黄色结晶粉末，工业品为米黄色到黄色结晶，密度为1.56 g/cm^3，沸点为210～230℃，蒸气压小于13.2 μPa(50℃)。它在丙酮中的溶解度为6.5 g/L，易溶于极性溶剂(如乙腈、二甲基砜、乙酸乙酯、二氯甲烷、乙醇等)，在非极性溶剂(如乙醚、苯、石油醚等)中几乎溶解，在酸性和中性介质中稳定，遇碱易分解，对人、畜、鱼、蜜蜂等毒性较低，属于无毒级农药；对光和热比较稳定，常温储存稳定期至少为两年。

合成方法：

3,5-二氯-4-(1,1,2,2-四氟乙氧基)苯胺与光气作用，氨基转化为异氰酸基，再与2,6-二氟苯甲酰胺作用合成氟铃脲。

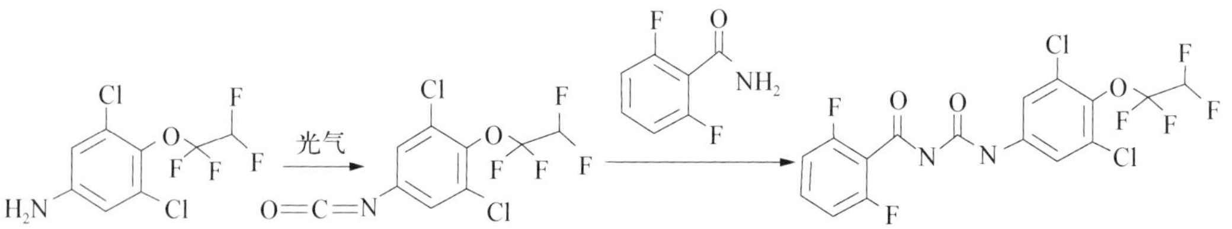

② 虫酰肼

虫酰肼，化学名为 *N*-叔丁基-*N*′-(4-乙基苯甲酰基)-3,5-二甲基苯酰肼。虫酰肼是一种昆虫脱皮加速剂，对鳞翅目昆虫及幼虫有特效，对选择性的双翅目和水蚤属昆虫有一定的作用，可用于蔬菜(如甘蓝类、瓜类、茄果类等)、苹果、玉米、水稻、棉花、葡萄、猕猴桃、高粱、大豆、甜菜、茶叶、核桃、花卉等作物。虫酰肼是一种安全药剂，施药最佳时间为卵孵期，以10～100 g有效成分/10 000 m^{2}可有效防治梨小食心虫、葡萄小卷蛾、甜菜夜蛾等，持效期达14～20 d。其纯品为白色固体，熔点为191℃，蒸气压为3.0×10^{-6} Pa(25℃)，密度为1.03 g/cm^3(20℃)，微溶于有机溶剂，94℃下储存7 d稳定，在25℃、pH=7的水溶液中光照稳定。

合成方法：

a. 2,2,2-三氯-(4-乙苯基)乙酮的制备。向反应瓶中加入21.2 g乙苯、80 mL CS_2和

37.5 g 无水 $AlCl_3$，在冰盐浴下滴加 40 g 三氯乙酰氯，2.0 h 内滴加完，继续搅拌反应 6.0 h，然后倾入 234 mL HCl 和 486 mL 冰水组成的混合物中，分层，水层用 100 mL CS_2 萃取，合并有机相，减压脱去 CS_2 溶剂得 30.6 g 棕色油状物。精品经柱色谱法提纯得淡黄色黏稠液。

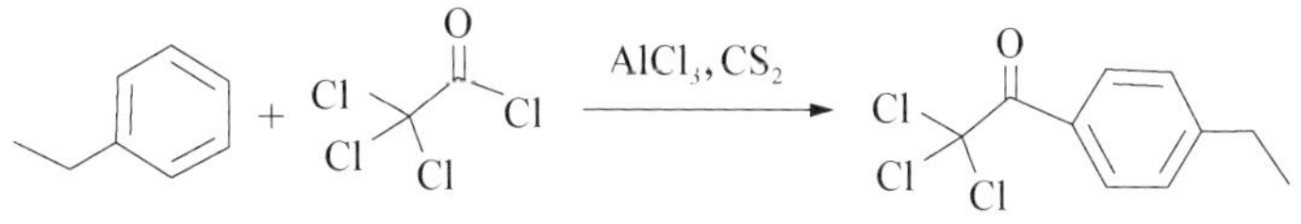

b. *N*－(4－乙基苯甲酰基)－*N′*－叔丁基肼的制备。将 2.37 g 叔丁基盐酸盐溶于 2 mL 水中，加入 7.5 mL CH_2Cl_2 和 1.5 g NaOH，用 N_2 保护，室温下 15 min 内滴加完 5 g 2，2，2－三氯-(4－乙苯基)乙酮，室温下继续反应 6.0 h 后停止通入 N_2，加入 0.3 g 50% NaOH 搅拌过夜。次日分层，水洗，脱溶剂得 3.56 g 淡黄色固体，经正己烷-乙酸乙酯重结晶，得白色针状晶体。

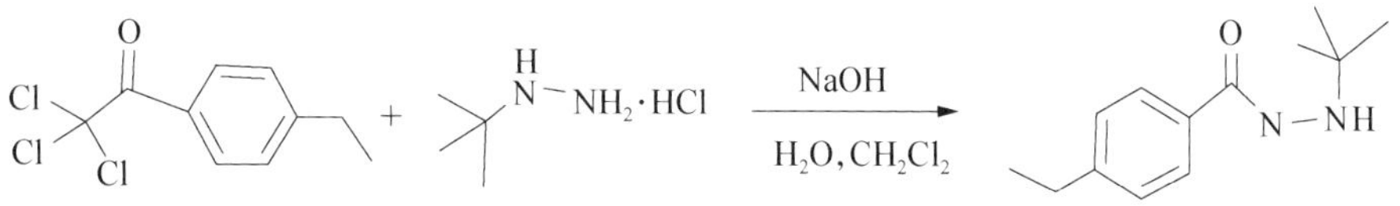

c. 虫酰肼的合成。将 2.2 g 上一步的产物溶于 30 mL 甲苯中，温度控制在 5～10℃。30 min 内依次滴加溶有 1.7 g 3，5－二甲基苯甲酰氯的 5 mL 甲苯和 0.8 g 50%的 NaOH 溶液，室温下搅拌反应 3.0 h，加入 10 mL 正己烷稀释，过滤，水洗，得到 3.0 g 白色固体，经乙醚-甲醇重结晶得到白色针状结晶虫酰肼。

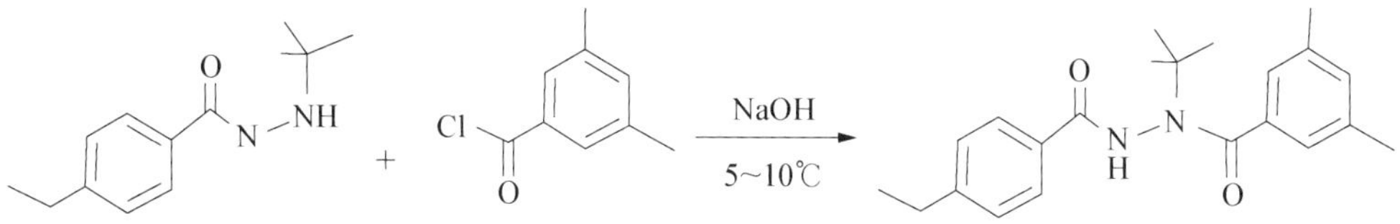

③ 灭蝇胺

灭蝇胺，化学名 *N*－环丙基－1，3，5－三嗪－2，4，6－三胺，又名灭蛆灵，属于昆虫生长调节剂，对双翅目昆虫幼虫有杀灭作用，能诱使幼虫和蛹在形态上发生畸变，成虫羽化不全或受抑制，尤其对在粪便中繁殖的几种常见的苍蝇幼虫(蛆)有很好的抑制和杀灭作用。其纯品为白色结晶，熔点为 220～222℃，在 20℃、pH＝7.5 的水中溶解度为 11 000 mg/L，pH＝5～9 时，水解不明显。

合成方法：

三聚氯氰与氨水在常温下搅拌反应，过滤得双氨基取代物 3(6－氯－2，4－二氨基－1，3，5－三嗪)，再与环丙胺在 110℃反应得灭蝇胺。环丙胺的价格较高，后处理时需要回收。两步反应的总收率为 69.7%。

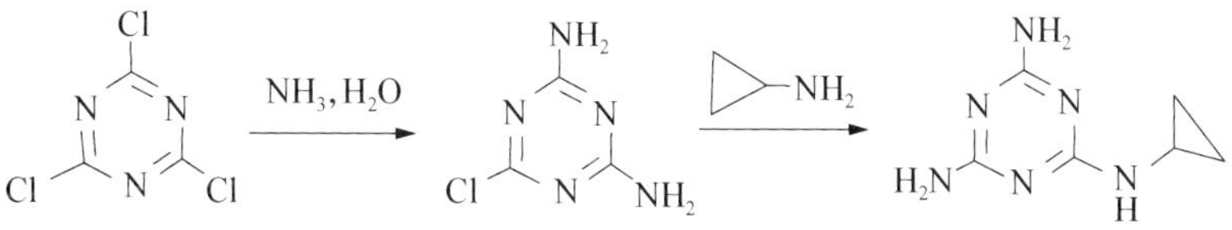

④ 吡丙醚

吡丙醚，化学名为 4－苯氧基苯基-(*RS*)－2－(2－吡啶基氧)丙基醚，又称灭幼宝、蚊蝇醚，是一种新型的壳多糖合成抑制剂，具有抑制蚊、蝇幼虫化蛹和羽化的作用，基本上使蚊蝇在蛹期死亡。该药持效期长达 1 个月，且使用方便、无异味。其纯品为结晶，熔点为 45～47℃，蒸气压为 0.29×10^{-3} Pa(20℃)，密度为 1.23 g/cm^3(20℃)。溶解度为：二甲苯，50%；己烷，40%；甲醇，20%。

合成方法：

a. 对羟基二苯醚的制备。将 4-溴二苯醚、KOH、铜粉和水于 245～250℃加压反应 16 h，再经酸化、过滤、干燥、减压蒸馏制得对羟基二苯醚，收率为 81%。

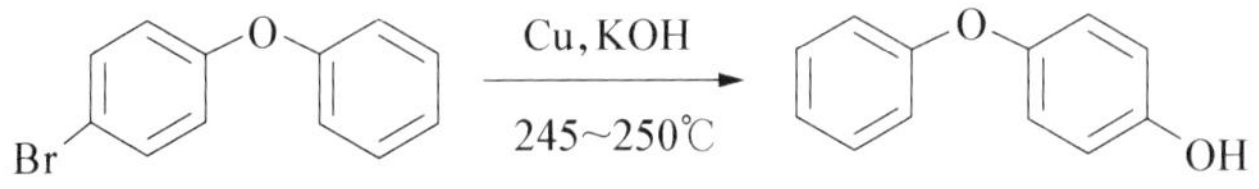

b. 1-甲基-2-(4-苯氧基苯氧基)乙醇的制备。以对羟基二苯醚为原料，加入 1-氯丙基-2-醇、无水碳酸钾、DMF 及相转移催化剂，于 75℃下反应 24 h 制得。

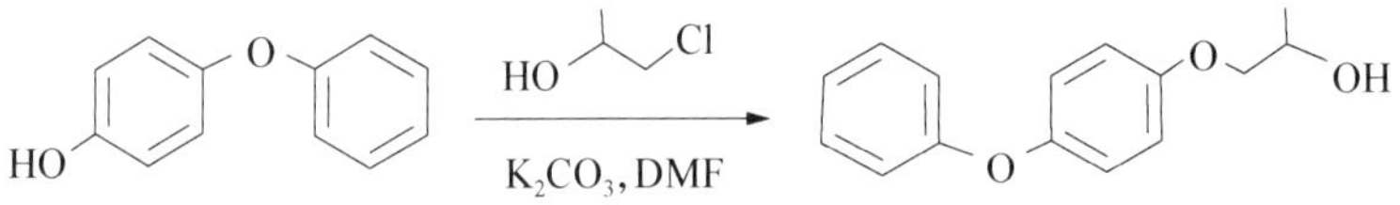

c. 吡丙醚的合成。以 DMF 为溶剂，在 NaH 存在下于室温使 1-甲基-2-(4-苯氧基苯氧基)乙醇与 2-氯吡啶作用，反应 24 h 得吡丙醚。

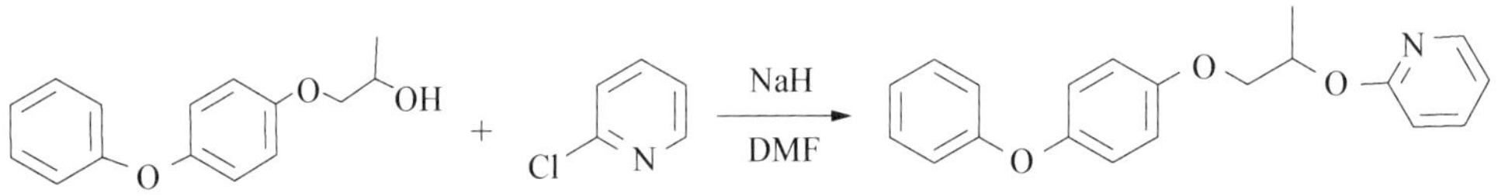

⑤ 苹果蠹蛾信息素

苹果蠹蛾信息素，化学名为反式-8-反式-10-十二碳二烯-1-醇，通过缓慢释放方式散发，对害虫苹果蠹蛾雄虫有诱捕或迷向作用，干扰雌、雄交配，减少幼虫数量。

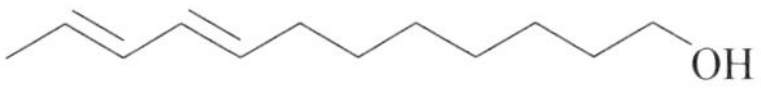

10.2.8 沙蚕毒素类杀虫剂

这是人类开发成功的第一类动物源杀虫剂。按照沙蚕毒素的化学结构，研究人员仿生合成了一系列农用杀虫剂(如杀螟丹、杀虫双、杀虫单、杀虫环、杀虫磺等)，用于防治水稻、蔬菜、甘蔗、果树、茶树等多种作物上的多种食叶害虫、钻蛀性害虫，有些品种对蚜虫、叶蝉、飞虱、蓟马、螨类等也有良好的防治效果。该类化合物对人畜、鸟类、鱼类及水生动物的毒性均在低毒和中毒范围内，使用安全，对环境影响小，施用后在自然界容易分解，不存在残留毒性。

杀虫磺，化学名为 S,S'-[2-(二甲基氨基)-1,3-丙二基]二苯硫代磺酸酯，白色结晶固体，不溶于水，易溶于甲醇和乙腈等有机溶剂，熔点为 83～84℃，在 150℃分解。其盐酸盐的熔点为 163℃，草酸盐的熔点为 127～128℃(分解)，在酸性溶液中稳定，游离碱在室温下储存数月而无变化，高效、低毒及低残留，能防治水稻、蔬菜、甘蔗、果树等多种食叶害虫和钻蛀性害虫，对蚜虫、叶蝉、飞虱、蓟马和螨类等也有良好的防治效果，具有很强的触杀、胃毒、内吸和熏蒸作用，对成虫、幼虫和虫卵均有杀伤力。合成的反应式如下。

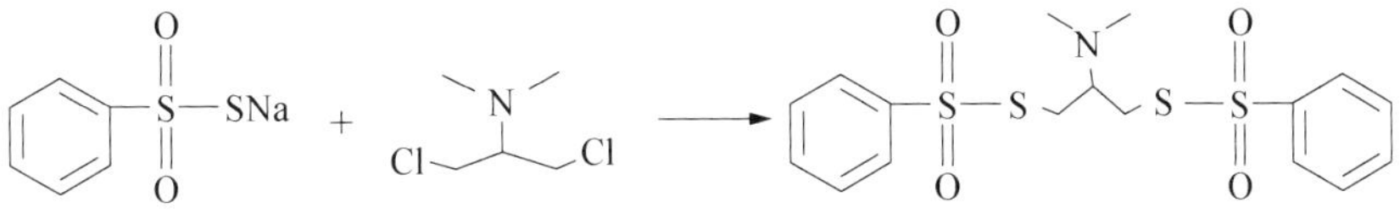

10.3 除草剂

除草剂，又称杀草剂，杀死杂草而不影响农作物正常生长，用于防治农田杂草或杀灭非农耕地的杂草或灌木。除草剂分为选择性除草剂和灭生性除草剂两类。选择性除草剂在一定剂量和浓度的范围内有选择性地杀死某类植物，而对其他植物无害，灭生性除草剂则无选择地伤害植物，主要用于铁路、公路、工厂、仓库、森林防火道及非耕地。1932 年二硝酚被发现，1942 年 2,4-D 被发现，1971 年草甘膦被合成，到 80 年代除草剂已占农药总销售额的 41%，超过杀虫剂而跃居第一位。

10.3.1 除草剂的分类

依据化学结构除草剂分为均三嗪类、磺酰脲类、酰胺类、咪唑啉酮类、有机磷类、芳氧羧酸类、环己烯酮类、二苯醚类、三唑啉酮类、吡唑类、三酮类和异噁唑类等。

根据在植物体内的传导性，除草剂分为触杀性除草剂和内吸性除草剂，前者在植物体内不传导，只能用于防治由种子发芽的一年生杂草；后者吸收后在体内传导而杀死多年生杂草。使用浓度过量时，草、苗都能被杀死或会对作物造成药害。

按作用方式除草剂分为激素类除草剂、需光性除草剂、抑制氨基酸合成类除草剂。

根据使用方法除草剂分为茎叶处理剂、土壤处理剂、土壤兼茎叶处理剂。茎叶处理剂是在杂草出苗后喷洒到茎叶上使其死亡；土壤处理剂是喷洒在土壤表面以杀死未出土杂草；土壤兼茎叶处理剂既能用于土壤处理，也能用于茎叶处理。

10.3.2 除草剂的选择性及其作用机理

1. 除草剂的选择性

选择性是指除草剂在杀灭杂草的同时对作物安全。杂草与庄稼均属于绿色植物，除草剂具有高度选择性或通过使用方法使之获得选择性。

(1) 位差选择性，利用农作物和杂草的种子在土壤中的位置的不同(垂直)和空间位差，选择性地保护性喷洒(水平)。

(2) 时差选择性，利用作物与杂草发芽及出苗的时间差异而形成的选择性。

(3) 形态选择性，利用作物与杂草的形态差异而获得选择性，主要是单、双子叶植物的差异性。

(4) 生理选择性，利用植物对除草剂的吸收与输导的差异而产生的选择性。

(5) 生物化学选择性，利用除草剂在植物体内生物化学反应的差异产生的选择性，主要为除草剂在植物体内活化、钝化反应的差异性。

2. 除草剂的作用机理

(1) 抑制植物光合作用，通过切断能量来源致使杂草死亡。

(2) 破坏植物呼吸作用，造成呼吸作用不能正常进行致使杂草死亡。

3. 抑制植物的生物合成

(1) 抑制脂类的合成。脂类是植物细胞膜的重要组成成分，通过抑制植物脂肪酸合成致使杂草死亡，主要有芳氧苯氧丙酸酯类、环己烯酮类除草剂。

(2) 抑制氨基酸及蛋白质的合成，直接杀灭杂草，如草甘膦通过抑制5-烯醇式丙酮酸莽草酸-3-磷酸合成酶(EPSPS)的活性从而抑制莽草酸向苯丙氨酸、络氨酸及色氨酸的转化，使蛋白质的合成受到干扰导致植物死亡。

(3) 抑制色素的合成。色素是植物生命活动中的关键因子，如叶绿素与光合作用密切相关。这类作用机制的除草剂主要抑制八氢番茄红素脱氢酶(PDS)及4-羟基苯基丙酮酸双氧化酶(HPPD)。用药后植物白化至半透明最终死亡。

(4) 干扰激素平衡。激素对植物的生长发育过程有重要的调控作用。人工合成的植物激素进入植物体后打破原有平衡，使植物生长异常导致植物死亡。

(5) 抑制微管发育。微管是存在于所有真核细胞中的丝状亚细胞结构。它在维持细胞形态、细胞分裂、信号转导及物质输送等过程中起着重要作用。这类作用机制的除草剂通过抑制微管导致植物停止发育而死亡。

10.3.3 均三嗪类除草剂

三嗪又称三氮苯，有1,2,3-三嗪、1,3,5-均三嗪、1,3,4-三嗪。1956年瑞士嘉基公司推出高活性的西玛津。均三嗪类除草剂作用于植物光系统Ⅱ(PSⅡ)的D1蛋白，影响电子传递而抑制植物的光合作用，为选择性除草剂。其主要用于玉米、大豆、甘蔗和果蔬等，通常采用土壤或茎叶处理，防除阔叶杂草、禾本科杂草。商品莠去津为世界上产量最大的除草剂品种，已开发出30多个品种，多为旱田除草剂。

1. 西玛津

西玛津，化学名为2-氯-4,6-二(乙胺基)-1,3,5-三嗪，白色晶体，熔点为226～227℃，蒸气压为8.13 $\times 10^{-7}$ Pa(20℃)，在甲醇中的溶解度为400 mg/L，在水中的溶解度为5 mg/L，在石油醚中的溶解度为2 mg/L，性质稳定，在较强的酸碱条件下和较高温度下易水解生成无活性的羟基衍生物，无腐蚀性，原药熔点为224℃。西玛津为高效选择性除草剂，多用于防除玉米、高粱、甘蔗、茶园、果园等一年生和越年生阔叶杂草和多数单子叶杂草，也用于道路、油田灭生性除草。

合成方法：

三聚氯氰与乙胺在酸接受体存在下反应而得。若以水为介质，在0℃加料，70℃下保温搅拌2.0 h。若在三氯乙烯等溶剂中进行，反应温度为30～50℃。原料投料比例：三聚氯氰(96%)，1 020 kg/t；乙胺(折100%)，520 kg/t；液碱(40%)，100 kg/t；三氯乙烯(工业品)，120 kg/t。

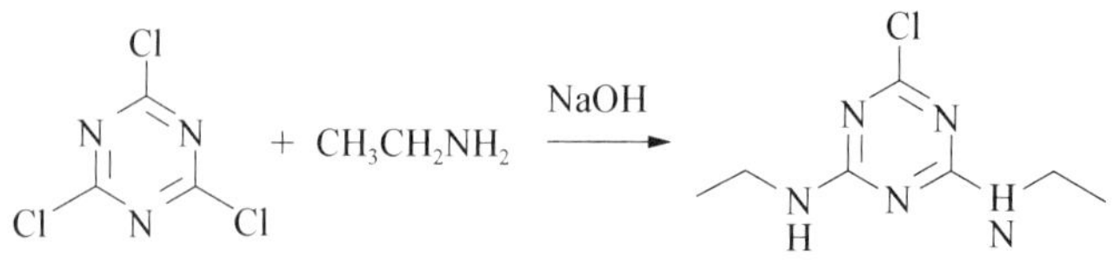

2. 莠去津

莠去津，化学名为2-氯-乙氨基-6-异丙胺基-1,3,5-三嗪。莠去津又称阿特拉津，1958

年由瑞士嘉基公司首先开发。其纯品为无色结晶固体，熔点为 173～175℃，20℃时蒸气压为 4×10^{-5} Pa，微溶于水，易溶于甲醇、氯仿等有机溶剂；在中性、微酸性和碱性下稳定，在较高温度时在强酸、强碱下水解。莠去津在土壤中易被雨水淋洗至较深土层，通过植物的根系吸收传导到叶片，抑制希尔反应，使植物缺绿饥饿死亡，也可直接被叶片吸收而发生毒害。玉米、高粱等可使药剂羟基化而失活，因而有较强抗性。其主要用于玉米田、高粱田、果园、茶园、甘蔗田、苗圃及森林防火道，防除一年生杂草。

合成方法：

在缚酸剂存在下，三聚氯氰先后与乙胺和异丙胺反应制得莠去津。

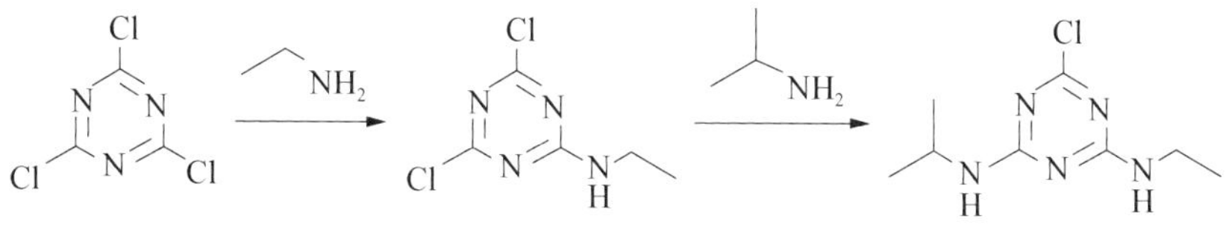

10.3.4 磺酰脲类除草剂

该类除草剂的特点是高活性、低毒性、低残留，主要作用于乙酰乳酸合成酶，导致支链氨基酸（异亮氨酸与缬氨酸）缺乏，使细胞周期停滞于 G1 和 G2 阶段而使植物的根生长受抑制。1978 年利用氯磺隆以极低用量进行苗前土壤处理或苗后茎叶处理，有效防治了麦田与亚麻田中的大多数杂草。目前甲磺隆、甲嘧磺隆、氯嘧磺隆、苯磺隆、阔叶散、苄嘧磺隆等已广泛使用，新品种还在不断出现。

该类除草剂的选择性源于降解代谢的差异。磺酰脲类除草剂呈弱酸性，在土壤中的淋溶性和降解速度受土壤 pH 的影响较大。其淋溶性随着土壤 pH 的增大而增加；在酸性土壤中降解速度快，在碱性土壤中降解速度慢。该类除草剂活性极高，每公顷的施用量只需几克到几十克，能有效地防除阔叶杂草，对禾本科杂草也有抑制作用。大部分磺酰脲类除草剂既能作苗前处理剂，也能作苗后处理剂，少部分磺酰脲类除草剂（如苯磺隆、阔叶散）只能作茎叶处理剂。施用磺酰脲类除草剂后，敏感杂草的叶片在 3～5 d 后失绿，生长点枯死，但杂草完全死亡则很慢，需要 1～3 周。其选择性强，对当季作物安全。

1. 氯嘧磺隆

氯嘧磺隆，化学名为 2-(4-氯-6-甲氧基嘧啶-2-基氨基甲酰氨基磺酰基)苯甲酸乙酯。氯嘧磺隆又称豆黄隆，纯品为白色粉末，工业品为淡黄色粉末，含量在 95%以上，熔点为 186℃，密度为 1.51 g/cm^3（25℃），pKa=4.2，蒸气压为 0.49×10^{-7} mPa，溶于 DMF 和二噁烷等，微溶于丙酮、乙醇，难溶于苯，在水（25℃）中的溶解度为 9 mg/L（pH=5）、1.2 g/L（pH=7），在 pH=5、25℃的水溶液中水解的半衰期为 7～25 d。氯嘧磺隆属于侧链氨基酸合成抑制剂，用于大豆田除草，是通过根和芽吸收的一种内吸性除草剂，能迅速控制敏感杂草的生长，芽后施用敏感植物的叶片 3～5 d 失绿，生长点坏死，7～21 d 内生长受到抑制，被矮化而无竞争性。

合成方法：

(1) 2-氨基-4-氯-6-甲氧基嘧啶的制备

由丙二酸二乙酯、无水乙醇和碳酸胍制得 2-氨基-4,6-二羟基嘧啶，2-氨基-4,6-二羟

基嘧啶再和 $POCl_3$ 回流制得 2-氨基-4,6-二氯嘧啶，然后 2-氨基-4,6-二氯嘧啶与甲醇钠反应得 2-氨基-4-氯-6-甲氧基嘧啶。

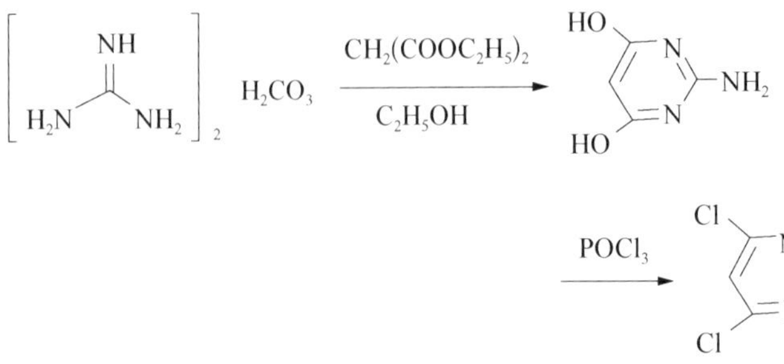

(2) 邻(甲酸乙酯)苯磺酰基异氰酸酯的制备

由无水乙醇和糖精反应得邻(甲酸乙酯)苯磺酰胺，邻(甲酸乙酯)苯磺酰胺再与异氰酸正丁酯及少许 1,4-二氮杂二环[2.2.2]辛烷加热回流，通入光气得到邻(甲酸乙酯)苯磺酰基异氰酸酯。

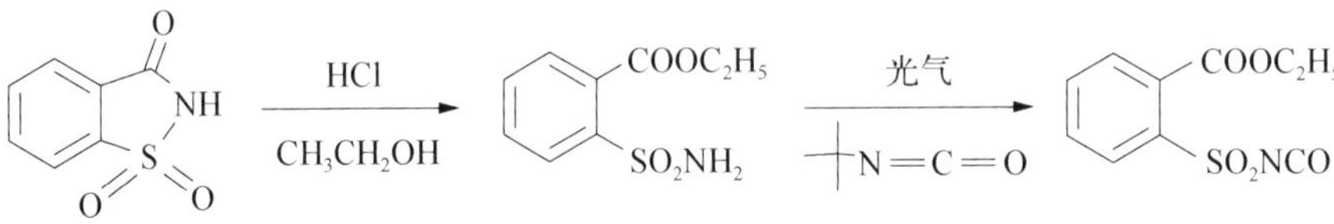

(3) 氯嘧黄隆的合成

邻(甲酸乙酯)苯磺酰基异氰酸酯与 2-氨基-4-氯-6-甲氧基嘧啶反应得氯嘧黄隆。

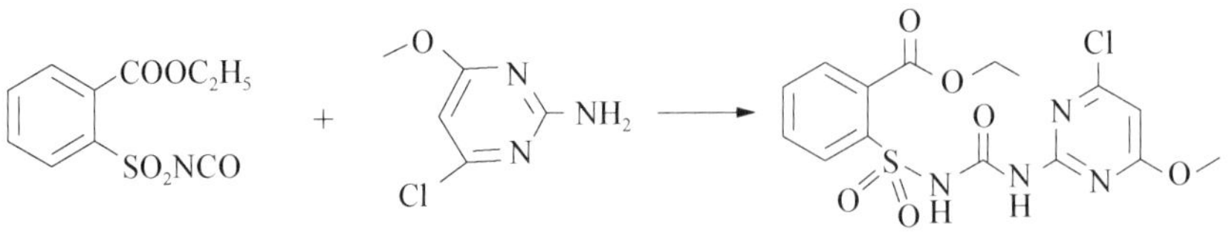

2. 甲基二磺隆

甲基二磺隆，化学名为 2-[(4,6-二甲氧基嘧啶-2-氨基羰基)氨基磺酰基]-α-(甲基磺酰氨基)对甲苯甲酸甲酯，类白色或浅黄色粉末，密度为(1.5 ±0.1)g/cm³，熔点为 195.4℃，折射率为 1.59，储存温度为 0～6℃。其由拜耳公司于 2002 年开发，对冬小麦、春小麦一年生禾本科杂草和部分阔叶杂草有较好的防效。

合成方法：

以对甲苯腈为原料，经氯磺化-氨解、氧化、还原、甲磺酰化、醇解反应得到关键中间体 5-甲磺酰氨基甲基-2-甲氧羰基苯磺酰胺。5-甲磺酰氨基甲基-2-甲氧羰基苯磺酰胺再与 4,6-二甲氧基-2-(苯氧基羰基) 氨基嘧啶反应制得甲基二磺隆。

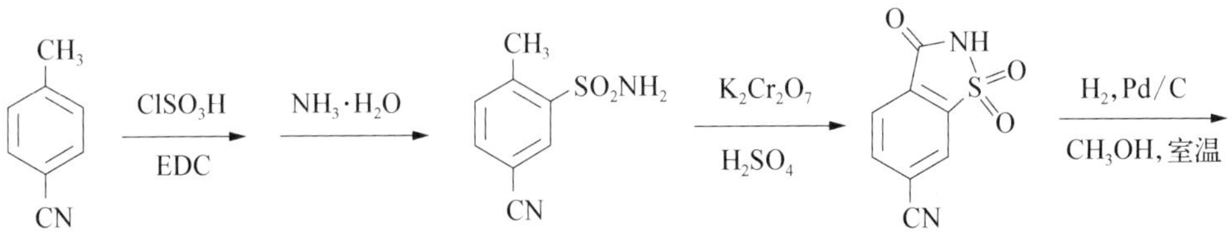

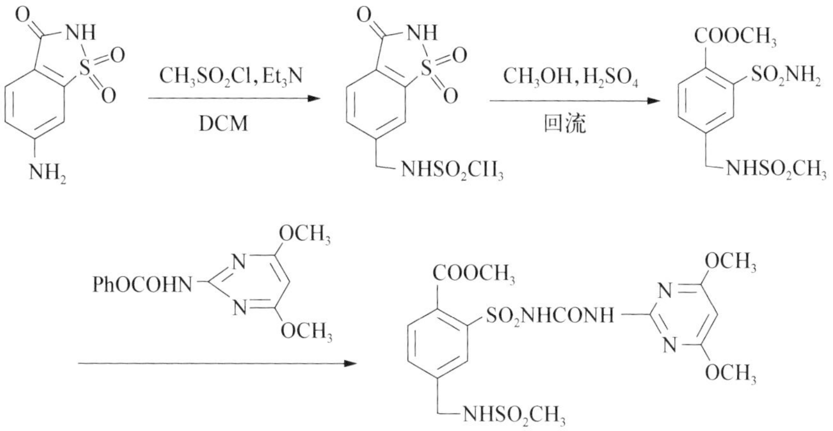

3. 烟嘧磺隆

烟嘧磺隆,化学名为1-(4,6-二甲氧基嘧啶-2-基)-3-(3-二甲基氨基甲酰-2-吡啶磺酰)脲,商品名为玉农乐,由日本石原产业株式会社开发,纯品为白色结晶,纯品的熔点为172～173℃,工业品的熔点为169～173℃;溶解度:二氯甲烷,16%;DMF,6.4%;氯仿,6.4%;水,12%。分配系数(正辛醇/水)为0.44(pH=5)、0.017(pH=7)、0.01(pH=9);在稀水溶液和土壤环境中容易分解和代谢。该类物质具备广谱、高效、低毒、低残留、高选择性,属于侧链氨基酸合成抑制剂,被杂草茎叶和根部吸收,随后在植物体内传导使杂草停止生长,施药后8～10 d杂草失绿,20 d左右杂草死亡。其主要用于防除玉米田一年生和多年生禾本科杂草、莎草和某些阔叶杂草,对狭叶杂草的活性超过阔叶杂草,对玉米作物安全。其可防治的杂草有稗草、野燕麦、狗尾草、马唐、牛筋草、野黍、反枝苋、龙葵、苍耳、苘麻、刺儿菜、莎草等,尤其对稗草、狗尾草、马唐、牛筋草、香附子、画眉草效果突出。

合成方法:

以2-氯烟酸为起始原料经酰胺化、磺化、氨化制得中间产物2-氨基磺酰基-*N*,*N*-二甲基吡啶酰胺,再与氯甲酸酯反应,然后与2-氨基-4,6-二甲氧基嘧啶反应,即得烟嘧磺隆。其反应式如下:

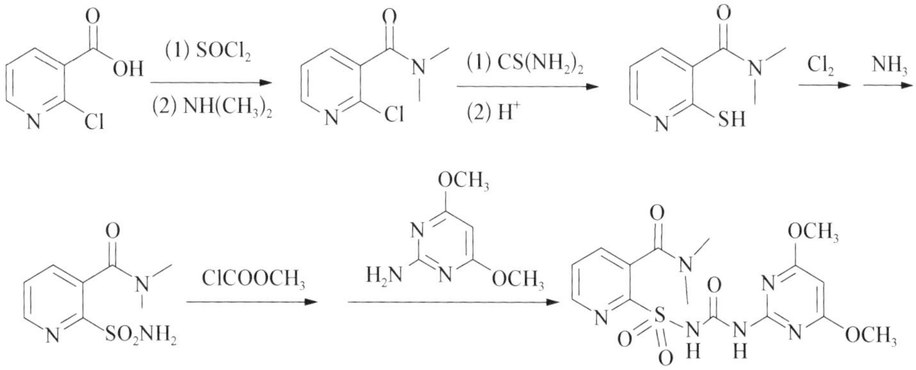

10.3.5 酰胺类除草剂

该类除草剂用于玉米、花生、大豆、棉花等多种作物,防除一年生禾本科杂草和部分阔叶杂草。该类药剂杀草谱广、效果显著、价格低廉、施用方便。

其除草机制是通过抑制发芽种子的 α -淀粉酶和蛋白酶的活性从而抑制幼芽和根生长，同时抑制软脂酸和油酸的生物合成，或抑制光合作用。按照使用时期和处理方式，酰胺类除草剂分为芽前土壤处理剂和茎叶处理剂两大类，土壤处理剂主要有甲草胺、乙草胺、异丙甲草胺、丙草胺、丁草胺、毒草胺。茎叶处理剂主要有敌稗、新燕灵、甲氟胺、氟草胺、戊草胺、甲戊胺等。

酰胺类除草剂的市场占有率第二，各公司相继开发了敌稗、新燕灵、甲氟胺、毒草胺、甲氧毒草胺、丁草胺、甲草胺、乙草胺、都尔、丙草胺等品种，大多数为土壤处理剂。氯代乙酰胺品种占重要地位，单子叶植物的吸收部位是幼芽，双子叶植物主要通过根吸收。茎叶处理剂进入土壤无活性，只能防治一年生禾本科杂草幼芽，对成株杂草无效。土壤处理剂的持效期一般为1～3个月，这是因为土壤微生物能够水解所有的该类除草剂并形成相应的苯胺。酰胺类除草剂在植物体内易于降解，通过 N -脱烷基化作用、水解、氧化，特别是轭合作用进行降解而丧失其对植物的毒性。

1. 敌稗

敌稗，化学名为 N -(3,4 -二氯苯基)丙酰胺，纯品为白色针状结晶，熔点为 92～93℃，蒸气压为 1.2×10^{-2} Pa(60℃)。溶解度：乙醇，54%；二甲基甲酰胺，60%；环己酮，35%；甲乙酮，25%。其在酸性和碱性介质中水解为 3,4 -二氯苯胺和丙酸，在土壤中易分解，成品在储存期析出结晶，对金属无腐蚀性。

敌稗是一种高选择性的触杀型除草剂，用于秧田或直播田，是防除稗草的特效药，也用于防除禾本科和双子叶杂草，如鸭舌草、水芹、马唐、狗尾草等。敌稗只是在药剂接触部位起作用，有多种作用机制：破坏光合作用、抑制呼吸、干扰核酸与蛋白质合成等，使敏感植物加速失水、逐渐枯干死亡。水稻对敌稗的降解能力比稗草大 20 倍，相对安全。使用时一般在稗草二叶至三叶一心期，用 113～150 mL/100 m^2 的 20%敌稗乳油兑水 5.3 kg 做茎叶喷雾处理。喷药前夜宜排干水层，第二天露水干后施药，再隔 24 h 灌水，保持 2 d 后正常排灌。温度高于30℃时易产生药害。

合成方法：

合成方法 1：以无水氯苯为溶剂，将 3,4 -二氯苯胺与溶剂加热到 90℃左右，滴加丙酰氯，控制温度在 80～100℃，1～1.5 h 内滴加完毕，升温到 110℃使反应完全，然后冷却至 80℃，用冷水洗涤至 pH=6～7 后蒸出氯苯和水，回收氯苯，剩余物再经减压脱水得敌稗。

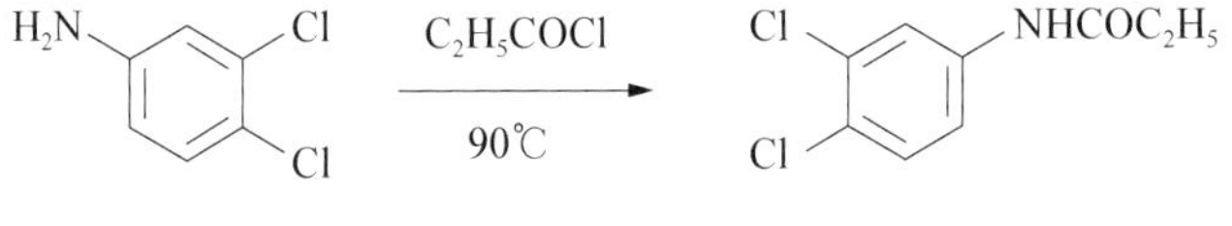

合成方法 2：将 3,4 -二氯苯胺(约 1.75 k mol)的氯苯溶液、142 kg 丙酸、76.9 kg 烧碱(配成 40%的溶液)混合后加热到 92℃，氯苯和水共沸蒸出，温度达 137～138℃时脱水完成，降温至 90℃，在 30～60 min 内均匀加入 121 kg PCl_3(溶于 150 kg 氯苯)，加完后升温到 110℃保温 2.0 h，降温、过滤，滤液中和后进行水蒸气蒸馏以除去氯苯，冷却结晶得浅黄色固体，过滤、干燥，收率为 90%，产品纯度为 95%。

2. 氟噻草胺

氟噻草胺，化学名为 N -(4 -氟苯基)- N -异丙基- 2 -[5 -(三氟甲基)- 1,3,4 -噻二唑-2 -基氧基]乙酰胺，1998 年由拜耳公司合成，纯品为白色或棕色固体，熔点为 75～77℃。其与氯代乙酰胺类除草剂具有类似的杂草防除谱，用于玉米、大豆、番茄、马铃薯、水稻等作物，防除一年生禾本科杂草、莎草科杂草和一些小粒阔叶杂草。目前氟噻草胺主要用作土壤处理剂，芽前、芽后皆可使用。

合成方法：

合成方法1：首先对氟苯胺与2-氯丙烷反应，其产物再分别与氯乙酰氯、乙酸钠反应，水解成羟基化合物；三氟乙酸和氨基硫脲合成噻二唑氯化物，两者缩合得到最终产物。

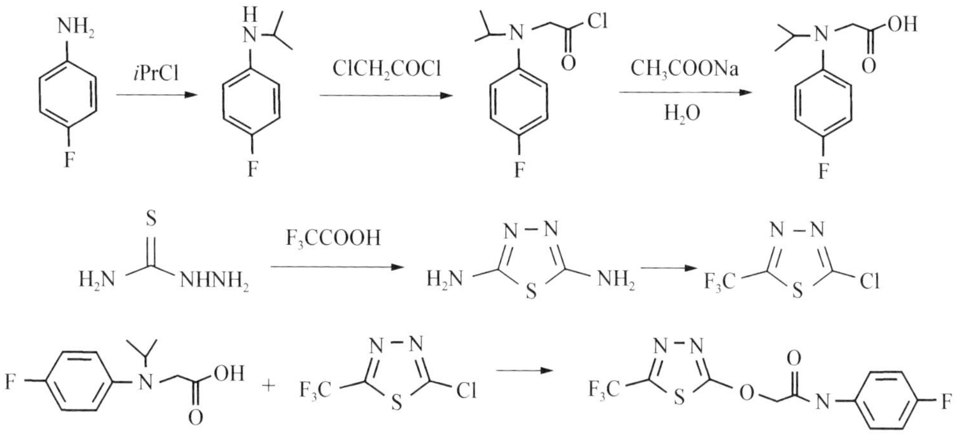

合成方法2：以三氟乙酸和水合肼为原料，制备中间体2-甲砜基-5-三氟甲基-1,3,4-噻二唑；丙酮与对氟硝基苯经催化加氢生成 *N*-异丙基对氟苯胺，再制备中间体 *N*-(4-氟苯基)-*N*-异丙基-2-羟甲基乙酰胺，两个中间体缩合得产物。

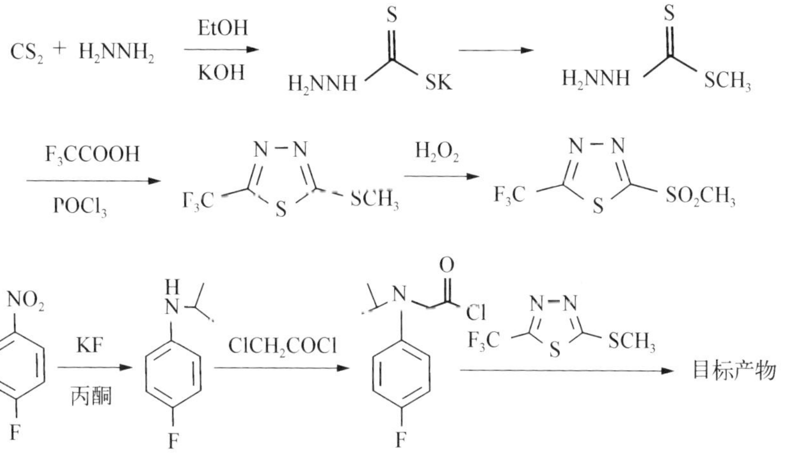

10.3.6 咪唑啉酮类除草剂

该类化合物的合成和筛选始于1975年，1983年合成了灭草烟及其异丙铵盐、灭草喹及其铵盐，使咪唑啉酮化合物成为除草剂新品种。随后咪草酯、咪草烟及其铵盐相继被开发出来。咪唑啉酮类除草剂是继磺酰脲类除草剂后的第二类超高效除草剂，包括六类产品：咪唑喹啉酸、咪唑乙烟酸、甲氧咪草烟、咪草酯、甲咪唑烟酸和咪唑烟酸。该类除草剂既可用作土壤处理剂，又可通过茎叶喷施，除草效率高、使用剂量小、毒性低、使用方便，用于大豆、苜蓿、花生等旱田作物，防除一年生和多年生禾本科杂草、阔叶杂草和莎草，科杂草。

这类除草剂是乙酰乳酸合成酶(ALS)或乙酰羟酸合成酶(AHAS)的抑制剂，通过根、茎、叶吸收并在木质部和韧皮部传导，积累于植物分生组织内，抑制植物的 ALS，阻止支链氨基酸（如缬氨酸、亮氨酸、异亮氨酸）的合成，从而阻止合成蛋白质，干扰 DNA 合成及细胞分裂与生长，造成植物死亡。豆科植物 AHAS 的活性较高，能够迅速代谢和降解该类除草剂，敏感植物由于不能代谢此类除草剂或代谢速度慢而受害。*R*-(+)异构体对 AHAS 的抑制活性约为 *S*-(−)异构体的 8 倍，咪唑乙烟酸 *R*-(−)异构体对水稻生长的抑制作用高于 *S*-(+)异构体。

代表性产品咪草烟属于杂环类除草剂，又称为普杀特、咪唑乙烟酸、豆草唑、普施特、灭草烟，其异丙铵盐适用于所有杂草的防除，对莎草科杂草，一年生和多年生单子叶杂草、阔叶杂草和杂木有卓越的除草活性，可在芽前或芽后使用，能迅速被植物的根和叶片吸收，抑制植物侧链氨基酸合成，使杂草生长受抑制，促使其死亡。用药量在 100 g 有效成分/10 000 m^2 以上时，施药初期对大豆生长有明显的抑制作用，但能很快恢复。该药在土壤中的残效期较长，低洼田块、酸性土壤慎用，在施用咪草烟的土地上三年内不能种植对本药敏感性的作物，如白菜、油菜、黄瓜、马铃薯、茄子、辣椒、番茄、甜菜、西瓜、高粱等，但后茬可种春小麦、大豆或玉米。

合成方法：

首先 2,3-吡啶二羧酸与乙酸酐在甲苯中反应生成酸酐，然后与 $(CH_3)_2CHCCH_3(CN)NH_2$ 在 10～12℃下反应生成氨基甲酰基烟酸，再用 H_2O_2 在 NaOH 水溶液中水解，最后升温到 70℃进行环合反应。

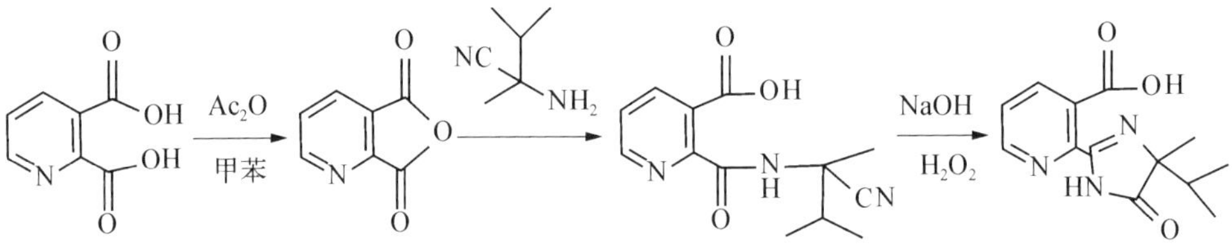

10.3.7 有机磷类除草剂

草甘膦、草铵膦和双丙氨膦等有机磷类除草剂销量最大。草甘膦能被植物茎叶吸收，在植物体内传导迅速，既能沿木质部向上传导，也能沿韧皮部向下传导。草甘膦主要抑制 5-烯醇丙酮酰莽草酸-3-磷酸合成酶(EPSPS)，同时抑制叶绿素合成，干扰植物蒸腾作用。

1. 草甘膦

草甘膦，化学名为 *N*-(磷酸甲基)甘氨酸，一种非选择性内吸传导型除草剂，纯品为白色固体，密度为 0.5 g/cm^3，熔点为 230℃(伴随分解)。使用时将其制成异丙铵盐或钠盐。其异丙铵盐是著名的除草剂“Roundup”的活性成分，通过溶解杂草的叶枝茎表面蜡质层迅速进入植物传导系统产生作用，使杂草枯竭死亡。其机理是打断莽草酸-3-磷酸和烯醇丙酮磷酸向 5-烯醇丙酮酰莽草酸-3-磷酸(EPSP)的转化，导致莽草酸积累从而导致植物死亡。此外，草甘膦在高等植物内的代谢十分缓慢，药效长久。草甘膦运转性能高、降解缓慢、植物毒性高，是理想的多年生杂草除草剂，对多年生恶习性杂草(如茅草、香附子、狗牙根)有很好的防除效果。

合成方法

合成方法 1：亚磷酸二烷基酯法，以甘氨酸、亚磷酸二烷基酯、多聚甲醛为原料，经加成、缩合、水解制得，产品纯度为 95%，总收率为 80%，成本较低。

合成方法 2：氯甲基膦酸法，PCl_3 和多聚甲醛(POM)在 200～250℃、2.5～3.0 MPa 下反

应3～5 h得氯甲基膦酰二氯，PCl_3 与POM的配比为1.2～1.5，收率为67%，使用Lewis酸催化，收率为80%～89%，水解可得氯甲基膦酸。

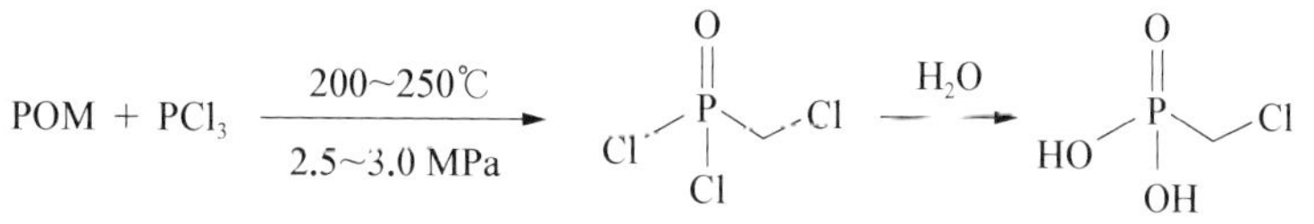

首先等物质的量的氯甲基膦酸和甘氨酸在NaOH水溶液（pH>10）中回流反应10～20 h，然后用盐酸酸化得草甘膦。如酸化至pH=4，为一钠盐；pH=8.5时为二钠盐，若加等物质的量的二甲胺，即得草甘膦二甲胺盐溶液。

合成方法3：亚氨基二乙酸法，将氯乙酸在 $Ca(OH)_2$ 存在下与氨水反应，经酸化后用NaOH中和制得亚氨基二乙酸，收率为85%。或以HCN为原料，与甲醛和氨反应制得，收率为90%。

亚氨基二乙酸与甲醛、亚磷酸在硫酸存在下加热反应制得双甘膦，收率为90%。

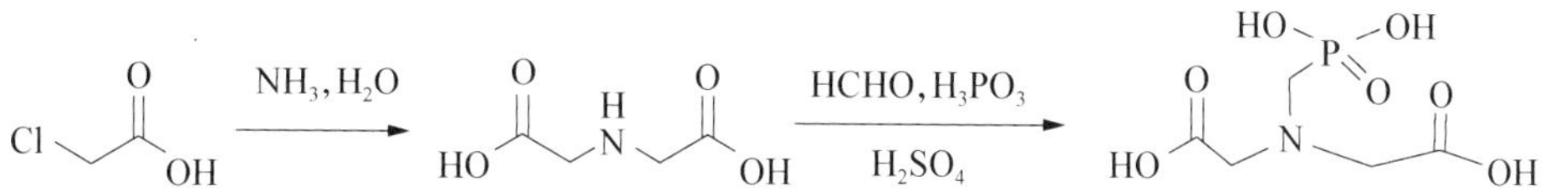

将双甘膦与水混合，与过量的 H_2O_2 在等物质的量的硫酸存在下，加热反应制得草甘膦，收率在90%～95%。

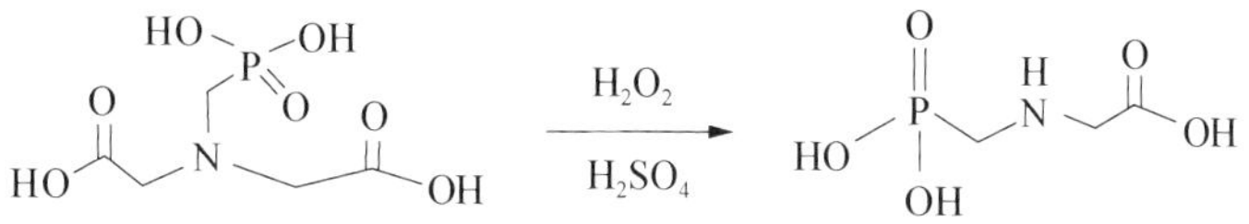

双甘膦的氧化除了用 H_2O_2，还可用浓硫酸、贵金属（钯、铑等）氧化物，也可用活性炭空气氧化或电解等方法。例如，将10份双甘膦、170份水及0.6份5%钯-活性炭催化剂置于高压釜中，通氧至 2.07×10^5 Pa，于90～100℃下反应制得草甘膦，收率为96%，纯度为97%。

2. 莎稗磷

莎稗磷，又称镇草宁、农达，化学名为 *S*-4-氯-*N*-异丙基苯氨基甲酰基甲基二硫代磷酸二甲酯，属于非选择性内吸传导型茎叶处理除草剂，在20世纪70年代由孟山都公司开发，纯品为白色无臭固体，熔点为200℃，稍溶于水，微溶于乙醇、乙醚，不溶于常用的有机溶剂。商品形式为钠盐、异丙胺盐或二甲胺盐的水剂，可通过绿色植物的茎、叶吸收并输导到其他部位及根部，干扰植物体内苯丙氨酸及酪氨酸的合成，并使细胞染色体失常。药剂只能作茎叶喷洒，不可作土壤处理（在土壤中会钝化失去杀草活性）。适用于果园、桑园、橡胶园、防火道、非农耕地及农田播前防除已出苗的一年生、多年生及双子叶杂草。对人、畜低毒。

合成方法：

(1) *N*-异丙基对氯苯胺的合成。将对氯苯胺、2-溴丙烷依次加入反应釜中，加热搅拌反应数小时后，冷却，加入NaOH溶液搅拌分层，油层用水洗至中性，水层用溶剂萃取，合并油层，脱溶剂得紫红色液体，或减压蒸馏得无色液体，收率为95%～98%，纯度为95%～97%。

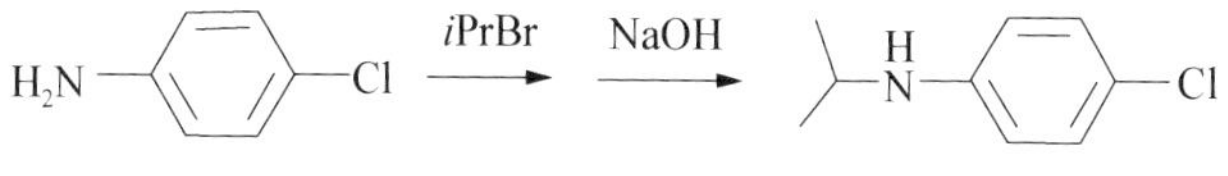

(2) N-氯乙酰基-N-异丙基对氯苯胺的合成。将 N-异丙基对氯苯胺、溶剂、氯乙酰氯依次投入反应釜中加热搅拌反应数小时后加水搅拌，分层，油层用水洗涤 3 次，水层用溶剂萃取，合并油层，脱除溶剂得浅红色固体，收率为 98%，纯度≥96%。

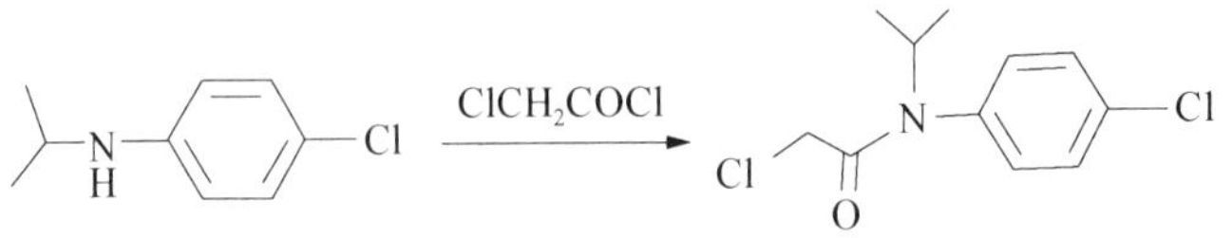

(3) 莎稗磷的合成。向反应釜中依次加入 N-氯乙酰基-N-异丙基对氯苯胺、缚酸剂、溶剂，及 O,O-二甲基二硫代磷酸，搅拌反应数小时，反应结束后加水搅拌，分层，油层用水洗涤至中性，脱溶剂后得到莎稗磷原药成品，收率为 88%～90%，纯度为 87%～90%。

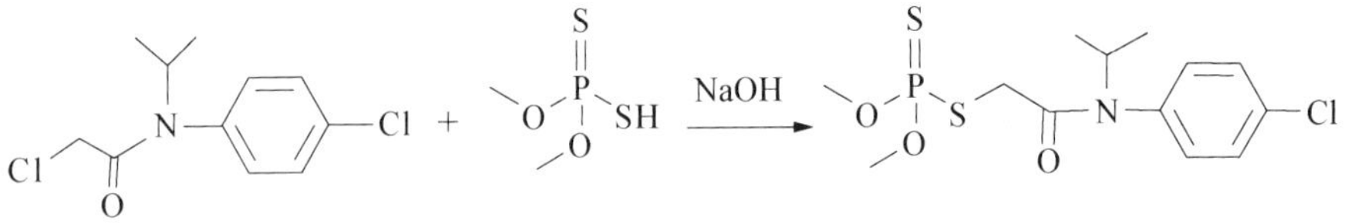

10.4 杀菌剂

杀菌剂对病原菌起抑制或毒杀作用，能防治农作物病害。常见的杀菌剂有波尔多液、代森锌、多菌灵、粉锈宁、克瘟灵等。

10.4.1 杀菌剂的分类

(1) 按使用方式分类

① 保护剂，抑制病原孢子萌发或杀死萌发的病原孢子以保护植物免受其害，有硫酸铜、绿乳铜、代森锰锌、波尔多液、代森锌、百菌清等。

② 治疗剂，从植物表皮渗入植物组织内部，经过输导、扩散或产生代谢物来杀死或抑制病原，恢复植物健康，有多菌灵、甲基托布津、春雷霉素等。

③ 铲除剂，直接杀死侵入植物的病原物，有五氯酚钠、福美砷、石硫合剂等。

(2) 按传导特性分类

① 内吸性杀菌剂，能被植物的叶、茎、根、种子吸收进入体内，具有治疗和保护作用，有异稻瘟净、抑霉唑、多菌灵、甲基托布津、敌克松、粉锈宁、甲霜铜、杀毒矾、力克菌、多霉清、霜疫清、甲霜灵等。

② 非内吸性杀菌剂，不能被植物内吸并传导、存留，不能防治深入植物体内的病害，只具有保护作用，有草木灰、波尔多液、代森锰锌、福美双、百菌清、硫酸锌、硫酸铜、多果定、绿乳铜、表面活性剂、增效剂、硫合剂等。

10.4.2 杀菌剂的作用机理

1. 杀菌剂对菌体细胞结构和功能的破坏

(1) 破坏细胞壁，真菌细胞壁的主要成分是几丁质和一些纤维素，而细菌细胞壁的主要成分是肽多糖。杀菌剂多是破坏这些成分导致细胞壁畸形坏死。

(2) 破坏细胞膜,破坏细胞膜的分子、亚分子结构,使细胞膜结构出现裂缝、空隙,从而失去正常的生理功能。

(3) 破坏菌体,破坏各细胞器的生理代谢功能,从而干扰细胞代谢。

2. 杀菌剂对菌体内能量生成的影响

杀菌剂直接影响菌体细胞内的三大能量循环和代谢,从而达到杀菌目的。例如,通过生成特定物质来阻断乙酰辅酶A的形成;抑制三羧酸循环中关键酶的活性;干扰呼吸电子传递链;干扰脂质氧化,阻断菌体的能量代谢;使氧化磷酸化解偶联,阻碍能量的供应,造成菌体内能量的短缺枯竭。

3. 杀菌剂对代谢物质的生物合成及其功能的影响

生成碱基配对类似物,造成"掺假"的核酸,使配对无效,影响真菌核酸的聚合,毒杀细胞内核糖核酸聚合酶,影响蛋白质的合成和功能。

10.4.3 常用的几种杀菌剂

1. 福美双

福美双,又称四甲基秋兰姆二硫化物,纯品为无色结晶,熔点为155~156℃,相对密度为1.29,易溶于苯、氯仿(230 g/L)、丙酮(80 g/L)、二硫化碳等有机溶剂,微溶于乙醚和乙醇(<10 g/L),不溶于水(30 mg/L),遇酸分解。其工业品为白色或淡黄色粉末,熔点为146℃。

福美双属广谱的保护性杀菌剂,残效期为7天,用于处理种子和土壤,防治禾谷类作物白粉病、黑穗病、稻秧苗立枯病,也用于果树、蔬菜病害。如用500 g 50%可湿性粉剂拌种,可防治稻瘟病,稻胡麻叶斑病,大麦、小麦黑穗病。除此之外,该品种可作为天然胶、合成胶及胶乳的超促进剂,用于制造轮胎、内胎、胶鞋、电缆等工业制品。

合成方法:

(1) 福美钠的制备。二甲胺盐酸盐和 CS_2 在 NaOH 存在下生成二甲氨基二硫代甲酸钠(福美钠),反应温度为50~55℃,pH 为8~9。

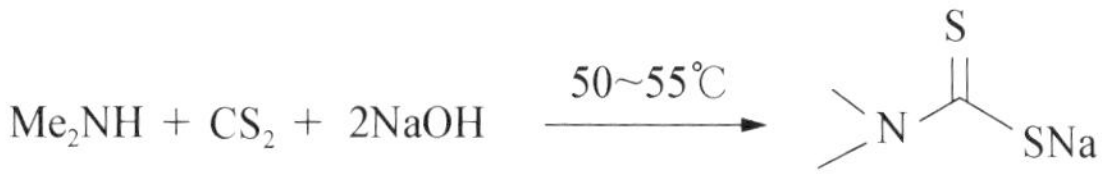

(2) 福美双的制备。在硫酸存在下福美钠与 H_2O_2 生成福美双,反应温度在10℃以下,终点 pH 为3~4。也可用氯气代替 H_2O_2 和硫酸,反应在筛板塔中进行,氯气稀释后从塔底部进入,塔顶喷淋5%的福美钠溶液,又称氯气-空气氧化法。也可采用亚硝酸钠氧化法或电解氧化法。

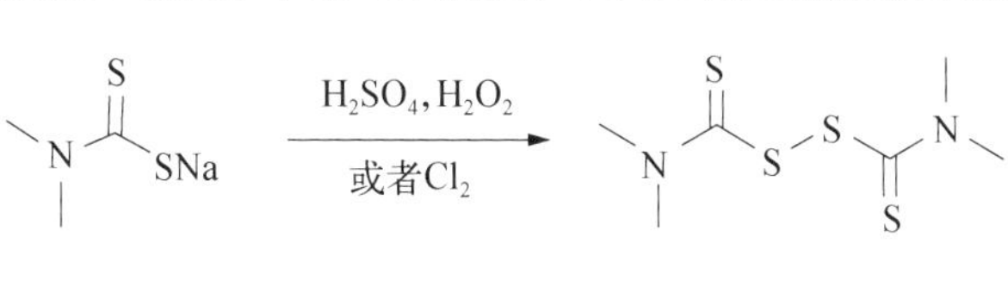

2. 代森锰锌

代森锰锌,又名乙撑双二硫代氨基甲酰锰和锌的络盐。这是一种广谱性多作用位点的保护性杀菌剂,用于防治蔬菜、粮食和果树的多种病害,可单独使用,也可与多种内吸性杀菌剂复配使用,防治效果理想且不易产生抗性。

代森锰锌的纯品为白色粉末,工业品为灰白色或淡黄色粉末,有臭鸡蛋味,难溶于水,不溶于大多数有机溶剂,仅溶于吡啶,对光、热、潮湿不稳定,遇碱性物质或铜、汞等均易分解形成二硫化碳，使药效降低。

合成方法：

将代森钠与浓氯化锰或硫酸锰溶液反应制得浆状代森锰液，然后将代森锰与硝酸锌或硫酸锌溶液反应，经喷雾干燥后得到最终产品。

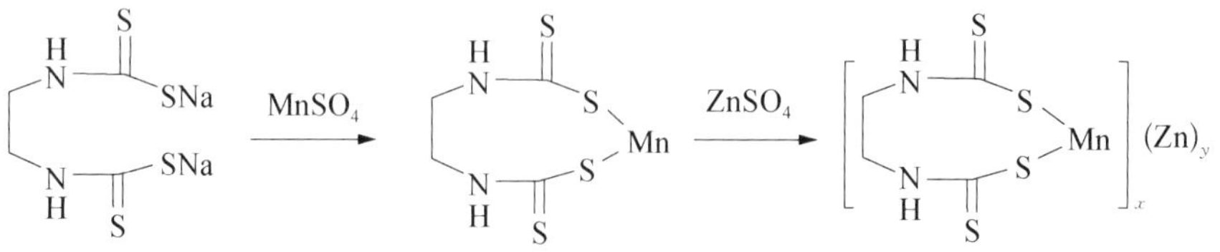

3. 灭菌丹

灭菌丹，化学名为 *N*-(三氯甲基硫)邻苯二甲酰亚胺，纯品为白色结晶，熔点为 177℃，微溶于有机溶剂，在干燥状态下稳定，遇水缓慢水解，在高温或碱性条件下迅速水解。其纯品无腐蚀性，水解产物有腐蚀性。

灭菌丹是广谱性治疗和保护性有机硫类杀菌剂，可防治葡萄、马铃薯等多种作物的晚疫病、白粉病、叶锈病、叶斑点病，对鱼高毒，对蜜蜂及野生生物低毒。1948 年灭菌丹在美国上市，现有 200 多个产品在生产和使用。

合成方法：

(1) 邻苯二甲酰亚胺的合成。将苯酐与尿素以 1∶0.24 的配比称量后混匀。将胺化釜在 0.5 MPa 蒸汽加热下预热 10 min，开动搅拌器，迅速投入混合料，使反应在 15～20 min 内达到完全"喷雾"状态，反应完毕后迅速加水，结晶在水中析出，抽滤得产品，收率为 90%～95%。

(2) 硫代次氯酸三氯甲酯的合成。将水、CS_2 及浓 HCl 加入氯化器中，搅拌降温至 28～30℃，通氯至吸收完全，反应 2～3 h，反应后分出油层，水洗即得硫代次氯酸三氯甲酯，收率为 80%。

$$CS_2 + 5Cl_2 + 4H_2O \longrightarrow ClSCCl_3 + H_2SO_4 + 6HCl$$

(3) 灭菌丹的合成。将 5%的 NaOH 溶液置入缩合釜中，搅拌并降温至－2℃，加入邻苯二甲酰亚胺搅拌 15～20 min 成为钠盐，在 10℃以下滴加硫代次氯酸三氯甲酯，当反应物的 pH＝8～9 时出料，过滤、干燥，即得灭菌丹，收率为 50%。

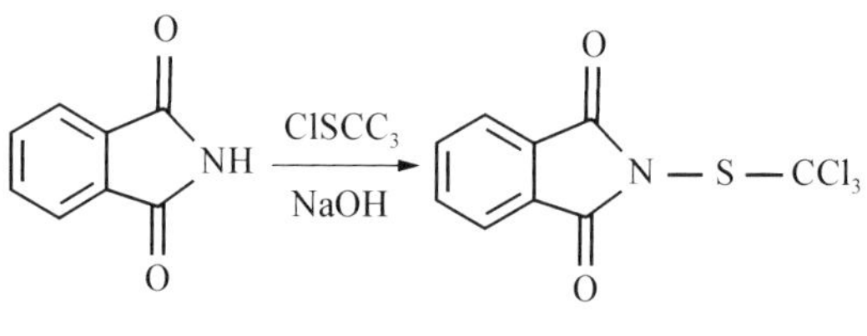

4. 异稻瘟净

异稻瘟净，化学名为 *S*-苄基-*O*,*O*-二异丙基硫代磷酸酯，纯品为无色透明液体，沸点为 126℃(5.332 Pa)，密度为 1.107 g/cm³，熔点为 22.5～23.8℃，溶于多种有机溶剂，不溶于水，对光、酸较稳定，在碱性环境中分解，工业品为淡黄色油状液体。其属于内吸性有机磷类杀菌剂，阻止菌丝生长和孢子形成，兼有预防和治疗作用，用于防治稻瘟病，药效高于稻瘟净，持效期更长。防治稻瘟病时用 40%乳油的 600～800 倍稀释液，在苗瘟、叶瘟发病初期施药，隔 5～7 d

喷1次,2～3次即可。异稻瘟净对水稻纹枯病、小球菌核病及稻飞虱也有防治效果,与某些农药混配有增效作用。

合成方法：异丙醇与 PCl_3 反应制取中间体异丙基亚磷酸酯,再与氨、氯化苄和硫黄反应制得该品。

(1) 异丙基亚磷酸酯的制备。异丙醇与 PCl_3 以 215 kg/h、PCl_3 50 kg/h 的速度连续进料,混合后猛烈反应,产生的 HCl 通过真空泵从混料锅迅速排除,生成的粗酯进入降膜式甩盘脱酸器,经加热后进一步脱酸,以 120～130℃的温度离开脱酸器。将剩余物冷却至 40℃以下,即得含量为 92%～95%的中间体,收率为 95%～98%。从混料锅中抽出的气体含异氯丙烷,除去 HCl 后,作为副产物回收。

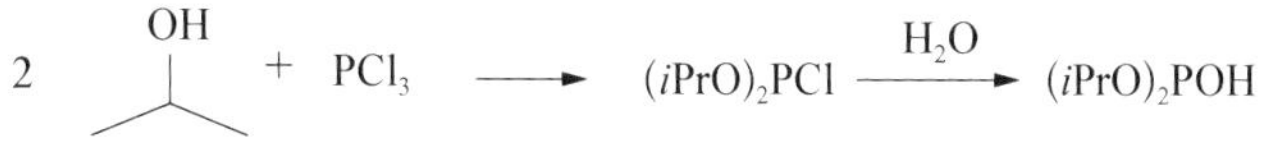

(2) 异稻瘟净的合成。将异丙基亚磷酸酯、氯化苄、硫黄(物质的量之比为 1 ∶ 1.05 ∶ 1.02)加入甲苯中,通入氨气,在 85～90℃下保温搅拌反应 2.0 h,水洗除去杂质和氯化铵,对粗品进行连续蒸馏以脱除水分和甲苯,即得含量为 85%～90%的异稻瘟净原油,收率约为 90%。

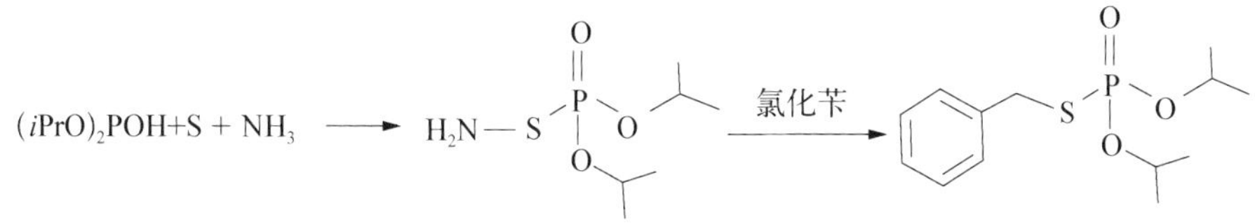

5. 抑霉唑

抑霉唑,化学名为 1-(beta-烯丙氧基- beta-2,4-二氯苯乙基)咪唑,纯品为黄色至棕色结晶,相对密度 1.242 9(23℃),蒸气压为 9.33×10^{-6} Pa,熔点为 52℃,沸点大于 340℃,易溶于乙醇、甲醇、苯、二甲苯、正庚烷、己烷、石油醚等有机溶剂,溶解度大于 500 g/L,微溶于水,对热稳定,在室温、避光下储存稳定。抑霉唑可加工成硫酸盐或硝酸盐而溶于水,属于内吸性杀菌剂,对侵袭水果、谷物、蔬菜和观赏植物的真菌病害有防效,尤其是柑橘、香蕉和其他水果,经喷洒、浸渍能防治收获后的腐败,对长蠕孢属、镰孢属、壳针孢属和核果褐锈病等病原菌具有高效防治作用,对抗多菌灵的青霉菌品系有较高的防效。使用剂量：拌种时,每 100 kg 种子使用 4～5 g 有效成分进行处理;对于收获后水果,每吨用 2～4 g 有效成分进行处理;对于蔬菜,用每 100 L 含 5～30 g 有效成分的药液进行处理。

合成方法：

(1) 2′,2,6-三氯苯乙酮的制备。将 14.7 g 间二氯苯与 16.7 g 无水 $AlCl_3$ 混合后,在搅拌下滴加 12.6 g 氯乙酰氯,滴毕反应 3.0 h,水解、过滤、水洗、干燥后得粗品,用乙醇重结晶,收率为 83.7%。

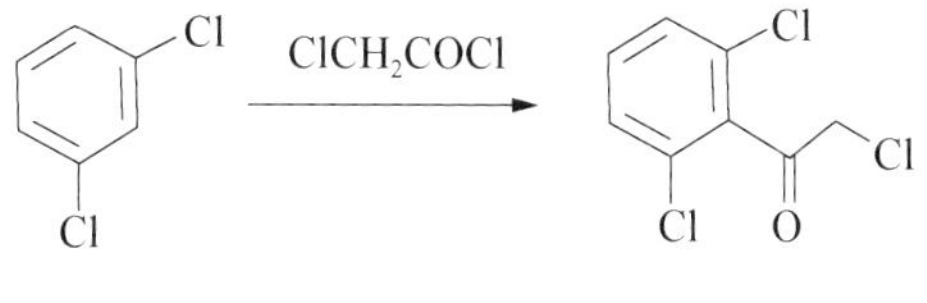

(2) 1-氯甲基-2,4-二氯苯甲醇的制备。将 6.7 g 上步产物和无水甲醇搅拌溶解,在冰水浴下分批加入硼氢化钠,加毕后继续反应 5 min,加 30 mL 水,搅拌 10 min,蒸出甲醇,用稀盐

酸中和，过滤，干燥后得6.3 g产品，收率为93%。

(3) 1-[2-(2,4-二氯苯基)-2-羟基乙基]-1H-咪唑的制备。将1.0 g上步产物、0.3 g咪唑、0.2 g有机胺、0.2 g粉状NaOH、5.5 mL有机溶剂混合后，于70℃下搅拌反应4.0 h，冷却，加30 mL水，过滤、干燥后得1.0 g固体产物，收率为87%。

(4) 抑霉唑的合成。将0.5 g上步产物、0.24 g烯丙基氯、0.1 g粉状NaOH、0.1 g有机胺、5 mL有机溶剂混合后，搅拌反应24 h，加入水、乙醚萃取，水洗至中性，干燥，脱溶得0.5 g液体，收率为86.5%。

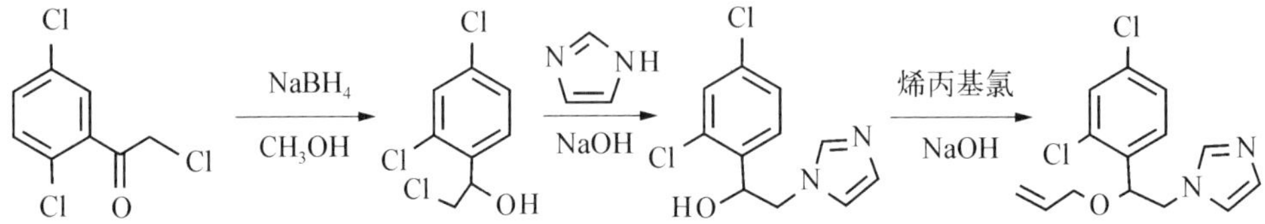

6. 百菌清

百菌清，化学名为四氯间苯二腈，纯品为白色结晶，熔点为250～251℃，沸点为350℃，25℃时溶解度：苯，42 g/kg；甲苯，70 g/kg；二甲苯，80 g/kg；二甲基甲酰胺，40 g/kg；环己醇，30 g/kg；二甲基亚砜，20 g/kg。百菌清工业品的纯度大于98%，略有刺激臭味。百菌清在常温下及对一般酸、碱、紫外线稳定，不耐强碱，无腐蚀性。

百菌清是一种广谱性保护性杀菌剂，对多种真菌病害有预防作用。其药效稳定，残效期长，可用于麦类、水稻、蔬菜、果树、花生、茶叶等作物，如对于麦类赤霉病，用11.3 g/100 m^2的75%可湿性粉剂，兑6 kg水进行喷雾；对于蔬菜病害（番茄早疫病、晚疫病、叶霉病、斑枯病、瓜类霜霉病、炭疽病），用135～150 g 75%的可湿性粉剂，兑60～80 kg水进行喷雾；对于果树霜霉病、白粉病，用75～100 g 75%的可湿性粉剂，兑30～40 kg水进行喷雾；此外还可用于桃腐病、疮痂病，茶炭疽病、茶饼病、网饼病，花生叶斑病，橡胶溃疡病，甘蓝霜霉病、黑斑病，葡萄炭疽病，马铃薯晚疫病，茄子灰霉病，橘子疮痂病。

合成方法：

(1) 氨氧化反应。将间二甲苯、氨以气态形式通入反应器中进行氨氧化反应，以硅胶为载体、V—Cr为催化剂，生成的间苯二腈凝华并连续排出，回收尾气中过量的氨或直接去三废处理。间苯二腈经离心脱水、干燥后得粗品，含量为94%～98%，收率≥90%。精制可采用减压蒸馏、水洗或溶剂提取等方法。

(2) 氯化反应。将间苯二腈汽化或直接与部分N_2气流通过喷嘴雾化进入反应器。氯气经干燥预热后与气态间苯二腈混合，N_2作为稀释气用于调节反应物浓度。反应后气体进入捕集器，百菌清凝华析出，收率为90%。尾气主要是氯气、HCl和N_2，部分循环或全部去尾气回收处理系统。也可采用将液态CCl_4喷入捕集器中，与反应气接触后，百菌清凝华析出，CCl_4则汽化，与尾气一同排出，经过进一步冷却至−6℃，CCl_4冷凝并循环使用。

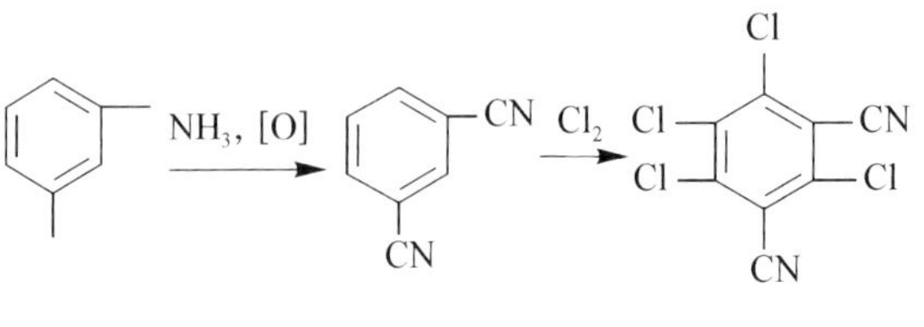

7. 甲霜灵

甲霜灵，化学名为D,L-*N*-(2,6-二甲基苯基)-*N*-(2′-甲氧基乙酰)丙氨酸甲酯，纯品为白色结晶体，熔点为71～72℃，密度为1.21 g/cm^3(20℃)，在甲醇中的溶解度为65%，在酸性及中性介质中较稳定。甲霜灵原药为黄色至褐色粉末，闪点为155℃(闭皿式)，不易燃，不爆炸，无腐蚀性。甲霜灵是一种苯基酰胺类内吸性杀菌剂，水溶性比一般杀菌剂高，对卵菌纲中的霜霉菌和疫霉菌具有选择性特效，对马铃薯晚疫病、葡萄霜霉病、啤酒花霜霉病、甜菜疫病、油菜白锈病、烟草黑胫病等都有良好的防治效果。

合成方法：

(1) α-氯代丙酸甲酯的制备。采用直接酯化法，以浓硫酸为催化剂、无水$CaCl_2$为脱水剂，在50～60℃下搅拌反应8.0 h。上层粗酯用Na_2CO_3溶液调节使pH=6。分离水相后蒸馏得α-氯代丙酸甲酯，含量为97.7%，收率为91.8%。也可用光气与α-氯代丙酸作用生成α-氯代丙酰氯，再与甲醇反应制得α-氯代丙酸甲酯。

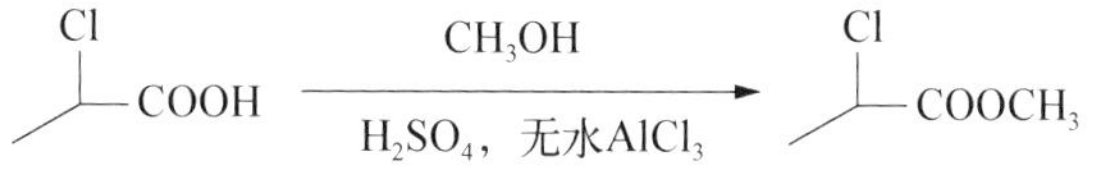

(2) 2,6-二甲基苯胺的制备。先将间二甲苯用混酸(HNO_3和H_2SO_4)硝化，得到2,6-二甲基硝基苯，再用氢气还原得2,6-二甲基苯胺。

(3) 甲氧基乙酸的制备。用硝酸氧化乙二醇单甲醚，催化剂为钒盐和铜盐，于60～70℃下搅拌1.0 h，80～90℃下搅拌3.0 h，升温至90～100℃加入37%的甲醛溶液，回流搅拌1.0 h后结束反应，蒸去130℃以下馏分，减压收集甲氧基乙酸，含量为96.7%，收率为86.8%。也可采用氯乙酸与甲醇钠反应，制备甲氧基乙酸。

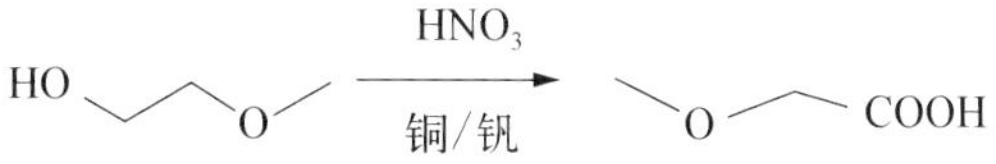

(4) *N*-(2′-丙酸甲酯)-2,6-二甲基苯胺的制备。将2,6-二甲基苯胺与α-氯代丙酸甲酯反应，以无水Na_2CO_3为缚酸剂，加少量碘催化剂，于120～140℃下回流、共沸脱水24 h，反应结束后，经后处理产物含量达93.8%。

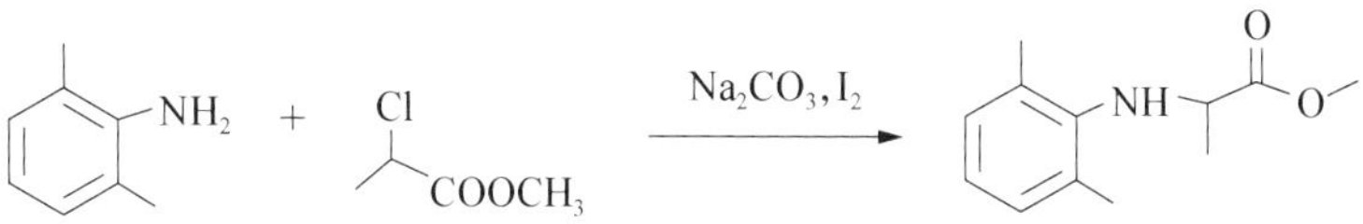

(5) 甲霜灵的合成。将甲氧基乙酸和适量甲苯加热至50～70℃，滴加PCl_3继续反应1.0 h，冷却至室温后分去下层亚磷酸，得到甲氧基乙酰氯甲苯溶液，加热至微回流，滴加*N*-(2′-丙酸甲酯)-2,6-二甲基苯胺，继续回流反应2.0 h，回收溶剂，釜底物冷却后即得固体结晶，含量为89.0%，收率为98.6%。

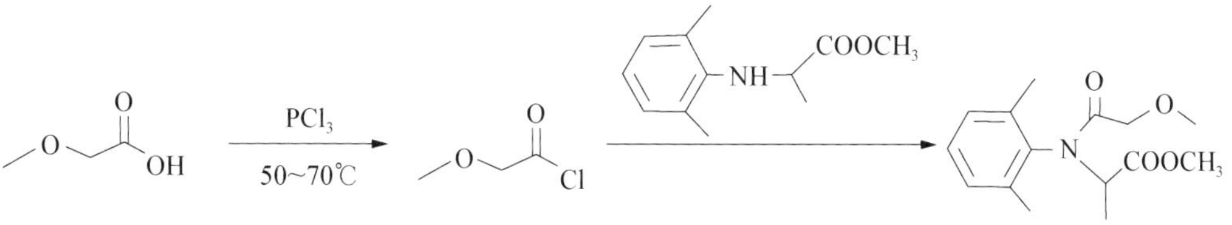

10.5　植物生长调节剂

植物激素是植物体内天然存在的，对植物生长、发育有显著作用的微量有机物质，也被称为植物天然激素或植物内源激素。它影响和调控植物的生长和发育，包括从细胞生长、分裂到生根、发芽、开花、结果、成熟和脱落等一系列植物生命全过程。

植物生长调节剂是通过人工合成的、与植物激素具有类似生理和生物学效应的物质，在农业生产上使用，以有效调节作物的生育过程，达到稳产增产、改善品质、增强作物抗逆性等目的。植物生长调节剂有特异生物活性，在调节不同生理现象上有基本作用；随着植物发育的进程，各组织对植物生长调节剂的敏感性不同，且不同剂量对植物所产生的效应不同；各类植物生长调节剂常不单一起作用，而是彼此相互作用。

10.5.1　植物生长调节剂的分类

与植物内源激素相比，人工合成的类似物对植物生长调节、生理效应的针对性、目的性更强。根据植物生长调节剂在农业生产中所发挥的作用，植物生长调节剂分为六大类：植物生长促进剂、植物生长抑制剂、植物生长延缓剂、保鲜剂、抗旱剂、杀雄剂。

1. 植物生长促进剂

能够促进植物细胞分裂、分化和延长生长的化合物都属于植物生长促进剂。它们能促进植物营养器官的生长和生殖器官的发育。这是植物生长调节剂种类最多、应用最为广泛的一类，如赤霉素、萘乙酸、生长素等。

2. 植物生长抑制剂

植物生长抑制剂主要抑制植物生长素的合成，或者抑制茎顶端分生组织细胞的核酸和蛋白质的生物合成，使细胞分裂变慢，植株矮小，同时也抑制顶端分生组织细胞的伸长和分化，影响生长和分化的侧枝、叶片和生殖器官，如脱落酸、肉桂酸、香豆素、水杨酸等。

3. 植物生长延缓剂

植物生长延缓剂主要抑制赤霉素的生物合成，抑制植物亚顶端分生组织的生长，使细胞伸长变慢、节间缩短，而不减少细胞数目和节间数目，植株变矮，但不影响叶和花的形成，也不影响叶片的发育和叶片数，一般也不影响花的发育。

4. 保鲜剂

保鲜剂主要抑制果蔬呼吸、代谢，降低酶的活性，控制潜伏性的病害的扩展和致腐细菌的生长、繁殖及有毒物质的积累，保持果蔬的品质新鲜。它主要从生理和病理两方面保持果蔬、花卉的新鲜度，延长储藏时间。

根据用法和药剂的性质，保鲜剂分为六大类：洗果剂、浸果剂、熏蒸剂、涂覆剂、中草药煎剂、吸附剂。

按其作用，保鲜剂可分为七大类：乙烯脱除剂、防腐保鲜剂、涂被保鲜剂、气体发生剂、气体调节剂、生理活性调节剂、湿度调节剂。

5. 抗旱剂

抗旱剂是利用化学手段生产的用于抑制土壤水分蒸发，促进作物根系吸水或降低蒸腾强度的化学物质。目前用于研究和生产的抗旱剂主要包括化学覆盖剂、保水剂和抗蒸腾剂三种类型。

6. 杀雄剂

杀雄剂主要用于农业杂交育种生产,用来去掉母本雄蕊。生产实践中多采用雄性不育进行杂交育种,但是雄性不育的品种资源不多,人工去雄十分麻烦且可靠性差。杀雄剂的原理是阻滞植物花粉发育,抑制植物穗的伸长和开颖,阻止花粉细胞的减数分裂或者是诱导自花不亲和,从而使花粉失去受精能力达到直交不结实(去雄)的目的,从而为异花授粉取得植物杂交种子提供了便利。

常用的杀雄剂有甲基砷酸盐、氨基磺酸类、卤代脂肪酸等。用于小麦的杀雄剂有津奥啉、杀雄嗪、杀雄啶、杀雄酮、杀雄-532等;用于水稻的杀雄剂有氨基磺酸、杀雄剂2号、杀雄啶、杀雄酮等;用于玉米的杀雄剂有杀雄啶、杀雄酮等。

10.5.2 植物生长促进剂

1. 生长素

生长素是最早发现的植物生长调节剂,1928年荷兰科学家温特(Went)首次分离出3-吲哚乙酸(3-indoleacetic acid, IAA)。随着天然生长素的合成与应用,大量植物生长调节剂被合成出来,可促进插条生根、果实膨大,防止落花落果,提高坐果率达到增产的目的。常见的生长素有吲哚乙酸、萘乙酸、2,4-D、防落素等。从化学结构上看,具有生长素生物活性的化合物的分子结构的特征如下:

① 有一个芳香环(吲哚环、苯环、萘环);

② 有一个羧基侧链(乙酸、丙酸、丁酸、羧酸酯、酰胺等);

③ 有些化合物在芳香环和羧基侧链之间有一个氧原子间隔。

2. 萘乙酸

萘乙酸,又称α-萘乙酸,纯品为白色结晶,无臭无味,熔点为130℃,易溶于丙酮、乙醚、苯、乙醇和氯仿等有机溶剂,几乎不溶于冷水,20℃时在水中的溶解度为0.024 g/100 g,溶于热水。其盐水溶性好,结构稳定,耐储性好,低毒。80%萘乙酸原药为浅黄色粉末,熔点为106~120℃,水分含量≤5%,在常温下储存。萘乙酸遇碱成盐且能溶于水,因此配制药液时,常将原药溶于氨水后再稀释使用。小白鼠经口的LD_{50}为1 456 mg/kg(雄)、843 mg/kg(雌),鲤鱼经口的LD_{50}(48 h)>40 mg/L。萘乙酸对皮肤、黏膜有刺激作用。

萘乙酸是一种广谱性植物生长调节剂,其生理作用和作用机制类似IAA,能促进细胞分裂与扩大,诱导形成不定根,增加坐果,防止落果,改变雌、雄花比率等,经叶片、树枝的嫩表皮、种子进入植株内并输导到全株。1万平方米(15亩)的用量只需几十克,药剂用量小,10 ppm左右就有效,浓度太大起抑制作用,引起内源乙烯的生成,从而有催熟增产的作用,还可提高某些作物的抗寒、抗旱、抗涝及抗盐的能力。

工业上用萘和氯乙酸在氯化钾或Al粉等催化下进行缩合反应制得1-萘乙酸,常制成萘乙酸钠盐以利溶解和使用。

合成方法:

(1) 合成方法1:萘与甲醛反应,在$ZnCl_2$催化下生成α-氯甲基萘,再与NaCN反应生成α-萘乙腈,水解生成粗制的1-萘乙酸,中和后分离,用冷水洗涤,溶于热水,重结晶。

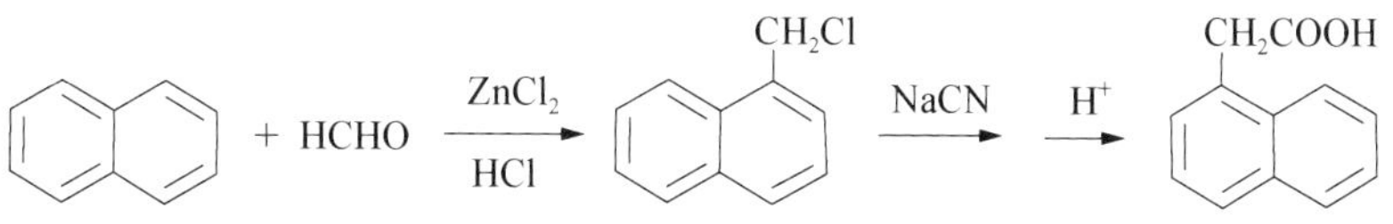

(2) 合成方法 2：萘与多聚甲醛在冰醋酸、磷酸催化下反应制得 α -氯甲基萘，然后按上法制取 1 -萘乙酸。除多聚甲醛外，还可用甲醛缩二甲醇、氯甲醚等。

3. 乙烯类

乙烯是植物内源激素。高等植物的叶、茎、根、花、果实、块茎、种子及幼苗在一定条件下都会产生乙烯。乙烯是气体，难于应用，实际使用的是乙烯释放剂，如乙烯利、乙烯硅、乙二肟、甲氯硝吡唑、脱叶膦、环己酰亚胺(放线菌酮)等。最常用的是乙烯利，又名 2 -氯乙基膦酸，纯品为白色针状结晶，熔点为 74～75℃，易溶于水和酒精，难溶于二氯乙烷和苯。其工业品为淡黄色黏稠液体或蜡状固体。乙烯利的一般剂型为 40%水剂，pH≤3 时稳定，pH≥4 时释放出乙烯，广泛应用于果实催熟、棉花采收前脱叶和促进棉铃开裂吐絮、刺激橡胶乳汁分泌、矮化水稻、增加瓜类雌花及促进菠萝开花等，经叶片、树皮、果实、种子进入植物体内释放出乙烯，可用于多种作物如水稻、玉米、金秋梨、葡萄、桃、番茄、黄瓜、甜瓜、棉花等的增产、增效。乙烯利是农业行业标准 NY/T 393—2013《绿色食品　农药使用准则》准予使用的植物生长调节剂，安全性有保障。

合成方法：

(1) 氯乙烯路线。将亚磷酸二乙酯加热至 90℃，通氮 30 min。加入少许引发剂，通入氯乙烯，控制加成反应温度，得 2 -氯乙基亚膦酸二乙酯。接着将 2 -氯乙基亚膦酸二乙酯加入浓 HCl 中水解，在 120～130℃下回流 24 h 制得乙烯利。蒸出部分水分后得粗品，可配制剂型。该法原料易得，设备简单，投资少，无废水排放，操作简便，原料易回收，以 PCl_3 计的总收率为 60%。

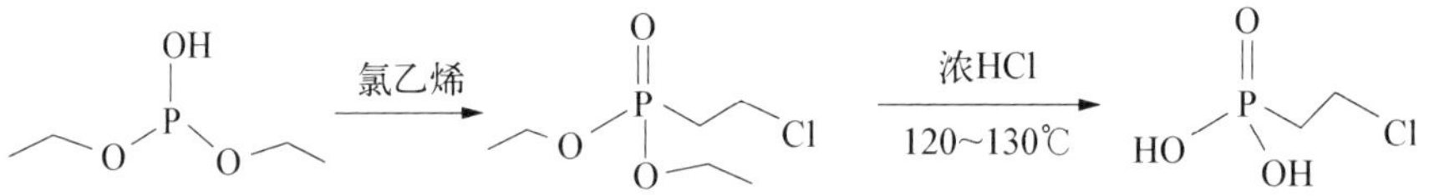

(2) 环氧乙烷路线，是国内主流生产方法。由 PCl_3 与环氧乙烷直接加成，经分子重排、酸解合成乙烯利。加成反应的温度为 20～25℃，物质的量之比为 1∶3(环氧乙烷过量)；重排反应的温度为 220～230℃；酸解的温度为 160～170℃。产物中混有一些杂质。

(3) 乙烯路线。由乙烯、PCl_3 和空气(或氧气)在低温或高压下直接合成 $ClCH_2CH_2PO(OCH_2CH_3)_2$，水解得乙烯利。此法工艺简单、成本低，操作要求严格。

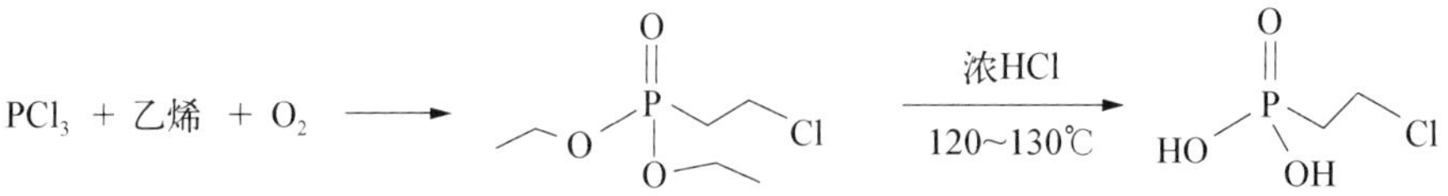

(4) 二氯乙烷路线。二氯乙烷和 PCl_3 在无水 $AlCl_3$ 催化下形成配合物，水解生成 $ClCH_2CH_2PO(OCH_2CH_3)_2$，再进一步水解生成乙烯利。产品纯度高，但操作复杂，收率低。

4. 吲熟酯

吲熟酯，化学名为 5 -氯- 1*H* -吲唑- 3 -基乙酸乙酯，黄色结晶，熔点为 76.6～78.1℃，在 250℃时分解，24℃时的溶解度为：丙酮，673 g/L；乙醇，512 g/L；乙酸乙酯，496 g/L；己烷，0.213 g/L；煤油，2.19 g/L；甲醇，691 g/L；异丙醇，381 g/L；水，0.225 g/L。吲熟酯在一般储存条件下稳定，遇碱易分解。其生理作用是控制植物营养生长，并促进植株营养生长向生殖生长转化，主要应用于瓜果类经济作物的品质改良及增产与早熟，特别是用于柑橘时，能促进柑橘根系活动、增强水分代谢、加速树体对矿物质养分的吸收，以及刺激内源乙烯的生物合成，加速果实脱落和提早成熟。

合成方法：

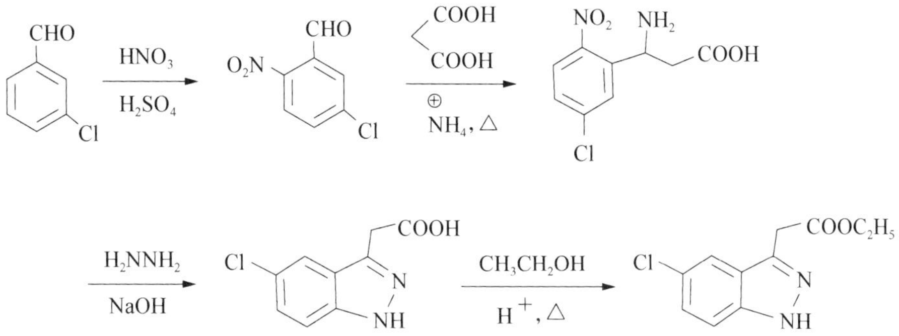

5. 细胞分裂素

细胞分裂素(CTK)是从玉米或其他植物中分离或人工合成的植物激素，一般在植物根部产生，并促进胞质分裂，促进多种组织的分化和生长，与植物生长素有协同作用，是调节植物细胞生长和发育的植物激素。其在细胞分裂中起活化作用，也包含在细胞生长和分化及其他相关的生理活动过程中等。

植物体内产生的细胞分裂素有激动素(ZT)、二氢玉米素、异戊烯腺嘌呤、玉米素核苷、异戊烯腺苷等，它们都含有一个6-氨基嘌呤环。人工合成的细胞分裂素除了激动素外，还有6-苄基氨基嘌呤(6-BA)等。它们的活性有差异，天然的细胞分裂素比人工合成的细胞分裂素活性高，而在延缓叶绿素分解的生物试验中，后者的活性比前者的高。

(1) 玉米素

玉米素，化学名为6-(4-羟基-3-甲基-2-丁烯基)氨基嘌呤，存在于高等植物体内，从幼嫩的玉米芯中发现并分离出来，作为细胞生长调节剂促进侧芽生长，刺激细胞分化(侧端优势)，促进愈伤组织和种子发芽，还能防止叶片衰老，逆转芽部受到的毒素伤害和抑制过度根部形成。其在结构上有顺、反两种异构体，反式异构体的生物活性强。其工业品是混合物，纯度>98%，适用于植物组织培养。反式玉米素是白色针状结晶，熔点为207℃～210℃，易溶于DMF、DMSO和HMPA，可溶于水、乙醇。生产的方法如下：

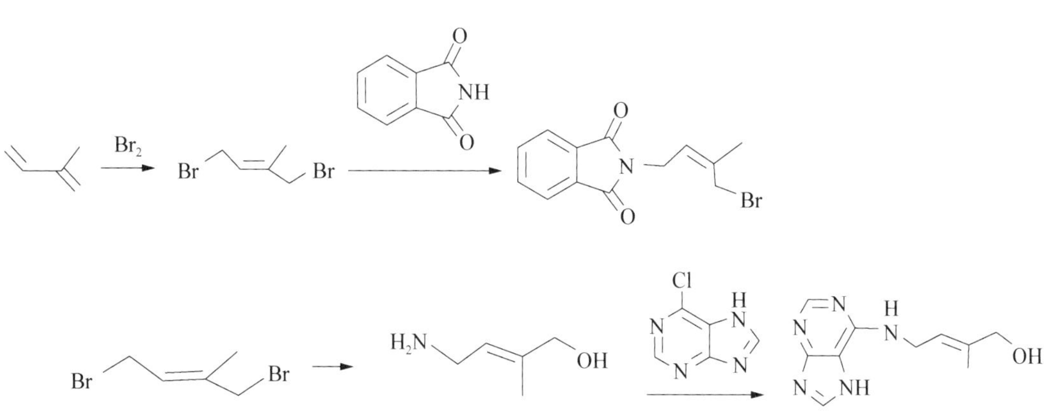

(2) 氯吡苯脲

氯吡苯脲，又名氯吡脲、KT-30 等，化学名为 1-(2-氯-4-吡啶)-3-苯基脲，是细胞分裂素类的一种植物生长调节剂，具有影响植物芽的发育，加速细胞有丝分裂，促进细胞增大和分化，防止果实和花的脱落的作用。原药(含量在 85%以上)为白色固体粉末，熔点为 168～174℃，易溶于丙酮、乙醇、二甲基亚砜，在水中的溶解度为 65 mg/L。

合成方法：

① 2-氯-4-氨基吡啶的制备。以 2-氯吡啶为原料，在醋酸中用 H_2O_2 氧化生成 2-氯吡啶-*N*-氧化物，经混酸硝化得 2-氯-4-硝基吡啶-*N*-氧化物，再还原得 2-氯-4-氨基吡啶。也可以异烟酸为原料，用 H_2O_2 氧化，经胺化制得异烟酰胺 *N*-氧化物，再氯化生成 2-氯-异烟酰胺，最后经霍夫曼降解生成 2-氯-4-氨基吡啶。

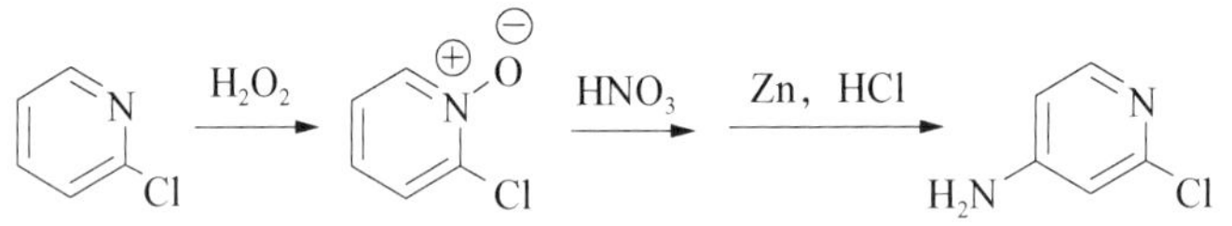

② 氯吡苯脲的制备

合成方法 1：苯胺与光气反应，生成异氰酸苯酯，再与 2-氯-4-氨基吡啶反应生成氯吡苯脲。

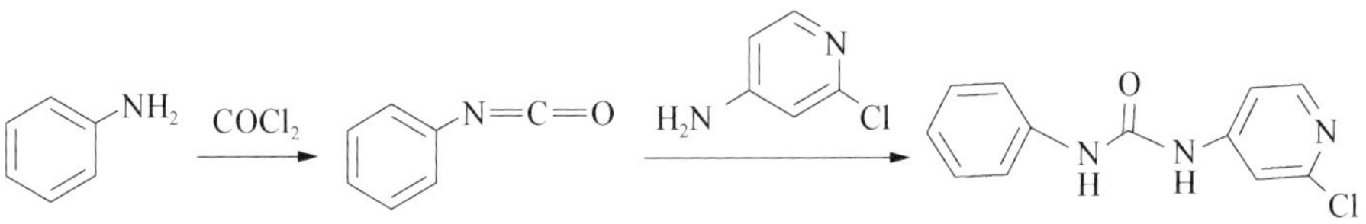

合成方法 2：2-氯-4-吡啶基异氰酸酯与苯胺反应制备氯吡苯脲。

合成方法 3：2-氯异烟酰氯与叠氮钠反应，生成 2-氯异烟酰叠氮化合物，然后与苯胺在干燥器皿中反应，生成氯吡苯脲。

6. 赤霉素

水稻感染了赤霉菌后疯长，病株往往比正常植株高 50%以上，但结实率大大降低，称之为“恶苗病”。1938 年分离这种活性物质，并确定了其化学结构，命名为赤霉酸。高等植物中普遍存在着一些类似赤霉酸的物质，分为自由态及结合态两类，分别被命名为 GA_1，GA_3 等(图 10-2)。赤霉素都含有赤霉素烷骨架，结构复杂，属于双萜化合物，由于双键、羟基数目和位置不同形成异构体。自由态赤霉素是具有 19 个或 20 个 C 的一、二或三羧酸，结合态赤霉素多为葡糖苷或葡糖基酯，易溶于水。

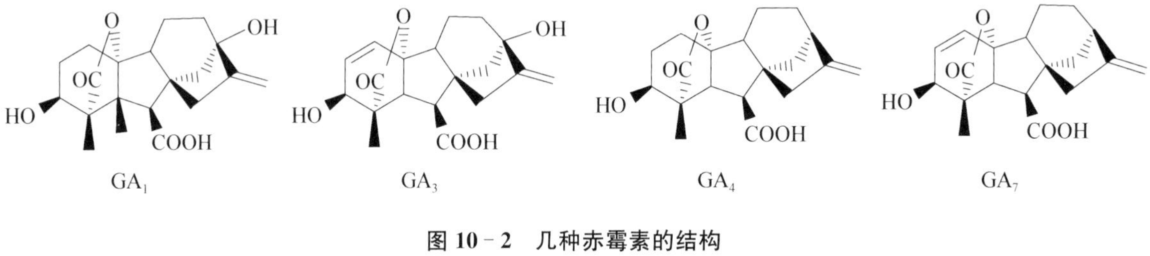

图 10-2 几种赤霉素的结构

赤霉素最突出的生理效应是促进茎的伸长和诱导长日植物在短日条件下抽穗开花。矮生植物(如矮生的玉米和豌豆)对赤霉素最敏感,经赤霉素处理后的株型与非矮生的同类相似;非矮生植物则只有轻微的反应。赤霉素主要在种子发芽中起调节作用,能引起某些植物单性果实的形成。在开花时用赤霉素处理无籽葡萄品种可促进无籽果实的发育。

制备方法:

赤霉素菌种先经斜面菌种培养 4~5 d(27℃),再经茄子瓶菌种培养 4~5 d(27℃)。种子罐发酵的条件为 27℃、72 h;发酵罐合成的条件为 27℃、160 h。过滤浓缩得到赤霉素成品(浓缩水剂)。也可采用农副产品(如山芋、小麦、玉米、米饭或麦皮等)培养菌种(恶苗菌)进行发酵的方法制备赤霉素。

10.5.3 植物生长抑制剂

植物生长抑制剂是指能阻碍植物或植物的某个特定器官生长的物质。植物内生的植物生长抑制剂有脱落酸(ABA)及某些酚类化合物,如咖啡酸、香豆酸等。人工合成的、在生产上有使用价值的植物生长抑制剂有两类:一类在化学结构上和生长素类似,通过竞争性抑制,产生与生长素相反的作用,如三碘苯甲酸(TIBA)、整形素(氯芴醇),均可抑制顶端分生组织的分裂及伸长,消除顶端优势;另一类主要影响核酸的生物合成,干扰顶端分生组织的分裂及伸长,防止马铃薯、洋葱、大蒜等在储藏期发芽。

脱落酸,化学名为(S)-5-(1-羟基-4-氧代-2,6,6-三甲基-2-环己烯-1-基)-3-甲基-(2*Z*,4*E*)-戊二烯酸,结构如下:

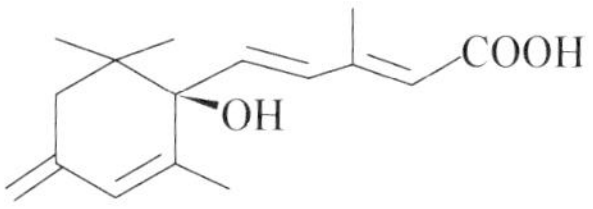

脱落酸的纯品为白色结晶,分子量为 264.31,pKa－4.5,难溶于水或苯,易溶于甲醇、丙酮、乙醇、乙酸乙酯或碱性水溶液。天然的 ABA 是右旋的,几乎都是 2-顺-4-反型,熔点为 160℃。人工合成的 ABA 为外消旋混合物,熔点为 190℃。脱落酸是植物体内产生的一种抑制植物生长发育的倍半萜类植物激素,曾称为“脱落素Ⅱ”“休眠素”,在植物界普遍存在,特别是在成熟和衰老的组织中。

脱落酸的生理作用如下。

(1) 抑制与促进生长:外施 ABA 的浓度不小于 10^{-7} mol 时抑制茎、下胚轴、根、胚芽鞘或叶片等器官的生长,但外施 ABA 的浓度不大于 10^{-7} mol 时可促进离体黄瓜子叶生根与下胚轴的伸长,加速浮萍的繁殖,刺激单性结实种子的发育。

(2) 维持芽与种子的休眠:马铃薯块茎与落叶树的潜伏芽以及红松、小麦等种胚的休眠与体内 GA/ABA 的平衡有关。

(3) 促进果实与叶的脱落:棉花受精后 5~10 d,幼龄的 ABA 含量剧增,此时正是脱落敏感期;棉铃开裂时 ABA 含量再次上升。

(4) 促进气孔关闭:使保卫细胞的 K^+ 外渗增加而失去膨压,导致气孔关闭。

(5) 影响开花与性分化:长日条件下,ABA 可使草莓与黑莓顶芽休眠并促进开花。GA 能使大麻的雌株形成雄花,此效应可被 ABA 逆转。

10.5.4 植物生长延缓剂

植物生长延缓剂是指能抑制植物内源赤霉素生物合成的物质，是赤霉素抗体，施用后使植物节间缩短、矮化、茎粗、叶厚、叶色深绿，叶绿素含量增多，光合作用增强，从而提高坐果率，也能改善果实、种子的品质，提高产量，还可提高作物抗旱、抗寒及抗病虫害的能力。其适用于棉花、小麦、玉米、水稻、烟草、西红柿和各种块根作物。

例如：矮壮素，又称氯化氯胆碱、氯化氯代胆碱、西西西、稻麦立，简称CCC，纯品为白色结晶固体，有鱼腥味，熔点为240～245℃，吸湿性强，可溶于水、乙醇、丙酮，微溶于二氯乙烷和异丙醇，不溶于苯、二甲苯、乙醚，在中性或酸性介质中稳定，但遇碱则分解。使用原药时雄性大白鼠经口的LD_{50}为883 mg/kg、无作用剂量为1 000 mg/kg，经皮的LD_{50}为4 000 mg/kg。矮壮素不能与碱性农药混用。其水溶液稳定，对金属有腐蚀作用，可储存于玻璃、高密度塑料、橡胶或涂环氧树脂的金属容器中，能被土壤微生物迅速降解。矮壮素由植株的叶、嫩枝、芽和根系吸收后转移到起作用的部位抑制赤霉素的生物合成。其作用机制是抑制柯巴基焦磷酸(CPP)生成贝壳杉烯，致使内源赤霉素生物合成受到阻抑。使用范例如下。

(1) 用于棉花。每亩用2 mL 50%矮壮素水剂，兑水后均匀喷雾。有徒长现象或密度较高的棉田分两次喷药，第一次在初花期，第二次在盛花期。前期无徒长现象的棉田，蕾期不喷药，只在封行前喷1次，不打旁心，减少秋芽，相当于化学整枝。

(2) 用于小麦。每亩用25～50 mL 50%矮壮素水剂在冬小麦返青拔节前，或春小麦开始拔节时兑水均匀喷雾两次，有增产作用，抗倒伏，增加分蘖，促进幼穗分化，增加穗数、粒重和千粒重。

(3) 用于水稻。用50%矮壮素水剂的300倍稀释液，于水稻分蘖末期喷雾1次，能促使稻粒饱满，提高产量。

(4) 用于大豆。将50%矮壮素水剂的200～300倍稀释液喷于大豆叶片上，可增加豆粒数，减少秕荚数，可起到抗旱、抗寒、抗盐碱和增产的作用。

(5) 用于玉米、高粱和谷子。用50%矮壮素水剂的100倍稀释液浸泡种子6 h，捞出阴干后播种。

(6) 用于马铃薯。将50%矮壮素水剂的200～300倍稀释液喷于叶片上，可增加产量，提高抗逆能力。

(7) 用于苹果幼树。用50%矮壮素水剂浓度为0.5%～1.5%喷雾，从7月上旬至8月上旬，每15天喷1次，共喷3次，能促进新梢加粗，节间缩短，叶色浓绿，叶片加厚、加宽，增强抗寒能力，有利于安全越冬。

(8) 用于葡萄。用50%矮壮素水剂500倍稀释液喷雾，能抑制副梢生长，促使果实整齐，提高坐果率和果重。

合成方法：反应在105～110℃、0.24～0.322 MPa条件下进行，反应放热。加料完毕后升温至50℃，升温速度为每小时8～10℃，约8.0 h达到110℃，再保温反应2.0 h。原料的物质的量之比为1∶3.4，二氯乙烷过量，反应结束后需蒸馏回收，蒸馏终点温度为120～125℃。

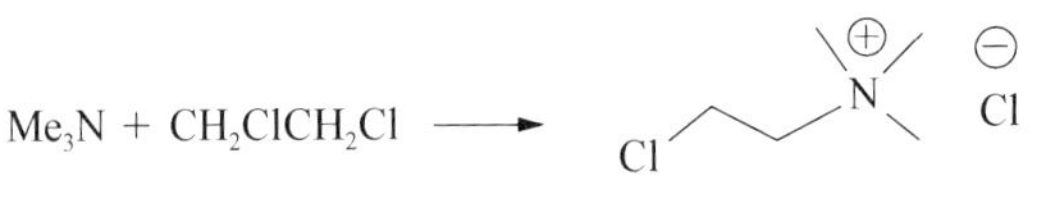

10.6 农药加工

10.6.1 农药加工的基本概念

农药工厂生产出来的原药，难以溶于水或难以直接分散到固体载体上，必须与添加剂如乳化剂、溶剂、分散剂、润湿剂、黏着剂、稳定剂等加工处理而形成可以直接使用或经水或溶剂等稀释之后再使用的各种混合物称为农药制剂。制剂的类型称为剂型。这些添加剂没有生物活性，又称为惰性组分。制剂名称由三部分组成，其顺序为有效成分的质量分数、通用名称及剂型，如20%氯虫苯甲酰胺悬浮剂。混合制剂的名称可用各原药的通用名称（或其代词、词头）组成，按所含各原药质量分数的多少的顺序排列，含量少的排在前面，含量多的排在后面。

剂型加工中的成分为技术级原药（活性成分）、溶剂、载体、表面活性剂及特殊添加剂。原药是最重要的组分，其理化性质对其他成分的选择有重要的影响。对于液体农药剂型，选择溶剂的要素包括原药的溶解度、溶剂对植物的毒性、溶剂的毒理学（安全性）、易燃性、挥发性及成本。溶剂的一个重要性质是与水的混溶性，一类与水不混溶，如二甲苯；另一类与水混溶，如异丙醇、乙二醇醚等。载体无生物活性，主要起稀释原药的作用，通常在加工固体剂型（如粉剂和可湿性粉剂、水分散粉剂及颗粒剂）中使用，如黏土、陶土、滑石粉及叶蜡石等，其pH等会影响原药的稳定性。表面活性剂是重要成分，包括乳化剂、分散剂、起泡剂及展着剂等，可降低水溶液表面张力，增加溶液的润湿展布能力及分散性能。特殊添加剂包括增效剂、稳定剂（如抗氧剂、抗紫外线分解剂等）等。

农药剂型加工除了满足农药使用的基本要求外，还具有以下重要的作用。

(1) 稀释作用。加入溶剂、载体等成分使高浓度原药经溶解、混合或吸附等而稀释，使高浓度原药在应用中能达到理想的分散和防治效果，而对农作物、动物及环境安全。要注意不同剂型的粒径范围（即分散度）不同，且在使用过程中通过兑水或加工混合后的再分散体系中的粒径范围和不同使用方法的粒径范围也都不同。

(2) 优化生物活性。在剂型加工过程中加入乳化剂、润湿展布剂及专门的添加剂等，并通过相应的加工工艺使原药获得特定的物理性能，使得农药喷洒到作物的靶标上时能够均匀分布，且具有较高的黏着能力、沉积率和渗透性，从而达到理想的效果。

(3) 高毒农药低毒化。将高毒农药加工成低毒剂型和制剂，提高安全性。

(4) 提高原药储存期的稳定性。通过加工获得良好的稳定性，如水剂（如杀虫双）易分解，加工成粒剂或可溶性粉剂后，可明显改善原药在储存期间的稳定性。

(5) 扩大使用方式和防治对象。一种原药可加工成不同剂型及制剂，以扩大使用方式和防治对象。

(6) 控制原药释放速度。加工成缓释剂及颗粒剂，控制原药缓慢释放，提高对施药者和天敌的安全性，减少对环境的污染，并且能延长持效期，减少用药量及用药次数。

(7) 增效、兼治、延缓抗性。将两种以上作用机制不同或抗性机制不同（无交互抗性）的原药加工成混剂，具有增效作用，可减少用药量，降低选择压力，延缓抗性发展；有时一次用药可兼治多种有害生物，能减少用药次数，节省成本。

10.6.2 农药加工过程中的基本原理

农药加工过程中使用的农药助剂的分类如下。

（1）按表面活性作用分类

表面活性剂类农药助剂：分散剂、乳化剂、湿润剂、渗透剂、展着剂、黏结剂、消泡剂、抗泡剂、抗絮凝剂、增黏剂、触变剂、稳定剂、发泡剂等。

非表面活性剂类农药助剂：稀释剂、载体、填料、溶剂、助溶剂、抗结块剂、防静电剂、抗冻剂、pH 调节剂、防腐剂、熏蒸助剂、推进剂、警戒色、药害减轻剂、安全剂、解毒剂、增效剂等。

（2）作用原理分类

利于农药有效成分分散的农药助剂：分散剂、乳化剂、溶剂、稀释剂、载体、填料等；

提高或延长药效的农药助剂：稳定剂、控制释放助剂、增效剂等。

利于有害生物接触和吸收农药有效成分的农药助剂：湿润剂、渗透剂、展着剂、黏结剂等；

增加安全性或方便使用的农药助剂：防飘移剂、药害减轻剂、安全剂、解毒剂、消泡剂、警戒色等。

农药助剂种类繁多，最重要的是表面活性剂或以表面活性剂为基础的复合物。一个剂型或制剂的优劣很大程度上取决于所用的表面活性剂是否科学合理。农药加工过程中的基本原理如下。

1. 润湿原理

在农药加工、固体农药制剂兑水和农药稀释液喷洒到生物的过程中，表面活性剂的润湿作用极为重要，如在悬浮剂的加工过程中加入润湿剂，使水溶性很差的固体原药先润湿，以便在水相中研磨形成微细粒径的固体原药，使其均匀分散和悬浮于液体中。在可湿性粉剂兑水喷雾使用过程中也涉及润湿现象，一是可湿性粉剂固体微粒表面被水润湿，形成稳定的悬浮液；二是悬浮液对昆虫或植物等靶标生物表面的润湿。接触角 θ 与润湿的关系见图 10－3。

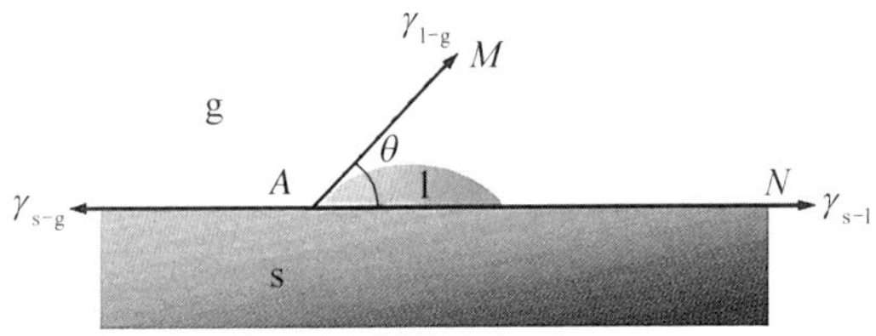

图 10－3 接触角示意

接触角是指在固、液、气三相交界处，自液-固界面经液体内部到达气-液界面的夹角。液体在固体表面的润湿程度，取决于三种表面张力的共同作用，达到平衡时有如下关系。

$$\gamma_{s-g} = \gamma_{s-l} + \gamma_{l-g}\cos\theta \tag{10-1}$$

$$\cos\theta = (\gamma_{s-g} - \gamma_{s-l}) / \gamma_{l-g} \tag{10-2}$$

对于给定的固体和液体，γ_{s-g} 和 γ_{s-l} 是固定的。液体表面张力 γ_{l-g} 越小表示该固体表面越易被液滴所润湿。润湿包括黏着润湿、浸透润湿及展着润湿三种类型。

（1）黏着润湿。液体的液-气界面和固体的固-气界面转变为液-固界面的过程。

（2）浸透润湿。固-气界面变为固-液界面的过程。

（3）展着润湿。固-液界面代替固-气界面的同时，液体在固体表面同步扩展。

2. 分散原理

分散就是把一种或几种固体或液体微粒均匀地分散在另一种液体中组成固-液或液-液体系。被分散的物质叫分散相，起到分散作用的称为分散介质。农药制剂加工和农药制剂兑水就是制备分散体系。分散剂能阻止分散体系中的固体或液体微粒聚集，是最常用的和最重要的农药助剂。分散剂的分散过程如下：

① 润湿固体外部。这是表面润湿，分散剂取代固体表面的空气。

② 固体和凝集体的分裂。用机械能将分散相破碎到规定粒径，让助剂润湿表面和内部。加工可湿性粉剂等固态分散体系的过程是先把各组分混合，再粉碎到规定粒径，兑水稀释时产生润湿、分裂及分散。

③ 分散体的形成、稳定及破坏同时发生，稳定是关键。悬浮液被破坏的主要原因是粒子密度减小，不可逆地发生碰撞、絮凝、分层和结块，引起沉降或结晶。

3. 乳化原理

不溶于水的农药原油或原药的有机溶液与水充分搅拌，原油或原药的有机溶液以 0.1～5 μm 粒径的微粒（油珠）分散在水中，称为乳化，油-水分散体系称为乳状液。原油或原药的有机溶液微粒称为分散相，水称为连续相。农药乳状液的基本类型是 O/W 型，如乳油、水乳剂、固体乳剂、微乳状液及某些水悬剂等。

4. 增溶原理

增溶是指某些物质在表面活性剂的作用下在溶剂中的溶解度显著增加。被增溶物是农药的有效成分及其他惰性组分。增溶现象不同于一般溶解作用，而是形成胶体溶液。增溶后溶剂的沸点、冰点、渗透压等性质很少受影响。影响增溶作用的因素如下：

① 增溶剂的化学结构、性质及浓度：直链碳链越长，胶束临界浓度越小，增溶能力越强；具支链的表面活性剂的增溶能力弱。

② 被增溶物的分子结构和性质：脂肪烃和烷基芳烃的增溶量随链长增大而减小，环化使增溶量增大，不饱和化合物的增溶量较相应饱和化合物大，极性增大其增溶量也增大。

③ 温度、pH、搅拌及组分加入的顺序等。

5. 控制释放原理

控制释放剂能使农药的有效成分按必需的剂量在特定的时间内持续稳定释放，达到经济、有效、安全地控制有害生物的目的。释放方式按释放特征可分为缓释、持续释放及定时释放。通常采用缓释，缓释剂是利用高分子化合物与农药间的包埋、掩蔽、吸附作用或化学反应等将农药储存或结合在高分子化合物中，在施用后相当的时间内使农药缓慢释放出来。

6. 起泡和消泡原理

含有表面活性剂的农药乳状液、悬浮液等液体被搅拌、摇振或受冲击时很容易产生泡沫。在农药加工和应用中，只有农药发泡喷雾技术和田间喷雾用泡沫标志剂需要考虑起泡，绝大多数场合不需要泡沫，特别是在农药加工、包装、大田稀释及使用时需加入消泡剂或抗泡剂。表面活性剂的消泡作用与起泡作用是一个问题的两个方面。从分子结构来看，其亲水亲油平衡（HLB）值为 1～3 时具有消泡性能。消泡剂多为液体复配产品，主要分为三类：矿物油类、有机硅类、聚合物类。当其 HLB 值达到 12～16 时，具有起泡性能。起泡剂一般均为表面活性剂。

10.6.3 常用的农药剂型

（1）粉剂。在干旱地区、水源困难的山地粉剂深受欢迎，它使用方便，直接用喷粉器进行施药且效率较高。粉剂在作物上的黏附力较小，残留量较少，一般不会发生药害。除了直接喷粉之外，粉剂还可以用来拌种、处理土壤、配制毒饵粒剂，对于病害、虫害、草害、鼠害均具有良好的防效。我国粉剂标准为95%的粉粒能通过200目的标准筛，即粉粒直径为74 μm以下，平均粒径为30 μm。

(2) 乳油。乳油是由原药(母药)及乳化剂等溶解于一定的有机溶剂中形成的均一、透明的油状真溶液。乳油分三种状态：

① 可溶性乳油，乳油用水稀释后，形成的透明的真溶液。

② 溶胶状乳油，乳油用水稀释后形成的半透明淡蓝色溶胶状溶液，油珠直径一般在0.1 mm以上。当油珠直径小于可见光波长的1/4(小于120 nm)时，肉眼观察时呈透明溶液状，称为透明乳剂或微乳剂。

③ 乳浊状乳油，乳油用水稀释后形成的白色不透明乳浊液，油珠直径在1～10 μm。乳油有效成分的含量一般在20%～60%，有的高达98%。要求乳油冷热储藏不变质，对于200倍的稀释液，1.0 h之内上无乳油层，下无沉淀。

乳油的优点如下。

① 可以配制较高浓度的制剂；

② 制剂的组成、加工工艺、生产和使用过程相对简单，且生产成本也相对较低；

③ 储存稳定性较高，物理化学性质稳定；

④ 药效高，一般比粉剂、可湿性粉剂和悬浮剂药效高。

因为含有有机溶剂，在加工、储存和运输过程中安全性差，毒性相对较高，且芳香烃类溶剂在环境中不易降解，造成环境污染，导致这类剂型日渐淘汰。

(3) 微乳剂。微乳剂是由液态农药、表面活性剂、水、稳定剂等组成的热力学稳定的分散体系，是液体农药原药分散在含有大量表面活性剂的水溶液中所形成的溶液。农药高度分散达微细化程度，粒子直径一般为0.01～0.1 μm，外观近似于透明或微透明液。微乳剂在水中分散性好，对靶体渗透性强、附着力好。微乳剂也称为水性乳油或可溶化乳油，是O/W型乳状液。其特点是以水为介质，不含或少含有机溶剂，不燃不爆，生产操作、储运安全，环境污染少，节省大量有机溶剂。

(4) 水乳剂，又称浓乳剂，是将亲油性液体原药或低熔点固体原药溶于有机溶剂中，并以微小液滴分散于水中形成的悬浮体。其外观不透明，以水为基质，不含或含少量苯类等易燃溶剂，不易着火，气味较小，刺激性也小，在生产、储运和使用过程中比较安全，对环境污染小。水乳剂生产成本略高于乳油，或与乳油相当。

(5) 悬浮剂。将固体农药原药分散于水中，又称胶悬剂，兼有乳油、可湿性粉剂的部分特点，避免了有机溶剂的易燃性与药害问题，药效高且耐雨水冲刷，有效成分粒子粒径为1～5 μm，能黏附于植物表面。该剂型适合喷洒，也可以做超低容量喷雾，在水中的分散性、悬浮性良好，生产时没有粉尘，安全环保。

(6) 缓释剂。种类较多，常见的有吸附颗粒剂、空心纤维剂、黏附控制释放剂、微胶囊等剂型。其中微胶囊是将农药的有效成分包在高聚合物囊中，制成粒径只有数微米至数百微米的微小颗粒，撒在植物上或暴露于环境中的昆虫体表，胶囊壁破裂、溶解、水解或经过壁孔的扩散缓慢释放其中的药物，延长药物的残效期，减少施药次数以及对环境造成的污染。施药量一般低于其他制剂，让部分容易挥发逸失的短效农药得到更好的应用，还能降低部分农药对人体、牲畜、鱼类的毒性。微胶囊成品颗粒多呈粉状，部分被制成微胶囊水悬剂。

本章练习题

10-1 结合绿色发展,谈谈新一代杀虫剂的发展理念。

10-2 单、双子叶植物的除草剂有什么不同?

10-3 可食用菌类种植行业如何使用农药?

10-4 讨论顶花带刺的黄瓜的安全性问题。

第 11 章

精细化学品发展展望

精细化学品市场竞争激烈，生产商必须推陈出新。此外，国家监管部门不断提高市场准入门槛和环境质量要求，迫使企业采用新技术、使用新工艺、开发新产品。精细化学品产业必须从精和细两个方面进行升级。本章对近些年来蓬勃发展的氟材料、固相有机合成及连续流反应器合成进行简单的介绍。

11.1 含氟材料

11.1.1 含氟材料简介

有机物中部分或全部氢原子被氟取代的化合物称为含氟化合物。其具有抗腐蚀性、抗氧化性、密封性能好、绝缘性能好、不易降解、摩擦因数低等优点，在工业和医药行业中应用广泛，例如作麻醉剂、药物、橡胶、涂料、特种橡胶等，尤其在航空航天领域。种类繁多的含氟材料基本上都是从有限的几种含氟原料制备得到的，主要有四氟乙烯、六氟丙烯、三氟氯乙烯、偏氟乙烯等(表 11－1～表 11－4)。

表 11－1　四氟乙烯的下游产品

产　　品	用　　途
五氟乙烷	灭火剂，制冷剂
四氟乙烯四聚、五聚体	表面活性剂
四氟乙烯碘化物	表面活性剂，其他精细品
Zonyl 氟表面活性剂系列	皮革，纸张处理剂
四氟丙醇与其盐	溶剂，助剂，含氟二元醇，除草剂四氟丙酸钠
氟醇	表面活性剂，其他精细品
氟醚	中间体，清洗剂
ETFE	建筑薄膜、衬里、涂料
PFA	可熔融加工四氟乙烯，改性聚合物品质
246 型氟橡胶	油封、垫圈、车用软管
四丙氟橡胶	耐酸填料、辊筒、软管

续　表

产　　品	用　　途
氟醚橡胶	喷气式引擎等密封件
溶剂型 FEVE 氟涂料 水性 FEVE 氟涂料	防黏、电线、建筑等耐候性涂料
氟铃脲	特异性杀虫剂
氟醚唑	谷类、甜菜叶面杀菌剂
四氟丙酸钠	高效、低毒、环保除草剂
氟离子交换树脂	磺酸及羧酸离子交换膜
全氟丁二烯	有机单体
二氟乙酸	医药农业中间体
碳酰氟	制备异腈酸酯和聚氨酯及染料、橡胶、农药等

表 11－2　六氟丙烯的下游产品

产　　品	用　　途
七氟丙烷(HFC－227ea)	环保型灭火剂、医药推进剂
全氟壬烯氧基苯磺酸钠(OBS)	蛋白灭火剂添加剂、润滑油添加剂的分散剂、织物整理剂
某类青霉素原料	医药
六氟环氧丙烷(HFPO)	重要中间体，合成全氟丙烯基醚、全氟聚醚、全氟离子交换膜
全氟丙基乙烯基醚	可溶性聚四氟乙烯、全氟磺酸、羧酸离子交换树脂
八氟异丁烯(OFIB)	
六氟丙酮	重要中间体，合成含氟环氧树脂、氟橡胶用交联剂 AF、六氟丙醇
双酚 AF	氟橡胶用交联剂
全氟聚醚	含氟惰性液体，高端机械润滑油如 Krytox®、Fomblin®
八氟丙烷	眼球治疗气体或者电子蚀刻气体
六氟丁醇	溶剂，含氟醚，含氟表面活性剂
离子交换膜	氯碱工业电解膜
六氟异丁烯，六氟异丙烷	共聚单体，改善聚合物耐热性能
氟表面活性剂	防水、防黏
氟醚油	润滑脂

表 11-3 三氟氯乙烯的下游产品

产 品	用 途
CTFE 涂料	含氟涂料
CTFE 橡胶	含氟橡胶
PCTFE 树脂	含氟树脂
二元高分子聚合物	含氟树脂
氟氯油	密封胶，润滑油
氟化试剂	置换甾族化合物和碳水化合物上的羟基

表 11-4 偏氟乙烯的下游产品

产 品	用 途
氟橡胶	26 及 246 型氟橡胶 耐低温橡胶
特种橡胶	特种胶
氟涂料	专用高分子材料

上述表格来自【陈鸿昌，从基本含氟烯烃等单体开发下游产品，有机氟工业，2016，1：58-64】

11.1.2 含氟材料生产商

含氟单体材料的生产技术目前被外国公司垄断，其中杜邦公司品类齐全，居于首位；大金公司紧随其后；英力士公司产品包括五氟乙烷、七氟丙烷；3M 公司有六氟环氧丙烷和全氟正丙基乙烯基醚。国内企业方面，上海三爱富新材料股份有限公司生产六氟环氧丙烷、全氟丙酮及其三水化合物，氟橡胶的交联剂双酚 AF，重要的氟聚合物单体全氟烷基乙烯基醚，以及表面活性剂全氟辛酸、全氟烷氧基苯磺酸钠。东岳化工的产品包括四氟丙醇、六氟环氧丙烷，以及全氟系列产品如甲基乙烯基醚、乙基乙烯基醚、丙基乙烯基醚、腈基乙烯基醚、羧酸单体、磺酸单体等。此外，还有辽宁天合化工、阜新恒通、福建海斯福化工（其六氟异丙基甲醚出口美国，是全球三家供应商之一）。国内含氟烯烃后续产品规模较大的有四氟丙醇、五氟乙烷、七氟丙烷等。主要研究机构有中国科学院上海有机化学研究所。

11.1.3 含氟材料的生产工艺简介

氟化工产品分为无机氟化物和有机氟化物两种。无机氟化物包括 HF、AlF_3 等，有机氟化物包括氟利昂等氟烃类及氟塑料、氟树脂、氟橡胶、含氟涂料等，还有含氟精细化学品、中间体、含氟表面活性剂、灭火剂、织物整理剂、含氟液晶材料等。

阅读材料

氟产品生产过程中的安全防护问题

四氟乙烯单体生产、储存、输送及使用过程中要严格控制氧及水含量,要维持一定的低温和压力,并加入一定比例的阻聚剂,储存时间不能过长,并采用在线氧分析仪、微量水分析仪进行监测。

HF腐蚀性最强,因对人的骨骼渗透腐蚀而造成人身伤亡。操作人员在正在开启设备的下风向操作时,必须使用防护用具;开启或放空可能有酸的设备前应对附近人员发出预警;在进入严重污染环境作业时须有监护人。在设备检修前,要对设备的有害气体和氧含量进行监测,确认安全并采取防护措施后才可进行作业。

在生产含氟材料的过程中,还会产生一些非常危险的含氟化学品如八氟异丁烯,禁止化学武器组织每年都会到相关企业进行核查,避免生产安全事故发生。使用含氟聚合单元的聚合反应易发生爆炸,设备维护、维修时也容易发生事故。各种管道、反应釜,甚至阀门处残留的氟产品一旦处理不当,就会导致中毒。

1. 高纯氢氟酸(AHF)的生产

氢氟酸是无色透明液体,相对密度为1.15～1.18,沸点为112.2℃,在空气中发烟有刺激性气味,剧毒;与金属、金属氧化物及氢氧化物发生反应生成各种盐类;腐蚀性极强,能侵蚀玻璃和硅酸盐;易溶于水、醇,难溶于其他有机溶剂。AHF为强酸性清洗剂、腐蚀剂,与硝酸、冰醋酸、双氧水及氢氧化铵等配置使用,应用于集成电路(IC)和超大规模集成电路(VLSI)芯片的清洗和腐蚀,是微电子行业的关键性基础材料之一,还用于制备高纯度的含氟化学品。

AHF常用的提纯技术有精馏、蒸馏、亚沸蒸馏、气体吸收等。气体吸收技术用于大规模生产。蒸馏使用的设备需用铂、金、银等贵金属或聚四氟乙烯等抗腐蚀性能力较强的材料制造。工业上使用萤石 CaF_2 与硫酸反应制备,反应式如下。

$$H_2SO_4 + CaF_2 \longrightarrow 2HF + CaSO_4$$

国内的精制技术主要有正压蒸馏、负压蒸馏、亚沸蒸馏三种。正压蒸馏、负压蒸馏主要是关注砷等阳离子的杂质去除。用氟硅酸制备AHF的工艺流程如图11-1所示。

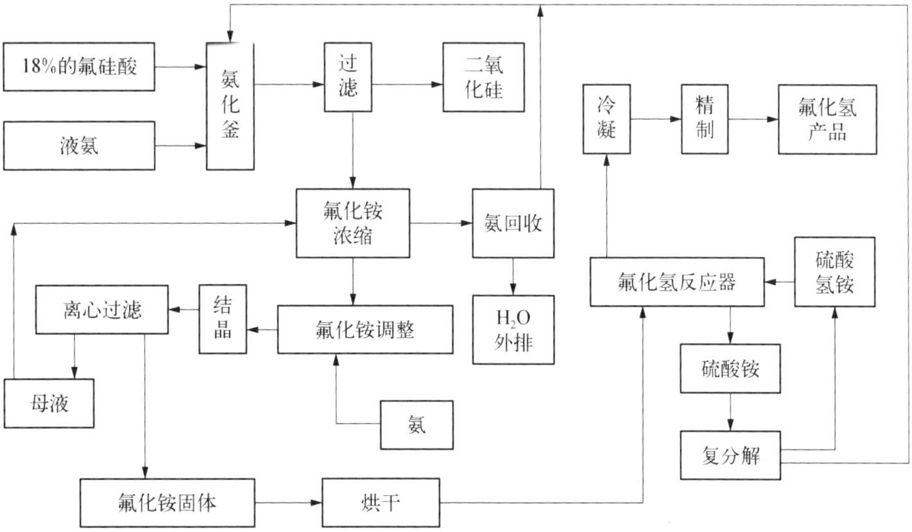

图11-1 用氟硅酸制备AHF的工艺流程

2. 四氟乙烯(TFE)的生产

四氟乙烯，又名全氟乙烯，化学式为 C_2F_4，无色气体，熔点为－142℃，不溶于水。其大部分用于制备聚四氟乙烯(PTFE)，其次用于生产六氟丙烯(HFP)，少量用于生产氟化乙烯丙烯共聚物(FEP)、制冷剂 HFC－125 和氟橡胶。

我国生产方法如下。

(1) 二氟一氯甲烷(HCFC－22)水蒸气稀释裂解。该工艺由日本大金公司和 ICI 公司发明，是目前最重要、最普遍的生产方法。我国采用管式反应器生产，1986 年完成千吨级装置。该技术已经走出国门，出口世界。

(2) HCFC－22 催化热裂解。该工艺一般用ⅠA、ⅡA，ⅠB、ⅡB 等族的金属氯化物或氟化物作为催化剂。大金公司使用铜系催化剂，HCFC－22 的转化率为 65%～70%，TFE 的产率为 95%；Mobil 公司以用 Zn 交换的 13X 分子筛作为催化剂，HCFC－22 的转化率为 90%左右，TFE 的产率为 85%左右。由于催化剂比较贵，目前尚未大规模推广。

(3) 三氟甲烷(HFC－23)裂解。HFC－23 是氯仿在氟化制备 HCFC－22 的过程中的副产物。HFC－23 在 1 600～2 400℉下热裂解，压力为 25～300 mm Hg 汞柱，接触时间为 0.07 s，热裂解转化率为 59%，产物中 96%是四氟乙烯和过氟丙烯(C_8F_6)，两者的比例为 3∶1。

(4) 以 Me_3SiCF_3 为原料进行制备。该法由中国科学院上海有机化学研究所发明，以 Me_3SiCF_3 为原料、NaI 为催化剂(物质的量浓度 5%)、THF 为溶剂，在 70℃下反应 0.5 h 高效制得四氟乙烯。

11.1.4 我国氟化工行业的机遇和挑战

我国萤石储量、产量、出口量占全球的一半以上，有机氟化工生产规模及产量居全球首位。在制冷剂领域，部分龙头企业已经在尝试开发和推广第四代产品，依据国家含氟制冷剂淘汰时间表(表 11－5)，伴随着我国空调、冰箱、汽车产业的大发展，制冷剂行业也将迎来高速发展期。

表 11－5 我国含氟制冷剂淘汰日程表

年 份	淘 汰 措 施
2013	生产和使用量冻结在 2009 年和 2010 年水平(基准线)
2015	HCFCs 在基准线上削减 10%
2020	HCFCs 在基准线上削减 10%
2025	HCFCs 在基准线上削减 67.5%
2030	除了维修和特种用途，一律淘汰

国内无机氟产品如 AlF_3 的产能过剩，锂电池主要原料六氟磷酸锂产品的质量有待提高，能生产 EL 级、UP 级 HF 的企业不多，能生产纯度更高的 UP－S 级、UP－SS 级 HF 的企业更少，严重制约着我国芯片的自主产业化。

含氟染料分为含氟嘧啶型和含氟三嗪型两大类。含氟染料主要为活性染料，性能优异，具有固色率高、用盐量少、能耗低、处理时间短等优点，用于高档纺织品印染。我国活性染料品种少，进口量大。目前只有德司达、亨斯迈及科莱恩三家跨国公司能够生产。我国的丽源科技投产了全球第 4 条生产线，打破垄断，一定程度上降低了我国对含氟活性染料的依赖度，也提高了我国印染行业的国际竞争力。现阶段我国含氟三嗪型已工业化，而氟嘧啶型虽然性能更加优异，因为生产工艺长、成本高等问题制约了其工业化进程。在含氟染料研发方面，一是针对三聚氟氰的不足之处进行改性，进而开发更为绿色环保、安全高效的活性基；二是研发取代禁用染料和其他类型纤维素用染料的最佳选择路径；三是大力研发高附加值含氟染料中间体，尽快摆脱大部分中间体依赖进口的局面。

含氟表面活性剂是特种表面活性剂的一种，具有化学稳定性高、热稳定性高、憎水憎油及环境友好等优点，在化学、纺织、石油和消防等众多行业广泛应用。石油工业中其被广泛用于钻井、驱油、原油降黏降凝和炼油等各生产环节，已逐渐成为不可或缺的化学助剂。

11.2　固相有机合成

绝大多数有机反应是在溶液中进行的，但是溶剂会增加环境压力和增加生产成本。固态有机合成具有绿色环保、工艺技术简便、环境压力小、节省溶剂、降低能耗及爆燃性能的特点，已成为生产工艺新方式，是绿色化工的有效途径。

1. 对甲苯胺-2-磺酸的固相合成

对甲苯胺-2-磺酸的商品名称 4B 酸，是活性染料和颜料的中间体，采用固相合成方法生产：

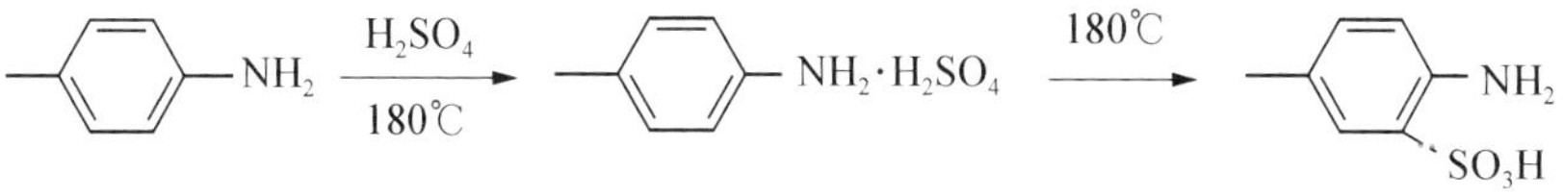

该法采用低温成盐、高温脱水策略克服苯胺氧化的问题，转化率高，成本低。具体操作：在 47℃下将对甲基苯胺融化，加入浓硫酸使其成盐，搅拌 30 min 完全成盐后升温至 180～195℃进行脱水转位反应，其间不断滴入溶剂将生成的水带出，溶剂循环使用，反应结束后降温，用水稀释，加入少量无水亚硫酸钠，待其溶解后用碳酸钠调节 pH＝7～8，油水分离并回收溶剂，水相过滤，滤液用稀硫酸酸化至 pH＝2，经过滤、洗涤、烘干即得产品。注意：pH＝6.5～7.5 范围内苯胺极易氧化，加入少量亚硫酸钠避免氨基的氧化。

2. 多肽的固相合成

现在普遍使用固相多肽合成(solid phase peptide synthesis，SPPS)法合成多肽。SPPS 在多肽化学上具有里程碑意义，原理如下。

(1) 氨基和羧基的保护。氨基酸是两性分子，在合成过程中会发生自身缩合及交叉缩合，产生四种产物：

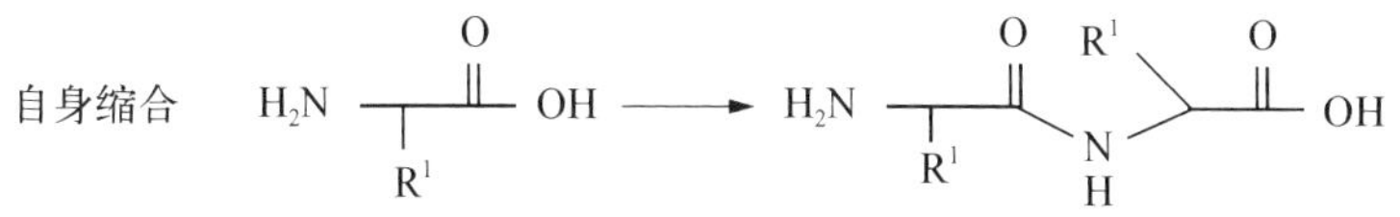

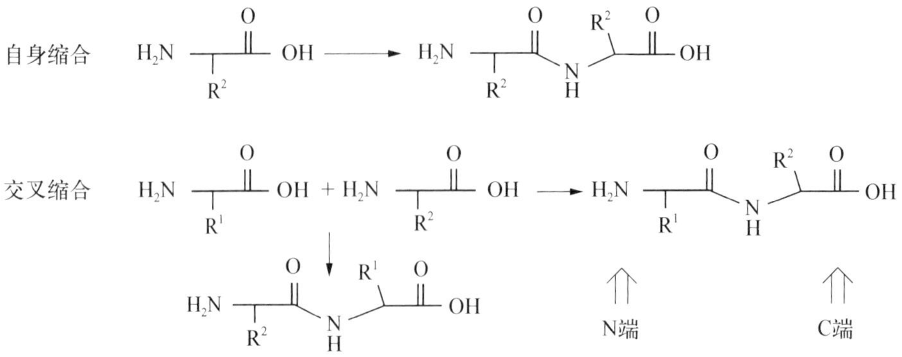

所以合成时必须对—NH_2 和—COOH 进行保护使之不能参与反应。叔丁氧羰基(Boc)或者 9-芴甲氧羰基(Fmoc)可用于保护 α-氨基，其在碱性条件下可以迅速脱除，反应条件温和，以 Boc 和 Fmoc 为基础的各种多肽自动合成仪相继出现并不断得到改造和完善。

(2) 多肽的固相合成需使用载体，载体需满足以下要求：有足够多的反应位点以使肽链连接；合成过程中保持稳定；不妨碍肽链和试剂之间的接触；有效隔离肽链之间的相互作用。常见的载体有聚苯乙烯-苯二乙烯交联树脂、聚丙烯酰胺、聚乙烯-乙二醇类树脂及其衍生物。载体上必须导入反应基团才能链接上第一个氨基酸，依据导入的反应基团载体分为氯甲基树脂、羧基树脂、氨基树脂或酰肼型树脂。Boc 合成法选择氯甲基树脂，如 Merrifield 树脂；Fmoc 合成法通常选择羧基树脂，如王氏树脂。

氯甲基树脂　　羧基树脂　　氨基树脂　　酰肼型树脂

氨基酸与树脂的链接：氯甲基树脂与 Boc-氨基酸反应形成酯键；羧基树脂与 Boc-氨基酸在适当的缩合剂，如 *N*,*N*′-二环己基碳二亚胺(*N*,*N*′-dicyclohexylcarbodiimide, DCC) 或羧基二咪唑作用下形成酐；氨基树脂或酰肼型树脂与 Boc-氨基酸在 DCC 作用下形成酰胺键。以氯甲基聚苯乙烯树脂为例进行如下说明。

① 引入氨基酸。将 Boc-氨基酸共价连接在固相载体上。

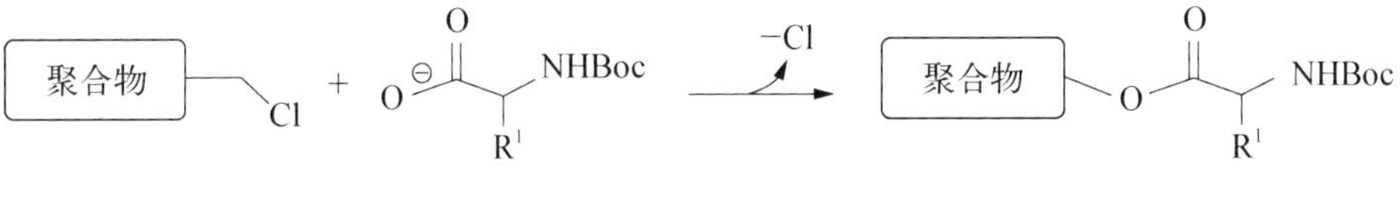

② 脱保护。在三氟乙酸(TFA)的作用下脱掉 Boc，Fmoc 基团使用哌啶除去。

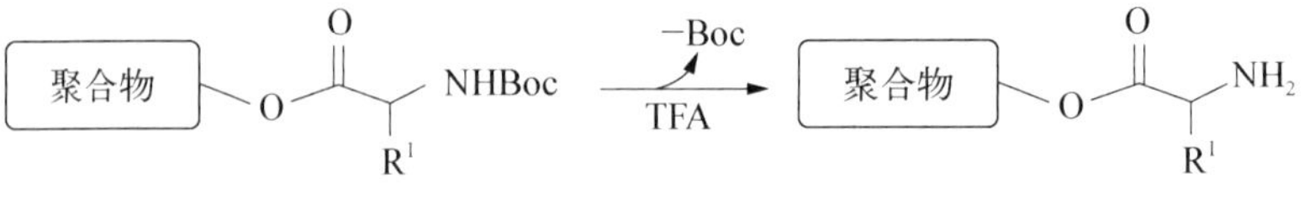

③ 偶合反应。氨基被保护的第二个氨基酸的羧基通过活化，与已接在载体上的第一个氨基酸的氨基反应形成肽键。将羧基活化变成混合酸酐、活泼酯、酰氯或用强的脱水剂形成对称酸酐等方法来形成肽键，一般用 DCC、HOBT 或 HOBT/DCC 的对称酸酐法、活化酯法接肽。

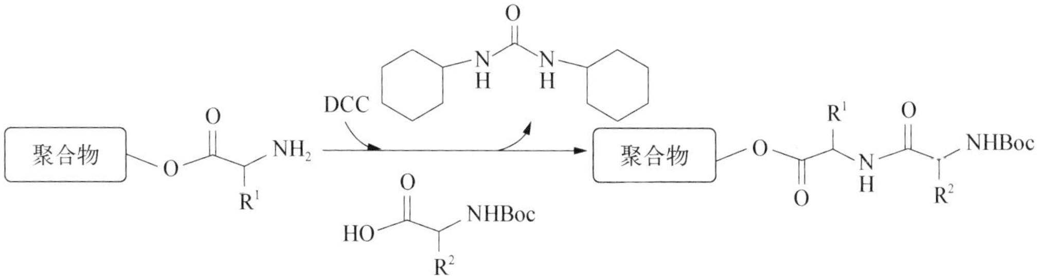

④ 连续化反应。重复上述过程使肽链生长直至达到所需要的肽链长度。

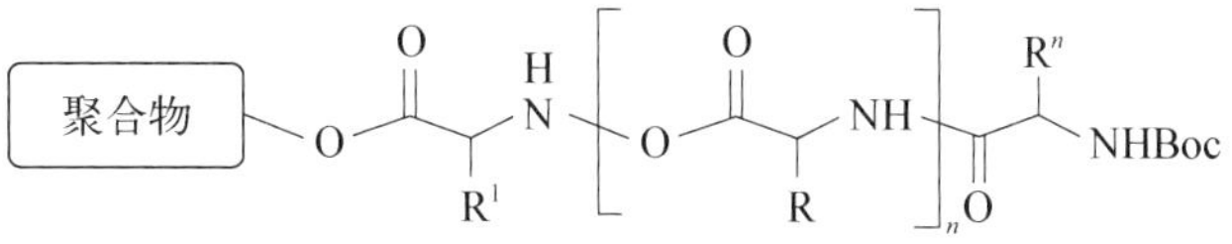

⑤ 脱保护。脱去保护基 Boc,用 HF 水解肽链和固相载体之间的酯键。

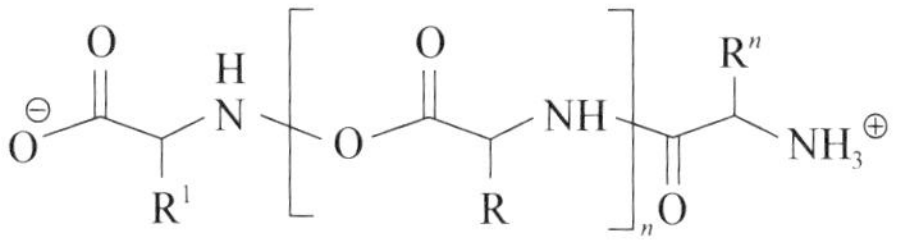

固相合成的顺序一般是从 C 端(羧基端)向 N 端进行。该法极大减轻了每步产品提纯的难度,多采用 Fmoc 合成法。Fmoc 对酸稳定,能用哌啶脱去,应用广泛。也有从 N 端开始的,甲酯和乙酯是保护羧基的常用方法,通过皂化除去或转变为肼以便用于片段组合;叔丁酯在酸性条件下除去;苄酯常用催化氢化除去。对于合成含有半胱氨酸、组氨酸、精氨酸等带侧链功能基的氨基酸的肽来说,为了避免侧链功能团引起的副反应,通常需要用适当的保护基将侧链基团暂时保护起来。保护基的选择既要侧链基团不参与形成酰胺的反应,又要在肽合成过程中不受破坏,同时还要保证在最后肽链裂解时能被除去。如用三苯甲基保护半胱氨酸的 S 基团,用酸或银盐、汞盐除去;组氨酸的咪唑环用 2,2,2-三氟-1-苄氧羰基和 2,2,2-三氟-1-叔丁氧羰基保护,可通过催化氢化或冷的 TFA 脱去;精氨酸用金刚烷氧羰基(Adoc)保护,用冷的 TFA 脱去。

(3) 多肽合成仪的发展。固相合成可以在一个反应容器中完成所有反应。

① 第一代多肽合成仪。1970 年,Beckman 公司开发了 Beckman990 Peptide Synthesizer;Vega's Biotechnologies 公司开发了 Vega's Coupler 1000 与 Vega's Coupler 250(不久后推出 Vega's Coupler 296),所有反应器采用防爆玻璃材质,防止 TFA 的腐蚀。

② 第二代多肽合成仪。20 世纪 80 年代,以 Protein Technologies 公司的 PS3 多肽合成仪、美国 ABI433 多肽合成仪及美国 CS Bio 公司的 CS336 多肽合成仪为代表,它们也是目前市场上仍在销售的最早的多肽合成仪。

PS3 的设计原理是 N_2 从反应器的下方鼓泡并通过上部排出,气泡将固相和液相混合,结构简单、成本低、反应相对温和;缺点是多肽-固相载体在静电作用下会“抱团”,使其不能与液相充分混合,长时间 N_2 鼓泡会使溶液挥发,部分多肽-固相载体粘在液面上方无法再参加反应。

ABI433 的设计原理是反应器上方相对固定,下方快速旋转带动反应器里的固液两相从底部向上做螺旋运动直到反应器最上方,搅拌速率为 1 800 r/min,反应充分完全,保证了肽的纯度。该合成仪的缺点是成本高。

结合两者优点的 CS336 的设计原理是反应器中点为圆心，上下做 180°旋转搅拌，搅拌速度为 180 r/min，将 N_2 鼓泡作为备选方式融入反应方法中，使得多肽合成仪在科研领域的高耦合率效果得到充分体现。

③ 第三代多肽合成仪。Protein Technologies 公司推出 Tribute 双通道多肽合成仪，将"短信通知"功能融入产品，增添了用户与设备之间的互动，更加人性化；CS Bio 公司对其 UV Online Monitor 系统配置统一升级，用户可直观看到每一个氨基酸偶联反应的状态，并可根据数据调整出最佳合成效果与工艺；源自 Advanced ChemTech 的 Aapptec 推出 Focus XC 三通道合成仪。CEM 公司以蛋白质有机反应设备制造著称，推出了微波多肽合成仪，提高了反应速度，是多肽合成仪的几倍甚至十几倍。

固相合成法的优点：反应在单一反应器中进行，避免因手工操作和物料重复转移而产生的损失；肽链可通过快速的抽滤、洗涤完成纯化，避免了液相肽合成中冗长的重结晶或柱层析分离纯化导致损失；使用过量反应物，使个别反应完全，以便得到高产率。固相合成法的缺点是载体上中间体杂肽无法分离，造成产物纯度不高。

11.3 连续流反应器合成

间歇、连续、半连续是化学工业反应器中最主要的三种操作模式，间歇式或半连续式操作由于其通用性强、生产调度灵活、各批次追溯性强等优点，在精细化学品、特种化学品及药物生产中应用广泛。但间歇式或半连续式生产的传热和传质效果不佳，多个反应步骤之间可能涉及敏感性、高风险性中间体的大量存储问题，安全性问题不容忽视。连续式操作的时空产率、产品质量稳定性、自动化程度、环保程度和操作成本等均优于间歇式或半连续式操作。对于石油化工、煤化工、天然气化工等大化工装置，连续式操作优势明显，应用广泛。

自 20 世纪 90 年代以来，微通道反应器原料混合更均匀、导热更方便、两相接触面积大，适合高温、高压、高放热、有毒有害等类型反应，因此使用微通道反应器进行精细化学品生产成为研究热点。微通道反应器是普遍使用的、具有代表性的连续流反应器。近 10 年来大型制药企业都在推进连续式生产，从"批接批"生产方式向"端到端"转变，2013 年诺华公司和麻省理工学院(MIT)合作设计出连续生产阿利克仑半富马酸盐的微型制药工厂，集成了合成、纯化、制剂和压片四个单元，连续运行 48 h 后可实现相当于间歇过程 300 h 的产量，操作单元数从 21 个减少至 14 个，占地面积仅 18 m^2。2017 年，美国礼来公司的研究人员在 CGMP 规范下将 8 个连续单元操作串联，包括连续流反应器、多级逆流萃取、连续结晶和旋转蒸发装置等，实现了日产 3 kg、总产 24 kg Prexasertib 单乳酸盐单水合物。该药已用于人体临床试验，这是制药行业首次在 CGMP 监管下实现复杂药物分子的连续化合成，开启了制药业的新篇章。

1. 空管反应器

空管反应器要求反应物、产物、催化剂彼此可溶，混合后完全均相，反应器内径小于1 mm，主要类型有平板型和毛细管型。毛细管反应器更适合连续流反应，可以使用玻璃、不锈钢、聚四氟乙烯等材质制备，广泛用于有毒有害反应，不适合高温、高压反应。

2. 非均相反应器

非均相反应器中，在非均相条件下催化剂被管道内固定床固定，底物流过固定床得到产物，催化剂需要定期更换。依照催化剂负载方式不同，非均相反应器分为填充式、涂层式、整体式三种。对于填充式反应器，催化剂载体可以是树脂、二氧化硅、氧化铝、分子筛和氧化铁等，能负载的催化剂包括有机金属、无机金属和生物酶等。整体式反应器一般采用 3D 打印技术制造，内壁经过特殊处理，涂覆有特殊的涂层以满足各类催化活性物质的负载。与填充式相比，整体式的通道规整，比表面积大，对高流速工况适应性强。涂层式反应器介于两者之间，有着压降小、堵塞风险较小的特点。

3. 连续流反应器的合成例子

(1) 直接氟化反应。使用 F_2 时需要严格控制反应温度且确保整个反应系统密封，单通道微反应器由镍制备，通道横截面为正方形(0.5 mm×0.5 mm)。F_2 与 1,3-二酮进入反应器后快速混合，通道外设置换热介质通道，保证反应在 5～10℃进行。从反应器流出的料液再经过一个微通道混合器与肼混合后进入毛细管反应器，反应生成 4-氟吡唑(图 11-2)。多组氟化反应产率达到 71%～83%。

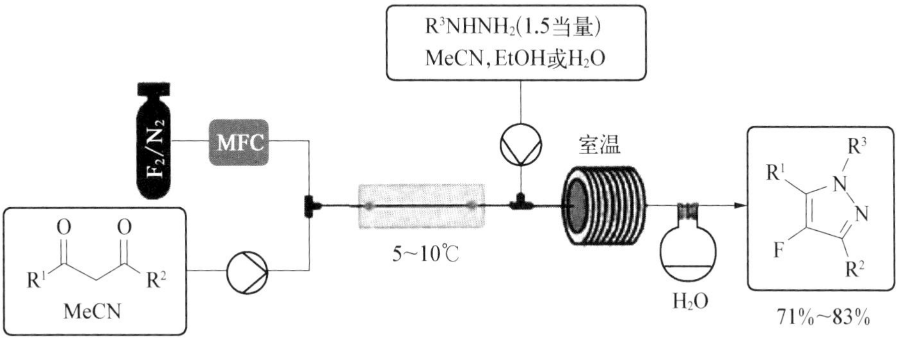

图 11-2　利用 F2 连续流合成 4-氟吡唑

(2) 经典 Aldol 反应。Massi 等用脯氨酸催化环己酮和 4-硝基苯甲醛之间的羟醛缩合反应，实现了 60%的稳态转化率和 78%的对映选择性，并且在 24 h 内没有观察到稳态转化率和选择性的降低。产率是间歇反应器的 3 倍。

(3) 贵金属催化反应。贵金属如钌、铑、钯等在反应中流失或者残留，既浪费资源，又严重影响产品质量。Burguete 等开发了一种钌-吡啶-双(噁唑啉)配合物浸渍催化剂的整体式反应器，测试了苯乙烯和重氮乙酸乙酯之间的环丙烷化反应性能，在无溶剂条件下获得了 92%的转化率、72%的产率以及优越的对映选择性。无溶剂连续流反应器的产率较有溶剂反应体系的产率提高了 5～8 倍，还解决了间歇反应器中贵金属催化剂难以回收的问题，产物中贵金属小于 1.0 ppm(图 11-3)。

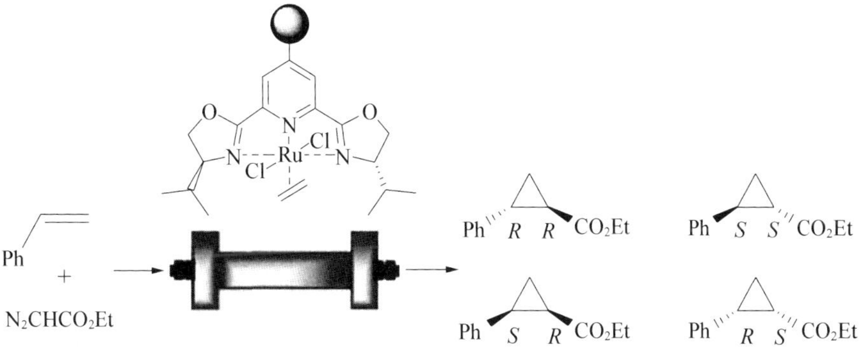

图 11-3　苯乙烯与重氮乙酸乙酯连续化流环丙烷化反应

(4) 环化反应。苯并咪唑由邻苯二胺与甲酸经环化制得。其常规合成方法需要混合加热2.0 h,冷却,用10%的NaOH溶液调节至pH=10,将析出的固体滤出,冷水洗涤得粗品,加水搅拌并加热至微沸,加活性炭脱色,趁热过滤,滤液冷至室温,过滤,用冷水洗涤,在100℃下干燥得成品,粗品收率为90%。而采用微通道反应器在200℃下反应3 min,产品收率为94%,工业规模的反应温度为267℃,34 s反应完全,收率为90%。采用微波碳化硅反应器,反应温度为313℃,压力为50 bar①,6 s反应完全。

(5) 亲核取代反应。盐酸海拉明为非处方类抗过敏药物,全球年需求量超过100 t。其连续制备过程为175℃下以1∶1的化学计量比将氯二苯甲烷和*N*,*N*-二甲基氨基乙醇用泵打入微通道反应器中,经过反应器及延时管停留16 min,流出液与热碱液混合,中和反应生成的盐酸,释放压力后加入正己烷进行萃取,经过膜分离分流出所制备的产品。整个过程连续进行,总收率为90%。

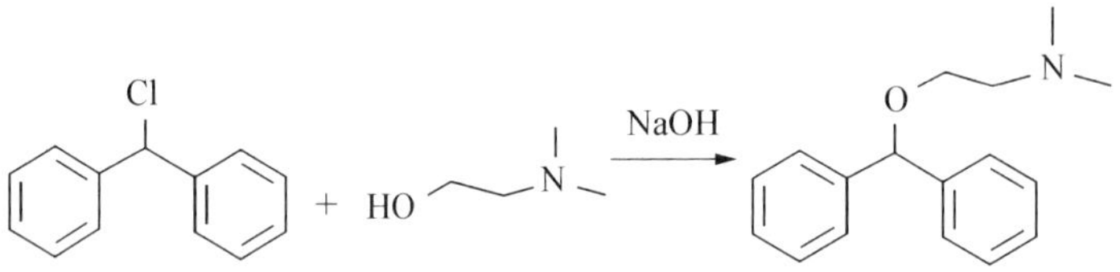

(6) 氨解反应。美托洛尔用于治疗各型高血压(与利尿药和血管扩张剂合用)、心绞痛,以及静脉注射时发生的心律失常。其可通过利用微通道反应器采用流动氨解法制备,反应温度为240℃,控制反应压力为34 bar,15 s完全反应,产率为91%。

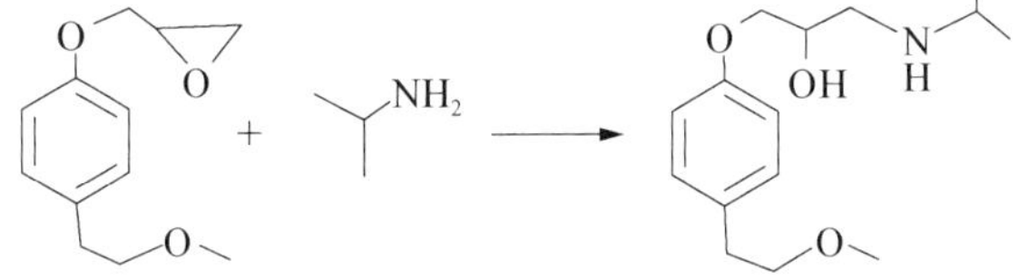

(7) 氢化反应。氢化釜的两相接触面积小,需要高压反应。微通道反应器中两相接触面积极大,反应效率显著提高。AF-2400是四氟乙烯与全氟二甲基二噁烷的共聚物,具有高孔隙率、无定型结构,其耐化学性能和机械强度与标准聚四氟乙烯相当。AF-2400作为一种坚固的疏水性的渗透性膜,选择性地允许各种气体通过,通常气体被输送到外管与内管之间,通过半透膜溶解在管内液体中(图11-4)。

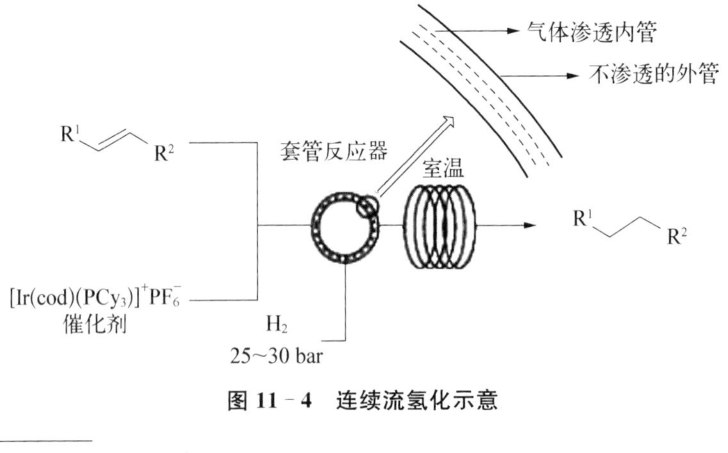

图11-4 连续流氢化示意

① 1 bar=10^5 Pa。

本章练习题

11－1　查阅文献，调查不粘锅到底有没有毒。

11－2　查阅资料，简述氟橡胶的应用和生产情况。

11－3　查阅资料，简述胆红素的提取与应用。

11－4　举例解释生物工程。

参考文献

[1] 李祥高,王世荣,刘红丽,等.精细化学品化学[M].北京:科学出版社,2021.

[2] 王明慧,牛淑妍.精细化学品化学[M].3版.北京:化学工业出版社,2020.

[3] 唐林生,刘仕伟,孙明媚.精细化学品化学[M].北京:化学工业出版社,2019.

[4] 沈永嘉,王成云,徐晓勇.精细化学品化学[M].2版.北京:高等教育出版社,2016.

[5] 周立国,段洪东,刘伟.精细化学品化学[M].2版.北京:化学工业出版社,2014.

[6] 闫鹏飞,高婷.精细化学品化学[M].2版.北京:化学工业出版社,2014.

[7] 吴海霞.精细化学品化学[M].北京:化学工业出版社,2009.

[8] 张先亮,陈新兰,唐红定.精细化学品化学[M].3版.武汉:武汉大学出版社,2008.

[9] 程铸生.精细化学品化学[M].2版.上海:华东理工大学出版社,1996.

[10] 赵立群.全球氟材料发展现状及趋势[J].化学工业,2018,36(4):7-14.

[11] (英) 托马斯·沃思.微反应器在有机合成及催化中的应用[M].赵东波译.北京:化学工业出版社,2012.

[12] 朱杰.新构型连续流反应器的设计、模拟与加工[D].杭州:浙江大学,2021.

[13] 刘冰,杨林涛,刘东,等.微通道技术在精细化学品合成中的应用[J].染料与染色,2018,55(6):44-49.

[14] Luo J D, Xie Z L, Tang B Z, et al. Aggregation-induced emission of 1-methyl-1,2,3,4,5-pentaphenylsilole[J]. Chemical Communications, 2001, 18(18), 1740-1741.

[15] An B K, Kwon S K, Jung S D. Enhanced Emission and Its Switching in Fluorescent Organic Nanoparticles[J]. Journal of the American Chemical Society, 2002, 124(48): 14410-14415.

[16] 陈鸿昌.从基本含氟烯烃等单体开发下游产品[J].有机氟工业,2016,1:58-64.